ON THE THEORETICAL AND PRACTICAL STUDIES OF SCIENCE POPULARIZATION

PROCEEDINGS OF THE 26TH NATIONAL CONFERENCE ON THEORETICAL STUDY OF SCIENCE POPULARIZATION

中国科普理论与实践探索

第二十六届全国科普理论研讨会论文集

中国科普研究所◎编

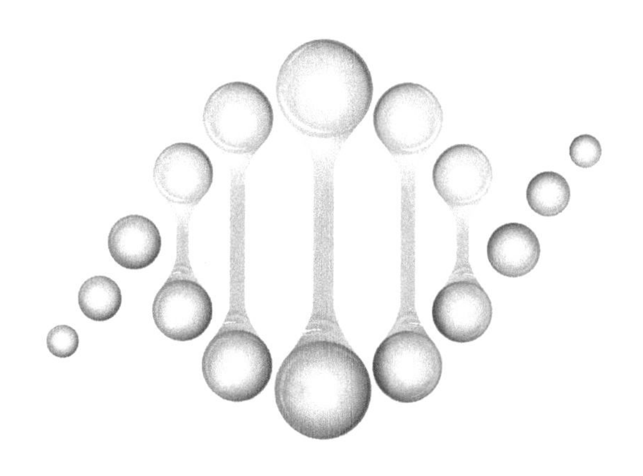

科学出版社

北京

内 容 简 介

第二十六届全国科普理论研讨会于2019年10月在安徽省合肥市召开，由中国科普研究所和安徽省科学技术协会共同举办。会议主题为“新时代科普创新发展”，重点围绕“社会化参与、市场化运作、法制化约束、国际化交流、信息化支撑”的科普工作新体系展开研讨。本书收录了会议入选论文66篇，针对科普理念创新、科普方式转型、科学素质促进等方面进行了有益的探讨。

本书可供科普理论研究者、科普实践工作者、科普工作管理者及对科普感兴趣的专家学者阅读和参考。

图书在版编目（CIP）数据

中国科普理论与实践探索：第二十六届全国科普理论研讨会论文集 / 中国科普研究所编. —北京：科学出版社，2020.7

ISBN 978-7-03-065282-9

Ⅰ.①中… Ⅱ.①中… Ⅲ.①科学普及-中国-学术会议-文集 Ⅳ.①N4-53

中国版本图书馆CIP数据核字（2020）第090588号

责任编辑：张 莉 / 责任校对：贾伟娟

责任印制：徐晓晨 / 封面设计：有道文化

科学出版社出版

北京东黄城根北街16号

邮政编码：100717

http://www.sciencep.com

北京建宏印刷有限公司 印刷

科学出版社发行 各地新华书店经销

*

2020年7月第 一 版 开本：720×1000 B5

2021年1月第二次印刷 印张：40 3/4

字数：620 000

定价：198.00 元

（如有印装质量问题，我社负责调换）

会议组织委员会

大会主席：王　挺　王　洵

主　　任：颜　实　王玉平　王京春　魏军锋

委　　员（按姓氏笔画排序）：

王晓丽　尹　霖　边慧英　刘宗贵　何　薇

张　超　张佳佳　陈　玲　陈宏方　郑　念

钟　琦　钟玉坤　殷　蕊　高宏斌　谢小军

秘　书　处

秘 书 长：尹　霖　耿春桥

工作人员（按姓氏笔画排序）：

王　旭　王　谦　付文婷　付敬玲　吉安琪

汤溥泓　许鸿儒　李　巍　邸　静　张亚琼

赵　锋　赵玉林　梁　霄　谢　越

会议论文集编委会

主　　编：颜　实

副 主 编：付文婷

编　　委（按姓氏笔画排序）：

付敬玲　张亚琼　赵玉林

序

习近平总书记深刻指出，“科技创新、科学普及是实现创新发展的两翼，要把科学普及放在与科技创新同等重要的位置。”中国特色社会主义进入了新时代，我国的科普事业呈现出蓬勃发展的态势，科普事业的发展环境、条件、要求等也发生了许多新的变化。如何充分实现科普在创新、教育、经济、生态、文化等方面的价值，如何实现科普的泛在、及时、精准、参与、互动、服务与产品的特性等问题，迫切需要更深层次的探索和实践，这是科普工作者目前尚需回答的时代问题，也是科普理论研究者亟待研究的理论命题。

为适应科普形势发展和科普工作需求，中国科普研究所和安徽省科学技术协会于 2019 年 10 月 26～27 日在安徽省合肥市共同举办第二十六届全国科普理论研讨会，会议主题为“新时代科普创新发展”，本届会议重点围绕“社会化参与、市场化运作、法制化约束、国际化交流、信息化支撑”的科普工作新体系展开研讨。中国科协副主席、书记处书记孟庆海在开幕式讲话中指出：科普理论是对科普实践经验和工作规律的系统总结和理性的反思，是对科普工作的系统阐述体系的集成，创新的时代需要创新的科普，创新的科普需要理论的先行，没有坚实的科普理论体系，科普工作就难以担当实现创新发展的强大一翼。要更好地提升我国科普服务的能力和公民科学素质，必须充分发挥科普对国家经济社会发展的作用，要求我们广大科普理论研究者关注当下中国科普实践，立足中国广阔的实践沃土，用案例说话，总结经验成果，不断提升科普理论服务实践的水平，在实践中提高理论创新的能力。

全国科普理论研讨会是我国科学普及领域的品牌学术会议，1991 年由中国科普研究所发起，已连续举办 26 届，为我国科普理论创新和科普实践发展提供了重要交流支撑平台。第二十六届全国科普理论研讨会邀请了中国工程院李建刚院士、中国科协–清华大学科技传播与普及研究中心徐善衍理事长，以及来自北京大学、北京师范大学、中国国情研究中心、北京字节跳动科技有限公司、中国科普研究所的专家学者作大会报告。来自高校、科研机构、科技场馆、地方科协等单位近 150 名代表参会，通过 5 个专题学术论坛围绕科普工作新格局展开了全方位、多层次的研讨。会议期间，中国科普研究所发布了《国家科普能力发展报告（2019）》和“科学传播人才培养译丛”两项重要学术成果。

会议的成功举办为科普理论创新和科普实践发展提供了重要交流支撑平台，获得多家媒体的积极报道，引起了学术界和相关领域的广泛关注。据不完全统计，有人民网、新华网、安徽电视台、《科技日报》等近二十家媒体对此次会议情况进行了不同程度的报道或转载。为更广泛地传播本次论坛的学术成果，主办方收录了由大会学术委员会推荐、进入会议交流并经作者同意发表的 66 篇论文结集出版。此论文集的出版将推动研讨会成果深化利用，进一步促进学术分享和交流互鉴，更好地服务科普工作实践，服务公众科学素质建设。

王挺

中国科普研究所所长

2020 年 1 月

目录

科普市场化运作机制研究分论坛

科普法制化和基层科普创新研究分论坛

公民科学素质建设与国际化研究分论坛

新时代科普信息化支撑研究分论坛

科普社会化动员与参与机制研究分论坛

浅谈上海超大城市气象科普实践与启示

朱　晔[1]　朱定真[2]

（1. 上海市气象局宣传科普与教育中心，上海，200030；

2. 中国气象局公共气象服务中心，北京，100081）

摘要：通过回顾分析超大城市上海的气象科普工作实践，结合在发扬本土文化、气象历史挖掘、青少年科普活动组织工作方面的特色和经验，对气象科普工作体系机构改革、品牌创新发展、推广能效升级等方面进行了分析，并针对现存问题提出了下一步的工作建议。

关键词：气象　科普　特色　措施

A Brief Discussion on the Practices and Inspirations of Shanghai Meteorological Science Popularization

Zhu Ye[1]，Zhu Dingzhen[2]

（1. Shanghai Meteorological Publicity & Science Popularization and Education Center，Shanghai，200030；

2. China Meteorological Administration Public Meteorological Service Center，Beijing，100081）

Abstract: By summarizing current practices of Shanghai meteorological science popularization，seeking the characteristics and experiences in the organization of science popularization for teenagers as well as in Shanghai meteorological history and local

作者简介：朱晔，上海市气象局宣传科普与教育中心工程师，e-mail：yzhu61@outlook.com；朱定真，中国气象局公共气象服务中心气象服务首席二级研究员，全国气象学科首席科学传播专家，e-mail：zdzzhu@126.com。

culture, this paper analyzes the science popularization system reforms, the brand innovation and development, and the promotion of publicity effects, then puts forward some suggestions for existing problems.

Keywords: Meteorology, Science popularization, Characteristics, Measures

一、引言

我国是世界上气象灾害最严重的国家之一，气象灾害也是对我国造成影响最大的自然灾害之一，气象灾害直接损失占所有自然灾害损失的多年平均比例在80%以上，约占国民生产总值的1%～3%，死亡人数占因自然灾害死亡人数的60%以上[1, 2]。

气候变化背景下极端天气气候事件频发，气象科普作为科普的重要分支，具有重要的现实意义和社会效益，气象科普知识具有很高的国民关注度。2018年的相关报告反映出我国网民最新的科普需求，应急避险科普主题排名第三位，占比20%；气候与环境这一科普主题排名第六位，占比9%。应对气候变化与气象防灾减灾两大气象科普主题逐渐得到明确[3]。

气象灾害对上海城市面的影响不容轻视。上海市位于长江三角洲冲积平原，地处长江入海口、太湖流域东缘，属于亚热带季风区，气候温和，但年际降水差异甚大，雨多则涝，雨少则旱，旱涝时有发生。同时，上海是超大型城市，城市气候效应非常突出，在市区有城市热岛效应，以及由其助长的雨岛效应。受地理位置和城市气候效应共同影响，上海天气形势复杂多变，高温、暴雨、雷电、大风、强对流等气象灾害频发，尤其是2018年共有5个台风影响上海，一个月内3个台风登陆上海。

上海气象科普宣传工作具有鲜明的特色，深受上海本地经济文化发展、上海气象事业建设和信息网络化的影响。为了进一步推进上海气象科普工作创新发展，适应新时代信息化浪潮，发挥上海率先实现气象现代化的优势，服务上海大城市经济建设，真正提高市民科学素质，完善城市防灾减灾体系，本文通过调研上海气象科普工作现状，深耕上海海派文化和气象历史，分析其特色和成效，提出工作中存在的问题，思考今后上海气象科普宣传工作的发展建议和措施，从而在守护超大城市安全防线方面发挥更大的作用，更有效地减少受灾损失，提高经济效益。

二、上海气象历史文化与徐家汇观象台

（一）上海气象科普文化

“海纳百川，兼容并蓄”的海派文化指的是吸纳百川、善于扬弃、追求卓越、勇于创新的文化特征，体现在上海气象历史文化和现代化建设进程中，尤其是敢为人先的创造精神和追求卓越的拼搏精神，在建立全国第一个区域气象中心，引进第一部多普勒天气雷达，第一家开展部市合作等创新开拓工作中都有所体现。

除了在业务技术上位于全国前列外，上海气象科普工作也一直秉承创造开放多元的海派文化精神，具有悠久的历史传统。自1978年开始，上海每年都会结合世界气象日的纪念活动，广泛宣传气象工作的重要作用。次年，上海气象部门首次在江苏常熟县举办有天气预报特色的上海市青少年气象夏令营。1999～2003年，通过郊区气象现代化建设，陆续建成的气象科普馆作为重要的科普教育基地向公众开放，形成全市的气象科普基地体系[4]。上海气象博物馆是上海气象历史重要的见证者，不间断地记载了140余年上海气象事业的发展历史，也是如今上海气象部门开展科普工作的重要基石和阵地。

上海气象科学工作者参加拍摄的《台风》《云天奇观》《寒潮》等科教影片在国内外多次获奖，撰写的科普著作《科学家谈21世纪》《十万个为什么（气象）》《云》《雷雨》《龙与龙卷风》《臭氧的追踪》等在全国具有广泛影响，编著的32万字的《中国云天》一书曾获上海市出版局一等奖[5]。

（二）徐家汇观象台和上海气象博物馆

上海气象博物馆的前身是上海徐家汇观象台，从1872年12月诞生起开始进行观测，已经走过了147年的风雨历程，见证了近现代中国及上海气象

机构和气象服务发展的历史变迁，研究领域涉及气象、天文、地磁、重力、地震等，是西方科学界位于远东的一个不可或缺的观测点。观象台建成之后，业务联络网面向海洋遍布各地，北及西伯利亚，南至马尼拉，东到日本，西至印度半岛，也向中国沿海各地气象台及航海船只发布气象消息，被称为“远东气象第一台”[6]。

2012 年，在徐家汇观象台成立 140 周年之际，世界气象组织授予其“世纪气候站”证书，表彰其连续 140 年无一日中断收集的长时间序列气候资料对全球气象研究的贡献。

上海气象博物馆共有 8 个展厅，陈列总面积 1230 平方米。博物馆二层展厅以徐家汇观象台的历史文化故事为线索，展示了从 17 世纪至中华人民共和国成立前徐家汇观象台的历史，陈列了 20 世纪早期的各式气象观测仪器。博物馆三层展厅则以互动形式展示了中华人民共和国成立后的近现代气象科技，形式丰富多样。每周二至周日通过预约的方式向市民免费开放，每天接待 80～90 人参观。

（三）上海市气象局宣传科普与教育中心

2018 年，中国气象局正式下发《气象科普发展规划（2019—2025 年）》，提出要推动业务体系建设，各省级气象部门应建立相应的科普业务部门。2019 年 12 月，上海市气象局对内设机构进行调整，正式成立上海市气象局宣传科普与教育中心（以下简称上海宣科中心）。自上海宣科中心成立以来，围绕上海气象博物馆这一重要阵地，发掘徐家汇观象台的历史文化底蕴，坚持导向为魂、内容为王、创新为要，开展了一系列科普创新工作的有益尝试，形成了上海气象科普的独特风格，取得了初步成效。

1. 建立面向老年人群的学习点

随着老龄化形势日趋严峻，上海宣科中心积极履行社会责任，引导老年人积极参与终身学习活动。从 2019 年年初开始，携手徐汇区教育局助力社区为老服务，专门研发了为老服务公益课程——“气象与生活”，由特邀气象专家组成讲师团，在上海气象博物馆为社区老人定点授课。课程融入了中国传统文化元素，囊括二十四节气文化、科学养生知识、天气预报与气象防灾减灾等内容，在传统教学模式的基础上增加了博物馆参观、有奖问答、手指瑜伽等多样化的教学方式，促进传统文化与气象知识的跨界互融，提升课程培训效能、学员气象灾害防范意识和自我保护能力。

2019年，上海宣科中心被上海徐汇区教育局授牌，正式成为徐汇区社区（老年）教育社会学习点，标志着该中心作为社会学习点新生力量正式加入社会为老服务队伍。

2. 围绕重大活动打造气象科普示范活动

上海气象科普工作充分利用3.23世界气象日、5.12防灾减灾日、上海科技节、中国气象局气象科技活动周、气象夏令营等重大活动时间节点，联合上海各政企、社会组织和高校力量开展品牌示范活动。2019年，上海宣科中心积极融入上海科技节和中国气象局气象科技活动周中，牵头举办“科学之夜”上海气象博物馆专场（以下简称“科学之夜”气象专场），5月24～26日共举办3天9场活动，每天接待近千人。“科学之夜”气象专场在娱乐中充分融入气象元素，包括气象观测场、观测车、博物馆参观，天气主播、台风实景虚拟现实（VR）体验，气象科学实验、科普剧观摩等丰富多样的体验活动。其中，青年讲坛邀请来自气象部门35岁以下青年开设15场不同主题的气象科普讲座，受到观众追捧。

此次“科学之夜”活动由上海科技节组委会、上海市气象局指导，徐汇区文化和旅游局、徐汇区科委、徐家汇街道办事处支持，上海宣科中心、上海科技会展有限公司、复旦大学大气与海洋科学系共同主办，是一次凝聚社会各方力量共同开展气象科普的有益尝试。

3. 打造气象科普专业人才队伍

围绕气象科普基地建设、科普品牌创建、科普活动推广等重点工作，上海宣科中心建立气象科普创新团队，通过汇聚优秀人才、整合科技资源、搭建创新平台，创新科研人才组织机制，形成优秀人才的团队效应，营造有利于青年职工成长的环境与机制，催生有重要影响的自主创新成果，推动高水平科普品牌建设。

上海宣科中心对创新团队进行基于目标任务的跟踪管理、考核评估和绩效管理等工作，常态化举办宣讲坛和宣课堂活动，增加中心职工交流和培训机会，开阔他们的视野，并为其提供跨领域学术交流平台，营造良好的学习氛围。

三、上海气象科普工作的特色和经验

（一）紧密联系气象业务科技成果

上海气象科普充分发挥本地气象部门的硬件条件优势，通过向公众展示气象业务平台，最直观地体验气象预测预报工作。2013年8月10日，作为上海率先实现气象现代化重点建设项目的一体化气象业务平台顺利通过验收，该平台由天气预报、气象公共服务和气象信息流3个工作区组成，共设置21个业务功能版块，实现了气象业务的一体化无缝衔接。公众通过一体化业务平台的实地参观，直观地感受气象观测、预报和服务中气象科学技术、气象部门信息化水平和面向各行各业、不同人群开展的气象服务，提高对气象工作的理解，帮助气象部门更好地开展气象服务，提升服务效果。

在科技成果转化中，上海气象部门也在积极探索气象科普宣传融合的新思路。近期，通过宣传青藏高原夏季上对流层和下平流层（UT/LS）气溶胶、卷云形成发展综合观测研究项目组的最新研究成果，向公众科普青藏高原对流层顶附近的一层气溶胶层的重要作用，不仅具有新闻价值，而且提升了公众对气象科技成果的理解和关注。除了气象科技成果的科普转化外，上海气象部门还通过将远洋导航、健康气象等重大专业气象研究成果进行科普宣传，帮助公众理解气象事业中的科技含量，以及同日常生活的紧密联系，提高公众对气象的关注度，提高气象部门的对外形象和影响力。

（二）以青少年气象科普工作为主线

1. 政策支持

校园气象科普教育有助于启发中小学生对自然科学的兴趣，加强社会、家庭、学生对预报、预警等气象信息的理解，是落实《全民科学素质行动计划纲要（2006—2010—2020 年）》的需要，也是提高青少年气象防灾减灾意识、积极应对气候变化、推进生态文明建设的需要。2018 年 12 月，《气象科普发展规划（2019—2025 年）》印发，将校园气象科普活动提升工程纳入其中，校园科普得到更多政策支持。气象部门通过规划引领，在提升科学素质、建设气象科普场馆、丰富气象科普活动、繁荣气象科普创作等方面持续发力，用高质量的科普活动让下一代感受大气之奇、气象之美。

2. 气象科普夏令营

青少年气象夏令营是上海市气象局和上海市教育委员会联合举办的全市中小学师生公共安全系列教育活动，是全市学生安全教育的重点品牌项目之一。上海举行青少年气象夏令营已经有近 40 年的历史，近年来夏令营活动形式逐渐丰富多样，除了传统的参观观测场、预报服务平台及影视制作平台、聆听气象科普知识讲座外，还新增了气象知识问答、科普影片观看等环节。

上海区级气象部门也在积极开展气象科普夏令营活动。2019 年，嘉定区气象局承办了“气象达人秀”亲子科普夏令营，充分发挥 2018 年新建成开放的嘉定气象科普馆场馆优势，让亲子家庭参加气象播报员体验环节、观看 3D 气象电影、感受龙卷风 VR 互动、参与人工气象观测和日晷测时等项目。青浦区气象局联合吴江区气象局、嘉善县气象局共享长三角毗邻区气象科普资源，举办了 2019 长三角生态绿色一体化发展示范区暑期气象夏令营，除了参观业务平台和气象科普馆外，还组织营员开展搭建气象纸模、绘制气象小报、动手操作气象科学实验等妙趣横生的活动，发挥长三角一体化发展的红利。

3. 气象科普走进校园

气象科学是与人们零距离的科学，是与人们的生产、生活密切相关的科学，学校教育可以充分调动学生观察身边细小变化的积极性，培养综合实践能力。校园气象站是气象科普宣传的重要阵地，充分发挥校园气象站的作用，有助于普及气象科学知识，为我国培养科技创新人才奠定基础。中国气象学会近年来开展了全国气象科普教育基地——示范校园气象站评选。在中国气象学会和上海气象学会的共同努力下，校园气象科技特色教育快速发展。目前，上海已经有十几所全国气象科普教育基地：通过建立校园气象站进行可视化的科普宣传，培养小小气象员持之以恒的气象观测热情；建立学生队伍和教师队伍，进行常态化管理和激励；开发气象科普课程，挖掘各个学科中的气象科普教育点；组织各种形式的展示活动，进行校内比赛，提供展示平台；开展研究活动，锻炼和提高学生的观察能力和动手能力；同气象部门开展互访活动，输送专家学者去校园进行科普活动，邀请学生来气象部门参观交流。

从上海市气象学会获悉，上海开展的校园气象科普工作紧密联系现实需求，校园气象自动站除了为本校的学生开展观测活动外，数据也实时接入上海观测网络，传回上海市气象局信息技术中心，在真实的气象观测和预报业务中发挥作用；气象科普面向青少年追求实效，围绕科学知识、科学精神、科学方法和科学思想，提升青少年的综合科学素养，通过气象课题让高中生从知识的接收者变成创造者，激发青少年对科学研究的兴趣爱好。

（三）基于“互联网+”的气象科普新方式的实践

上海气象部门政务新媒体始终坚持通过及时有效的气象服务满足市民美好生活需要，着力打造新媒体时代的“互联网+气象”模式，通过政务微博、政务微信公众号等新媒体，及时向公众广泛传播重要天气资讯，并与公众开展广泛互动，普及气象防灾减灾知识，提升气象服务效率。近两年，上海气象政务新媒体连续获“上海最佳政务新媒体”称号。

“上海市天气”（新浪微博）于 2012 年 3 月 23 日在新浪网开通，“粉丝”接近百万人。2012 年 8 月 8 日，台风“海葵”影响上海期间，官方微博“上海市天气”发布台风红色预警信息，该条微博被网友转发了 4070 次，充分显示出公众对天气信息尤其是台风等灾害性天气预报预警的高度关注。

受微信公众号管理限制，官方微信公众号每天只能推送一次图文消息，而微博则兼具灵活性、及时性和互动性，可在重要天气的事前、事中和事后针对不同的关注点及时改变科普内容和风格。2019 年 8 月中旬，上海受台风“利奇马”影响期间，上海气象官方微博聚焦公众关注热点，在台风来临前提醒公众注意航班和铁路班次的变动，同时科普台风的形成原因、基本结构、预警信号等级。受台风外围螺旋雨带影响时，在线科普台风螺旋云带阵性降水状态。台风登陆后，加密与网友互动频率，及时向公众公布最新的台风信息及可能带来的影响，科普防台风避险知识。在台风带来明显降水时，利用身边的咖啡杯作为量器科普雨量的概念，充分调动网友对暴雨的关注度。台风逐渐远离上海后，对台风带来的高温天气进行解读，用空调比喻台风外围气流和西南风的加热效果。

（四）融入超大城市智慧发展布局

上海气象科普工作积极融入智慧城市建设，让气象防灾减灾知识深入社区，打通气象信息“最后一公里”。东方社区信息苑被称为“智慧屋”，是建立在社区中直接面向居民的新型信息化公共文化设施和服务平台，全市共有 300 多个。上海市气象局联合东方网组织防灾减灾知识科普培训，普及上海气候条件和常见灾害天气，讲解台风等重大气象灾害防御案例，介绍上海公共气象服务发布渠道与产品等。受到培训的科普讲师向社区居民提供面对面的气象科普、气象防灾减灾知识答疑等内容，帮助中老年社区居民了解移动终端气象服务产品。

上海市气象局还联合东方网全面推进智慧气象进社区：一是面向全市“智慧屋”工作人员举办气象防灾减灾知识竞赛；二是开发社区气象信息系统，使得位于全市各社区的“智慧屋”可以第一时间接收气象实况、天气预报、生活指数、气象灾害预警等信息，通过线下“智慧屋”大屏和线上终端实时推送给社区居民；三是在部分人员、设备条件较好的“智慧屋”试点挂牌智慧社区气象服务站，与社区居民开展面对面的互动，让智慧气象更接地气。

四、上海气象科普工作存在的问题和解决措施

（一）深入融合历史文化，提升上海气象博物馆影响力

上海气象博物馆是我国第一座百年气候站，140余年的连续气象观测资料是我国乃至世界的重要科学财富，对传播、应用和发展现代科学技术起到了积极的作用。在现阶段的科普工作中，主要通过向前来参观博物馆的观众介绍上海气象的历史和文化，将博物馆外观和台风等形象进行平面化设计融入文创产品研发中，传播范围和力度较小。

应更加深入地对接国家气象科普馆和本市博物馆管理体系，赋予上海气象博物馆新内涵、新定位，建设国际著名、全国一流和本市有特色的气象博物馆、气象文化科普馆和爱国主义教育基地，成为气象部门对外交流的文化平台，面向社会的大服务平台，提升气象文化和科普的社会影响力。积极开拓长三角气象科普旅游项目，联合旅游企业，组织以上海气象博物馆为龙头，由本市区级气象科普场馆、南京北极阁、南通军山气象台等组成的长三角气象科普研学游活动。

（二）完善上海气象科普人才发展和培训，打造科普专业人才和志愿者队伍

随着上海宣科中心实体化机构正式成立，上海气象科普工作长效机制形成，但目前存在科普人才短缺和发展体制不完善的情况。在现有的气象部门职称评定通道中没有设置气象科普这一专业方向，从事气象科普工作的人员在职称发展中没有政策抓手，工作积极性受到影响。虽然气象部门的大部

分人员有气象学科专业背景，但是气象科普工作从业人员不仅需要掌握专业的气象学知识，还需要有基本的文学素养、语言表达能力、创作与设计才能、传播心理学知识等，在科普人才队伍培养方面缺少系统性、专业性、针对性的培训和锻炼。

应进一步完善气象科普人才队伍建设，建立专业职称发展路线和奖励机制，开展针对性的科普人才培训。融入上海志愿者工作体系，做实气象科普志愿服务队伍，搭建面向公众提供科普服务的重要平台，对有意愿长期参与气象科普活动的志愿者进行气象科普体系培训，为世界气象日、防灾减灾日、科技节等重点活动储备志愿者力量。

（三）提高气象科普信息化程度，提升气象大数据利用率

网络信息化是重要发展趋势，已经融入社会生活的方方面面，公众越来越依赖互联网、移动端获取信息。目前，上海气象科普信息化发展仍有待提高："两微一端"的主体运营机构分散，科普信息发布随机性较强，没有统一平台；科普信息化专门人才缺失，实用人才培训力度不够；现期气象科普工作对气象大数据的挖掘不够，气象部门拥有重要的数据资源利用率低。

应从实际出发，打造气象科普网络阵地，利用地铁、公交等户外电子大屏开展气象科普宣传；开辟多样化科普信息平台，如抖音、微信公众号、网站等，满足不同人群需求；改造上海气象博物馆，提高活动平台信息化装备水平；提高气象科技成果科普转化率，通过新媒体手段对公众进行科普，增强公众应对气候变化和防灾减灾的能力。

（四）建立气象科普特色品牌，打造校园特色气象科普

上海气象科普工作在博物馆建设、校园气象、社会研学点、科普活动进社区、文创产品研发等领域多点开花，科普活动围绕全国防灾减灾日、世界气象日等重要节点开展，但是存在上海气象科普覆盖面比较分散、时间不连续、内容深度不够等问题，尚未形成主题突出、特色鲜明、影响广泛的气象科普品牌。

应积极开展校园气象科普品牌的建立，通过开设气象小课堂，结合中小学生课堂授课内容，开发专题类气象科普精品课程。联合中国气象局上海台风研究所、复旦大学申报市青少年科学创新实践工作站，培养中学生的气象科学研究爱好。配合中国气象学会完善气象特色学校（幼儿园、小学、初中、高中）创建标准，打造一批精品气象特色学校。面向建设有校园气象站的学校，对积极参与气象课堂的学生追踪其成长轨迹，探索开展校园气象科普对青少年成长的重要影响。

参考文献

[1] 吴吉东，傅宇，张洁，等. 1949—2013 年中国气象灾害灾情变化趋势分析［J］. 自然资源学报，2014，29（9）：1520-1530.

[2] 盛家荣，陆亚龙. 要把气象科普工作作为事业来抓［C］// 中国气象学会年会. 中国气象学会 2005 年年会论文集，2005：47-50.

[3] 王海波. 新中国气象科普发展历程回顾与展望［J］. 科技传播，2014，（19）：46-49.

[4] 束家鑫，蒋德隆. 上海气象志［M］. 上海：上海社会科学院出版社，1997.

[5] 上海市气象局，上海市气象学会. 毕生气象 笑傲风云：束家鑫先生 100 周年诞辰纪念文集［M］. 上海：上海科学技术出版社，2018.

[6] 吴燕. 科学、利益与欧洲扩张［M］. 北京：中国社会科学出版社，2013.

科普文创载体

——功能性游戏初探

陈　洁

（浙江省科技馆，杭州，310012）

摘要：当今生活节奏日益加快，专门腾出完整的学习时间的机会很少。在“碎片化”学习时间里，把电子游戏融入科学教育组成一个崭新的科普文创载体——功能性游戏，其作用极富积极意义。本文通过对国内外科普功能性游戏发展现状的探讨研究，对其开发设计提出了结合中国国情、巧用先进科技手段、引入道德价值导向、进行多领域跨界合作的实践性建议。

关键词：电子游戏　科学教育　科普　功能性游戏

A Preliminary Study on Functional Game as a Carrier of Science Popularization and Literary Creation

Chen Jie

（Zhejiang Science and Technology Museum，Hangzhou，310012）

Abstract：With the pace of life gradually accelerated，allocating time for concentrated learning has become a difficult task for many at now. Therefore，integrating video games into science education to constitute a brand-new carrier for science popularization and literary creation named functional games is an active way for fragmented learning. Based on the study of current progresses of functional games with science popularization function at home and abroad，this paper puts forward

作者简介：陈洁，浙江省科技馆助理研究员，e-mail：46454450@qq.com。

some practical suggestions on the design and development of functional games, such as combining local (Chinese) cultural contexts, making use of advanced scientific and technological approaches, introducing moral value orientations, and launching multidisciplinary cross-border cooperation, etc.

Keywords: Electronic game, Science education, Science popularization, Functional game

人类所有游戏均是伴随着社会科技发展和社会生活内容而演变和发展的，有着鲜明的时代特征。电子游戏作为独具特色的“第九艺术”表现形态，在数十年内从无到有、从小众到大众，迅速成为通俗文化的主力军，影响到了社会的方方面面。

2002 年 6 月 29 日通过施行的《中华人民共和国科学技术普及法》中对“科普”的定义作出了明确界定：“科普是指以公众易于理解、接受、参与的方式，来普及科学技术知识、倡导科学方法、传播科学思想、弘扬科学精神的活动。”[1]2015 年中国科学技术交流中心研讨形成《中国公民科学素质基准》，并被纳入《全民科学素质行动计划纲要（2006—2010—2020 年）》中，科学教育已经成为新时代环境下提升公民素质水平的重要环节。当前科学教育的重要特点之一表现为注重通过体验、互动方式来阐释科学原理和科技内涵。如果不能通过精妙的创意表达带动科学理念和科技内涵的弘扬，那么就产品而言只是一般性的价值和意义，非但不能为科学教育增色，反而会降低其核心意义中本质的文化含量，科普文创产品应该是匠心独运，奇思妙想。

2018 年《第十次中国公民科学素质调查报告》指出，我国公民每天通过互联网和移动互联网来获取科技信息的比例已经高达 64.6%，除电视外远超其他传统媒体，这显示出经由媒介的代际衍变，推动科学传播的重任，已经来到了游戏身上。[2]如今的生活节奏日益加快，专门腾出完整的学习时间可能性微乎其微，而每天使用交通工具及等候时的“碎片化”时间却很多，将游戏化元素融入非游戏领域的学习方式，把电子游戏融入科学教育组成一个崭新的科普文创载体——功能性游戏，其作用极富积极意义。

一、科普功能性游戏概念界定

回溯电子游戏发展史，其诞生之初就与科学教育密切相关。1956 年，世界上第一款电子游戏“双人网球”诞生于美国纽约州布鲁克海文国家实验室，当时的开发目的是向公众展示当时的前沿科技。游戏灵感起源于军事实验中用示波器模拟子弹，发明者威廉·希金博塞姆用示波器和转换电路的结合让玩家通过感性认识明白其原理，而游戏中的球会受到风的阻力影响变慢。一年后推出的二代版提升为可以模拟月球和木星的重力进行比赛。麻省理工学院计算机专业学生史蒂夫·拉塞尔希望设计一个有趣的游戏供科学家们娱乐，1961 年，世界首款交互式打字游戏“太空大战”就此诞生。[3]

随着游戏创造的虚拟世界越来越真实，人在这一特定游戏时空中的行动有了具体意义，富有乐趣且及时反馈的多媒体载体赋予了使用者更深层次、更具意义的学习体验。在游戏化学习模型中，角色扮演型游戏的角色设计和叙事环境更有助于建立有效的学习环境，激励内部学习动机，引发一个让使用者面对问题，判断、执行、最终得到系统反馈的学习循环，以此可达到准确的学习目的。

（一）功能性游戏

功能性游戏又名严肃游戏，是电子游戏的一种，被定义为以应用为目的的游戏。维基百科上对其的描述是：“一种设计上的主要目的非纯粹是娱乐的游戏。通常指用于防卫、教育、科学探索、医疗保健、应急管理、城市规划、工程、政治等行业的电子游戏。这类游戏与模拟类游戏相似，例如飞行模拟和医疗模拟，但更强调趣味与竞争性带来的教育价值。”可见，该类游戏以教育为主要目的，采用寓教于乐的游戏形式，让学习者在游戏过程中获得全新的个性化、娱乐性、互动性和模拟性的学习体验，从而进行有针对性的教育及训练，激发其创造意识。

如果说娱乐性是传统游戏的核心，体验快乐、寻求放松是其重心所在，那么游戏内容的专业性和目的的教育意义则是功能性游戏的核心。在信息传递过程中，将特定事务的学习、训练等教学内容融入游戏机制中，旨在通过虚拟化、模拟化的形式，帮助、辅助进而达到解决现实社会和行业问题的目的。

相较传统游戏依赖玩家的长时间游戏来创造核心价值，功能性游戏最大的乐趣在于思考过程，更注重实用性。具体表现在其承载着开发者对生活的思考，通过循序渐进地对知识的文化传输和技能应用，激发学习者的心理共鸣与感悟。如果说传统游戏是游戏与生活互为平行线，那么功能性游戏则是让这两条线相交，让生活融入游戏，让游戏解决生活难题。

（二）科普功能性游戏

2018 年 4 月，腾讯全面推出的系列功能性游戏中，科学普及作为五大功能之一名列其中。科普功能性游戏作为科普应用的创新方式，本身就是一本教科书，在尊重和严守科学规律的基础上，以科普为内核，以游戏为手段，利用游戏传播和进行科学教育，其互动性、移动性、社交性、多媒体性、趣味性极大提高了学习动机与能力，将科学变得有趣。

本文论述的科普功能性游戏主要表现为把讲科学故事探索科学原理融入电子游戏叙事中，将科普内容巧妙地融入故事中，以玩家易于、乐于接受和理解的方式轻松幽默地普及和传播科学技术知识、科学方法、科学思想和科学精神等。

二、国内科普功能性游戏发展概况

根据中国互联网络信息中心 2019 年 2 月发布的报告，截至 2018 年 12 月，中国网民的规模达到了 8.29 亿，中国手机网民的规模达到了 8.17 亿，游戏类应用数量约 138 万款，占移动应用程序（APP）比例达 30.7%。[4]在互联网飞速发展的时代，富媒体传播、互动性传播、无边界传播的特性，使得游戏能够成为有效承载与传播科普信息的载体。[5]

随着国家加大对科普工作的投入力度，功能性游戏在国内的应用前景正处于螺旋式上升阶段，将游戏化学习的思想引入科学知识的传播中，作为科普新型载体的科普功能性游戏的公众需求近年来呈现爆发式增长的趋势。在科普产业逐步成熟的推动下，2019 年 3 月 26 日，科普游戏联盟在北京正式成立。融合了情景认知理论的科学教育类型电子游戏现被视为科学教育的一个非主流的形式，尽管并不能取代科学的正式教育，但在实际应用中也彰显着其独特的优势与魅力。

腾讯“追梦计划”的功能性游戏代表作“电是怎么形成的”于 2018 年问世，作为一款吸引公众关注进而拓宽了解科学发展史的途径、感受科学魅力进而掌握科学知识的互动类科普游戏，它创设了一个能提供制造电的多样装置和利用化学、物理等原理建立的实验空间，学习者可利用装置自己动手自由实验，深入理解电的原理，从而探索游戏的更多可能；通过科学视图观察到肉眼不可见的磁场或化学反应运动和电流的轨迹等，让科学近在眼前。该款游戏每个关卡的科学知识点均设置了相应对话框来提示如何选择与拼接道具，且游戏内容与时俱进，目前已更新至第二版。

此外，已问世的“纳木”“肿瘤医师”“熊猫博士”等涉及植物学、医学及教育亲子等多维领域应用价值探索产品的国内科普功能性游戏，从不同角度向公众传播相应领域的专业科学技术知识。形象生动、真实感强的游戏体验，使得知识信息在模拟情境中从零不断进行学习，同时学习分成多个不同故事情节，随着故事情节的推进不断地理解、复习、重现、再记忆，强化学习者的记忆功能，增加记忆时间，最终达到长时记忆的效果。

三、国外科普功能性游戏典型案例

科普功能性游戏作为传统游戏的升级版，在欧美等发达国家已成为科学传播、科学教育的重要载体，通过模拟环境和系统，让学习者体验原本因安全、成本、时间等在现实世界中无法体验的情景。2003 年 5 月问世的物理解谜游戏“魔法水滴”（Enigmo）便是一个经典佳作，该设计通过解套种种关卡来传播牛顿力学，确保水、油和岩浆三类液体在一定时间内完成导流。为增强趣味性和进一步显示游戏所蕴含的科普价值，游戏程序遵循经典力学规律，通过计算模拟真实物体应有的运动轨迹，呈现出不同液体流出后，碰到 8

种不同道具和墙体会向不同方向反弹。游戏者必须通过经典力学规律大致估算运动轨迹，通过移动或旋转这些不同道具的位置来找到一种最佳的路线，从而以最快速度过关获得比赛胜利。而游戏者在玩电子游戏的过程中体验到经典力学实验的演示，进而获得直觉上的深刻认识，其中最直观的认识便是，一旦没按照牛顿力学原理来指导游戏手柄的操作，则无法使得液体落入目标容器中，游戏即刻结束。该游戏也存在缺陷，比如为保证其趣味性，游戏内容并未涉及科学概念的介绍；且游戏者只要反复调节鼓的角度，通过多次试错就能掌握游戏的窍门，无须了解牛顿力学原理。尽管游戏者在游戏的过程中可能无法归纳出牛顿力学的规律，甚至并不一定能清楚意识到牛顿力学规律的存在，但这些游戏经验对其学习牛顿力学的理论十分有利。[6]

核心游戏同样为传播牛顿力学，日本南梦宫（NAMCO）研发的“牛顿力学乐园 1、2”则是围绕理解及掌握运用牛顿经典力学中各项原理这一主题设计，如杠杆原理、惯性等，每一关游戏的开始是一个小铁球滚出，游戏的终点是一个红色开关被按下。游戏道具有杆、棒、球、开关等，通过把合适的道具摆在合适的位置上，可 360°转动角度调整，将小铁球滚出的力最终传导到红色按钮。该游戏有个终极撒手锏，即连破 110 大关后提供“自定义关卡分享”功能，玩家可自定义关卡功能并上传，也可以下载网友制作的关卡，制作巧妙的关卡还会被推荐给全球玩友，几乎把游戏的可玩性拓展发挥得淋漓尽致。

四、科普功能性游戏的实践性建议

中国的电子游戏发展到今天，用户期待有着更为充实的背景内容和多种新型技术手段表现形式的功能性游戏，进而搭建起富含科学性和游戏性的文化价值桥梁。可见，科普功能性游戏作为新型教学方式，承担着传播思想的使命，引领和创设游戏领域的正确价值观，使游戏在科普+娱乐方式之外，更能成为学习、治疗、生产的全新形式。

（一）结合中国国情

中国传统文化博大精深，而游戏中涉及传统节日活动的任务，常见有春节、元宵节、清明、端午、七夕、中秋、重阳等，若能把作为中国人特有的时间体系——二十四节气设计成游戏主题，或会让人眼前一亮。2016年“二十四节气——中国人通过观察太阳周年运动而形成的时间知识体系及其实践”列入联合国教科文组织人类非物质文化遗产代表作名录，很可惜，至今很多人对二十四节气的了解仍不多。随着中国城市化进程的加快和现代化农业技术的发展，节气对于农事的指导功能逐渐减弱，但在当代中国人的生活世界中依然具有多方面的文化意义和社会功能，鲜明地体现了中国人尊重自然、顺应自然规律和适应可持续发展的理念，彰显出中国人对宇宙和自然界认知的独特性及其实践活动的丰富性，与自然和谐相处的智慧和创造力，也是人类文化多样性的生动见证。[7]二十四节气不仅是人类的非物质文化遗产，还是中华民族的祖先历经几千年的农业生产实践创造出的宝贵科学遗产。这套将天文、物候、农事、民俗结合的天文气象历法，反映了太阳的周年视运动，把自然物候现象、作物的成熟和收成情况融为一体[8]，凝聚了中国人对大自然的科学态度和正确的观点及方法。依托游戏精神引领用户发现自然、走进自然、体验节气这一探索宗旨，激发当代公众对传统科学文化和科学态度的关注，在游戏中了解，在游戏中学习，在游戏中传承。

（二）巧用先进科技手段

引入虚拟现实（VR）、增强现实（AR）和运动追踪等技术应用打造沉浸式科学教育，深化和拓宽使用者的体验感受。例如，游戏和教育被业内公认为是VR最受欢迎的拓展领域，UE4引擎完备的引擎功能、高效的开发流程、逼真的渲染效果用以开发科普功能性游戏非常合适，能更好地帮助使用者学习人眼无法直接观察的领域，开展需实际动手操作的训练，高效主动地接受知识。

与此同时，贴近生活、贴切真实的主题设计方能引发共鸣，进而产生移情、获得技能、建立信息、解决问题、学习自立。当前中国地震、泥石流等自然灾害时有发生，给生产生活带来极大的损失，借助一流沉浸体验、身临其境感受的科普游戏，对公众进行应急处理和救援培训，将在很大程度上减少突发事件带来的危害。

（三）引入道德价值导向

一个道理的意义不在于它能创造多少美学上的新鲜感或者提供多少智力上的游戏感，而在于它在多大程度上回应了现实中的真问题。[9]推动使用者接受游戏中加入的科学道德教育元素，是科普功能性游戏应去尝试探索的。通过游戏化的手段，将意欲传达的信息通过寓教于乐的特征方式传递，在信息传达过程中将道德规范和精神融入游戏机制，以科普功能性游戏形式学习传播道德价值观念，这比传统道德规范学习更有助于公众接受道德教育，进而深刻理解道德精神的内涵，为传播社会主义核心价值观提供新思路。

随着家用汽车在中国的普及，酒驾、醉驾带来的社会问题日益凸显，纵观已问世的模拟驾驶类游戏，有令人惊叹的城市 3D 环境，各类交通信号灯和环形路口一应俱全，多种操作视角体验可挑战多种地图关卡，构建逼真的车辆损坏系统，唯独少了危险驾驶的后果呈现。游戏虽植入正确的假说构建、测试和修正的不断循环，为使用者提供在现实生活中难以实现的改正和汲取教训的机会，但游戏不等于现实，真实驾驶容不得半点儿马虎，一步错则满盘输。运用 VR 等多种先进科技配合游戏内容的潜移默化影响，引导使用者树立合乎道德规范的思想意识与行为方式，实现宣传科普教育和科学精神的积极意义。

（四）进行多领域跨界合作

一款成功的科普功能性游戏，具备主题构架的吸引力和挑战性，在内容上引入和深化应用领域的专业知识和技能背景，进而提升使用者的使用意图，实现使用目的。因此，在实践中实现科普和游戏的同步兼容，需要科普工作者与游戏开发者紧密合作，缺一不可。前者拥有丰富的专业知识，针对游戏化元素的关键科普价值内容进行设计及加强，在游戏理念方面提供支持和保障；后者通过艺术化处理和现代化技术来实现其理念。从设计开发到生产营销的跨界深度合作，解决场馆供应链的问题，也最终推进了科普文创的商业化落地。

五、总结与展望

寓教于乐是中国目前比较普遍的教育理念，科普功能性游戏在教育领域的涉足，兼具娱乐性与教育性，符合科普场馆科学教育的价值观，两者联合必将让场馆教学事半功倍。如何把科普场馆的展品及教育活动与科普功能性游戏开发有机结合，创新科学教育的表现形式，以公众喜闻乐见的方式方法，让科学理论深入人心，让科技内涵走进生活，机遇与挑战并存。

参考文献

[1] 中华人民共和国科学技术部政策法规与体制改革司.中国科学技术普及发展报告（1978—2002年）[M]. 北京：科学技术文献出版社，2002：3-4.

[2] 网易. 游戏智库. 腾讯牵头成立科普游戏联盟，游戏与科教如何实现完美嫁接？[EB/OL] [2019-03-28]. http://dy.163.com/v2/article/detail/EBCO8ADT052693KJ.html.

[3] 李国强，宋巧玲. 作为新型艺术形态的电子游戏：科技、审美与跨界 [J]. 中国文艺评论，2018，(1)：98-106.

[4] 中国互联网络信息中心. 第43次中国互联网络发展状况统计报告 [EB/OL] [2019-02-28]. http://cnnic.cn/gywm/xwzx/rdxw/20172017_7056/201902/W020190228474508417254.pdf.

[5] 中国青年网. 腾讯牵头多方联合打造科普游戏联盟 [EB/OL] [2019-03-28]. http://news.youth.cn/kj/ 201903/t20190328_11910104.htm.

[6] 冯翔. 国外科普游戏的发展概况与趋势 [M] //中国科普研究所. 中国科普理论与实践探索——全国科普理论研讨会暨亚太地区科技传播国际论坛论文集. 北京：科学普及出版社，2012：504-509.

[7] 观察者. 中国“二十四节气”申遗成功 [EB/OL] [2016-11-30]. https://www.guancha.cn/society/ 2016_11_30_382423.shtml.

[8] 肖芸. 二十四节气的视觉转化研究 [J]. 戏剧之家，2017，(12)：272.

[9] 刘瑜. 观念的水位 [M]. 南京：江苏文艺出版社，2013：66.

以抖音为例探讨移动短视频视域下科普创作新思路*

陈思佳[1]　褚建勋[2]

（1. 中国科学技术大学，合肥，230026；
2. 中国科学技术大学科学传播研究与发展中心，合肥，230026）

摘要： 短视频行业快速发展给科普创作和科学传播带来了全新的机遇。本文聚焦于短视频视域下科普创作的实践与应用，分析了抖音平台科普短视频的传播特征，多元化主体和创新性形式赋予了科普短视频巨大的生命力和传播力，短视频平台社交属性强化了公众参与，推动着我国公众理解科学事业的发展。结合短视频传播规律和科普事业内在要求，提出短视频科普创作及传播的策略建议，即借助专业外包服务创作优质科普内容、打造差异化的科普主体形象、建立媒介融合的全方位传播矩阵、追求科普事业公益性与市场性的双重目标的实现。

关键词： 科普　短视频　科普创作　科学传播　抖音

---

* 本文为国家自然科学基金面上项目（项目号：71573241）成果。

作者简介：陈思佳，中国科学技术大学科技传播与科技政策系研究生，e-mail：csjj@mail.ustc.edu.cn；褚建勋，中国科学技术大学科学传播研究与发展中心（安徽省人文社科重点研究基地）副主任，e-mail：chujx@mail.ustc.edu.cn。

Taking Tik Tok as an Example to Discuss New Ideas of Science Popularization Creation under the Perspective of Mobile Short Video

Chen Sijia[1]，Chu Jianxun[2]

（1. University of Science and Technology of China，Hefei，230026；

2. Center for Science Communication Research and Development，

University of Science and Technology of China，Hefei，230026）

Abstract: The rapid development of the short video industry has brought new opportunities to science popularization creation and scientific communication. This article focused on the practice and application of science popularization creation from the perspective of short video，and analyzed the propagation characteristics of science popularization short video on the short video platform. The diversified subject and innovative form give popular-science short videos a huge vitality and communication power. Meanwhile，social attribute of the short video platform strengthened the public participation and promoted the development of public understanding of science in China. Combined with short video propagation rules and the inherent requirements of science popularization，the article put forward some strategic suggestions on science popularization short video creation and dissemination，aiming at creating high-quality content with professional outsourcing service，creating a differentiated popular-science subject image，establishing a comprehensive communication matrix of media integration，and pursuing the realization of the dual goals of public welfare and market ability in science popularization.

Keywords: Science popularization，Short video，Science popularization creation，Science communication，Tik Tok

随着移动互联网的发展与智能手机的普及，视频已然成为人们在手机移动端获取信息的重要形式。艾媒咨询（iiMedia Research）数据显示，2018 年中国短视频用户规模达到 5.01 亿，5G 技术落地将推动短视频行业进入新的快速发展阶段，市场规模仍有较大上升空间[1]。以抖音为例，其具有平台流量大、用户群体年轻、表达形式生动等特点，吸引了大批科学机构和科技工作者入驻并开展科普短视频创作。《短视频与知识传播研究报告》显示，科普短视频在抖音知识类内容中，播放和点赞量最高，作者人均“粉丝”数也最高[2]。抖音正逐步成为科普创作的新阵地，短视频形式不断赋能科学知识和科学精神传播。未来，短视频市场规模持续扩大，内容竞争加剧，深入思考科普短视频创作及传播策略，对于增强科学传播能力、提高公民科学素养具有重要意义。

一、视频媒介与科学传播

视频是科普创作和科学传播的重要媒介形式之一，具有生动形象、信息丰富、易于理解、增长兴趣等优势。随着网络信息技术的发展，科普视频的形式和传播载体也正在发生变化。电视时代，科普视频以大型综艺节目的形式呈现，每期一个科学话题，通常邀请权威科学人士解读或采用实验方法佐证，如《走近科学》《科技之光》《地理中国》等。随着网络时代的到来，以果壳网、飞碟说、中国数字科技馆为代表的制作团队开发了大量科普微视频，这些时长在 30 秒至 20 分钟的小短片围绕民生、健康、应急科普、前沿科技等方方面面，向大众传递科学知识，取得了很好的科普效果。

如今，兼具娱乐和社交属性的短视频行业发展火爆，传统的科普视频生产模式发生巨大改变。一方面，科普视频时长压缩至 15～60 秒，以适应人们利用“碎片化”时间的观看需求；另一方面，用户参与科学传播的角色发生改变，不仅能够通过点赞、评论、转发等方式与科学传播主体互动，还可以作为内容生产者制作科普短视频并发布。至此，在移动互联网时代，公众、媒体、科技组织或机构之间形成了多向集体互动关系。不同载体的科普视频具有各自的生产与传播特点。但是，传统的科普视频形态不会被取代，而是形成共存、融合、互补的新局面。

二、基于抖音平台的科普短视频传播特征分析

抖音是一款面向年轻人的音乐短视频社交平台。用户可以通过内置功能

拍摄视频或外部上传，结合视频编辑、特效（反复、闪一下、慢镜头）等技术生成具有创造力的15～60秒短视频。2018年，抖音国内日活跃用户数量（DAU）突破2.5亿，月活跃用户数量（NAU）突破5亿，国内用户在抖音上打卡2.6亿次，足迹遍及233个国家和地区[3]。由此可见，抖音在年轻群体中具有广泛的影响力。科学传播以抖音短视频作为全新的载体，在生产、扩散、反馈等多个层面都实现了重大的创新和突破。

（一）多元化主体促进多维内容生产

传统媒体时代，科普内容生产者单一且分散，例如科技馆面向地方用户开设科普展览，媒体在各自平台上发布科技资讯文章或制作科普微视频，科技工作者出版科普图书等。抖音作为一个庞大的信息平台，有效地将众多科普主体聚集在一起，促进了多学科多类型的优质内容生产。

抖音科普类账号可以分为五大类（表1），账号主体分为官方科技组织与机构、科技类媒体、企业、科技工作者和自媒体。其中，官方科技组织与机构账号由科技馆、科协、出版社等机构建立；科技类媒体账号是传统媒体或网络媒体的抖音官方平台，传递科技资讯，普及科学常识；企业账号由相关科技企业创建，聚焦某一领域开展科学传播；科技工作者账号是经过抖音官方认证的个人科普IP，如中国科学技术大学副研究员袁岚峰个人账号“科技袁人”、植物学博士史军个人账号“植物人史军”，这类账号专注于某一领域，将科学知识与生活常识联系起来，风格平易近人，广受网友喜爱；自媒体账号通常由具有某方面专业知识的科普志愿者建立，或通过信息资源整合传递科学常识内容，“宇宙科普认知”为个人账号，通俗易懂地介绍天文知识，如探索月球1000个未解之谜、宇宙七个文明级别等，在抖音平台拥有4.1万“粉丝”和8.9万点赞。

由此可见，抖音平台科普账号主体多元化特征十分显著，既有官方科学组织和权威科技媒体，传递前沿科技资讯，也有科技工作者和科普自媒体，解读生活中的科学知识，深耕某一领域从事相关内容产出。从数量上看，科技工作者和科普自媒体账号是抖音科普的主力军。

表 1　抖音平台科普账号统计

科普账号类别	代表账号	所属科普主体
官方科技组织与机构	中国科普博览	中国科学院网络化学传播平台
	神奇实验室	中国科学技术馆
	科普中国	科普中国网
	科普江西	江西省科学技术协会
	中国科学技术出版社	中国科学技术出版社
科技类媒体	中国科技网	中国科技网
	科技日报	《科技日报》
	果壳官方账号	果壳网
企业	爱因科普斯坦	锋锐科技官方账号
	锦医卫	成都锦医卫科技有限公司
科技工作者	科技袁人	中国科学技术大学副研究员袁岚峰
	石头科普工作室	中国科学技术大学石头科普工作室
	植物人史军	植物学博士史军
自媒体	雷蔚	个人
	科技公元	科技自媒体
	科普大爆炸	个人
	宇宙科普认知	个人

在视频内容上，多元化主体的科普创作视角更加开阔，涉及的科学学科包括物理、化学、天文、生命科学、医药与公共卫生、信息科学等，冷门科普方向还有金融保险、法律、历史。科普短视频内容类型包括科技资讯、健康医美、天文地理、理化实验、科普展品、科普活动、应急常识、冷知识……这些科普创作方向满足了不同受众的多维度内容需求。

（二）创意视频形式加速网络传播

在抖音平台中，最受欢迎的原创科普短视频内容大致可以分为两类，一是与大众生活息息相关的常识类科普，二是带有较强专业性和神秘色彩的天文科普。从传播形式来看，抖音科普短视频已经形成了几种比较成熟的模式。第一类是以健康科普账号“丁香医生”为代表的小剧场模式，将科普知识植入娱乐化场景中，寓教于乐。以其中一期“吃夜宵会长胖？”为例，设计了科普主讲人与助演争夺夜宵的场景，来讲述体重增长取决于一天热量的总摄入和消耗是否平衡这一生活常识。这类科普创作需要有专业团队策划拍摄，成本较高，但是传播效果好，符合抖音平台娱乐化的内容调性。第二类是借助器材和专业工具讲解科学原理的实验模式，操作过程和实验现象具有强烈的感官刺激和吸引力。自媒体账号“雷蔚”以水果、蔬菜模拟人体进行手术操作，比如“拔玉米智齿”“西瓜冠状动脉心脏搭桥”“洋葱剖腹产”等，为受众提供了不一样的医学科普视角，迅速在抖音上获得广泛关注，增强了普通用户对于临床医学的兴趣和了解程度。第三类是将科普创作与动漫艺术相结合，实现了科普创作科学性、思考性和艺术性的统一。第四类是选择符合抖音用户审美的主讲人，每期一个话题的口播讲解模式，多数医药健康类短视频采取这种模式，场景代入感较好。第五类是图文素材配音模式，适用范围较广，冷知识类科普、天文知识科普由于难以拍摄现实画面，所以多采取这种视频创作模式。第六类是场景实拍加配音解说模式，“植物人史军”账号的视频多采用这种模式，实景拍摄更真实，有利于凸显科学性。

（三）社交互动强化科学传播公众参与

基于移动短视频平台的科学传播的最大特征就是受众、媒介与内容生产者之间的互动关系，移动社交平台的基本属性决定了受众参与科学传播的便利性。一方面，公众参与表现心理沉浸。科普短视频将科学性的知识内容与丰富的表达形式相结合，不断吸引用户的注意力。在受众获取信息的需求被满足的同时，也加深了对科普短视频内容的喜爱程度，由此会对未来信息获取产生期待，在期望形成和期望确认的循环过程中，受众对科普短视频的心理沉浸程度不断加深。另一方面，受众的行为沉浸是公众参与的直接表现，持续不间断地观看视频，伴随着点赞、评论、转发等行为。抖音平台的社交属性赋予了用户与科普内容生产者平等交流的机会，所以在短视频评论区常常可以看到用户对视频内容进行提问和自发讨论。

受众更深层次的行为沉浸表现为促成或主动参与科普创作。以“丁香医生”为例，其设有专门的问答账号“来问丁香医生”，用户可以在视频评论区或私信提出身体上的问题，视频团队会挑选问题进行解答。另外，用户对科普内容产生浓厚兴趣后，会主动参与线下科普活动，以亲身经历的视角记录科普内容，完成科普创作。

刘华杰在《科学传播的三种模型与三个阶段》一文中指出，民主模型的特点是科学传播受众与主体多元化，强调公众的态度和发言权[4]。结合前文所分析的抖音科普账号主体多元化特征，以及受众心理和行为的双重参与，笔者认为，抖音短视频平台的科学传播具有民主模型特点，但是这种民主参与并不成熟。贾鹤鹏、苗伟山在《公众参与科学模型与解决科技争议的原则》一文中认为，民主模型注重政府、公众和科学家进行平等的交流，共同参与科学决策以完善科学传播[5]。从这个角度来看，短视频科普促成了公众与内容生产者的对话，但距离其倡导的公众参与共同决策的目标还有一段距离。因此，短视频平台的科学传播还需要长时间的探索，以推动我国科学传播由缺失模型向民主模型过渡。

三、短视频科普创作及传播策略建议

（一）借助专业外包服务创作优质科普内容

内容专业化正成为短视频行业发展的趋势，科普短视频内容的科学性、难以复刻性是其区别于娱乐类短视频的最大优势。但是，很多科技组织缺乏视频内容生产经验和专职运营人员，导致账号形象定位模糊、科普知识晦涩难懂、视频效果粗糙、用户体验感差等问题的产生。因此，具有丰富科普资源的个人或组织可以借助多频道网络的产品形态（MCN）机构的专业外包服务，在确保内容准确科学的前提下，创新表达形式，提高视频制作水平，为受众呈现更加优质的科普内容。

（二）打造差异化的科普主体形象

抖音科普账号无论是自主运营或MCN机构代理运营，都应当充分挖掘个体特质，打造差异化的科普主体形象。在信息爆炸的今天，只有抓住用户的注意力，不断增强受众黏性，才能持续发挥科普内容的影响力。笔者认为，主体形象建构可以立足于目标用户群体特征和内部科普资源类型，从选题方向、叙述形式、语言风格等方向入手。尤其是官方科技组织，在具备丰富科普资源和媒体资源的优势下，通过强化个体特征，重塑科技组织在公众心目中的科普形象，打造科学性与娱乐性兼备的主体形象，是有利于我国科普事业发展的重要举措。

（三）建立媒介融合的全方位传播矩阵

目前，电视媒体、网络视频平台、短视频分别代表着几种不同类型的视频媒介形式，在媒介融合的趋势下，科学传播和科普内容创作可以充分整合不同媒介形态的优势，建立全方位的科学传播矩阵。短视频平台“吸睛”能力强、覆盖人群广，创作表述核心科学知识、情节紧凑的视频内容，可以担当传播矩阵的流量入口，拓展科普内容的传播广度。网络视频平台和传统电视媒体应发挥专业化、系统化的优势，生产专题内容或连续剧集，增强科普内容的深度与专业度。

（四）追求科普事业公益性与市场性的双重目标实现

王德林对科普市场化的定义是科普资源开发与建设投资主体的多元化与科普运营主体和渠道的多元化[6]。这一定义偏向于科普内容的市场化运营。但是笔者认为，在今天的市场环境中，科普市场化还应当包含另一层含义，即实现科普内容的市场价值。短视频行业商业化进程不断加速，短视频内容生产者的变现渠道不断拓宽。依托于移动短视频的科学传播除了传递科学知识和科学精神外，还可以通过销售科普图书、科普展览门票、科学仪器与教具等科普周边产品，实现商业盈利，如此再反哺科普内容创作，强化科普事业公益性。

参考文献

［1］艾媒大文娱产业研究中心，艾媒网. 艾媒报告 2018～2019 中国短视频行业专题调查分析报告［EB/OL］［2019-08-10］. https：//www.iimedia.cn/c400/63582.html.

［2］魏星. 抖音半年间月启动次数增长 10 倍，24～35 岁人群占比 46.71%［EB/OL］［2019-08-10］. https：//www.adquan.com/post-13-44025.html.

［3］刘狄青. 抖音 2018 年度数据报告［EB/OL］［2019-08-10］. https://awtmt.com/articles/3476893?from= wscn.

[4] 刘华杰. 科学传播的三种模型与三个阶段 [J]. 科普研究，2009，4（2）：10-8.
[5] 贾鹤鹏，苗伟山. 公众参与科学模型与解决科技争议的原则 [J] . 中国软科学，2015，（5）：58-66.
[6] 王德林. 科普资源的来源及市场化运作 [M]//中国科普研究所. 中国科普理论与实践探索——2009《全民科学素质行动计划纲要》论坛暨第十六届全国科普理论研讨会文集. 北京：科学普及出版社，2009：5.

《科技日报》2017～2019年疫苗报道的新闻框架分析*

褚建勋[1] 赵静雅[2]

（1. 中国科学技术大学科学传播研究与发展中心，合肥，230026；

2. 中国科学技术大学，合肥，230026）

摘要：《科技日报》是我国科技领域的重要主流新闻媒体。本文以热点话题疫苗为切入点，选取2017年至2019年8月这一时间段，运用框架分析的方法，从高、中、低三个层次探究《科技日报》在科学传播与科普方面的具体表现。通过梳理研究发现，《科技日报》在科普疫苗研究进展、疫苗知识方面投入了大量的精力与版面，发挥了媒体知识普及的功能。但是《科技日报》的报道仍保留了许多传统媒体的习惯，未充分从受众角度出发，如报道中充斥专业名词而不多加解释，新闻体裁多为解释性内容甚少的消息，以至于有些受众对报道内容无法充分理解，疫苗科普效果并不显著。结合科学传播模式理论来看，《科技日报》仍停留在缺失模型阶段。

关键词：《科技日报》 疫苗新闻报道 框架分析

---

* 本文为国家自然科学基金面上项目（项目号：71573241）成果。

作者简介：褚建勋，中国科学技术大学科学传播研究与发展中心（安徽省人文社科重点研究基地）副主任，e-mail：chujx@mail.ustc.edu.cn；赵静雅，中国科学技术大学科技传播与科技政策系研究生，e-mail：czjya@mail.ustc.edu.cn。

Analysis on the News Framework of Vaccine Reports in *Science and Technology Daily* from 2017 to 2019

Chu Jianxun[1]，Zhao Jingya[2]

（1. Center for Science Communication Research and Development，University of Science and Technology of China，Hefei，230026；

2. University of Science and Technology of China，Hefei，230026）

Abstracts： *Science and Technology Daily* is an important mainstream media in the science and technology field. This article chose the hot topic of vaccines as an entry point and adopted the framing analysis method to explore its performance in the aspects of science communication and popularization from three perspectives. It is obtained that *Science and Technology Daily* puts amounts of efforts to introduce vaccine researches development and vaccine knowledge，which play the role of knowledge popularization. However，these reports also encountered some problems that traditional media always faced，such as too many professional terms and few explanation information，which ignored the audience's ability and resulted in not fully conveyed contents. As a consequence，the effect of science popularization is not significant. Hence，from the view of science communication theory，*Science and Technology Daily* is still at the stage of deficit model.

Keywords： *Science and Technology Daily*，Vaccine reports，Framing analysis

2018 年 7 月，长春长生生物科技有限公司被发现冻干人用狂犬病疫苗生产存在记录造假等行为，由此揭开了长生疫苗案的序幕，疫苗一时间成为人们热议的焦点。接种疫苗对于人体健康至关重要，但大众普遍发现自己对疫苗知之甚少。本文选择我国科技领域的主流媒体《科技日报》作为范例，选择一定时间作为样本，分析其关于疫苗的相关报道，以期发现其在疫苗科普领域所做的工作与效果，并据此提出一些建议。

一、《科技日报》与疫苗问题

《科技日报》原名《中国科技报》，1986 年 1 月 1 日由国家科学技术委员会、国防科学技术工业委员会、中国科学院、中国科学技术协会联合创办。该报是富有鲜明科技特色的综合性日报，是面向国内外公开发行的中央主流新闻媒体，是党和国家在科技领域的重要舆论前沿。[1]

疫苗是直接关乎人体健康的生物制品，主要是为了预防、控制传染病的发生与流行。但这一至关重要的公共卫生问题却状况频发，疫苗事件的新闻不断见诸报端。2018 年 7 月吉林长春长生生物科技有限公司冻干人用狂犬病疫苗生产存在记录造假的事件，影响恶劣且巨大。由于疫苗属于科技产品，涉及生物科学技术的范畴，而《科技日报》正是我国科技领域的发声喉舌代表。因此，选取《科技日报》一段时间内的疫苗事件报道作为样本进行框架分析，可以据此探究《科技日报》中的疫苗报道态度与立场。

二、框架理论概述

根据社会学家欧文・戈夫曼的研究，框架被定义为“隐于大量显性文本或日常互动背后，相对稳定一贯的原则或中心主题”[2]。他在其著作《框架分析》中创立了框架理论，并首次将框架的概念应用于传播学领域，此后其他学者根据这一理论衍生出新闻框架、媒介框架、受众框架等多个学术概念。

传播学者盖伊・塔奇曼认为，新闻工作者在处理信息活动时，经常按照他们头脑中特定的框架，迅速有效地对事物进行定义、解释和评论，预测和定义社会上发生的新闻事实。根据她的理解，新闻是按照人为的规则被生产出来的，这个规则就形成了新闻框架。[3]

中国台湾学者臧国仁在《新闻媒体与消息来源——媒介框架与真实建构之论述》中，曾将框架划分为高、中、低三个层次。高层次指对某一主题事件的界定；中层次由主要事件、历史、先前事件、结果、影响、归因、评估几个环节组成；低层次指框架的表现形式，由语言或符号组成，包括字词、语句，以及由这些基础语言所形成的新闻文本中的修辞或譬喻。[4]

在本研究中，笔者也将从高、中、低三个层次的框架出发，对《科技日报》疫苗报道的新闻主题、核心内容、消息来源、话语情感等进行具体分析。

三、《科技日报》疫苗报道的新闻框架分析

（一）样本选取

在读秀数据库中，将来源设置为《科技日报》，再以“疫苗”为关键词进行搜索。为了得到适量的报道文章进行分析，且涵盖重要疫苗事件（如长春长生狂犬病疫苗事件）发生的时间点，将截取时间段设置为 2017 年、2018 年两年之间。2017 年共有 29 篇有关疫苗的报道，2018 共有 36 篇相关报道，2019 年 8 月底前共有 24 篇报道，总计有 89 篇报道以供分析。

（二）疫苗报道的具体新闻框架分析

1. 疫苗报道的高层次框架分析

高层次框架指的是新闻报道中事件主题的界定，通过新闻的文本阅读与新闻在报刊上所刊载的版面均可看出。本文对于高层次框架主要从报道的主题内容、刊载版面与新闻报道密度两方面来界定。

首先，通过对 89 篇报道的主题内容进行归纳整理，本研究共得到 10 个类别，按照包含的报道数量由高到低排列依次为：国际疫苗研究进展、我国疫苗研究进展、疫苗知识普及、疫情与疫苗、疫苗问题、疫苗应用、疫苗未来发展、疫苗管理、疫苗未来发展、疫苗科技人物报道。其中，报道国际疫苗研究进展与我国疫苗研究进展的新闻分别有 21 篇与 14 篇，疫苗知识普及的报道有 9 篇。这 3 个类别可以认为同属于向公众科普疫苗知识的报道类型。

其次，通过对 89 篇报道样本的刊载版面进行整理归类，发现以下特征：33 篇报道刊登于国际新闻版面，绝大部分都是新闻消息，报道国外关于疫苗研究的最新进展，也有关于疫情与疫苗、疫苗知识普及的讨论，这也是相关

报道刊登数量最多的版面。其次，今日要闻（头版）刊登了 14 篇疫苗报道，主要包括重要意义的疫苗研究进展，如艾滋病、癌症有关疫苗；我国疫苗研究取得的重大成就；国内重大疫苗问题，长生事件；国家领导人相关指示等。还有综合新闻版面刊登了 17 篇疫苗报道，主要内容包括我国疫苗研究进展，疫苗管理、疫苗应用，强调疫苗问题的问责。生物科技与论道健康版面分别刊登了 5 篇与 3 篇报道，体现了疫苗问题的技术性特点，以及与卫生健康密切相关的定位。值得关注的是，《科技日报》的科技人物版面还刊登了两篇人物通讯。“共享科学”“科技改变生活 • 正听”这些版面分别刊登了 1 篇疫苗报道。《科技日报》有关疫苗的报道大部分刊登在国际新闻版面，与其内容主要集中报道国际疫苗研究进展相呼应。

在报道体裁方面，消息数量占据绝对优势，共有 57 篇，其余 32 篇均为通讯，包含 2 篇人物通讯。消息具有时效性强、篇幅短的特点，而通讯则是新近发生、背景知识多、篇幅较长，消息更适合于报道疫苗研究发展的动态最新情况。

在报道密度方面，2017 年共有 29 篇报道，2018 年共有 36 篇报道，2019 年 8 月底前已有 24 篇报道。可以看出，2017 年、2018 年的疫苗报道数量差距并不大，2019 年相关报道数量则有所上升。由于 2018 长生疫苗事件影响恶劣，引发了大众对于疫苗生产、使用等环节的关注与追责，因此 2019 年关于疫苗的报道中出现了 2017 年与 2018 年都未曾出现的主题，即疫苗管理的报道。2017 年疫苗报道最多的月份是 2 月，共有 5 篇报道，内容主要是国际国内疫苗研究进展；其次是 1 月，共有 4 篇，内容主要是疫苗研究进展和疫苗知识普及。纵观 2017 年各月份报道数量，除 5 月外，其他每个月均有报道，数量从 1 篇到 3 篇不等，上半年和下半年的报道数量分别为 16 篇、13 篇。2018 年 1 月、2 月分别有 3 篇、1 篇报道，2018 年上半年共有 11 篇报道，其中报道最多的月份是 1 月和 4 月，均有 3 篇报道，主要内容主题是疫苗研究进展。可以看出，2018 年上半年疫苗相关报道的热度并不是很高，然而 2018 年的 7 月、8 月，《科技日报》接连分别刊登 4 篇、5 篇疫苗相关报道，内容主要是疫苗问题报道。报道的数量在这两个月内均有提高，原因就是 2018 年 7 月国内爆发了长生疫苗事件。2019 年 8 月底前的报道数量已与 2018 年持平，说明疫苗问题较以往引起了更多的关注。从报道密度来看,《科技日报》关于疫苗的报道平均约为每月 3 篇,可看出其对疫苗问题有关注,但并非是首要重点。而在疫苗事件爆发以后,《科技日报》的反应比较敏捷,当月及次月积极跟进疫苗问题,体现了其在科技领域的重要舆论前沿位置。但细看这两个月的报道却发现,其均是以消息体裁报道事件最新进展,缺乏深度,对事件背后的技术问题、责任归咎等问题尚缺乏体现。

2. 疫苗报道的中层次框架分析

根据臧国仁关于框架的中层次结构划分,本文将此归为主要事件、背景、结果、原因、评价几个报道范畴。[5]

《科技日报》有关疫苗的新闻中最主要使用的报道范畴是主要事件,共 56 篇;其次是背景,共有 17 篇相关报道;结果、原因、评价各占 2 篇、1 篇、3 篇。主要事件报道范畴在新闻中体现为简单描述事件的发生,89 篇报道中的确大部分都在重点讲述国内外疫苗研究的最新进展事件。背景部分的报道也都是结合生物知识向受众普及疫苗知识。结果报道范畴 2 篇报道的内容是介绍疫苗研究进展所带来的前景。评价是《科技日报》较少使用的报道范畴,其中一篇报道在世界艾滋病日评价艾滋病防控任务仍然很艰巨;另两篇评论则是“养殖业应从疫苗药物依赖转向生物安全防控”“英美等五国现行疫苗政策难除麻疹”。这表现出《科技日报》在疫苗问题上并没有充分发挥其在科技界重要喉舌的作用。唯一的 1 篇原因报道是报道武汉生物百白破疫苗不合格事件的原因。

3. 疫苗报道的低层次框架分析

低层次框架主要指新闻报道的话语分析,本研究主要从新闻报道视角、消息来源、引语形式、语言倾向这些角度来分析。

新闻报道视角可分为宏观、中观、微观三个层次。从这 89 篇报道来看,《科技日报》有关疫苗报道还是以中观视角为主,即从专业角度普及疫苗知识、疫苗应用前景等。也有少量宏观视角的报道,如就某一类疫苗介绍其研发历史、在各国的应用,以及关于疫苗、疫情防治的国际合作等。《科技日报》对于疫苗的相关报道缺乏从微观角度的观察，即可考虑用一人、一户的故事来报道疫苗相关事件，用小事件折射大变化，用普通人的经历引起读者共鸣与思考，尝试从感性角度去提高传播效果。

至于消息来源，《科技日报》的消息来源丰富：在报道国外疫苗研究进展时，消息来源多是来自权威科学杂志，如《自然》《科学》《柳叶刀》等；还有科学网站和科学家等。国内相关报道主要来自相关政府机构、科学家。此外，还有国际组织机构、科技公司、行业人士等。

引语形式一般有直接引语和间接引语两种。直接引语是直接描述谁说了什么，将其原话呈现出来；间接引语则是转述另一主体的话语。一般来说，直接引语更具有说服性。但是在《科技日报》有关疫苗的主体报道中，在 36 篇介绍国内外疫苗研究进展的报道中，绝大多数都是通过间接引语来呈现新闻事实，例如，“专家介绍，市场上常见猪用疫苗的类型大致分为全病毒灭活苗、减毒活疫苗、基因工程苗（包括亚单位苗、载体疫苗、核酸疫苗）等”“据物理学家组织网日前报道，美国科学家在艾滋病病毒（HIV）包膜蛋白内一个重要的功能性位点上，发现了一类聚糖分子，其可作为广泛中和抗体 VRC26 的特定靶点，加速艾滋病疫苗的研发”。

在这 89 篇报道中，所用的词语搭配、语言选择都能体现出《科技日报》的一些倾向性。总体来看，《科技日报》中关于疫苗的报道多呈中立性，而一些介绍疫苗研究突破的报道则呈现正向性，常用词语如“成本低”“受欢迎”“重要意义”都向受众强调了技术发展的积极意义。

四、结语

综合上述对于《科技日报》2017～2019 年相关疫苗报道所进行的高、中、低层次框架分析，我们发现，《科技日报》在疫苗这一主题上，大部分是在向受众介绍国际国内疫苗研究进展，也有一些报道向受众科普疫苗知识，帮助公众走出认知误区，主要目的就是向公众传播有关疫苗的科学知识。

综合国内外科普、科学传播的理论与实践，科学传播有三种典型模型，依次为：缺失模型、语境模型与对话模型。缺失模型的基本观点是专家有大量的专业性科学知识，而公众不具备，因此，需要把科学知识通俗易懂地传输给公众，并设法使得公众理解、接受科学知识。结合上述观点，本研究发现《科技日报》所采用的科学传播模式仍是典型的缺失模型。而这一把科学共同体与公众放在不平等的位置的传播模式在如今信息爆炸化、传播去中心化的时代已不太适用。从许多细节处可以看出，作为官方舆论前沿，《科技日报》对于如何尽可能地提高传播效果，树立“受众本位”观念还需努力。《科技日报》作为国家的主流新闻媒体之一与重要的科技喉舌，在科学传播方面必然有很多的资源与优势，如何在新时代利用自身特点，继续发挥自己的科技主流媒体作用还需要更多的思考。

参考文献

［1］百度百科. 科技日报［EB/OL］［2018-12-08］. https://baike.baidu.com/item/%E7%A7%91%E6%8A%80%E6%97%A5%E6%8A%A5.

［2］潘霁. 本地与全球：中英文媒体与澳门城市形象——框架理论的视角［J］. 国际新闻界，40，（8）：156-165.

［3］李照伟.《人民日报》中巴经济走廊新闻报道框架研究［D］. 乌鲁木齐：新疆大学硕士学位论文，2018.

［4］臧国仁. 新闻媒体与消息来源——媒介框架与真实建构之论述［M］. 台北：三民书局，1999.

［5］褚春媚.《人民日报·生态周刊》环境新闻的框架研究［D］. 南宁：广西大学硕士学位论文，2015.

探讨提高科技展品的公众参与度的实施途径

方　芳

（湖南省科学技术馆，长沙，410004）

摘要： 科技馆是以科技展品为主体，对公众进行科普展示的实体场馆，因此，科技展品的设计展示尤为重要。近些年，大大小小的科技场馆兴起，但是场馆内的科技展品大多千篇一律，内容形式和设计创新都遇到了瓶颈期，要想推陈出新有一定的难度。如何设计出科学性强且受公众欢迎的科技展品，需要进行深入且长远的研究与探讨。本文以科技展品为依托，主要从科技展品的内容特点、展现方式、公众体验效果等方面进行分析，为今后的展品设计思路提出一些实用性的建议，以更好地发挥科技馆的科普教育功能。

关键词： 科技展品　科技馆　社会组织　参与度

Discussion on Ways to Improve Public Participation in Science and Technology Exhibits

Fang Fang

（Hunan Science and Technology Museum，Changsha，410004）

Abstracts： Science and technology museum is a building for science popularization by showing science and technology exhibits to the public. Therefore, the design and display of the exhibits are particularly important. In recent years, kinds of science and technology museums have sprung up，but most of their science and technology exhibits are similar. The contents，forms and design innovations of the exhibits have encountered bottlenecks. It needs deep and long-term research and

作者简介：方芳，湖南省科学技术馆科普辅导员，中级工程师，e-mail：fangffff116@163.com。

study on how to design exhibits with strong scientificalness and great popularity. This paper mainly analyses the content characteristics，exhibition form and experiencing effects of scientific and technological exhibits，puts forward some practical suggestions for future exhibit design，so as to enhance the function of science popularization and education of science and technology museums.

Keywords: Science and technology exhibits，Science and technology museum，Social organization，Public participation

科技馆作为综合性科普教育场所，渐渐地成为社会大众了解科技知识、掌握科学原理的方式之一。科技展品是科技馆展示的基础，其所具有的展览展示功能十分强大，因此也受到社会大众的喜爱。虽然我国科技馆建设正处于日新月异的发展之中，但是大多数科技馆在发展建设过程中对于科技展品的设计存在展示内容大同小异、展示形式千篇一律等问题，这些都是科技馆建设过程中需要解决的问题。而且，近些年很多建成时间比较早的科技馆还会面临展品研发和更新改造等需求，所以很多小中型科技馆会选择直接复制其他场馆展品展项的途径，这在一定程度上虽保证了展品设计和制作的可靠性，但是缺乏自主研发和创新创造的能力，使得科技馆的展品对于公众的吸引力在逐渐减弱。[1]为促进科技馆事业更好地发展，如何打破墨守成规，设计出公众参与度高的展品展项，是值得我们探讨和深思的问题。

一、科技展品的内涵意义

科技展品是指能够展示、体现、普及一定的科学知识且实际存在的物品，具有科学性、知识性、艺术性、趣味性等特点。科技展品其实就是生动地把科学知识展示出来，从而实现科学知识的普及。[2]

科技馆的实体展馆由各种科技展品组成。科技展品也成为科技馆组成中的主要元素，同时，也是传播科学文化知识的重要载体。因此，科技展品已逐渐成为科技馆科普教育乃至当前我国素质教育的一个不可或缺的组成部分。如今全民素质教育已经走上了教育的正规化日程，为了培养各类现代化社会所需要的创新人才，对社会大众科技创新的素质普及将会越来越重要。公众参与体验科技展品对于科普传播工作是一个直观的检验。尤其是在迅猛发展的信息时代，科技不仅改变着人们的生活方式，也在改变着科学普及的发展模式。科技展品的研发和设计将成为科学普及工作未来发展的一个必然方向，同时也是社会组织参与科普创新研究的一个必然趋势。

二、科技展品的内容特点

科技展品是科技馆的核心内容，是科技馆实现展览教育的主要载体。科技展品的内容设计包含设计理念、设计背景、设计意义及所蕴含的科学知识等。社会大众到科技馆参观也是通过科技展品来获得最直接的感受，科技馆展品在内容设计上要有体现科普教育功能的特点。

第一，科技馆展品的内容要体现出科学性，公众通过参观科技展品，能更加直观地了解展品背后所蕴含的科技知识，这也是科技馆与其他展馆的不同之处。科技馆最基础、最根本的传播科学知识的途径就是通过科技展品，因此，科技展品要让社会大众了解和学习科技知识，其展示内容要严谨而准确。

第二，趣味性也是科技展品设计的重点之一，因为科技馆展示这一科普形式是面向社会公众的，寓教于乐的设计理念更能吸引参观者的积极性，许多科学知识都比较深奥难懂，如果是直接对广大公众进行科学知识的讲授和介绍，很难激发起公众学习科学知识、观看科技展品的兴趣，那么科技展品就只是一种摆设，不能发挥出科技展品的作用。如果在设计科技展品的时候能够增加其趣味性，就能吸引公众体验的兴趣。

第三，互动性是衡量科技展品设计成功与否的重要依据。互动性强的科技展品更能激发参观者参与其中探索思考和学习的热情，进而提升参观者动手动脑的能力。

第四，可管理性首先强调的是科技展品自身的安全可靠性，遵循以人为本的设计理念，展品设计要考虑与参观者的生活实践经验相一致，使得参观者易于上手操作，减少易错操作与烦琐操作，要从生理上、心理上使得参观者的需求得到全方位高质量的满足。[3]

三、科技展品的展示方式研究

科技馆展品的展示形式对于实现科技馆展览教育至关重要。就我国目前科技馆的发展现状而言，公众到科技馆参观时，所看到的科技馆展品的主要展示方式包括图文说明与模型展示、多媒体视频演示、互动体验展示、科学表演及科学实验演示等。

（一）图文说明与模型展示

大部分科技馆展品都是以展板、展墙、模型等形式展出的，这类展示对空间和场地的要求非常低，而且展示的内容很多，需要参观者有一定的科技常识和理解能力。如何吸引公众长时间驻足停留，可以在设计时通过图片和文字进行不同的排列组合，再加上展示台上夸张的展示模型，同时在造型、色彩、材质等方面进行多种选择和安全处理，模型还可以局部放大、剖面展示等。这样可以让静态展品展示不显单调，增强公众的观感体验。[4]

（二）多媒体视频演示

还有一类科技馆展品通过视频演示与声音说明，配合多媒体、操作按钮等来实现，展品中复杂的科技原理通过动画、视频、音频等形式深入浅出地呈现给参观者。对于不同年龄段的参观者来说，这种展现形式更具吸引力。设计时，可以将展示的手段设计得更加多元化，内容时常更新，使展品的科学知识体现得更加全面。

（三）互动体验展示

随着时代的发展，科技馆的展品也需要与时俱进，参观者到科技馆体验时，不仅需要观看，更需要亲身体验，更加近距离地实际操作，以获得更加深刻的印象。可以将展品一比一等比例放大，使参观者感受展品的每一个细节设计，从而更加全身心地参与其中。设计时，不仅要考虑展品的实用价值，更要考虑展品的安全性。

（四）科学表演及科学实验演示

科学表演是一种基于科技展品、科普知识，结合舞台背景、服装道具、表演者夸张的讲述来实现的表演形式，通过一定的故事情节和角色扮演让枯燥的科学实验更加立体丰富。社会大众来到科技馆，不仅可以通过展品展项了解科学知识，也可以通过观看趣味科学表演感受科学的魅力，引发深入的科学思考，让科学展示更具观赏性和艺术性。

四、科技展品的体验效果调查

公众来到科技馆，主要是通过科技展品认识科技馆，每一件展品的设计对于观众的参与度都会有着不同的效果。在科技馆内，科技展品都会根据不同的学科领域分区摆放和展示，让公众在参观展厅时，可以根据自己感兴趣的点进行自由参观，同时也能对科技展品有更深刻的了解。

我们以湖南省科学技术馆常设展厅摆放的展品展项为例来加以说明。整个场馆共有 500 多件展品展项，分布在材料空间、制造天地、信息港湾、数理启迪、太空探索、地球家园、能源世界、生命体验、童趣馆——积木科学王国九大主题展厅里。2019 年上半年，通过参观票据统计，总计参观人数已经达到了 1 828 731 人次，这反映出社会大众已经越来越认可到科技馆参观。我们通过对 4～6 月这一段时间来馆参观的社会大众进行了问卷访谈式的调查研究，将参观者分为 5 个不同的年龄段进行分析，结果显示：10 岁及以下的参观者，由于年龄太小，对于知识的获取不是特别感兴趣，只是单纯地喜欢色彩丰富、形状各异的模具型展品，如童趣馆——科学积木王国展区内的小球王国、建筑工地等展项；11～20 岁的参观者，有了一定的知识储备，正处于读书学习的年龄阶段，相对比较喜欢互动性强的基础科学展品，此类展品主要以动手体验为主，如数理启迪展区的镜子迷宫、高空骑车，制造天地展区的机械滚球、地震体验等展项；21～30 岁的参观者则喜欢时下热点、具有前瞻性的展品，如3D打印展区、太空探索展区的展品展项，科技热点、流行时尚的知识对于他们来说更具认同感；31～40岁的参观者则喜欢与生活息息相关的展品展项，如地球家园展区、生命体验展区，此类展区所陈设的展品展项与社会生活联系得十分密切，如垃圾分类、人体保健等方面；41岁以上的参观者相对而言喜欢具有历史性、时代性、代表性的展品展项，如材料空间展区里展示的新型材料、从古至今的发展史、独具地方特色的展品展项等。从这些调查结果可以看出，不同年龄段的参观者对于科技馆的理解与需求是不同的，他们选择展品进行体验最能体现出科技展品的参与度的高低。我们在设计研发展品时就从多角度、多方面、多层次考虑问题，让科技展品更加包罗万象，不仅能提升展品的科技感，而且能让展品更加贴近人们的日常生活。那么，如何通过科技展品来提高公众的参与度，实现科技展品的价值，让社会化组织更多地参与到科普研究工作中，还需要进行更多更深的研究，只有这样才能更好地促进科普事业的蓬勃发展。

五、结语

随着时代的发展，社会大众对于科技馆的展览展示已经有了更高的要求与关注，因此，为了更好地发挥科技馆的展览教育职能，科技馆展品的展示形式根据当前的发展形势逐渐向体验互动时代过渡，在内容上要注重选择与社会公众学习、生活、工作紧密相关的主题，在形式上要让传统与现代相结合，敢于寻求突破和创新。科技展品的研发可以根据公众参与程度的高低进行思路设计，在把握好科学理论知识的同时，结合科技展品的自身特点，采取合适的展示形式向公众进行展览，综合考量、灵活运用，从而达到最佳的展览教育目的，实现公众参与科普研究工作的最广泛化。

参考文献

［1］高月. 国外展品设计方式在我国科技馆展品设计制作中的应用［J］. 科技视界，2017，6：304.

［2］百度百科. 科技展品［EB/OL］［2019-08-25］. https://baike.baidu.com/item/%E7%A7%91%

E6%8A%80%E5%B1%95%E5%93%81/4872186?fr=aladdin.
[3] 李春富，李丹熠. 科技馆展品及其展示形式设计研究 [J]. 包装工程，2010，3（16）：62-65.
[4] 刘昕东. 科技馆展品及其展示形式设计研究 [J]. 时代报告，2016，20：229.

基于社会责任视角的科技型企业科普思路探讨

郝　琴

（北京市科技传播中心，北京，100035）

摘要：科学普及与科技创新是科技工作的一体两翼。科技型企业作为最具潜力和活力的创新群体，既是科学技术的生产者、发现者、受益者，也是科学技术的传播者，是进行科普的重要主体之一。本文基于社会责任视角，探讨科技企业作为新兴科普主体如何界定其科普内容，以及在科普工作中应重视科普投入多元化、科技创新成果转化的时效性、科普方式的多样化。

关键词：科技型企业　社会责任　科普

Discussion on Science Communication of Science and Technology Enterprises from the Perspective of Social Responsibility

Hao Qin

（Beijing Science and Technology Communication Center，Beijing，100035）

Abstracts： Popularization and innovation are two wings of science and technology work. Science and technology enterprises，which considered to be the most potential and vital in innovation，are producers，discoverers，beneficiaries as well as communicators of science and technology. This paper discusses from the perspective of social responsibility the way to define scientific popularization contents，the form to carry pluralistic science popularization，and the timeliness to put science and technology achievements into science popularization for science and technology enterprises as they emerging as new carriers of science popularization.

作者简介：郝琴，北京市科技传播中心副研究员，e-mail：253881524@qq.com。

Keywords: Science and technology enterprise, Social responsibility, Science popularization

党的十八届五中全会上提出创新、协调、绿色、开放、共享的五大发展理念。在五大发展理念中，创新发展理念是方向、是钥匙，创新发展居于首要位置，是引领发展的第一动力。在2016年全国科技创新大会、中国科学院第十八次院士大会和中国工程院第十三次院士大会、中国科协第九次全国代表大会上，习近平总书记提出，科技创新、科学普及是实现创新发展的两翼，要把科学普及放在与科技创新同等重要的位置。总书记的重要讲话，将科普工作提升到前所未有的战略高度。

科技型企业作为最具潜力和活力的创新群体，是进行科技创新的重要主体之一，也是进行科学普及的重要主体之一。《中华人民共和国科学技术普及法》《全民科学素质行动计划纲要（2006—2010—2020年）》等都鼓励企业参与兴办公益性科普活动，并将其作为现阶段发展我国科普事业的重要手段和途径。

一、科技型企业——新兴科普主体

自20世纪80年代以来，科学技术开始进入并服务于生产生活的各个方面，极大地促进了社会经济的发展。在经济效益的驱使下，科学技术研究不再局限于公立研究机构和高校，以科技型企业为主体的民间科研快速发展，各国科技型企业如雨后春笋般出现。

我国实行市场经济之后，科技型企业取得长足进展，科技含量不断提高，科研能力日渐增强。特别是国有科技型企业转制引入市场化竞争机制后，自主创新动力增强，部分企业的科研能力甚至达到世界尖端水平。

（一）科技型企业特征

科技型企业是指由科技人员领办或创办，主要从事高新技术产品的研制、开发、生产和服务的企业，是知识集约度高、谋求产品和服务等的高附加值，吸收高额资本的企业[1]，一般集中在航空航天业、制药业、计算设备、精密设备、光学设备等行业。也就是说，科技型企业的产品技术含量比较高，能够迅速发展和具有较强竞争力。这也意味着科技型企业应当具有相当比例的科技人员，需投入高额的研究与开发费用，产品和服务的附加值较高，具有高投入、高风险、高增长率并进行高水平创新的特征。

科技型企业最大的特点是创新性。首先，技术创新是科技型企业生存和发展的基础。不同于传统企业主要依靠自然资源的消耗或资本的投入，科技型企业主要依靠新技术、新理念的运用，在技术上采取领先一步的策略，这是科技型企业在竞争中取胜、获得巨额收益的基础。其次，科技型企业拥有创新的智力和知识资源，其创办者大都是从大公司或大学、科研院所分离出来的高学历或高技术人员，这些人员不但拥有知识和智力资源，还极富创新精神，是科技型企业最活跃和最具创新的因素。

（二）新的科普主体

随着科技型企业的发展，大批科研人员进入科技型企业，促进了民间科研力量的发展。他们既是科学技术的生产者、发现者、受益者，也是科学技术的传播者。科技型企业在其生产、销售及参与其他社会事务等环节中，自觉或不自觉地对公众进行科学技术信息的传播和普及，改变了原有的科技传播体系，成为一个新兴的科普主体。特别是在全球化的今天，科技型企业作为知识经济的重要参与者、应用新技术的先锋者、产学研体系的驱动者，其出现和蓬勃发展可以持续提高科技进步贡献率、开发新产品、促进产学研科技交流，日益成为科普的重要力量。

在我国，由于经济发展迅速，特别是加入世贸组织之后，与其他国家和地区的经济交往日益增多，中国的科技型企业需要树立科技传播意识，通过有效的科技传播来获知最新科技发展动向，赢得市场机遇。同时，企业有责任向公众普及科学技术知识，树立良好的企业形象，在获得经济效益的同时产生良好的社会效益。因此，科技型企业在我国科技传播体系中发挥着越来越重要的作用，成为科技传播研究日益受到重视的研究方向和研究领域。特别是在2000年后，国家先后颁布《中华人民共和国科学技术普及法》《关于加强国家科普能力建设的若干意见》等重要法律法规和政策，鼓励企业积极捐助或兴办科普事业。其中，2008年出台的《关于加强国家科普能力建设的若干意见》指出，要“加强企业科普工作”“鼓励企业利用自身的产品、技术、服务和设施优势，向社会开放，面向公众开展形式多样的科普活动。国家高新技术产业开发区要根据高新技术企业密集的特点，集中展示高新技术成果和产品，让公众了解和感受高新技术及其产业对经济社会发展的巨大作用……要把支持和开展科普活动，作为创新型企业试点的重要内容加以推进”。

二、企业社会责任与企业科普

20世纪40年代后爆发的一系列环境运动、消费者运动、妇女运动等社会运动，促使政府和企业等各类组织开始反思自身对社会产生的负面影响，以及如何对这些影响负责，从而催生了社会责任思潮，也促进了科学普及的快速发展。从公众角度来说，科学普及也是一种社会责任。

（一）企业社会责任

社会责任是指“组织通过透明和合乎道德的行为，为其决策和活动对社会和环境的影响而担当的责任”[①]。企业社会责任的出现和发展是企业不断消除自身负面影响和迎合社会需求的过程。20世纪60年代以后，企业所生存的外部环境发生了急剧动态而多元化的变化，风起云涌的各种社会运动，以及企业不断爆出的各类丑闻，给企业生存带来巨大的压力。一系列世界知名企业和著名品牌先后发生了产品质量不合格、血汗工厂制度以及环境污染事件等丑闻并被曝光，引发了消费者和各种社会团体对相关企业及其产品的强烈抵制。工人们纷纷建立和加入工会，举行声势浩大的罢工或示威游行，保护自己的正当权益；纯粹由民众发起的反对企业滥采滥伐、污染环境的自觉运

① 该定义见于国际标准化组织（ISO）2010年发布的《社会责任指南》国际标准（ISO 26000）文本。该标准是社会责任领域第一个完整意义的国际标准，在全球范围内统一了社会责任的定义、语境和话语，成为其他国际标准、国际规范的重要参考。我国在修改采用ISO 26000的基础上，于2015年6月2日发布的社会责任国家标准GB/T 36000-2015《社会责任指南》也采用了该定义。

动最终演变成新环境保护主义运动；消费者运动涉及的领域触及公私机构对消费者受损事件的受理态度、服务质量、环境损害、消费者自我保护意识的培养、垄断定价等众多方面。这些人权运动、环保运动、消费者运动等，推动着企业以更加负责任的方式来应对自身的各种压力，社会责任越来越成为企业的必修课。企业越来越重视和充分考虑在运营过程中会对社会和环境产生的消极影响，以及因此带来的社会风险，积极履行社会责任，降低利益相关者对企业的威胁，规避社会风险，增强公众信任[2]。

（二）科普是履行科技的社会责任

科普，国际上称其为科学技术传播，是指科学家共同体内部的学术传播和交流，以及科学家对公众直接的，或者通过媒体进行的科学技术知识以及科学价值观的传播[3]。在中国，我们一般将这种活动称为科学技术普及，简称为科普，是以深入浅出、通俗易懂的方式，向大众介绍自然科学和社会科学知识的一种活动。除了普及基本的科学知识与基本科学概念之外，其主要内容还包括实用技术的推广，科学方法、科学思想与科学精神的传播。在西方，科普历史大致可以分为科学大众化阶段、公众理解科学阶段和科学传播阶段。在科学大众化阶段，科学技术及其工业化的发展，促进了公众对科学技术知识的需求，科学技术开始进入大众视野。在公众理解科学阶段，科学因战争带来的政治化倾向，以及科学发明对环境带来的破坏等负面影响，导致公众对科学产生怀疑，认为科学没有解决社会问题，科学家对科学发现的滥用漠不关心，导致了环境运动、和平运动和妇女运动等各种社会活动的兴起。这些运动使得科学家开始注重从传播动机、方式和行动模式等方面提高公众科学素养，目的是让公众更好地认识科学和接受科学，消除公众对科学的恐惧和怀疑。在科学传播阶段，科学家开始意识到，对科学最大的威胁不是来自公众缺乏科学技术知识，而是来自公众对科学技术体系和科学家的信任度。也就是说，科学需要理解公众，应该从象牙塔塔顶观察社会的变化，采用信任、合作、对话和参与的模式，在理解公众的基础上，邀请公众在合作的基础上重新认识科学。科普的发展史说明，科普其实就是履行科学的社会责任，解决社会问题，不滥用。

三、科技型企业的科普内容

科技型企业聚集了大量科技资源，其运转体现为科技知识的生产、应用及消费的连续性过程，这一过程其实也是企业向自身及社会传播科技的过程。随着市场化的加快，科技型企业的科研人员和科研项目数量飞速增长，具备了科技传播的人才和知识储备。因此，科技型企业有社会责任向公众传播科学技术信息。社会责任目的是强化积极影响，弱化或避免负面影响，科技企业的科普责任很大一部分正好是强化积极影响。此外，随着科学技术的快速发展，大量新生事物进入公众视野并引起公众担忧，如转基因食物、克隆问题、医药风险等，这些涉及科技型企业科技传播中的科学研究伦理、技术滥用、公众告知等问题。因此，企业的科普还应站在公众的立场，担负起更多的社会责任。

从企业内在需求来说，科技型企业的生存和发展必然伴随着技术的不断革新与市场的不断检验。从企业社会责任视角来说，企业科普将先进理念和技术向公众进行传播，一方面，可以提高公众的科学素质和生活质量；另一方面，可以影响甚至培养公众的消费兴趣和方向，转化为顾客群或潜在顾客群，还可以通过差异化的科普形式和内容形成品牌效应或巩固企业优势，帮助企业开拓市场。因此，科普对于科技企业来说是可以做到社会效益与经济效益完美结合的。通过科普，消费者认同企业理念，觉得企业负责任，就愿意购买企业的产品；供应商、销售商觉得企业负责任，就愿意和企业合作；股东觉得企业负责任，就愿意多投资；员工觉得企业负责任，就愿意为企业效命。此外，虽然政府或一些社会团体也会开展相关的科普活动，但在内容精简和显示度，以及形式灵活和贴合度方面无法与企业主营业务或产品优势高度贴合，兼顾经济效益与社会效益，更多的是以社会效益为主。因此，科技型企业作为经济组织，主观上也需要通过科技传播促进自身的发展，取得经济效益和社会效益的双赢。

企业履行社会责任要面向不同的利益相关方[①]，听取利益相关方诉求，满

---

① 弗里曼把利益相关方定义为：那些能够影响企业目标实现，或者被企业实现目标的过程影响的任何个体和群体。

足利益相关方需求。诺贝尔经济学奖获得者弗里曼（Freeman）在《战略管理：一种利益相关方方法》中，将利益相关方归纳为股东、雇员、供应者、消费者、社会和政府 6 种[4]。社会责任国家标准根据社会需求和不同利益相关方诉求，将企业需要履行的社会责任归纳为 7 个方面，包括组织治理、人权、劳工实践、环境、公平运营实践、消费者问题、社区参与和发展。科技型企业的科普也要考虑社会需求和各类利益相关方诉求，开展不同内容的科普活动（图 1）。

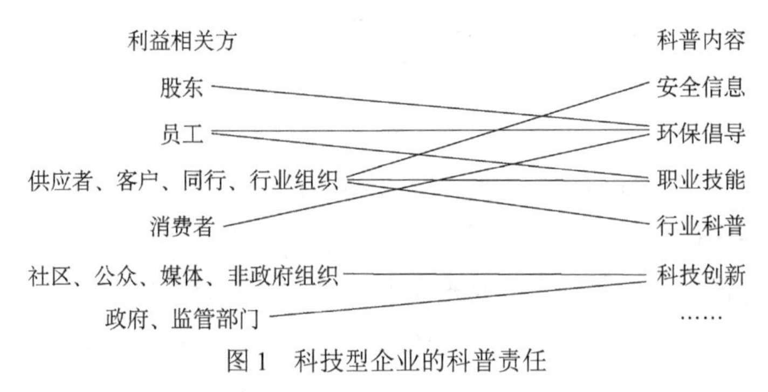

图 1　科技型企业的科普责任

四、科技型企业科普思路建议

科技型企业开展科普工作，应将其纳入企业重要工作事项，多渠道筹措科普经费；科普内容应紧贴科技创新，注重科普的时效性；在科普方式上多应用新媒体、新技术和新手段，多途径推进科普工作开展。

（一）重视科普工作，科普投入多渠道

科普既可以进行科学技术传播，提高公众科学素养，还能够提高组织的竞争力，树立企业品牌形象。所以，它是一个关系企业长远发展的全局性战略。因此，企业高层和决策者应重视企业科普工作，将科普工作纳入企业重要事项，确保科普工作人、财、物的投入。企业可以积极争取公共财政投入，在国家法律和相关规定许可范围内，通过多种方式筹措事业发展资金，依法享受扶持政策；也可以建立科普专项基金，保障专款专用。

（二）紧贴科技创新，注重科普传播的时效性

科普是用科学解决社会问题的一个重要途径。科技与创新紧密相连，在当今社会，科技发展日新月异，科技产品更新换代极快，因此，科技行业是最需要创新的一个行业，创新频率也很高。提到创新，人们也会想到科技，科技是最能直观展示创新的行业，尤其是其产品，更是创新的具象展示。所以，创新是科技企业最明显、最重要的标签。既然有创新，就意味着会不断改进，不断有新科技和技术，也就不断有进行科普和宣传的必要。这样对科普的及时性、频率性、专业性要求很高，一般的第三者，也就是置身事外的政府和第三方机构是很难做到这几点的，而科技企业自身可以做到这一点，既进行了科普，履行了社会责任，又能与自身业务和优势相结合，以胜于广告的形式达到宣传效果，形成或强化品牌形象，开发或巩固客户群，获取经济利益，做到社会效益与经济效益兼得。

（三）应用新技术，科普方式多元化

通信领域的信息技术、“互联网+”等科技传播手段日新月异，虚拟现实（VR）、增强现实（AR）、混合现实（MR）等新技术和微博、微信、移动客户端等新媒体逐渐渗透到各领域，科技型企业应以新技术、新手段、新模式推进企业科普工作。此外，企业可以主持或参与科普基地、科普场馆等科普基础设施建设，尝试实体科技馆和数字科技馆同步建设，更好地发挥科普作用。举办或参与各类科普活动，运用市场机制推动科技创新资源向科普资源应用转化。

五、结语

我国要成为科技大国和强国，创新是第一动力。科学普及作为实现创新发展的两翼之一，与科技创新相辅相成。科技型企业作为创新的主要力量之一，所拥有的科学知识和科学人才储备，决定了其在进行科学普及中具有天然的优势。通过社会责任视角，可以激发科技型企业从自身优势出发，将科

学普及与自身业务和运营相结合，在进行科学普及取得社会效益的同时，也能兼顾经济效益，最大限度地发挥科技型企业在科学普及中的效用。

参 考 文 献

[1] 王旭，刘玉国. 科技型企业生命周期及其特征分析［J］. 工业技术经济，2003，22（4）：79-80.

[2] 郝琴. 企业社会责任战略［M］. 北京：中国经济出版社，2016：11-14.

[3] 李大光. 关于“公众理解科学”或“科学普及”的一些思考［J］. 科学，1996，48（6）：48-51.

[4] Freeman E. Strategic Management：A Stakeholder Approach［M］. Boston：Pitman Books Limited，1984：123-211.

发挥科技社团平台化作用　助力科普创新发展

——以中国细胞生物学学会“实验室开放日”活动为例

季艳艳

（中国科学院分子细胞科学卓越创新中心/中国细胞生物学学会，

上海，200031）

摘要： 本文阐述了现有科普的局限性，即科普形式单一、影响范围小、受众来源不稳定，以及存在公众对科普知识的高渴求度与科学家在科普工作中未发挥较大作用之间的矛盾。通过分析中国细胞生物学学会“实验室开放日”活动，探讨学会在科普工作中的创新方式方法，讨论科技社团在科普传播中作为组织传播的角色定位和作为传播平台在科普传播中可以起到的作用，以改善现有的科普局面，助力科普的创新发展。

关键词： 科技社团　组织传播　平台　实验室开放日　互联网+

Platformization of Science and Technology Associations in Science Popularization: Using CSCB“Lab Open Day”as a Case

Ji Yanyan

（CAS Center for Excellence in Molecular Cell Science/Chinese Society for Cell Biology，Shanghai，200031）

Abstract: This paper describes the limitations of current science popularization in China such as simple forms， limited influences， diversified audiences and

---

作者简介：季艳艳，中国科学院分子细胞科学卓越创新中心/中国细胞生物学学会国际交流主管，工程师一级，e-mail：jiyy@sibs.ac.cn。

contradictions of high public demands versus few scientists' devotions in science popularization. Then，through analysis on “Lab Open Day” activity of Chinese Society for Cell Biology（CSCB），the paper explores the innovative ways and means that science and technology associations used in science popularization. The roles of organization and communication as well as the functions of science and technology associations as science popularization platforms are discussed to improve the innovation and development of future science popularization in China.

Keywords： Science and technology associations，Organization on communication，Platformization，Lab Open Day，Internet plus

随着我国经济社会发展水平的提高和信息来源的多元化，普通民众对了解科学知识，特别是与健康密切相关的生命科学和医学知识的需求日益增大，但与此不相适应的是，科学家有繁重的科研任务和教学工作，缺少时间和机会向公众普及科学知识。同时，一些科学家在做公众科普时也存在一定的顾虑，这种顾虑一部分来源于科学家的严谨性和科学探究的深奥与未知，担心其言论被过度解读；一部分是不善于将高深的前沿科技转化为公众可以理解的知识，更加不知如何组织科普传播的活动等。另外，现有的科普活动多数停留在小范围内开展，存在科普形式单一、影响面小、受众来源不稳定、科普效果不显著等问题。如何破解以上难题，组织既有学会特点又有社会影响力的科普活动是学会面临的一大挑战。

学会作为科技社团，传播科学知识是其使命也是担当，学会要为科学家和普通民众之间搭建一个平台，通过这个平台，将科学家高深的科学知识转化为公众能理解的知识，从而提升全民科学素质水平。如何转化呢？既要便于组织，不占用科学家的工作时间，又要形式多样、易于为公众所接受，更为重要的是，能发挥全国学会自身的专家优势和社团属性。综合上述考虑，在总结历年开展活动的经验基础上，科学开放日应运而生。经过多年的活动组织，我们发现这无疑是一种较为适合且可复制的科学传播方式。本文将以中国细胞生物学学会“实验室开放日”活动为例，讨论学会在科普传播中作为组织传播的角色定位，以及在科普平台化建设中的经验和创新点。

一、聚集人才优势，搭建科普平台

当前，越来越多的科学家意识到，对公众解释其科研工作，尤其是一些与公众的生活、健康息息相关的研究是一项非常重要的工作，有助于提高公众的科学素养。但由于前文所述的种种原因，科学家参与到科普工作中的人数非常少。科学家从事科普工作有其天然的优势，作为某一领域的研究者，他们有真实的研究体验，熟悉该领域的研究进展和最新成果，了解其背后的故事，可以真正描述该领域的知识和科学之美。但如何组织这些科学家投身到科普工作中是学会可以发挥作用之处。

中国细胞生物学学会有理事128人，有17个专业分会和7个工作委员会，有19个地方学会团体会员，有15 000余名会员，有非常丰富多元的专家队伍。中国细胞生物学学会开展的“实验室开放日”活动，发挥了科普平台的作用，通过聚集学会的专家优势，号召理事、分支机构和地方学会参与“实验室开放日”活动，并以学会专家为核心，动员其所在单位的其他科学家共同参与，扩大范围和影响力。每年可以组织近200个实验室对公众开放，涉及科研工作者2000多人。与此同时，学会通过多种渠道组织参观的群众，并且组织实验室志愿者会前培训，组建志愿者交流微信群、单个实验室参观群众微信群等，使得实验室之间、实验室与学会、实验室与受众之间保持通畅的交流，确保每个实验室在组织开放活动中顺利进行，切实发挥学会的平台作用。

二、优化组织能力，发挥平台化作用

为了有效发挥学会的科普平台作用，就要建立健全与之相匹配的组织制度，提升组织能力。要建立完善的组织架构和工作机制、有具体的落实单位和稳定的观众来源，要建立与时俱进的科普创新方式和稳固的后勤保障，以提升平台的组织力，保持科普工作的活力和可持续性。

（一）建立完善的组织架构和工作机制

学会设立了科普工作委员会，负责学会科普工作的规划和实施，并在学会理事会层面设立一位副理事长直接领导科普工作，在分支机构和地方学会中设立一位科普联络员，通过这样一个组织架构，搭建学会的科普组织网络。在实验室开放日的活动中，由科普工作委员会制订活动计划并发布倡议书，由学会分支机构和地方学会负责活动的具体落实。地方学会组织可以发挥地区优势，并形成全国联动，扩大影响面。分支机构组织可以吸引多领域的科学家参与，丰富实验室开放日的科学内容，同时积极鼓励分支机构和地方学会合作开展，发挥各自的优势。比如在活动开展过程中，学会神经细胞生物学分会与上海市细胞生物学学会、北京市细胞生物学学会等地方学会合作，陕西省细胞生物学学会和细胞工程与转基因生物分会合作，由地方学会组织观众及发放科普材料，由专业分会组织该领域的科学家开放实验室。

学会要发挥平台的作用，构建完善的科普组织网络和工作机制，专注于活动前期的实验室征集和宣传，制定活动的规则和开放的时间，建议活动的组织形式和开放的内容，并提供活动的筹备指导和学会的资源，在科普工作中起到组织、引领和推动的作用，把握科普内容的科学性、科普方式的多样性和科普组织的有序性。

（二）建立稳定的受众来源

科普活动中受众是非常重要的组成部分，许多科学家非常愿意参与到科普工作中，学会可以发挥平台优势，为科学家解决观众的来源。学会储备了大量历年来参加活动的受众信息，同时与部分中小学、当地的教委和青少年活动机构建立了稳定的合作，通过这些机构组织参与的观众。此外，学会拥有多种宣传平台，如学会的官方网站、微信公众号和新浪微博号等，可通过这些平台发布活动信息和征集观众报名。学会官方网站的年浏览量有 30 万次，微信公众号的关注人数有 16 500 人，新浪微博的“粉丝”有 2655 人。通过学会的合作单位和学会的吸引力，建立稳定的、持续性的观众来源，解决科学家的后顾之忧。

（三）借助“互联网+”的形式，助推科普

随着网络科技的日新月异，科普活动的开展已经不单单局限于现场的组织，学会借助互联网的便利性和快捷性，在开展科普工作中，越来越重视借助互联网工具和互联网媒介，扩大科普受众面和学会影响力，助推科普。在“实验室开放日”活动中，学会以上海地区为试点，从最初的邮件报名到利用互联网工具微信进行报名，建立微信报名系统，并与学会微信公众号进行关联，通过图文并茂的形式展示每个实验室的科普内容和科普方式，让观众可以更直观地了解每个实验室开放的内容，提高吸引力。报名系统能实时统计报名信息和报名情况的动态显示，报名成功的观众可以通过微信公众号查询其报名情况和所报名实验室的具体联系方式，也可以自助取消报名资格，被取消的名额会自动回到报名池中，从而不浪费每个实验室的参观名额，实现全自动的活动报名、查询和撤销功能，节省活动组织者繁重的信息统计和确认工作。

除此以外，由于每个实验室的容量有限，为了保证每个观众高质量的体验和安全，单个实验室的观众人数一般控制在 15～30 人，能成功参与现场活动的人数非常有限，线下活动的报名也变得异常火爆。为让更多人有机会参与到科普活动中，学会在组织科普活动时积极创新科普方式，利用网络直播，开展科普活动线下和线上的同步直播。比如，四川省在开展“实验室开放日”活动中，除了现场开展实验室活动外，还同时进行网上的视频直播与互动。直播科学家的科普报告和现场实验操作，并与网民进行互动，极大地扩大了科普活动的受众群体和影响面，单次的直播活动就吸引 11.6 万人次在线观看，获得 11.2 万人次的点赞，可见公众对科学家开放实验室和科普报告有着极大的需求。

运用“互联网+科普”的形式，克服了时间和空间的限制，让组织者可以享受互联网的便捷和高效，同时也让传统的以宣讲为主的被动接受的科普形式转变为主动探索和互动交流的形式。通过留言和评论等方式发表意见，可以让科学家实时了解观众和听众的需求和接受知识的能力，从而及时改进科

普内容和方法，使得这类科普活动不再是自上而下地传递，而是形成一种平等对话的模式。

（四）提供稳固的后勤保障，保证活动有序开展

学会自 2013 年开始组织“实验室开放日”活动，至今已成功举办 7 年，每年均会动员到一些新加入开放日的实验室。这些新成员对于活动如何开展没有具体的概念，因此，学会总结了以往的筹备经验，并形成具体的活动筹备指南，在每年 5 月的开放日活动召开前两周，组织参加活动的实验室志愿者进行统一培训。培训内容包含活动筹备前的准备工作、活动现场的组织和活动后的材料收集，同时邀请两个优秀的实验室进行经验分享，帮助新加入的实验室快速掌握活动组织的要点。为便于沟通联系，学会通过建立志愿者微信联络群，及时发布活动信息和各类通知，并在线实时解答各实验室在活动组织过程中遇到的问题和难题，保障活动的顺利进行。除此以外，学会还提供统一的海报设计模板、志愿者服装、志愿者证书及参观实践证书和活动徽章等，并开发网上报名系统，为有需要的地区提供技术支持，以此提供多方位的后勤保障，保证每个实验室都能有序开展活动。

三、把控活动进展，完善平台化作用

学会在科普活动中要明确其作为组织传播的角色定位，而不是科普知识的具体授予者，学会在科普活动中能发挥的最大作用是为科学家和公众搭建桥梁，构建科普工作平台。在开展“实验室开放日”活动中，学会始终站在平台的角度，为科学家提供开放实验室的便利和支撑，起到引领和推动的作用，解决科学家从事科普工作的顾虑和困难。同时也为公众带来内容丰富、易于理解和有趣味的科普活动，让公众借由学会这个平台走进高深的科研世界，接触最前沿的科学知识。

在活动的组织和实施过程中，及时把控活动的进展和活动开展的质量，通过现场调研、事后回访等手段，了解实验室的志愿者和观众的需求与对活动的意见，及时改进活动方案。比如，刚开始通过微信进行报名时，志愿者

反馈报名人数的爽约率很高，经调查发现，微信报名对报名者没有实质性的约束力，导致第一年的报名爽约率达到1/3，第二年及时升级报名系统，对报名者设置限制条件和违约预警，从而大大降低了当年的报名爽约率。另外，部分观众反馈有些科普报告过于深奥，而参与的观众年龄比较小难以理解，因此，在下一年组织活动时，先征询各实验室对观众年龄段的要求，有针对性地征集观众，同时将其他实验室做得比较好的科普 PPT 进行分享交流。

在科普活动中，学会要积极发挥平台的作用，建立完善的科普组织网络和科普工作机制，利用“互联网+”的形式，探索新的科普方式和科普手段，为科学家投入科普工作解决后顾之忧和做好后勤保障。学会是科普活动的重要组织者，通过学会这个平台，推动科学家参与到科普工作中，吸引公众走进科学、了解科学之美，为推动科普事业的发展，提升公民的科学素养发挥应有的作用。

四、结语

本文以中国细胞生物学学会“实验室开放日”活动为例，讨论学会在科普传播中作为组织传播的角色定位，在科普平台化建设中的经验和创新点。文章讨论了科普平台的构建、完善等问题，认为学会在科普活动中要明确其作为组织传播的角色定位，而不是科普知识的具体授予者，学会在科普活动中能发挥的最大作用是为科学家和公众搭建桥梁，构建科普工作平台。与此同时，本文指出，平台化的科学传播视角也能整合和发挥全国学会的自身优势和社团属性。通过搭建平台，整合科学家和实验室资源，用平台网罗普通有科普需求的大众，并收集大众对科普的具体需求和对活动的意见反馈，不断优化科普内容和科普实施效果。通过建立健全科普组织制度和组织能力，利用“互联网+”丰富科普宣传载体，构建立体科普体系，从而发挥学会平台化作用，提升科学家的科普参与度和科普效率，提升大众接受科普的机会和效果，充分发挥在专业内容和专家资源等方面的优势，为公众提供覆盖其生活或健康相关的高质量科普信息。

科普美文创作实践探索

姜联合

（中国科学院植物研究所，北京，100093）

摘要：新媒体的活跃，使科普创作的形式更加多样，科普创作在新媒体时代的一个最大特征就是特定内容向特定人群的定向推送，以及特定人群对特定内容的主动定制。该文以创作新媒体科普美文为例，提出了科普美文创作的定位及创作要素，阐述了科普美文创作的实践过程和主题内容。新媒体科普美文创作中融合科学、文化和艺术，在创作中将科学语言与文学语言结合，将自然科学知识普及延展进中华传统文化智慧中，在表达方式上，将绘画、摄影、音乐、主播诵读等多种原创艺术形式融合到科学传播中，定向推送，形成公众睡前定向定时原创科普美文聆听，力争使原创科普美文经典聆听成为科学传播的新模式。

关键词：科普创作　经典聆听　中华传统文化艺术　定向传播

Practices on Science Popularization Creations

Jiang Lianhe

（Institute of Botany，Chinese Academy of Sciences，Beijing，100093）

Abstract：Science popularization creations are diversified during the new media age. The most prominent feature is the oriented communication of certain content to certain audience，and vice versa. This paper introduces the key elements，practice process and contents of science popularization creations with the emphasis on the integration of science，culture and art. It is suggested to combine scientific language with

---

作者简介：姜联合，中国科学院植物研究所高级工程师，e-mail：jianglh@ibcas. ac. cn。

literature language; to merge scientific knowledge into Chinese traditional culture; to integrate painting, photography, music and broadcasting into science communication. What's more, oriented recommendation and customization is strongly suggested as a new style of science communication.

Keywords: Science popularization creations, Short science popularization essay, Culture and art, Oriented science communication

一、定向定位科学传播是新媒体时代精准科学普及的方向

新媒体的活跃使得科普创作的形式更加多样，科普创作在新媒体时代的一个最大特征就是特定内容向特定人群的定向推送，以及特定人群对特定内容的主动定制[1]，这样推送的科普将更加精准，细分化的科学传播形式、适宜的主题内容是定向传播的必要要素。科普创作不仅要在内容上做到定向化，在具体表达形式上，也要根据推送群体适宜表达，最终的结果仍然是找准落点，延展科学精神，传承科学文化[2]。

二、科普美文创作的定位及创作要素

中华传统文化是中华文明成果根本的创造力，是民族历史上道德传承、各种文化思想、精神观念形态的总体，是以老子道德文化为本体，以儒家、庄子、墨子的思想、道家文化为主体等多元文化融通和谐包容的实体系，包括思想、文字、语言、六艺（礼、乐、射、御、书、数）、书法、音乐、绘画等[3]。传统文化融入人们的生活，与生活息息相关。

科学和文化相连，有了科学，才有了文化的自信，文化是科学的延展。中国古代著名的科学家沈括“博学善文，于天文、方志、律历、音乐、医药、卜算无所不通，皆有所论著”，其科技思想与传统文化密切相关；中国古代大儒朱熹对天文学的研究与其理学与科学的关系也引起人们的关注，自然博大辩证的中华文化都在科学里得以体现。

与人们生活相关的中华传统文化时时出现在生活中，科学知识、科学方法的日益更新不仅仅是科学的发展，其中也蕴含着传统文化的渗透，它是在科学技术发展的实践中产生的一种具有强大生命力的先进文化，随着人类的发展进步，内涵更加丰富多样，为创新科学普及提供了多元的方式和方法。

特别是在新媒体时代，科普的表达越来越多样，科普表达越贴近生活越宜于普及。中华传统文化根植于人们的生活中几千年，是人们品质智慧生活的一部分。让自然科学的普及融入中华传统文化中，不仅能提高科学素养，也能提升生活品质。科普美文的创作兼具这个功能。

科普美文创作定位于将中华传统文化要素融合进科学普及中，创作以科学技术主题内容为主体要素，延展蕴含的中华传统文化内容为辅助要素，表达方法上将科学语言与文学语言结合，表达形式上融合绘画、摄影、音乐、诵读等多元素中华传统文化实体。

作者创作实践形成的科普美文，融合了中华文化及多种艺术形式为一体的自然科学普及短文，创作内容上注重应时应景，表达形式上将科学语言与文学语言结合，将自然科学知识普及延展进中华文化智慧中，同时与多种艺术形式结合，包括与之匹配创作的绘画、摄影、音乐、诵读等，使科普美文与其表达形式一同成为原创的要素。

在实践过程中，将科普美文嫁接到相应的自媒体公众号中，由于融合了多种文化元素，更加接近生活，根据人们生活的不同时间阶段，定向推送传播，文章短、科学知识经过美学创作，更加轻松，使科学普及成为人们的一种生活方式，力使聆听科普美文成为生活习惯。

三、科普美文创作实践案例分析

本篇创作的科普美文嫁接在美文美曲公众号（FM637257）上，主要内容围绕环境保护、生态文明建设、对自然界的认识、映像祖国等内容，普及植物科学及环境保护的科学知识，将自然生存及环境保护的科学过程与中华文化智慧结合，与人们的生活结合，匹配原创国画、摄影，通过音乐及主播诵读的形式表达，根据自然生存及环境要素的不同时段，应时应景传播，融合到人们的生活中。

笔者实践探索创作的原创科普美文有《盛开牡丹》《摇曳的草花，生命的装点》《写给世界环境日：听雨看海解黑洞》《夏日：听水科学，品水文化》《致敬红树林》《高山精灵杜鹃花》《影像祖国，宽厚温润的一握》《夕阳晚霞，光的选择》《叶落知秋，脱落的科学和智慧》《森林的风姿，内生的秘密》《植物的神经系统：根系的魅力》《种子的休眠与萌动：能量蓄积的惊艳》等。

《盛开牡丹》创作推送在每年 5 月牡丹盛开的时候，与人们观赏牡丹的生活链接，将牡丹的科学知识、文化要素、历史渊源、国画文化、开发应用结合在一起。推送收听《盛开牡丹》，提升人们观赏牡丹的生活品质。

《摇曳的草花，生命的装点》推送在 4～5 月，此时正是各类草花盛开的时候，认识草花，突出特征和记忆，让草花与生命过程和生存智慧结合。推送收听《摇曳的草花，生命的装点》，改变人们走马观花的赏花过程，普及了知识，增添了乐趣。

《写给世界环境日：听雨看海解黑洞》推送在每年的 6 月 5 日，与世界环境保护日相关，普及环境保护知识，解读核心内容。推送收听《写给世界环境日：听雨看海解黑洞》，让人们在世界环境日聆听环境问题，感触深刻。

《夏日：听水科学，品水文化》推送在每年夏季高温的季节，将水科学过程与水文化的哲学智慧结合在一起。推送收听《夏日：听水科学，品水文化》，让人们在炎热的夏季了解水科学知识，学习水的文化品性，珍惜水源，保护环境。

《致敬红树林》推送在每年 8 月，将植物的智慧品性与人类抗击自然灾害结合起来，解读植物的智慧生存特点及对抗击自然灾害的贡献。推送收听《致敬红树林》，在这个台风暴雨多难的季节，不仅致敬人类，也致敬自然。

《高山精灵杜鹃花》可以推送在杜鹃集中开放或零星开放的季节，从植物生存的灵性上普及相关知识及在自然中独有的食物链奇观。推送收听《高山精灵杜鹃花》，普及独特的植物花卉，引起对自然保护的关注。

《影像祖国，宽厚温润的一握》推送在中华人民共和国成立70周年之际，用科学普及过程中的实际体验和文学语言表达生态文明建设、“一带一路”倡议、忘我为人民服务的祖国映像。推送收听《影像祖国，宽厚温润的一握》，在中华人民共和国成立70周年之际，将国家重视科普的过程再次展现。

《夕阳晚霞，光的选择》推送在秋日落日时刻，将可见光的散射与古代文人骚客满腔情怀的落日余晖感悟诗篇和现代摄影家群集追逐的梦想相连，将享受夕阳美景与动手散射科学小实验相关，共同形成生活乐趣的一部分。推送收听《夕阳晚霞，光的选择》，让夕阳余晖散射在科学里、散射在文学里、散射在生活中。

《叶落知秋，脱落的科学和智慧》推送在秋日遍地落叶的季节，将落叶美景与古文人咏叹结合，将大自然脱落的生理过程和自然生命智慧结合，解读叶落的生理机制，学习自然生命周期的智慧。推送收听《叶落知秋，脱落的科学和智慧》，享受秋景、学习自然科学知识、聆听生命周期智慧。

《森林的风姿，内生的秘密》推送在我国科学家在《科学》(*Science*)上发表关于“亚热带森林群落生物多样维持机制研究取得重要进展”之际，将森林类型植被造就的美好生活景致、生命中的诗情画意与不同种类不同功能的树种对生态环境的维护结合，解读科学家最新发现的亚热带常绿阔叶林多样性内生机制，领略自然界的博大辩证统一的智慧。

《植物的神经系统：根系的魅力》推送在冬藏的季节，将陆地上看似封存的冬日与地下根系流动着生命结合，通过解读根系的种类、功能及其根系分泌物强大的物质能量交换和信息传递过程，导出我国科学家发现的维持植物进化和多样性的机制。植物神经系统根系的魅力，正是“落叶归根”自然界万物生死相依的传递。

《种子的休眠与萌动：能量蓄积的惊艳》推送在初春新型冠状病毒感染的肺炎疫情期间，解读种子休眠与萌动的科学机理过程，通过种子的萌动、能量蓄积的绽放、“新年都未有芳华，二月初惊见草芽”的文化内涵，缓解人们的恐慌心情。

在科普美文创作的过程中，国画和摄影相伴，丰富了文章的内涵和形式，结合音乐和诵读，形成了科普美文的多元鉴赏。国画、书法、摄影表现的意象与文字内容匹配。

四、科普美文创作问题及发展浅议

科普美文创作仅为探索实践，在创作过程中对主题内容的掌握及与文化的精准融合是创作过程的难点，不仅需要对科学知识综合性的融会贯通，更需要对中华文化智慧的精准理解，这样创作出的科普美文才能够一脉相承，定向推送到人们的生活中，绘画、摄影、诵读、音乐的匹配也应与文字内容融合。

科普美文的精准定向推送推广更需要自媒体平台的参与，在实践中不断趋向完整。新媒体的精准阅读功能让科普更容易找到特定的读者，公众号和传播模式的变化，还带来了科学传播风格的嬗变，主播的诵读演绎表达亦是定向定时传播的方式。

通过科普美文创作，让科普美文成为直击人心灵的软科普创作，与科学相关、与艺术相关、与生命相关、与生活相关，使之成为经典，让自然科学与人文科学交叉关联软着陆于生活中，使聆听科普美文成为人们日常生活的一部分，力争使原创科普美文经典聆听成为科学传播的新模式。

参考文献

[1] 沙锦飞. 新媒体时代的科普创作与创新［EB/OL］［2018-01-12］. http://www.docin.com/p-1753377161.html.

[2] 姜联合. 科普创作的方法和逻辑过程——以植物学为例谈科普创作的落点和文化传承［M］//中国科普研究所. 中国科普理论与实践探索——新时代公众科学素质评估评价专题论坛暨第二十五届全国科普理论研讨会论文集. 北京：科学出版社，2019：186-195.

[3] 南邕. 中华传统文化［EB/OL］［2017-09-13］. https://zhidao.baidu.com/question/131886873.html.

基于科技馆展教资源的开发实践与思考

林　曦
（厦门科技馆，厦门，361012）

摘要：科技馆作为以展览教育为主要功能的科普教育机构，教育职责成为科技馆的核心工作。随着科技馆事业的蓬勃发展，公众的科普需求日益提升，那么，科技馆如何有效利用场馆现有展览基础开发特有的展教资源？本文分析了科技馆展教资源的现状，以厦门科技馆展教资源开发为例，对如何进一步创新展教资源、发挥科技馆的展教功能提出了几点参考建议。

关键词：科技馆　展教资源　开发与创新

Practice and Thinking on the Development of Exhibition and Education Resources of Science and Technology Museums

Lin Xi
（Xiamen Science and Technology Museum，Xiamen，361012）

Abstract：As science popularization and education carriers，science and technology museums takes exhibition and education as main functions，in which education is the core. With the vigorous development of science and technology museums，public demands for science popularization greatly increase. Taking the development of exhibition and education resources in Xiamen Science and Technology Museum as an example，this paper analyzes current situations of exhibition and education resources in science and technology museums，proposes suggestions on how to further innovate exhibition and education resources to enhance exhibition and education functions of science and technology museums.

作者简介：林曦，厦门科技馆展览教育部副经理，e-mail：45166663@qq.com。

Keywords： Science and technology museum，Exhibition and education resources，Development and innovation

随着社会的发展和科学技术的进步，科学技术逐步改变着人类的生存生活方式，公众通过接触科学、参观科技馆达到进一步了解科学、认识世界的目的。科技馆的科学文化与科学教育效果得以体现，与学校的传统教育相比，科技馆更注重学习和体验的过程，在情境中体验科学、学习科学。科技馆的事业正处于蓬勃发展的阶段，作为科普场馆本身，了解掌握科技馆展教资源，对展教资源进行开发及创新成为科技馆教育事业发展的核心。

一、科技馆展教资源的概况

科技馆是普及科学知识、传播科学思想、提供科技服务的重要窗口，如何发挥这一窗口的作用，需要借助科技馆自身的展教资源。展教，不外乎基于科技馆的展览与教育的资源两种。

（一）展教资源的开展形式

1. 展览是展教资源的基础

展览、展品是科技馆展教资源的基础，也可以说是展教的主体部分。有效、优质的展览及展品资源对于提升科技馆的展教功能尤为重要。展览怎么做？除了要贴近公众之外，更要致力于有针对性地结合青少年的科学教育知识，利用多样的科技表现形式，加强展览的吸引力。

2. 教育是展教资源的手段

教育作为展览的有效补充，在公众参与体验、探索科学的过程中，展教方式、教育手段主观性地考验一个场馆展教工作人员的工作能力，以及展教资源开发的创造性及能力，这类展教资源多样，展教讲解辅导员的知识水平、基础科技馆展品的体验活动项目（如科学表演、科普剧、科学教育课程等）都是被公众所接受的展教形式，并且随着科普的深入不断衍生出新型的科普教育方式。

（二）展教资源的现状

1. 展教资源的局限

“立足科普，服务大众”是科技馆展教工作的目的。虽然科技馆内设有不同主题的展馆，以丰富形象的科技展品向公众普及科学知识，但绝大多数科技馆的主要教育形式还是以展览教育为主，虽然科技馆可以摆脱传统展览馆、博物馆“只能看不能动”的参观方式，以“边动手边动脑”作为现代科技教育手段，但在需求日益增长的今天，展品的更新换代还是无法跟上快速发展的科普需求。

在科技馆行业，由上海科技馆牵头成立了“长三角战略联盟”，该联盟中的各场馆共享展教资源，充分对接国家战略，符合区域创新发展的需求，不断地用优秀成果将优质的科普场馆和全社会的各方力量吸纳进来，互利共享，进而切实提高科普场馆的社会公共服务能力，进一步扩大科普的受益面。

2. 展教人员的匮乏

展教，其实就是展览和教育的结合。展教部在科技馆中是一线基础部门，也是非常重要的工作部门，但是展教部的辅导员在业界乃至社会公众中并没有很高的认可度。早在 2009 年，中国科技馆发展基金会在《全国科技馆展教人员状况调查报告》中就曾提到：国家对职业资格的认定主要是技术职称，但在国家职称评定的目录中尚无科技馆辅导员系列，也没有评定科技馆辅导员水平高低的标准。国家层面职业认可系列的缺失，弱化了社会对科技馆辅导员职业的认可度，以及对科普教育这一高尚职业的认知度。

不仅社会公众对展教职业的认可度偏低，科技馆行业内部员工对展教工作的认识也存在一定的不足之处。业内对展教人员的定位过低，认为展教是科技馆基层的一线岗位。以展教辅导员为例，很多业内的认识是把展教辅导员定位为单一的讲解员、服务大众的服务人员，这在一定程度上造成展教人员的自我评价过低。展教辅导员的工作都是在场馆区域内进行，无规范的办公场所也使得展教人员的流动性在整个科技馆的各职能部门中相对较高。近几年，展教人员越来越受到重视，从最直接的称呼中发现，已经不同于前些年“小姐、女士、先生、服务员、叔叔、阿姨、服务员”等称呼，取而代之的是“老师”。

二、科技馆展教资源的开发实践——以厦门科技馆为例

（一）厦门科技馆展教资源的开发历程

最早，厦门科技馆展教资源的开发很大程度上依托行业赛事而进行，一定程度上带有任务的性质，举步维艰地开展科普展教工作。从 2009 年第一届辅导员大赛到 2018 年经过了五届的辅导员大赛，历经 10 年的探索学习与开发，厦门科技馆的展教资源越来越丰富。

10 年来，厦门科技馆的展教开发起步从早期的基于模仿中国科学技术馆与上海科技馆的优秀作品在馆内开展展教活动，到中期的再结合本馆的实际情况及地域特色进行包装而开展展教活动，再到后期的经由多元化的科普平台及学习渠道，不断引入新的知识点，充实厦门科技馆的展教资源，形成了原创性的具有厦门科技馆特色的展教资源，科普吸引力及影响力不断深化。

（二）厦门科技馆展教资源开发简述

通过实际观察及调研发现，现在的观众对科学表演和科学秀有强烈的科普需求。厦门科技馆做到了从观众喜闻乐见的科普视觉角度出发，对展教资源进行多样性的开发，展教资源现正朝着日趋完善的方向发展，厦门科技馆的展教活动脱颖而出，有多个项目在历届全国辅导员大赛中受到众多场馆的认可，在场馆运营方面也是取得了较为成熟的工作经验，目前已经为全国数十家科技馆进行了展教资源培训。厦门科技馆现有展教资源的开发除了在活

动方面，在展教人力管理、教育课程等方面都有了一定的基础。

1. 展教辅导员业务技能提升

展教辅导员在基础业务方面进行了综合培训后，才能加深对展教辅导员职业的认识，从而提升职业技能水平。展教辅导员的职业认识从他们接触岗位开始，正确、清楚地认识自己所从事岗位的职责与职业发展是展教人员的基础，同时是保障展教资源开发与实施的重要人力支撑。

2. 展教活动策划与实施

科技馆教育活动既是陈列和展览的扩充和外延，又具有一定的独立性。厦门科技馆的展教活动，以科技馆展品展项为依托，把握时代先进科学教育理念，同时能够有效结合社会热点有计划地开展有内涵、有深度的展教活动。“深度看展品”“疯狂实验室”“科普童话剧”等科学秀表演活动结合了STEM探究式科学教育的教学互动形式，为受众营造了参与体验、独立思考、动手交流的探索环境。

3. 专题活动项目实施

展教活动是科技馆增强科普吸引力的手段，展教活动的策划与开展也是展教辅导员职业技能专业的体现，中小型展教活动的开发与实施课程以厦门科技馆开展展教活动的经验为基础，对如何策划与实施展教活动进行整体的培训。表演类的活动能为展教活动增添色彩，如何拥有科学剧、科学秀的表演能力及活动控场的技巧在培训中也有分享。厦门科技馆现有的表演类主题活动“遇见惊天魔术”、体验类主题活动“小小化学家”“锅碗瓢盆交响曲”，以及互动类活动“抗震集结号”“环保小卫士”就是源于生活中公众喜闻乐见的科学素材或大众关注的科学热点，侧重把握参与观众的体验度，也可以让观众亲自参与其中，动手玩科学。在此基础上开展各类丰富多彩的主题活动，特色的科学实验表演、微型展览、脱口秀等，这些都是厦门科技馆推出的独具匠心的主题活动。

4. 校本课程研发与实施

校本系列课程是厦门科技馆基于科技馆展品，结合馆内一系列品牌活动开展的成功经验并自主研发的课程。以科学知识为基础，以实验、探究、制作为手段，融入 STEM 教育理念，注重科学实践，最大限度地利用科技馆资源，让学生在系统的学习中，建构科学的世界观，培养理性的思维方式和创新意识，提升综合素养和实践能力。

（三）创新展教资源提出的挑战

1. 厦门科技馆展教资源机遇与推广

厦门科技馆展教资源的系统化、成熟性得到了科技馆行业、科普场馆的认可，从 2016 年起在展教资源的输出方面有所突破，而且已经呈现出一些效果，与其他地区的科普场馆，甚至与省一级科技馆开展了交流合作，如青海省科技馆、安徽省科技馆；还与市一级科普场馆，如扬州科技馆、柳州科技馆、泉州科技馆、同安科技馆、温州科技馆、太仓科技活动中心等开展了合作。2017 年，厦门科技馆已经与 7 家科技馆合作，进行展教资源输出。温州科技馆 2017～2018 年与厦门科技馆合作 3 次，非常看中其展教资源。2016～2018 年，太仓科技活动中心除了每年向厦门科技馆购买展教资源包外，还于 2018 年委托厦门科技馆协助参与设计了全年的展教活动，总共输出 10 套科技活动。这些看似短暂的交流，却是对厦门科技馆展教输出的肯定，是厦门科技馆对外输出培训逐渐走向成熟的标志。从 2016 年年底安徽省科技馆到厦门科技馆进行科普剧与科学秀的培训后，通过大大小小的交流活动，厦门科技馆展教业务的成熟性被不少业内场馆所认同，不少场馆有意前来学习培训，厦门科技馆优质的展教资源得到一定的传播与发展。

2. 展教资源创新与挑战

所谓创新，笔者认为就是“无中生有，优中选优”。在以往几届辅导员大赛中，厦门科技馆的比赛作品都是关于火、龙卷风等的表演，现象明显却很普通，比较常见，其蕴含的科学原理也是比较大众而普遍的。如何进一步创新展教资源满足公众的需求？我们发现，现在人对大脑的探知还很狭隘，以大脑为主题的科普活动种类还不多，而且人对心理学的兴趣也越来越浓厚。比如美国电视剧《别对我说谎》（*Lie to me*），就是通过人的微表情的变化判断其他人是否在撒谎。人的左脑控制的是逻辑和顺序，右脑控制的是想象和艺术，当人撒谎的时候，右脑作用在脸上的微表情就能让人判断出他是否在撒谎。这是结合行为学、心理学与大脑的结合作出的判断。因此，在2017年的第五届辅导员大赛中，厦门科技馆首次将心理学与大脑结合，创作出新作品《看脸》，并获得东部赛区二等奖。《看脸》也入选了2017年科普剧大赛，被邀请作为“最佳诠释者”表演，让观众有耳目一新的感觉。

该项目的成功给我们提出了几点挑战：一是展教资源如何进一步从公众的角度去挖掘公众的科普需求？二是展教资源如何做到有趣，从公众的心底探究观众的兴趣点？三是如何进一步推动展教资源的发展？

三、科技馆展教资源的发展思考

（一）以公众为核心的大众科普

展教资源的开发与发展最终是为了科技馆的建馆宗旨，即进一步推动公众科学文化素养的提升。而展教资源只有真正做到满足大众的需求才能有效达到科普功能的发挥，公众的科普满意度或者对科普的需求性也是科技馆作为开展科普工作的衡量标准之一，基于科技馆的展教资源必须要围绕以公众为核心开展被大众所接受的科普。

（二）以人员为重心的基础培养

人员的重心在于科技馆对于展教人员的培养，展教人员同时也是展教资源重要的组成部分，展教资源的开发、利用及推广离不开优秀的科普展教人员，而为了最大限度地发挥展教资源的作用，展教人员的培养、业务技能提升、职业发展与培训都应当引起场馆足够的重视，以工作重心重点对展教人员进行基础工作的培养，更好地助力展教资源的开发与开展。

（三）以教育为目的的科学传播

虽然现在的科技馆活动面向社会公众而开展，但科技馆在青少年队伍里，特别是在中小学校、青少年科学教育方面发挥着重要的作用，科技馆作为校外教育的形式一直被学校所青睐、被家长所认可，科技馆的展教资源开展、活动实施所要达到的科学知识的传播，最终无不回归于激发青少年的科学兴趣，有效提升孩子的学习兴趣，教育还是其最终的目的。

四、结语

厦门科技馆展教资源的开发及创新还处于不断的探索与发展中，特殊的以企业化运营的场馆模式为厦门科技馆在展教资源的开发与突破方面赋予了更强的科普活力，有效的企业化运营激励机制与管理体制也给了厦门科技馆更大的支撑。在迈向 2035 年的科技馆事业中，希望厦门科技馆的企业化运营模式可以在科技馆行业中独树一帜，开创出更具特色的展教之路，同时助力科技馆事业进一步向前发展。

培养科普传媒人才　提升科普期刊传播能力

苏　婧

（北京卓众出版有限公司，北京，100083）

摘要：科普期刊是党和国家在科普领域的重要喉舌。在融媒体发展趋势下，科普期刊也应当主动通过培养科普传媒人才来提升自身的传播能力，着力培养具有科技创新理念和媒介融合思维，集采、写、摄、录、编、播于一体的全媒体专业人才，找到自己在祖国科技创新和科学普及这两翼共同发展伟大历程中的主流位置。

关键词：科普期刊　科普传媒人才　人才培养

Cultivating Science Popularization Intelligence and Improving Science Communication Ability for Popular Science Periodicals

Su Jing

（Beijing Prominion Publishing Corporation，Beijing，100083）

Abstract： Popular science periodicals are important mouthpiece in science popularization. Under the developing trend of converging media，popular science periodicals should improve their communication abilities by cultivating science popularization intelligences with innovational ideas and media-converging thoughts，as well as being skilled in all media professions including information collecting，writing，photographing，recording，editing and broadcasting.

作者简介：苏婧，北京卓众出版有限公司总编室主任、科学传播中心主任，e-mail：87266259@qq.com。

Keywords：Popular science periodicals，Science popularization intelligence，Cultivating and training

科普传媒的传播能力建设是科技传播的基础性工作，就科普期刊来说，传播能力主要包括采集处理科技信息的能力与开拓传播渠道的能力。在融媒体发展趋势下，每一个合格的科普期刊编辑和记者都必须具备这两种能力，才能促进科普期刊持续发展，科普期刊也应当主动通过培养科普传媒人才来提升自身的传播能力，繁荣我国的科普传媒业。

一、我国科普期刊人才队伍现状

根据 2017～2018 年《中国科普期刊发展报告》的数据，截至 2016 年年底，我国共有科普期刊 535 种，自 1980 年以来，在近 30 年中，我国科普期刊的数量从 100 种增加到 535 种，增长了 4 倍多。目前科普期刊办刊队伍总人数达 5400 人，刊均 10.1 人。其中，采编人员刊均 6.5 人，经营人员刊均 1.3 人，行政人员刊均 1.5 人，科普期刊的办刊队伍结构及人员配置基本合理。在办刊人员的学历方面，硕士及以上学历人员占 21.4%，较 2009 年的 12.4%有显著增加；现有本科学历人员 3165 人，占总数的 58.6%。随着科普期刊不断发展，各出版单位对高学历人才的需求也在不断增加，高学历人员的比例将进一步增大。在职称方面，科普期刊中的高级、中级职称人员约占总人数的 1/2，人员配置较合理，以老带新的梯队建设基本完善。[1]

在融媒体时代，科普期刊面临着很大的生存发展压力，在坚持把社会效益放在第一位的前提下，还需要实现更好的市场生存。因此，实际上，科普期刊对人才的要求是非常高也是非常全面的。采集处理科技信息和开拓传播渠道是表象，对受众需求的引导和把握是本质。作为党和国家在科普领域的喉舌，科普期刊人员素质在逐步提高，也涌现出一批优秀人才。但是在引导公众舆论、提高公民素质方面还有很大的成长空间，特别是新入行的媒体人，在选题策划和内容组织等方面，往往需要投入更多的精力进行培养，科普期刊出版单位是当前科普传媒人才正规军的重要培养基地。

二、新时代科普期刊人才需要具备的素质和能力

在融媒体时代，科普期刊人需要不断提升自身科学素养，培养文学修养和艺术素养，特别需要具备创新意识，掌握新媒体传播手段和方式，还要具备较强的线上线下沟通能力。

（一）不断提升自身科学素养的能力

这个能力体现在如何才能获取正确的科学信息。其实每个人都不可能穷尽学习到所有科学知识，但是就每次自己接触到的作者来稿和自采选题，科普期刊的编辑和记者都需要尽快确认稿件和选题所涉及的科学信息是否准确，以及尽可能获取到更多角度的正确信息。查阅国内外一手科学文献就是一个很好的途径。通过大量阅读该领域的文献，可以了解到这个科学问题和科研成果的源起、进展与发展趋势。在了解大量信息的基础上，会形成敏锐的判断力，特别是对该选题对于引导公众舆论的意义有认知和判断，对选题和内容处理的把握就会更加游刃有余。

（二）培养文学修养和艺术素养

一个好的科普传媒人不但需要有扎实的文学功底和良好的文字表达能力，还需要有一定的艺术素养，要对艺术具有一定的感受力、想象力、判断力、理解力和创造力。科普期刊的科普作品如何产生趣味性、可读性，如何从看似冰冷的知识中升华出真、善、美，都需要编辑和记者平时不但在文字表达上下功夫，更需要有对真的辨别力、对善的判断力和对美的鉴赏力。

（三）创新意识和对新媒体传播方式的掌握

在融媒体时代，“新员工意识”是每一个科普媒体人必须具备的。每一天都把自己当作一名新员工，以开放的心态不断学习新知，紧跟前沿和潮流。除了最新的科技新知和发展趋势之外，还必须对新媒体传播方式有所掌握，

成为全媒体记者和编辑，会采访写稿，会运营微端，会拍摄视频，会剪辑，会拍照，全方位采集了现场各类信息之后能够结合智能化手段去处理信息，并根据大数据分析的需求呈现加工成为各类传播产品。

（四）较强的沟通能力

科普期刊科普传媒人应当处理好与读者和作者的关系。科普期刊是为了适应不同读者需求而出版，编辑应当时刻把读者的利益放在重要的位置上，并确立一整套服务读者的意识和行为体系。此外，如何运用坦率、诚恳的谈话艺术及行动，包括在线的各种联系方式，去激发作者的创作热情、启发创作灵感，引导被采访对象的谈话思路，是科普编辑和记者必须学会的工作方法之一。

三、培养科普期刊科普传媒人才的措施分析和案例介绍

（一）从源头开始培养，加强引进教育

高等教育是我国培养人才的主渠道，近年来，很多高校都开设了科学传播专业，也产生了一大批可以从事科学传播的专业人才，成为目前科普期刊招收记者和编辑的首选，也有很多专业科普期刊招收来自各个对应理工科专业的毕业生，当然也有大量记者和编辑来自文科专业。所以，对于科普期刊来说，首先要对来自不同专业的人才进行遴选，专业固然重要，但更重要的是选择到适合的人。

北京卓众出版有限公司是主办 30 余种报刊的集团化出版单位，旗下大部分期刊属于专业类科普期刊。为了选择最适合的记者和编辑，每年公司旗下刊社都会提前制订人才引进计划，预见性地将对各专业、学科的人才需求提出，并做好余量安排。当年度开展招聘工作的时候，不但到各类招聘会现场、在线进行寻找，更重视到高校面对面直接挑选能够从事科普期刊工作的人才。除了与学生本人沟通外，还积极通过学校老师了解学生个人情况，通过笔试和面试进行筛选，最终才能确定可以录用的人选。

引进以后，北京卓众出版有限公司注重加强教育，采取了以下措施。

1. 加强入社企业文化教育

首先是向新入职员工介绍所在刊物和集团公司整体的发展历史、现状和未来发展计划，让员工能够尽快了解和认同“务实、创新、团结、高效、开放”的企业文化。

2. 开展业务培训，培养科普编创队伍

在新员工上岗前，要对他们进行采编业务基础培训，也针对科学史、行业发展历程、科技文献使用方法等方面开展培训，全面提升他们的业务能力。

3. 发挥传、帮、带的优势

在编辑部工作中以老带新是非常好的快速培养模式，尽管传统，但是在传帮带中，不但传递了工作技能，还传承了刊物精神。在北京卓众出版有限公司的很多编辑部，都能看到传承的优势，在老员工帮助下，新员工做事更加认真，更加有信心，也更加有定力。

4. 做好思想政治工作

思想政治工作首先体现在把支部设在“刊”上，在集团公司党委下设以刊为单位的支部，让每个部门成为一个“战斗堡垒”，通过支部党员的引领积极开展各类思想政治教育活动，特别是请优秀的编辑记者讲述自己采访两会、采访科学家的过程与体会，提高大家的思想政治觉悟，也能更加理解为祖国、为人类更好生存发展无私奉献、探索求真的科学家精神。

（二）在行业中培养骨干人才

除了刊社自己内部教育培养之外，还可把人才推荐到行业中，借助行业组织进行骨干人才的培养，这也体现了行业组织在培育行业人才方面的作用。

1. 组织和参加行业业务培训

对骨干人才，安排其广泛参加行业的业务培训。参加这些培训，不仅可以使期刊编辑人员学习到专家和前辈的经验，全面获知同行在业务拓展上的情况，开阔视野、夯实基础、更新知识、提高技能，而且能够提升年轻骨干编辑的科普创作能力、专业技术水平和综合业务素质，对加强刊物记者和编辑人才队伍建设起到积极的推动作用。

2. 推荐优秀骨干积极参与交流研讨

广泛参与科普期刊界举办的交流、研讨活动，推动科普创作与社会各界的沟通，是科普刊社培养骨干人才的又一措施。科普事业是全民事业，人民大众参与的程度越高、越广泛，越能推动这项事业的发展。在专业领域内的交流与沟通，是科普创作的基础。行业学会、高校等组织会定期举办不同内容和形式的业务研讨会和主题交流会，为各刊社提供一个沟通学习的平台。

3. 积极引进成熟人才，积聚发展优势

培养优秀的科普传媒人才，不仅要保持和用好已有的科普编辑和记者资源，更要注重从行业中引进新的外来成熟人才，只有坚持两者的有效结合，才能保证科普期刊社人才资源的活力。有时候，在引进成熟人才之后，编辑部工作会产生“鲇鱼效应”，会进一步激活发展动力，让科普期刊发展更有活力。

四、继续加强科普期刊人才培养的建议

（一）大力培养年轻人

年轻人是最有活力和创造力的，要充分发挥这种优势，并且引导每个员工都具有年轻人心态，在科普工作中提升科学素养的同时，在日常生活中也成为科普达人，成为用科学方法进行工作和生活的更加理性的人，从编辑部做起，从科普刊社做起，营造更加重视科学普及、将科学融入社会生活

中的良好氛围和环境。除了环境营造外，科普期刊出版单位还要完善体制机制，创新科普人才培养模式，努力打造科普创作环境，让优秀青年人才脱颖而出。

（二）创新科普人才的培养和使用机制

科普工作对于国家和社会的重大意义毋庸多言，是一项公益性事业，目前也有越来越多的科研院所鼓励科研人员开展科普工作，但是由于在人才评价机制中还没有将从事科普创作列为科研考核标准，所以科技工作者从事科普创作的动力不足，写一篇学术论文远比写一篇科普文章的动力更大，因此，科普期刊的稿源长期以来都是各刊要重点解决的问题。

在培养机制方面，有领导和专家曾提出高校与科技馆等科普机构联合培养科普人才的建议，这种模式也正在实施。该模式对于科普传媒产业同样适用，科普期刊出版单位也可以和高校联合共同培养科普传媒人才，从高校低年级开始储备人才，吸引读者与培养作者。

在使用机制方面，科普期刊和学术期刊一样属于科技传播行业，都是服务社会大众的，科普创作人才应该得到和科研人员同等的待遇，推动建立更加有利于科普人才成长和发展的技术职务的评价、晋级考核体系，这样才能保证科普传媒产业的蓬勃发展，为科普传媒人才创造良好的环境。

（三）提供实践机会，鼓励科普传媒人才积极走进科研实验室，并多参加科普活动

科普期刊要培养科普传媒人才，需要提供大量实践机会，多开展调研工作，积极走进实验室，接触一线科研工作者，了解各方面科技信息。同时要让科普传媒人才积极参与科普活动的组织工作，比如全国科普日、科技周、科技下乡等，在科普活动中进一步积累科普创作资源，了解公众需求，进一步激发创作者对于科普创作更高涨的热情。

（四）积极拥抱智能社会和融媒体时代，进一步培养复合型人才

目前，除了面向幼儿群体的期刊外，更多科普期刊已经采取以新媒体形

态为主、纸质媒体为辅的形式，在生存发展中实现了融媒体发展。媒体的核心优势是人才，要推动科普媒体融合向纵深发展，做大做强主流科普舆论。在融合发展的契机下，科普期刊要着力培养具有科技创新理念和媒介融合思维，集采、写、摄、录、编、播于一体的全媒体专业人才，找到自己在祖国科技创新和科学普及这两翼共同发展伟大历程中的主流位置。

参考文献

[1] 苏婧，张品纯，刘元春. 科普期刊发展空间更为广阔 [N]. 中国科学报，2018-11-30：3.

论科普讲解中的故事性因素

田淑欣

（天津科学技术馆，天津，300201）

摘要：在科普讲解中，科普辅导员引入故事性因素，可以很大程度上激发参观者的学习兴趣，加深学习记忆，提高整个参观学习的收获和效果。在将故事引入科普讲解的过程中，科普辅导员应遵循故事的针对性、趣味性、真实性三个原则，更好地发挥故事性因素在科普讲解中的作用。

关键词：科普讲解　故事性因素　科学史　哲学史　传统文化史

Story Factors in Popular Science Explanation

Tian Shuxin

（Tianjin Science and Technology Museum，Tianjin，300201）

Abstract：In popular science explanation，story told by science counselors can greatly stimulate visitors' interests in learning，deepen their memories，and improve science popularization effects. In the process of introducing stories into popular science explanation，science counselors should follow three principles，namely，pertinence，interesting and authenticity，so as to better play the role of story factors in popular science explanation.

Keywords：Popular science explanation，Story factors，History of science，Philosophy history，Traditional culture history

科普场馆面向观众的讲解，毫无疑问是一种知识性的教育传播活动。在

作者简介：田淑欣，天津科学技术馆助理馆员，e-mail：tianshuxin1974@163.com。

观众参观过程中，科普辅导员的讲解能够大大提高参观效果，从而使观众学习的质量和知识的收获得到提升。但在实际参观时，受时间和场馆设施固定化的局限，科普讲解在其服务观众的过程中，往往仅限于参观引导、操作示范和一般性的说明，或者说对一些展品、设施的科学原理和科学知识稍有涉及而已。即使讲解，也往往就知识而讲知识，缺乏精神深度和生命活力。有关教育测评数据显示，通过这种传统的灌输式讲解方式，观众所获取的知识量和信息量不足5%，一次参观结束，远远没有把科普讲解的作用最大限度地发挥出来。本文探讨如何在科学参观科普场馆的基础上，把科学史、哲学史与中国传统文化史中的故事性因素代入科普讲解中，强化和突出科普讲解的作用，从而为大力推进全域科普工作做出应有的贡献。

一、在科普讲解中引入故事性因素的作用

（一）提升观众的学习兴趣

在科普讲解中，传统的灌输式讲解无法快速且深入地激发观众的学习兴趣，尤其是青少年观众群体具有活泼好动、好奇心强的特点，因此将故事性因素引入科普讲解中，可以提升整个讲解的趣味性，激发观众的学习兴趣，从而提升科普讲解的效果。

（二）增加观众的学习记忆

长久以来，科普辅导员主要依靠演示操作、引导观察、解释原理和介绍应用的方法来完成科普讲解，但这些均受客观条件限制，如观众的年龄、知识水平、参观时长、学习目的等，而无法达到满意的效果。因此在科普讲解中，辅导员通过讲解有趣的故事，可以让整个参观过程和体验深深地印入观众的脑海中，再配合操作、观察、互动、思考等方式，引导观众在参观科普场馆的过程中，获取科学知识，增强科学意识，弘扬科学精神，从而树立正确的科学价值观和人生观。辅导员通过故事背景和细节的讲解，可以深化观众的记忆，增强科学知识的趣味性，增强观众对科学知识的理解，进一步增

加科普场馆的科普教育功能。

二、故事性因素引入科普讲解的原则

在科普讲解中，辅导员在引入故事性因素的过程中，要遵守三个原则，即真实性原则、趣味性原则、针对性原则。

（一）真实性原则

在科普讲解中，科普辅导员应当结合展品、展项所阐述的科学知识，引入具有真实性的故事性因素，避免引入的故事与所阐述的科学原理相冲突，避免出现科学性错误，避免在观点和概念上误导观众，影响观众正确科学价值观的形成。要保证引入故事的真实性，科普辅导员就需要在故事的选择过程中充分认识到故事的真实性，并且了解故事中可能存在的虚构成分。

（二）趣味性原则

科普辅导员要借助故事性因素来提升观众参观的兴趣，就需要让观众从故事中感受到趣味性，这将会在很大程度上提升参观科普场馆的热情和效果。

（三）针对性原则

科普辅导员所讲述的故事需要与所参观的实际情况相符，故事的中心内容和中心思想亦需要与展品、展项所阐释的科学知识、科学原理的实际需要相符。科普辅导员要让故事紧扣展品、展项所阐释的内容，从而使观众在故事中获得科学知识的同时，获得科学精神、科学思想的启迪。

三、不同种类的故事在科普讲解中的应用

在引入故事的划分中，科普辅导员可以将故事从不同角度划分为不同的类别。

（一）以科学史为中心的故事

在以科学史为中心的故事中，科普辅导员主要通过将科学家的故事作为脉络，推动故事情节的发展，使讲解更加生动有趣。例如，在讲解“自己拉自己”这件展品时，科普辅导员可以将与滑轮的发现历程相关的科学家故事引入讲解中，先对观众提出问题，再进行讲解。提出问题：发明滑轮的科学家有一句名言“给我一个支点，我就能撬动整个地球”，大家知道是哪一位吗？讲述故事：他是古希腊最伟大的科学家之一阿基米德。从罗马帝国时代起，阿基米德就被认为是半传奇的疯狂发明家。他发明了奇奇怪怪的武器，还赤裸着身体从浴缸里面跳出来，沿着大街边跑边喊“尤里卡”。阿基米德在机械方面的天赋更多地体现在杠杆原理的发现上。杠杆能将较小的力在长距离做的功转化为较大的力在短距离上做的功。在普鲁塔克（罗马帝国时代的希腊作家、哲学家、历史学家）讲述的故事里，阿基米德通过一组滑轮，仅凭一人之力就拖动了船队里最重的战船，令希罗国王大开眼界。当西拉丘兹沦陷后，阿基米德死于罗马士兵之手：因为他正在研究关于直径的某个问题，目光和心思都完全集中在研究对象上，没有注意到罗马人的入侵，也没有注意到城市已经沦陷。一个罗马士兵突然出现，命令阿基米德跟他走，阿基米德拒绝了这个要求，因为他还没想出眼前问题的证明。罗马士兵被激怒了，拔出剑来砍死了阿基米德。这段科学史故事，可以将科学家生动形象地展现在观众面前，让观众了解科学家对科学执着探索的精神。辅导员在以科学史为中心的故事讲解中，需要尽量讲解科学家在探索科学时的细节，通过大量细节和行为的展现，将观众带入漫长的科学史长河特定的环境中，使观众更加深刻地了解科学家探索科学的艰辛历程。

（二）以哲学史为中心的故事

在以哲学史为中心的故事中，辅导员主要是通过讲述故事中所蕴含的人生哲理，使观众透过现象看到事物的本质。例如，在进入“认识自我”展区时，可引用古希腊哲学家苏格拉底的一句名言“认识你自己”和一段有趣的故事开始讲解。一群年轻人到处寻找快乐，可是却到处碰壁，遇到了许多烦恼和困惑，他们向苏格拉底寻求保持快乐的答案。苏格拉底对他们说："你们先把快乐的问题放一放，先帮我造一条船吧！"于是，年轻人就把寻找快乐的事情放在一边，和苏格拉底一起去造独木舟。他们同心协力锯倒了一棵大树，把树剖成两半，挖空了树心，很快就造出了一条独木舟。独木舟下水了，大家把苏格拉底请到船上，一起荡起双桨，齐声歌唱。苏格拉底问道："孩子们，你们现在觉得快乐吗？"学生们齐声回答："我们现在觉得快乐极了！"快乐就是这样，它往往在你为着一个目标努力工作时，就突然地到来了。如果我们发现了幸福就藏在自己身上，那我们就会源源不断地创造出幸福，并且取之不尽用之不竭，而这个前提是认识你自己，毕竟，创造的主体是你自己，难道不是吗？辅导员在讲述以哲学史为中心的故事时，应把握故事所蕴含的哲理和展品、展项之间的内在联系，做到准确、恰当，从而使观众透过事物的表面现象深入思考从而获得人生感悟。

（三）以中国传统文化为中心的故事

中国传统文化是中国人的根，弘扬传统文化是教育工作者的职责与使命。清华大学历史系教授、国学大师钱穆之子钱逊先生曾说："学习传统文化的中心目的是学做人，而非学知识。"因此在科普讲解中，辅导员引入有关传统文化的故事，有利于帮助观众树立正确的人生观和价值观，从而实现科普育人的目标。例如，在"讲解机器人书法家"这件展品时，人们往往只注重机器人写字的过程，很少有人去思考书写完成的"厚德载物"四个字的出处和含义。因此，辅导员在组织观众参与之前介绍"厚德载物"的出处和含义是非常必要的。"厚德载物"语出《周易》："地势坤，君子以厚德载物。"意思是，君子的品德应如大地般厚实，可以承载万物。可以讲这样一个故事：一个富豪想为新房子看看风水，就请来了一位大师。在接大师回家的路上，有车欲超，富豪总是避让；行至镇上，一个小孩从巷子里嬉笑着跑出来，富豪停下来，小孩子跑过仍不前行，一会儿另一个小孩子冲了出来，追赶前面的小孩子。大师问富豪怎么知道后面还有小孩子，富豪说小孩子喜欢追打，只他一人不会笑得那么开心。到了家门口，院子里飞出几只鸟，富豪又请大师稍等一下，说院子里有人在偷摘果子，我们进去会吓到摘果子的人从树上掉下来。大师默然片刻，说："先生送我回去吧！"富豪讶然问："大师何出此言？"大师说："有先生在的地方都是风水吉地。"这个故事，使观众在参观的同时，思想境界也得到了提升，既传递了科学知识又进行了素质教育。

四、结语

在科普讲解中，科普辅导员引入故事性因素，可以很大程度上激发参观者的学习兴趣，加深学习记忆，提高整个参观学习的收获和效果。在将故事引入科普讲解的过程中，科普辅导员应遵循故事的真实性、趣味性、针对性三个原则，从而更好地发挥故事性因素在科普讲解中的作用。

参考文献

[1] W. C. 丹皮尔. 科学史及其与哲学和宗教的关系［M］. 李珩，译. 北京：商务印书馆，1975.
[2] 亚・沃尔夫. 十八世纪科学、技术和哲学史（上、下册）［M］. 周昌忠，苗以顺，毛荣运，译. 北京：商务印书馆，2012.
[3] 乔尔・利维. 奇妙数学史［M］. 崔涵，丁亚琼，译. 北京：人民邮电出版社，2016.

中国科普摄影大赛作品的内容与表现形式探析*

吴　双[1]　赵中梁[2]

（1. 广西壮族自治区科学技术协会，南宁，530022；

2. 山西省文化和旅游厅政策研究中心，太原，030006）

摘要：科普摄影是以科学为内容，以摄影艺术为形式的一种科普创作。中国科普摄影大赛开办7年来，评选出一大批既有科学性又有艺术性的优秀科普摄影作品，而科学内涵浅薄的作品也占相当大的比例。科普摄影创作者的科学素质和艺术修养决定科普摄影大赛作品的水平高低，评委的评选取向引导着参赛作品内容与表现形式的发展趋势。大赛的组织机构需发动更多的科技工作者和专业摄影师参与科普摄影，使中国科普摄影大赛作品的科学内涵更加丰富、艺术水平不断提高。

关键词：科普摄影　科学　艺术　大赛

The Contents and Forms of China Popular Science Photography Competition

Wu Shuang[1]　Zhao Zhongliang[2]

（1. Guangxi Zhuang Autonomous Region Science and Technology Association，Nanning，530022；2. Policy Research Center of Shanxi Provincial Department of Culture and Tourism，Taiyuan，030006）

Abstract：Popular science photography is a kind of popular science creations with science as its content and photography as its form. Since its first organization

* 本文为广西壮族自治区科学技术协会2019年度调研课题（桂科协〔2019〕D-01）。

作者简介：吴双，广西壮族自治区科学技术协会少数民族科普工作队高级工程师，中国科普作家协会理事，广西摄影家协会会员，e-mail：149553674@qq.com；赵中梁，山西省文化和旅游厅政策研究中心助理研究员，e-mail：1009356546@qq.com。

seven years ago，China popular science photography competition has been hosted once a year，and selected a large number of excellent popular science photography works with both scientific and artistic nature. However，works that are not so good also account for a large proportion. The quality of the photography works depends on the scientific and artistic literacy of the photographers，while the orientation of the reviewers guides the trend of the contents and forms of the woks. It is suggested that the organization of the competition should attract more science and technology staffs and professional photographers to participate in popular science photography，so as to enrich the scientific connotation and improve the artistic level of photography works in the competition.

Keywords: Popular science photography，Science，Art，Contest

为了推动科普文化创作，通过摄影艺术手段与科普的结合，促进公众参与科普，提高全民科学素质，在全社会形成“讲科学、爱科学、学科学、用科学”的良好氛围，从 2012 年开始，在中国科协科普部的支持下，山西省科协和相关部门联合举办每年一届的中国科普摄影大赛。2012～2018 年的 7 届大赛中，第一、第二届的主题是“绿色・健康”，要求摄影作品将摄影艺术与科普传播紧密结合起来，融科普性、知识性和艺术性为一体，通过画面充分反映“节约能源资源、保护生态环境、保障安全健康、促进创新创造”的科普内容。第三至第七届的主题规范为“反映科学现象、揭示科学原理、记录科学活动、传播科学知识、启迪科学思想”，要求摄影作品将摄影艺术与科普传播、科普现象紧密结合，主题明确，积极向上，内容真实，富有感染力，富有思考和想象空间，具有科普教育意义，融科普性、知识性和艺术性为一体。第一至第七届大赛共收到来自全国各地的 33 570 幅（组）参赛作品，从中评选出一等奖、二等奖、三等奖及优秀奖、入选奖作品共 2911 幅（组），在我国摄影界产生了很大的影响，推动了科普文化事业的繁荣发展。

中国科普摄影大赛没有条件限制，社会各界的摄影师和摄影爱好者均可参加，作者来自不同领域，投稿作品的水平参差不齐。纵观大赛的获奖作品可以明显发现，由熟悉科技内容的摄影师或科学家拍摄的纯科学作品较少，广大摄影爱好者记录一些自然现象和各种群众性科普活动的纪实类作品很多，一方面体现出大赛有群众积极参与的基础，另一方面反映出大赛的办赛质量还有提升的空间。下面以第一至第七届大赛的部分获奖作品为例，对中国科普摄影大赛作品的内容与表现形式进行探讨、赏析，试为今后科普摄影的创作和作品评选抛砖引玉。

一、科普摄影的含义

在目前相关的理论研究中，科普摄影还没有统一公认的定义，它在科普创作的理论中被列为科普美术的范畴。基于科普创作是为达到科普（普及科学知识、倡导科学方法、传播科学思想、弘扬科学精神）的目的而生产各种科普作品的创作活动，科普摄影实质上就是以科学为内容、以普及科学技术为目的而创作的摄影作品。[1]

摄影作为一门技术，通过照相机的镜头、光圈、快门，把被摄物的“瞬间”影像记录在胶卷或感光元件上。照相机作为一种工具日益普及，当摄影技术被应用于科学研究时，科学家利用照相机记录、测量、剖析他们的科研对象，就产生了狭义的科学摄影。有些科学摄影的方法与普通摄影不一样，如遥感摄影、显微摄影、缩微照相、X 射线照相、红外摄影、紫外摄影、电子显微镜扫描摄影等，所得的照片多用于行业内的科学研究。当科学摄影的一些照片具有艺术方面的美感，比如生态摄影中的动物、植物照片，电子显微摄影得到的神奇画面或精美图案，会被应用到科学传播和科普教育中，这时，科学摄影就有了广义的外延，这个外延正好与科普摄影的含义重合。[2]因此，从某种意义上说，科普摄影是科学摄影的一个组成部分。[3]

随着数码相机和智能手机的普及，在当今全民摄影的时代，摄影已经成为一门大众化的艺术。新闻、旅游、生活、纪实等各类普通的摄影，摄影者都会按照自己的审美直觉，运用光影、构图、色彩等技巧，尽力把景物的精彩瞬间艺术化地记录在相机或手机里，使观众对摄影作品产生视觉上的美感。如果普通摄影的画面内容中包含了科学的事物，摄影者有意通过摄影作品向观众传播科学知识的时候，普通摄影就主动承载了科普的责任，成为科普摄影（图1）。

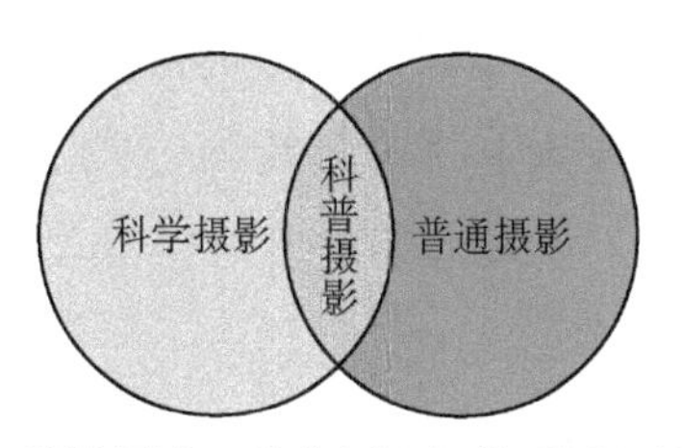

图1　科学摄影、科普摄影与普通摄影的关系

科普摄影不是拍摄方法和风格上的分类，而是作品内容和用途的分类。优秀的科普摄影既是科普作品，又是艺术作品，同时具有科学性和艺术性[4]，它把科学内涵以视觉的形式艺术化、形象化、通俗化地展现给观众，让观众理解科学，从中受到科普教育。

二、科普摄影的内容

《中华人民共和国科学技术普及法》中把“科普”定义为国家和社会采取公众易于理解、接受、参与的方式普及科学技术知识、倡导科学方法、传播科学思想、弘扬科学精神的活动。因此，由科普工作的主要社会力量中国科协主办的中国科普摄影大赛，其内容就不仅是通过摄影作品传播科技知识，还要反映国家、社会为提高全民科学素质所开展的各种活动。

摄影作品作为视觉艺术，其画面展示的内容就是它要表达的主题。中国科普摄影大赛第一届和第二届的主题虽然是“绿色•健康”，但其实有很多反映其他科普内容的作品也参赛并获奖；第三届至第七届把主题改为下列五个方面，以更广泛地接纳不同内容的参赛作品。

（一）反映科学现象

地球、星系、宇宙空间等宏观世界，生物、物理、化学等自然世界，甚至电子、质子、中子等微观世界，都是科学普及的内容，都可以成为科普摄影的对象。《太阳耀斑爆发和巨大日珥》（图 2）是利用天文专业的太阳色球望远镜拍摄到的太阳耀斑和日珥；航拍摄影《幻彩丹霞》（图 3）既是一组反映丹霞地貌的科学摄影作品，也是色彩斑斓的风光艺术作品；《蝴蝶的卵》（图 4）记录显微摄影中虫卵的不同几何形状和精美立体结构。这些摄影作品运用艺术手段，展示科学现象中的视觉美，拉近公众与科学之间的距离，增强公众对科学现象的理解，引发人们对自然界、人类社会、日常生活中神奇科学现象的探索和研究。

图 2　太阳耀斑爆发和巨大日珥（覃育摄）

图 3　幻彩丹霞（张京平摄）

图 4　蝴蝶的卵（王燕平摄）

（二）揭示科学原理

科普摄影围绕科学探索、科学发现的题材，对宇宙间万物遵循的本质规律和人类生产生活中抽象、高深的科学内涵和繁杂的工艺技术，通过科普视角和摄影表达手段的揭示和诠释，使其直观、通俗和简单地呈现给公众。《天旋地转莲花山》（图 5）中，天上有围绕北极星旋转的星轨，地景蜿蜒山路上有汽车的灯轨呼应，天地之间构成了一幅时间堆积的风景。《水中绽放的花》（图 6）利用高速摄影的技术，把水珠滴落与水花碰撞的瞬间凝固在画面中，表现在重力、内部拉力和表面张力的作用下，水滴产生各种不同的立体形状，激发观众对物理力学的好奇。

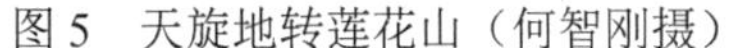

图 5　天旋地转莲花山（何智刚摄）

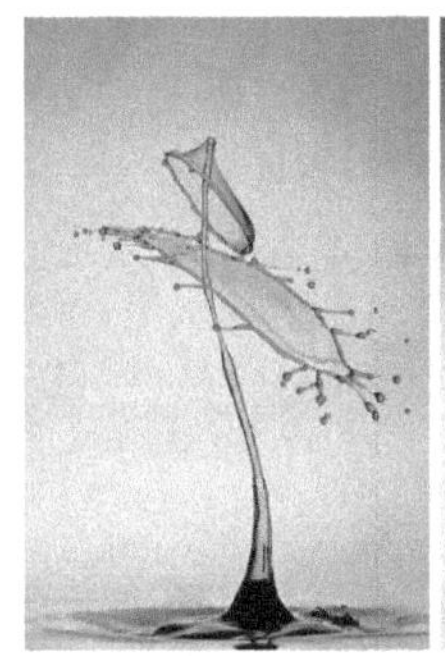

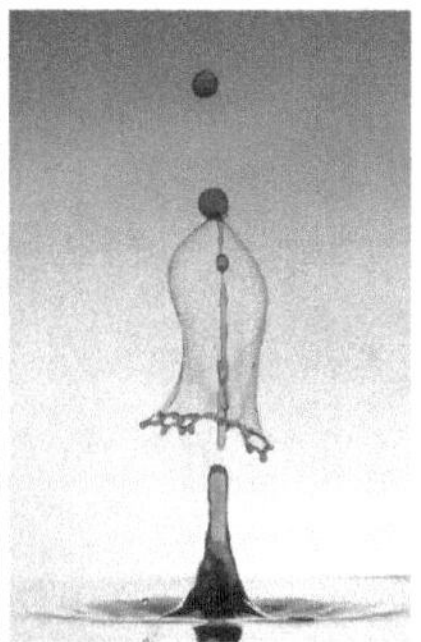

图 6　水中绽放的花（刘军摄）

（三）记录科学活动

科普摄影反映人们探索科学奥秘、推动社会科技进步的活动，包括自然界、人文社会、工程技术等所有科学技术领域与科技知识的产生、发展、传播、普及和应用相关的科学研究活动和科普教育活动，为科学的新发现、新发明提供启示和借鉴。科学家为了创新发明从事的科研活动，我国众多政府机构、社会团体、企事业单位为了提高全民科学文化素质开展的各种经常性科普活动，也是科普摄影包含的内容。这个主题特别适合广大摄影爱好者参与，《童趣》（图 7）和《善待地球》（图 8）均展现了孩子们对科普活动的热爱。

（四）传播科学知识

科普摄影根据人们的求知心理，通过摄影作品特有的针对性和吸引力，介绍科学知识、高新技术，激发人们对科学技术发展的关心，爱科学、学科学和用科学的热情，形成科学的思维方式、行为准则和生活方式。《莫比乌斯带的吸引力》（图 9）通过科技馆的莫比乌斯带展具，启迪观众用科学的思维去发现拓扑变换和旋转纬度的奥秘。《百变万花筒》（图 10）里面蕴含着光的反射原理，在多面反光镜的堆积反光中，大型万花筒为孩子们营造出一个五彩缤纷的世界，画面中的几何图形与线条衬托了主题。

图 7　童趣（石彦俊摄）

图 8　善待地球（李志文摄）

图 9　莫比乌斯带的吸引力（林毅东摄）

图 10　百变万花筒（何惠然摄）

（五）启迪科学思想

科普摄影通过作品增强人们追求科技进步的紧迫感和自觉性，创建精神文明，帮助找到打开科学思想大门的钥匙，宣传我国科学家科技报国的高尚情操和爱国情怀，引导公众树立求真务实、勇于探索的科学精神，形成崇尚科学、追求真理的社会风尚。《科学之子》（图 11）中是世界著名物理学家霍金，他虽然全身瘫痪，不能说话，但从未放弃对科学真理的追求，霍金微笑的脸庞透露出他对宇宙科学的睿智。《五笔字型发明者》（图 12）拍摄了王永民站在投影仪前的画面，让汉字的各种字根投影到他的脸上，看似影响了画面的美观，实际突出了五笔字型发明者的科学形象。

图 11　科学之子（杨申摄）

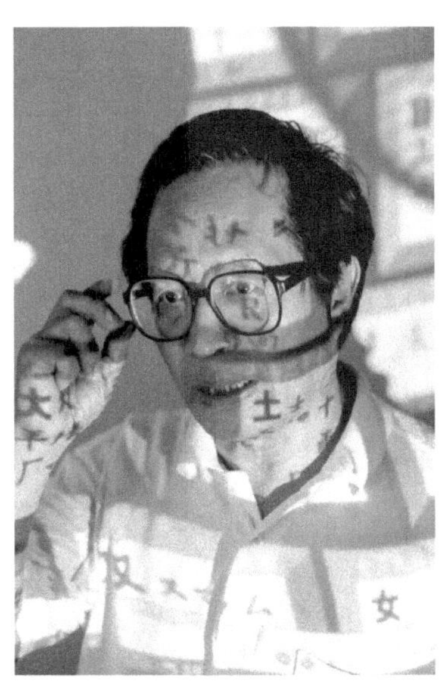

图 12　五笔字型发明者（杨申摄）

仅从第六、第七届收到的来稿分类统计可以看出，中国科普摄影大赛设置的五个主题的来稿数量比例基本相似，两届的数量大小次序相同：反映科学现象［2260 幅（组），1978 幅（组）］、记录科学活动［1979 幅（组），1596 幅（组）］、传播科学知识［1097 幅（组），1033 幅（组）］、启迪科学思想［579 幅（组），477 幅（组）］、揭示科学原理［378 幅（组），381 幅（组）］（图 13）。五个主题数量并不均衡，究其原因，科学现象、科学活动和科学知识的直观内容都比较容易以图像的形式表现出来，而科学思想和科学原理这些意识形态的内容更适合通过文字来描述。鉴于此，2019 年第八届中国科普摄影大赛的主题改为“聚焦科学现象、记录科学活动、展现科技成就、赞扬科技人物”，这四个主题对参赛作品的内容概括更加明了，摄影师和评委都容易对作品主题进行准确分类。

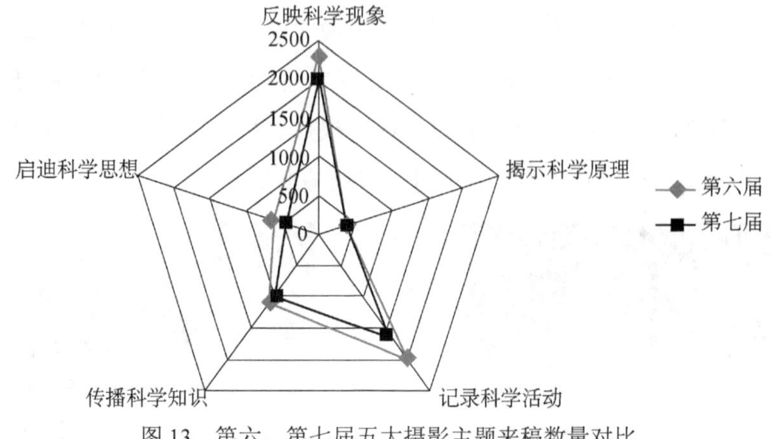

图 13　第六、第七届五大摄影主题来稿数量对比

三、科普摄影的表现形式

图 14　敬责把关搞科技（姚国才摄）

摄影作品的内容是通过各种构图形式来表达的，科普摄影作品同样要运用摄影的技巧与手段，借助光线、影调、色调、线条等摄影语言，把科学的内涵以摄影艺术的形式表达出来，如《敬责把关搞科技》（图 14）采取打破均衡性的构图方法[5]，利用形状大小对比突出的电磁兼容实验室的吸波装置，通过线条把观众的目光指引到趣味中心人物的身上。科普摄影的构图形式与普通摄影没有区别，无须赘述，下面仅对科普摄影如何更好地传播科学内容的表现形式进行探讨。

（一）内在形式：原始图像与合成照片

摄影产生的影像是景物在照相装置（常用的是照相机）中的真实存留，真实性使摄影有别于绘画等其他艺术形式。因此，国内外多数摄影大赛都要求摄影师使用原始影像，不得对画面的构成元素进行添加、移动或去除，只有艺术摄影大赛允许后期改变原始影像和进行创意艺术加工。

中国科普摄影大赛同样要求参赛者使用原始影像，事实上，大部分参赛和获奖作品都是一次成像。但是，为了更好地表现科学事物的原理，有的情况下科普摄影需要对照片进行后期技术处理。《天旋地转莲花山》（图 5）拍摄时要让相机在固定位置连续拍摄几十分钟，再把上百张照片进行星迹叠加，才能表现出斗转星移的轨迹。《显微镜下的沙子》（图 15）是用数码相机连接显微镜拍摄的作品，由于显微镜的景深很小，沙子有厚度，单张拍摄只能得到一个层面清晰，只有前后移动、分层对焦拍摄几十张照片，再使用景深合成方法，才能达到前后都清晰的效果。这两种摄影合成方法，没有影响画面的真实性，在科学研究中也经常被应用。

图 15　显微镜下的沙子（张超摄）

《猛醒》（图 16）在抽烟者的身上粘贴了一张烟头烫伤肺脏的图画，无论它是科普摄影还是艺术摄影，这张合成的作品都具有宣传吸烟有害健康的科普效果。大赛中还有一些类似《见证月全食》（图 17）反映日食或月食的作品，它并非一次拍摄成像，而是用后期合成的方法，把长焦镜头拍摄的日食或月食变化过程，剪贴到用广角镜头拍摄的地景画面中，造成太阳或月亮的大小比例和运动轨迹都不真实，它只能算作日食或月食的图解。作为倡导科学求真精神的科普摄影大赛，在保证科学真实性的前提下，对摄影方法和后期技术应该有合理的规定。

图 16　猛醒（段保生摄）

图 17　见证月全食（王红斌摄）

（二）外表形式：单幅照片与组照

摄影作品的外表形式，就是用单幅照片或是几张组照表达一个主题。通常情况下，当一张照片不能表达清楚主题的时候，才需要用组照来反映。组照并不是数张单幅照片的无序相加，而是每幅照片的内容应该有逻辑关系，在画面上也要有变化呼应。

《神奇泡泡》（图 18）用单幅照片就把肥皂液在分子内聚力的作用下形成筒状薄膜的神奇现象展现得淋漓尽致，小朋友惊讶、紧张的神态也抓拍及时。《镜子里的秘密》（图 19）拍摄的是科技馆里的展具，在女孩藏身的箱子里，箱壁上的平面镜直角反射墙壁形成虚像，让人产生箱子不存在的“隐身人”错觉。这些作品用单幅照片就能表明主题，拍摄组照恐怕只是画蛇添足。

《春蚕》（图 20）用四幅组照记录蚕一生经过的卵、幼虫（蚕）、蚕蛹、蚕蛾四种形态。《白茶工艺》（图 21）也用组照表现白茶加工的摊放、萎凋、烘干、拣剔等工艺。这类记录一个科学事物的发展过程或生产流程的组照，以连环画的形式向观众普及有顺序排列的科学知识，效果明显要比单幅照片更好。然而，大赛中有不少组照是作者本着“以多取胜”的想法去拼凑的，整组照片都是相同内容的简单重复，会令观众产生冗余感。

图 18　神奇泡泡（裴福堂摄）

图 19　镜子里的秘密（周少贞摄）

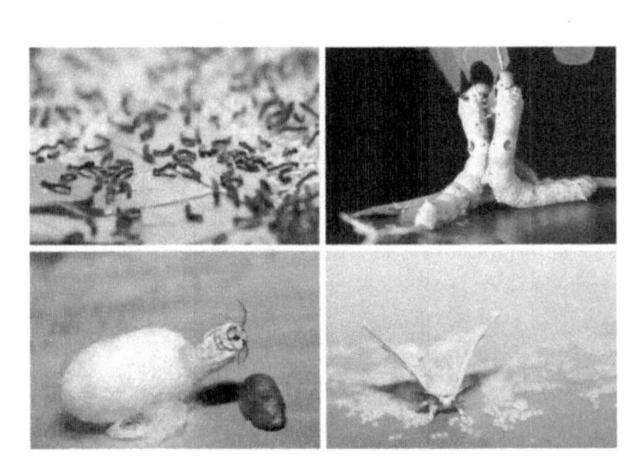

图 20　春蚕（韩建云摄）

图 21　白茶工艺（陈兴华摄）

在第一至第七届中国科普摄影大赛的 2911 幅（组）入选、获奖作品中，单幅照片占 67.98%，组照占 32.01%。每届获奖的单幅照片和组照的比例如下。第一届：431∶99，第二届：419∶111，第三届：363∶168，第四届：359∶171，第五届：175∶155，第六届：127∶103，第七届：105∶125（图 22）。从整体趋势来看，单幅照片的比例在逐年下降，组照的比例在逐年提高，说明越来越多的摄影师在利用组照的形式深化自己作品的主题，评委也对这种现象乐见其成。

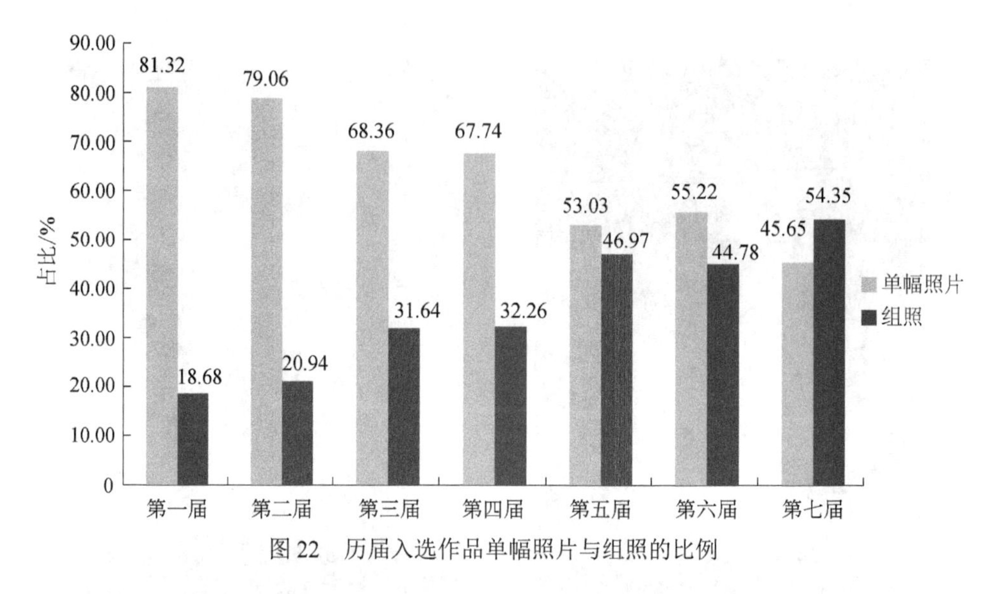

图 22　历届入选作品单幅照片与组照的比例

国际上的众多科学摄影大赛，都以公众理解科学和科学传播为目的，如地球与天空国际摄影大赛、尼康世界显微摄影大赛、英国自然历史博物馆国际野生生物摄影大赛、英国水下摄影师大赛、国际园林摄影师大赛、英国格林尼治天文台国际天文摄影大赛等，它们征稿、入选的作品极少有组照，单幅照片就能把科学性、艺术性甚至趣味性有机地融为一体，值得我国科普摄影师与科普摄影大赛评委学习和借鉴。

四、思考与建议

摄影作为一种非语汇性的交流形式，作者在按下快门的时候，就应该明确这幅照片要表达的中心思想，科普摄影还包括要传递的科学知识、科学思想和科学精神。[6]由于摄影已经普及大众，无论是用单反相机、卡片机还是智能手机，人人都可以把蕴含科学内涵的场面和科学创新、科学普及的事物拍摄下来，参加科普摄影大赛。历届中国科普摄影大赛的作者可以分为三类，一是有摄影基础的科技工作者，他们的作品蕴含的科学内涵最丰富；二是专业摄影师，他们为科学内容或科普活动进行创作拍摄，作品比较注重形式美；三是广大业余摄影爱好者，他们的作品数量最多，虽然水平参差不齐，但其中也有出类拔萃的佳作。

孔子说的“知之者不如好之者，好之者不如乐之者”与爱因斯坦说的“兴趣是最好的老师”一脉相通。确实如此，科学爱好者与科学家、业余摄影爱好者与专业摄影师有时并没有明显的界限，只要善于对科学内涵进行艺术表达，大家都能创作出优秀的科普摄影作品。《猎户座马头星云》（图 23）的作者是一位业余天文爱好者，他用赤道仪+望远镜+制冷 CMOS，在云南丽江高美古连续 5 个夜晚拍摄 20 个小时，得到 120 张照片，后期叠加降噪成这幅广域深空作品，可与专业天文摄影媲美。

图 23　猎户座马头星云（吴振摄）

在中国科普摄影大赛的评奖过程中，评委由于科学知识的局限，不可能通晓每张照片科学内容的真实性，评选出来的作品有时会存在科学性不足，甚至出现与以求真的科学精神相违背的现象。比如，有的作者把不能飞的雏鸟从巢里抓出来摆拍，这种为了追求画面奇趣，违反科学规律，有悖生态道德的摄影行为，科普摄影大赛不应提倡。印尼摄影师虐待小动物造型摆拍获奖，事后被国际摄影界谴责的案例，可作为前车之鉴。中国科普摄影大赛的评委不但要有摄影界的艺术家参与，还应该邀请科学界的专家学者对不同领域的题材进行科学把关，对不尊重科学、违反科学的作品实行“一票否决”。

五、结语

中国科普摄影大赛的历届统计数据（图 24）显示，中国科普摄影大赛受到越来越多摄影师和摄影爱好者的关注，也说明科普与摄影艺术的结合越来越受到观众的欢迎。科普摄影追求科学之真，展示科学之美，诺贝尔奖获得者李政道教授在倡导科学与艺术融合时说："科学与艺术是不可分割的，就像一枚硬币的两面。它们共同的基础是人类的创造力，它们追求的目标都是真理的普遍性。"如果大赛的组织者能够凝聚起全国各地"科艺相通"的科普摄影创作队伍，中国科普摄影大赛必定能打造成一个"科艺相通"的科普文化平台。

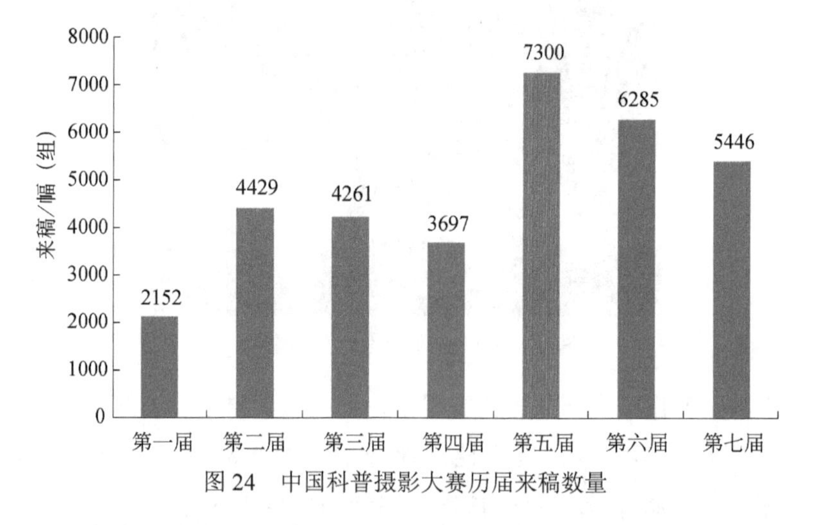

图 24　中国科普摄影大赛历届来稿数量

致谢：负责历届中国科普摄影大赛组织工作的山西省科学技术协会陈良芳为本文提供了相关资料，谨此致谢。

参考文献

[1] 董仁威. 科普创作通览 [M]. 北京：科学普及出版社，2015：24.
[2] 章道义，陶世龙，郭正谊. 科普创作概论 [M]. 北京：北京大学出版社，1983：248.
[3] 本 • 克莱门茨，大卫 • 罗森菲尔德. 摄影构图学 [M]. 姜雯，林少忠，译. 北京：长城出版社，1983：259.
[4] Bruce Barnbaum. 摄影的艺术 [M]. 樊智毅，译. 北京：人民邮电出版社，2012：11.

[5] 崔君旺. 浅谈科普摄影创作的普及［C］//中国科普作家协会. 2014 中国科学摄影高层论坛论文集. 2014：73.
[6] 王国全. 科普摄影科学内涵的艺术展现［C］//中国科普作家协会. 2014 中国科学摄影高层论坛论文集. 2014：93.

工程师学会组织参与科普的优势与机制探讨

袁　洁　张海新　秦　岚

（北京科技咨询中心，北京，100122）

摘要：当前我国科技发展中工程创新的地位越来越重要，我国经济增长的“工程师红利”日益显现，国内外科学教育对于工程实践的重视程度显著提高。工程师学会作为重要的工程职业共同体，汇集了大量的工程师人才和工程行业机构，在推动工程科普建设方面具有主体优势、机构优势和设施优势等天然的优势，能够发挥学会组织应有的功能。工程师学会参与科普工作需在学会会员激励机制、会员服务机制、科普基地支持机制、政策扶持机制等方面进行深入的探索，以建立工程科普的学会实施机制。

关键词：工程师学会　科普　机制

Discussion on the Advantages and Mechanism of Institute of Engineers Participating in Science Popularization

Yuan Jie，Zhang Haixin，Qin Lan

（Beijing Science and Technology Consulting Center，Beijing，100122）

Abstract：Engineering innovation is playing an increasingly important role in the development of science and technology in China nowadays，and the “engineer dividend” for China economic growth is becoming increasingly clear. As the important engineering professional communities，the institute of engineers have a

---

作者简介：袁洁，北京科技咨询中心科技咨询部副部长、助理研究员，e-mail：janeyuan110@sina.com；张海新，北京科技咨询中心副主任、副教授，e-mail：zhang_hai_xin@126.com；秦岚，北京科技咨询中心高级项目经理，e-mail：qinlan616@163.com。

large number of engineers and engineering organizations. And the institute of engineers have natural advantages such as engineering talents， engineering organizations and science popularization facilities in promoting the engineering science popularization. To promote the institute of engineers participating in science popularization requires in-depth exploration in the mechanism of member incentive，member service，political support as well as the supporting mechanism of science popularization facilities，so as to establish the institution implementation mechanism of engineering science popularization.

Keywords: The institute of engineers，Science popularization，Mechanism

一、工程科技资源参与科普的必要性与意义

（一）我国社会经济的长足发展需保持“工程师红利”的长期优势

党的十八大以来，我国在工程科技创新和重大工程建设方面发展迅速，取得了丰硕的成果和瞩目的成就。在“天眼”“蛟龙”“北斗”等一系列大国工程所带动的经济增长中，“劳动力红利”中的“工程师红利”日益显现。瑞银证券研究报告称，中国“人口红利”升级为“工程师红利”，将对全球产业竞争格局产生颠覆性影响[1]。习近平在2014年国际工程科技大会上的讲话中指出，中国拥有4200多万人的工程科技人才队伍，这是中国开创未来最可宝贵的资源。工程技术是实现科学发现转化为产业生产的关键环节，充分体现我国人口智力红利的“工程师红利”如何在未来的工程科技发展中保持优势，以保持我国科技经济增长的比较优势，需要工程师的持续创新，需要工程科技人才队伍的高质量发展。对工程人才培养的重视和对工程人才发展意识的提升，需要社会对于工程领域综合知识信息的科学内化，从而对工程科普提出了必要性要求。

（二）工程教育对新型工程科技人才素质提出新要求

2018 年麻省理工学院发布的《全球一流工程教育发展的现状》中，对未来国际工程教育的发展趋势进行了预测，认为未来工程教育的重心将向亚洲和南美洲的新兴经济强国转移，而且工程教育更强调学生社会素质、跨学科素质、课外实践乃至跨国实践能力的培养[2]。自 2016 年中国科协代表中国加入《华盛顿协议》初步实现了工程教育的国际认证后，我国在推动工程教育改革、培养高素质工程人才方面做出了积极的努力。为促进我国从工程教育大国向工程教育强国转变，教育部、工业和信息化部、中国工程院等先后制订了卓越工程师教育培养计划、卓越工程师教育培养计划 2.0 等人才培养战略，旨在通过推进新工科的建设，创新工程教育理念，健全工程教育体系，提高工程教育水平，培养高素质工程人才。工程人才素质的培养在专业能力之外越来越强调通识能力的培养，如对于社会责任、可持续发展、职业伦理、终身学习等都有不同层面的要求。好的工程素质的培养不仅需要学校教育的改革提升，而且需要工程类社会组织等机构的积极参与和协同联动。

（三）科学素质的提升急需科学教育与工程实践的融合

科学素质的提升是科学教育的关键，当代科学教育日益强调将工程与技术融入科学之中。美国在《新一代科学教育标准》中首次将工程设计与技术列入科学素质的重要组成部分，K-12 框架中将科学和工程的实践作为“培养美国科学的下一代的标准”的一个重要维度[3]。美国《2018 科学与工程指标》中指出，“创新型的、以知识为基础的经济需要有具有高水平科学与工程技能的劳动力，以及能够产生足够数量劳动力的教育体系”[4]。而中国是中高技术制造业的全球最大生产国，中国的研发支出仅次于美国，对于具备高水平科学与工程技能人才的需求将是巨大的，对于科学教育培养输送高素质科学与工程人才的要求是很高的。科学教育与工程实践的结合，既需要学校教育课程的改革，也需要工程机构对于工程实践的全方位支持。

（四）新时代工程师职业理想的树立需要工程科普的发展

目前社会公众对工程师的社会认知、群体印象和职业认可等不够清晰，相较于科学家，传统刻板印象下的工程师群体在社会地位、职业地位等方面处于相对弱势。在技术驱动创新、工程推动经济增速的作用越来越明显的社会发展环境下，工程师的工作内容、职业形象、群体特征已发生了不同于以往的变化，工程师的创造与制造成果越来越多地走入公众的视野，越来越密切地与民生发展联系在一起。如何让社会公众对工程技术、工程成果与社会生活的关系有系统的了解，对工程师群体形成更为直观准确的认知，如何正确引导青少年后备人才树立工程师的职业理想，都需要工程科普工作的推进和发展。

二、工程师学会参与科普工作的条件与优势

（一）作为工程职业共同体组织形式的工程师学会

工程师学会是统筹各行业工程科技资源、引领工程科技发展方向、推动工程科技人才创新成长的代表性工程类组织，是工程职业共同体的重要组织形式，它具有维护工程师职业共同体形象以及内部成员合法权益的显著功能。同时与其他工程共同体一样，致力于运用科学和技术知识创造满足人们物质和精神生活需要的新的存在物，建构人工世界，拓展人类生存空间，提升人类的生存质量，增进人类的幸福[5]。工程师学会也是工程师群体提高职业自觉和业务水平的重要社会组织。

我国目前的工程师学会组织主要由各行业的工程学会构成，如机械工程学会、土木工程学会、汽车工程学会、造船工程学会等，为各类工程领域的单位和工程师提供学术交流、教育培训、人才举荐、行业标准、国际交流等学会服务。工程师学会汇集了特定工程领域的各级各类工程人才、工程机构和工程成果资源，相较于工程类科研院所和工程企业，它具有社团组织的优势，更具有行业协同性和业界统领性。

（二）工程师学会参与科普工作的主要优势

1. 主体优势：多专业学科的工程师人才资源

工程科普的主体是工程师，既包括工程专业领域的院士和高级工程专家，也包括青年工程师和技术人员。他们所从事的工作定位、工作类别、工作内容和工作性质不同，所接触工程项目的层面不同，因此自身所具备的工程专业知识和工程实践能力有所差别。要开展具有实际效果的工程科普活动，在形式和内容上要多样化，既需要工程科技知识的理论引导，也需要工程实践活动的具体落地，各类型工程师的参与是十分必要的，能够为科普活动提供不同角度的专业支撑。一个工程行业的学会组织往往拥有该行业内数量庞大的工程师会员，如中国土木工程学会这样老牌的工程行业学会就拥有个人会员近 10 万人，涉及土木工程专业的各个学科方向，这是该行业工程科技发展的人才力量，也应成为促进我国人才整体工程素质提升的主要力量。工程师学会作为工程师群体的职业共同体，作为工作范畴之外的具有职业归属感的“工程师之家”，对于工程师的号召力和带动作用是非常明显的，在促进工程师参与科普方面能够发挥应有的社团组织优势。

2. 机构优势：各行业领域的工程产业机构

在工程师个人会员之外，工程师学会还拥有一定数量的行业单位会员，如中国土木工程学会就拥有单位会员近 1000 家，包括该行业的各个产业方向。工程师学会的单位会员既有科研院所，又有工程企业，其中工程企业作为工程行业的重要产业结构，是工程师学会活动的主要参与者。工程企业中聚集了一批特定行业领域的工程师人才，他们是工程科技创新的主力军、工程技术成果的创造者、工程科技实践的执行者。工程师群体参与科普需要工程师学会的组织引导，也需要所在工程机构在人力、设施、场地、经费等多方面的支持。工程师学会是为工程产业机构提供信息服务、人才服务、科技服务、行业服务、市场服务等的重要社团组织，在工程产业机构中具有很高的认同度和支持度，由工程师学会推动以企业为主的工程产业机构积极参与工程科普工作，一方面能够持续开拓工程科普的不同形式，另一方面能够为企业提供参与社会化服务的新平台。

3. 设施优势：各单位会员的内设展教基地

很多工程类机构都设有内部展陈中心或展教基地，一些机构在特定的时间或特定的活动中会面向特定的人群开放一定的实验室或研发基地。国企开放日科普活动就是国有企业面向公众开放其文化场馆、企业园区、生产车间、建筑工地等，使公众了解国有企业情况、科技资源、工程技术、科学知识等。像中国建筑集团有限公司的“中国建筑奇迹之旅”、中国石化的“阳光石化”“绿色石化”等都是国有企业举办的体现行业特色、符合不同受众需求的开放日活动，并逐渐形成了一定的社会影响力。一些科研院所在科技周、“双创”或（院）校庆等活动期间，会安排系列实验室的开放项目，面向特定的群体开展交流和科普活动，如中国科学院、北京大学等都曾开展相关活动。工程师学会汇集了各工程科技行业的主要企业，在一些重点的工程项目，如航天航空、核工程、兵器、船舶、电子等领域，聚集了国内主要的工程企业。很多企业依托其实验室、车间、园区、展陈馆等成立了实训基地、科普基地等。在对会员企业内设科普基地进行统筹方面，工程师学会具有相对的组织优势：一方面，可组织开展单位会员的科普资源调查，着手建立学会科普资源数据库，逐步形成某一工程科技行业的基层科普资源基础；另一方面，以工程师学会为主体建立工程机构，特别是工程企业科普工作机制，将工程企业纳入工程科普的主体范畴，可以提高企业科普设施的系统性和科普服务的有效性与精准性。

三、工程师学会参与科普的主要机制探讨

（一）建立工程师做科普的学会会员激励机制

工程师学会作为除工程科技机构之外的主要工程师组织，在人才培养和推荐方面发挥着重要作用，是工程师人才举荐的重要社会组织渠道。要鼓励工程师参与到科普工作当中，工程师学会需要探索建立一套鼓励工程师做科

普的机制。将工程师参与科普工作的成效作为学会举荐人才的优选条件之一，作为衡量工程师参与工程科技工作绩效的一个加分衡量指标。目前，国内不少行业学会在鼓励科学家和科技工作者做科普方面都有一些相应的举措，比如，中国环境科学学会设置了环境保护科学技术奖（科普类）、环保科普创新奖等，奖励在环保科普方面成绩显著的个人和单位；中国地理学会在其设置的全国青年地理科技奖、全国优秀地理科技工作者等奖项中，都将从事科学普及与推广的成就作为入选的重要条件之一。工程科技类人才的奖项评选中很少将科普工作的成就作为入选条件，像“北京优秀青年工程师”等少数的人才推选中已经进行了相应的完善。因此，工程师学会组织在开展工程人才推选工作时，可参考现有的一些学会在科技工作者参与科普方面的激励措施，从行业的角度将工程师参与科普的效益作为重要的评选条件。

建立工程师做科普的激励机制，不是要以强制性的规定促使工程师参与科普工作，而是要在科普工作中通过一定的激励措施调动工程师的积极性，充分发挥工程师做科普的主力军作用。通过工程师做科普所带来的社会效益，提高工程师群体的职业获得感和自豪感，增强公众对工程师的了解和认同。

（二）建立推动工程机构参与科普的学会会员服务机制

工程师主要的依托机构是其职业所属机构，即工作单位。工作单位的主要业务是科技研发和生产经营，在为工程师做科普方面可提供的支持是有限的。工程师学会在功能上能够与企业等形成互补，在工程师做科普方面既要发挥引导和统领作用，还要组织建立一套能够推动工程师以及工程师背后的工程企业参与科普的会员服务机制。一是为工程师做科普提供专业的培训，引导工程师以正确的方式将自身的专业知识和实践经验转化为适用性的工程科普内容和形式。这是发达国家在引导科学家做科普方面普遍采取的主要措施，即科技社团、科研机构建立配套的培训机构，以提高科学家的科普技能，如2007年美国太平洋科学中心开展的“向公众开放的科学传播计划”、2013年美国国家科学院举办的关于科学传播的研讨会等[6]。这些科学家做科普的成熟培训模式是工程科普主体培训的重要借鉴，在提高工程师参与科普的技能方面，工程师学会需要研究并设计相应的培训机制，开展相应的培训活动。二是为支持工程师做科普的企业提供更多的行业支持，如在社会组织服务企业创新政策、项目资源、人才培养等方面向这些企业倾斜。如中国科协的“科普中国”品牌在2018年对评选出的21个互联网科普项目给予了资金与品牌支持、展示交流、产业对接等方面的资助，这对于鼓励相关企业参与科普活动是很大的支持。工程师学会汇聚了各工程科技行业领域的企业，在支持企业做科普方面可参考现有经验做出符合学会定位的服务尝试。三是为工程师做科普搭建服务平台，建立线上线下同步的工程师科普体系，为工程师营造相对自由的专业互动氛围，将科普和展示工程师个体风貌、宣传工程师科技成果结合起来。通过平台的搭建，在工程科普社会需求和工程师学会科普资源之间实现有效对接。

（三）建立学会推动工程企业科普基地建设的支持机制

工程师学会在统筹企业内设科普基础设施做好资源调查和数据库建设的同时，要在推动以工程企业科普基地为依托形成体系化的科普规划方面建立支持机制。一是为企业科普基地建设提供场馆规划和咨询的支持，以专业的视角指导企业把行业特色、企业文化和科普场馆建设有机结合起来，切实发挥企业科普基地的科普功能。二是为企业科普基地建设提供展览交流支持，以工程师学会为主导提供渠道支持，建立企业间典型展览的交流机制，在企业之间实现优秀企业展览或展品的互动。三是为企业科普基地建设提供企校合作的支持。2019年本课题组对北京362家企业进行的创新发展需求调查中，企业普遍对企校合作提出了比较高的需求，有77.6%的企业对通过工程师学会组织对接科研院所提出了需求，有66.9%的企业对与高校的合作提出了需求，需要建立相应的学会资源支持机制。工程师学会可建立企业和高校之间在人才、项目、成果等方面的合作机制，将企业的科普基地作为高校人才培训、工程实践、项目实施、成果发布的依托平台，同时作为高校向企业输送人才的主要路径，建立以企业科普基地为依托的产学研渠道。

（四）建立鼓励学会参与工程科普的政策扶持机制

工程师学会在支持工程师和工程机构参与科普的同时，学会本身组织开展科普工作也需要相关的支持，尤其是扶持学会组织开展科普工作的相关政策支持，以便于工程科普工作的具体实施有章可循、有据可依。一是将学会组织纳入政府科普项目的采购机构名单，作为学会组织承接政府职能转移的一项服务内容，并建立相应的机构审核机制，以提高学会组织的科普服务能力。二是设立学会组织特色科普项目的专项资金，鼓励学会积极申报，并建立相应的绩效考核机制，以此为依据逐步形成学会组织科普能力排名数据库，形成优势学会可复制推广的科普模式，带动其他学会科普能力建设的网络化发展。

四、结语

工程师学会是工程科普工作推进和发展的重要组织力量，具备学会开展科普工作的组织优势和资源优势，同时能够发挥协同联动的行业功能，是促进工程师和工程机构参与科普的主要推动力量。在工程科普日益成为科学传播和科学教育必要内容的发展环境下，建立以工程师学会为主导的工程科普体制机制，为工程师学会开展科普工作提供必要的支持，是推动科普事业全面、系统、有效发展的重要路径。工程师学会应充分发挥自身的组织优势，通过资源协同、平台搭建、机构合作、共建共享、人才互通，逐步探索工程师学会参与科普的新路径，从而推动我国工程师文化的新发展。

参考文献

[1] 吴岩. 新工科高等工程教育的未来［J］. 高等工程教育研究，2018，（6）：1-3.
[2] MIT. The Global State of the Art in Engineering Education［R］. 2018.
[3] 柳秀峰. 美国将工程设计纳入科学教育［N］. 科技日报，2015-11-05：007.
[4] 方陵生，梁偲. 美国《2018 科学与工程指标》：全球发展趋势［J］. 世界科学，2018，（3）：31-36.
[5] 李伯聪等. 工程社会学导论：工程共同体研究［M］. 杭州：浙江大学出版社，2010：20-26.
[6] 赵立新，朱洪启. 国外科学家参与科普的现状研究［EB/OL］［2018-09-16］. http://www.crsp.org.cn/ KeYanJinZhan/YanJiuDongTai/091322Z2018.html.

基于项目的科技馆与高校间深度合作的探索

张　婕

（重庆科技馆，重庆，400024）

摘要：目前，全国掀起馆校结合热潮，如何实现科技馆的创新发展，扩展公民科学素质教育，尤其是青少年科学素质教育的形式和内容，成为各地场馆纷纷研究和探讨的课题。本文首先从理论上分析了科技馆与高校深度合作的需求；然后基于文献和实践调研，梳理当前科技馆与高校合作的现状与存在的问题；最后基于理论分析和实践调研提出解决问题的途径，以期对推动科技馆与高校开展深度合作有一定的参考价值。

关键词：科技馆　高校　深度合作　项目

Exploration on Project-based Deep Cooperation Between Science and Technology Museums and Universities

Zhang Jie

（Chongqing Science and Technology Museum，Chongqing，400024）

Abstract：At present，there is an upsurge of "museum-university cooperation" all over the country. Many museums carry out studies and discussions on how to realize innovative development of science and technology museums，and how to expand the forms and contents of scientific literacy education especially for teenagers. This paper analyses theoretically the demand for deep cooperation between science and technology museums and universities，then combs current progresses and problems of such cooperation based on document study and practical

作者简介：张婕，重庆科技馆馆员，e-mail：182262914@qq.com。

research. Finally，solutions are put forward to promote deep cooperation between science and technology museums and universities.

Keywords： Science and technology museum，University，Deep cooperation，Project

科普社会化对国家的发展和科普事业的发展有益，是现实也是发展趋势。科技馆作为学校教育的延伸和公民科学素质教育的课堂，承担的社会责任日益增长；而科技、教育等事业单位参与科普也出现了好的趋势，如成立科技传播中心，加强科技传播课程和科普理论研究，参与科普产品创作，向公众开放实验室等[1]。因此，如何整合高校的优势资源，提升科技馆的社会化科普服务能力，显得十分必要。本文结合工作实际，从创新驱动的角度出发，以项目合作为契机，分析科技馆与高校间的供需情况，以及双方开展深度合作的可行性。

一、科技馆与高校间的需求分析

科技馆与高校的合作是双方教育尤其是科学教育有机结合的桥梁和纽带，共同合作既能将双方的优势资源发挥到最大化，又能弥补双方的“短板”，达到协同互惠的目的。

（一）科技馆对于高校合作的需求分析

1. 科技馆的创新发展需要加强人才队伍建设

“发展是解决我国一切问题的基础和关键，发展必须是科学发展，必须坚定不移贯彻创新、协调、绿色、开放、共享的发展理念。”[2]中国科学技术协会党组书记、常务副主席怀进鹏指出，“建设党的十九大提出的科技强国……努力满足人民日益增长的美好生活需要，关键在于发挥创新第一动力和人才第一资源的引领作用。这需要培养造就一大批具有国际水平的战略科技人才、科技领军人才、青年科技人才和高水平创新团队……这是新时代对中国创新发展的重大命题”[3]。与高校合作，可以突破产教间的条块分割，加强合作，减少人才培养成本，提高场馆行业竞争力，最终形成可持续的人才优势。首先，高校中的理工科专业，与科技类博物馆相关的展品知识之间的联系尤为密切；其次，高校教育主要以理论知识的传授为主，科技类博物馆则重在实物的展示，二者互补性强，与高校合作，有利于科技馆专业人才的业务能力、专业知识水平的提高；最后，不断更新的知识速度与前沿的科学理念和教育方式，使得科技馆的业务骨干有必要走进校园，接受专业知识的再教育。

2. 科技馆的可持续发展需要不断提升品牌科普教育项目的口碑与品质

场馆最重要的工作是科普。随着社会的发展，人们生活水平、受教育程度、文化需求品位等的提高，促使科技馆的展览展示及品牌教育项目需要不断求新求变，主题展览设计中学术研究/文献研究的重要性也愈发凸显[4]。因此，科技馆需要寻求并吸纳高校人才、技术等优势资源的加入，转变固有思维和工作方式，在学术（项目）研究、展览研发等方面开展深度合作，推动科技馆事业高质量发展。

（二）高校对于科技馆合作的需求分析

1. 高校是科技创新和科学普及的主力军

习近平总书记在全国科技创新大会、中国科学院第十八次院士大会和中国工程院第十三次院士大会、中国科协第九次全国代表大会上强调指出，“科技创新、科学普及是实现创新发展的两翼”。首先，高校是我国科技创新和高等科技教育的主力军，也是培养科技人才的重要主体和承载社会科普服务的重要组织，理应成为科学普及的重要力量；其次，高校拥有大量的科研资源和科技教育资源，应将科研资源和科技教育资源转化为科普资源，共享于社会、服务于人民。对于高校及其科技教育研究人员来说，这既是义务，也是责任。因此，高校需要走出校园，去寻找更广阔的科普传播社会平台。

2. 高校的研究成果需要平台对公众科普

科普是高校宣传推广自身教学和研究成果，让公众充分了解、认可、支持的重要途径，也是为本校各专业发展培养爱好者、后备军的有效渠道。因此，面向大众特别是青少年的科普，是高校自身科研与教学、建设与发展的需要。发达国家的高校、科学家之所以比较重视科普，很大程度上是他们充分认识到了上述自身需求。然而，高校在科普社会化服务方面还存在以下不足：一是科普教师队伍建设还不够规范，据调查，高校没有建立常态化科普教师队伍的占比高达 42%；二是高校教学科研任务较重，从事科普工作精力不足（比例为 63.9%）[5]。而科技馆作为重要的科普教育基地和精神文明建设基地，有条件也有能力成为高校面向大众尤其是青少年科普的重要合作伙伴之一。

二、科技馆与高校间开展深度合作的现状及存在的问题

目前，为解决场馆人员不足等问题，大多数科技馆与当地高校签署了合作协议，但合作内容多为大学生参与志愿服务、社会实践等，并未充分利用高校丰富的人才、技术、科研等资源进行深度合作。究其原因如下。

（一）缺乏成熟的政策指导

科技馆与高校的深度合作，目前除上海科技馆、郑州科技馆、合肥科技馆等国内少数场馆有初步尝试外，行业内尚无规范、体系化的运行模式，可借鉴的案例不多，尤其是在科协体系和科技馆业界的相关政策引导也主要集中在中小学阶段，这为科技馆找准双方的需求结合点紧跟行业发展趋势提出了挑战。据调查，由于缺少明确的政策导向，高校教师主动开展科普的意识不强（比例为60.5%）[5]。2016 年，上海科技馆与上海视觉艺术学院共建实践基地，签约双方未来将就学术科研、实践项目开展深度合作。上海科技馆不定期推荐科技前沿师资前往高校开设讲座或授课，鼓励高校参与场馆建设，提出改进新建项目的合理建议；高校则为科技馆推荐优秀师资人才参与科研

项目与活动，不定期在展览展示、摄影摄像，以及艺术与科技结合方面向科技馆提供帮助[6]。这虽是科技馆与高校根据自身情况进行深度合作的有益尝试，却属于自发行为，不如“科技馆活动进校园”项目那样有行业性相关文件及政策的支持，其受重视程度相比可见一斑。

（二）缺乏适应的科普专业人才

科技馆与高校间的深度合作，对参与人员的专业知识、业务能力等都有一定的要求。科技馆虽于20世纪80年代兴起，但仍存在专业技术人员和高素质学历人才比例偏低，尤其是复合型人才欠缺，加之事业单位体制下留住人才相对困难等问题，在开展深度合作时，场馆人员有可能出现项目需要与自身能力存在一定差距、短时期无法胜任的情况，进而影响更深层次的合作。而高校在社会公共场所开展的科普活动主要以科普讲座或科普展演为主（占比达59.7%），其次是下乡进行科普宣讲或农技指导、撰写并发表科普文章、科普咨询等[5]。科普社会化服务专业人才培养亟待加强。

（三）缺乏持续的经费支持

科技馆是面向全社会、面向公众的科普宣传教育机构，是不以营利为目的的公益性机构，这就决定了科技馆的运营管理工作不能把追求利润最大化作为最终目标，而应以提高公众科学文化素质为最终目标。高校方面也缺少专项科普经费的支持，科普设施不完善（比例为62.2%）[5]。然而，项目的开展少不了经费支持，且目前科技馆市场化运作的方式尚不成熟，对双方合作的形式、内容、效果等都会带来影响。

（四）缺乏有效的机制保障

保障机制的建立健全是调动项目成员工作主动性、积极性的关键因素。双方建立合作关系后，如何制定完善的保障机制，调动大家的积极性、主动性与参与性，是合作顺利开展的前提条件。例如，科技馆不同的职能部门对应着不同的业务工作，若缺乏行之有效的对外合作管理或激励机制，不仅对外合作责权不明，馆内部门的协作性、积极性和主动性也将影响双方深度合作项目的开展，达不到预期效果。再如，合作进行到一定的阶段，合作成果（如版权、专利、知识产权、利益等）如何共享、分配，如何达到互惠共赢的目的等，也是影响双方达成深入合作意向的重要因素。

三、基于项目的科技馆与高校深度合作的解决途径

下面以需求为导向，以项目为切入点，结合重庆科技馆近两年与高校基于项目开展交流与合作的情况，探索双方在科普研究尤其是青少年科普研究领域开展深度合作的有效模式，力争建立长效合作机制。

（一）以项目护航支持深度合作

随着科技馆的建设和发展，人们对科技馆的认识不断深化，对科技馆的要求不断提高，科技馆也从原来的以展览展示为主转向提升科研能力。2018年6月，重庆科技馆与重庆师范大学、西南大学联合申报中国科协科普部引导性项目“科普场馆科技辅导员素质标准研究”，三方依托各自的科普场馆平台资源、科学教育资源及数据统计资源等优势，在全国范围内开展科普场馆科技辅导员调研，并充分发挥各自所长，就科技辅导员素质标准的拟定开展数次研讨、调研。在此过程中，科技馆的项目成员也在不断地学习、掌握深入科学研究的技术路径、研究方法及研究报告的撰写技巧等，在项目研究中不断提升自身的理论研究水平。2018年8月，重庆科技馆积极参加由中国科协主办，中国科技馆、中国科技馆发展基金会、中国自然科学博物馆协会承办的中国国际科普作品大赛，以纳米为主题，展开对“探秘纳米”科普展品的研发，并邀请同济大学医学院生物医学工程与纳米科学研究院相关教授作为专家顾问给予专业指导，确保知识的科学性、权威性。最终，该展品从来自全球的303件展品中脱颖而出，荣获三等奖[7]。

通过科研项目的合作，一方面，高校为科技馆推荐优秀师资人才参与科研项目研究与活动策划，创新科学教育方式、方法，设计制作科普展览等，将理论与实践有机结合，这对科技馆人的专业知识和业务能力提高大有帮助；另一方面，科技馆专业人才在科学教育方面拥有丰富的经验和技术，他

们也可以走进大学课堂，为高校尤其是教育类专业学生分享实践经验，对高校的教育研究、教学质量、学生实践经验的积累和专业素质的培养也将有很大提升。

（二）以项目营造良好成才环境

人才是科技馆创新发展的核心竞争力，目前，国内高校设置的科学教育专业多针对中小学校，缺乏对口科技馆的科学教育工作系统长远规划，高校教育与场馆联系还不够紧密。为此，重庆科技馆结合科技辅导员业务提升需要，系统梳理与规划培训方向，采取项目式培训的方法，邀请高校专家有计划、分步骤地实施技能培训项目，营造了良好的学习氛围。2018 年 6 月，为全面提升馆校结合综合实践活动软实力，夯实科技辅导员理论基础，打造更加专业的科技辅导教师队伍，重庆科技馆分别邀请了重庆市教育系统、东南大学、上海师范大学等科学教育专家担任培训讲师，采取讲座、研讨及任务探究相结合的方式，开展了“探究式科学教育理论与方法”“创客教育、STEM 教育与博物场馆教育的关系”“小学科学课程标准、《中小学综合实践活动课程指导纲要》解读”“重庆市小学科学教育案例”4 个主题的系列培训，历时 5 天，馆校结合综合实践活动科技辅导教师累计 200 余人次参加培训。老师让学员们从中小学生的角度设计教育活动，并从主题选定到问题设计、流程框架再到教学方法等逐一引导，完成一个教育活动的开发，在参与过程中，能亲身感受到优秀教育活动的整个设计过程和设计理念[8]。2018 年 10 月，为进一步贯彻落实《全民科学素质行动计划纲要（2006—2010—2020 年）》精神，提升科技馆辅导员的综合素质和展教水平，重庆科技馆邀请到重庆大学美视电影学院播音主持相关专业教授开展了科技辅导员语言能力专题培训，共有 40 余名科技辅导员参与。课程主要围绕普通话语音与发声、语言表达及讲解实训三个方面展开，旨在更好地向市民传递科学价值[9]。因此，科技馆与高校可发挥各自优势，围绕科技馆业务骨干、中小学科学教师的技能培训、高校学生团体的职前培训等方面进行深入合作，将取得事半功倍的预期效果。

（三）以项目助力经费保障

科普事业的发展不仅需要科技馆、高校自身的建设，还需要相关主管单位（如市科协、市科委、市教委等）多方面的支持，方能激发合作双方的创造性和驱动力。从策略层面，在落实经费保障上，可以通过课题申请落实项目经费或尝试争取行业专项基金，吸纳各种社会资源投入项目运作，丰富合作形式。2019 年，重庆科技馆结合重庆地区区县科技馆建设热潮，自主立项“重庆市科技馆体系建设研究”，并积极向重庆市科协、重庆市科技局申请项目经费，希望能在场馆自由经费的支持下，争取更多的经费保障。现阶段，虽是一个初步尝试，但不失为争取经费来源的一个不错的选择。此外，适当的社会捐助、商业赞助等也是不错的尝试。例如，上海科普教育发展基金会是在上海市社会团体管理局登记注册的具有独立法人地位的公募基金会，其前身是上海科技馆基金会，为上海科技馆科普项目的发展提供了雄厚的资金支持[10]。

四、结语

21 世纪，科学技术的裂变效应导致知识更新速度不断加快，导致科技馆发展面临新的挑战。数据显示，“当前知识更新速度可能为每 72 个小时翻一番”①，仅仅依靠科技馆的常规展览展示资源及配套科普活动向公众进行科普传播已远远跟不上时代发展。通过与高校合作，互换优势资源，能更好地发挥双方社会职能，为市民尤其是青少年科学素质提升服务。目前，重庆科技馆针对高校深度合作的探索尚处于初期阶段，双方的合作还需要有政策、制度、经费等多方面的支持，在合作内容上也需要根据双方的实际，经过多次商讨、研究才能确定。但要解决场馆人员不足、业务水平不足等问题，与高校开展深度合作是有效解决途径之一，也将是科技馆创新发展的必然选择。①

---

① 摘自上海科技馆馆长王小明做的《全球背景下的创新型科技馆（博物馆）发展模式的思考》报告。

参考文献

[1] 秦溱，杜颖. 科普社会化的有效开展途径［M］//中国科普研究所. 中国科普理论与实践探索——第二十二届全国科普理论研讨会暨面向 2020 的科学传播国际论坛论文集. 北京：科学普及出版社，2015，249-259.

[2] 习近平. 决胜全面建成小康社会 夺取新时代中国特色社会主义伟大胜利——在中国共产党第十九次全国代表大会上的报告［EB/OL］［2017-10-27］. http://www.xinhuanet.com/2017-10/27/c_1121867529.htm.

[3] 怀进鹏. 三轮驱动 • 三化联动 • 三维聚力——中国科协党组书记怀进鹏谈新时代新思路 打造科技工作者之家“升级版”［EB/OL］［2018-01-27］. http://www.cast.org.cn/n200680/n202397/c57892846/content.html.

[4] 唐立鹏. 论学术研究在主题展览中的基础性作用——以《鸦片战争》展览为例［J］. 自然科学博物馆研究，2017，(4)：5-11.

[5] 王明，郭碧莹，马晓璇. 高校社会化科普服务的问题与对策［J］. 中国高校科技，2018，12：14-16.

[6] 解敏. 上海科技馆与上海视觉艺术学院共建实践基地开展深度合作［EB/OL］［2016-03-11］. http://news.163.com/16/0311/18/BHT9JO2A00014SEH.html.

[7] 任雅林. 重庆科技馆原创科普作品在“中国国际科普作品大赛”中喜获佳绩［EB/OL］［2018-08-13］. http://www.cqkjg.cn/news/dynamic/360/36451860.shtml.

[8] 重庆科技馆. 重庆科技馆开展科技辅导教师业务培训助力馆校结合综合实践活动全面提升［EB/OL］［2018-06-19］. http://www.cqkjg.cn/news/dynamic/43/36451043.shtml.

[9] 重庆科技馆. 重庆科技馆开展科技辅导员语言能力专题培训［EB/OL］［2018-10-10］. http://www.cqkjg.cn/news/dynamic/346/36452846.shtml.

[10] 百度词条.上海科普教育发展基金会［EB/OL］［2018-10-08］. https://baike.baidu.com/item/%E4%B8%8A%E6%B5%B7%E7%A7%91%E6%99%AE%E6%95%99%E8%82%B2%E5%8F%91%E5%B1%95%E5%9F%BA%E9%87%91%E4%BC%9A/5947551?fr=aladdin.

科普图书出版创新策略的个案分析研究

张英姿

（中国科普研究所，北京，100081）

摘要：随着知识经济的盛行，科普图书作为科学知识传播的有效途径，日益受到人们的关注。“趣味动物学”是俄罗斯出版的一套普及动物学知识的科学系列丛书，新颖有趣，广受欢迎，本文从策划团队、创作模式、营销推广等方面对其创新策略进行剖析，以期对我国的科普图书出版事业有所借鉴和帮助。

关键词：俄罗斯　科学普及　图书出版

A Case Study of Innovation Strategies for Publishing Popular Science Books

Zhang Yingzi

（China Research Institute for Science Popularization，Beijing，100081）

Abstract：With the prevalence of the knowledge economy，popular science books，as an effective way to spread scientific knowledge，have also received increasing attention. *Animal Books* is a series of scientific books published in Russia to popularize zoology. It is novel，interesting，and popular. The paper analyzes its innovation strategies from the aspects of planning team，creation mode，marketing promotion，etc. It is of reference significance for the publishing of popular science books in China.

Keywords：Russia，Science popularization，Book publishing

作者简介：张英姿，中国科普研究所博士后，e-mail：zhangyingzi0322@163.com。

习近平总书记在全国科技创新大会、中国科学院第十八次院士大会和中国工程院第十三次院士大会、中国科协第九次全国代表大会上指出："科技创新、科学普及是实现创新发展的两翼，要把科学普及放在与科技创新同等重要的位置。"科普图书出版是普及科学知识的重要途径之一，学习借鉴国外科普图书出版的先进经验，有助于推动完善我国原创科普图书的编纂和出版工作。

"趣味动物学"是俄罗斯独立出版人格奥尔吉·古帕洛策划出版的一套普及动物学知识的科学系列丛书，目前已出版第一系列《我是浣熊》《我是狮子》《我是大熊猫》《我是蚊子》等共 35 种，以及第二系列《送入太空的动物》2 种。该丛书邀请了数位俄罗斯著名的作家、音乐家、演员等艺术家担任作者，分册撰写，由莫斯科动物园的专家及科学编辑严格把关，在保证科学性的前提下，最大限度地挖掘趣味性，并由艺术家们利用自己的社会影响通过多媒体、多渠道进行宣传推介，取得了良好的普及效果。

一、构建专业的丛书策划编辑团队，做好选题策划和编辑工作

选题策划是图书出版的首要环节，找准市场需求对图书是否能够取得成功起着至关重要的作用。而在选题策划阶段，编辑团队的丰富经验、敏锐视角、对全流程的把控能力能够为图书的出版保驾护航。图书的选题策划是编辑根据图书市场需求设定题目，选取相关知识进行编辑加工、设计以及制订营销方案的过程，是编辑的智力创造活动，是精神文化产品的构思过程，也是文化价值的增值和再创造过程。体现策划者的出版方向、出版理念以及经营思路，是出版社打造出版品牌的关键环节，也是出版社核心竞争力的体现。科普图书选题策划则是主题与内容聚焦科学知识、科学思想、科学精神、科学人物、科学发展史的策划。

"趣味动物学"丛书的编纂出版由一个有着丰富经验的专业策划编辑出版团队来操作，主要从以下几方面做好策划和编辑工作。

一是项目核心负责人极具眼光，并对科普出版饱含热情。主要负责人格奥尔吉·古帕洛是独立出版人，从 1989 年开始从事图书出版发行工作，曾荣

获多项荣誉，经验丰富，并对图书出版事业充满热爱，将图书看作其生命的一部分，认为读者对图书的认可才是对他及其同事所做工作的最高奖赏。

二是组建具有自然学科背景的科学编辑队伍，保证科学性。主编纳塔利娅·帕列阿任斯卡娅拥有生物学教育背景，与很多动物保护组织和环境保护组织保持合作，投身于儿童图书事业，主要从事针对儿童但不限于儿童的动物学类科普图书出版。迄今，她的著作及所领导的杂志出版量已超过了数百万册。丛书的科学总编是纳塔利娅·罗曼诺夫娜·鲁宾斯坦，她在莫斯科野生动物园科学教育部门长期担任领导职务，这一部门自 1972 年成立延续工作至今。纳塔利娅·罗曼诺夫娜·鲁宾斯坦不仅是一位生物学家，也是一名教师。她在动物园的工作除了与动物们接触外，更多的是为游客讲授动物学知识，特别是中学生和大学生。在这套系列丛书中，她与叶琳娜·雅科夫列夫娜·米古娜娃共同审订动物学专业知识，既不夸大事实，也不杜撰知识。叶琳娜·雅科夫列夫娜·米古娜娃是另一位科学总编，具有生物学博士学位，自 1997 年在莫斯科野生动物园工作以来，主要与同事们完成这样一项并不简单的任务：竭尽所能地为人们讲述关于动物的一切故事，以使得人们的动物园之旅愉快、珍贵而又难忘，在日后的生活中能够和大自然和谐共处。叶琳娜·雅科夫列夫娜·米古娜娃还领导了一个工作组，主要参与俄罗斯及其他国家和地区的动物园科学教育工作。

三是拥有一支专业的插画编辑队伍，对丛书的艺术性和趣味性进行把关。丛书的艺术总监是画家叶丽萨维达·特里季耶科夫娜，她带领的团队里有 30 余位新锐插画家。丽萨维达·特里季耶科夫娜先后在莫斯科国立大学、英国普利茅斯大学学习绘画理论和实践技能，并获得了荣誉学士学位。现在她主要从事儿童图书、杂志、广告等插图绘画，并取得了很大成功，先后获得 2012 年普利茅斯大学童书插画奖，以及 2015 年“新锐童书”大赛“新童书插画”单元第一名等荣誉。

四是与老牌出版社及科学机构合作。丛书由阿尔宾娜出版社出版，该出版社是俄罗斯业内领先的出版社，主要出版经济、心理学、哲学、历史、自然科学、亲子、童书等书籍。他们致力于推行这样的理念：希望读者在阅读他们的书籍时，会觉得世界变得更加美好，自身更加和谐，更加快乐，认为自己或者自己的孩子成为现在的样子是很棒的事情。

丛书的另一合作出版方是莫斯科野生动物园，该园成立于1864年，现在是一个位于市中心的真正的野生动物岛。动物园里目前生活着8000余种动物，包括很多稀有物种。尽管俄罗斯是一个北方国家，冬天异常寒冷，但是莫斯科野生动物园常年开放（周一除外），因为在动物园里有许多温暖和美丽的亭子，喜欢温暖环境的动物能够很好地适应这里的环境。所以，人们可以在一年中的任何时间看到这些动物，冬天时从10点到17点都可以进去参观。

五是选取理念先进、思维活跃的发行方，运筹丛书的营销推广。莫斯科山地旅游公司是该丛书的发行合作伙伴，这是一个儿童娱乐休闲领先品牌，是一家提供全方位儿童娱乐休闲服务项目的公司，包括野外营地的选择、特色娱乐休闲等项目，也是一所大型雇佣或培训咨询机构。

整个策划、编辑、推广团队极具活力，既有丰富的科普图书策划编纂经验，又对市场具有极高的敏感性，成为丛书从策划到推向市场不断取得成功的关键。

二、突破定势，跨界融合，开拓新的科普创作模式

我国的科普作者一般由科学家、科技工作者、科学编辑等自然学科领域或人文社科领域的科学爱好者担任，科普作者队伍仍不甚强大。“趣味动物学”独树一帜，邀请了演员、歌手、主持人等演艺界人士担任分册图书作者，撰写完成后再由科学编辑进行科学性方面的把关和审定。一方面，扩大了科普作者队伍；另一方面，借助娱乐力量，为丛书的宣传推广打了金牌广告。丛书邀请了数位德艺双馨的艺术家分别撰写了35个妙趣横生且知识丰富的动物小故事，充分调动了演艺圈人士普及科学的积极性和影响力。

俄罗斯著名歌手兼音乐家、荣誉艺术家瓦列里·西图金撰写了《我是蚊子》这本书。瓦列里自幼喜欢音乐和飞机，他创作并演唱了多首朗朗上口、传唱度高的歌曲。在这本书里，他也热情地为蚊子歌唱：“对于绅士来说，最重要的是派头、胆量、名誉、勇气；而蚊子，是自由自在的飞行员。现在是我们轻松愉快的时候了！我是瓦列里·西图金，我选择蚊子！”在该书的开

篇，他写下了引人入胜的推荐语："嘘！听！你在遥远的地方听到一声悄悄的'Ssss!'——我们书中的这只蚊子急着要见你！不要害怕，他不会咬你，因为男孩蚊子不咬人。他想告诉你许多蚊子的秘密，虽然蚊子无处不在（特别是在夏天），但我们对它们知之甚少。你知道蚊子在唱什么吗？它能飞多远呢？他在哪里过冬？打开书，蚊子已经飞来了！" 文中也"干货"满满，风趣的语言配上精美的插图，讲述了蚊子的故事："500 000 只蚊子只重 1 千克。蚊子在冬天不会飞，但可以在雪地里行走。最大的蚊子的翼展是 10 厘米，略低于你的手掌长度。女孩蚊子有着光滑的卷须，而男孩蚊子则有像薄羽毛一样的胡须。蚊子不喜欢薄荷、薰衣草、丁香、茶树和巧克力焦糖的味道。寻找食物的蚊子可以飞行达 50 千米。在寒冷的国家，蚊子可以整个冬天在冰雪下睡觉。"

《我是大熊猫》由俄罗斯著名演员、导演、歌手叶菲姆·什菲林撰写。舞台上的叶菲姆·什菲林给人的印象是一个神经质的知识分子，无趣，经常抱怨生活。他饰演的英雄经常陷入荒谬的境地，他所讲述的故事总是无谓的悲伤，甚至是沉闷，反而起到了一定的喜剧效果。然而，在《我是大熊猫》这本书中，叶菲姆·什菲林出现在读者面前的形象完全不同：他是一个善良、聪明、开朗的人，热爱自然、动物和其他人。他并没有这样直接表现出来，但从他作为"熊猫代言人"讲述自己的每一句话中都能感受到这一点。他用生动有趣的语言讲述了关于大熊猫的知识和故事："大熊猫比你重 4 倍——这就是它大的原因！鲜艳的色彩可以帮助大熊猫躲在岩石中。大熊猫的特殊气味可以碾压周围的人。大熊猫的菜单里包括 30 种竹子。大熊猫宝宝 3 个月大时就开始走路。《吉尼斯世界纪录大全》认为大熊猫是所有野生动物中最迷人的！以大熊猫的名字命名的有一款年轻人钟爱的汽车车型，一款电脑杀毒软件，甚至还有一款真空吸尘器！"……玛丽娜·莎莫娃为该书绘制的插图也发挥了重要作用。叶菲姆·什菲林称："这是'趣味动物学'丛书的第三本书（前两本是《我是浣熊》《我是狮子》），很幸运落在了我的手中。我在之前的评论中说过，书籍的框架基本相同，但每本书又都有自己的特点。书籍的责任者并不是某一个人，而是一个和谐的整体：动物+作者+画家。人们对大熊猫很感兴趣，以前关于熊猫的书籍、漫画、电影都很短，也不多，因此我向大家推荐这本《我是大熊猫》。”

三、广开发行渠道，多种营销手段并进，有效提高丛书的知名度

一是作者队伍自觉承担宣传责任，营造共赢局面。丛书的作者多为歌手、演员等知名艺术家，他们身体力行，在出席各种场合时积极宣传自己的著作，成为丛书的“活广告”，扩大了丛书的影响力。一方面有益于丛书的推广，另一方面有助于塑造艺术家的公益形象，如歌手瓦列里·西图金在参加电视台节目时就介绍了《我是蚊子》这本书。在俄罗斯第一频道有一档真人秀节目“上午去做客”，主持人玛利亚·舒克申有一天就来到了瓦列里·西图金的家里做客，瓦列里向玛利亚介绍并推荐了他的第一本书《我是蚊子》。俄罗斯著名电视节目主持人塔季扬娜·维杰耶娃撰写了《我是长颈鹿》一书。

二是政府官方的认可、关注和资助助推丛书的国际化。2018 年 3 月，“趣味动物学”丛书经由“莫斯科政府出版计划”项目参加了第 38 届巴黎国际图书展，塔季扬娜随队参加了展会，并在展会上进行了表演，现场吸引了很多观众，俄罗斯大使馆组织学生及他们的父母观看了表演，大家对“趣味动物学”的国际化推广备感骄傲。法国出版人组织团队翻译了关于长颈鹿的故事。此外，丛书团队还参加了北京国际图书博览会等多种展会并召开了发布会。

三是与学校、研究机构、图书馆、民间科普组织等机构建立合作，在开展的各类科普活动中介绍并发放图书，将优秀科普读物分享给科普爱好者，形成水波效应，扩大传播范围。丛书策划人格奥尔吉·古帕洛除了率队积极参加巴黎国际图书展、北京国际图书博览会等展会之外，还经常携书前往俱乐部、夏令营、图书馆等地，与青少年面对面交流，讲述有趣的动物故事，向孩子们赠书，也获得了孩子们的积极反馈。孩子们对这些新奇的故事百听不厌，并踊跃提问，对到手的精美书籍爱不释手。

四是集聚各种资源，寻求更多的推广模式。“趣味动物学”第二系列《送入太空的动物》推出后，古帕洛在莫斯科红场为该丛书举办了盛大的新书发布会。发布会群星云集，丛书的作者也即表演嘉宾，优秀的主持人、歌手、

诗人、作家、编剧等济济一堂；除此之外，莫斯科动物园、宇航博物馆、图书馆的负责人，以及《第一次飞行的惊人故事》《动物宇航员（第一太空探险家）》等相关领域书籍的作者作为科学顾问出席了发布会，现场表演声势浩大，为这套精品科普书籍做了隆重推介。

这套丛书的插图与装帧异常精美，色彩明亮，惟妙惟肖，既给读者带来美好的阅读体验，又构建了一个令人惊叹的动物世界，吸引人们不断去探索这个神奇世界。“趣味动物学”具有极高的科学性及艺术性，其出版创新策略值得深入挖掘。

高校博物馆科普内容创新探索

张　越

（西北大学博物馆，西安，710069）

摘要：科普是指向普通大众介绍自然科学和社会科学知识、推广科学技术的应用、倡导科学方法、传播科学思想、弘扬科学精神的活动。高校汇聚了大量自然科学和社会科学的研究成果，而高校博物馆作为高校的窗口单位，在向公众普及最新的科研成果方面拥有得天独厚的优势。但是，在实际工作中，高校博物馆并没有充分发挥这一优势，存在偏重自然科学、科普内容单一、趣味性缺乏等问题。本文将结合西北大学博物馆的科普工作实践经验，对高校博物馆如何发挥学科优势，平衡、优化、创新科普内容，提出建设性意见。

关键词：高校博物馆　科普内容　创新

Exploration on the Innovation of Science Popularization Contents in University Museums

Zhang Yue

（Northwest University Museum，Xi'an，710069）

Abstract：Science popularization is an activity that introduces natural and social scientific knowledge to the public，promotes the application of science and technology，and advocates scientific spirits and methods. Universities have gathered a large number of achievements in natural and social sciences，which is a unique advantage for university museums to popularize the latest scientific researches to the public. In fact，university museums have not brought this superiority into full play.

作者简介：张越，西北大学博物馆助理馆员，e-mail：542065137@qq.com。

There exists problems such as emphasizing natural science，dull contents and lack of interests in science popularization in university museums. Based on the experiences of science popularization in Northwest University Museum，this paper gives suggestions on how to make use of university academic advantages to innovate science popularization contents.

Keywords：University museum，Science popularization content，Innovation

科普是一项公益事业，主要目的是向大众普及科学技术知识、倡导科学方法、传播科学思想、弘扬科学精神。《中华人民共和国科学技术普及法》《关于加强国家科普能力建设的若干意见》等文件中均指出，博物馆应当发挥科普教育的作用。《关于科研机构和大学向社会开放开展科普活动的若干意见》中强调，要充分发挥科研机构和大学在科普事业发展中的重要作用。高校博物馆作为高校的窗口单位拥有得天独厚的优势，既能快速了解最新的科研成果，又可以利用藏品、展览、教育活动等开展科普活动。同时，高校博物馆拥有不同类型的参观群体，尤其是当前研学热情高涨，越来越多的青少年把博物馆当作第二课堂。因此，高校博物馆要积极开展科普活动，重视科普内容的策划和创新，真正做到科研成果惠民。

一、研究现状

目前，针对博物馆科普内容创新的学术研究还较少，且不深入。在知网上搜索关键字“科普内容创新”，仅有68篇文章（截至2019年6月19日）。其中，关于博物馆科普内容创新方面的研究更是稀少。《浅谈博物馆如何办好自然科普展览——以深圳博物馆为例》一文提到，要重视展览内容的策划，推出集知识性、通俗性、趣味性、艺术性于一体的展览[1]。《新媒体时代下陕西科普模式的构建》一文，分析了陕西科普内容存在科普内容不平衡、科普内容吸引力不够、缺少对科学思想和科学精神的传播等问题[2]。《基于微信公众平台的科普内容传播研究——以上海自然博物馆微信公众号为例》一文提出，要从表现形式、内容主题、标题三个方面下功夫，提高科普微信内容的传播效果[3]。《北京高校场馆类科普资源效用研究》一文指出，高校是科技知识产生和汇聚的主要场所，高校博物馆有着丰富的科普内容资源[4]。《试论高校博物馆的科普教育》一文提到，高校博物馆要有陈列创新，要认真研究藏品，使陈列内容活起来，同时要做好讲解[5]。《浅析科普场馆展示形式、内容、手段的创新》一文提出，要进行展览的更新、深化和改善，展品具体的设计要有互动参与、人机交互、趣味娱乐[6]。《我国高校博物馆科普功能研究》一文提到，高校博物馆拥有丰富的科普资源，但是展示内容单一、陈旧是高校博物馆目前存在的一个严重问题[7]。《我国科普工作存在问题的原因分析及对策研究》一文提出，科普内容创新要突出三个方面的内容：高新技术、环境保护、科技与社会[8]。

通过对以上研究成果进行梳理可以发现，关于科普内容创新的研究并不多且不深入，目前学术界普遍认为博物馆在科普内容创新方面面临着挑战。要实现好的科普效果就要从做好展览、挖掘藏品内涵等方面提升科普内容的质量。但是关于如何进行科普内容创新，怎样选择和编写科普内容等尚未发现有学者进行系统的研究，也没有学者针对高校博物馆的科普内容进行分析研究。因此，本文将结合实际工作经验对高校博物馆如何进行科普内容创新进行探究。

二、高校博物馆的科普优势

高校博物馆的资源集中体现了每个高校的学科特点，集结了优势学科的科研成果。例如，西北大学博物馆有地质、生物、历史三个展馆，以展览的形式分别展示了西北大学地质系、生物系、考古系多年来的科研成果。同时，高校博物馆与课堂教育相比更加形象生动，可以用大量的展品在短时间内向观众传播知识。此外，高校博物馆以院系为依托，相关专家可以成为博物馆的智囊团，为博物馆的收藏、展示、宣传等各项工作把关。最后，随着研学热和第二课堂的流行，越来越多的中小学生甚至成年人喜欢到专业性较强的高校博物馆接受科普教育，参加科普活动。

但是，在实际工作中，高校博物馆并没有完全发挥自身的优势。在科普内容方面体现在：展品更新慢，展线老旧；最新的科研成果不能及时得到宣传；

科普内容过于专业，缺乏趣味性；缺乏从事科普内容编写的专业人员等。

三、高校博物馆科普内容创新实施路径

科普的内容主要包括向大众普及科学技术知识、倡导科学方法、传播科学思想、弘扬科学精神四个方面。对于高校博物馆来说，要做好这四个方面工作的首要任务就是要编写好的科普内容。进行科普内容创新是科普工作的核心，这决定着科普工作的质量和水平。对于高校博物馆来说，可以从以下三个方面进行科普内容创新。

（一）不断完善常设展览，构建完整的科普知识体系

展览是博物馆的核心工作之一，也是博物馆进行科普工作的重要载体。据了解，很多高校博物馆近几年来并没有对基本的陈列内容进行调整，包括展品的增加与调换、展品内容介绍的完善、展线的重新设计、讲解词的修订等，这样就会降低观众参观博物馆的兴趣，也无法使他们获得更新后的知识。

以西北大学博物馆的生物馆为例，自从2013年面向社会开放以来，其一直未进行展品和展线的调整。通过对观众的调查可知，约80%的观众认为生物馆的前言部分文字太多，而展品的文字介绍又很少，无法高效地获取有用的知识。此外，在展品的排列上也比较混乱，不能起到好的科普效果。鉴于此，西北大学博物馆在2019年进行标本全面修复、维护之际，不仅对标本进行了保护工作，还购置了新标本替换了残损、不美观的标本。同时，按照生物的门类、进化的顺序对标本的陈列顺序进行了调整，旨在向观众传达达尔文的生物进化理论。此外，对每件展品的展牌内容进行了核对、校正、增补，向观众普及规范、正确的生物知识。最后，结合“保护大秦岭”这一社会热点，对讲解词进行了修订，增加了秦岭生态环境状况，秦岭珍稀野生动植物的特点、分布、价值等内容的介绍。

（二）关注学术动态，做好科研成果惠民

高校是最新科研成果的汇聚之地，《关于科研机构和大学向社会开放开展科普活动的若干意见》中也指出，科普是高校的重要社会责任和义务，要让

科技进步惠及广大公众。但是，在实际工作中，大部分高校博物馆与院系之间还没有建立起良好的合作关系，没有成为最新科技的传播者。

以西北大学博物馆为例，其近年来始终关注西北大学的科研动态，努力将最新科技成果向社会大众普及。2019 年 3 月，西北大学早期生命与环境创新研究团队发布了轰动学术界的“华南早寒武世布尔吉斯页岩型化石库——清江生物群”研究成果，西北大学博物馆也在第一时间接受了该团队捐赠的“清江生物群”1 号标本——林乔利虫化石，随后迅速开展研究，编写、整理关于该化石的科普内容，并向社会公众展出。此外，积极策划“清江生物群”的专题展览。

同时，西北大学博物馆在进行科普推广时，也会注重社会科学知识的传播。近年来，井真成墓志、“汗赭”烙马印、鎏金铜蚕、螭首、秦封泥等文物的研究取得了新的成果，西北大学博物馆对这些文物进行了细致的研究，陆续向公众展出，并以文物为切入点向观众科普古代丝绸之路、古代建筑、古代信笺等方面的知识。

（三）转变工作思路，编写趣味科普内容

随着大众对文化需求的提高，不同形式、不同内容的文化娱乐项目吸引着大众的眼球，高校博物馆也面临着如何吸引更多观众的问题。首先，高校博物馆作为传播正确知识的场所，不能随波逐流，降低科普内容的质量；其次，科普内容要有别于书本中的知识，可以从细小处入手，结合观众需要和社会热点，引起观众的共鸣；最后，撰写科普内容的文字要生动有趣、轻松活泼，让观众在休闲娱乐中获得启发。

以西北大学博物馆为例，着眼于日常工作中的细微发现，其在官方微信公众号中开设专栏，以介绍馆藏品为入口，向大众普及相关的自然科学和社会科学知识，先后撰写了关于文物、古代建筑、古代瓷器、古生物化石、石油勘探、生物标本修复等方面的科普文章，受到了读者的喜爱。以其中一篇科普文章为例，题目为“登上《科学》杂志的林乔利虫化石空降我馆”（图 1），考虑到大部分读者对古生物学比较陌生，故作者对大家都熟悉的虾和林乔利虫进行对比，比较两者在结构上的区别，读者可以通过对比快速

了解林乔利虫的特点。文字内容大多使用生活化的语句，避免使用古生物学中过于专业的名词，同时配以图片形象地向大家介绍了林乔利虫化石的结构。最后，对发现该化石的科研团队及其科研成果进行了简单介绍，以期让广大读者了解古生物学家在科学探索过程中锲而不舍的精神。

【重磅推出】登上《科学》杂志的林乔利虫化石空降我馆

原创：西北大学博物馆 西北大学博物馆

4月16日

近日，有关清江生物群的报道一定刷爆了大家的朋友圈。细心的朋友可能会发现，各大媒体的报道中都出现了一件类似虾的化石，其实它的名字叫"林乔利虫化石"。2019年3月22日，在西北大学重大科研成果发布会上，舒德干院士向我馆赠送"清江生物群"1号标本——林乔利虫化石。现在，这件登上《科学》杂志的化石大咖就陈列在我馆的古生物化石展区。

林乔利虫简介

林乔利虫是一种早已灭绝的古老的海洋节肢动物，属于大附肢纲，主要生存于约5.2亿年前的寒武纪早期。它能够在海中游泳并在海底爬行，是一种四眼的节肢动物，它的化石主要发现在中国宜昌长阳清江、中国澄江帽天山和加拿大布尔吉斯页岩等地。总长约2-5厘米，外形像虾，呈筒锥状，前端圆，有像小鞭子一样的触手，形态十分怪异。前端的两个鞭子状的器官，被认为能在浅海抽打猎物后捕食。虽说林乔利虫的外形酷似虾，但是它的结构与虾却有很大的区别。林乔利虫的附肢十分原始，除头部的大附肢起感觉或觅食作用而较特殊外，其余各附肢的功能、形态都一样，而虾的附肢具有了不同的功能，形态更是千变万化。

西北大学博物馆

林乔利虫化石照片（侧视）

名称：林乔利虫化石（侧视）

拉丁学名：*Leanchoilia* Walcott, 1912

所属门类：节肢动物门

产地：中国宜昌长阳清江生物群

时代：寒武系第三阶（518Ma）

来源：西北大学早期生命与环境创新研究团队赠送

林乔利虫化石素描图（侧视）

西北大学博物馆

林乔利虫的大家族——清江生物群

从2007起，西北大学早期生命与环境创新研究团队用了十二年才发现了"寒武纪化石宝库"——清江生物群。清江生物群的化石丰富度、多样性和保真度处于世界一流。在目前已研究的4351件化石标本中，已初步研究发现109个属，其中53%为此前从未有过记录的全新属种。清江生物群巨大的科学价值，为研究寒武纪生命大爆发之谜提供了珍贵的材料。前不久，该团队的张兴亮、傅东静等人，将这一重大成果公布于《科学》杂志上。中央电视台、人民日报、光明日报、陕西日报等媒体对这一重大发现进行了专题报道。

图 1　西北大学博物馆微信公众号中关于林乔利虫化石的科普文章

综上，高校博物馆的科普工作有重要的社会意义。高校博物馆人要积极利用本馆的藏品，对馆藏品开展深入研究；与院系的专家学者建立长效合作机制，关注最新的科研动态；结合观众兴趣和社会热点，推出优秀的科普展览，编写集科学性、多样性、趣味性、时代性于一体的科普内容。同时，高校博物馆也要努力打造科普专业团队，提升专业素养，策划和推广优秀的科普教育活动，从而真正肩负起向公众进行科学普及的重任，让更多人从科普中受益，从科普中获得满足感和快乐。

参考文献

[1] 刘剑波. 浅谈博物馆如何办好自然科普展览——以深圳博物馆为例［J］. 文物世界，2018，(3)：62-66.

[2] 武骞宇. 新媒体时代下陕西科普模式的构建［D］. 西安：西安理工大学硕士学位论文，2018.

[3] 朱筱萱. 基于微信公众平台的科普内容传播研究——以上海自然博物馆微信公众号为例［J］. 传媒观察，2017，(7)：37-39.

[4] 邓哲. 北京高校场馆类科普资源效用研究［D］. 北京：北京工业大学硕士学位论文，2013.

[5] 陈晶，徐世球. 试论高校博物馆的科普教育［M］//中国科普研究所. 中国科普理论与实践探索——第二十届全国科普理论研讨会论文集. 北京：科学普及出版社，2013：45-49.

[6] 张军，刘艳. 浅析科普场馆展示形式、内容、手段的创新［J］. 科学教育，2008，(8)：110-111.

[7] 蔺光. 我国高校博物馆科普功能研究［D］. 沈阳：东北大学硕士学位论文，2008.

[8] 李成芳. 我国科普工作存在问题的原因分析及对策研究［D］. 武汉：武汉科技大学硕士学位论文，2003.

依托社团建设　创新科普发展

赵　茜

（北京学生活动管理中心，北京，100061）

摘要：公众科学素质是终身教育的结果，科技教育是提高科学素质的主渠道，青少年时期是接受教育、提高科学素质的重要时期。北京市学生金鹏科技团采取了自顶层设计规范社团制度，结合区位优势开发资源，紧跟热点，创设网络平台，以点带面，开展集团化科普等，通过社团建设，探索了一条适合青少年的科普与提高并重的创新之路。这一科普发展之路契合了当今世界对科普发展的时代需求，利用“互联网+”搭建网络平台，充分发挥资源优势，倡导终身学习，提高科学素质，形成了自主发展的社团科普体系。

关键词：科普　社团建设　北京市学生金鹏科技团　创新　青少年

Innovating Science Popularization by Construction of Association

Zhao Qian

（Beijing Students' Activity Administration Center，Beijing，100061）

Abstract: Public scientific literacy is the result of lifelong education，while science education is the main channel to improve scientific literacy. Adolescent period is an important period to receive education and establish one's scientific literacy. Beijing Jinpeng Students' Science and Technology Association has adopted top-down mechanisms to keep pace with hot topics and create network platforms for science popularization based on local advantages，and explored an innovative way

作者简介：赵茜，北京学生活动管理中心教师，e-mail：zhaoqianwinter@126.com。

suitable for teenagers in both science popularization and education. This case of building network platform by use of "Internet+" meets the world demands on science popularization and lifelong learning，and the self-developing association could play an important role in scientific literacy improvement.

Keywords： Science popularization，Construction of associations，Beijing Jinpeng Students' Science and Technology Association，Innovation，Teenagers

一、科技社团建设与科普发展创新的关系

2018 年召开的世界公众科学素质促进大会，认为公众科学素质是长期教育的结果[1]，不仅是对科学知识的供给，更是关于科学过程、科学方法的供给。科技教育是提高全民科学素质的主渠道，而青少年时期正是传递知识，培养科学思维方式、科学生活方式，形成科学素质的重要时期[2]。朱世龙、伍建民在《新形势下北京科普工作发展对策研究》一文中提出，“十三五”期间，要不断提升青少年科学素质[3]。扎实推进从幼儿教育、义务教育、高中教育到高等教育各阶段的科技教育，不断启迪好奇心、培育想象力、激发创造力。

2018 年全美科学教学研究学会（National Association for Research in Science Teaching，NARST）年会上的研究表明，科学教育研究与改革应以帮助学生获得对客观世界的深入理解和认知，逐步形成模型与建模、科学论证与推理等认识世界的思维能力为目的[4]。作为提高青少年科学素质的重要渠道，科技社团活动不同于课堂教学，具有科学性、自主性、实用性、时代性、趣味性的特点[5]，使青少年能够参与探索、实践、反思和互动过程，正符合这一研究结果，成为科普教育的有效手段[6]。

作为首都科技教育的龙头，北京市学生金鹏科技团（以下简称金鹏团）代表了北京市中小学科技教育的最高水平之一，在 20 年的发展历程中，以科技社团的形式，不断完善自身建设，在科学普及方面进行了诸多尝试，在创新科普教育模式的同时总结了一些有益的经验，值得思考和探讨。

二、金鹏团建设经验概述

2018年针对金鹏团的一项调查表明，金鹏团分团领导希望在教育工作指导、经费支持、科普活动资源支持、政策支持、制度建设等方面得到支持。半数以上的金鹏团分团提出，金鹏团的发展应注重科学普及与拔尖培养并重，致力于提高学生的科学素质。特别是在取消科技特长生的背景下，可以挖掘校内学生潜力，通过金鹏团分团为培养学生提供成长平台，在普及的基础上，建设特色化社团，发展学生拔尖创新能力。建议加强纵向和横向培养，加强社团间、区域间合作，共同发展或借助周边科教资源单位，形成教育联合体；加强小初高纵向培养，搭建网络资源平台，建立完善的科学普及和科技活动体系；完善组织管理体系。发挥金鹏团的示范引领功能，营造更好的科技教育环境，提高社会影响力，指导并提高教师的科技素养。

针对金鹏团分团的以上需求，金鹏团秘书处创新工作思路，将普及与提高并重，开展了一系列社团建设工作，探索科普教育发展新途径。具体内容如下。

（一）注重顶层设计，细化制度建设

机构健全，功能多样，才能多角度满足科普工作和科技教育的开展需求。金鹏团通过顶层设计，加强科技社团建设，依托专业化团队，开展科普教育活动。在组织机构上设置金鹏团秘书处、工作指导委员会、专家指导委员会和业务指导委员会。其中，秘书处负责组织协调金鹏团的评审认定及常态化管理工作，开展日常活动、总结计划、学习交流、团队建设、团员认定等工作。工作指导委员会由市、区教委及承办单位负责金鹏团的行政管理人员组成，负责研究制定金鹏团规划和指导金鹏团的建设。专家指导委员会由科技专家、科技教育专家等组成，负责研究、指导、推动金鹏团的能力建设和专业发展，指导金鹏团的建设和特色化发展。业务指导委员会由专业教师和教研人员组成，负责金鹏团的专业拓展和研修活动，在金鹏团日常工作和活动中开展有特色的业务研修和实践活动，以提高项目成员的业务水平和指导能力。在此基础上，各分团又有自身的设置分工，各司其职，确保科普教

育和日常社团活动的顺利开展和活动效果的实现。

（二）发挥区位优势，开发校外资源

金鹏团依托校外资源和专家力量，开展丰富的科普教育活动，参与青少年科学素质提升工作。各金鹏团分团充分发挥区位优势，利用首都教育科研优势资源，聘请高校及科研院所专家为校外科技辅导员，充分利用校外场馆资源，走进高校重点实验室开展科普教育活动和研究性学习，并结合周边资源开展校本课程建设。例如，中国人民大学附属中学充分利用中国科学院及周边高校资源，选拔有突出成绩的社团团员开展走进重点实验室活动。此外，聘请专家作为校外辅导员，如邀请中国科学院、中国工程院院士为全校师生做科普报告，做到全员参与，全员受益。同时，充分利用校外专家资源，结合校内实际，由一线科技教师和专家团队，共同开发了一系列适合科技社团使用的校本课程。借助周边科教资源，打破学校间的壁垒，加强金鹏团分团、行政部门、科技类场馆、科研院所沟通，以期共同发展。

（三）依托网络平台，拓展科学普及面

金鹏团秘书处为金鹏团分团搭建网络化平台，在打造金鹏团科普品牌效应的同时，为金鹏团分团提供交流学习平台，开展科普教育活动，实现科普教育活动效益最大化。

网络平台基于手机微信平台和网页建立，分为展示平台和评审平台，实时更新。其中，展示平台分为金鹏团介绍、组织机构、成员名单、分团动态四个版块，内容涵盖金鹏团历史发展沿革、师资及团员情况、社团活动、校本课程建设、特色和创新性科普活动、取得成绩等多方面。其中，分团动态实时更新，内容涉及承办举办科技活动的社团新闻版块；开设科技课程、社团获奖等的社团管理版块；介绍科技教育、科普活动的创新成果的内容创新版块；校本课程版块；以及特色创新工作室版块。常态化管理系统，用于收集金鹏团日常工作活动资料，同时有针对性地开展考核工作。化整为零，将三年一次的评审认定工作分解到每年的工作计划中。通过常态化管理平台的建立，促进各分团相互之间的交流和合作，加强金鹏团宣传，扩大科普社会

影响力。利用两套网络化平台，将各分团有机地联系起来，并将各自的科普活动内容和科技教育成果通过网络快速传播、交流共享。同时，高效地完成了科技社团的管理、日常监督和评价工作。

（四）以点带面，开展集团化科普

金鹏团分团普遍是本区域乃至全市的优质资源校或校外科普教育阵地，以其为核心，带动周边学校社团开展科普教育及科技活动，充分发挥辐射带动作用。支持鼓励区域科普教育资源融合、搭建发展平台、构建发展机制、提供发展保障等，逐步形成以金鹏团为纽带、以学校联合为形式，教育资源共建共享，建立完善的科技社团活动体系，促进区域教育均衡优质发展。例如，北京市东城区史家胡同小学成立了教育集团，将周边的东四七条小学、西总布小学、史家胡同小学分校、史家胡同小学低年级部（遂安伯小学）、史家实验学校（曙光小学）等纳入教育集团校，打造统一的科普活动和科技竞赛，发挥优质资源集团优势，带动集团学校共同发展。

以点带面，介绍及推广典型成功社团建设经验，有针对性地开展科普活动和科技团队建设。同时，组建金鹏团教师项目业务研修组，以一人带数人、一个团队甚至整个集团。开展教师能力专业化建设，采用专题讲座或报告、课题研究、展示观摩、互联网教研、组建教师专业团队等形式，将理论与实践相结合，分享最新科技发展趋势，搭建经验交流平台，系统培训科普方法和科技辅导思路等，以此提高教师开展科普活动和科技创新教育的能力。

（五）普及与提高并重，紧跟热点潮流

科技竞赛与科技活动是校内社团建设的有效途径，一方面，满足了全体学生对科学知识、科学精神和科学态度的普及需求；另一方面，使得高水平的社团团员能够得到提高和锻炼，对拔尖创新人才的培养提供了一条有效之路。结合热点事件，开展各种有针对性的主题活动和系列科技竞赛，为学生提供感知科学知识、科学精神、科学态度的途径。金鹏团分团科技教师平均带科技社团团员人数为 50 人左右，以组织科技社团的方式开展活动，这其中

过半的团员获得了国际级奖项，社团团员中的尖兵得到了锻炼和提升，极大地提升了团队的顶尖人才水平和教师的工作积极性。与此同时，在校园内外，面向全体学生开展普及性活动，做到普惠式、浸入式学习，给学生以全面的科普教育，提升学生的科学素养水平。例如，北京大学附属小学，利用热门天象开展天文观测和路边天文活动，同时积极组织社团团员参与天文奥赛活动，并取得良好的成绩。

三、金鹏团社团建设对科普发展的主要创新点

（一）契合了当今世界对科普发展的时代需求

在科学技术飞速发展、建设创新型国家的今天，迫切需要我们重新定位当代的科技教育，社团活动的科普方式强调学生之间的合作交流，动手探究，创新和探究，思维的碰撞[7]。同时，教师对职业的认同感，以及学生在科技竞赛中取得的硕果也是科技教育在科学思想、科学精神、科学探究上的体现，创新的思维方式、探究模式正与提升科学素质的重要手段相契合[8]。

（二）形成了自主发展的社团科普体系

通过金鹏团搭建的学习交流平台，每年金鹏团各分团大多数科技教师及团员均参与金鹏团的活动和科技教育培训，并得到相关支持。通过组织理论与实践相结合的模式，提高了科技社团的科普教育水平和组织活动能力，对科普发展起到了助推作用，逐渐形成了以自主发展为主的金鹏团社团科普发展体系。

（三）发挥资源优势，搭建“互联网+”科普平台

将传统的下校科普模式转变为利用互联网技术搭建的网络平台，摆脱了时间和空间的限制，同时将有代表性的科技社团工作经验进行快速传播和推广[9]。区域间形成积极交流、互相学习的氛围，实现科普活动资源共享，对科技教育事业的发展和科学普及工作提供巨大的助力[10]。通过承担金鹏团工

作，获得与同行交流的机会，以及科普活动资源共享平台。

（四）倡导终身学习，提高科学素质

紧密结合科技热点，开展尖端技术或新兴理念学习，选拔典型的优秀金鹏团分团开展展示活动，进行学习交流、体验，多方面、多层次地提高社团团员和指导教师的科学素质。鼓励终身学习，为社团发展提供各种资源，引导教师主动探索科技教育和科学普及的新路径，切实提高科普工作水平。

四、结语

以金鹏团为代表的科技社团通过自身建设发展，走出了一条自上而下的、适合青少年的科普与提高并重的创新之路。金鹏团通过顶层设计，加强科技社团组织机构建设，设置金鹏团秘书处、工作指导委员会、专家指导委员会和业务指导委员会的工作，完善机构职能。依托校外资源和专家力量，开展丰富的科普教育活动，参与青少年综合素质提升。依托网络展示平台和常态化管理平台，为金鹏团分团搭建网络交流学习平台，共享科普活动内容，打造科普品牌效应，将教育活动效益最大化。以点带面，以金鹏团为核心，整合优质资源和校外科普阵地，带动周边学校开展集团化科普教育、科技活动，充分发挥辐射带动作用。介绍推广典型成功社团建设经验，有针对性地开展科普活动和科技团队建设。普及与提高并重，紧跟实事热点，开展主题科普活动，易于青少年理解和接受。金鹏团参与了国际国内的各类科技竞赛活动，锻炼了尖兵，扩大了影响，同时在校内面向全体学生开展科学普及性活动，拓展普及面。金鹏团依托社团建设，进行了诸多创新和尝试。这一科普发展之路契合了当今世界对科普发展的时代需求，利用“互联网+”搭建网络平台，充分发挥资源优势，倡导终身学习，提高科学素质，形成了自主发展的社团科普体系，探索出了一条崭新的科普发展之路。

参考文献

[1] 傅雪. 科学素质促进与科学教育 [J]. 科技导报，2019，37（2）：72-75.

[2] 朱世龙，伍建民. 新形势下北京科普工作发展对策研究 [J]. 科普研究，2016，63（4）：75-79，96-97.

[3] 刘柏玲，范之斌，刘晗，等. 发挥生物学科社团特色开展科普教育活动 [J]. 教育教学论坛，2018，36（9）：51-52.

[4] 刘晟，杨文源，刘恩山. 国际科学教育研究趋势：基于 R 的可视化分析 [J]. 外国中小学教育，2019，5：26-33.

[5] 申耀武，许文燕，唐细永. 高职院校依托专业优势开展科普活动探索与实践——以广州南洋理工职业学院机器人科普活动为例 [J]. 科技与创新，2018，23：124-125.

[6] 李诺，周丐晓，黄瑄，等. 聚焦我国科学教育的实证研究现状及发展趋势——以概念转变主题为例 [J]. 科普研究，2018，77（6）：5-12，75，108.

[7] 董睿. 基于化学核心素养的青少年科学教育项目——广州市 “家庭化学实验 100 秒”科技教育竞赛活动 [J]. 中国校外教育，2019，6：5，9.

[8] 樊阳程. 科技社团促进公众理解科学的途径探讨 [J]. 学会，2018，352（3）：5-14.

[9] 刘萱，王宏伟，马健铨，等. 新时代科普机制创新实施路径研究——以北京市为例 [J]. 今日科苑，2018，（8）：46-55.

[10] 何素兴，孙小莉，刘南. 新时代科普场馆的建设与发展路径探析——以北京科学中心为例 [J]. 今日科苑，2019，（5）：50-56.

科普服务乡村振兴的浙江模式探讨

朱 唱 李建明

（浙江省现代科普宣传研究中心，杭州，310012）

摘要：党的十九大作出了实施乡村振兴战略的重大决策部署，浙江省科协认真贯彻党的十九大精神和习近平新时代中国特色社会主义思想，落实中央和省委关于农业和农村工作的决策部署，发挥科技创新在乡村振兴战略中的支撑作用。本文聚焦乡村振兴战略需求，对充分发挥科协职能作用和自身优势、积极推进科普服务促进乡村振兴的浙江模式进行研究。

关键词：乡村振兴 科普服务 农村科普 浙江模式

Study on Zhejiang Mode of Rural Science Popularization

Zhu Chang，Li Jianming

（Zhejiang Research Centre of Modern Science Popularization，

Hangzhou，310012）

Abstract：After the Rural Revitalization Strategy was proposed on the 19th Communist Party of China National Congress，Zhejiang Association of Science and Technology has earnestly implemented the national and provincial decisions on agricultural and rural works. This paper focuses on the demands of rural revitalization to science popularization，studies Zhejiang mode of rural science popularization which gives full play to the functions and advantages of the association of science and technology，and actively promotes popular science services to enhance rural revitalization.

作者简介：朱唱，浙江省现代科普宣传研究中心项目主管，e-mail：zjkpzx@163.com；李建明，浙江省现代科普宣传研究中心主任，e-mail：zjkpzx@163.com。

Keywords: Rural revitalization，Popular science service，Rural science popularization，Zhejiang mode

实施乡村振兴战略，是党的十九大作出的重大决策部署，是决胜全面建成小康社会、全面建设社会主义现代化国家的重大历史任务，是新时代“三农”工作的总抓手。长三角地区是我国经济发展最活跃、开放程度最高、创新能力最强的区域之一。推进长三角一体化发展，浙江是重要参与者、积极推动者、直接受益者，在全国经济版图中具有举足轻重的地位。浙江要抓住机遇、乘势而上、主动配合，在长三角一体化大舞台上演好自己的角色，真正打造成为长三角“金南翼”。

为贯彻落实党的十九大和《中共中央国务院关于实施乡村振兴战略的意见》精神，全面实施乡村振兴战略，高水平推进农业农村现代化，浙江省委省政府制定了《全面实施乡村振兴战略高水平推进农业农村现代化行动计划（2018—2022 年）》。中国科协为积极响应政府号召，确立全面动员全省科技工作者服务乡村振兴战略的方针，联合农业农村部制定了《乡村振兴农民科学素质提升行动实施方案（2019—2022 年）》。浙江省科协认真贯彻党的十九大精神和习近平新时代中国特色社会主义思想，落实中央和省委关于农业和农村工作的决策部署，在省乡村振兴领导小组的指导下，聚焦乡村振兴战略需求，充分发挥科协职能作用和自身优势，努力在服务乡村振兴战略上展现新作为，取得新成绩。为强化全省科协组织服务乡村振兴，制定了《浙江省科协服务乡村振兴战略实施方案》《浙江省科协服务乡村振兴战略实绩考评办法》，结合科协组织“四服务”工作定位，充分发挥科协职能作用和专业优势，团结带领全省广大科技工作者投身服务乡村振兴战略行动。

一、乡村振兴背景下科普服务的背景和基础

（一）科普服务乡村振兴具有重要战略意义

根据十九大报告要求，“产业兴旺、生态宜居、乡风文明、治理有效、生活富裕”是乡村发展的总体要求，这五个方面是相辅相成的有机整体。乡村

振兴，本质上是农业农村现代化的过程，世界经验表明，科技创新是推进农业农村现代化的根本动力。科技创新要发挥好支撑引领作用，推动乡村实现创新驱动发展，发挥科技创新在乡村振兴战略中的支撑作用是党中央提出的明确要求，也是践行习近平总书记“三农”工作重要论述的必然要求。围绕大局突出重点，全省科协系统服务乡村振兴计划通过顶层设计，确定了重点工作，包括强化人才战略、搭建创新平台和集聚内外力量等，统筹全省科协系统及各部门资源，促进人才和资源下沉基层，服务乡村，为乡村全面振兴提供强有力的科技支撑，并根据各部门职责，明确乡村振兴战略重点工作中的任务分工。

（二）城市化进程中的农村科普受众结构发生变化

《全民科学素质行动计划纲要（2006—2010—2020年）》中确定了五大重点科普人群，其中农民是重点科普人群之一。调查显示，2018年农村居民科学素质比例仅为4.93%，远低于全国公民8.47%的平均水平。中国农村正在经历城镇化，由于城镇化进程加快，农村的一些青壮年劳动力离开了农村和农业产业，而留在农村的人口结构呈现老龄化、文化水平低及女性居多的特征，这些现象也直接导致留乡务农的劳动力素质呈结构性下降趋势，科普工作开展阻力较多，责任重大。

（三）农村科普内容和媒介的专业化和信息化发展

目前重大的专业分化和路径演进正在我国农业和农村经济领域发生着，在农业生产、经营和农村劳动力就业等领域都发生着巨大的变化，现代科技和信息化发展改变着当代农业体系，与农村居民较低的科普素养极不适应。传统型单一的种养业逐渐转向全产业链农业发展，农业生产阶段和部门不断细化；农业经营方式也发生了巨大变化，农业产业链不断延伸；原本只从事农业生产的青壮年劳动力开始向不同的农业职业、农业生产阶段发展，从事多种职业的农户如雨后春笋般涌现，这些新近出现的多职业农业生产带头人具备专业化的素质，能够提供涵盖生产经营、专业技术、社会服务等方面的知识。

二、浙江高质量推进乡村振兴科普服务的模式

（一）科普资源整合模式

科普资源整合是指对不同来源、不同层次、不同结构、不同内容的各类科普资源进行识别与选择、汲取与配置、激活和有机融合，从而使科普资源得以充分利用，并推动科普服务能力不断增强。

浙江省科协持续组织学会专家服务团，扩大资源和力量，提升层次，更好地服务乡村振兴，向全省各学会和科技工作者发出科技服务乡村振兴倡议书，从175家省级学会中动员38家学会具体投入乡村振兴战略服务，通过落地调研、召开座谈会、战略合作等形式，成立由省级涉农学会组成的百人乡村振兴服务专家团，对各地实施乡村振兴把脉问诊，提供指导。省茶叶学会、省作物学会、省蜂业协会等11家农科相关学会积极响应，专门制作宣传册，发放到衢州、丽水、金华等地。全年省科协和所属各学会共组织了100场学术和技术对接活动服务乡村振兴战略。浙江省科协组织的“博士生服务团”活动，也分赴省内各个服务点开展服务工作，活动主要以基层需求为主，组织专家进行精准服务。

不仅在科协内部进行资源的整合，还通过多领域合作，引智进才，服务乡村振兴。为积极组织开展服务乡村振兴对外交流合作，浙江省科协全年开展对外交流60场次，涉及生态农业、垂直农业、生物科技、人工智能、大数据、区块链、大健康、食品安全等领域。2018年10月主办以“全球协同创新，科技振兴乡村”为主题的2018硅谷AgTech科技年会（亚洲站），11月举办2018中日休闲农业发展研讨会，通过引智活动建立中国与各国农业合作机制，为浙江省休闲农业和乡村旅游发展等提出科学合理的参考意见。同时，促进国家学会、外方机构与本地的合作交流，签订了若干合作备忘录，吸引中外专家莅临指导地方休闲农业发展，襄助乡村发展。

（二）有为有位的“三长”模式

为贯彻中央和省委群团改革精神，浙江省科协在全省范围内开展提升基

层科协组织力，发挥“三长”作用试点工作，2018 年年初专门下发了《关于在全省开展发挥“三长”作用试点工作的通知》。截至 2018 年年底，全省共有乡镇（街道）科协 1340 个，覆盖率达 100%；村（社区）科协组织 24 966 个，覆盖率达 82.9%；全省建立高校科协 67 个，实现全省综合性高校科协组织全覆盖；建立农技协 1143 个，企业科协 1519 家，园区（特色小镇）科协 223个，院士专家工作站869家，中小学校建立青少年科技教育组织4098个。全省 11 个市、89 个县（市、区）已全面完成服务乡村振兴组织体系建设，通过发挥“三长”作用，有效地将医务工作者、农技人员和学校教师三支代表性队伍凝聚到乡村振兴的具体行动中。

服务乡村振兴的“三长”组织体系在农村科普过程中发挥了重要的作用，2018 年 10 月，浙江省科协承办了全国农技协农产品区域公共品牌专题培训班，来自全国 30 个省（自治区、直辖市）的 100 余名省级农技协工作负责人、农产品区域公用品牌打造与保护工作突出的农技协领办人参加培训，推动现场教学专家与杭州、湖州等地对接服务，助力农业产业品牌建设。温州市科协还组织以温州科技职业技术学院的农业专家为主的农技培训作为重点项目，大力宣传普及乡村振兴战略、新农村建设、食品安全、生态环保、应急避险、健康生活等与百姓生活密切相关的科学知识，提升农民生活质量。

（三）综合平台化操作模式

通过搭建科技传播平台推动乡村振兴，以科普平台为立足点，作为开展科普服务乡村振兴的窗口。长期以来，浙江省科协一直高度重视现代科技馆体系建设，尤其是基层科普场馆建设。为充分发挥浙江省科技馆的辐射带动作用和省科技馆协会的优势，为基层提供决策、咨询、指导等服务，通过组建展览创新委员会等 4 个专委会为各地基层科普场馆建设提供展览内容介绍、展品展项服务及规划设计、运营管理等多方面的支持和帮助，从而实现基层科普场馆之间的资源共享、服务帮扶要求。此外，积极援助乡村校园科技馆建设，目前已完成西藏那曲地区嘉黎县两套校园科技馆的援建，同时援建景宁县民族小学校园科技馆和全省首家乡村科技馆——仙居县广度乡村科技馆。2018 年，完成流动科技馆巡展 32 站，科普大篷车完成巡展 290 场次。

通过搭建院士工作站助力乡村振兴，目前浙江全省已建立院士专家工作站785家，柔性引进院士400余人。2018年上半年评选了第九批省级院士专家工作站共25家，其中有7家与基础农业相关，合作内容分别为绿色生物饲料添加剂的研究开发、海水鱼类病害防治研究、蔬菜水果育种及研发等。例如，泰顺县院士站与郑光美、束怀瑞、陈宗懋三位院士合作，通过实施“院士工作站+企业+基地+农户”的山区产业发展模式，全面提升区域农业产业化水平。11月，全省还将进行第十批省级院士专家工作站评审，乡村振兴有关站点工作被列为重点关注内容，给予重点扶持。

（四）“三农”融合的产业联动模式

产业兴旺是乡村振兴的重要基础，是解决农村一切问题的前提。乡村产业根植于县域，以农业农村资源为依托。乡村振兴战略就是要改变农民增收的模式，依靠乡村振兴来实现农民增收模式由城市导向型向农业农村导向型的转变。积极推广“三农”融合，加快构建现代农业产业体系、生产体系和经营体系，推动城乡融合发展格局，为农渔业农村现代化奠定坚实基础。

衢州市科协按照“一业一品一专家”的思路，评选出9名农民专家。以农民专家为龙头，成立农技协，引领农业产业发展，形成了“协会+基地+农户+企业+市场”等产加销一条龙产业链，带动了农户增收致富。其中，龙游县科协以“产业强”为乡村振兴工作要点，以农民专家为带头人，引领产业发展，目前已评选出14名农民专家，涉及本地特色的茶叶、柑橘等八大产业。未来更要积极发挥农民专家这一土专家的农民科技群体队伍，传播新技术，推广“三产”融合新模式，真正形成农业强、农村美、农民富的生动局面。

搭建科技兴农致富平台，加大对农业科技推广的扶持力度。夯实农业基础，创新生产方式，打造现代农业新亮点，发展特色农业、生态农业、设施农业。不断提高农民科学素质，培养有文化、懂技术、会经营的新型农民，重点发挥农民专家、农技师的引领示范作用，不仅为本地现代农业进步提供强大的人才智力支撑，也为农民增收、农村发展提供坚强的技术支持。

三、浙江模式推动科普服务乡村振兴的实现路径

（一）强化科普服务聚合力，构建科普服务乡村振兴新机制

为了科普服务乡村振兴在全省的深入开展，浙江省科协专门成立了乡村振兴领导小组，组织、指导、协调和推动落实全省科协系统服务乡村振兴的各项举措（图1）。召开乡村振兴专题会议，部署重点工作。领导小组坚持围绕中心、服务大局，凝聚社会各界合力，自觉把服务乡村振兴战略列为科协工作重心，并在年度经费预算中做好安排。2018年上半年在由浙江省科协承办的第二十届中国科协年会中专门设置了“科普服务乡村振兴”示范观摩活动，中国科协党组书记怀进鹏出席活动并讲话，对科普服务乡村振兴给予了高度评价。

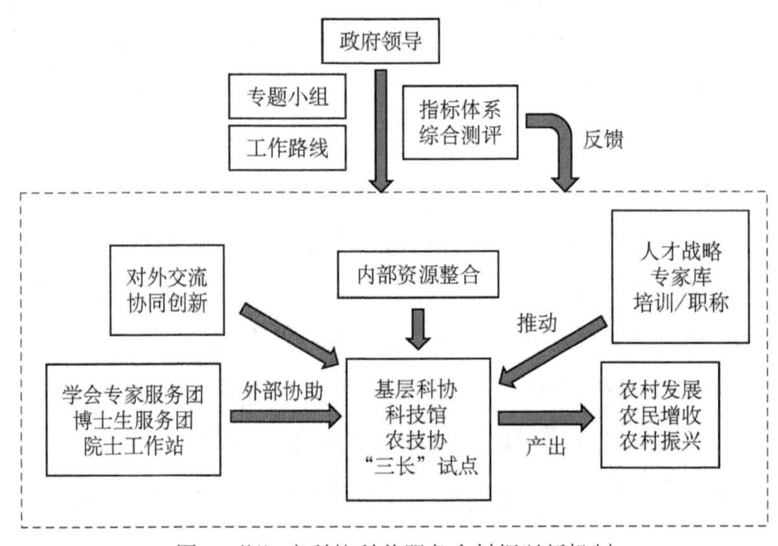

图1　浙江省科协科普服务乡村振兴新机制

通过对整个体系进行绩效测评来获得反馈，从而更好地推动科普服务乡村振兴。2018年年底，浙江省科协面向全省对各地市科协落实振兴乡村战略的工作绩效进行了专题考评。考评第一轮由各市对照年初制定的工作目标自评；第二轮由省科协乡村振兴领导小组办公室组织综合评定，各环节权重分别为50%。经评定，11个地市中有10个综合得分在90分以上。

（二）以点带面，完善农村科普基础体系建设

切实加强各级组织领导，各县（市、区）科协以服务乡村振兴战略工作为重点任务，统一思想，把握好方向和路径。加强经费保障，加快网络建设，完善工作措施，实现科协组织乡镇（街道）、村（社）全覆盖，打通科技服务“最后一公里”，上下一致形成同频效应，确保各项服务工作落到实处。加强农村基础设施建设，以科技馆、科技站、院士工作站等为农村科普的中心，以点带面，完善农村科普基础体系，不断通过各类科普活动和培训辐射到周围，并逐渐覆盖全省乡村。

（三）加强农业系统培训，提高农民科学素质

农民增收是乡村振兴工作的重点，农业技术的进步是农民增收的根本途径之一，农业人才是推广农业技术的重要载体。2018 年，全省 92 个农函大分校、1120 个乡镇农函大辅导站共培训农村实用人才和新型职业农民 71 万人次，培训乡村振兴高级职业农民 635 人，从人才的源头上解决乡村振兴战略中产业振兴人才短缺和农民科学素质相对较低的问题。农函大从组织层面进一步加大省市县联动办班，调动和整合省市县农函大优质资源，形成各级农函大分校优势互补。办学内容紧扣乡村振兴人才需求，突出教学内容精准性，以浙江省千万农民素质提升工程为导向，合理设置课程，大力提升教学质量。

除此之外，还积极推进农民技术职称评定工作，认定乡村振兴人才，将其作为调动广大农民学科技、用科技、传科技的积极性，培养和建设农村实用人才队伍，促进广大农民群众科学文化素质提升，发掘和开发农业人才的有效措施之一。浙江全省从 1988 年开展农民职称评审工作以来，到 2018 年已评选出 30 万名农民技术员，其中包括 7 万名农民技师和 2900 名农民高级技师。浙江丽水市科协认为，农民高级技师是服务乡村振兴的重要力量，按照“成熟一批认定一批”的指导思想，加大乡土人才培训力度。2018 年，农民高级技师评定列入丽水市科协“争先进位大赶超”测评目标，年初向各县

（市、区）科协进行了任务分解，要求每个县推荐申报 5 名，经层层筛选，共向科协推荐申报农民高级技师 45 名，其中正常晋升 39 名，推荐破格晋升 6 名，确保在全省排名进入前三名。各县（市、区）加大农民技师的认定力度，积极创造将农业农村一线的优秀人才吸收到科协的职称序列，目前全市已共评定农民技师 2423 名。

（四）协同创新，推动科普服务乡村振兴增活力

以农业产业需求导向，做好质量兴农、科技兴农工作。围绕农业产业发展技术的重大问题，积极引进国家、省内相关优秀科技人才建立农业科技创新联盟，开展前沿技术、关键技术和重大共性技术研究协同攻关，推进农业科技产学研合作、协同创新。开展现代农业园区、农业企业、特色小镇走访活动，以企业需求为导向，组织科技人员、专家与企业交流合作，建立院士专家工作站、创新驿站等创新平台建设，开展技术攻关、品种开发、品牌打造、标准制定等科技服务活动，推进产学研合作，为企业的转型升级、创新发展提供科技支撑，推动传统产业的转型，增强农村发展新动能。

科普工作任重道远，浙江省科协努力打造科普服务乡村振兴的浙江模式，通过基层科普公共服务提升工程、创新驱动助力工程等，把更多科技创新和科普资源引入农村，努力提高农民科学素养，提高农村科技竞争力，坚持走中国特色社会主义乡村振兴道路，加快实现农业农村现代化。

参考文献

［1］央视网. 统计局：2018 年人口总量平稳增长，城镇化率持续提高［EB/OL］［2019-08-20］. http:// news.cctv.com/2019/01/21/ARTIAlxwE3kKBWpUpBcMkOCK190121.shtml.
［2］赵立新. 中国基层科普发展报告（2017～2018）［M］. 北京：社会科学文献出版社，2018：58-118.
［3］顾媛，张锋，张璟，等. 乡村振兴背景下对于农业科普工作的几点思考［J］. 农业科技管理，2018，（5）：61-66.
［4］连彦乐. 加强农业科研院所科普工作的思考［J］. 农业科技管理，2017，（6）：31-34.

[5] 邓郁，郭红娟，刘丽，等. 河北农业科普工作现状分析 [J]. 广东农业科学，2010，(6)：289-291.
[6] 陈胜文，张晶，乔燕春，等. 大数据在农业科普中的创新应用展望 [J]. 广东农业科学，2014，(18)：233-236.
[7] 陈劲，阳银娟. 协同创新的理论基础与内涵 [J]. 科学学研究，2012，(2)：161-164.
[8] 刘彦随. 中国新时代城乡融合与乡村振兴 [J]. 地理学报，2018，(4)：637-650.

科普市场化运作机制研究

分论坛

面向新时代的“点单式”科学传播平台构建*

李佳柔[1]　褚建勋[2]

（1. 中国科学技术大学，合肥，230026；

2. 中国科学技术大学科学传播研究与发展中心，合肥，230026）

摘要：本文作为应对新时代“智能+”对科学传播新模式影响的一种思考，尝试提出以用户需求为导向，依靠政府监管与市场选择的联合运营机制，以分类实施、动态调整的场景思维进行“点单式”科学传播。这种“点对点”的精准传播模式有利于科学传播由规模向效果转变，由“供给拉动型”传播向“需求推动型”传播转变，进而构建“点单式”科学传播平台，在外部环境支撑系统、内部运营保障系统不断完善的运作下，促成科学传播供需双方的精准连接与传播资源的高效配置。

关键词：科学传播　点单式　平台运作　模式

Construction of “Point-to-Point” Science Communication Platform for the New Era

Li Jiarou[1]　Chu Jianxun[1,2]

（1. University of Science and Technology of China，Hefei，230026；

2. Center for Science Communication Research and Development，University of Science and Technology of China，Hefei，230026）

Abstract： In order to meet the strong demand of production and public on science communication under the industrial construction mode of “intelligent +”,

---

* 本文为国家自然科学基金面上项目（项目号：71573241）成果。

作者简介：李佳柔，中国科学技术大学人文与社会科学学院研究生，e-mail：jiarou@mail.ustc.edu.cn；褚建勋，中国科学技术大学科学传播研究与发展中心（安徽省人文社科重点研究基地）副主任，e-mail：chujx@mail.ustc.edu.cn。

this paper proposed a “point-to-point” mode based on the demand of users, relies on business mechanism decided by both government regulation and market selection and is carried out through scenario thinking including classified implementation and dynamic adjustment. The precise communication mode of “ point-to-point ” is conducive to help science communication produce good effects after it have already had large scale. Moreover, this mode can help science communication transfer from supply-driven to demand-driven. Under the continuous improvement of the external environment support system and internal operation support system, the connection between supply and demand of science communication will become precise, and the allocation of communication resources will become efficient.

Keywords: Science communication, Point-to-point, Operational form, Models

“智能+”产业的建设模式，即在“互联网+”的发展基础上，借助大数据、云计算、物联网、人工智能等代表性前沿科技，与传统产业和新兴产业进行深度的、广泛的融合，从而推动经济加速发展。在新时代经济建设背景下，社会生产和社会消费从工业化向自动化、智能化转变，推动整个社会对科学传播的需求越来越旺盛，主要集中在两个方面：一是把与前沿科学技术相关的政策、信息、技术、成果引入万千行业，特别是传统制造业企业，帮助其更好地判断市场发展动向，提升科技实力，加快转型升级，从而提高经济效益；二是在把智能科技产品推向市场的同时，也将前沿科学知识普及给大众，旨在帮助大众适应生活与工作场所中的科学变化，满足其智能生活的需求，如智能交通、智能医疗、智能驾驶、智能安防等。服务于企业生产的技术传播与满足社会公众智能生活的科学普及两方面虽然在传播内容、传播渠道、传播形式等层面会有所差异，但都需要借助一个更广阔的平台和更完善的运行机制，最终实现科学传播主体与客体（供需双方）的精准连接，以及传播资源的高效配置。

落实国家经济发展战略规划的科学传播事业在“智能+”产业发展环境中

面临全新的任务，但传播主体、传播资源、传播模式、传播能力等层面由于种种原因还不能适应和满足旺盛的市场需求，尤其是分众化、个性化需求。以某一个企业的智能应用需求为例，要定位它所缺失的智能制造元素、已经具备或尚未具备的智能制造能力，这些调研工作对传播主体来说较为困难。但如果企业作为需求方主动发布信息需求，以“点单”模式向传播主体定制信息服务或技术支持，就能简化传播路径，降低信息搜索成本。同样，面向大众的科学知识普及只有在明确目标用户需求的基础上才能实施靶向性供给。

一、基于受众视角与需求推动的传播模式

“点单式”科学传播，就是以受众需求为导向，运用政府监管与市场选择联合的运行机制，依托信息支撑平台和点单系统，实现供需双方直接链接、无缝融合，使科学知识、科学成果、科学方法能够高度定制化、个性化、差异化地满足“智能+”产业模式下经济生产与大众生活的实际需求。

“点单式”科学传播模式的理论依据建立在一种典型的受众行为理论——“使用与满足”研究。与以往考察大众传播效果的传播主体视角不同，传播学家施拉姆、E.卡兹和竹内郁郎等提出并完善的“使用与满足”理论开创了从受众角度出发考察大众传播过程与传播效果的先河。施拉姆曾以受众在自助餐厅就餐的形象比喻强调受众在传播过程中的主导地位；之后，E.卡兹和竹内郁郎又做了补充，将受众看作有着“特定需求”的个体，基于需求动机（社会条件+个人特性）来使用媒介，最终因媒介接触行为的发生使需求得到“满足”[1]。“使用与满足”研究是一种类似反向过程的传播研究，强调传播链条末端的受众需求与选择行为对传播效果的制约作用。虽然有人指出它过于强调行为主义和功能主义色彩，但在市场经济体制完善和媒体运行机制变革的环境下，受众在传播过程中的地位越来越受到重视。受众主观能动的信息选择行为就是以明确的需求去主动寻找高匹配度的供给，是基于自身发展需求的传播参与。尤其是在“智能+”产业建设模式下，大众需要理解和适应智能科学，产业需要掌握并运用智能技术，需求的迫切性、多元性、个体化

特征，使科学传播呈现去中心化（由政府及科学机构设置）[2]。而且以使受众需求为导向，有利于达成科学传播主体（供给方）与传播客体（需求方）的直面沟通与自由选择，可以规避科普行为的盲目性，为针对性、个体化解决方案的生成与实施提供极大的便利。

从受众需求视角出发的“点单式”传播模式偏向“需求推动型”[3]，是科学传播“由需求与消费，重构生产与分发”[4]的表现。随着科技与产业信息化、智能化的发展，以及科学与大众生活多元与密切的接触，公益型科学传播的力度与效果亟须提升。科学传播供给内容单一，“科研人员与媒体和公众进行交流的能力与意识还比较缺乏，其参与显得并不直接有效”[5]，科普资源建设也“侧重满足国家经济社会的总体发展需求，基本满足的是一种国家需求，对于公众和个体自身的需求重视程度还相对不够”[3]。在这种情况下，以满足受众当下需求和预期需求为出发点的“点单式”科学传播实践，一能简化流程，通过供需双方的直接沟通，大大减少传播过程中的信息搜索成本和交易成本；二能对传播内容起到过滤作用，并规避盲目性、效率低的传播形式；三能提高科学资源供给方与传播者的积极性和创造性。

二、“点单式”科学传播平台的运作形态

“点单式”科学传播的基本运作形态与外卖点单的运作形态同中有异。相同的是，需要一个信息支撑平台和点单系统，逐步开展需求方的选择、下单，供给方的接单、处理订单（按需生产）、订单交付、验收评价等一系列环节。不同的是，科学传播不会单纯套用互联网商业平台模式。因为科学知识、技术、成果并非普通的商品，在从无形资产转变为有形产品的过程中，会涉及多方面的利益关系。同时，参与双方较强的互动性使科学传播过程并非是单向度、直线式的，传播渠道和传播方式也会更加多元。所以，“点单式”科学传播不是简单的网上点击、提交、配送几步就可以实现的，而是需要对传播系统中的每个构成元素进行针对性研究，对传播主体构成、传播目的、内容来源、受众的现状与特点等进行个性化的传播模式和流程设计。与餐厅就餐或定制外卖相比，科学传播的“点单”运作更讲究动态调整、分类

实施的策略，需要构建一个符合科学传播规律的服务体系。

完善的服务体系需要设计一套线上线下相结合、以帮助供需双方高效沟通的传播方案。例如，需求方在线上平台上发布需求，包括基础需求与期望需求，初步明确科学技术的应用场景、基础信息或关键信息，等待接单者；平台据此需求智能匹配信息库中的适配资源，以算法推荐系统中的内容维度、用户维度、场景维度[6]传递给适当的资源供给方，即订单下传；非技术供给方，如科技媒体、科学爱好者也能在线上为需求方推荐较为匹配的专业科研人员或专家；供给方接单后，在对需求方科学应用场景等调查研究的基础上，经过平台的数据挖掘和分析，对传播任务进行简要评估，提交初步解决方案。线下，供给方深入需求方的生活和生产应用场景，以协商调研的方式开列详细的服务清单，约定双方的权利与义务。双方达成意见后，供给方据此开展内容生产等具体工作，即送单。送单过程可以视双方具体情况进行阶段性拆分，以便提供高度适配的解决方案，满足需求方的阶段性问题。订单完成后，需求方可以在线上系统进行反馈与评价，或继续预约后续服务项目等。

“点单式”科学传播平台既是在政府组织督导下解决大众知识需求的科学信息咨询平台，具有传递科学知识、传播科学精神的普适价值；也是由科学共同体、科技型企业、科学专业类媒体等多方联合参与、责任共担、利益共赢的产业服务协作平台，为供需双方提供资源整合与配套、内容生产与分销、科学交流与共享等服务，能发挥科学在产学研合作中的特定价值。

三、“点单式”科学传播的表现特征

（一）侧重效果传播

常规科学传播模式如宣传、展览、讲座、咨询等，具有公益性、公众性、普适性的优点，但是针对性差，不能满足差异化的个体需求。“点单式”传播是直击用户应用场景和个体需求的定制行为，依据用户应用领域和需求层次，为其设计不同阶段、不同内容和不同形式的精准定向服务，创造出供需双方自由选择、直接链接的传受体验。这种模式侧重效果传播，讲求对症下药、量体裁衣，能够为用户创造更专业、便捷、精准、高效的服务，有利于科学传播由规模传播向效果传播转变。

（二）侧重需求推动型传播

通常理解的科学传播是“自上而下的科学普及实践机制和相当纯粹的公共事业定位”[6]，传播实践基本属于供给拉动型，供给方是科学知识、科学方法、科学成果的主动传播者，需求方则是被动接收者。而“点单式”科学传播是“应消费者之需而形成科学内容的消费过程打造”[6]，“传播内容源于公众，根据公众的需求，有针对性地开展科学传播，科学信息根据公众的需求自由流动”[7]，重构传受双方在传播链条中的序列关系：需求方主动提出需求，供给方再以此为基点按需生产、动态调整，为之提供直接、精准的内容和服务形式。这种新传播模式侧重组织需求与个体需求在传播中的导向作用，是需求推动型传播。

（三）“契约式”服务保障供需双方利益

在综合科学技术来源、应用场景、生态环境等多重因素的前提下，供需双方进行初步的沟通与协商，之后可以在点单平台实现“点单式”项目的具体操作，完成签约服务。“签约服务菜单”内容包含传播项目、传播人员、科学资源、技术来源、公益服务或收费价格等具体事项。契约是对传播主体劳动价值的尊重，并约束和保障供需双方的权利和义务。这份签约服务菜单具有法律效应。

（四）“打包式”服务保障科学传播的完整性与持续性

供给拉动型科学传播基本很难保证实践的深入与完整，而需求推动型的“点单式”传播会在一定程度上弥补这一不足。可以依照用户的实际需求和约定内容为其打造“签约服务包”，依据时间、成本、预期效果、实施难度等进行分阶段、分层次、分场景、分形式的服务项目。从客户调研、决策制定、服务设计到分类实施，实现科学传播服务的供应链式合作关系，并确保有序、高效地完成双方的订制与交付。长期的、系统的跟踪和服务，有助于提升科学传播效率，也有助于签约客户的长远发展。

四、“点单式”科学传播平台的运行保障

“点单式”科学传播平台的链接、确认、沟通、整合、供给等操作环节需要完善的平台支撑，包括外部环境支撑系统、内部运营保障系统（如技术驱动、科学信息资源配置、运营管理等）。各系统只有不断更新完善，才能解决供需双方科学信息不对称等问题，并整合平台资源，实现有效运营服务功能。

（一）外部环境支撑系统

以政府监管与市场选择的联合运行机制，能够兼顾科学传播平台的社会效益和经济效益，既能鼓励社会力量参与科学传播，营造良好的科学氛围，也能因对传播主体劳动价值的尊重而激发传播热情、创新传播渠道。只以营利为目的的传播，会导致传播人员良莠不齐、科学技术信息失真等问题；不进行适当性营利经营或缺乏市场激励机制的传播，又存在动力不足、供需不匹配等问题。所以，政府监管就是要发挥政府在平台传播中的规范和引导作用，营造一个有利于科学传播的外部政策支持环境。在政府监管下，厘清供需双方的责任、权利和利益分配；规范传播行为，打击虚假科学传播；加强科学信息传播的基础设施建设；完善平台认可度、信誉度的信用等级体系。同时，引入市场运行机制，建构由科学共同体、科技型企业、专业类媒体等构成的科学传播主体顶级配置，受市场供求杠杆的调节，进行经营性、营利性、竞争性的传播实践，为科学传播事业输入新动力、新活力。

在政府监管与市场选择协同运行的机制下，多方联动、自由选择、优势互补，以平台强大的外部环境支撑，有效地满足经济生产和大众生活的科学需求。

（二）内部运营保障系统

1. 平台技术层面

“如今独立参与社会事业的人比以往任何时候都多，部分原因在于在线平台允许他们即时寻找、创建和共享信息。”[8]科学信息的即时性传递和共享，就需要设计一套合适的技术体系和技术架构。需求方的浏览、选择、确认、定制、接受、评价，传播方的接单、分析、送单、跟踪等环节，都离不开这个技术驱动的平台。大数据、智能分析、云平台、安全管理等技术体系保障供需双方的互联互通，整合科学信息传播资源，提升用户体验和传播效率，保障平台的适配性、可靠性、科学性与安全性，满足用户的个性化需求。

2. 科学信息资源供给层面

赋予“点单式”科学传播平台以科学信息资源整合和资源共享的功能，会涉及多方面复杂的问题。以企业的科学技术资源为例，一些龙头企业本身就是平台，如以微软、华为、IBM 等为代表的信息技术企业，以及以格力、海尔、三一重工为代表的生产制造企业，都从自身核心产品能力出发构建平台，并以平台为载体提供对外服务。这种情况下，实现科学信息的共享就需要采取市场商业运营模式：首先以高科技手段实现企业信息平台的链接，然后以产学研融合的方式进行科学技术资源整合，以资源出租、服务提供的方式赋能小微企业，最终让供需双方在这个资源富集的平台找到合适的位置，使需求最终得到满足，实现个性化内容供给生态链、业务链的完整性和持续性。

3. 传播运营管理层面

一个定制类服务平台的科学管理需要有“四个明确”。一是平台的功能定位要明确：直接对接“智能+”产业建设模式下经济生产和大众生活的数字化、网络化、智能化应用需求，支撑科技传播资源与需求方的精准连接、高效配置；二是责任主体要明确：平台的运营者、科学传播的供给方是谁，政府、科学共同体、科技型企业、专业类媒体怎样分工，谁来构建“公众参与模型”[9]，谁来监测传播过程、评估传播效果；三是运行流程要明确：即需求方和供给方在平台互动的行为路径——点单、接单、送单、效果评估、信息反馈及处理等每个环节都要科学完整，并有行为提升与效果提升的分析和设计；四是运营思维要明确：满足用户需求还应当考虑到不同应用用户类别及使用场景的差异，大数据时代，应善用用户行为数据做动机与需求的洞察[10]，提供基于应用场景的分类实施、动态调整的用户生产内容（UGC）和专业生产内容（PGC）。依靠线上人工智能和算法推荐“点对点”地传递科学信息和技术方法，利用线下面对面的技术指导、课程培训、科学讲堂等方式，传递以人工智能为代表的高科技知识、前沿科学成果，进一步树立大众对科学技术的关注与兴趣，帮助需求方突破科学技术瓶颈。

实现科学传播的有效性，还需要传播者及时捕捉市场需求，并对用户需求趋势进行预判。依托“点单式”平台，无论是面向大众的科学普及还是面向生产组织的科技传播，都要“通过优化配置科普资源、细分科普市场、丰富科普产品、提高科普效能和品质，满足人民群众多层次、多方面的科普需求”[11]。

五、结语

“点单式”科学传播是贯彻落实国家科技创新与经济发展战略的科学传播事业的一种创新实践形式。基于“使用与满足”理论研究，将满足受众需求作为衡量传播效果的基本标准，最终目的是为经济生产和大众生活提供更加快捷、实效的基础性、支撑性服务功能。“点单式”科学传播重构了传播链条中的传受序列关系，侧重组织需求与公众需求在科学传播中的导向作用，变供给拉动型传播为需求推动型传播，符合以人工智能为代表的高科技时代传播场景化、精准化的特征，有助于科学传播实践的具体操作和传播效率的提升。

由于科学技术本身的专业性、生产与生活需求的多元化、传媒运行的复杂性和动态性等众多因素的存在，“点单式”科学传播新模式的推广还有待更多的实践和检验。

参考文献

[1] 郭庆光. 传播学教程 [M]. 北京：中国人民大学出版社，2014，(8)：165.

[2] 史枚翎. 科普网络平台信息质量及传播力比较分析报告 [J]. 传播力研究，2018，2 (12)：220-223，225.

[3] 任福君，尹霖. 科技传播与普及实践 [M]. 北京：中国科学技术出版社，2015：146.

[4] 喻国明. 传播学的学术创新：原点、范式与价值准则——在“反思传播学圆桌论坛”上的发言 [J]. 国际新闻界，2018，40 (2)：109-117.

[5] Compton R J. The interface between emotion and attention：A review of evidence from psychology and neuroscience [J]. Behavioral & Cognitive Neuroscience Reviews，2003，2 (2)：115-129.

[6] 汤书昆，郑久良. 当前国家发展语境下的科普工作转型思考 [J]. 科普研究，2016，11 (1)：10-15，96.

[7] 褚建勋，陆阳丽. 微博的科学传播机制和策略分析 [J]. 今传媒，2013，21 (8)：13-14.

[8] Leas E C，Althouse B M，Dredze M，et al. Big Data Sensors of Organic Advocacy：The Case of Leonardo DiCaprio and Climate Change [J]. PLOS ONE，2016，11 (8).

[9] 吴琦来，罗超. 我国社会性科学议题的科学传播模型初探——以“PX 项目”事件为例 [J]. 科学与社会，2019，9 (2)：92-110.

[10] 喻国明，杨嘉仪. 乐趣需求与游戏化范式的耦合——“盈余传播时代”的进阶之道 [J]. 编辑学刊，2018，(5)：6-11.

[11] 任福君，翟杰全. 科技传播与普及概论 [M]. 北京：中国科学技术出版社，2014：160.

中国科普产业发展现状研究

——基于2019年全国科普产业数据调查

任嵘嵘[1, 2]　齐佳丽[1]　郑　念[3]

（1. 东北大学秦皇岛分校，秦皇岛，066004；2. 河北省科普信息化工程技术研究中心，秦皇岛，066004；3.中国科普研究所，北京，100081）

摘要：随着全民科学素质的不断提高，加强科普研究和创新科普机制成为科普产业发展的重中之重。然而，科普产业在数据统计方面实属不足，无法全面反映科普产业的发展进程。本文通过查阅科普产业相关文献，采用全国科普服务标准化技术委员会提出的最新分类标准，通过爬虫抓取、网站搜索、"天眼查"校对等多种程序整理出2019年科普企业的相关数据，对其进行整合分类，从服务类别、所属行业、区域分布三个维度进行分析，并与2018年科普企业数据进行对比分析，得出了相应结论，预测了一定的产业发展趋势，并据此针对性地提出科普产业要融合发展、行业间要深层次合作、区域间要相互聚集带动等创新对策，以期对科普产业的市场化发展起到促进作用。

关键词：科普产业　科普企业　数据分析　创新对策

作者简介：任嵘嵘，东北大学硕士生导师，副教授，e-mail：renrr@neuq.edu.cn；齐佳丽，东北大学秦皇岛分校研究生，e-mail：qi_jiali1@163.com；郑念，中国科普研究所科普政策研究室主任、研究员，e-mail：zhengnian515@163.com。

Research on Development Status of Science Popularization Industry in China-Based on the National Science Popularization Industry Survey 2019

Ren Rongrong[1, 2]，Qi Jiali[1]，Zheng Nian[3]

（1. Northeastern University at Qinhuangdao，Qinhuangdao，066004；

2. Science Popularization Information Engineering and Technology Research Center of Hebei Province，Qinhuangdao，066004；

3. China Research Institute of Science Popularization，Beijing，100081）

Abstract：With the continuous improvement of the science literacy of the whole people，developing science popularization to strengthen science popularization research and make innovations in science popularization mechamism have been becoming the top priority. However，the data statistics of science popularization industry is so insufficient as to fail to fully reflect the progress of the industry. By referring to literature related to science popularization industry，the authors have collated relevant data of science popularization firms in 2019 via python crawling，website searching，verification by TianYanCha.com，etc，and employing the latest classification standard proposed by the National Technical Committee on Science Popularization Service of Standardization Administration of China. With the data classified in an integrated way，analysis was made in terms of service category，industry，and regional distribution. A comparative analysis of such data with that of science popularization firms in 2018 leads to certain conclusions and forecasts of the industrial development trend. Accordingly，targeted innovative countermeasures were put forward，such as the integrated development of science popularization industry，the in-depth cooperation among industries，and the cohesion and mutual-driving among regions，aiming at promoting the market-oriented development of science popularization industry.

Keywords: Science popularization industry，Science popularization firms，Data analysis，Innovative countermeasures

一、引言

2016 年 5 月 30 日，习近平总书记在全国科技创新大会、中国科学院第十八次院士大会和中国工程院第十三次院士大会、中国科协第九次全国代表大会上强调："科技创新、科学普及是实现创新发展的两翼，要把科学普及放在与科技创新同等重要的位置。"[1] 2017 年 10 月 18 日，党的十九大提出的一项新时代新要求就是"弘扬科学精神，普及科学知识"[2]。这两次大会都诠释了科学普及的重要性，科普产业必将在中国特色社会主义道路上发挥巨大作用。

我国公民科学素质调查结果显示，2018 年我国具备科学素质的公民比例达 8.47%，比 2015 年的 6.2%提高了 2.27 个百分点[3]。科普产业健康发展，能够大幅提升科普产品和服务供给能力，有效支撑科普事业发展。[4]然而，科普产业统计调查目前数量鲜有，统计制度方法与蓬勃发展的科普产业不配套，不能全面反映经济社会建设成果。近年来，随着统计体制改革不断深化，产业数据统计对统计创新和统计能力建设提出了新的更高要求。[5]探索建立科普产业统计调查制度，充分反映科普产业发展成果，促进科普产业健康发展，是摆在科普理论和实践工作者面前亟待解决的新挑战。

二、科普产业分类界定及数据收集

（一）科普产业分类界定

科普产业分类是科普产业发展进程中的奠基者，合理的科普产业分类体系可以为我国科普产业数据的收集指明方向，为科普产业的发展加油助力。[6-9]不同学者根据自己对科普的理解创造了不同的科普分类体系，如周建强等[10]按照现有的科普企业及科普产品种类，将科普产业分为科普展教、科普出版、科普教育、科普玩具、科普旅游、科普网络与信息 6 种业态；任福君等[11]以科普产品和科普服务为主要依据，将科普产业的主要业态分为科普展教品业、科普出版业、科普动漫业、科普影视业、科普游戏业、科普玩具业和科普旅游业七大类。任福君等[12]在科普产业的统计分类中也曾提到，按照产品法统计准确，但统计难度较大；按照行业法进行统计，简便易行，但准确性稍差，因此，本文出于综合考虑，将科普产业按照服务类别和所属行业两种维度进行分析，以增强分类的准确性。

1. 服务类别分类界定

本文在按照科普产业提供的服务对象进行分类时，根据全国科普服务标准化技术委员会提出的最新分类标准，将科普产业分为科普基础设施服务、综合科普活动服务、科普教育服务、科普媒体传播服务、科普发展支撑服务 5 种业态（表 1）。

表 1　2019 年科普产业服务类别分类体系

类别	说明	细分
科普基础设施服务	指在各类科技馆、科学中心、科普活动站、科普画廊、科普基地等场所开展科普活动提供的服务	（1）科普基础设施建设和维护服务 （2）科普展品设计和供给服务 （3）科普场所讲解、导览服务 （4）科普场所管理服务
综合科普活动服务	指集中纸质、电子等各类科普作品，面向大众的宣讲、培训、展示等各类活动形式的综合性科普活动服务，如科技周、科普日、科技节等专门性的大型综合性全民科普活动	（1）科普活动策划和设计服务 （2）科普活动管理服务 （3）科普活动导览和讲解服务
科普教育服务	指通过以学生主动探索为中心的课程活动设计、引入业界广泛应用的软硬件平台，以及参与工程挑战竞赛活动，激发孩子们的科技兴趣，帮助他们广泛地接触科技知识，掌握常用工程工具的使用方法，训练工程思维，培养其勇于接受工程挑战、主动学习，以及综合运用知识解决问题的能力	（1）科普教育课程建设服务 （2）科普教育资源供给服务 （3）科普教育过程管理服务
科普媒体传播服务	指利用书、报、刊、影视、视频、文艺作品、演出等传统媒体，以及科普网站、科普自媒体、科普手机报等新兴媒体技术进行的科普作品传播服务	（1）科普内容创作服务 （2）科普作品生产制作服务 （3）科普作品传播渠道建设和运维服务 （4）科普信息化服务
科普发展支撑服务	指为保障科普工作的顺利开展和进一步发展所从事的理论知识、实践规律、调查研究、监测评估、信息提供等活动	（1）科普研究服务 （2）公民科学素质监测评估服务 （3）科普效果评估服务 （4）科普信息服务

2. 所属行业分类界定

本文对科普企业所属行业进行分类时，是按照《财富中国》根据发达国家的行业界定与行业演变规则对中国的行业进行分类形成的《中国国民经济行业分类与代码》展开分类的。[13]

（二）科普产业所属行业与服务类别关系

要搞清楚行业、科普产业和科普服务之间的关系，就需要先厘清行业、产业和服务的概念。行业是指从事国民经济中同性质的生产或其他经济社会的经营单位者个体的组织结构体系的详细划分，产业是指由利益相互联系的、具有不同分工的、由各个相关行业所组成的业态总称，服务是个人或社会组织为消费者直接或凭借某种工具、设备、设施和媒体等所做的工作或进行的一种经济活动。因而，科普产业是从属于社会整个大的行业的，整个行业中也会有很多不同的行业与科普相互融合，将科普产业按照服务对象可分为以下 5 种业态服务，而其他行业可以为科普产业提供这些服务，三者之间的关系如图 1 所示。

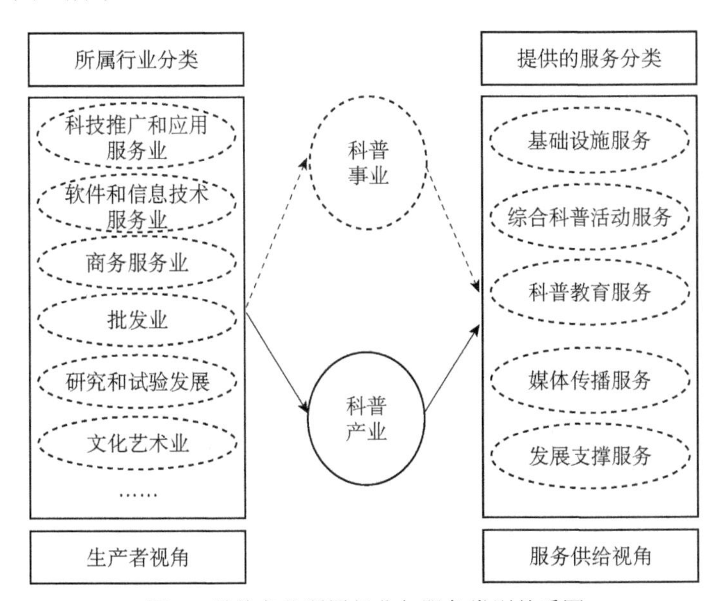

图 1 科普产业所属行业与服务类别关系图

（三）调研数据来源

根据2019年的科普产业分类，本文的数据来源包括几个方面：①2018年之前原有企业的再追踪，对原有620家企业进行再度核验；②参加各个科博会、软博会、京津冀科普资源对接会上新增的企业；③招标网上为各级科协、科技馆提供科普产品与服务的中标单位；④国际企业信用公示系统和小微企业库中的科普相关企业；⑤按照分类搜索获得的科普类"网红"企业；⑥全国科普教育基地中新增的科技馆、社会场所和科研场所等。

最终，本文收集到1898家符合初选条件的企业，随后对初选所获得的企业名录在"天眼查"上进行逐一审核，确定该企业的当前存续状态与主要的营业内容，最终复审后确定1673家企业，在数量上较2018年增长了164%。

三、全国科普产业数据分析

（一）2019年数据情况

截至2019年6月30日，全国有效的科普企业共1673家，本文将按照产品统计法和行业统计法两种统计方法相结合的方式对数据进行分析解读，以便为各界科普工作者提供些许科普产业的发展趋势和前景分析。

1. 整体数据解读

整体来看，全国有效科普企业共1673家，其中大型生产设施企业142家，中小型科普企业818家，科技场馆378家，社会场所246家，科研院所54家，其他科普基地35家（图2）。可以看出，在当今社会中小型科普企业占据主流市场，科技场馆和社会场所（动物园、植物园等）也不断发展壮大，科研院所和其他科普基地（气象台、地震展馆等）也在逐渐兴起，我国科普产业将以中小型企业为中心不断发展壮大。

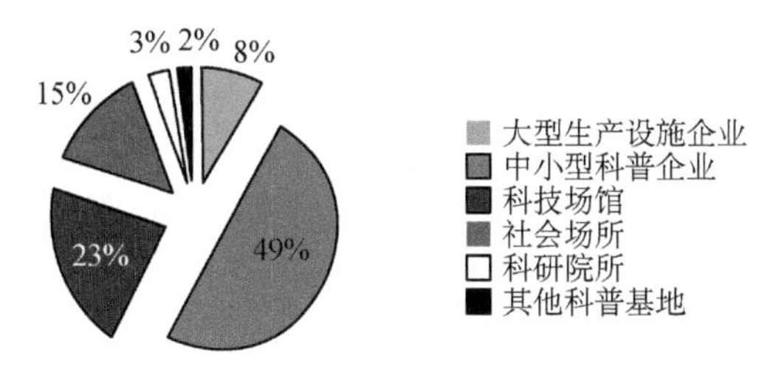

图2 全国科普企业的分布情况

2. 服务类别分析

根据科普服务对象，可将科普企业分为基础设施服务、科普综合活动服务、科普教育服务、科普媒体传播服务和科普发展支撑服务五大类，其中科普基础设施服务企业960家，科普综合活动服务企业357家，科普教育服务企业160家，科普媒体传播服务企业103家，科普发展支撑服务企业93家（图3）。可以看出，科普基础设施类服务占据市场大部分份额，现在还是以生产科普展教具为主，为社会科技展馆、动物园、植物园、海洋馆等科普场所提供虚拟现实（VR）/增强现实（AR）多媒体硬件设备，这也证实我国科普产业仍然处于初级阶段；科普综合活动也占据了21%的份额，其中以科普旅游为主要代表突然崛起，可以预测科普旅游将在科普产业中抢占一席之地。

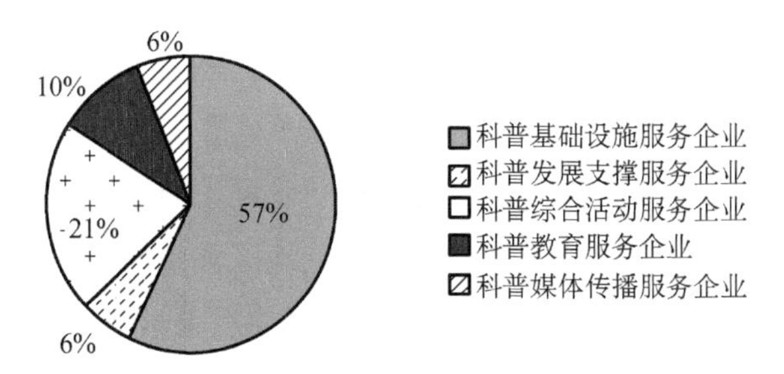

图3 全国科普产业服务分布情况

3. 所属行业分析

基于全国科普产业整体数据，又根据企业所在行业进行分类，便于查看“科普+”企业的发展趋势。经统计，科普产业已经分布于我国56个行业，其中科技推广和应用服务业、软件和信息技术服务业和商务服务业分别占据企业整体的25%、15%和10%。由于分布较分散，图4仅罗列出前十几个行业供大家参考。可以看出，我国科普企业主要是以科技推广和应用服务业、软件和信息技术服务业、商务服务业为行业代表，这也正好印证了科普的本质还是要从科技和服务入手，科技创新和体验经济为大势所趋。

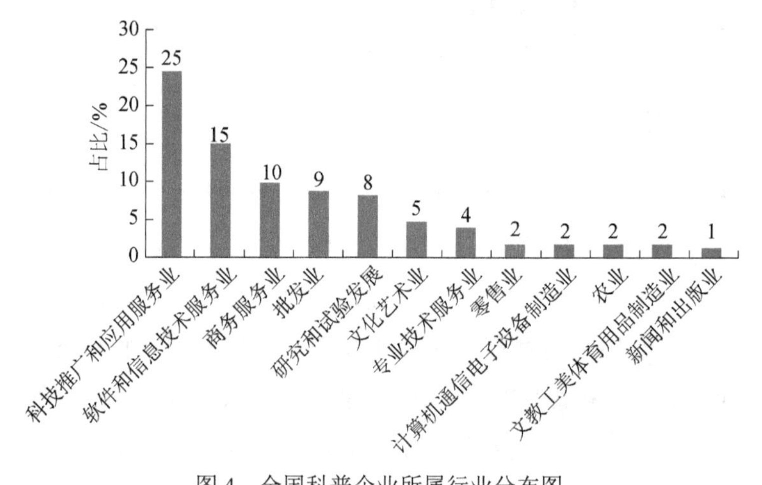

图4　全国科普企业所属行业分布图

4. 区域分布分析

从区域分布来看，我国科普产业共分布在31个省（自治区、直辖市），北京、上海、广东仍然占据前三名的位置，科普企业数量前十名的地区如图5所示。可以看出，科普企业主要分布在京津冀、长三角地区及广东、福建等地，科技信息技术发达才能促进城市经济的发展，旅游大省山东和最早提出科普产业的安徽省排名也较为靠前。但东北地区和中西部地区科普产业发展较慢，希望这些地区在科普产业的发展中更加注重科学信息技术的发展。

（二）与2018年对比分析

随着科普产业企业的不断发展，市场化科普企业悄然而起。据统计，2018年全国共有科普企业634家，2019年大幅增长为1673家，在数量上增长了164%，科普产业的发展不容小觑。

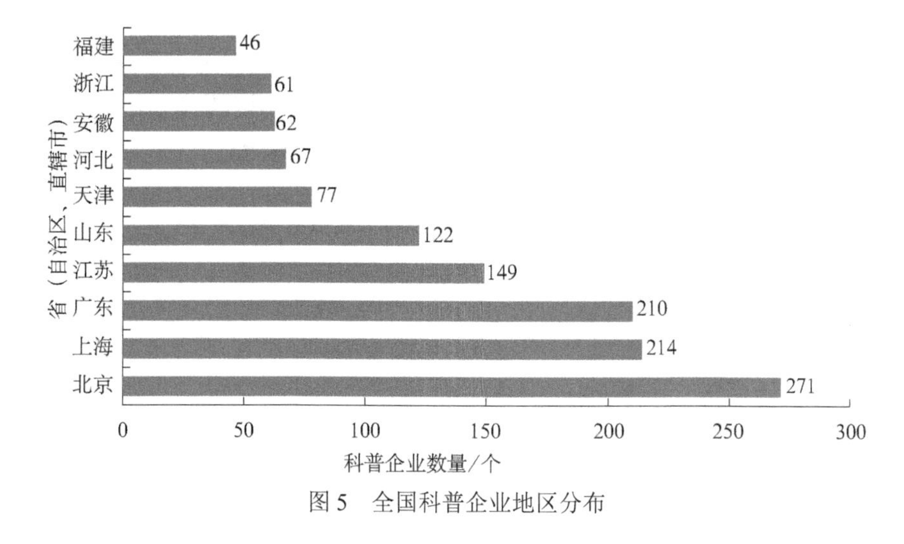

图5　全国科普企业地区分布

1. 服务类别对比

根据2018年和2019年科普企业服务类别对比可知，基础设施服务在小幅度减小，其他业态正在逐渐融入科普产业，产业正在进行扩张，但是基础设施服务比重仍然较大，说明基础设施类企业已经趋于饱和；科普教育服务企业和科普媒体传播服务企业比重都在缩小，可能正在向科普旅游转型，传统的教育模式将被亲身体验慢慢替代；综合科普活动服务企业正在大幅度崛起，主要表现为科普旅游活动增加，大家更愿意通过亲身体验探索来学习更多的知识，在玩中学；科普发展支撑服务企业在逐渐增长，说明从事科普策展、咨询与研究的机构不断涌现，科普正在朝着远大的前方前进，很快就会有很大的市场（图6）。

2. 所属行业对比

2018年与2019年科普产业的龙头行业仍为科技推广和应用服务业、软件和信息技术服务业、商务服务业、批发业、研究和试验发展、文化艺术业六大行业，但各个行业的占比稍微有些调整，科技推广和应用服务业已经是科普行业中的巨头行业，比重还在增加，足见科普企业的发展必定要以科技服务为中心，科技越强则科普发展越好；商务服务业和文化艺术业也在小幅度增加，说明科普正在与服务和文化相融合发展；研究和试验发展行业没有太大变动，是因为研究和试验发展一直支撑着科技和服务创新；软件和信息技术服务行业、批发业两个行业有比重下降的趋势，说明人们在接受科普时更注重科技的实物服务，更加倾向于科技服务类科普（图 7）。

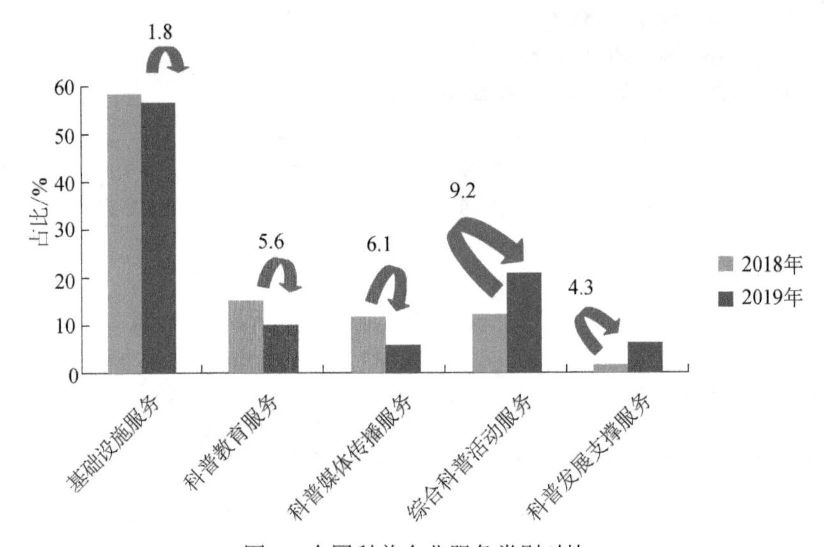

图 6　全国科普企业服务类别对比

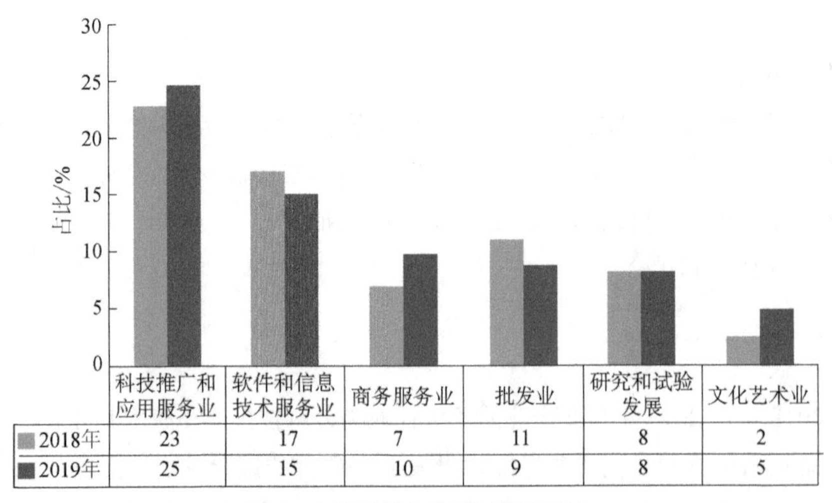

	科技推广和应用服务业	软件和信息技术服务业	商务服务业	批发业	研究和试验发展	文化艺术业
2018年	23	17	7	11	8	2
2019年	25	15	10	9	8	5

图 7　全国科普企业所属行业对比

3. 区域分布对比

同 2018 年相比，科普企业数量较多的省市仍为北京、上海、广东、江苏、山东、天津、河北、安徽和浙江，但是排名发生了改变，连续两年一直位于第一的广东省被北京市和上海市超越。北京市是我国的首都，其数量增加的主要原因是科技场馆的增加，毋庸置疑想发展一定要选好产业集群的位置。上海市是我国的经济中心，现在科普和文化共同繁荣发展，所以上海文化类的科普企业正在增加。广东省主要是以制造科普展教品为主，随着科普基础设施服务比重的下降也有了少许的下调。山东省上升较快，主要是因为山东是旅游资源大省，随着科普旅游的不断增加，科普企业迅速增长。江苏省上升较快，一方面是长三角地区协同发展的带动，另一方面是江苏盛产小型教育展品。天津市和河北省均在京津冀协同发展战略中，都会紧紧追随着北京市的发展步伐。安徽省是最初提出“科普产业”概念的省份，浙江省是教具大省，两省也没有放慢步伐，一直在科普产业领域稳步前行（图8）。

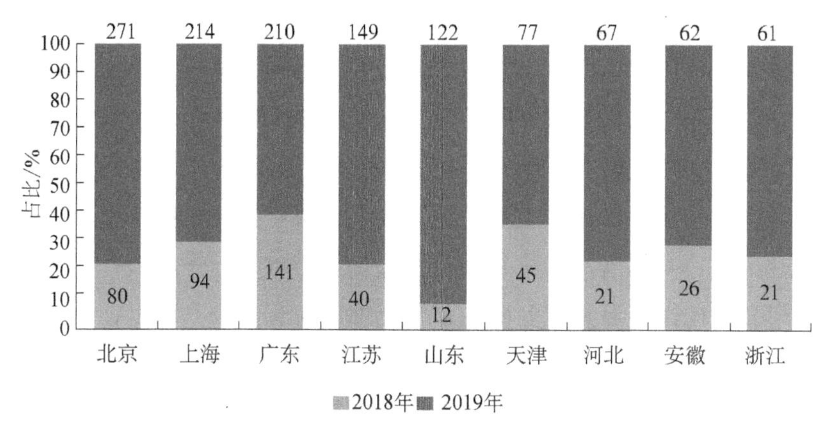

图8　全国科普企业区域分布对比

（三）结果分析

通过对全国科普企业从服务类别、所属行业和区域分布三个维度分析对比，可以得出以下结论。①目前我国科普产业仍处于初级阶段，仍需要依靠提供基础设施服务维持科普产业的经济发展；②在科普产业的发展中，一定要以科技创新和服务创新为主导，促进带动整个产业其他行业的发展；③科普旅游正在迅速兴起，要加大力度吸引更多的旅游企业加入科普市场，制定更完善的政策推动科普旅游大力发展；④科普信息化和媒体发展速度变慢，应鼓励更多的互联网公司打造“互联网+科普”的高效路径，研发更多的科普游戏、科普动漫等网络产品；⑤各个省（自治区、直辖市）一定要发挥各自特长，依据自身优势发展“科普+”产业，探索新大陆，促进科普产业的健全发展。

四、科普产业创新对策研究

在新时代中国特色社会主义背景下，科普产业要趁势而上，创新发展，推动科普产业的繁荣昌盛[14-17]。根据科普产业的数据分析三个维度结论，特提出以下三条创新型对策研究。

（一）科普产业要融合发展

随着“互联网+”的良好发展，新时代新的经济形态已经到来，科普产业迎来了新的机遇。在科普教育服务、科普媒体传播服务向科普综合活动服务转型的同时，科普产业应顺势而上，大力发展“科普+++”产业模式，不仅要加入其他产业，更要将科普旅游、科普教育、科普媒体、科普文化等多种产业相互融合[18]，对科普产品进行独特的设计，打破单一的科普产品模式，丰富科普产品结构，打造具有创新性、特色性的科普市场。可以在科普旅游的同时，加入虚拟现实（VR）/增强现实（AR）体验模块，加入文创产品的售卖，加入互联网媒体传播，赋予科普旅游新的产品功能，让其发挥最大的产业价值，促进多产业共同发展，促成科普产业的繁荣富强。

（二）行业间要深层次合作

作为科普产业的供给者，科技推广和应用服务业、软件和信息技术服务业、商务服务业三个行业在科普产业的发展中起到了龙头带动作用，科技、信息和服务是科普产业发展的主要因素。在中国社会发展的环境下，多种行业快速并行发展，其实很多行业都可以和科普产业联系起来。行业间要建立深层次的合作关系，共同深入不同的发展领域，对新的业务进行整合，改变原有的价值链和产业链，重组形成新的产业供给，为科普产业的发展塑造新的生命。培养良好的行业合作关系，也有利于促进技术、业务和市场的融合，共同激发市场调节功能，探索出适应中国科普产业市场发展的运作机制。

（三）区域间要相互聚集带动

科学普及的主要目的是提高国民素质。调查数据显示，现在的科普产业大多分布在京津冀和长江三角区地带，东北地区和中西部地区较为薄弱，地区分布稍有失衡，不利于我国科学普及的规模化发展。产业要想快速规模化发展，首先要创造出良好的产业发展环境，推动区域内外的科研院校、企业及中介机构维持优良的协作与竞争氛围。京津冀和长三角地区企业间相互协同共同发展，东北地区和中西部地区也要加强区域间的相互沟通，积极汲取已有的成功经验，按照区域发展特征、地理资源优势相互聚集带动，推进科普产业的集群化发展[19]，推进科学普及的协调发展。

参考文献

［1］刘波. 我国气象科技人才科普积极性的激励研究［J]. 科技传播，2018，10（24）：128-130.

［2］胡鹏. 习近平科技思想研究［D]. 西安：电子科技大学博士学位论文，2018.

［3］冯华. 科普产业大有可为［N]. 科学导报，2018-09-18：A02.

［4］刘莉. 国办印发《全民科学素质行动计划纲要实施方案（2016—2020 年）》［N]. 科技日报，2016-03-15：001.

［5］Ren W H，Liu G B. To delve into establishment of science popularization industry statistical system［C]. Proceedings of PICMET'14 Conference，2014.

［6］Ren F J，Ren W H，Liu G B. Research on development efficiency of Chinese science popularization industry based on DEA model［C]. Proceedings of PICMET'14 Conference，2014.

［7］牛桂芹，章梅芳，吴因，等. 基于基础数据的北京市科普企业总名录调研［J]. 科技传播，2019，11（12）：1-5.

［8］刘晓静. 河南省科普旅游资源分类、评价及开发研究［D]. 开封：河南大学博士学位论文，2016.

［9］佟贺丰，赵璇，刘娅. 中国科普产业发展管窥——基于全国科普统计调查的数据分析［J]. 科普研究，2019，14（03）：58-65，112.

［10］周建强. 科普产业发展研究报告［R］. 2010.
［11］任福君，张义忠，周建强. 中国科协科普产业发展“十二五”规划研究报告［R］. 2010.
［12］Ren F J，Ren W H，Zhang Y Z. Definition of science popularization industry and its statistical classification［J］. Science & Technology Review，2013，31（3）：67-70.
［13］国家统计局. 国民经济行业分类注释［M］. 北京：中国统计出版社，2008.
［14］李健民. 科技创新与科学普及融合发展的思考［J］. 安徽科技，2019，（7）：5-7.
［15］刘萱，王宏伟，马健铨，等. 新时代科普机制创新实施路径研究——以北京市为例［J］. 科学与社会，2018，（8）：46-55.
［16］任福君. 新时代我国科普产业发展趋势［J］. 科普研究，2019，14（1）：38-46，70，108.
［17］王康友，郑念，王丽慧. 我国科普产业发展现状研究［J］. 科普研究，2018，13（3）：5-11，105.
［18］Zhao X J. Research on the development of rural industrial integration［C］. Proceedings of the 2019 4th International Conference on Financial Innovation and Economic Development（ICFIED 2019），2019.
［19］徐康宁. 开放经济中的产业集群与竞争力［J］. 中国工业经济，2001，（11）：22-27.

民间组织参与科普的体制、机制研究

——对广州民间组织科普创新现状的观察与思考

陈典松[1]　陈志遐[2]　邓　晖[1]　许金叶[1]

（1. 广州市青少年科技中心，广州，510091；

2. 广东外语外贸大学开放学院，广州，510091）

摘要：本文在实地调研的基础上，通过对广州民间组织参与科普工作现状的分析，提出了新时期民间组织参与科普创新的观察与思考。我们认为，从体制上看，民间组织处于各自分散状态，互不统属，需要国家承担科普责任的职能部门对其进行科学引导，促其良性发展；从机制上看，民间组织自身存在许多局限，主要体现在民间组织的格局多限于自身生存与发展的需要，对整个社会的科普需求缺少宏观认识，专业人才奇缺，需要民间组织自身觉悟，提升参与科普事业可持续发展的原动力。

关键词：科学普及　民间组织　体制　机制　研究

Research on Science Popularization Systems and Mechanisms of Non-governmental Organizations:

Observation and Reflection on Current Situation of Science Popularization Innovation by Non-governmental Organizations in Guangzhou

Chen Diansong[1]，Chen Zhixia[2]，Deng Hui[1]，Xu Jinye[1]

（1. Guangzhou Science &Technology Center for Teenagers，Guangzhou，510091；2. Open College，Guangdong University of Foreign Studies，Guangzhou，510091）

Abstract: Based on investigation and analysis on current situation of science

---

作者简介：陈典松，广州市青少年科技中心一级作家，e-mail：chendiansong@sina.com；陈志遐，广东外语外贸大学开放学院科普员，e-mail：840946895@qq.com；邓晖，广州市青少年科技中心科普员，e-mail：675463150@qq.com；许金叶，广州市青少年科技中心科普员，e-mail：1422716891@qq.com。

popularization participated by non-governmental organizations in Guangzhou，this paper puts forward the observation and reflection of science popularization innovation by non-governmental organizations in the new era. From an institutional point of view，it is concluded that appropriate guidance should be given by government departments to non-governmental organizations on science popularization since these organizations are separate from each other. From mechanism point of view，non-governmental organizations are limited on science popularization by their own survival and development，mainly revealed in lack of overall vision and shortage of professionals.

Keywords：Science popularization，Non-governmental organizations，System，Mechanism，Study

"人的素质的提高是一个长期而艰巨的过程，提高全民的科学素质更是一项长期的、艰巨的社会系统工程，任重而道远，需要全社会的共同参与，需要几代人的不断努力。"[1]需要全社会参与的科普工作，作为一项事关全民素质提升的系统工程，随着社会经济的发展，会不断出现新情况，新时代对科普工作也会提出新要求，在全民科学素质行动计划推进过程中，政府当然要承担主体责任，但全社会的参与是极其必要的。其中，民间组织作为社会组织的重要力量，在新时期科普事业发展进程中，发挥着越来越重要的作用。这里所说的民间组织，是指社会团体和民办非企业单位。本文试图对广州民间组织在科普创新发展的现状观察基础上，针对民间组织科普创新体制、机制进行相关探讨。

一、广州民间组织参与科普工作的现状

广州作为国家中心城市，是中国改革开放的前沿城市和先行试验地，科普事业的发展同样也得风气之先，与世界潮流紧密相连。根据笔者多年来的调查与了解，民间组织参与科普工作活跃，发展呈多样化形态，主要表现为以下几种情况。

（一）高新科技企业对科普工作更加主动

科技创新是现代城市最重要的竞争力，广州在这方面是下了大功夫的，20世纪末以来，制定了各项政策，采取了许多措施，为发展高新科技创造了许多便利条件，营造了积极的环境，通过政府主导、全社会参与，大大激励了城市高新科技企业的发展。以知识城为中心，在全市各区，许多高新科技产业园区广泛发展起来，高新科技产业成为带动广州市场经济发展与繁荣的主要动力之一。随着整个社会经济的发展，高新技术企业已经从过去专注产品研发与市场推广的专业化生产与销售转向重视与公众的互动，其中一个最突出的表现，就是结合自身的企业与产业特色，主动开展丰富多彩的公益科普活动。广州汽车集团与广东科学中心合作，联合打造低碳新能源科普馆，广东香雪制药集团独立创建广东凉茶（养生）博物馆，陈李济制药厂创建广东中药博物馆，诸如此类。广州的许多高新技术企业都建立了面向公众的科普职能部门或机构，这些由高新技术企业参与创建的科普场馆皆免费向公众定期或预约开放，甚至还结合产业发展动态，开展各类公益性科普讲座，把开展科普工作作为企业文化建设的重要内容，拉近了公众与企业的距离，拓展了公众接受科普教育和享受科普乐趣的渠道，丰富了企业的社会责任，创造了更好的美誉度和公众信誉。

（二）民营专业化科普企业的出现为科普产业化发展进行了积极探索

广州的民营企业参与社会事业的积极性一直比较高，随着广州中心城市地位的确立和市场经济的进一步发展，民营企业的市场敏感性也越来越强，许多民营企业看到了科普产业化进程中的市场前景，以不同的视角和方式参与到科普产业化的发展中来，其中，创办专业化科普企业（或公益性科普实体）就是一个方向。

根据我们的调研，广州民营专业化科普企业有两种典型类别。

一是以广州正佳集团为代表，直接用企业化模式创办面向公众的科普机构，正佳海洋科学馆、正佳自然科学博物馆即属于这一类型。

正佳集团原本是广州知名的民营商业实体，以正佳广场为基地，在广州市内积极拓展大型购物商业大厦经济。在这个过程中，经营者敏锐地察觉到大城市中心缺乏与亲子活动相联结的寓教于乐的现代化科普场馆，因而，在广州市中心天河区正佳广场内，腾出大面积的商业营运楼层，先后创建了正佳海洋科学馆和正佳自然科学博物馆，聘请相关专业人员和商业策划团队经营、管理，采取完全市场化的方式运作，使之成为中心城区最热门的商业化科普场馆。以正佳自然科学博物馆为例，展览馆位于正佳广场六楼，占有这一楼层北庭的全部空间，达 8000 平方米，其中以标本为主体的核心展区为 3000 余平方米。有别于政府部门创建的同类型博物馆，这个展馆并不全是自然标本实物展，而是运用了大量的声、光、电等现代科技手段，甚至还与最新的前沿科技结合，如虚拟技术、人工智能等，将地球演化的历史与广州城市发展的进程融合起来，吸引了许多以家庭为主的各方游客。

二是以金山地质博物馆为代表，立足于公益科普活动，创办家族化、专业化科普机构，广州刘金山地质科普公司属于这一类。

金山地质博物馆于 1999 年创立于湖南怀化，被新华社报道为“全国第一家私立地质博物馆”，2000 年被确定为怀化市青少年科学教学基地，2003 年加入中国自然科学博物馆协会，同年迁入广州，2004 年与广州博物馆合办大型的科普展览，2015 年与番禺博物馆共同举办“地球历史与生命演化”大型展览。该馆在全国有四个分馆，分别在湖南怀化市，广州白云区、番禺区和增城区。该馆以科教兴国为己任，以科普为途径，长期坚持打造地学科普品牌。金山地质博物馆馆长刘金山教授是著名的博物馆学家和宝玉石学家，是最早开发世界自然遗产张家界和古城凤凰的学者，1992 年荣获“全国地质科技银锤奖”，2001 年荣获“湖南省先进科普工作者”称号。2003～2010 年在广州发现 2 个国家级地质遗迹，取得 3 项“重大的地质成果”，成为广东省地质遗迹学科学术带头人。2018 年获“广州市科普杰出人物”称号。从广州地质调查院退休后，他经常带着地质标本走进大中小学科普演讲，累计开展各类科普讲座达 100 多场次。金山地质博物馆有藏品 3 万余件，主要分为陨石类、化石类和矿物宝玉石类。

广州刘金山地质科普有限公司是由刘金山以金山地质博物馆为基础创办的专业科普企业，于 2015 年成立，作为专业性的科普公司承接了大量政府公益科普项目，包括由广州市科学技术协会主办的面向全体广州市民的科普一日游项目，金山地质博物馆在广州白云、番禺、增城三个区的分馆都是这个项目的定点参观点。据刘金山先生介绍，他和他的家族将一些经营资源投入公益的科普事业中来，主要基于他们对公众科普素质教育的一种热爱，他甚至在介绍广州刘金山地质科普有限公司时，重点提到该公司的主要负责人刘玉龙，特别强调了科普事业的传承问题，这是一个很有意思的话题，刘金山把自己定位为科普一代，把刘玉龙定位为科普二代，这种说法显然反映了他对科普事业的深厚情感，这给我们留下了深刻的印象。

（三）高校、科研机构对公益性科普工作表现出更大热情

据我们了解，广州有许多高校都创建了自己的科普场馆，敞开大门，面向公众，其中以中山大学、华南农业大业等高校最为典型。

中山大学生物博物馆创建于2000年，以进行公众的科学普及教育，以及辅助相关大、中、小学的教学为服务宗旨。该馆以香港同胞捐赠的“马文辉堂”为馆址，最早的标本采集于1817年，有近200年的历史。目前，生物博物馆有植物标本22万号；昆虫标本60余万号；动物标本3万号，包括国家一级保护动物大熊猫、金丝猴等37种，以及护士鲨、豹纹鲨、翻车鱼等百余种珍稀动物标本；古生物化石标本500多件，其中7.8米长萨斯特鱼龙、3.5米的新中国龙、兴义龙及鳞齿鱼等具有极高的科研价值和展览价值，是国内唯一收藏了大量国内外珍贵生物标本并具有华南地区动植物区系特色的高校生物博物馆，在国际上享有很高的地位。

中山大学生物博物馆成立以来，在科普方面做了大量工作，成绩斐然。接待来馆参观的中小学校师生和社会各界人士十余万人次；举办了现代生物科技展、生物入侵等科学专题，开设生物科普知识讲座、生动有趣的生物小实验；建成网上生物数字博物馆，通过网络为民众普及生物知识。生物博物馆在科普方面做的大量工作受到了广泛关注，先后被认定为全国科普教育基地、广东省及广州市科学普及教育基地、青少年科技教育基地、广州市爱国主义教育基地，是广东省科普教育的一个重要场所。

广州的各大科研机构在公益科普方面也表现出很大的热情，如中国科学

院广州地球化学研究所、华南植物园等。另外，广东省地震局、南海海洋研究所等也都有各自面向公众进行科普教育的职能设置。中国科学院广州地球化学研究所的地矿化石标本本来是供科研人员研究与参考的实物，随着广州公民科学素质教育事业的发展，该所主动适应新形势的要求，向公众开放，该所也成为广州市科协科普一日游的定点场馆。

中国科学院华南植物园是中国重要的植物科学与生态科学研究机构之一，前身为国立中山大学农林植物研究所，由著名植物学家陈焕镛院士创建于 1929 年；1954 年改隶中国科学院，同时易名为中国科学院华南植物研究所；2003 年 10 月更名为中国科学院华南植物园；2008 年，中国科学院华南植物园被国家旅游局评为国家 4A 级旅游景区。

华南植物园为了更好地融入广州的科普事业发展进程，专门创建了一个科普信息中心。这个中心主要立足于面向公众传播科学知识，分“时光隧道”“植物与人”“植物生态”“植物资源的保护与利用”四个主题内容，用实物、模型、图片、多媒体视频等形式展示与植物学有关的知识。展厅在结构造型、展览设计上讲究营造一种令人身临其境的氛围，富于变化，互动性强，比较符合中小学生的需求。“时光隧道”主要利用通过影、音、图像等媒体技术构造成时光隧道的形式来表现植物的演化历史，让受众在短短的几十分钟内，穿越几十亿年的生物演化进程，了解植物进化及相关知识。

华南植物园科普信息中心采用前沿科技手段，建有雾屏立体成像系统及幻影成像系统，雾屏影院展顶由三个雾屏连接而成，构成弧形屏幕，通过弧形屏幕成像，实现影、音立体效果，雾屏影院的图像清晰，富有动感，带给人们前所未有的视听新体验，让人们在一种轻松而又愉快的环境中了解科普知识。幻影成像以滨海植被为主题，利用模型和影视多媒体技术，通过动态异形屏投影系统表现海岸、红树林、热带雨林等幻影场景，宣传生态系统保护。

（四）科普工作者的自助组织多元化发展

在广州，还有省、市、区各级科普工作者的自助组织，在省级层面有广东省科普作家协会等，在市层面有广州市科普作家协会等，还有各级各类科普志愿者机构。

其中，广州市科普作家协会是广州地区科普作家、翻译家、评论家、科普编辑、科技新闻传播工作者，以及热心科普创作事业的科技界、科普界、企业界人士自愿组成的联合性、学术性、非营利性法人社会团体，是广州市科学技术协会的团体会员。广州市科普作家协会成立于1981年12月（1993年前名为广州市科普创作协会），自成立以来，该协会积极贯彻党和国家的一贯方针政策，弘扬科学精神，传播科学思想，倡导科学方法，普及科学知识，努力组织会员开展学术交流、科普创作、青少年科普教育、科技咨询等活动。近年来，协会在组织会员编写《学有专攻——千师万苗工程导师风采》、“现代科技普及丛书”以及举办全市性优秀科普作品评选、群众性科普知识竞赛等活动中，取得了突出的成绩，受到主管部门与社会各界的广泛好评。目前，协会在加大组织建设力度的同时，积极探讨新时期科普创作的规律，研究制订新时期的科普创作计划，为广大会员开展科普创作提供更有力的指导，努力为繁荣广州市的科普创作、促进广州市科普事业的发展做出新的贡献。

二、观察与思考

结合我们长期对广州民间组织参与科普事业的观察，这里，从体制与机制两个方面提出相关思考。

“体制”与“机制”是较易混淆的一对词语。按照《辞海》的解释，“体制”是指国家机关、企事业单位在机制设置、领导隶属关系和管理权限划分等方面的体系、制度、方法、形式等的总称；“机制”原指机器的构造和运作原理，借指事物的内在工作方式，包括有关组成部分的相互关系、各种变化的相互联系。

（一）从体制上看，民间组织处于各自分散状态，互不统属

由于民间组织的主体具有多样性，属性丰富多样，既有企业，也有高校和科研机构，还有个人，他们参与公众科普的动机、目的也千差万别，所产

生的成效当然各不相同。广州正佳集团创办的正佳海洋馆和正佳自然科学博物馆，是以科普之名进行商业运营的经济实体，这类科普机构在某种意义上类似于迪士尼等大型商业娱乐机构内设的科普项目，是将知识传播融于高新技术表达出来的新型娱乐项目中；刘金山地质科普有限公司本质上是一个私人企业，由于刘金山本人对科普工作的热爱，将企业运营的商业利润转移一部分到公益科普事业中，在这个过程中，获得公权力部门提供的公益科普资源注入，使企业运营与公益科普形成良性循环，维持自身组织的可持续发展。

但是，正是民间组织的各自为政，导致它们在参与科普事业过程中出现许多问题。比如，正佳海洋馆与正佳自然科学博物馆因为主要目的在于营利，争取受众，所以这两个机构在传播海洋科学知识和自然科学知识的过程中，无论是藏品、展品还是陈列方式、手段等，都把节省成本放在首位，以致有真正科学价值的标本不足，而代之以模型或别的替代品，这样会大大降低公众接受科学知识的质量与正确性。刘金山地质科普有限公司虽然藏品丰富，但受财力、人力的限制，很多非常有价值的藏品得不到有效展示。在刘金山地质博物馆广州番禺分馆的现场，我们甚至还看到有些珍贵的菊化石标本未能放入柜中陈列，而是直接摆放在展馆空旷处，这样，观众参观时有可能会用肢体碰触，导致标本损害，而且展馆内通风、温度条件皆有限，更不用说辅之以声、光、电等手段进行知识辅助传播了。

科普工作者的自助组织同样存在很大问题，各级科普作家协会原本是依托各级科协组织建立起来的科普工作者互助组织，但随着近年来国家对社会组织管理与政策的不断调整与改变，基层的有些科普作家协会出现了一些问题。以广州市科普作家协会为例，该协会是国内最早成立的中心城市科普作家协会之一，创建初期，一般由同级科协负责科普工作的副主席担任理事长，每年都会有一些专项的科普经费注入，由科协提供专门的注册、办公场地，相关处室的干部兼任日常工作。但是，近年来，国家对社会组织管理政策调整后，科协对科普作家协会的管控力显著减弱，尤其是在政策规定各级科协领导不得兼任科普作家协会职务后，基层的一些科普作家协会既无经费，又无场地，更无人才，实际处于停摆状态，广州市科普作家协会就属于这种情况。笔者陈典松曾出任广州市科普作家协会副理事长兼秘书长，试图利用个人的影响力把广州市科普作家协会支撑起来，但勉强维持了两年，还是无法坚持下去。

针对民间组织在参与科普创新工作中出现的问题，我们提出如下建议。

一是各级承担科普职责的国家权力机构，包括党委系统的各级科协组织和政府系统的科技、教育部门，应该充分认识到民间组织参与科普创新工作的重要意义，把调动民间组织从事科普事业的积极性摆在全社会参与科普事业的重要位置上。

二是各级政府在制定相关科普政策过程中，要充分考虑民间组织参与科普事业的积极性，在政策导向、激励机制等方面，要把民间组织纳入进去。

三是在科普经费方面，可以通过项目设立、申报、评审等环节，鼓励民间组织参与科普创新与探索。

四是帮助民间组织培训科普人才，鼓励民间组织引进科普人才，在科普职称考试、评审方面，鼓励民间组织科普人才申报职称，并为之提供相关的便利条件。

五是要建立信息共享平台，使民间组织在科普资源、知识、经费、人才等方面有一个全方位获取信息的平台，引导其良性规划、布局与发展。

六是可以由科协组织出面，引导有实力的民间科普机构牵头，组建区域性民间组织科普联盟，在广州这座城市，甚至还可以由广东省或广州市科协出面，组织粤港澳民间科普组织联盟这样名称的组织，推动广州市和整个粤港澳大湾区民间科普事业的整体发展与良性互动。

（二）从机制上看，民间组织自身存在许多局限

主要体现在民间组织的格局多限于自身生存与发展的需要，对整个社会的科普需求缺少宏观认识，专业人才奇缺，兼擅长专业与管理者更是凤毛麟

角，人才培养与成长更没有形成阶梯式，可持续发展存在重大隐患。刘金山地质科普有限公司的投资人刘金山先生是著名的地质学家，对地质科普有着浓厚的兴趣。在我们的访谈中，刘金山自己提出了一个“科普二代”的概念，这说明他对自己的科普事业传承有了积极思考，但同时也反映了他对科普事业可持续发展的担忧。此类情况在各个民间科普组织中都不同程度存在。为此，我们提出如下建议。

一是要有全局观念。民间组织参与科普事业的规划设计阶段，对同类型、同地区的科普组织要有一个清晰的调研、了解，要有明确的需求分析与判断。

二是要注重特色。科普工作与其他事情一样，越有特色的越有生命力。正佳企业创办的两个科普实体，一个以海洋为主题，一个以自然为主题，显然迎合了现代特大城市兴起过程中中心城区低幼儿家庭短期休闲、娱乐的需要。

三是人才建设。民间科普组织参与科普事业，往往由于当前主事者的视角、眼光与情怀所致，他们手握核心资源，可以有效投注，但后续的经营、管理、专业人才往往接不上，阶梯式人才结构在各大民间科普组织中普遍存在隐患。为此，参与科普事业的民间组织自身从一开始就要把人才建设放在重要位置上。

四是要有长远规划。企业、高校、科研机构或个人，在注入资源参与公众科普工作过程中，要有长远规划，有可持续发展的理念，这样才能使民间科普组织真正形成良性发展的机体。

五是要有品牌意识，注重品牌建设。在这方面，刘金山地质科普有限公司做得比较好，作为一个完全的个人投资机构，刘金山本人显然注意到了品牌建设的重要性，他以地质学家的个人名义创建了一个地质博物馆，延续博物馆 20 余年来积累的信誉和美誉，继续沿用同样的名字建立一个可以承接科普职责的新的科普公司。而且，他和他的家人对此还有相关的未来规划，我们认为，这是值得民间科普组织借鉴和学习的。

新时代的科普工作需要开拓创新[2]，新时代的科普创新需要更广泛的社会组织参与，民间组织作为新时期科普创新的一支重要力量，应该受到关注与重视，如何发挥民间组织在公民科学素质提升工程中的作用，是一个值得思考的课题。我们的观察与思考或许还有许多需要深入和加强之处，只要我们正确面对，积极应对，总是能找到更为合适的解决途径的。

参 考 文 献

[1] 周光召.《全民科学素质行动计划课题研究论文集》序［M］//全民科学素质行动计划制定工作领导小组办公室. 全民科学素质行动计划课题研究论文集. 北京：科学普及出版社，2005.

[2] 陈志遐，陈典松. 关于高新科研机构为公民科学素质提升服务的思考［M］//中国科普研究所. 中国科普理论与实践探索：新时代公众科学素质评估评价专题论坛暨第二十五届全国科普理论研讨会论文集. 北京：科学出版社，2019：33.

科普场馆的科普工作创新机制对策研究

——以中国杭州低碳科技馆为例

胡周颖

（中国杭州低碳科技馆，杭州，310051）

摘要：科普场馆作为我国科普工作的重要场所，对扎实推进科学普及、提升全民科学素质起到了有力的支撑作用。本文以中国杭州低碳科技馆的科普工作运行和实践为例，进行 SWOT 分析，提出对我国科普场馆科普工作创新机制的建议。

关键词：科普场馆　科普　创新机制

Study on Innovative Mechanism of Science Popularization in Science Venues:

Taking Hangzhou Low Carbon Science and Technology Museum as an Example

Hu Zhouying

（Hangzhou Low Carbon Science and Technology Museum，Hangzhou，310051）

Abstract：As an important carrier of science popularization，science venues play a strong supporting role in promoting science popularization and improving people's scientific literacy. This paper conducts SWOT analysis on the practice of science popularization in Hangzhou Low Carbon Science and Technology Museum，and puts forward suggestions on innovative mechanism of science popularization in science venues in China.

作者简介：胡周颖，中国杭州低碳科技馆学术中心馆员，e-mail：408549572@qq.com。

Keywords: Science venues, Science popularization, Innovative mechanism

《“十三五”国家科普与创新文化建设规划》中指出，“‘十三五’是全面建成小康社会的决胜阶段，也是进入创新型国家行列的冲刺阶段，对科普工作和创新文化建设提出了新的更高要求。”科普场馆作为我国开展科普工作的重要支撑，对扎实推进科学普及、提升全民科学素养起到了有力的支撑作用。

本文以中国杭州低碳科技馆（以下简称低碳馆）的科普工作运行和实践为例进行分析，并提出我国科普场馆科普工作创新机制的建议。

一、低碳馆的科普工作实践分析

作为全球第一家以低碳为主题的大型科技馆，低碳馆自开馆之日起就备受瞩目，吸引了大批国内外观众到馆参观，为杭州的科普发展、公众科学素养提升做出了巨大贡献。

下面通过 SWOT 分析法，对低碳馆在科普工作中的优势、劣势、机遇和威胁进行综合分析，从而提出促进科普场馆工作创新、高质量发展的参考建议和对策。

（一）优势分析

低碳馆是全球首家以低碳为主题的科技馆，是一家集低碳科技普及、绿色建筑展示、低碳学术交流与低碳信息传播等服务于一体的专业化科技馆，其建筑是三星绿色建筑，拥有 10 项绿色节能环保技术。

经过几年的发展，低碳馆在各方面都取得了一定的成绩，获得杭州市机关党员志愿服务先进集体、杭州市“五一劳动奖状”、杭州市模范集体、先进基层党组织、杭州市窗口单位志愿服务示范岗、第五批国家环保科普基地等 60 多个奖项，在社会上享有一定的知名度和美誉度。低碳馆创建了科普剧团、志愿者团队，其中，科普剧多次获得全国科普剧表演大赛一等奖；杭州市中小学“低碳改变环境”系列科学主题活动等品牌，具有一定的影响力。

低碳馆是杭州市中小学生第二课堂活动五星基地，也是杭州市乃至浙江省科普教育基地的主要活动场馆之一，具有较好的学校资源和科普基地资源。

低碳馆拥有专业维护研发团队，高素质的专业人员具备较强的研发能力与创造能力，多年来在更新展品的同时，一直将展品完好率控制在较高水准。

（二）劣势分析

（1）服务保障不足。首先，低碳馆是全额拨款的公益一类事业单位，编内员工收入有保障，无生存之危，导致部分员工缺乏危机意识和创新创业的紧迫感。其次，编外员工约占34%，工资水平较低，导致人员流动过大，造成熟练掌握岗位技能的人员不足和管理难度较大等局面。

（2）硬件设施逐渐陈旧过时。一方面，随着科学技术的迅猛发展，曾经运用先进前沿技术制作的展品展项，如今却显得内容过时、设备落后，无法满足观众对日益发展的科学探索需求，如亲身体验 ETC、智能超市等展项。展品展项的更新需要进行前期规划、初步设计、深化设计、招投标、制作、安装等诸多环节，周期长，耗资大，需要大量的人力物力财力支持。开馆多年来，虽然一直在进行展品更新，但更新数量有限，效果甚微，经常来馆参观的观众容易缺少新鲜感，降低了对观众的吸引力。

硬件设施逐渐消耗、损坏，加之观众日益增长的各种需求，导致配套与需求之间出现落差。比如，随着国家生育政策的调整，“二孩”家庭增加，家庭参观时对于母婴室的需求较强，但是低碳馆至今未设置母婴室。

（3）宣传力度不足。受人力、资金等条件限制，宣传广告投放力度不足，导致宣传范围不够广，宣传内容不够深，无法有效提升低碳馆的知名度。

（三）机遇分析

（1）倡导低碳理念、践行低碳生活是改善生态环境的有效途径之一。十九大报告中全面阐述了加快生态文明体制改革、推进绿色发展、建设美丽中国的战略部署。当前，我国正处于经济结构转型升级的关键时期，人们的消费结构正在由基本的衣食住行等物质需求，向高品质物质需求、健康需求和文化精神需求转型，良好的生态环境作为保证人们健康和文化需求的基础条件，被越来越多的人所关注。

（2）社会公众对提升科学素养的愿望迫切。随着大众素质和教育水平的提高，关注科技馆的观众越来越多，参观科技馆已经成为人们满足精神需求的一部分。多元化发展推动了科技馆市场的进一步提升，人们不再满足于较为单调的游览之旅，更期望在展品展项的互动性和创新性上获得更高层次的体验。

（3）国内文化旅游热度持续升温。当前形势下，科学素养作为国家的软实力，越来越被国家和公众所重视，国家对于科学的发展和文化的弘扬提供了大量的支持政策，低碳馆应当抓住机遇，与传统旅游结合，与文创产品融合，促进多方面发展。

（四）威胁分析

（1）新馆效应逐渐消失。低碳馆于2012年7月18日正式开馆，新建场馆所带来的新热点逐渐消失，常设展品对观众的吸引力减弱，且部分展品技术落后过时等，导致参观流量减少。

（2）同质场馆之间竞争激烈。随着近几年杭州的全方位发展，青少年课外可去的社会化运作活动场馆越来越多，如室内动物园、各类科技教室和工作室、基层科普场馆、图书馆、室内游乐场等。最近兴起的麦淘实验室、江和美海洋公园等，其科普宣教形式多样、内容新颖、更新速度快、服务质量高，且位置基本都在交通枢纽附近或大型居住区周边，对低碳馆带来了很大冲击和影响。

（3）互联网文化对科技馆的冲击。与科技馆的传统教育方式相比，互联网更加开放、便捷、包容，深受公众喜爱和追捧，导致公众有限的自由支配时间和部分精力被互联网文化占据。

（五）对策分析

根据上述低碳馆SWOT分析，结合运行实际，通过优势与机遇组合、优势与威胁组合、劣势与机遇组合、劣势与威胁组合分析后，提出以下相应对策（表1）。

表1 SWOT组合分析

内部因素 对策 分析 外部因素	优势（strength） • 全球首家“低碳”主题科技馆 • 具有一定知名度和美誉度 • 有较好的学校资源和科普场馆资源 • 专业维护研发团队	劣势（weakness） • 服务保障不足 • 硬件设施逐渐落后过时 • 宣传投放不足
机遇（opportunity） •“低碳”成热点 • 观众科学素养需求的变化 • 文化旅游持续火热	SO组合（优势与机遇组合） • 与当地旅游业相结合，打造特色低碳旅游 • 与科普基地资源有机结合，形成良好的互利共赢关系 • 加强游园主题设计，吸引学生团队 • 加强国际交流合作，推进国际化建设	WO组合（劣势与机遇组合） • 改造、维护配套设施，提高观众满意度 • 以低碳为基础，研发特色新展品 • 通过旅行社进行宣传
威胁（threat） • 新馆效应消失 • 室内活动场馆之间的竞争 • 互联网对低碳馆的冲击	ST组合（优势与威胁组合） • 改造展厅、展品展项，突破新馆效应 • 引进临展微展，开发科普活动，提升场馆吸引力 • 加强与教育局、学校的互动合作，提高低碳馆竞争力 • 与科研机构合作寻求实现创新提升	WT组合（劣势与威胁组合） • 加强人才培养，完善制度建设，做好服务保障 • 加强媒体融合，利用互联网打造“网红”效应 • 加强与媒体合作，加大宣传投放力度 • 打造数字科技馆

二、对科普场馆科普工作创新的建议

（一）完善硬件设施，提升软件服务

优化常设展览，用创新思维推出临展、微展和科普活动，以常设展览带动临展活动，以临展活动提升常设展览，形成“常设展览+临展活动”常开常新的工作局面。同时，进一步提升软件服务，包括完善管理制度、提升员工素质、加大宣传力度。

1. 加大展厅展项更新力度

展品展项是科普场馆建设的核心和灵魂，如果一个科普场馆长期没有新展品呈现，吸引力就会不断下降，发展下去的必然结果就是参观流量下降。在运营管理上应该以“常开常新”为原则，加大展厅和展品展项的更新力

度，不断创新展项，丰富展品内容。例如，新加坡科技馆每两个展区定期结合不同的主题创造新的展品，使得这个拥有几十年历史的科技馆不断发展，吸引观众反复参观。

2. 引进并开展互动性更强、能够引起情感共鸣的短期展览、科普活动等

从观众群体来看，小学中低段学生（课业负担较轻、对科技充满好奇、有娱乐需求）是科普场馆的客流主体，他们的一大特点是难以理解深奥的科学原理，来馆的主要目的是“玩”。针对他们的特点，可以以激发探索科学兴趣为目的，开展互动性更强的临展微展、科普活动。例如，上海科技馆的彩虹儿童乐园、厦门科技馆的萤火虫乐园都是娱乐性、互动性很强的展区，人气往往也是最高的。亚洲设计管理论坛暨生活创新展、teamLab 未来游乐园等曾落地杭州，声光电、增强现实（AR）等技术融合的科技互动艺术展即使票价达到百元以上，游客仍然络绎不绝。

3. 加快完善科技馆制度建设，规范保障机制

建立健全科学、完善、长效的管理机制，以制度管事、管人，以标准评价服务质量，通过制度的实施进一步提升服务意识、服务质量，如建立健全科技馆管理制度、工作守则、优秀人才培养和选拔的激励机制等。加强制度宣传，把各项制度的执行成效公开化，引导员工牢固树立自觉执行制度的意识。建立严格有效的保障体系，坚决维护制度执行的刚性。

4. 加快人才队伍专业化建设

高素质的人才队伍是科普事业创新发展的主要因素，以强化员工思想教育为核心，通过集中学习、专题讲座等多种思想教育方式，进一步强化服务意识和责任意识；要以提高综合业务素质为关键，通过技能培训、业务交流、技能竞赛等措施，不断增强职工的业务能力，提升员工的整体素质，打造一支业务水平过硬的专业化人才队伍。

建立兼职科普工作者数据库，提高兼职科普人才的地位，培养科普志愿者、基层科普人才，壮大科普展教队伍。

5. 加大宣传力度，提升品牌影响力

一是加强媒体融合。加强科普场馆网站、微信、微博建设，增强互联网宣传力度，拓宽公众获取最新科技展览信息的渠道；进一步通过抖音等新形式进行宣传推广，抖音等短视频平台在感官生动性方面有很大优势，不少政府部门都开通了抖音号。同时，可以鼓励、帮助有能力、有意愿的员工发挥主观能动性，结合科普工作，拍摄短视频上传。纪录片《我在故宫修文物》用生动有趣的视频来替代静态文字、图片，引起公众的广泛关注，并掀起一阵“故宫热”。

二是加强与媒体的合作。加大每年的宣传投放力度，与主流媒体合作，提高知名度，吸引更多观众前来参观体验；加强与新媒体、自媒体等新兴媒体的合作，充分利用他们的高流量进行高效率、低成本的宣传；拓宽科普场馆与媒体渠道的合作方式，如与媒体合作策划相关活动等，加快馆媒融合发展。

三是重视“口口相传”的力量。在设计展品展项、活动时，设置一些能够吸引游客主动发朋友圈的内容、环节，如在展览活动中可以设置有趣的背景墙、拍照框、创意手牌等道具，吸引游客拍照晒图，让每个游客都成为科普场馆的义务宣传员。

6. 着力打造数字科技馆

把握政策导向，宣传前沿科技，成为社会经济发展成果的展示窗口。引入数字技术在城市大脑、物联网、智慧政务、智慧安防、智慧医疗等领域的最新应用成果，让观众充分感受到智慧城市的巨大魅力。大力打造数字科技馆，采取以互动为核心的多媒体技术，建立 3D 虚拟的互动环境，让观众对展项有身临其境的体验感；采用数字化信息采集方式，采集丰富的教育资源、信息资源；搭建学术交流网络平台，让观众在学习之余进行交流。此外，数字科技馆之间可以合作共联，在共享资源的同时起到相互宣传的作用。

7. 重视旅游纪念品的特色开发

观众在旅游时总希望能够购买到一些特色鲜明、物美价廉的当地纪念品，以作为自己此次游览的见证，作为旅游产品的一部分。以故宫博物院为例，截至 2016 年年底，故宫博物院的文创产品已达到 9170 种，而仅 2016 年一年就为故宫带来了 10 亿元左右的收入。有不少游客表示，故宫博物院的文创产品甚至成为他们多次参观故宫的原因之一。目前，大多数科普场馆都没有自己的文创产品，应借鉴经验，围绕主题、展品特色和地方文化特征，设计与制作精美、方便携带和蕴含文化感、科技感的旅游纪念品，以满足游客的多样化需求。

（二）做好第二课堂，助推教育均衡化

充分发挥科普场馆公益优势，通过承接教育部门和学校外溢的社会教育职能，完善馆校合作、馆校共建机制等方式，打造“没有围墙的学校”，为学生提供优质服务，在推动教育均衡化的同时提升学生的参观流量。

1. 加强与教育局、学校的互动合作

了解掌握国家、省市教育部门对中小学的科技教育制订的具体大纲和教学计划，加强与教育系统的合作交流，开展符合教育部门要求的特色活动，如“红领巾走杭州”“雏鹰争章”“假日小队”等活动。2019 年春节期间，浙江省博物馆、杭州党史馆等一些平时客流量较低的场馆出现人数“爆馆”，就是因为共青团组织和教育部门推出的“红领巾走杭州”主题活动。

主动与各中小学校合作开展科学教育工作，包括组建场馆的科教辅导员队伍、搭建教学互助平台等；开辟单独场地作为中小学科学教育课程的实践或实验课基地，开展形式多样的冬夏令营、科技活动、创新大赛等；开展附加值更高的校外教育，以科学学科为着力点，开展物理、化学、生物等科学俱乐部活动，设计系统科学的课程体系，打造一批专业性强的带队老师，输出一批成绩拔尖的学生。

2. 研发科普教育资源包

目前，根据科普展教的现状和发展趋势，研发与中小学科学课程联系密切、可以启发青少年科技创新思维的相关资源包，如科普读物、实验资源

包、科普剧表演秀、研学路线等。

（三）强化资源整合，探索新途径新动力

1. 争创星级景区，加强与旅行社合作

科普场馆应积极申报4A、5A级景区，有效提升知名度和影响力，使其成为国内外游客的新选择。通过景区平台，与各大旅行社开展深度合作，由旅行社组织团队来馆参观交流，打造文明城市，展示窗口特色景点。

2. 与科研机构合作寻求实现创新提升

科研机构是科普场馆自主创新的最好合作者，是培育和提升科技馆自主创新能力、增强核心竞争力、实现可持续发展的关键。借鉴国内外科技馆的经验，与科研机构加强联合，实现优势互补，把先进的科研成果转化为展品展项，既可以提升展品展项的科学性、前沿性、科技性，吸引更多的观众，又可以利用科研机构的资源开展专家论坛、学术会议，提升科普场馆的学术传播能力。

3. 加强国际交流合作，推进国际化建设

与国外科技馆交流互访，开展馆际合作；积极联系各国科技组织，邀请国际知名专家学者，合作举办国际学术会议；按照国际标准研发流动展品，传播科学理念的中国声音；积极服务“一带一路”倡议，承接各级各类外国团队参观访问，提高国际影响力。

4. 整合科普场馆资源，形成良好的互利共赢关系

各类科普场馆间应多交流合作、开展活动，形成良好的互利共赢关系。2018年低碳馆与植物园合作的低碳婚礼、与浙江省科协合作的浙江省科普辅导员大赛等，都获得了不错的口碑。

参考文献

[1] 胥彦玲，何丹. 国外科技馆建设对我国的启示［R］. 北京市科协科技计划项目，2009.

[2] 俞梁. 发挥科技馆优势，助推教育均衡化（未公开发表）. 2019.
[3] 吴玲. 湖南省科技馆发展中存在的问题及对策研究［D］. 长沙：湖南大学硕士学位论文，2015.
[4] 秦远好，李鑫. 免费开放型博物馆游客满意度研究［J］. 新疆社科论坛，2018，(2)：44-52.

以“一带一路”倡议为契机推动中俄科普活动创新开展

——以黑河市中俄科普资源共建共享活动为例

李明珠　刘洪辉

（黑龙江省科学技术协会，哈尔滨，150010）

摘要：科技创新、科学普及是实现创新发展的两翼，要把科学普及放在与科技创新同等重要的位置，习近平总书记在全国“科技三会”上提出的这个重要论断，将做好科普工作的重要性提升到了前所未有的高度。黑河市中俄科普资源共建共享活动以习近平新时代中国特色社会主义思想和党的十九大精神为指导，推动流动科普资源共享，助推实现“一带一路”倡议，为构建人类命运共同体做出贡献。本文介绍了黑河市中俄科普资源共建共享活动，旨在为基层科普创新开展提供参考。

关键词：一带一路　科普活动　创新

To Promote the Innovative Development of Sino-Russian Science Popularization During “The Belt and Road” Initiative:

Introduction of Science Popularization Resources Co-construction and Share in Heihe City

Li Mingzhu，Liu Honghui

（Science and Technology Association of Heilongjiang Province，Harbin，150010）

Abstract：Innovation and popularization are the two wings of science and

作者简介：李明珠，黑龙江省科学技术协会科普部主任科员，e-mail：hljgxb@163.com；刘洪辉，黑龙江省科学技术协会科普部部长，e-mail：liuhonghui200902@163.com。

technology development. They are of the same importance. The Sino-Russian science popularization resources co-construction and sharing activities launched in Heihe City introduced in this paper promotes the share of mobile science popularization resources and boosts “The Belt and Road” initiative. The paper aims at providing references for the innovation of popular science service at grass-roots level.

Keyword: The Belt and Road，Popular science service，Innovation

“一带一路”倡议自2013年提出以来不断拓展合作区域与领域，尝试与探索新的合作模式。通过弘扬丝绸之路精神，开展智力丝绸之路、健康丝绸之路等建设，在科学、教育、文化、卫生、民间交往等各领域广泛开展合作，“一带一路”倡议的民意基础更为坚实，社会根基更加牢固[1]。2018年9月17日，世界公众科学素质促进大会在北京召开，国家主席习近平向大会致贺信。习近平强调，中国高度重视科学普及，不断提高广大人民科学文化素质。中国积极同世界各国开展科普交流，分享增强人民科学素质的经验做法，以推动共享发展成果、共建繁荣世界……为增强公众科学素质、促进科学成果共享、推动构建人类命运共同体作出贡献[2]。

黑河市位于黑龙江省北部，小兴安岭北麓，东北隔黑龙江与俄罗斯阿穆尔州相对，全市总面积68 726平方千米。境内群山连绵起伏，沟谷纵横，地势西北部高；属寒温带大陆性季风气候。全市总面积68 726平方千米，下辖1个区、2个县级市、3个县；截至2018年年底，黑河市共辖6个县级行政区，包括1个市辖区、2个县级市、3个县，分别是爱辉区、北安市、五大连池市、嫩江县、孙吴县、逊克县，总人口160.5万人。黑河市森林资源富饶，是大小兴安岭生态屏障的重要组成部分，是黑龙江省三大重点林区之一。俄罗斯布拉戈维申斯克市、雅库茨克市，萨哈共和国奥伊米亚康，均为黑河市的友好城市。

丝绸之路经济带重点畅通中国经中亚、俄罗斯至欧洲（波罗的海）。根据“一带一路”走向，陆上依托国际大通道，以沿线中心城市为支撑，以重点经贸产业园区为合作平台，共同打造新亚欧大陆桥、中蒙俄、中国－中亚－西亚、中国－中南半岛等国际经济合作走廊。2017年6月，第八届中俄文化大集在隔江相望的中俄“双子城”黑河市与布拉戈维申斯克市跨境同期成功举办。中俄文化大集以“文化贸易、文化交流、友好合作、繁荣发展”为主题，旨在搭建集中俄文化交流、产品展销和项目推介于一体的交流合作平台。中俄文化大集的成功举办，为后续中俄双方开展科普活动奠定了扎实的合作基础。下面重点介绍黑河市的科普活动和针对全市四大人群开展的科学素质提升工作，其中创新开展的主要是中俄科普资源共建共享活动。

一、突出主题，开展形式多样的科普活动

黑河市将开展“节约能源资源、保护生态环境、保障安全健康、促进创新创造”主题活动作为重要工作内容，组织开展了形式多样的主题科普活动。

（一）丰富多彩的主题科普活动

1. 科技周活动

2018 年 5 月 23 日，黑河市在中央步行街繁华路段组织开展了以“科技创新、强国富民”为主题的科技周宣传日活动，现场发送了宣传资料 2000 余份（册），接待咨询 1000 余人次。

2. 全国科普日暨龙江金秋科普月活动

2018 年 9 月 20 日，黑河市开展了以“崇尚科学、反对邪教、创新发展、繁荣边疆”为主题的全国科普日暨龙江金秋科普月活动，共计发放科普图书资料 2000 余册，环保袋 500 个，展出科普展板近百块，参观人数达千人。

（二）中俄科普资源共建共享活动

党的十九大报告指出，要“弘扬科学精神，普及科学知识，开展移风易俗、弘扬时代新风行动，抵制腐朽落后文化侵蚀”“坚持推动构建人类命运

共同体”。为深入贯彻落实党的十九大精神，为“一带一路”倡议在科技领域开展合作，扩宽国际合作新渠道，搭建国际合作新平台，黑龙江省将中国流动科普展览资源输送到俄罗斯远东地区，推动全球流动科普资源共享。中国流动科技馆巡展是中俄双方在科学传播和科学教育领域的进一步合作和探索，是依托科普公共服务和科普资源共享促进中俄科技文化交流的一次重要尝试。

2018 年 10 月 26 日，在黑龙江省五大连池市召开了中国流动科技馆巡展走进俄罗斯商洽会。黑龙江省科技馆向俄方来宾详细介绍了中国流动科技馆项目和在黑龙江省巡展的情况，双方就流动科技馆的运行、开布展等内容进行了深入交流，并达成合作意向。2019 年 6 月 17 日，中国流动科技馆国际巡展走进俄罗斯活动在俄罗斯阿穆尔州布拉戈维申斯克市开幕。中方提供了一套全新的 60 件套流动科技馆展品。展览首日，近千名俄罗斯人走进中国流动科技馆，近距离感受中国科学技术的发展及神奇魅力。此次活动是依托科普公共服务和科普资源共享促进中俄科技文化交流的一次有益尝试。展览分为科学探索、科学生活、科学实践 3 个展区，涵盖了基础科学、生命科学、信息技术、人体健康等多学科领域。展览结合了智能机器人表演、“记忆合金”、“空气大力士”等科学实验表演，移动球幕影院还展示了航空航天、恐龙等深受公众喜爱的科普影视内容，为俄罗斯公众带来了更为丰富多样的科学体验方式（图 1）。展览拟于 2019 年 6 月～2022 年 5 月在俄罗斯多个城市进行巡展。首场活动历时半年，持续到 2020 年初，活动预计覆盖 5 万～10 万人次。第二场活动拟定在俄罗斯雅库茨克市开展，第三场活动拟定在俄罗斯哈巴罗夫斯克开展，历时均为半年，活动预计覆盖人次根据城市规模确定。

中国流动科技馆巡展受到了俄罗斯公众的欢迎，他们纷纷表示开阔了眼界，十分喜欢这种参观学习科技的方式。俄罗斯阿穆尔州文化与民族政策部部长尤尔科娃感谢中国将这些先进的展览资源和科普活动带到俄罗斯进行展览和共享，希望中国流动科技馆巡展能为当地的青少年带来学习科学的动力和兴趣，帮助他们提升科技探究能力和创新能力；也希望中俄双方通过此次

图1　俄罗斯青少年在中国流动科技馆体验科技的神奇魅力

合作加深对彼此的了解，增进双方友谊，进一步拓展科技和教育等领域的交流合作。中国流动科技馆俄罗斯国际巡展项目的实施，带动了中俄两国之间的科技文化交流向纵深发展，推动了双方科学传播和科学教育事业的发展和共赢，对中俄两国，特别是对黑龙江省、阿穆尔州的科学文化双边交流和繁荣发展起到了积极的促进作用。

二、针对四大重点人群，开展科学素质提升行动

（一）扎实开展未成年人科学素质行动

把未成年人科学素质与思想道德素质教育相结合，在全市青少年中广泛地开展各种独具特色的青少年科技教育活动。

组织全市青少年参加黑龙江省第三十二届青少年科技创新大赛、青少年科学营活动、全省科普小主播演讲大赛和青少年“小发明、小制作”评选活动。组织开展中国流动科技馆全国巡展走进嫩江县、逊克县、五大连池市活动（图2）。在体验科学——中国流动科技馆全国巡展黑龙江五大连池站巡展活动启动仪式上，俄罗斯阿穆尔州文化与民族政策部部长尤尔科娃，以及俄罗斯阿穆尔州和中国黑龙江省负责领导都出席了该活动。通过这次巡展，推动科普工作进农村、进社区、进学校、进企业，不断提高公众参与度，在全

社会形成讲科学、爱科学、学科学、用科学的良好风尚。

图 2　中国流动科技馆全国巡展黑龙江省五大连池站巡展

组织举办了以“科技传承、携手共进”为主题的 2018 年中俄青少年科普文化交流活动。来自俄罗斯阿穆尔州布拉戈维申斯克市三所学校和中国黑龙江省五大连池景区第一中学的 100 名青少年，通过开展合作科普实验、火山地质科考栈道实践、参观机器人表演、走进中学、参观黑河中俄林业科技合作园和北安科技馆等系列科普文化交流活动，共同探索了科技文化奥秘，收获了知识，加深了友谊（图 3）。

图 3　2018 年中俄青少年科普文化交流活动在五大连池启动

组织开展了“手拉手插上科技翅膀，心连心共筑美好未来”2018年扶志扶智科技夏令营活动，开展为期一周的科技与文化参观体验活动。返程途中，还开展了扶志扶智科技夏令营参观中国科技馆征文活动（图4）。

图4　2018年扶志扶智科技夏令营活动在北京开营

（二）深入开展农民科学素质行动

组织成员单位围绕“科普助力振兴战略，智慧建设美丽乡村”主题，开展了实用技术培训、科技流动课堂、科普展览、科普大集等灵活多样的送科技文化卫生“三下乡”活动，普及科技知识、倡导科学方法、传播科学思想、弘扬科学精神，提高了广大农民的科学文化素质。

北安市利用现代化传播平台YY语音平台，每月进行2～3期农业科普知识讲解。注重发挥乡镇土专家、乡土科技人才的智囊团、人才库作用，开展了树党员大户代表、树远教+寒地水稻产业品牌“双树”活动。在科普之冬活动期间，鼓励和引导农机协会、合作社强化对农机管理人员和机务人员的培训工作，为粮食丰产丰收保驾护航。嫩江县科协在塔溪乡设主会场直播“科普中国”助力精准脱贫现场会实况。全县乡（镇）村147个终端站点同步收听、收看，搭建起线上科普平台，聘请农业和医疗专家开展知识讲座，及时传递新政策、新知识、新技能。充分利用农村大集搭建线下科普宣传平台，组织县政府各部门近距离解答群众需求，让更多的人在潜移默化中增加知识的储备，将扶力、扶智有机融合。聘请省农科院专家博士深入省级贫困村双山镇青山村终端站点开展科普培训，通过网络直播的形式对全县2000余名干部群众进行专题辅导，使他们拓宽了发展思路，提升了科学素养，为贫困人群自主“造血”注入了新希望。

据统计，2018年北安市共举办各类型科普讲座和实用技术培训班1400余期，累计培训农民、群众17万人次；举办各类型咨询讲座50余次，受益群众1.1万人次；发放图书、挂图等科普资料共计37万余册（份）；举办送科技下乡、科普大集46次，参加人数7.4万人次；举办科普展览27次，参观人数3.9万人次；放映科普光盘、科技电影120余场，观看人数达3.5万人；推广农业实用新技术近百项，为农民带来巨大的经济效益。

（三）大力推动城镇劳动人口科学素质行动

依托技工学校和其他职业教育培训机构，积极组织实施就业技能培训，强化实际操作技能训练和职业素质培养，促进其实现就业。2018年，培训机构开展以形象设计、面点、餐厅服务、电商、电工、电焊、农机修理、中式面点、养老护理等专业为主的技能培训，使参培学员树立新的就业观念，受训人数达3758人次。五大连池市妇联组织举办手工缝纫技能提升培训班，邀请厂家工作人员面对面指导缝纫女工技能，50多名妇女参加了培训。

（四）积极推进领导干部和公务员科学素质行动

将弘扬科学精神、提倡科学工作态度、讲究科学方法的有关内容列入公务员和企事业单位负责人教育培训规划。把领导干部科学素质教育列入年度干部培训计划，有重点地对各级党政干部、中青年干部、少数民族干部、妇女干部分别进行轮训，培训中加强了科学素质内容的比重。2018年，共举办各类培训班12期，培训领导干部1360人次，通过系统培训，使领导干部和公务员的科学意识、管理水平和决策能力得到了提升。

（五）全面实施社区居民科学素质行动

黑河市科协等部门高度重视社区科普工作，利用科普日、科技周、防灾减灾日、食品安全周等活动组织科普进社区活动。倡导建立资源节约型、环境友好型社区，促进社区居民形成科学、文明、健康的生活方式。

北安市科协联合东北亚社区举办道德讲堂科普知识进社区活动。聘请市检察院检察官就如何妥善处理自己的婚恋关系、扫黑除恶、套路贷、校园贷等居民日常生活中常见的法律问题进行深入浅出的讲解。通过真实案例的分析，警示居民要知法懂法，用法律维护自己的合法权益。爱辉区科协以“科普爱辉”微信公众号平台的形式开展科普文化进万家活动，共推送公众关心关注的各类科普知识 35 期。逊克县以联合义诊进社区、科普文化广场，创建社区科普示范点等大型科普活动为载体，与教育、卫生、环保等行政部门加强协调，充分发挥各部门优势，联合开展主题鲜明、形式多样、内容丰富的系列科普活动。孙吴县科协、孙吴县旅游摄影协会共同举办了以“新时代新孙吴新生活——科技主力美好生活”的主题摄影展。围绕现代农业、现代工业、城市发展、现代生活的新变化，展现了节约能源资源、保护生态环境、保护安全健康、促进创新创造的作品。

三、扎实推进六大基础工程建设

（一）强化科普基础设施建设

积极推进科普“站栏员”建设。组织人员对科普宣传栏内容进行定期更新，对宣传栏进行定期维护，发现损坏及时维修。为市防灾减灾科普教育基地建 6 块 15 延长米的科普宣传栏；与黑河华泰地产集团联合，在市区建设 7 个爱心书屋，不定期向书屋投放和补充科普书籍；不断加大中小学特别是农村中小学科学教育基础设施建设力度，健全实验室配备，组建科普宣传广播站，免费订阅科普读物。制作科普展板，印制科普图书和科普宣传资料。利用科普展品、科普宣传栏、科普微信公众号平台等多种手段，传播普及科学知识，每年受众达 10 万余人次。

（二）建立稳定的科普员及科技志愿者队伍

1. 科普员队伍

在“科普中国”APP 上，黑龙江省科普员注册人数共 19 045 人，黑河市注册 6797 人，占黑龙江全省的比例达到 1/3 以上。而且，科普员处于较活跃状态，积极分享文章。

2. 科技志愿者队伍

2019 年 8 月 1 日，黑龙江省科协下发了《关于开展 2019 年〈黑龙江省全民科学素质行动计划纲要〉主题活动项目申报工作的通知》。8 月 14 日，中国科协科普部下发了《关于进一步做好科技志愿服务有关工作的通知》（科协普函基字〔2019〕49 号）。按照中国科协及省科协的要求，黑河市科协积极筹备建立科技志愿者队伍事宜，引导科技志愿者到中国科协指定的科技志愿服务信息平台进行注册。市科协拟对科技志愿服务行动进行量化，每年开展科技志愿服务活动不少于 8 次。

四、准确把握新形势，增强科普工作的紧迫感

黑龙江省委书记张庆伟在省第十二次党代会上指出：黑龙江省目前处于爬坡过坎的攻坚期、有利发展的机遇期、大有作为的窗口期。黑河市科普工作也处于三期叠加期：一是正处在工作难度的最大点，科普工作面临改革的攻坚期；二是党中央国务院和省委省政府对科普工作的重视程度前所未有，科普工作面临有利发展的机遇期；三是党的十九大赋予科学素质工作的新使命新要求，为科协提供了更大的施展能力的舞台，科普工作面临大有作为的窗口期。当前黑河市面临的主要问题主要表现在四个方面：一是大科普的局面尚未形成；二是科普活动影响力不够；三是科普信息化工作推进缓慢；四是农技协发展跟不上新时代要求。

五、新时代黑河市科普工作思路的对策和建议

面对新时代、新思想、新矛盾，要深刻认识科协组织客观存在的不平衡不充分问题，按照党的十九大精神和习近平总书记在中央党的群团工作会议上的重要讲话精神，自觉转变思想观念，转变措施方法，转变目标标准，重塑工作格局。

（一）树立新理念，做到五个“更加注重”

（1）更加注重以人为本。把科普工作的内容与人民群众的利益要求统一起来，把科普和惠民统一起来，努力满足人民群众的科技需求是新阶段科普工作的新标准和新要求。

（2）更加注重弘扬科学精神。要把弘扬科学精神作为科普的重要内容，在科普活动中突出体现科学的思想、科学的态度、科学的观点，进一步强化群众对科学的理解、群众对科学的向往。

（3）更加注重科学家和科技工作者参与科普的作用。动员广大科技工作者针对不同的科普需求，建立群众科普“需求库”和学（协）会、高等院校、科研院所“供给库”，实现需求与供给的有效对接、精准对接。

（4）更加注重提升基层科普组织的能力。一是建立健全乡镇、社区、村庄科协组织网络，加强基层农技协、反邪教和老科协组织建设，组织一支基层科普信息员队伍，定期开展培训，切实提升科普信息员的工作能力和水平。二是加强科普基础设施建设。建设农村中学科技馆、配置乡镇农技协联合会科普电脑、配置中学科普大屏等。三是开展科普示范体系创建。开展市级科普示范村、科普示范社区、科普示范基地、科普示范学校等创建工作，以典型示范引领全市科普工作的开展，形成科普无时不有、无处不在的良好氛围。

（5）更加注重制定科普效果评估指标体系。科普效果评估指标体系的构建要考虑公众对特定科普内容的关心程度、对特定科普活动的参与程度、对特定科普主题的满意程度和接受科普后的收获程度。

（二）实施新举措，打好“四张牌”

（1）打好品牌科普活动牌。唱好科普活动的“四季歌”——春季：开展科普大集、青少年科技创新大赛；夏季：农技协领办人现场培训、青少年智能机器人大赛；秋季：全国科普日暨金秋科普月活动、科普好“医声”大赛；冬季：科普之冬、科普小主播大赛。同时，发挥科技工作者的作用，变“科技下乡”为“常下乡”，使“科技下乡”常态化、制度化。

（2）打好媒体科普宣传牌。充分利用主流媒体、社会媒体、传统媒体、新媒体，以科普信息化为核心，实现工作手段信息化，开启传统科普创新与科普信息化“双引擎”，全面创新科普理念和服务模式，精细分类、精准推送，构建微信公众服务平台、移动客户端APP、科普大屏、网站“四位一体”的信息化科普传播体系，全面提升科普覆盖面和有效性。

（3）打好科普人才队伍建设牌。实施科技志愿服务行动，建立健全以农民专业合作社、农村专业技术协会、农村科普示范基地等农村科技推广组织的科普带头人为主体的农村科技志愿服务队伍，进一步提升各级各类学校的科学课教师、科技传播媒介采编人员、科普场馆设施辅导员和乡村科普宣传员等专职人员的科学素质和业务水平。吸引离退休科技人员（尤其是老专家、老教授）参加科普队伍。通过组织大学生社会实践活动、科技创新活动，动员更多的大学生主动参与科技志愿服务，努力建设立志科普、甘于奉献、素质较高、充满活力的科技志愿者队伍。

（4）打好科普阵地建设牌。一是建立实体科技馆、流动科技馆、科普大篷车、数字科技馆四位一体的现代科技馆体系；二是切实发挥现有科技场馆和科普教育基地的作用，并投入适当经费打造优秀科普教育基地；三是推进科技场馆及学校、科研机构、企业优质科普资源向社会免费开放，为公民提高科学素质提供更多的机会与途径；四是利用远程教育终端，为全市农民群众提供种养加专业知识培训，提高农民解决农业生产疑难问题的能力。

参考文献

［1］百度百科. “一带一路”倡议［EB/OL］［2019-08-19］. https://baike.baidu.com/item/%E4%B8%80%E5%B8%A6%E4%B8%80%E8%B7%AF/13132427?fr=aladdin.
［2］新华网. 习近平向世界公众科学素质促进大会致贺信［EB/OL］［2019-08-19］. http://www.xinhuanet.com/politics/2018-09/17/c_1123443442.htm.

科普场馆市场化运作机制研究

——以厦门科技馆为例

林　曦

（厦门科技馆，厦门，361012）

摘要：作为一家成立近20年的场馆，厦门科技馆是全国唯一企业化运作的科技馆，仅2018年参观人数就达到174万人次，门票收入4000余万元。为了保证场馆的吸引力与可持续性，厦门科技馆的五大场馆保持着每年彻底更新改造一个馆的更新频率，并结合社会关注热点，平均每季度推出一档临时展览，将优秀的展览销往全国各地的科普场馆。种种措施，在保证了场馆可持续发展的同时，创造了良好的经济效益和社会效益，其市场化运作机制值得向全国推广与研究。

关键词：科技馆　企业化运作　市场化机制

Study on Market-oriented System in Science Museum: Taking Xiamen Science and Technology Museum as an Example

Lin Xi

（Xiamen Science and Technology Museum，Xiamen，361012）

Abstract: Founded in 2001，Xiamen Science and Technology Museum is the only enterprised science and technology museum in China. After 18 years' operation，the museum has accepted 1.74 million visitors in the year of 2018，with a ticket sales of more than 40 million RMB. To keep attractiveness and sustainable development，the five venues of Xiamen Science and Technology Museum maintain frequent

---

作者简介：林曦，厦门科技馆展览教育部副经理，e-mail：45166663@qq.com。

renovation and upgrading，at least one venue being thoroughly renovated each year. The museum organizes temporary exhibitions on hot topics of social concerns quarterly，and sells excellent exhibitions to other science popularization venues all over the country，thus creates favorable economic and social benefits. Its market-oriented mechanism and experience worth to be studied and spread.

Keywords: Science and technology museum，Enterprise operation，Market-oriented system

厦门科技馆成立于2001年，2001～2006年场馆地址在火烧屿，2007年起搬至厦门文化艺术中心，上属公司是厦门路桥集团有限公司，是全国第一家以企业化运作的科技馆。虽然不是国家全额拨款事业单位，但是厦门科技馆仅2018年一年的门票收入就达到了惊人的4000余万元，金额大大超过了部分省级馆一年的国家拨付的运行经费，这与其市场化运作的机制有着重要关系，具体梳理如下。

一、可持续发展的市场化运行机制

（一）以游客为中心的匠心设计

厦门科技馆设有五大主题展厅，分别为“海洋・摇篮”“探索・发现”“创造・文明”“和谐・发展”“儿童・未来”，紧紧围绕“人・科技・和谐”的思想，讲述生命源于大海——人类诞生后探索自然，总结科学规律——创造社会文明——现在，人类寻求和谐共生——儿童的科学教育决定未来。五大展厅共有300多项互动体验项目。

展厅在布局设计时十分强调主题分类，有一个非常明确的主题脉络线：人类—科技—和谐，通过这三点把内容串成一条线。参观的路线为：海洋馆—探索馆—创造馆—儿童馆—和谐馆。场馆的设计保证了观众可以一条线参观完，不走回头路，保证来馆参观观众的参观体验完整且有序。

（二）根据调研反馈常年大面积更新

厦门科技馆一共有 5 个馆，常年保持着每年更新改造一个馆的更新频率，五年一轮回。与此同时，在改造之前，均会制作科学的调查问卷，调查观众对何种主题特别感兴趣，进行有针对性的主题选择。在改造过程中，也会保留观众非常喜爱的一些展品，同时把不受欢迎或故障率高的产品进行更改，根据市场反馈重新设计。比如，厦门的观众对身体健康类展项有着很浓厚的兴趣，于是通过改造，就有了现在位于和谐馆的生命展区。观众对海洋的知识非常感兴趣，2019 年厦门科技馆即通过之前的调研为海洋馆进行了新一轮的更新改造。

（三）根据旅游淡旺季灵活弹性安排

厦门科技馆 2018 年全年的入馆量达到 174 万，门票收入 4000 多万元。当日进馆量最高是 1.8 万人次。高峰期在节假日和暑假七八月，学生都放假，入馆接待量占全年接待量的 1/3，收入也占全年收入的 1/3。成本最高也是在暑假，外联部会据此与学校联系，并由外联部给展教部开单，比如说明有多少人的团队，来自什么学校，每两个班级派一名讲解员，需要派多少讲解员，这个就属于凭单接待，有条不紊地进行。相对淡季在春节后邻近月份、6 月暑期前、9 月开学后、12 月左右。

（四）完善的机制指标促进发展

不同的部门会设置不同的考核指标，以强化管理与运行，如展教部设置的指标包括观众的投诉率、服务活动的场次、进校园的场次、做公益的项目、给其他科技馆培训的次数、在国家比赛中获得的奖项；外联部设置的指标包括观众的增长率、门票收入的增长率、临时展览的额外收入的增长率等。

（五）设计合理分工明确的运行团队

直接对外服务的展教部工作人员共有 43 人，其中，经理 1 人，副经理 1

人，策划高级主办 1 人，辅导员 25 人（包含主办 3 人），辅助岗工作人员（售票/验票）6 人，协议验票员 9 人。辅导员负责引导团队的讲解和馆区内的服务，每个岗位都有自己的岗位职责。

每年临近毕业季，厦门科技馆都会从华侨大学、集美大学、厦门理工学院等合作院校招募数十名实习生，作为后备力量进行培训和补充。

二、未来市场化运行面临的问题与挑战

（一）场地受限问题

厦门科技馆经过多年的经营发展，口碑越来越好，观众越来越多，现在面临的最大问题就是馆使用面积太小，整个场馆建筑面积为 21 000 平方米，可用展馆面积为 12 000 平方米，属于中小型馆。科技馆必须保留观众非常关注和感兴趣的内容，又需要增加新的内容来保持与时俱进的新鲜度，场地受限问题日益突出。

（二）馆运作能力与日益增长的人流匹配问题

近几年厦门科技馆的人流量逐年递增，高峰期间，人流量大，员工需要一专多能。因企业性质，人员编制有一定的核定量，寒暑假高峰期多依靠大量招聘志愿者服务观众，加上客流量大，观众进馆与体验展品需长时间排队，高峰期的观众体验感下降，也可能导致顾客流失，影响口碑等。

三、市场化运行的解决方案

（一）充分利用场地，为经营让道

政府在规划厦门艺术文化中心的时候即已给四大场馆分好模块，所以科技馆只能在现有建筑面积基础上改造。据观察，在科技馆入口还有一大片较空的场地，可以将其利用起来。原来这片场地的中间是服务台，周边有外包给一些零售商店销售智力开发玩具、动手操作的陶瓷，空地原先用作团队集

合和中午休息的场地，还有很多的会议室、洽谈室，都可以给经营让道，零零散散的场地小无法摆放设备的话，可以将其改造成电影院、教室、各种类别的体验馆等。

（二）通过委托管理收取运行经费

厦门科技馆通过与政府合作，委托管理其他的场馆，收取管理费用。国内已经有多家科技馆认可厦门科技馆的企业化管理模式，与厦门科技馆正在进行委托管理的洽谈。

（三）招募临时工作人员、志愿者作为人员补充

旺季的时候，可以增加临时人员，有偿招募志愿者。志愿者的主要工作是引导、服务、定时讲解、确保展品的安全。场馆内固定员工，即 25 名辅导员要做的事情包括科学表演、活动策划、教育活动，工作更多的是表演、操作。当观众多时，就需要有更多的工作人员来引导，这时候需要志愿者/临时工作人员在岗位上服务观众，做好定时讲解指引操作，以防观众受伤。很多观众受伤是因为不懂得操作、误操作引起的，所以志愿者需要看护产品和观众的安全，还有定时讲解的服务。前三天需要培训志愿者，志愿者要通过我们的讲解考核，达到标准才能被录用，达不到标准就不录用。发放工资补贴，包中餐和点心，上班时间和固定员工需保持一致。由于科技馆高峰期在暑假、周末，大学生在暑期、周末也放假，所以能吸引到很多年轻的学生志愿者。根据场馆往期统计的人流量需要，周末安排 20 个志愿者，暑期安排 50～60 个志愿者。由公司专门的人员负责招募，然后把他们分配到每个区域，每个区域的组长再进行分管理，一层一层下达任务，形成一个完整的体系。

（四）采取限流政策

为保证已经入场的馆内观众的体验感和参与感，可采用限流措施。如果入场的观众太多，场面拥挤，体验项目排队的人就会很多。通过控制馆内的人数，例如，馆内人数为 3000 时就开启限流模式，人员计数器上每减少 200 人，就开放 200 人的名额进入。或者达到 3000 人后每半小时开放 100 人入

馆，这样能避免万一馆内人数长时间保持不减少的情况下，也不会让观众等太久，让观众一直保持着期待的心情，不至于当场损失客户。另外，控制人数也是以安全为出发点，避免出现踩踏事件。

（五）淡季与旺季不同的服务创新

淡季的时候，改变不同的服务方法，可以等到馆的散客至少凑到5～8 人的时候，由一名辅导员统一带领参观全程，时长约 40 分钟，每个展区的定时讲解也由他们负责，走完全程再让观众自行参观，并告知如有问题可到服务台继续接受服务，实现资源利用最大化。

（六）校本课程的开发与校园进驻

精心设计校本课程，并欢迎学校在某个时间段，将学生带到科技馆参观，科技馆将展品与学校的课本联系起来，设计相应的校本课程，既满足了校方对实验活动的要求，也为场馆带了一定的经济效益。制作研学手册，让研学团队来馆能真正做到玩中学，学中玩。

（七）积极推进科普进校园的公益行为

科普进校园或科技馆进校园活动，如科普大篷车，将展品运到学校之后放在操场上，约下午 4：30 的时候，学校组织学生分时间段前来体验产品，每次由 3～4 名辅导员为学生做一些原理的解释和科学秀的表演。科学秀、科学表演、实验剧、科普剧都可以，学校只要支付交通费、运费即可。

（八）开办公益讲座，进一步扩大影响

邀请专家来讲课，在各大公众平台开放免费的抢票机会，先到先得，通过抢票的形式，进一步扩大场馆的社会影响力。厦门科技馆先后邀请了诸多优秀的团队在暑期开展“遇见科学”系列，如索尼探梦、科学松鼠会、惊天魔术团等，在厦门掀起了一阵科学浪潮，深受广大市民的喜爱。2019 年还邀请了台湾自然科学博物馆的孙维新教授与北京天文馆的朱进馆长分别为大家带来《仰望苍穹，大无止境》大型天文公益讲座，为厦门天文爱好者送上了

四场“干货”满满的知识讲座。

孙维新教授的两场讲座的主题分别是“航向星系中心的黑洞”“迈向太空——工作和休闲在地球之外”。科学界普遍认为，黑洞是宇宙中最神秘的天体，几乎所有质量都集中在最中心的“奇点”处，其周围形成一个强大的引力场，在一定范围内，连光线都无法逃脱。2019 年 4 月，人类首次直接拍摄到黑洞照片，孙维新现场介绍了这张照片背后科学家的坚持和艰辛。他还告诉现场听众，如今的航空航天技术，让人们从地球到太空只需要 8 分钟。他还讲解了航天飞行的前沿科技知识、太空生活的趣事和“囧事”等，让现场听众大呼过瘾。类似这样的活动，厦门科技馆年年暑期都会举办，通过这样的形式，进一步扩大了厦门科技馆的影响力。

四、结语

厦门科技馆是一个以坚持公益为主、营利为辅的国有企业，通过良好的社会化运作机制，厦门科技馆在收到很好的社会效益的同时也获得良好的经济效益，保证了场馆的可持续运行。同时，通过积极研发校本课程，与学校保持良好的合作，获得了学校的认可，也在学生中留下了良好的印象，为未来的发展打下了坚实的基础。我们有理由相信，未来厦门科技馆会获得更好的发展。

公共图书馆服务体系治理机制创新及对现代科技馆体系建设的启示

刘　琦

（中国科学技术馆，北京，100012）

摘要：近年来，公共图书馆领域开展了治理机制的理论和实践探索，积累了宝贵的经验与教训，为现代科技馆体系的建设和发展提供了借鉴。本文通过文献研究梳理了公共图书馆服务体系治理机制创新的举措，包括对理事会制度、行业管理、总分馆体系建设，以及其他形式的治理模式的理论研究和实践成果，并分析了对现代科技馆体系建设的启示。

关键词：公共图书馆服务体系　现代科技馆体系　治理机制

Innovation on Managing Mechanism in Public Library Service System and Its Enlightenment to Systematic Construction of Modern Science and Technology Museums

Liu Qi

（China Science and Technology Museum，Beijing，100012）

Abstract：Theoretical and practical explorations on managing mechanisms have been carried out in public library field in recent years，and valuable lessons accumulated，providing references for systematic construction and development of modern science and technology museums. Based on document investigation，this paper studies the innovations on managing mechanism in public library service

---

作者简介：刘琦，中国科学技术馆助理研究员，e-mail：liuqiluc@163.com。

system， including theoretical research and practical achievements in council system，professional management，main-branch venues construction and so on. The enlightenment of these innovations to systematic construction of modern science and technology museums is also analyzed.

Keywords: Public library service system，Modern science and technology museum system，Managing mechanism

一、公共图书馆服务体系治理机制

公共图书馆服务体系是指一个国家或地区的公共图书馆独立或通过合作方式提供的图书馆服务的总和，从基础设施架构的角度，公共图书馆服务体系包括所有实体图书馆、流动图书馆，以及它们建立的馆外服务点、图书馆联盟、总分馆系统、区域性服务网络等服务平台。图书馆之间通过紧密或松散的联系形成协同效应，以提升单个图书馆的服务效益，最终实现普遍均等服务 [1]。

体制机制问题是制约公共图书馆服务体系发展的根本问题。自 2005 年中共中央、国务院发出了《关于深化文化体制改革的若干意见》之后，学者对制约我国公共图书馆发展的体制机制障碍问题进行了深刻的分析，提出制约图书馆事业发展的体制机制障碍主要有行政权力垄断、法人制度不完善、行业管理薄弱等[2]。针对以上体制机制障碍，众多学者开始探讨图书馆领域的体制机制改革问题。

借鉴欧美公共治理理论与由此产生的图书馆治理理论，众多学者研究了治理理论应用于我国图书馆体系发展改革中的可行性和必要性。通过研究，众多研究人员认为，图书馆治理理论是指导我国当前公共图书馆体系发展改革中比较科学的指导理论，也是破解公共图书馆体系体制机制障碍的根本思路。在公共事务改革大趋势下，向治理化方向发展将成为公共图书馆服务体系发展的主要趋势 [3]。

早在 2004 年，黄颖就提出了广义和狭义的图书馆治理的定义：广义的图书馆治理是指各类社会组织机构和个人基于利益关系对图书馆事务的参与和管理活动；狭义的图书馆治理是指图书馆所有者及其代表对图书馆的管辖和控制。狭义的图书馆治理是广义的图书馆治理的重要部分[4]。这一定义成为今后诸多图书馆治理研究的基础。

经过进一步的研究总结，多位学者将图书馆的治理机制分为内部治理机制和外部治理机制，并成为业界的共识。内部治理机制是指在一个特定的图书馆或图书馆系统中管理主体之间的权力分享机制，一般情况下，这种权力分享机制表现为决策层、执行层、监督层既相分离又相协调的内部管理机制。外部治理机制是图书馆与其所处环境因素之间形成的权力协调机制，主要指政府、图书馆行业协会和图书馆之间的权力协调机制[5, 6]。

（一）内部治理机制

在研究图书馆内部治理机制时，理事会制度成为众多学者研究的焦点，它是图书馆法人治理结构的核心[5]，是优化图书馆内部治理机制的关键[6]。图书馆理事会是政府和图书馆之外的代理行使约定职权的多元民主治理结构，它的管理权限介于政府主管部门和馆长之间，有助于调动社会力量参与公共图书馆的各项事务管理[7]。理事会制度的设置，体现了“管办分离”的新公共管理理念和“还权于民”的现代公共治理理念的精髓[8]。

从国际上看，理事会可从不同的角度进行分类。从行政级别的角度，可划分为国家级、州级、县级的图书馆理事会等。从理事会的管理决策性质角度，可分为决策型理事会（或叫监管型理事会）和咨询型理事会（或叫顾问型理事会）两种。

在我国图书馆领域，理事会制度得到了初步实践。深圳福田区公共图书馆理事会是对图书馆行业理事会制度的积极探索，市区、街道和社区形成三级公共图书馆服务体系，理事会负责整个服务体系的议事、决策和监督，具有国际化、规范化、社会化等特点，在集聚专家智慧、推进共同治理、促进公共文化服务标准化与均等化方面发挥了积极作用[9]。

2014 年，文化部颁布了《公共文化机构法人治理结构试点工作方案》，并在全国遴选了温州市图书馆等 10 家公共文化机构作为国家级试点。为了方便群众看书，在广泛听取群众意见的基础上，产生了温州城市书房，城市书房建成后，接待读者数量和图书外借率大幅提升，充分发挥了公共图书馆的社会效益[10]。

但目前我国公共图书馆领域推行的法人治理结构尚存在诸多局限性，理事会的作用发挥不充分。有学者提出，公共图书馆领域目前的管理体制和运行机制限制了公共图书馆法人治理结构的进一步完善和相关作用的发挥，尤其是在图书馆运营管理、人员招聘、职称评聘、经费划拨和使用等方面，不利于激发图书馆的积极性和主动性。为解决上述问题，引入市场机制是公共图书馆完善法人治理结构的有效途径[11]。

（二）外部治理机制

在对图书馆外部治理机制的研究中，行业管理是研究焦点，蒋永福提出图书馆的行业管理是优化外部治理机制的关键。图书馆行业管理主要指行业协会作为行业内部事务的管理主体，对图书馆行业进行规划、协调、规范、监督、服务等。行业协会是弥补政府缺陷、克服政府失灵的有效组织载体。但这并不意味着图书馆要游离于政府的管理之外，而是要正确处理政府部门和行业协会之间的关系，明确各自职责，进行分工合作[6]。

美国、英国、日本等发达国家都实施了图书馆行业管理制度，如美国图书馆协会、英国图书馆协会等。行业协会是政府与图书馆之间重要的联系纽带，在立法、行业标准制定、行业准入、行业自律等方面都发挥了重要的推动作用。而我国目前还未实施图书馆行业管理制度。

有学者呼吁要加强行业管理，图书馆学会要逐步向图书馆协会转变，自身要确保独立性和民主性，真正成为代表图书馆员和图书馆职业的利益集团，对内履行行业自律的职能，对外争取社会资源，负责行业公关，维护图书馆职业集体利益[12]。

（三）政府宏观管理

无论是外部治理机制还是内部治理机制，都需要与政府的宏观管理体制相协调，政府在公共图书馆的体制机制建设中发挥了主导作用。目前，在政府诸多的职能中，讨论的焦点在于建设主体和管理主体的设置，这关系到政府投入方式的进一步优化和公共图书馆管理体制改革的成败[5, 6, 13]。综合考虑我国现行的行政管理体制和财政管理体制，同时考虑我国地域辽阔、地方经济社会发展差异悬殊的国情，许多学者提出我国应该采取多元化的建设主体设置模式[5, 6]。

构建总分馆体系是采用多元化建设主体的有效实践。世界上已建立先进图书馆服务体系的国家，如美国、英国、北欧国家、新加坡等，都建立了总分馆体系，实践证明，构建总分馆体系是建设全覆盖的公共图书馆服务体系的有效途径。目前，在我国图书馆领域，各地也积极进行总分馆建馆模式的探索，但我国现有垂直层级管理的行政体制和分级管理的财政体制相对制约了多元化的建设主体的设置和管理主体的界定。在建设时，虽然市、县、乡各级政府均应承担相应建设经费，但往往由于县、乡财政能力有限，最终还是由市政府承担建设经费。经过分析，梁欣提出了适合我国国情的公共图书馆总分馆体系建设主体[5]。

蒋永福、张世颖分别对我国公共图书馆，以及以黑龙江省公共图书馆建设为例，探讨了建设主体的设置，并从理论上提出了“4-4 模式”“3-3 模式”的纵向联合主体设置对策[14, 15]。对于基层图书馆来说，邱冠华提出将建设主体适当上移，并以总分馆制为主要形式构建公共图书馆服务体系，就可以极大地节省全覆盖的公共图书馆服务体系的建设成本，提高其普遍均等和可持续发展的能力[16]。在这一时期，由于许多地区还不具备采用联合建设主体模式的条件，对建设主体的前期研究大多集中于理论分析。而随着公共图书馆事业的不断发展，无论是从国家层面还是地方层面，不仅确定了政府在建设图书馆中的主导作用，而且逐步体现了从单一建设主体向联合建设主体转变的趋势，这为基层图书馆的发展提供了保障。

2016 年 12 月 29 日，文化部、新闻出版广电总局、国家体育总局、国家发展和改革委员会、财政部印发了《关于推进县级文化馆图书馆总分馆制建设的指导意见》（以下简称《指导意见》）的通知，《指导意见》提出了“把总分馆制建设纳入现代公共文化服务体系。坚持政府主导，科学规划，由省级文化行政部门牵头，有关部门参与，统筹制定本地实施方案和建设规划，由县级人民政府具体组织实施”。《北京市人民政府关于进一步加强基层文化建设的意见》把基层文化设施建设纳入本市城乡建设整体规划，确定了区县政府建设基层图书馆的责任，并进一步提出建设以首都图书馆为中心的全市公共图书馆计算机网络。《北京市图书馆条例》规定了基层政府对于建设街道、乡镇图书馆的责任及建设标准[17]。可见，从中央到地方，联合建设主体的理念逐渐被认可。

近年来，嘉兴地区在总分馆建设上探索出了一条比较成功的道路，其主要特点是“政府主导、统筹规划，多级投入、集中管理，资源共享、服务创新”。基于乡镇一级政府财力无力独自承担起公共图书馆建设这一现实，嘉兴市明确乡镇分馆的建设资金和正常运营资金由市、区、镇三级政府共同投入，打破了一级政府建设一个图书馆的传统体制，构建了由多级政府联合建设公共图书馆服务体系的事业发展模式[18]。

目前，我国对建设主体设置的研究和实践主要以政府为唯一建设主体，而且采用了上下级政府间的纵向联合主体模式。而根据现代公共学的观点，一个科学合理的公共事务治理主体应该是一系列来自政府而又不局限于政府的社会公共机构和行为者，如非营利组织、私人组织等第三方力量，英国、美国等发达国家的政府也都是通过直接或间接支持慈善组织或志愿组织提供各类公共图书馆服务。因此，我国可以借鉴西方发达国家的经验，鼓励非政府组织及广大社会公众参与到图书馆的建设中来，形成以政府为主导的多元建设主体[5]。同时，非隶属关系的政府间的横向联合主体在美国应用十分普遍，但在目前的我国，其应用的可能性还很小，但随着公共图书馆服务体系的逐步完善和管理体制改革的不断推进，在将来这种模式也会成为研究和实践的焦点。

在管理主体上，其特点就是总馆被赋予对分馆的财产管理权及行政管理权，总分馆之间统一规划业务活动，统一制定规章制度，统一管理人财物，统一开展图书馆评估，使用统一的管理系统和读者证，实施通借通还[1]。在我国现有的总分馆体系中，本质上大多是“业务上联系相对紧密的准总分馆体系”[19]，无法实现人财物的统一管理，这就导致在实际运行中出现不平衡发展、资源无法全面共享、人员队伍建设迟缓、基层图书馆可持续发展困境等一系列问题[20]。

邹胜男等对武汉市汤湖图书馆“体制内委托经营”的具体实践进行分析，提出了“体制内委托经营”这一公共文化服务设施治理新机制，“体制内委托经营”是在已经建馆的情况下，将基层运行困难的图书馆——武汉市汤湖图书馆委托给运行能力强的市级图书馆——武汉市图书馆运行，“体制内”是指党政群组织或公共事业单位，委托方就像是被委托方的分馆，促进了资源的跨层级整合，发挥财政投入的效益[21]。这一实践为解决总分馆体系运行管理的相关问题提供了借鉴。但同时作者提出，体制内委托经营存在顶层设计缺乏下制度失范与激励机制缺失下推广阻滞等问题，需要政府出面采取有效措施，尽快将总分馆体系与体制内委托经营等已经执行的图书馆治理模式法治化、制度化，为该模式的推广提供强有力的保障。

二、对现代科技馆体系建设的启示

中国现代科技馆体系是立足于我国国情，以科技馆为龙头和依托，通过增强和整合科技馆的科普资源开发、集散、服务能力，统筹流动科技馆、科普大篷车、网络科技馆的建设与发展，并通过提供资源和技术服务，辐射带动其他基层公共科普服务设施和社会机构科普工作的开展，使公共科普服务覆盖全国各地区、各阶层人群，具有世界一流辐射能力和覆盖能力的公共科普文化服务体系[22]。

从基础设施来看，公共图书馆服务体系和现代科技馆体系均包括了实体馆、流动馆、数字馆，以及其他辐射服务平台。从属性和发展目标来看，图书馆和科技馆均是公共品，在我国，它们是公共文化服务体系的组成部分，在实现其各自功能的前提下，都要追求服务效益的最大化，也就是实现普遍均等服务。因此，公共图书馆服务体系和现代科技馆体系要通过资源和技术共享，产生统筹、协同、增效和辐射效应，不断扩大公共资源的覆盖范围和辐射力度。从面临的问题来看，公共图书馆体系与现代科技馆体系建设面临同样的体制机制障碍。例如，垂直层级管理的行政体制和分级管理的财政体制下系统内部协同化程度较低，法人治理机制不健全，缺乏有效的行业管理与人员激励机制，市场化运行程度低等。相对于现代科技馆体系来说，公共图书馆事业起步较早，公共图书馆体系已通过理论研究和实践探索积累了阶段性的成果，尤其是治理机制的创新，为现代科技馆体系的发展提供了良好的借鉴。

此外，现代科技馆体系也具备其自身的特殊性。2018 年 1 月 1 日，《中华人民共和国公共图书馆法》正式施行，这为公共图书馆体系的发展提供了法律保障，与之相比，现代科技馆体系尚未纳入国家公共文化服务体系的范畴，在政策、经费保障等方面还存在较大的差距，尤其对地市级、县级等基层科技馆来说，其发展受到极大的考验。实体展品是科技馆的主要资源，图书和电子文献等信息资源是图书馆的主要资源，相较于图书馆，科技馆在资源开发、维护、共享等方面面临更大的困难和挑战。因此，现代科技馆体系的建设和运行面临更加严峻的考验，亟待从治理机制入手，通过实践探索出一条适合自身的发展道路。

参考文献

[1] 邱冠华. 覆盖全社会的公共图书馆服务体系 [M]. 北京：北京图书馆出版社，2008.

[2] 阮胜利. 我国公共图书馆治理模式研究——比较视角下的政策观念诠释 [J]. 图书馆建设，2008，(12)：64-66，123.

[3] 王蕾，何韵. 试论公共图书馆服务体系治理机制的建立——以广东流动图书馆为例 [J]. 图书情报工作，2014，58 (12)：71-77.

[4] 黄颖，徐引篪. 图书馆治理：概念及其涵义 [J]. 中国图书馆学报，2004，(1)：26-28.

[5] 梁欣. 我国公共图书馆服务体系建设模式研究 [J]. 图书情报工作，2009，53 (23)：69-72.

[6] 蒋永福. 公共图书馆治理结构及其优化策略——针对我国公共图书馆管理体制改革重点的分析 [J]. 图书与情报，2010，(5)：18-22.

[7] 蒋永福. 论图书馆理事会制度 [J]. 图书馆，2011，(3)：31-34.

[8] 李燕波. 公共图书馆治理现代化的内在逻辑与实现路径 [J]. 图书馆工作与研究，2016，(2)：5-9.

[9] 肖容梅. 公共图书馆服务体系的理事会制度创新——深圳市福田区公共图书馆理事会制度探析 [J]. 图书馆建设，2015，(2)：8-12.

[10] 郑海鸥. 法人治理，让文化服务更精准 [N]. 人民日报，2017-11-09：019.

[11] 魏丹. 引入市场机制，完善公共图书馆法人治理结构 [J]. 图书馆建设，2015，(2)：22-25.

［12］顾烨青. 试论公共图书馆管理体制与管理理念的创新——读《图书馆治理的比较制度分析》［J］. 图书馆，2007，（6）：1-6，12.
［13］张世颖. 我国公共图书馆治理结构优化的关键：合理设置建设主体［J］. 国家图书馆学刊，2010，19（4）：21-25.
［14］蒋永福，张世颖. 我国公共图书馆建设主体设置及总分馆服务体系构建方案研究——“4-4 模式”构想［J］. 国家图书馆学刊，2010，19（4）：26-30.
［15］张世颖，蒋永福. 黑龙江省公共图书馆建设主体设置模式及其总分馆服务体系构建方案研究——“3-3 模式”的提出［J］. 图书馆建设，2010，（11）：11-15.
［16］罗光安. 公共图书馆的设置与体系建设研究［J］. 产业与科技论坛，2016，15（21）：268-269.
［17］吴洪珺，倪晓建. 面向普遍均等服务的公共图书馆管理体制探析——以北京市公共图书馆为例［J］. 图书情报工作，2011，55（1）：47-50.
［18］李超平. 中国公共图书馆服务体系“嘉兴模式”研究［J］. 中国图书馆学报，2009，35（6）：10-16.
［19］章明丽. 图书馆总分馆建设的嘉兴模式［J］. 图书馆杂志，2009，28（10）：46-48，51.
［20］吴洪珺，倪晓建. 面向普遍均等服务的公共图书馆管理体制探析——以北京市公共图书馆为例［J］. 图书情报工作，2011，55（1）：47-50.
［21］邹胜男，陈世香. 体制内委托经营：公共文化服务设施治理机制创新［EB/OL］［2019-08-22］. http://kns.cnki.net/kcms/detail/44.1306.G2.20190520.0901.002.html.
［22］朱幼文，齐欣，蔡文东. 建设中国现代科技馆体系　实现国家公共科普服务能力跨越式发展［M］//程东红. 中国现代科技馆体系研究. 北京：中国科学技术出版社，2014：3-18.

基于地震预警实例的应急科学传播范式研究

牛　望[1]　高　红[2]　汪海涛[1]　成业明[1]　吴雯雯[1]

（1.安徽省地震局，合肥，230031；2.合肥市地震局，合肥，230071）

摘要：地震灾害作为突发事件，容易迅速成为公众、媒体、学界和政府关注的焦点，地震预警作为近年来才被大众逐渐了解的减震手段，被寄予了很高的期望，每次震后的地震预警实例都迅速成为大家热议的话题。新媒体的特点加上各传播主体的不同需求，使得地震预警科学传播的路径多元化、表现形式和内容多样化、更新速率加快，这既推动了科学成果的传播和公众参与，也带来了相当的挑战。建议进一步研究和利用新媒体的科学传播规律，加强地震预警科学知识的普及，使科学传播内容更加全面规范。

关键词：地震预警　应急　科学传播　范式

Study on Emergency Science Communication Modes Based on Earthquake Early Warning Case

Niu Wang[1]，Gao Hong[2]，Wang Haitao[1]，Cheng Yeming[1]，Wu Wenwen[1]

（1. Anhui Earthquake Administration，Hefei，230031；

2. Hefei Earthquake Administration，Hefei，230071）

Abstract：As an emergency case， earthquake would quickly become a common concern of pubic，media，academia and government once it happens. As an effective means to reduce disaster， earthquake early warning is gradually

---

作者简介：牛望，安徽省地震局机关党委副书记，e-mail：niuwang1983@126.com；高红，合肥市地震局党组成员、副调研员，e-mail：243384343@qq.com；汪海涛，安徽省地震局震防处主任科员，e-mail：475638388@qq.com；成业明，安徽省地震局应急处主任科员，e-mail：83831782@qq.com；吴雯雯，安徽省地震局宣教中心工程师，e-mail：11065794@qq.com。

understood and become a pubic topic. The characteristics of new media and various demands of communicators make the contents and forms of earthquake early warning communication diversified, and the updating rate accelerated. It helps to promote public participation and communication of scientific achievements, but also brings large challenges for science communication. To enhance the comprehensive standardization of science communication, this paper suggests to study and make use of new media, and to strengthen the publicity and popularization of earthquake early warning knowledge.

Keywords: Earthquake early warning, Emergency case, Science communication, Normal form

地震灾害因其突发性、破坏性令公众“谈震色变”，对地震预测预报预警抱有很大期望，对与之相关的内容也极为关注。随着科技的发展，传统媒介和新兴媒介相互融合，改变了科学传播的方式，形成了许多新的特点。当前，新闻传播的方便快捷，使得地震事件的传播更多了，因而对地震预警的关注也更多了。同时，公众、媒体、企业、政府、学界存在着不同的需求和关注点，使得不同主体在地震预警科学传播过程中也存在不同的特点，甚至存在相互矛盾的地方。本文以地震预警的科学原理和作用为切入点，综述了地震预警科技的实际发展现状，梳理了我国地震预警实例中的科学传播发展演变过程，分析了各方对地震预警科学传播的不同需求和表现，提出地震预警成果的传播范式，并探讨了地震预警科学传播工作面临的挑战及应对策略。

一、地震预警原理和关注过程

（一）地震预警原理

地震预警是指在地震发生后，利用震源附近地震台站观测到的地震波初期信息快速估计地震参数，并预测地震对周边地区的影响，抢在破坏性地震波到达目标地区之前发布地震动强度和到达时间的预警信息，向目标区域提供数秒至数十秒的预警可用时间，使企业和公众能够提早采取地震应急处置措施，进而减少地震人员伤亡和财产损失。地震预警的构想是1868年美国旧金山大地震后由库珀（Cooper）博士提出的。在当时距离旧金山市约100千米的霍利斯特（Hollister）地区地震活动非常剧烈，他设想在周围布设地震监测装置，当地震发生后第一时间发出电磁波信号，由于电磁波要比地震波传播快得多，故可抢在地震波到达之前敲响市政大楼上的大钟，发出地震警报，这是最早的异地预警的雏形。除了异地预警外，还可以采取现地预警的方式，在预警的目标区建立观测网，利用P波传播速度大于S波传播速度的原理，由P波的初期振动来估计地震的大小、震中位置，并发出地震警报[1]。

遗憾的是，并不是所有的区域都能获得预警时间。从原理上讲，地震预警存在预警滞后区（又称为预警盲区）[2]，因为从地震发生到预警台站接收到地震波并且分析处理后发出警报信息，在此期间破坏性S波已经传播了一定区域。所以，离震中很近的人们不能赢得预警时间。预警滞后区的大小主要取决于台网的密度和预警系统对观测数据的分析处理时间[3]。

（二）地震预警事件的关注过程

过去20余年间，世界上多个地震频发的国家和地区都已建立起多个针对特定设施、单个城市甚至更大区域的地震预警系统，并在实际运行中取得了显著的减灾实效，如2007年10月起正式为民众提供信息服务的日本紧急地震速报系统、目前正在线测试运行的美国加州地震预警系统、墨西哥SAS系统与SASO系统、土耳其伊斯坦布尔的地震预警系统、罗马尼亚布加勒斯特地震预警系统、意大利地震预警系统，以及我国台湾地区的地震预警系统等，并取得了一定的减灾效益。[4, 5]

我国是一个地震灾害严重的国家，21世纪发生的汶川、玉树、芦山等破坏性地震造成了严重的人员伤亡和经济损失，引起了公众、企业、政府对地震预警系统建设的强烈关注。我国目前已全面开展了地震预警与烈度速报关键技术及实用化技术研究，研发了地震预警软件系统，初步具备了在国内全面开展地震预警系统和工程建设的技术基础。自2012年以来，相继在福建地区、首都圈和兰州地区建设形成了地震预警与烈度速报示范系统并试验运行，在唐山地区建成了高密度烈度仪组成的烈度速报试验系统并试验运行。多观测仪器融合的广东珠江三角洲地震预警网、京津冀地震预警协同网、福建沿海地震预警实验网及川滇地区地震预警验证网正在建设中。中国地震局向国家发展和改革委员会申报的“国家地震烈度速报与预警工程”项目目前已进入实施阶段，项目利用5年时间建成由5000多个强震、测震台站及1万个左右烈度观测点组成的地震烈度速报与预警观测系统，实现全国范围地震烈度速报和覆盖南北地震带、华北、东南沿海、新疆西北部等地区的地震预警。一些企业也积极参加地震预警技术的研发和应用，例如，四川省某公司宣称，已成功预警包括芦山7级地震、鲁甸6.5级地震、九寨沟7级地震等53次破坏性地震。

最让地震预警为公众所熟知的是2019年6月17日22时55分在宜宾市长宁县发生的6.0级地震中的预警事件。此次长宁地震中，系统向宜宾、成都的民众的电视、手机、专用地震预警终端等发出预警提示，给宜宾市提前10秒预警，提前61秒向成都预警。尤其是在黑夜中倒数计时的警报视频传遍网络，紧接着，部分相关传播主体对地震预警的作用进行夸大或断章取义的解读，以至于在许多公众心目中，似乎有了地震预警，地震灾害就烟消云散。随后，全面客观的报道重点针对三个方面，一是澄清地震预警与地震预报的区别；二是由于涉及公共安全和国家安全，同时，地震预警技术还无法消除漏报错报误报[6]，所以，地震预警还涉及许多法律和管理问题；三是由于存在盲区[7]，地震预警对于极震区的减灾作用十分有限。

二、利益相关方及其科学传播需求

公众、政府、企业、媒体等各利益相关方对地震预警话题的利益诉求不同，关注点不同，在地震预警话题的科学传播上发挥着不同的作用。通过百度指数中关键词搜索指数（表1）可以发现，近年来，各方对地震预警话题的高关注期与几次地震预警事件同步，表现出各方对地震预警科学传播内容的较高需求。

表 1　不同时期地震预警话题的搜索指数对比

时间段	搜索指数
整体日均值 2017 年 4 月 24 日～2019 年 8 月 26 日	813
无破坏性地震期间日均值 2019 年 3 月 18～24 日	190
九寨沟 7.0 级地震期间日均值 2017 年 8 月 7～13 日	2 571
长宁 6.0 级地震期间日均值 2019 年 6 月 17～23 日	64 034

公众与媒体的科学传播需求有广泛性的特点，也与媒体的需求呈现出相互影响的特点，即公众的需求影响媒体的呈现，同时，媒体的呈现也引导公众的需求。在地震预警事件发生初期，公众往往想了解地震预警的显著特点，媒体也往往用吸引人眼球的新闻标题报道地震预警的影响。随着相关报道的增多，简单的事件报道已经不能引起公众的兴趣和媒体的关注，媒体进一步发掘地震预警的原理、作用、局限、发展现状、相关矛盾和问题等详尽的描述。新媒体的快捷、多元、感性传播性强等特点也深刻影响了科学传播，公众利用微信、微博等新媒体平台传播和获取地震预警相关内容成为一种趋势。

政府及主流科学界作为地震预警技术的主要研究者和推广者，致力于将地震预警技术应用于实践，向社会普及。政府的规划、推动和引导是地震预警发展的重要驱动力。政府关于地震预警法律法规和政策的出台，需要主流科学界提供技术支持，也需要重视和借助公众的力量，基于公众的认知程度。主流科学界作为政府决策参谋者，从科学的角度为政府、企业和公众提出措施和建议。由于地震预警是一项社会性的应用，所以，科学界在研究方向、项目实施等问题上，需要与政府、企业和公众进行跨界合作交流。

企业是地震预警服务和产品的产出者，企业的地震预警科学传播往往聚焦于本企业提供的产品和服务上，突出其优点和作用。但由于地震预警具有社会服务的属性，所以，企业也应承担一定的社会责任，实现经济效益与社会效益的双赢。

三、地震预警技术成果的传播机制

新媒体的出现使地震预警技术成果的传播机制发生变化。新媒体是一个相对的概念，是报刊、广播、电视等传统媒体以后发展起来的新的媒体形态，包括网络媒体、手机媒体、数字电视等。[8]

（一）传播平台的变化

在新媒体大量涌现之前，向公众传播的地震预警相关科学内容较少，基本上是通过专业期刊、报纸、电视等传统媒体发布，传播的内容也较为专业。进入网站、微信、微博、视频社交软件等新媒体时代后，恰逢地震预警技术逐渐应用到社会实践的时期，地震预警技术通过文字、图片、音频、视频、动画等形态大量呈现。公众获取的相关信息量大量增加，形式更加多样，公众对相对复杂的地震预警技术的理解也大大增强。与此同时，纸媒、广播和电视等三大传统媒体并没有因为新媒体的出现而消沉，传统媒体平台因其权威性、深刻性和综合性，正在与新媒体形成有益的相互补充、相互促进，也大大提升了包括地震预警科技在内的科学传播的发展。

（二）传播主体的变化

新媒体出现以前，也是地震预警研究早期，传统媒体的科学传播一般由政府和科学共同体把控。[9]地震预警科学传播的主体主要是政府部门、科研机构，以及学术期刊等专业科技传媒。在新媒体时代，特别是地震预警社会化应用时期，地震预警科学传播的主体增加了企业、大众媒体，尤其是公众个体、群体和非营利组织等各种层次的主体都可以制作、转载和传播自己的科学传播产品，这类主体不满足于被动地接收知识，他们更要表达自己的观点，对地震预警案例进行评判。新媒体环境中由于技术带来的开放、平等、协作及共享的局面，确立了公众在科学传播中的主体性地位，其科学需求与关切成为科学传播的中心。[10]

四、地震预警科学传播的挑战和展望

（一）地震预警科学传播面临的挑战

地震预警科学传播伴随着地震预警技术的发展、地震预警社会化实践和新媒体的不断发展，其影响人群不断扩大，影响领域不断增加，影响程度不断加深。公众由开始时难以区分地震预报和地震预警的关系，到明白地震预警的作用和局限；从开始时因为地震难以预报而否定地震研究，到客观认识地震研究的发展；从开始时对地震的强烈恐慌，到逐渐了解地震科学常识进而知震不恐震，这些都是新时期地震预警科学传播的贡献。但是在这一过程中，地震预警科学传播也遇到了诸多挑战。

1. 传播内容的科学性不足

个别传播主体出于对自身利益的考量或是对科学问题理解得不深入，容易夸大地震预警的作用，进而误导公众。由于公众在信息传播时难以做到完全的严谨理性，所以，在海量的信息中，也难以避免出现错误的内容，尤其是在地震预警这一关系到公众切身利益的问题上，可能会造成社会大面积的误读或恐慌。如何对来源广泛、良莠不齐的地震预警科学传播内容进行评判、把关，是政府、主流科学界和媒体等需要认真思考的问题。

2. 传播手段利用得不充分

目前，新媒体已经成为公众获取科学传播信息的重要途径。但政府在利用新媒体进行地震预警科学传播时，与企业、媒体和公益组织相比，还显得机械生硬。地震预警领域的主流科技工作者参与科学传播的热情还有待提高。

3. 传播反应速度尚需提升

从近两年来的地震预警新闻事件的传播来看，确实存在一定不科学的认识和观点，事后，政府也进行了应急宣传，讲清了科学道理，但是，地震预警事件作为今后一项确定性的工作，其社会影响和公众误解在一定程度上是可以预判的。所以，如果能够提前做好相关准备，就可以提升针对不科学的传播内容的应急反应速度，减少或消除公众误解。

（二）对我国地震预警科学传播的展望

1. 将新媒体和传统媒体充分结合

贝尔纳在《科学的社会功能》中指出，科学传播“不仅包括科学家之间交流的问题，而且包括向公众交流的问题”。[11]政府和科学界可以充分研究新媒体的特性、传播方式，充分利用微信、微博等社交平台和网络“大V”、知名科学人士等的号召力，打造自身有影响力的科学传播平台，引导公众特别是年轻一代的科学舆论。同时，客观看待和继续发挥传统媒体的独特作用，形成既有权威性又有吸引力，既有综合性又有针对性的地震预警科学传播模式。

2. 完善应急宣传应对机制

要想快速高效地应对应急科学传播事件，需要在平时，以及地震预警事件的事前和事后做好相应的工作。平时，经常性地开展地震基础科学及地震预警原理等的科普宣传。事前，可以预估地震预警事件发生后可能产生的影响和公众容易误解的相关问题，进行有针对性的准备，提前储备“弹药”。事后，实时做好网络舆情监控，了解各个地震预警科学传播主体的网络动向，及时辟谣，同时，针对每次地震预警事件的不同特点，及时发布相应的科学内容。

3. 发挥各传播主体的社会责任

政府和科学界天然地具有传播正确科学内容的责任。企业应切实承担社会职能。各媒体和各平台应该改变思想，不该再一味地认为科学传播只是科学界的责任，而是自身应该有种责任感，做好“把关人”，向广大受众传播客观的、新的科学知识，遵守传播学本身的原则，使科学传播的内容必须具有真实性、客观性、价值性等，做好引导公众、引导舆论的工作[12]。

参考文献

[1] 陈金鹰，王绪本，李稚，等. 地震预警系统设计与讨论［J］. 微计算机信息，2010，

26（2）：30-31.

[2] 张晁军，陈会忠，李卫东. 地震预警的十个问题［J］. 国际地震动态，2013，（6）：19-26.

[3] 马强. 地震预警技术研究及应用［D］. 哈尔滨：中国地震局工程力学研究所博士学位论文，2008.

[4] Taiki U，Tomotaka N. A study on detection of seismic waves using a smartphone［J］. IEICE Technical Report，2012，（112）：43-47.

[5] 陈会中，侯燕燕，何加勇，等. 日本地震预警系统日趋完善［J］. 国际地震动态，2011，（4）：10-15.

[6] 袁志祥，单修政. 地震预警技术综述［J］. 自然灾害学报，2007，16（6）：216-223.

[7] Kuyuk H S，Allen R M. Optimal seismic network density for earthquake early warning：a case study from California［J］. Seismological Research Letters，2013，84（6）：946-954.

[8] 赵海燕. “全媒体”时代下的高校图书馆创新服务研究［J］. 兰台世界，2014，（8）：126-127.

[9] 秦枫. 新媒体环境下科学传播分析［J］. 科普研究，2014，9（1）：20-25.

[10] 杨维东. 社会化媒体语境下科普宣传的平台建构与路径探析［J］. 新闻界，2014，（13）：100-105.

[11] 刘兵，侯强. 国内科学传播：理论与问题［J］. 自然辩证法，2004，（5）：80-85.

[12] 佚名. 新媒体环境下中华传统文化的传承与传播［J］. 郑州大学学报（哲学社会科学版），2018，51（6）：148-150.

科普人才界定的逻辑困境及其发展的现实出路*

孙红霞[1]　吴忠群[2]

（1. 中国科学技术出版社有限公司，北京，100081；

2. 华北电力大学，北京，102206）

摘要：科普人才的界定问题是科普人才研究的逻辑起点，科普人才发展的现实出路问题则是科普人才研究的实践落脚点，忽视对这两个问题的考察，必然导致科普人才研究和发展根基不稳、动力不足。本文从探究科普人才界定的逻辑困境出发，提出科普人才可持续发展的现实出路，为科普人才研究的体内平衡和机制创新提供分析依据和参照。

关键词：科普人才　逻辑困境　现实出路

The Logical Predicament in Defining Science Popularization Intelligence and the Realistic Route for Their Development

Sun Hongxia[1]，Wu Zhongqun[2]

（1. China Science and Technology Press，Beijing，100081；2. North China Electric Power University，Beijing，102206）

Abstract: The definition of science popularization intelligence is the logical starting point for the study on，while the realistic developing route of science popularization intelligence is the practical foothold for the study on science popularization intelligence. Neglecting these two problems will inevitably leads to

---

* 本文得到北京市社会科学基金项目（项目编号：14JGB067）和中国科普研究所委托项目（项目编号：190109EZR027）的资助。

作者简介：孙红霞，中国科学技术出版社有限公司副编审，e-mail：hongxia_sun@126.com；吴忠群，华北电力大学教授，博士生导师，e-mail：alexmaggy@126.com。

unstable foundation and insufficient motivation for the study and development of science popularization intelligence. Starting from the logical predicament in defining science popularization intelligence，this paper attempts to propose a realistic route for sustainable development of science popularization intelligence，and to provide analysis basis and references for internal balance and mechanism innovation for study on science popularization intelligence.

Keywords: Science popularization intelligence，Logical predicament，Realistic route

党的十七届六中全会提出，推动社会主义文化大发展大繁荣，队伍是基础，人才是关键。在科学技术的普及和传播过程中，科普人才发挥着不可替代的重要作用。他们不仅是我国科普事业繁荣发展的生力军，而且是公众理解科学的重要实践推动者。然而，科普人才的内涵至今没有得到明确界定，这主要缘于科普人才界定存在逻辑困境。正是这个逻辑困境，一方面限制了科普人才理论研究的深入开展，另一方面影响了科普人才队伍的扩大和职业化进程。

一、科普人才界定的逻辑困境

（一）科普内涵的界定之困

从大科普观视角，科普是科学普及的简称。要界定科普的内涵，首先，要界定科学和普及两个概念。纵观科学史，科学实际是一个复杂多变、开放的研究范畴、思想体系和社会建制，即使是科学史家，对科学概念的界定也存在诸多争论和分歧。其次，在科普实践过程中，需要回答到底向人们普及和传播的是什么，是科学知识、科学方法、科学精神和科学思想等单一要素或是几者的组合，还是由这些要素相互作用而形成的张力合体。对这些问题的回答也是莫衷一是。

（二）人才内涵的界定之困

在各个历史时期，对人才从不同角度、层面理解，就会得出迥然相异的说明。长期以来，对人才内涵的探究也是众说纷纭。有的研究强调人才是社会文化语境的产物；有的研究侧重人才具有成功完成某种活动的能力；还有的研究认为人才能以其创造性劳动，做出某种较大贡献；等等。这些研究由于人才内涵的复杂性均未能对其得出一致的、公认的结论。

（三）科普人才界定的逻辑困境

从国外来看，西方一直是在将科技创新和科普相结合并且给予同等重视的背景下发展科学技术的。然而，其探求科普人才内涵的界定是没有文献可考的。在20世纪二三十年代以后的文献中[1]，仅仅将从事科学普及和科学传播的某个人或科学普及活动称为science popularizer or science popularization，但是未给予任何说明。

从国内来看，我国科普工作溯源于20世纪四五十年代，当时科普工作仅仅是科技工作的伴生品，处于可有可无的状态，大多由科技工作者兼职。经过改革开放40年，我国“将科学普及和科技创新放在同等重要的位置”，这是由科普实践活动导致的科普思想理论的重要转变（可以与西方对科普的重视程度等量齐观）。探究科普人才内涵的界定虽然有，但比较鲜见，且内涵说明模糊，并不全面。例如，有研究认为，科普人才是指从事科普工作的理论缔造者和现实实践者，他们往往兼具科学文化素养和专业技术能力，不仅仅是指奋战在科普事业最前线的人，也包括在背后默默为科普事业提供理论支持的学者[2]。《中国科协科普人才发展规划纲要（2010—2020年）》从实践层面提出，科普人才是指具备一定科学素质和科普专业技能、从事科普实践并进行创造性劳动、做出积极贡献的劳动者。这个说明比较宽泛地圈定了科普人才的研究范围，它没有划定硬杠，没有将学历、学衔和职级等作为划分条件。它用素养取代学历，用技能和实践取代学衔，用创造性劳动和贡献取代职级。鉴于此，有观点认为[3]，该界定虽然强调了科普人才的社会性、专业性，相对于以学历论人才、以职称论人才等观点来说，有其科学的一面，但是，这样的界定存在一定偏颇。

实际上，导致这种情况的原因是对科普人才的界定存在逻辑困境。从构词法角度，其困境在于如果将科普人才理解为是一个相加概念的话，它的内涵则由科普与人才二者的内涵来决定。因为科普和人才的内涵难以界定，所以从科普和人才这两个存在各种分歧、争论的概念中汇集和提炼一个公认的定义，必然难上加难。从集合论角度，其困难在于如果将科普看作一个集合、把人才看作另一个集合的话，二者之间会存在一个交集。这个交集便是科普人才的内容，也就是从这个交集来提炼内涵，科普人才的内涵就是由这个交集决定的。然而，从逻辑分析角度，如果交集偏小或偏大，都不能准确反映科普人才的内涵。如何把握科普和人才两个集合的相关度，又是一个极其复杂难解的问题。科普人才研究的起点问题现时难解，即已进入“山重水复疑无路”，却在历时上等待着“柳暗花明又一村”。

二、科普人才发展的现实出路

除了科普人才的内涵界定存在逻辑困境外，其发展的现实出路也影响着科普人才队伍及其体系的整体建设[4]。因此，针对这两个问题，我们不仅要着重科普人才自身提升和发展，还要将科普人才在文化体制建设中的地位和作用凸显出来。从加快文化发展和增强文化自信层面来讲，我国文化的大繁荣、大发展离不开人才带动。文化强国的实质是文化人才强国。科普人才作为文化人才的重要组成部分，是提高科学（普）文化软实力的主力军，也是将科学（普）文化产业化的有力推手。科普人才发展的现实出路可以从如下三个方面寻迹。

（一）现实出路一：提升自身创造力，加强怀疑和批判意识

1. 旺盛的创造力

科普人才在科学传播和普及活动中依靠自身旺盛的创造力做出对社会发展和进步具有重要影响的工作和成果。从心理学的视角考察，创造性人才就是具有创造性思维和创造性人格的人。在创造性人才个性品质要素中，创造性思维居于核心地位。从国内外在公众中具有广泛影响的科普著作中，可以窥见具有突出旺盛创造力的科普人才产生的社会影响力。例如，美国生物化

学家和作家艾萨克·阿西莫夫的《智者的科学指南》、美国卡尔·萨根的《魔鬼出没的世界》、英国霍金的《时间简史》和中国吴国盛的《科学的历程》等，这些畅销科普著作的贡献得到大众认可，对公众科学和人文素养的提升产生了很大影响。科普人才创造的精神产品为推动人类社会的文明与进步具有重要价值。

2. 怀疑精神和批判意识

在科学传播和普及的活动过程中，科普人才亦如科学家，具有怀疑精神和批判意识，有的放矢，言之有理，持之有据。这种精神和意识是贯穿了理性认识的有根据、有条理的怀疑和批判。之所以有根据，在于要从事实出发；之所以有条理，在于要讲道理、遵循逻辑。他们不仅依靠摆事实来高效地传播科学知识、科学思想和科学方法，而且依靠讲道理、遵循逻辑来客观地传播科学精神和科学文化。虽然科学技术发展突飞猛进，但是席卷全球的各类迷信、伪科学和反科学思潮也日益猖獗[5]。科普人才必须保持清晰的头脑，有条理地怀疑和揭示非科学的负面作用，揭露假科学、伪科学的真面目，帮助大众警惕和防范反科学和迷信导致的严重危害。

（二）现实出路二：加强国家政策支持，继续完善学科建设，建立健全职业认证资格

通常来说，人才是在一定的专业领域发挥作用的，不同的人才从事不同的职业，而科普人才一直尚未职业化的一个重要原因便是没有被明确加入社会分工过程。我国在科普人才的培养和教育方面的政策支持和投入较晚，科学普及和科学传播学科的建设与发达国家相比还不完善，而且没有为培养的科普人才个人职业发展提供认证和目标渠道。由此，必然造成科普人才队伍的稳定性差，优秀人才流失严重。近年来，随着科普人才研究和实践的不断推进，政策层面的支持力度越来越大，逐渐形成了有益于科普人才发展的机制，职业认证资格初步显现。例如，2019 年 6 月，北京市人力资源和社会保障局、市科协联合印发《北京市图书资料系列（科学传播）专业技术资格评价试行办法》，首次增设科学传播专业职称作为试点，为科普人才的职业晋升

与可持续、健康发展打开了大门。

（三）现实出路三：科普人才纳入文化人才的行列中，增强社会责任意识

只有科普人才在国家文化建设中占据一席之地，才能真正抓住科普人才发展的合理内核。科普人才不仅是科技创新发展的同盟军，还是文化创新发展的有力支撑。科普人才除了应具有科学传播专业技术外，还应具有强烈的社会责任意识，具备较高的伦理关切和人文素养。现代高科技的发展使科技与伦理之间的关系越来越密切，科技伦理化道路就是把科技的真、善、美三个方面的追求统一起来，以实现科技服务于人类的目标。科普人才通过向公众传达科学技术的客观事实，达到普及科技之“真”的目标；通过科学传播理论研究和实践活动，在与公众的互动中揭示科学技术与社会发展的关系，肩负传播科技之“善”的责任和义务。同时，通过自我情感的升华，发掘科学技术的本质内涵，传承弘扬科技之“美”的精神和意蕴。科普人才不仅是真、善、美的化身，而且通过传播活动带领公众进入真、善、美的境界。

他们在传播和普及科学知识、科学思想和科学方法的同时，积极地以强烈的社会责任感、伦理道德和人文精神传播科学文化，向世人撒播人文情怀。他们是科学文化和人文文化的融合体。他们在传播科学文化、普及人文文化的同时，走向了两种文化的融合，即坚持科学理性和实证精神、创新和开放精神等，建构和阐释新的科技世界图像；他们担负社会启蒙的责任，协调人、自然和社会的和谐，促进人的全面发展和社会的稳定进步。

三、结语

科普人才的界定虽然存在逻辑困境，但随着其在弘扬科学精神、传播科学文化的过程中，在找准自身定位和日益完善的外在建制的促动下，将不断寻找可持续发展的现实出路，从而推进科普人才队伍及其体系建设的全面高质量发展。

参考文献

[1] The Science News-Letter. A Great Popularizer of Science [J]. Society for Science & the Public，1929，16（446）：251.

[2] 孙乃瑞，兰会来，张丽萍，等. 新时期科普人才队伍建设的对策思考 [J]. 产业与科技论坛，2017，16（1）：278-279.

[3] 任福君，张义忠. 科普人才的内涵亟需界定 [N]. 科学时报，2011-07-25：07.

[4] 郑念. 我国科普人才队伍存在的问题及对策研究 [J]. 科普研究，2009，（2）：19-29.

[5] 莫里斯・戈兰. 科学与反科学 [M]. 王德禄，王鲁平，等译，北京：中国国际广播出版社，1988.

浅谈智慧科技馆对于科普创新的重要性

——以天津科学技术馆智慧场馆建设为例

王　莹

（天津科学技术馆，天津，300201）

摘要：科技馆是我国综合性场馆，是实施科教兴国战略、人才强国战略和创新驱动发展战略，提高全民科学素质的大型科普基础设施。全面构建智慧科技馆，既是中国科技转化成果的平台，也是提高公众科学知识水平的重要途径，智慧化科技场馆的科技创新、科学普及环节处于尤为特殊的重要地位。

关键词：科技馆　智慧化　重要性

Discussion on the Importance of Intelligent Science and Technology Museums to Science Popularization Innovation:

Taking Tianjin Science and Technology Museum as an Example

Wang Ying

（Tianjin Science and Technology Museum，Tianjin，300201）

Abstract: Science and technology museum is a kind of comprehensive science popularization infrastructures in China to implement national strategies of "Rejuvenating through Science and Education", "Developing by Intelligence" and "Innovation-driven Development". It is expected to play an important role in improving people's scientific literacy. The construction of intelligent science and

---

作者简介：王莹，天津科学技术馆信息办公室网络工程师，e-mail：59708466@qq.com。

technology museum is to provide a platform for science and technology transformation, and to enrich public knowledge on science and technology. Therefore, science popularization and innovation are particularly important in intelligent science and technology museums.

Keywords: Science and technology museum, Intelligence, Importance

纵观人类发展历史，创新始终是一个国家、一个民族发展的重要力量，也始终是推动人类社会进步的重要力量。中国特色社会主义进入新时代，面对公众对科学知识、科学思想、科学方法及科学精神呈高质量、全方位、多层次性的需求，以互联互通、线上线下、共建共享、全智全能为主要特征的智慧科普实现了科学普及的新跨越。天津科学技术馆自2018年启动了智慧场馆建设，致力于提升科普服务能力和信息化管理水平，全面构建智慧科技馆体系，在实践上创新升级，在决策服务上上水平。

一、天津科学技术馆智慧场馆建设的背景

科学技术馆是实施科教兴国战略、人才强国战略和创新驱动发展战略，是提高全民科学素质的大型科普基础设施，不仅普及科学知识，而且注重传播科学思想、科学方法和科学精神。天津科学技术馆是天津市大型公益性科普设施，坐落于市文化中心区内，1995年正式对外开放。馆区建筑面积18 000平方米，常设展厅10 000平方米，分上下两层，七大展区，共有300多件（套）展品，集科学性、知识性、趣味性、参与性于一体，体现了科技与人文、艺术的有机结合，运用多种展示技术，将科学原理与综合应用相结合，向观众展示人与自然的和谐与统一。

天津科学技术馆信息化建设工作起步较早，1996年加入互联网络，1998年搭建官方网站，随后在数字科技馆、展品信息化、展览多样化建设上做了深度有效尝试。特别是自2015年起大力加强“两微一端”建设，基本实现了多维度、全方位、跨地域向公众进行科普资源精准推送，实现了互联互通，打通了线上与线下之间的壁垒。

天津科学技术馆高度重视科普信息化工作和现代化科技手段的应用，将其作为创新科普工作模式的有效突破口，在智慧场馆建设方面进行了积极探索，取得了一定成效。

（一）推动展教服务决策更科学高效

关注数据，用数据管理，用数据决策，用数据创新，同时使其成为智慧场馆建设的基础应用支撑。围绕公众关心的科普主题展开工作，关注碎片化科普资源的系统整合，面向不同公众群体提供优质科普资源；关注成果反馈，以受众需求为导向提炼出公众欢迎的科普栏目进行深度开发和推广；关注统计分析，注重深度、广度，建立逻辑化模型，提升推理认知、信息加工能力，从而满足科学传播的个性化需求。

（二）促进科普资源优化配置

深度挖掘大数据智能化在科学普及方面的价值，用智慧科技把科学普及的触角延伸到城市末端，服务于全域科普。例如，一些人机交互的展品，有利于提高公众的组织学习能力，特别是有利于青少年参与到科学传播中，从而培养其从小爱科学、学科学、用科学的能力，培养科学思维和建立科学模式。

（三）规范系统架构，提升功能需求

针对天津科学技术馆的自身特点，从构架设计、硬件选型、软件开发、现场环境等多方面进行深入研究和设计，保证整体项目、项目组合的稳定性、可操作性与持续改进。

在系统框架方面，采用网络环境、数据中心、参观导览系统，以及设备安防监控、管理系统四位一体的系统框架，结合物联网、多模定位、射频传感、无线通信等多项先进成熟的技术，保证整个系统的先进可靠。同时，针对天津科学技术馆的个性化需求，建立模块化的功能框架，实时引入网络接

入技术，初步实现了高速运转、实时更新、实时监控等管理功能，软件界面设计友好、功能齐全，与机房大屏系统无缝连接。

二、天津科学技术馆智慧场馆建设的创新

天津科学技术馆智慧场馆总体建设目标是通过一系列对外开放、内部管理、业务需要的应用系统及其配套设施规划建设，构建适用于科技馆的智慧化发展体系。总体建设上注重统筹规划，根据业务需求分步实施，最终形成一套覆盖天津科学技术馆开放接待、“互联网+”线上服务、公众教育、宣传讲解、数字展示、线上分享等各个方向业务及公众职能需要的可持续发展体系，最终达到各个系统之间互联互通、数据共享，业务应用之间衔接紧密、相互配合的智慧化服务管理。总体建设要注重可持续、可发展、成熟稳定的建设思路，后期运用现今成熟的5G技术、人工智能技术、大数据统计分析等先进技术成果，逐步完善天津科学技术馆智慧化的可持续发展体系。总体项目总共分为三期。

一期建设智慧场馆，核心在于网络基础平台的建设及信息安全、运行维护两大体系的重整提升，重点做好网络传输、基础设施、数据资源、系统集成、系统接入建设，助力科技馆管理、运行、展教、研发、服务工作的全方位智慧化转型。

二期建设数字科技馆、智慧展品，以提升科技馆线上线下宣传教育能力，增强科技馆展览展示能力。通过线上渠道和数字化技术手段延伸线下展览体系和科普教育触角，升级展品智慧化水平，加强线下展览的互动性、科学性和数据采集渠道。

三期建设包括智慧导览、智慧服务、智慧学习、智慧分享几方面，全面建设符合观众需要的综合服务手段和服务形式，强化智慧化宣传教育、线上分享、科普服务等综合智慧化服务管理功能，全面开启天津科学技术馆智慧场馆的智慧化普及和服务时代（图1）。

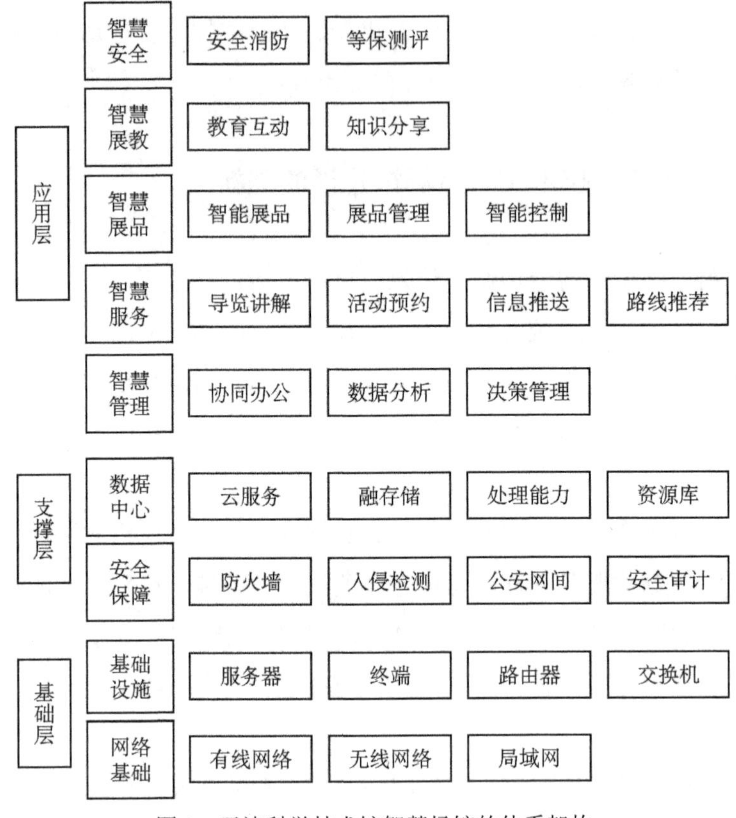

图1　天津科学技术馆智慧场馆的体系架构

三、智慧场馆建设，践行科普使命

天津科学技术馆依据开放型、枢纽型和平台型建设理念，全面构建智慧科技馆体系。在需要理念和实践上的创新升级，充分运用大数据、云计算、物联网、移动互联网、人工智能等先进技术，建设综合信息服务平台，全面提升展览展品、教育活动、观众服务和管理运行等方面的信息化水平，实现场馆的智能化管理和对公众的个性化服务。

（一）全域科普，提升服务公众能力

科学普及对于科技工作者来说，不仅仅是一份工作，更是一份责任与担当。新时代科技工作者要有新思路、新方法，针对科普对象的需要和特点，

因人施教、因地制宜地开展更为有效的科学传播。

通过表 1 可以看出，公众服务宣传、轻量级线上服务及智能终端服务需要进行功能性的建设和水平提升，以满足来馆观众需要。正在进行的智慧场馆建设中，天津科学技术馆对公众服务系统，包含微信、小程序两部分也进行了调整，整体由三层组织架构组成，通过基础设施、服务层、应用功能三层架构为观众提供良好的用户体验和便捷的导览管理功能体系。

表 1　天津科学技术馆 2016～2018 年接待公众人数、官网浏览人次统计表

年份	接待人次	官网浏览人次	备注
2016	472 241	101 547	—
2017	473 109	95 019	—
2018	436 778	113 137	展区改造闭馆 2 个月

此次升级改造完成后能满足今后 5 年的发展需要，其美观性、经济合理性、实用性、先进性、可靠性、可扩展性、节能与环保性能全面实现科学化管理的总体目标。同时，针对观众服务的信息传播、展品讲解、科普互动等方面进行建设，通过便捷的服务平台和轻量化的应用体验，为观众提供线上线下交叉整合的观众服务功能，实现精准服务新跨越。

（二）搭建平台，辅助经济社会发展

科技馆的发展革新、提升改造，是科技馆迎合时代发展和社会进步潮流的重要体现，借助互联网对于教育效率的提高有明显的效果，利用互联网、大数据、云计算、自媒体等技术来对教育内容的质量进行提高，充分利用现代科技，使用虚拟现实技术来增加建设情境的真实性，再配合实体展区诉诸公众感受和体验，给予公众感官更大的冲击力。[1]

科技场馆作为科学共同体中不可或缺的一环，必须遵循共同的行为规范：在空间环境上，实现智能化的空间一体化协同智能控制；在总体建设上，注重可持续、可发展、成熟稳定的建设思路，运用现今成熟的 5G 技术、人工智能技术、大数据统计分析等先进技术成果，逐步完善天津科学技术馆智慧化的可持续发展体系，并助力经济社会发展。

（三）强化职能，实现开源共享新跨越

走中国特色社会主义发展道路，走科技强国之路，科技馆作为培育发展公民科学素养的重要平台，既是展现科技作为综合国力的重要途径，同时提供给公民具备基本的科学素养，体现社会功能的核心理念。

现今，科技信息资源共享平台涵盖了人力、财力、物力等新内容，并通过科学的途径加以管理，最后以数据作为展现的形式，并加以管理、存储、分析且利用，数据对于科技信息资源共享平台建设的关键性显而易见。[2]在天津科学技术馆智慧平台建设中，除了含有较大结构化数据之外，还包含与其具有重要关联性的数据信息，从而实现了及时、量化地查看、统计、分析运行情况，提升系统性开展科普工作的统筹能力，实现数据自动化、周期性采集汇总，逐步建设现代化科技馆体系大数据中心。智慧管理服务平台的搭建，形成了共建资源、共享资源与数据、供需的共赢机制，依托分析、评价系统，不断提升科普服务质量，依靠规模效应和集约化管理，促进创新升级，形成体系发展新格局。

科技馆作为传播科学知识、提高公众科学水平的平台，为科学知识的传播带来了全新挑战和广阔空间。[3]弗朗西斯·培根说过："知识的力量不仅取决于其自身价值的大小，更取决于它是否被传播，以及被传播的深度与广度。"如今，知识生产者队伍日益庞大，科技成果数量持续海量增加，以至于科学知识的及时高效传播直接影响到科技创新及其成果的应用。

（四）弘扬正能量，为科技强国奠定坚实基础

党中央颁布的《国家创新驱动发展战略纲要》明确提出，到2020年使我国进入创新型国家行列，到2030年进入创新型国家前列，到新中国成立100年时成为世界科技强国。立足长远，首先要把全民科学素质的提升跨越作为重要的一环，使中国特色现代科技馆体系建设取得长足发展，科普教育基地建设稳步推进，各类科技行业、场馆密切配合，科普事业发展大联合、大协作工作格局日益形成，科普资源开发开放与共享程度显著提高，信息化对科普工作的牵引作用不断显现，大众传媒科技传播能力明显增强。[4]

四、天津科学技术馆智慧场馆建设的愿景

天津科学技术馆依托实体馆的阵地教育、强大的科普资源，着力提升展品研发能力，努力拓展展教内容和形式，创新开发文创产品，加强与科技行业的深度合作，优势互补，广泛吸引公众的注意，使其走进民众生活，推动科普教育发展。不断深化智慧科技馆建设，将天津科学技术馆打造成为名副其实的“第二课堂”，通过多种导览互动形式的建立及内容资源的制作，以展项互动、倾听讲解等途径为公众提供丰富的互动内容和生动的参观模式，让公众充分享受获得知识的喜悦、学习过程的乐趣，为科普服务建设提供全方位的支撑。[5]

天津科学技术馆的智慧场馆建设，充分依托基础设施即服务（IaaS）、平台即服务（PaaS）、软件即服务（SaaS），充分运用大数据、云服务、物联网、人工智能、全息仿真等信息化技术等信息化表达和呈现形式，及时生动地向公众再现科技前沿，增强用户体验效果，提高交互性，强化公众服务意识，利用信息化技术为公众按需提供科普服务和精准推送，同时在互动中服务、在服务中引导，增强公众对科技馆的参与度、关注度和满意度。[6]

“智汇八方，博采众长”，科技馆的建设和运行坚持“开门办馆”的理念，吸引、鼓励各种社会力量、资金和资源积极投入多渠道参与科技馆体系建设，促进科技馆事业和产业良性循环。智慧科技馆的建设，将实现科技馆各方面工作的智慧化，深度挖掘大数据、智能化在科学普及方面的价值，推动科技馆行业技术革新和发展，形成人人参与、人人受益的科普工作局面，让科技创新引领社会持续健康发展，为加快实施创新驱动发展战略奠定坚实基础，为建设世界科技强国汇聚磅礴力量。

参考文献

[1] 陈洁. 科普场馆数字化信息服务的应用分析——以浙江省科技馆 APP 为例［J]. 科普研究，2018，13（6）：86-90，113.

[2] 陈晶. 关于数字化科普知识传播方式的探究［J]. 才智，2015，（8）：370.

[3] 李家深，吕向阳. 新形势下数字化科技情报所机构建设的实践与探索——以广西科技情报研究所数字化建设为例［J]. 企业科技与发展，2013，（5）：61-63.

[4] 赖永超. 新时期下科技馆发展模式探讨 [J]. 科技风，2019，(21)：235.
[5] 张莉. 论科普场馆的数字化建设 [J]. 科技视界，2013，(6)：189.
[6] 韦丹婷. 科技馆科普教育现状分析及应对 [J]. 科技传播，2018，10 (12)：168-169.
[7] 齐欣，朱幼文，蔡文东. 中国特色现代科技馆体系建设发展研究报告 [J]. 自然科学博物馆研究，2016，1 (2)：14-21.

论科技馆展品维修评价体系的建立

王尊宇　杨　韬　郭　晶

（天津科学技术馆，天津，300201）

摘要： 对于一家运营时间超过5年的科技馆来说，面临的首要问题就是展品的维护与更新。这些问题不能只根据展品的表象来进行解决，而是要综合多个方面，从更深层次进行分析。笔者总结多年来从事展品维修的经验，对科技馆建立展品维修评价体系进行了简单论述，希望有更多的展馆关注此事，从而建立一套完善的展品维修评价体系，这对于科技馆了解展品展示状态、提升展品质量大有裨益。

关键词： 展品　维修　评价　体系

Establishment of Evaluation System for Exhibits' Maintenance in Science and Technology Museum

Wang Zunyu，Yang Tao，Guo Jing

（Tianjin Science and Technology Museum，Tianjin，300201）

Abstract： For any science and technology museum which has been operating for more than five years，the primary issue faced is the maintenance and renewal of exhibits. It could not be simply decided upon the appearance of the exhibits，comprehensive analysis should be made before handling. Based on years of experiences in exhibits' maintenance，this paper briefly discusses the establishment

作者简介：王尊宇，天津科学技术馆技术部工作人员，e-mail：347531488@qq.com；杨韬，天津科学技术馆展品部工作人员，e-mail：448268744@qq.com；郭晶，天津科学技术馆展示部工作人员，e-mail：dbttnn@126.com。

of a scientific，systematic and perfect evaluation system for exhibits' maintenance in science and technology museums，which would be very helpful for the management and control of the quality of exhibits.

Keywords：Exhibits，Maintenance，Evaluation，System

对于一家运营时间超过5年的科技馆来说，面临的首要问题就是展品的维护与更新。但是，什么展品能够维修？什么展品需要更新？什么展品应该报废？这些问题不能只根据展品的表象来判断和解决，而是要综合多个方面，从更深层次进行分析。

我国在目前的学科门类中还没有科技馆学，也没有一套完善的评价体系对展品的在展状态进行科学系统的分析。现在，科普信息化建设已经具有很高的地位，科技馆应该从科普信息化角度切入，利用信息化的技术手段构建一套展品维修评价体系。通过这套体系，科技馆管理者能够了解展品的在展状态，为展品的维护与更新提供指导性意见，从而提升展品质量。

一、建立展品维修评价体系的意义

展品维修评价体系是科技馆界多年来一直力求解决的一个问题，但由于展品的展示手段、表现方式、普及内容纷繁复杂，没有统一规范而缺少实质性的进展，目前只是停留在各自为政、凭感觉、看实际效果等比较低端的维修阶段，缺乏科学性、规范性和系统性。

以天津科技馆的展品“克莱因瓶”（图1）为例。它于2003年5月正式对外展出，是一件可参与的展品；展品箱体为2毫米厚冷板，支架是方管焊接；瓶体材质是亚克力，厚度分别为10毫米、15毫米；2017年因电路损坏撤展维修，全年停机9个月以上；展品虽然造型奇特，但展示原理较深奥，没有专人讲解的话，观众理解不了其原理，故不太受观众喜欢。

对于这样一件长期停机的展品，我们能想到的解决方法有三个：一是对电路进行维修，但由于瓶体老化严重，稍一用力就会造成亚克力出现裂纹。二是重新制作，但该展品的展示形式并不太受观众欢迎，重新制作依然存在参与率低的问题。三是报废，该展品在 2005 年获得第二届全国科技馆“展品创新奖”三等奖，是展示拓扑学内容的重要展品，如果报废，科技馆则缺少了一件相关内容的展品。

图 1　展品“克莱因瓶”

针对上述情况，该如何解决才能实现“克莱因瓶”的效益最大化？笔者认为，“克莱因瓶”不是个案，许多科技馆在展品维修过程中都会出现这样的问题。这就迫切需要科技馆建立一套展品维修评价体系，就像给展品建立一个病历卡，记录下展品的制作、展出、维修等过程，并对采集到的资料加以归纳、整理、综合分析，为展品的更新、维护及展品的各项费用提供量化数据。该体系可通过各种指标，对展品进行内在分析，将展品的表述文字量化成数值，通过数值的比对，来衡量展品之间的差异，了解展品的在展状态，分析它是否达到预期的展示效果，从而为展品的维护与更新提供指导性意见。

二、展品维修评价体系的定义

评价，就是通过评价者对评价对象的各个方面，根据评价标准进行量化和非量化的测量过程，最终得出一个可靠的且符合逻辑的结论[1]。评价是一个非常复杂的过程，本质上是一个判断的处理过程。

评价体系是指由表征评价对象各方面特性及其相互联系的多个指标所构成的具有内在结构的有机整体[2]。展品维修评价，就是采用一定的方法，对展品维修过程中所呈现出的表征特性进行综合评价。

展品维修评价体系，就是对展品维修过程进行评价的体系，通过体系列出的各种指标，将展品在展状态转化为定量的数据分析，从而为展品的维护与更新提供指导性意见。

三、展品维修评价体系的建立原则

按照科学研究中实证与规范相统一的原则和要求，建立展品维修评价体系，应当遵循四个原则，只有将影响展品的诸多因素都考虑到了，才能给出综合的评价。

1. 科学性原则

展品维修评价体系必须遵循展品维修的运作规律，采用科学的方法和手段。确立的指标必须是能够通过观察、测试、评议等方式得出明确结论的定性和定量指标。

2. 实用性原则

指的是实用性、可行性和可操作性，要求评价体系在设计时指标要简化，方法要简便，所需数据易于采集，整体操作标准规范，严格控制数据的准确性。还要充分利用现有多媒体手段，移动端的、无线传输、后台统计分析等也要考虑进去。

3. 系统性原则

评价对象必须用若干指标进行衡量，各指标之间既相互独立又彼此联系，共同构成一个有机统一体。同时，同层次指标之间尽可能界限分明，避免出现有内在联系的若干组、若干层次的指标体系，要体现出很强的系统性。

4. 地区性原则

展品维修评价体系在设计时还要充分考虑到科技馆所在地的地区差异。气候条件、地理环境不同，展品的使用寿命也会存在较大差异。制作展品使用的材料，不仅要列出全国通用的大品牌，还要将各省（自治区、直辖市）常用的地区品牌考虑进去。

四、展品维修评价体系的指标

如何选取评价指标，关系到评价结果的准确性，最终对科技馆展品的维护与更新有着直接重要的影响。笔者认为，可以从展品现状、展品维修和展品参与三个方面来构建展品维修评价体系。在整个体系中，一级指标反映的是展品运行状态特征，二级指标反映的是一级指标的技术要求，三级指标反映的是二级指标的具体参数（表 1）。

表 1　展品维修评价体系的指标

一级指标	二级指标	三级指标	指标含义
展品现状	使用年限	0～5 年 5～10 年 10～15 年 15～20 年 20 年以上	展品使用年限越长，越会出现材料老化、焊接开裂、外观磨损等问题，这些都大大降低了展品的使用寿命，甚至会影响展品的正常展示
	制作材质	金属 木材 石材 亚克力 其他	不同的制作材质也决定着展品的寿命，如金属结构延年一些；进口亚克力能保持几十年不变色，质量差些的亚克力 5 年就开始发黄变脆；北方气候干燥，木质展品容易开裂、变形
	在展天数	全年无维修 全年停机 3 个月以下 全年停机 3～6 个月 全年停机 6～9 个月 全年停机 9 个月以上	无论什么展品，首先要保证完好在展，这样展品才有用。如果它长期待机无法修复，或是某个零件频繁损坏，就说明展品的设计或制作有问题。这项指标可直观显示每日展品在展数量，是统计展品完好率的依据

续表

一级指标	二级指标	三级指标	指标含义
展品维修	维修记录	报修时间	展厅讲解员通过该体系对展品进行报修，系统自动记录下报修时间。展品维修人员对展品进行修复后也要记录下修复时间
		修复时间	修复时间低于4个小时的统计为0.5天，高于4个小时不足8个小时的统计为1天
		损坏原因	既能统计出是人为意外损坏还是展品自然损坏，还能统计出是偶然损坏还是经常性损坏
		修复方法	包括外包修复、简单维护、更换零件等方法
	维修费用	制作价格	即展品的原始价格，包括研发、制作、安装、调试等全部费用
		外包修复	即借助外力整体修复发生的费用
		简单维修	不发生费用，如简单焊接、坚固螺丝等
		更换零件	发生费用，要记录下零配件的名称、品牌、规格型号、数量、价格等信息
展品参与	展示类型	模型类 演示类 计算机类 参与类	不同类型的展品要求不尽相同。参与类的维修量肯定大，模型类则是长年不坏，维修量为零
	受欢迎程度	非常喜欢 比较喜欢 一般喜欢 比较不喜欢 非常不喜欢	它包含展品的科学性、趣味性、参与性、观赏性等几个方面。一件展品，无论哪方面占优，都能受到观众的喜爱。此项指标能够直观反映展品采用的表现手段是否达到预期目的，可为今后的展品表现手段选择提供量化依据

五、展品维修评价体系的效果

展品维修评价体系既是对展品维修工作的总结，也是探索展品运行规律的重要依据。

使用展品维修评价体系1～2年后，科技馆就可以很清楚地了解在展展品情况，统计出哪些展品常损坏、是否有维修价值，哪些展品维修费用高、是否需要制作新展品等一系列问题。同时，汇总出每年科技馆所需的展品维修费用大约是多少、每年用于展品的更新的费用有多少等。

另外，可计算出展品原价折旧率与全年维护费用比值。展品的制作价格反映了当时的技术水平，随着时间的推移，展品实际价值不断折损，但维护价格有可能是在小幅度折减。这样，展品制作技术越先进的折旧率可能越高，维修的成本就越大。该比值可直观反映出展品的生命周期，为今后展区展品配比提供相对直观的依据。

此外，要利用科技馆的 APP，让观众参与到对展品受欢迎度的评价中。可以从展品的科学性、趣味性、参与性、观赏性等方面进行打分，并列出不同选项，让观众说明打分的理由。不强求观众对每一件展品打分，可以就感兴趣的或参与过的展品进行打分。这样，这个维修评价体系运行 1～2 年，科技馆就能够得到详细的一手数据，从而对展品有一个科学的综合分析。受观众欢迎的、维修率高的展品就更新，其他的就根据实际情况选择维修或报废等。

六、结语

展品维修评价体系是一套面向全国科技馆的、科学的、复杂的体系。建立这样一套体系，不是凭借一个科技馆之力就能够完成的，要充分考虑各地科技馆的实际情况，通过大量的调研工作，综合科技馆和展品制作企业的力量，并由各方面的专业人员进行测评才能编写出来。

例如，亚克力这种材质，质量差的，一般使用寿命只有 2～3 年，质量较好的使用寿命可达 5 年左右。国内质量最好的亚克力板可使用 8～10 年，而国外进口的高品质亚克力板能使用 30 年以上。所以，单纯列出亚克力选项是远远不够的，还要对其产地、品牌、规格、质量进行细化，才能结合使用年限对该材质进行评分。

前面提及的各项指标，其在整个体系中的权重是多少？只有经过大量调研和深入分析，才能得出科学、精准的指标权重。

展品维修评价体系的建立是一个长期项目，需要在使用过程中不断切磋、不断完善。本文只提出了一个简单的构想，希望能够抛砖引玉，吸引更多科技馆的关注，从而编写出适用于大多数科技馆的展品维修评价体系。笔者相信，展品维修评价体系的建立对科技馆展品研发和科技馆发展都是一举多得的好事。

参考文献

[1] 王洪鹏. 浅谈科技馆展品的评价标准［J］. 科普研究，2011，6（5）：65-70.
[2] 陈蓉. 浅析科技馆展品的维修与养护策略［J］. 大观，2017，（4）：214.

新时代科普工作的新内容及新路径研究

——基于浙江的实践*

吴　刚　张吉超

（浙江科技学院，杭州，310023）

摘要： 加强科普能力建设，提高全省公民科学素质，是浙江加快创新强省建设，助推高质量发展的重要抓手。本文基于浙江创新实践和建设创新型省份的战略需求，通过对浙江科普统计数据的深入分析，结合科普工作的实地调研和文献资料查阅等方式，充分考虑科普工作新内容与新方法，以及其主体的扩大和领域的拓展，对浙江科普工作发展建设提出具有可操作性的对策和建议。

关键词： 新时代　科普　新内容　新路径

Study on New Contents and Routes of Science Popularization in Zhejiang Province in the New Era

Wu Gang，Zhang Jichao

（Zhejiang University of Science & Technology，Hangzhou，310023）

Abstract: Based on the strategic demands of Zhejiang Province in constructing "Powerful Innovative Province" practices，this paper makes statistical analysis on

---

* 本文是浙江省科学技术协会公民科学素质提升工程项目（"科普立法调研"）重点课题部分成果。

作者简介：吴刚，浙江科技学院科技成果转化中心主任，副研究员，e-mail：49875539@qq.com；张吉超，浙江科技学院马克思主义学院讲师，e-mail：yiyiblue321@163.com。

the science popularization data of Zhejiang Province. Document and field investigations are also performed to give fully consideration on all new contents and routes of science popularization，as well as the expansion of science popularization subjects and domains. Finally，feasible countermeasures and suggestions are put forward for the development and construction of science popularization in Zhejiang Province.

Keywords: New era，Science popularization，New contents，New paths

习近平总书记在全国科技创新大会、中国科学院第十八次院士大会和中国工程院第十三次院士大会、中国科协第九次全国代表大会上强调，科技创新、科学普及是实现创新发展的两翼，要把科学普及放在与科技创新同等重要的位置。在科学技术飞速发展、知识经济逐渐成为主流经济的当下，科普工作正发挥着日益重要的作用。加强科普工作，将大大提升我国的综合国际竞争力，有效提高我国的国际地位，向世界展示我国科学文化大国的形象。特别是在国家向创新型国家迈进、浙江等省加快建设创新型省份的背景下，加强科普工作新内容与新方法建设，提升公民科学素养，显得日益重要与迫切。

一、新时代浙江省科普工作现状

近年来，浙江省公民科学素质水平稳步提升。2015 年浙江省公民具备科学素质的比例为 8.21%，2018 年上升至 11.12%，排名全国第五位，是公民科学素质水平提前达到 2020 年公民科学素质发展目标 10%的 6 个省市之一[1]（图 1）。

科普人员是开展科普工作的主要力量。随着全省科普工作队伍的不断壮大，科普专兼职人员超过 10 万人，基本呈现稳步增长的态势（表 1）。

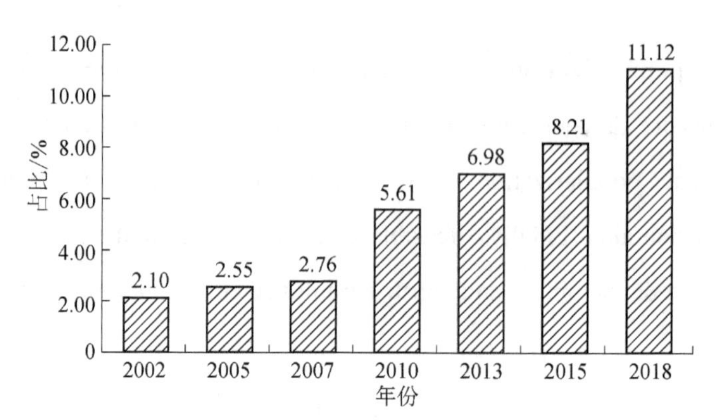

图 1　浙江省 2002～2018 年公民科学素质抽样调查数据

表 1　浙江省 2014～2017 年各类科普专兼职人员数量　　（单位：人）

年份	科普专职人员				科普兼职人员		
	总数	农村科普人员	科普管理人员	科普创作人员	总数	农村科普人员	科普志愿者
2014	6 364	1 574	1 639	321	101 431	27 604	68 850
2015	7 523	2 084	1 409	469	110 913	37 999	99 427
2016	7 563	2 204	1 501	410	137 823	35 138	116 340
2017	7 774	2 324	1 577	598	128 883	35 846	122 327

科普场馆是开展科普工作的重要阵地。截至 2018 年 11 月，浙江省 7 个地市已建成综合性的市级科技馆，其他 4 个地市的建设正在推进中。浙江省已拥有科普馆、企事业馆等共 588 座（图 2）。与此同时，参观人次也呈现大幅增长的态势，公众对科普场馆的需求日益旺盛（图 3）。

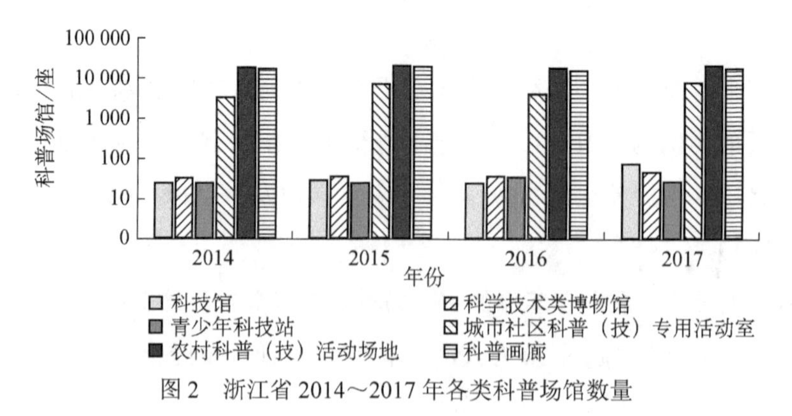

图 2　浙江省 2014～2017 年各类科普场馆数量

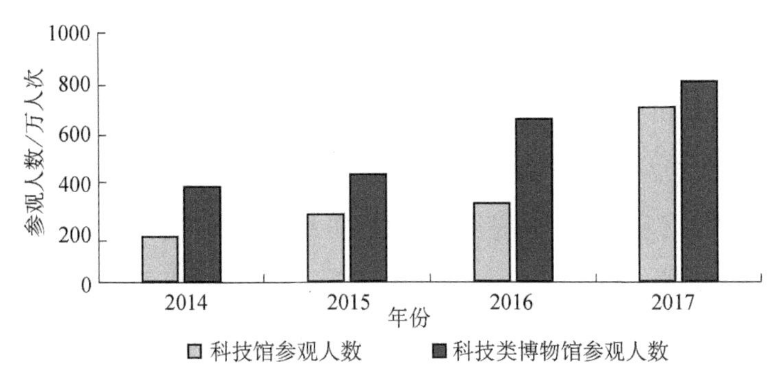

图3 浙江省科技馆、科技类博物馆2014～2017年参观人数

科普经费是开展科普活动的重要支撑。浙江省年度科普经费筹集总额和使用额、科普活动周经费筹集额基本保持稳定（图4）。在年度科普经费的使用上，行政支出有所降低，其他支出总体呈增长态势（图5）。

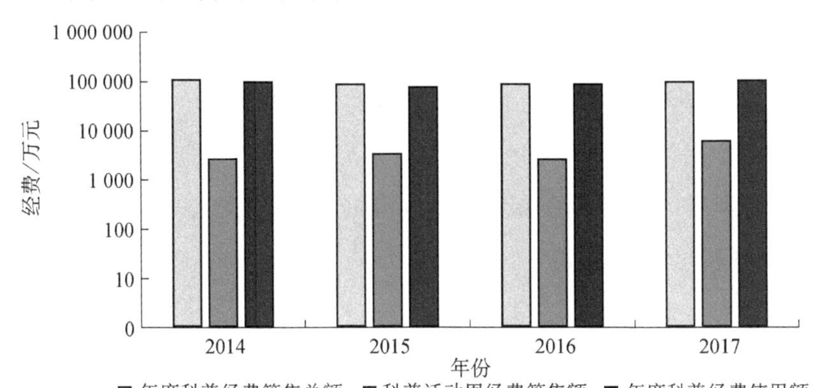

图4 浙江省2014～2017年科普经费筹集使用情况

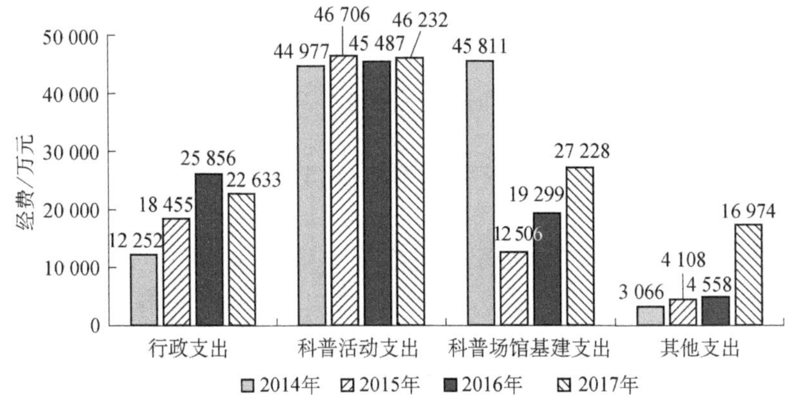

图5 浙江省2014～2017年科普经费使用额

科普传播方式日益创新。策划推出的大型科普情景剧《加油！科学+》被中国科协党组书记怀进鹏誉为“浙江科普的创新”[2]。2018 年成立了浙江科学传播融媒体联盟，探索出了浙江科普传播的新模式。浙江动漫企业开展的“《阿优》的科普动画创新与跨媒体传播”项目，以及浙江大学蔡天新教授创作的科普作品《数学传奇——那些难以企及的人物》，均获得 2017 年度国家科学技术进步奖二等奖，前者还填补了中国动漫企业的获奖空白。

全省各地科普活动不断推陈出新。各类活动的举办次数基本保持稳定和增长的态势，特别是科研机构、大学向社会开放单位数量和参观人次明显增加。其中，2018 年浙江省科技（科普）活动周紧贴时代主题，共举办 2000 余项科技（科普）活动，累计有 200 余万人次参加。2018 年浙江省全国科普日活动共组织开展各类科普活动 1146 项，发放各类科普资料 150 余万份（册），播出科普宣传视频 5000 余分钟，活动参与人数达 800 多万人次。此外，浙江省还坚持把科普活动融入治水治气治土、科技特派员助力乡村振兴、“科技双服务”行动等具体工作中。

二、浙江省科普工作面临的主要问题

近年来，浙江省科普能力发展指数一直位居全国前列，科普事业发展势头良好，但是与浙江省“两个高水平”建设和创新强省、人才强省的要求还有一定的差距，存在一些问题和短板，主要表现在以下几个方面。

（一）公民科学素质水平还有提升空间且发展不平衡

2018 年浙江省公民具备基本科学素质的比例达到 11.12%，较以往有长足进步，但与上海、北京相比，还存在较大差距（图 6）。此外，浙江省农村地区公民科学素质水平偏低，公民科学素质水平不提高，将会直接影响浙江省创新驱动发展和高水平全面建成小康社会的进程和质量。

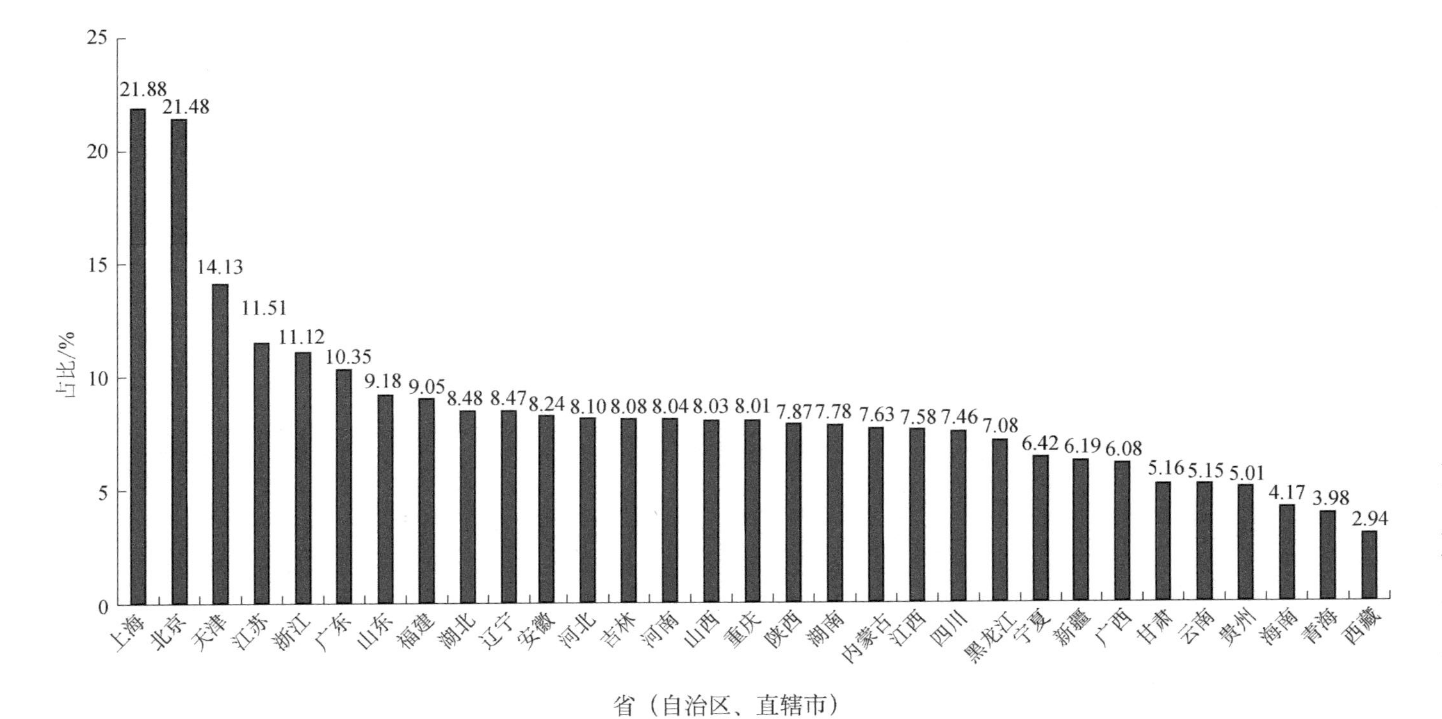

图6 2018年全国各省（自治区、直辖市）公民科学素质水平比例

（二）科普人才队伍建设亟待加强

从事科普事业的科技辅导员和科普志愿者队伍在职称评定、绩效考核和晋升方面存在较大问题，导致人才流失严重。此外，科普工作人员系统性培训的缺乏，以及薪资待遇的缺少，都造成科普队伍的专业性不够强。基层科普人才紧缺现象较为突出，县级科协一般只有3～5 人，人员少且工作繁重，乡镇科协一般没有编制，多为兼职工作人员，加上社会科普人才缺乏，在一定程度上制约了农村科普工作的开展。

（三）科普场馆（基地）建设水平有待提高

尽管近年来浙江省科普场馆建设取得了长足进步，但从全省经济社会发展水平，以及与上海、江苏等地比较来看，浙江省科普场馆依然存在数量不足、利用率不高、科普场馆后续维护及升级改造困难等问题。[3]现有的科普场馆又分属不同的管理部门，缺乏统一的管理和政策引导，导致科普工作的开展缺乏整体协调性，各部门之间难以形成合力。

（四）科普经费作用亟待进一步发挥

按照“科技创新、科学普及是实现创新发展的两翼，要把科学普及放在与科技创新同等重要的位置”的要求，浙江省科普经费投入增幅远不及全社会研发经费投入增幅。科普经费对浙江省科普事业来说总量仍显不足，与经济社会发展水平不相适应。同时，财政科普经费主要用于开展科普活动，示范带动作用不足。

（五）政策保障和法律体系建设有待完善

对科普工作的重视程度有待提高。部分地方尚未把科普工作纳入地方党委政府的工作考核内容，导致这些地方对科普工作不够重视，相关配套政策措施还不够完善。比如，在科普基地开展科普活动产生的门票收入税收优惠、捐赠财产用于科普事业或投资建设科普场馆和设施享受税收优惠等方面，由于认定标准、办理手续、优惠比例等原因，都存在操作难的问题。

（六）科普手段方式有待创新和提高

尽管近年来浙江省在科普信息化建设方面的工作可圈可点，但与当前浙江省将数字经济作为“一号工程”建设的要求还有距离。部分经济欠发达地区由于资金有限、经验不足、人才缺乏等，科普信息化建设进展缓慢。一些工作人员自身的素质与科普信息化建设目标不相适应，专业技能亟待提高。优质的科普信息资源，以及专业的制作团队和企业还比较缺乏。

三、新时代科普工作路径创新的主要内容

（一）科普工作理念不断创新

近年来，我国的科普主体由政府主导向政府与民间的合作转变，内容由强调科学知识向着重提高科学素质转变，方式由单向传播向互动式共享转变，空间由重实体空间向实体、网络空间并重转变。理性辩证地看待科技的“双刃性”转变，流程更加强调受众的真正需求，由强调常态科普到常态科普、应急科普并重。实现科普发展目标，必须牢固树立并且切实贯彻创新、提升、协同、普惠的工作理念。

（二）科普工作主体日趋多元

科普主体的多元化强调科普信息的传播者已不再局限于过去某一类人或某一个群体，而是强调社会多方力量的参与协作，倡导全民科普意识，以此满足科普不断变化和增长的需求。依据当前科普工作的实际开展情况，科普主体主要包括政府、科普基地、学校、企业、大众媒体、科普专业组织和人员、其他组织和个人，其中，政府是推动科普的关键主体，肩负着创新和推进科技进步的历史使命；学校是正规教育的承载者，学校教育与科普教育相辅相成；企业是科普资源建设与科技投入的主体；大众媒体是宣传和普及科学知识的重要手段和科普推广的重要渠道；其他组织和个人是科普的民间组织力量。

（三）科普工作方法不断拓展

要不断创新科普工作的方法，以适应新时代发展的要求。第一，注重科普品牌新效应。提升“科普浙江”示范性和影响力，不断提升品牌的口碑和影响力。第二，拓展科普传播渠道，迭代建设内容丰富、形式多样、方便实用的网络科普大超市，不断提升科普精准推送服务品质和水平，建立完善科普信息化运行保障机制。第三，创新科普内容和表现形式。聚焦公众需求，采用新闻导入、好奇心驱使、科学解读等形式，创新科普内容表达方式，优化科普内容的科学性审核把关。第四，不断繁荣科普创作。探索设立科普创作基金，支持优秀科普原创作品，以及重大科技成果普及，健康生活、科幻、动漫、科普游戏开发等重要选题。

（四）科普场馆体系创新升级

突出信息化、时代化、体验化、标准化、体系化、普惠化和社会化，以现代信息技术为手段，互联互通，虚实结合，推动科技馆由数量与规模增长的外延式发展模式向提升科普能力与水平的内涵式发展模式转变，强化科技前沿的展教力度，进一步建立完善以实体科技馆为龙头和基础，流动科技馆、科普大篷车、虚拟现实科技馆、数字科技馆为拓展和延伸，辐射基层科普设施的现代科技馆体系，发挥自然博物馆和专业行业类科技馆等场馆的作用。

（五）科普教育模式不断优化

第一，推进青少年科技教育模式创新，把提高青少年科学素质作为教育的重要内容；第二，创新青少年科技活动，扩大和提升全国青少年科技创新大赛等青少年科技教育活动的覆盖面和影响力；第三，拓展校外青少年科技教育渠道，动员鼓励青少年广泛参加科技类活动，实现每名在校学生每年参观科技类博物馆；第四，实施科学教师和科技辅导员培训专项；第五，加强青少年科技教育研究，研究建立符合我国青少年特点、有利于推动青少年科学素质提高和创新人才培养的青少年科学素质测评体系，发布我国青少年科学素质发展报告。

（六）科普惠民服务不断深入

第一，提高科普惠农服务水平，实施科普助力精准扶贫行动，充分依托农村现有公共文化服务设施，建设科普乡村e站，逐步实现全国行政村的全覆盖；第二，提升社区科普益民服务能力，针对社区居民特别是老年人的科普需求，深入开展社区科普示范活动，充分调动各方积极性；第三，实施“智慧蓝领”专项行动，发挥企业、科普机构、科普场馆、科普学校的作用，开展职工创新技能培训和进城务工人员素质培训；第四，组织开展主题性、全民性、群众性科普活动。

（七）科普工作机制日益完善

发展完善浙江省科普管理体制与运行机制，需要进一步明确指导思想和原则，通过改革领导管理体制，完善投入机制，强化社会动员和引导机制，完善人力资源开发机制，建立科普的激励监督和评价反馈机制等措施，实现“四个转变”。“四个转变”即政府在科普事业发展中从主导型向引导型转变，科普工作从以科技部门为主向全社会共同承担转变，政府配置从以科普资源为主向政府、社会和市场配置科普资源相结合转变，从科普与科技创新分离向两者紧密结合转变。

（八）科普文化建设不断加强

科普文化创新包括四个层面：一是价值观认知的创新等，科普不仅仅是科学知识的普及，更应是一种文化的传播，这应是当代科普最具价值之处；二是科普行为的自觉科普是法律赋予公民的权利，《中华人民共和国科学技术普及法》虽然没有将公民个人参加科普活动规定为强制性的义务，但人人参与，自觉接受科普和积极宣传科普应成为一种行为自觉；三是科普基地的人文环境创新，作为重要的科普教育基地，在传播科技知识、倡导科学精神、培养科学方法、启迪创造思维、提高广大青少年的科学文化素质方面发挥着重要作用；四是科普活动创新，围绕各类人群的心理特点和个性化需求，设计开发各类互动式、体验式科普展览和教育活动。

四、新时代加强科普工作的对策研究

为推动浙江省科普工作跨越式发展，全面提升公民科学素质，夯实创新驱动发展的社会基础，针对上述问题和不足，提出以下对策和建议。

（一）加强科普人才队伍建设，推动科技人员投身科普

加强科普人才政策研究，积极推动建立科普专业人员职称评价体系，将科普业绩纳入科技人员职称评定和晋级、科研成果评价等环节[4]；建立健全全省性科普志愿者协会，加强科普志愿者队伍建设，制定相应的管理办法和细则，委托第三方社会机构或企业等社会力量开展基层科普人员专题培训；健全和完善乡镇（街道）科协组织；完善科技人员从事科普工作的激励机制，推进将科普纳入省级及以上科技计划项目、重大工程项目等目标任务，帮助科技人员提高科普技能[5]；开设科普专业课程，大学生开展课外科普活动可计入相应学分。

（二）加强科普基础设施建设，发挥科普主阵地作用

加强科普基础设施建设，将科技馆建设纳入各地经济社会发展总体规划，全面落实科普基础设施建设的有关优惠政策，在规划建设、土地使用、银行信贷和税收等方面给予扶持；在资金紧张的县市建设科技馆，积极探索政府和社会资本合作等模式，在科普项目经费上适当给予倾斜；积极推动建立科普基地命名管理和评估制度，鼓励科普基地打破行业界限，跨部门开展科普合作，组建科普基地联盟；推动科普基地税收优惠政策落地，调动科普基地开展科普工作的积极性；充分发挥现有科普场馆（基地）作用，对利用率不高的场地进行有针对性的改造提升，提高科普场地的利用率和分布的均衡性；将农村科普基础设施建设与基层综合文化中心、农村

文化礼堂等相结合；推动有条件的地方及企事业单位建设具有地方、产业特色的专题科技馆。

（三）探索科普投入新机制，提高科普经费投入效率

探索科普投入新机制，通过众筹众包、项目共建、捐款捐赠等方式，鼓励引导社会力量兴办和投身科普事业，形成多元化的科普投入格局[6]。参照上海市的经验，探索成立浙江省科普教育发展基金会，动员社会力量，集聚各方资源，广泛开展和支持各类科普教育活动。加大对有突出贡献的科普集体和个人的表彰和奖励力度，调动科普工作者的积极性和创造力。进一步加大公共财政对科普事业的支持力度，稳步提高科普经费投入水平，加强科普经费使用管理与绩效考评，提高科普经费使用效率。

（四）完善政策保障，加强科普法律体系建设

深入实施《中华人民共和国科学技术普及法》和《全民科学素质行动计划纲要（2006—2010—2020年）》，把公民科学素质建设列入本地区经济社会发展规划，将科普工作纳入地方党委政府工作考核范畴。进一步健全科普统计制度，加强公民科学素质监测评估。从浙江省实际情况及发展需求出发，起草《浙江省科学技术普及条例》，为我国科普地方立法提供浙江样板。会同相关部门制定科普税收优惠、社会科普资源采购、社会组织参与科普的补助和奖励等办法，完善科普地方法律体系和政策配套体系。开展科普产业发展专题研究，推动政府制定科普产业发展的相关政策，将科普产业纳入高新技术产业、创意产业、文化产业等相关优惠政策范围。

（五）整合社会资源，推动科普工作方法创新和高质量发展

围绕浙江省打造“互联网+”世界科技创新高地的目标，积极实施“互联网+科普”建设工程，进一步提升浙江省的科普信息化建设水平。充分整合全省各地科普资源，建立科普资源数据库，形成科普资源共建共享机制。通过政府购买服务、征集作品、评级评奖等方式，加大和推动精品科普资源

的创作和推广；进一步提高科普活动组织管理的专业化水平，探索科普活动组织的市场化运作机制和评价机制，对重大科普活动定期开展效果评估；推动建立长三角科普联盟，加强国内外交流与合作；参考创新券等创新手段，探索推出“科普券”，推动高校、科研机构、检验检测机构和企业等定期向公众开放实验室、科技陈列室等场地，积极开展科普活动；大力发展科普出版、科普展品、科普旅游、科普影视、科普动漫、科普游戏和科普会展等相关产业。

参考文献

[1] 李富强，李群. 中国科普能力评价报告（2016～2017）[M]. 北京：社会科学文献出版社，2016.

[2] 罗希，郭健全，魏景赋. 社交媒体时代科普信息传播的困境与突破 [J]. 科普研究，2012，(6)：5-10.

[3] 中华人民共和国科学技术部. 中国科普统计 2017 年版 [M]. 北京：科学技术文献出版社，2018.

[4] 莫扬，彭莫，甘晓. 我国科研人员科普积极性的激励研究 [J]. 科普研究，2017，(12)：26-32.

[5] 郑念，任嵘嵘. 中国科普人才发展报告（2016～2017）[M]. 北京：社会科学文献出版社，2017.

[6] 赵立新. 中国基层科普发展报告（2017～2018）[M]. 北京：社会科学文献出版社，2018.

[7] 郑念，张义忠，孟凡刚. 实施科普人才队伍建设工程的理论思考 [J]. 科普研究，2011，(3)：20-26.

应急科普与安全教育体验馆建设研究

杨家英，郑　念

（中国科普研究所，北京，100081）

摘要：应急科普有助于加强公众安全意识和避险技能，减少事故的发生，降低突发事件中的人员伤亡和经济损失，安全教育体验馆在应急科普工作中发挥着重要作用。本文从安全教育体验馆建设的背景、现状和特点出发，探究安全教育体验馆建设在应急科普工作中的不足，提出应对的建议，以期进一步提升应急科普效果。

关键词：应急科普　安全教育体验馆　建设

Research on Emergency Science Popularization and the Construction of Safety Education Experience Museum

Yang Jiaying，Zheng Nian

（China Research Institute for Science Popularization，Beijing，100081）

Abstract：Emergency science popularization helps to strengthen public safety awareness and emergency avoidance skills，reduce accidents，and reduce casualties and economic losses in emergencies. For emergency science popularization work，safety education experience museums play an important role. Based on the background，current situation and characteristics of the construction of safety education experience museum，aiming at enhancing the effect of emergency science popularization，this paper explored the shortcomings of safety education experience

---

作者简介：杨家英，中国科普研究所博士后，e-mail：mjpop669@126.com；郑念，中国科普研究所科普政策研究室主任，研究员，e-mail：zhengnian515@163.com。

museum construction in emergency science popularization work，and put forward corresponding suggestions.

Keywords：Emergency science popularization，Safety education experience museum，Construction

应急科普是我国公民科学素质建设的重要组成部分，是《全民科学素质行动计划纲要（2006—2010—2020 年）》的基础性工作。应急科普工作的开展，有助于提高公众应对自然灾害（地震灾害、气象灾害、水旱灾害等）、事故灾难（安全事故、公共设施和设备事故等）、公共卫生事件（传染病疫情、食品安全、动物疫情等）、社会安全事件（恐怖袭击事件、民族宗教事件、群体性事件等）[1, 2]等突发事件的意识和能力，减少事故的发生，降低突发事件中的人员伤亡和经济损失。

安全教育体验馆是以实景模拟、图片展示、案例警示、亲身体验等直观方式，将作业现场常见的危险源、危险行为与事故类型具体化、实物化，让体验人员通过视觉、听觉、触觉来体验作业现场危险行为的发生过程和后果，感受事故发生瞬间的惊险，从而提高安全意识，增强自我保护意识，避免事故的发生[3]。

一、安全教育体验馆的发展背景

我国应急科普工作主要从属于国家应急管理体系建设并随之而发展。2003 年严重急性呼吸综合征（SARS）事件之后，我国开始加强应急管理体系的建设。2006 年设置了国务院应急管理办公室。2018 年国务院又实施了部门机构改革，重新组建了应急管理部，加强了国家应急总体预案的规划能力。截至目前，我国应急管理已经基本建成了中央统筹指导、地方作为主体、灾区群众广泛参与的灾后恢复重建机制。初步建成了国家应急平台体系，成立了国家预警信息发布中心和国家应急广播中心，建立了网络舆情和各类突发事件监测预警体系。随着国家应急管理体系日益完善，应急科普工作也日益受到重视，安全教育体验馆也在各大城市逐步建设起来。

2002 年我国颁布《中华人民共和国科学技术普及法》，保障科普工作的顺利实施，提高公众科学素质。2005 年国务院办公厅印发《应急管理科普宣教工作总体实施方案》，以国家总体预案为核心，应急知识普及为重点，典型案例为抓手，按照灾前、灾中、灾后的不同情况，分类宣传普及应急知识，提高公众的预防、避险、自救、互救和减灾等能力，增强公众的公共安全意识和法制意识。2007 年我国颁布《中华人民共和国突发事件应对法》，明确提出政府等部门组织开展应急科普活动，媒体等进行应急科普知识的公益宣传。自 2016 年以来，党中央、国务院及各有关部委分别下发了《中共中央国务院关于推进安全生产领域改革发展的意见》《安全生产“十三五”规划》《关于加强全社会安全生产宣传教育工作的意见》《国家综合防灾减灾规划（2016—2020 年）》《中国科协科普发展规划（2016—2020 年）》《全民科学素质行动计划纲要实施方案（2016—2020 年）》等一系列重要文件，强调建设安全生产主题公园、主题街道、安全教育体验馆和安全教育基地。

二、安全教育体验馆的发展现状

体验馆理念进入中国的时间较短，但随着国家对应急科普工作的日益重视与民众防灾减灾意识的提升，安全教育体验馆的建设进入一个集中快速发展的时期。

国内已建成投入使用的安全教育体验馆包括：地震与建筑科学教育馆、烟台地震科普教育基地、唐山抗震纪念馆、北京市朝阳区公共安全馆、北京市海淀公共安全馆、国家地震救援训练基地、5·12 汶川大地震纪念馆、四川省防灾减灾教育馆、浙江金华市交通安防体验馆、深圳市安全教育基地、深圳市南山区安全教育体验馆等。

应急科普工作主要针对突发事件发生前、发生时、发生中和发生后四个阶段[4]，安全教育体验馆主要进行突发事件发生前的常规科普。安全教育体验馆的建设基于突发事件的四大分类有一定区分，内容不完全相同，有的体验馆包含突发事件的大部分，如海淀公共安全馆；有的体验馆包含某几个部分，如地震与建筑科学教育馆；也有专门类型的体验馆，如山东青岛的交通安全体验馆；也有的嵌入科技馆，成为科技馆的一个展厅，如深圳科学馆中的防灾减灾展区。

崔金涛根据行政隶属、建筑规模、馆址性质、空间形态、建筑数量、建造方式、服务对象 7 种不同的分类标准，将安全教育体验馆进行了分类[5]。钱洪伟和于目冉[6]根据场馆大小将体验馆分为三级：一级场馆包括安全生产、家居安全、其他灾难三方面的应急体验，场馆面积应≥1600 平方米；二级场馆包括家居安全、其他灾难两方面的应急体验，场馆面积应≥1100 平方米；三级场馆包括其他灾难的应急体验，场馆面积应≥600 平方米。

从投资上来说，有的体验馆为政府投资的公益性场所，此类安全体验场馆一般由地方政府投资[7]，委托第三方兴建，并免费向社会公众开放，场馆工作人员的工资和设备日常维护费用均由政府负责，如北京市朝阳区公共安全馆；有的体验馆为社会资助，如位于陕西省安康市石泉县饶峰镇胜利特色旅游村的地震馆；有的为企业自主建设和运营，如森马集团投资的浙江省温州市安全生产宣教基地——“梦多多小镇”（儿童安全社会体验乐园），该体验馆为付费型体验馆，主要体验项目包括生命安全教育体验、军事仿真体验、社会职业体验、生活技能体验、运动安全体验等。

三、安全教育体验馆的特点

应急科普旨在使公众具有安全意识和相关避险技能，因此安全教育体验馆区别于普通场馆，具有体验性和互动性的特点。突发事件包含生活中的方方面面，安全教育体验馆所涉及的范围也非常广，例如深圳市安全教育基地，占地面积 9380 平方米，由建筑、机械、消防、交通、危险化学品、职业卫生、自然灾害、公共安全、家居安全等 16 个体验学习馆组成。安全教育体验馆在建设过程中涉及参与的单位非常多，如市政府、市委宣传部、发改委、国规委、地震局、住建局、财政局、教育局、卫生局、文广新局、科技局、民政局、交通局、应急办、公安消防局等部门[8]。投资金额从几十万元到几亿元不等。建成后的体验馆也要根据展陈形式进行更新换代。为充分体现体验和互动的特点，技术方面多使用数字多媒体、仿真虚拟现实（VR）、全息投影、4D 电影等多种高科技手段，通过实景模拟、互动体验及实物展示等多种形式，融合声、光、电效果来呈现相关知识点和自救技能。

安全教育体验馆参访人群以学生、单位、社区等团体形式为主。有些比较专业的训练基地不接待个人参访，但有团体参访服务。社区体验馆虽然场馆面积较小，但数量较多。近年来，在体验馆的建设过程中，社会参与度有所提高，有些企业会推出与自己行业有关的体验馆，如福船集团安全体验馆，有些体验馆与社会实践、研学教育、地方旅游等方面联系紧密。

体验馆的建设越来越多元，有些公司在做游戏化的尝试，有些公司在做研学旅行、休闲娱乐和专业培训融为一体的尝试。

四、安全教育体验馆在应急科普工作中的一些不足

应急科普的主要执行主体是各相关部门，如地震局、消防局等，通常建设有对应的安全教育基地、官方网站等服务科普工作，这些科普具有很好的专业保证，但通常比较单一，安全教育体验馆从很大程度上融合了各方面的科普内容，可以使公众在一次参观学习中获得更多的安全知识。但目前安全教育体验馆在应急科普工作中还存在一些不足，主要体现在以下方面。

（1）建设热情高，后期运营维护和管理差。因为安全教育体验馆的体验和互动的特点，很多体验馆在建设过程中选取科技含量较高的展现方式，但在实际运营过程中，设备损坏或年久失修问题比较常见，还有的因为担心损坏而不开放，还有技术更新问题，这些都对参访人员的体验造成了一定的影响，也对运营维护和管理提出更高的要求。

（2）宣传力度不够。安全教育体验馆旨在提高公众的公共安全意识，但很多人并不知道有安全教育体验馆这样的场馆存在，因此没有起到对应科普作用，且很多场馆没有官方网站，相关信息只能通过游客游记与相关新闻中获取。还有些体验馆的客流量非常少，这些都和宣传力度不够有一定的关系。

（3）安全知识精准度不够。安全教育体验馆一般由讲解人员带队参观，公众所接收到的应急科普知识在很大程度上依赖讲解员自身对知识的理解，虽然体验馆较为全面，但知识的精准度较之相关部门要低。例如，对于灭火

器的使用，有的体验馆在讲解时强调先看表盘指针，有的则强调可直接拔保险销。安全教育体验馆对知识的准确性还需要进一步提高，以保障公众获取的是真正可以避险的科普知识。

（4）应急科普内容不完备。安全教育体验馆通常具有较好的硬件保障，但应急科普的内容研究不够，与较高的展陈造价相比，内容的投入不足。例如，有些项目公众在体验过之后并不清楚如何应对，一些 4D 影院放映的短片更多追求画面感，内容不够深入。

（5）与公众交流少。安全教育体验馆的建设通常参考国内外已有的场馆，再根据资金情况进行设计，缺少与公众的交流，未精准把握公众的科普需求，也没有构建一种对话机制或平台。

（6）缺少效果评估。政府出资构建和运维的公益安全教育体验馆占有很大比例，竞争意识一定程度上不太强，也缺少效果评估机制，应急科普效果不容易保障。

五、安全教育体验馆加强应急科普效果的建议

根据安全教育体验馆在应急科普工作中的不足提出以下建议，以加强其应急科普效果。

（1）政策上完善安全教育体验馆规划、建设、运营的整体要求，使体验馆在各个时期处于良性发展的状态，充分发挥应急科普的作用。加强已有安全教育体验馆的后期运营和维护，使得现有的场馆发挥最大的作用，更好地服务公众。

（2）加大宣传力度。构建好官方网站、微信以及对应的线上体验馆，增大受益人群，让公众更好地了解安全教育体验馆并参与其中。加强与学校的合作，目前学校会定期举办逃生演习，但学生还需要更为全面的应急知识，学生的参与也是对体验馆较为有效的宣传方式。在保证所构建的安全教育体验馆在知识层面的精准性前提下，加强和企业、旅游业、研学的合作，最大限度地调动企业的积极性，发挥他们在宣传方面的优势。开发一些文创产品，丰富场馆内容，提高公众的关注度。

（3）提高工作人员的专业技能和素质，做好定期培训，定期进行全国性

交流，邀请相关专家进行指导，剔除误导性知识点。

（4）加强对应急科普知识研究的投入。安全教育体验馆并不是娱乐场所，更重要的是使公众获取应对突发事件的知识，提高认识，因此内容还是最重要的部分。体验馆要加强在内容方面的投入，提高应急科普内容输出。可针对不同参访人群做一些内容设计，中小学生在不同阶段理解力和执行力不同，要对他们的学习范围做一定考量。

（5）构建公众交流平台。目前有一些体验馆已构建公众数据搜集系统，分析公众对每个项目的喜欢程度，也可以通过相关的问卷调查换取奖励、项目投票等方式加强公众参与，了解公众的应急科普需求。

（6）完善评估机制。安全教育体验馆投资方可邀请第三方对体验馆进行效果评估，提高体验馆的应急科普能力和服务水平。

安全教育体验馆是推广应急科普非常好的社会支持，建设安全教育体验馆，完善应急科普工作，需要政府、各单位、企业以及公众共同努力。当我国逐步形成家庭重视、学校参与、社会支持的氛围时，公众的自救意识和能力才会得到普遍的提高。

参考文献

[1] 吴文晓. 基于本体的突发事件网络舆情案例推理研究 [D]. 绵阳：西南科技大学硕士学位论文，2017.

[2] 全国干部培训教材编审指导委员会. 突发事件应急管理 [M]. 北京：人民出版社，党建读物出版社，2011.

[3] 谢书福. 安全教育体验馆的建设研究 [J]. 科技视界，2017，(31)：148.

[4] 刘彦君，董晓晴，张鲁冀，等. 突发公共事件应急科普机制内涵的特点、分类和作用 [C] //北京科学技术情报学会学术年会论文集，2012：119-123.

[5] 崔金涛. 防灾教育体验馆建设体系研究 [D]. 北京：北京工业大学硕士学位论文，2016.

[6] 钱洪伟，于目冉. 应急科学与工程原理下应急场馆功能训练模块设计探索 [J]. 决策探索（中），2018，(8)：4-8.

[7] 何国家，岳勇华，毛松明，等. "说教式" 转向 "体验式" 让安全教育深入人心 [N]. 中国安全生产报，2017-08-18. 006.

[8] 洪琳. FS 市防灾体验馆建设项目商业计划书 [D]. 广州：华南理工大学硕士学位论文，2018.

参与式文化视角下科普场馆短期展览设计与开发路径

——以“我们生活在南京”野生动物摄影科普展为例

张　辉

（南京科技馆，南京，210012）

摘要： 参与式文化是指公众利用网络或其他媒介手段参与文化的创造、分享和传播，博物馆受其影响出现了参与式博物馆。在本文中，“参与”被界定为一种办馆理念和方式。作为科普场馆动态展示科技发展新技术和新观念、实现展教方式“试验创新”的平台的短期展览，可以从参与式文化视角下探索依托自身优势、发动社会资源的公众参与方式，吸引社会公众参与到展览前期研究、展示内容设计、展示方式设计、教育活动设计等环节中。本文在阐释参与式文化、参与式博物馆、短期展览设计与开发等概念的基础上阐释了四种参与模式和参与构建的三个步骤，并以南京科技馆策划的“我们生活在南京”野生动物摄影科普展为例，诠释如何让观众在活动中将观看的文化转化为参与的文化。最后，从科普场馆内外两个方面探讨了实现参与式科普场馆需要具备的条件。

关键词： 参与式文化　短期展览　参与式博物馆　科普场馆

作者简介：张辉，南京科技馆科普活动部副部长，e-mail：zhanghui4181@163.com。

Design and Development of Temporary Exhibitions from the Perspective of Participatory Culture:

A Case Study on Wildlife Photography Exhibition Named "We Live in Nanjing"

Zhang Hui

（Nanjing Science &Technology Museum，Nanjing，210012）

Abstract：Participatory culture is a culture whose creation，sharing and dissemination are participated by public through network or other media. Under this circumstance，"participatory museum" appeared. Temporary exhibition is a platform to display new technologies and new concepts in science， as well as to conduct exhibiting experiments and innovations. Therefore，it has its own advantages to explore public participation modes from the perspective of participatory culture， including attracting public participation in pre-exhibition research，exhibition content and form design，design of educational activities and so on. Based on explanations of participatory culture，participatory museum and design and development of temporary exhibitions，this paper explains four modes and three steps of public participation. Taking the wildlife photography exhibition named "We live in Nanjing" as an example，the paper explains how to allow the audience to transform the passive "watching culture" into active "participatory culture". Finally，the paper discusses the conditions necessary for construction of participatory museum from internal and external aspects.

Keywords: Participatory culture，Temporary exhibition，Participatory museum，Science and technology museum

互联网将我们带入了信息化、数据化、社交化的网络时代。在新的媒介环境下，受众已不满足于被动接受的传统传播形式，转而成为媒介文本的主动创作者、传播者，参与式文化应运而生。作为科普场馆对外输出的重要科普产品资源，短期展览鼓励在展览教育领域进行持续的、大胆的探索，已经成为科技馆动态展示科技发展新技术和新观念、实现展教方式试验创新的平台和保持核心竞争力及可持续发展的最佳选择。参与式是一种新的理念，其核心是创造、分享、互动、交流，科普场馆是一个观众能够围绕其内容进行创作、分享并成为与他人交流的场所。本文试图从参与式文化的视角，以短期展览为切入点探索公众参与展览前期研究、展示内容设计、展示方式设计、教育活动设计等环节，以南京科技馆策划的“我们生活在南京”野生动物摄影科普展为例，诠释如何让观众在活动中将观看的文化转化为参与的文化。

一、参与式文化与参与式博物馆的提出

（一）参与式文化概念的提出

“参与式文化”这一概念并不是一个新近才出现的词，最早是1992年由美国传播学者亨利·詹金斯（Henry Jenkins）在其著作《文本盗猎者：电视粉丝与参与式文化》中提出的。他认为，观众在消费过程中通过“盗猎”出自己感兴趣的文本，可以创作出与自己社会情境相关的意义，并通过与他人的沟通或者在“粉丝”群中的传播，创造出自己的“粉丝”文化，我们可以把这种“盗猎”文本随后注入自己的思想并进行二次传播的行为看作传统媒体时代的“参与式文化”。2006年，詹金斯在《融合文化：新媒体和旧媒体的冲突地带》一书中再次提到了参与式文化，此时的参与式文化更加强调受众的“权利”，体现一种“传者”和“受者”之间的博弈。在新媒体环境下，人们不再像原本的文本“盗猎者”一样通过个人的思考来进行二次创作，而是更强调一种集体的力量来共同参与并解决共同需要。詹金斯在《面对参与式文化的挑战：21世纪的媒介教育》中对参与式文化进行了系统阐述，他认为参与式文化主要有5个特点：①在参与式文化中，人们接触媒介的机会大大增加，因此拥有借由媒介进行自我表达的权利和自由；②参与式文化鼓励人们进行媒介作品的创作，并在公共社区中与他人分享自己的成果；③参与式文化可以促进知识的交流，知识丰富的人能够给予其他人帮助和指导；④参与式文化中强化了个人力量的作品；⑤参与式文化加强了人际的互动交往。

（二）参与式博物馆

参与式博物馆是美国青年博物馆学者妮娜·西蒙（Nina Simon）近年新提出来的一个概念，指的是“一个观众能够围绕内容进行创作、分享并与他人交流的场所”。其中，创作是指观众将自己的想法、物品和富有创意的表达贡献给博物馆并传递给他人；分享是指人们在参观过程中讨论、重新建构自己的所见所闻，并在回家之后仍有所收获；交流是指观众能与博物馆工作人员和其他观众进行互动交流，分享自己的兴趣和体验；围绕内容则指观众的交流内容和创意表达都要针对博物馆自身的物证和理念。

二、短期展览设计与开发新路径：参与模式与参与步骤

短期专题展览指以专题形式策划而成的展览，通常周期较短，内容明确聚焦于某一领域、学科或话题。它在展示功能上弥补了常设展览更新周期长、内容相对稳定的缺憾；同时主题具体而聚焦，它以展览形式呈现出一个复杂的体系，并注重知识之间的必然联系和高度整合，把重要的知识、概念、方法与日常生活及社会时事联系起来，引导观众将已有的一些零散的知识、经验或思考重新组合，可以有效地促进观众对一个特定的知识或主题进行学习。结合南京本土科普资源，南京科技馆策划与开展了“我们生活在南京”野生动物摄影科普展，希望观众关注本地地域文化并产生共鸣。

西蒙在《参与式博物馆》一书中给出了博物馆可实行的四种参与模式，即贡献型、合作型、共同创造型和招待型，这四种模式的区别与联系在于参与者的参与程度与主动性从贡献型到招待型逐步攀升（图1）。举例来说，展览中让观众留言互动，是贡献型；而让观众参与展览的策划及制作，则属于招待型。这四种参与模式是基于每个博物馆自身定位、使命、馆内文化、开放程度不一，以及观众个体存在差异性的前提，每个馆可以对照每种模式的特色和适用条件进行自由选择。值得注意的是，西蒙认为参与可以更多地应用在展览、项目或者活动上，甚至认为，“比起传统的文物保护和展览实践，它更注重不断改变的创造精神，不在于树立博物馆的权威而在于包容各种声

音。它的所有权和经费可能由其成员分摊，而且拨给策展的款项将减少，更加侧重对话与交流的活动”。

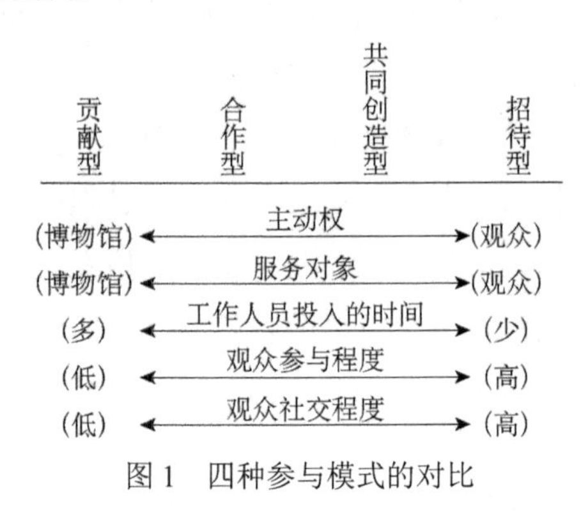

图 1　四种参与模式的对比

南京科技馆根据“我们生活在南京”野生动物摄影科普展的前期研究，选择采用合作型参与模式，具体参与步骤如下。

第一，从“我”开始。科普场馆把观众视为单独的个体，构建观众的个人资料，针对不同观众的不同个人信息予以区别对待，并要经常与观众保持联络，以培养观众的忠诚度。在“我们生活在南京”野生动物摄影科普展前期研究中分别设置了几种“我”：摄影爱好者，全市中小学生，南京各高校、研究机构、动物保护非政府组织机构专家学者和工作人员，南京高校学生。建立资料库，与各种群体分别进行沟通，如与摄影爱好者沟通摄影作品细节、筛选标准、动物科普信息卡，与高校科研院所相关专家沟通科普讲座选题、讲座形式等。

第二，从“我”到“我们”。运用各种参与式技巧，将各个观众串联起来，形成群体效应，实现社交目的。比如，在策展过程中，在前期研究阶段针对几种不同类型的“我”讨论他们想看什么内容，对哪些形式或技术感兴趣，什么能引起心理共鸣等各种需求。在主题提炼与内容策划阶段，向高校科研院所专家充分了解专题范围的学术内容，进一步展开和诠释主题，编制故事线。

第三，设计载体。想方设法把展览方案打造成为具有个性化、话题性、刺激性和关联性的实物，本次展览包含一个展览和四个配套科普活动，具体内容如下。

1.“我们生活在南京”野生动物摄影科普展

面向自然摄影师和自然摄影爱好者，征集了南京本土的哺乳动物、鸟类、昆虫、两栖爬行动物几大类300多幅作品，涉及242个物种。这些野生动物有的是南京土生土长的本地动物，有的是动物园、保育中心等机构饲养展示的珍稀野生动物，它们不仅是每个南京居民的好邻居，也是南京近年来生态保护工作进步的有力证据。整个展览分为“多彩城市”“狂野森林”“魅力湿地”三个部分，分别呈现南京城市、森林、湿地三个不同生境中生活的各种野生动物，通过图文科普介绍人类与野生动物之间的关系，倡导民众保护生态环境，保护野生动物。同时，在主展区旁设立互动体验区，向公众展示珍稀野生动物标本、模型，并设置自然笔记留言墙和自然手绘绘画墙，收集并展示南京青少年创作的自然笔记和绘画作品（图2、图3）。

图2　活动海报

图3　展览现场

2.“我眼中的大自然”自然笔记征集活动

结合南京科技馆园区特色生态资源，面向全市中小学生征集南京科技馆园区的自然笔记和自然绘画作品（图4），征集作品在馆内及南京科技馆“两微一端”进行公开展览展示，从而彰显南京市青少年的自然科学素养和南京市浓厚的自然科学氛围。

3.“万物有灵”系列微纪录片公益放映

“万物有灵”系列微纪录片是南京高校学生首次拍摄的自然类系列微纪录片，影片立足南京本土，分别从森林、湿地、长江、地质、昆虫等各方面入手，介绍南京本地自然物种，展现我们周围普通却重要的自然环境，讲述为保护这些物种默默奉献的人和他们的故事，强调人与自然的关系。南京科技馆 3D 数字影院在节假日期间向公众免费放映。

4. 野生动物系列公益科普讲座

为了配合此次展览，南京科技馆邀请南京各高校、研究机构、动物保护非政府组织专家学者和工作人员，以南京本土野生动物为主题，在科技馆开办系列公益科普讲座，向全市青少年和市民普及野生动物的科普知识（图 5）。目前已经开展了两期科普讲座，分别是“长江里的国宝——白鳍豚”“江苏生物名片——中华虎凤蝶”。

图 4　自然笔记征集活动

图 5　科普讲座

5.“我们生活在南京”系列自然科普体验活动

南京科技馆定期在周末举办“昆虫标本制作”“动物实验室”“动物保护大讲堂”等系列互动类科普活动，通过动手实验、互动交流，让更多的青少年了解大自然，了解野生动物的奥秘。

三、参与在科普场馆实现的条件

对科普场馆而言，如果要把参与式理念落到实处首先要有开放、自由的场馆文化、馆内外合作意识，能够勇于面对争议性话题，包容不同看法。对馆外而言，参与的推行离不开具有一定可支配收入和时间的公众与健全发达的公民社会。而科普场馆要做的就是为他们提供这样一个平台，唤起公众对博物馆产生参与意识，让更多的人有条件参与到场馆展览资源建设中来，解读实行参与的条件，以期在未来能够真正使现在的场馆成为共建共享的参与式科普场馆。具体来说，可以从以下三方面开展。

1. 以公众需求为导向

在展览选题、策划时，可以针对目标观众，如青少年或亲子家庭做主题征集或公众市场调查，了解他们最感兴趣的话题、内容，这是吸引公众参与展览的关键要点。2019 年，南京科技馆围绕天文主题内容面向大众做了一次调查，发现幼儿园和小学阶段的孩子对黑洞、火星、流星、月球这些话题更感兴趣。在确定选题之后围绕主题内容进行展示大纲编写，展示形式、教育活动设计，在展示形式上，也要根据目标观众的认知特点来考虑，比如是交互式展品、图文展板还是多媒体视频、特效影片等。

2. 以整合社会资源为主要实现路径

从“我”到“我们”，需要科普场馆整合相关的社会资源，包括研究机构、高校、中小学、学会、非营利性公益组织、企业等。比如，2019 年南京科技馆与河海大学联合策划“碧海蓝天”科普展览。首先，有效衔接中小学校内教育，邀请学校老师对展示内容进行筛选，同时邀请宣传媒体对传播方式和预期效果进行设计。其次，依托科协各级学会、非营利性公益组织，邀请院士和专家开展展示大纲内容评审和论证，有条件的话可以吸纳企业资源参与到展览工作中来。

3. 以分享交流为主要参与形式

短期展览策划与实施中要注重教育活动的设计与开展，围绕展览内容挖掘话题与内容开展深度讲解、展览背后的故事、科学公开课等活动，同时可以策划主题征文、“我是小小科学传播者”等活动，比如，2019 年围绕“中国古代科技”科普展开展讲解视频征集与评选，在“我们生活在南京”野生动物摄影科普展设置自然笔记留言墙和自然手绘绘画墙，收集并展示南京市青少年创作的自然笔记和绘画作品，鼓励观众进行分享与交流。

参 考 文 献

［1］Riemer K，Marjelle van H，张晖. 探索中国的参与式博物馆原则［J］. 东南文化，2017，（3）：117-121.
［2］喻翔. 参与式博物馆理论的内涵及可行性研究［D］. 杭州：浙江大学硕士学位论文，2015.
［3］姝雯. 当前博物馆展览陈列的改进路径探析［J］. 文物鉴定与鉴赏，2015，（12）：104-105.
［4］钟洪香，陈果，高劲松. 博物馆公众参与对策探析——基于江西省博物馆的观众调查报告［J］. 文物鉴定与鉴赏，2019，（11）：138-139.
［5］郭佳雯. 美国科技博物馆展览开发中公众参与的研究及启示［J］. 自然科学博物馆研究，2018，（1）：93-100.
［6］蔡骐，黄瑶瑛. 新媒体传播与受众参与式文化的发展［J］. 新闻记者，2011，（8）：28-33.
［7］周荣庭，管华骥. 参与式文化：一种全新的媒介文化样式［J］. 新闻爱好者，2010，（12）：16-17.
［8］吴兰. 互联网语境下的参与式文化研究［D］. 杭州：浙江工业大学硕士学位论文，2016.

新时代科技馆展览策划人才培养的创新与对策

郑　巍

（上海科技馆，上海，200127）

摘要：本文阐述了科技馆展览策划面临的新挑战，引入“策展人”概念，在此基础上，对比分析了国内外策展人在展览策划中的角色与功能定位。针对当前科技馆策展人存在的缺乏专业性、特色不足及效率瓶颈等问题，提出策略，积极探索展览策划人才培养的新路径。

关键词：科技馆　展览策划人才　培养

Innovation and Measures for Cultivation of Exhibition Planning Intelligence in Science and Technology Museums in the New Era

Zheng Wei

（Shanghai Science & Technology Museum，Shanghai，200127）

Abstract: This paper describes the new challenges on exhibition planning in science and technology museums. A new concept of “curator”（exhibition planner）is introduced，and the differences in roles and functions between curators at home and abroad are analyzed. Then the paper gives suggestions on cultivation of curators to solve existing problems such as lack of professions，characteristics and efficiencies.

Keywords: Science and technology museum，Exhibition planning intelligence，Cultivation

---

作者简介：郑巍，上海科技馆更新改造指挥部副研究馆员，e-mail：zhengw@sstm.org.cn。

当前，创新人才是推动社会进步和建设创新型国家的重要力量，在国家战略新背景下，科技馆正积极实施科普发展战略，为此，人才培养尤为重要。积极探索展览策划人才培养的新路径，对于促进科技与科普融合，提高展览品质和社会效益，具有重要的现实意义。

一、科技馆策展工作的新挑战

科技发展推动科技传播理念和方式的变革，这对科普工作提出了更高的要求，以便能够极大地丰富和改善观众的科普体验[1]。科技馆展览策划的最终目标是让参观者与展览构建内在关联与互动，通过一系列活动和文化延伸达到与观众对话的目的。而这些内容和技术上的问题解决本质上都离不开策展人，其学术性、教育性、观赏性及趣味性均面临着挑战，如何策划符合新时代要求的展览成为新的研究课题。科技创新与科普融合，科技馆起到积极的推进作用。展览的核心特征是知识性和教育性、科学性和真实性、观赏性和趣味性[2]。在常设展的基础上，科技馆定期举办临（特）展，以展示前沿科技、应用及未来的发展趋势，公众可以体验高科技，从中了解科技创新的新动态，进而促进科技的普及，引发公众对未来的思考，其作为科技馆展示与教育的重要补充与延伸，已成为持续吸引公众与保持场馆活力的重要标志之一。

在专业性方面，目前，展览策划人员对新技术的跟踪研究较为局限，科普转化及诠释能力不强。如今的观众来到博物馆已不再是为了寻找一个权威，而是寻求一种对话；不仅是为了获得某种知识，更是为了一种体验、审美、学习、发现，或是娱乐、休闲和社交[3]。大多数科技馆的策展工作人员是背景专业较为单一的研究人员或项目人员，策划负责人很难胜任从内容到技术的全局把控。

在展览特色方面，公众更喜欢有创意、互动性强、凸显个性与思考的展览，对无特色、元素雷同的展览则感受平平。国际上，一个卓越的展览标准是要求展览能够以实物、智识和情感吸引正在体验它的人[4]，以达到策展的效果预期，涉及参观人数、传播目标、社会影响及观众满意度。这要求展览设计具有创新性，对特定主题提出新视角、新认识和新信息，采用更积极的方式调动观众的内在知识构架，以创造性的方式吸引观众，充分使用传播媒介、物品和其他展览元素，给观众留下深刻印象，这个要求对展览策划人员而言极具挑战。

在效率瓶颈方面，以往策展工作主要集中于提炼展示主题，确定内容设计中的大纲、展品组合。而其他工作，诸如确定形式设计中的展览空间、环境设计、多媒体与互动方式、教育活动设计及文创产品开发等均由项目组或其他团队完成。如今的策展工作，已从纯粹的内容策划延伸到项目的全过程，包括策展立项、内容、展品、教育实施及运维，涉及投标、资金、项目管理与实施。尤其是那些展示前沿科技或高新技术的展览，由于具有较强的时效性，在短时间内将专业性的技术进行科普诠释难度非常大，常常造成周期难以把握，影响了展览的整体效率。

二、“策展人”概念的引入及分析

策展人最早起源于国外艺术类博物馆，其定义尚无统一的标准。在国外场馆，策展人主要为专业领域的权威专家、评论家，兼具馆长、学者或主任等多重身份，且大多有博士学历背景，从事专业研究、教育、展览策划等一系列工作。策展人通常具有超前的策展理念，在经费筹集、策划信息交流方面，其自身的个人魅力具有很大的影响力。策展人有时也可以是展览项目的管理专家，直接参与资金筹集，成为项目管理负责人，策展通常由一个团队完成，展览人始终参与整个过程，起到权威的把控作用。策展人对场馆的发展与运营起到积极的推动作用，策展人制度已逐渐应用到各类博物馆，并通过理事会策展人直接参与资金的筹集和展览策划到实施。

我国策展人的概念引入较晚，研究也不多，近年来，学者才开始关注策展人的研究，2018 年，史明立在《中国博物馆》发表论文《中西方博物馆策展人（curator）制度浅析》，阐述了西方博物馆语境下的差异[5]。国内展览策划人员大多数为专家或学者，也有部分为馆长、评论家或自由媒体人，其核心工作主要是展览策划，负责组织撰写内容大纲，参与深化设计，讨论或指导展品、多媒体、活动、宣传、文创产品开发等，同时要具备与观众交流、展品组合、宣传教育等多方面的综合能力，这要求策展人既是专业的研究者又是诠释者。近年来，部分博物馆也尝试启用更多的年轻人参与策展或作为展览的负责人，通过临（特）展进行培养锻炼，以促进多样化的创新，试图改变以往的固定展示理念与展示方式。大多数科技馆会有政府资金全额或部分支持，基本上无须考虑资金问题，但这也会导致一些内在动力的不足，再加上展览评价及标准的缺失，有时展览质量难以保证。此外，由于与国外博物馆机制体制上的不同，国内策展人面临无固定的岗位，自身的定位较为模糊，也缺乏相应的管理模式、规范和评价标准，造成其培养和职业化发展存在诸多困难。国内外策展人的主要区别如表1所示。

表1 国内外策展人的主要区别

国外	国内
在博物馆展览中扮演着不可或缺的角色，制度较完善	当前未形成成熟的策展人相关制度，缺少理事会制度
策展人不断变换角色，也是统筹者，兼顾整个展览	策展人仅有部分博物馆开始尝试，多为内容策划
有资金的压力，不断提高展览质量和服务水平；接受展览评价体系的评判	大多数有政府资金支持，资金压力小，动力不足；展览评价体系缺乏

展览策划需要策展人的创造性劳动，这要求策展人关注社会热点，不断开阔视野，具备多种素养与能力，积极了解公众需求。然而，科技馆展示前沿科技或高新技术的展览仅仅将实物或模型进行陈列展示，未充分考虑公众的内在知识构架及认知水平，只是简单地起到观赏或浅层体验功能，不能引发公众的思考与学习。一些高新技术展过于学术化，展示形式“高冷”，公众根本无法与之互动，也不知其所云。从卓越视角来看，展览策划能力的提升，可以遵循科学性、创新性、绩效性评价原则[6]。这需要策展人充分了解并研究当今丰富的科技成果资源，积极探寻其背后的、内在的共鸣关联，思考观众与展品故事的桥梁，以及可以引发的兴趣点和互动体验的可能方式，进而明确主题和互动展品。此外，策展人作为贯穿策展过程的质量把控者，还需要具备很强的协调能力与项目管理能力，调动团队中的每一位成员充分发挥各自的专业背景与特长，共同完成一个展览的所有工作。

三、新路径的思考与建议

策展人是我国博物馆转变展览策划方式的一种有益尝试，虽然取得了一定的成效，但效果有限。目前，科技馆策展人更是尚处于起步阶段，其培养属于应用型创新人才范畴，但由于科技馆涉及专业诸多，很难有专门培训机构能够胜任，因此，存在着专业性不强、特色不足及效率低等问题。科技馆的策展工作要求展览策划人员具备坚实的专业基础，较强的实践能力，具有包容性、开放性、灵活性和创新性，能运用各种知识和技能解决实际问题，具备良好的交流沟通、协作能力。基于这些重点与难点，培养适应新时期的策展人，可以尝试在营造积极的创新生态环境基础上，在制度建设、专业能力、原创能力、跨界合作等方面采取对策。

科技创新与科学普及是创新文化的核心要素，制度创新具有实质性的推动作用。策展人的来源可以是多元化及社会化的，权威的专家或馆长，内部的研究人员、展教人员甚至是社会上专业级别的“发烧友”都可以成为策展人。同时，制度的建立可以避免人事的调动影响策展人的身份，对策展人工作的开展起到保障和激励作用，进一步增强策展人的归属感和幸福感，并积极与高新技术企业、高校及研究所建立共同资源共享平台，促进策展人的常态培养。2017 年 9 月，上海科技馆“星空之境”原创天文主题展，现场所搭建的 200 平方米的空间，采用目前世界上最先进的星象仪——SUPER MEGASTAR-Ⅱ所营造，将银河、极光和 2200 万颗完全真实位置的星辰进行最大程度的还原，让观众拥有全感官沉浸式体验。策展人就是一位馆内的工作人员，是多年天文“发烧友”，有着独特的策展视角。他认为世界主流科普展览已经走出单纯讲故事的叙述方法，对一个以吸引观众为主要目的的展览来说，美学的优先级甚至高于科学性，中国科普展览想要走出去，就必须学会用美的语言叙述故事。正是这样的创新理念，展览采用专业设备营造出艺术之美并获得成功。

将科学专业教育与人文素质教育相结合。策展人接受创新能力的训练，参加各类展览及科技知识讲座，拓展知识和思维。有条件的场馆以策展的具体项目作为实践载体，开设针对该展览的专题培训，主动适应创新发展要求，不断提高创新能力，积累经验和方法，培养创新意识和创新能力。此外，策展人的组织协调能力也是策展的成功关键之一，加强项目管理能力的培训，有效协调馆外馆内方方面面的关系，起到良好的桥梁作用。

策展的创新往往来源于对现实生活的热情和敏锐观察，策展人要有意识地从社会生活中获得灵感，进而创造出新的概念性展品，激发公众对未来的思考。如何激发并持续创新成为新的挑战，可以建立长期有效的专业导师制，通过有效沟通机制，充分发挥导师的作用，因材施教，不断培养新人。同时，加强策展的全过程管理，通过数字化、信息化手段实现全程监管，提高策展效率和效果。近年来，业内对临时展览原创性提出了更高的要求，通过自主研究、策划和组织实施，使展览具有独创性、科学性和适用性。要求策展人通过新的诠释创意和思维将展品的内涵展示出来，主题更明确，在展览策划中重视观众的参观体验，更具亲近感，能让观众更喜欢，配套的教育活动和文创产品开发贴近不同观众需求，针对性强，并充分考虑他们的购买力和爱好。策展人需要对相关科学史、文化、美学与新技术进行二次整合诠释，让观众更好地体验科技创新带来的未来，享受具有创意的教育活动和文化产品。

2018 年 7 月，中国科学技术馆举办的“创新决胜未来”科普展，精选改革开放以来 40 项代表性科技成就，策划展品展项 60 余件，并借展实物和模型展项 10 余件，集中展示在航空航天、天体物理学、深海探测、信息通信、生物医学、工程建设等领域的重大成果。互动展品开发与实物展品的选取成为难点，经多方协调与合作，其效率之高成为典范。同时，策展人在策划时注重人文精神的引领，其间穿插相关科技工作者的事迹，反映科技发展过程中的探索历程和科学精神，让观众对重大科技成就拥有直观感受的同时，了解背后的故事。又如，2019 年 7 月，“超级细菌：为我们的生命而战”巡展在广东科学中心正式开幕，展览采用与外方合作模式，由广东科学中心联合英国科学博物馆集团共同策划与研发。展览注重人文的结合，将中国本土医生、科学家、农民等 6 位与抗生素耐药性紧密相关的人物角色，通过他们各自的故事，带领公众认识超级细菌，并了解抗生素的正确使用方法。

另外，策展人的知识储备缺乏综合科学基础的培养，很难短时间达到知识体系、思维创新及艺术融合，可以采用跨界合作的方式进行弥补，作为过渡阶段的措施。建议选题、内容形式创意等方面可以让“策展人”完成，馆方对策展人提出的设想要求进行讨论，选题通过后，拟请馆内外专家进行科学性咨询与完善，再通过流程委派第三方负责形式设计与项目实施，馆内其他部分配合负责社会教育、文创产品开发。策展人在学习和实践中也应注意避免新的问题与倾向。比如，策展过程中常常提倡社会化参与，会邀请专家进行内容或科学性评审和建议，但由于会议时间紧、专家科普转化、理解深度等因素，有时给出的建议不一定完整或全面，因此，策展人还应积极地在法律化、国际化、信息化、经费等诸多方面做出综合的平衡与把控，让展览策划最终能够落地。

四、结语

随着科技的迅猛发展，科技馆高新技术展览更加注重科技与社会的关联，策展工作在理念与实践上都需要不断创新。未来，策展人能否成为科技馆一种专门化的职业仍然存在诸多困难。策展人的培养还需要社会各方的支持，积极营造良好的创新生态；强化新知识的学习，积极探寻展览与观众的有效互动；将文化、科技、体验及休闲进行有效融合；大力推进制度创新，为人才培养保驾护航。

参考文献

[1] 周建强，苏婷，刘慧. 科普产业发展趋势研究 [M]//中国科普研究所. 中国科普理论与实践探索：新时代公众科学素质评估评价专题论坛暨第二十五届全国科普理论研讨会论文集. 北京：科学出版社，2019：477-478.

[2] 陆建松. 博物馆展览策划：理论与实务（博物馆研究书系）[M]. 上海：复旦大学出版社，2016：11.

[3] 郑奕. 博物馆教育活动研究 [M]. 上海：复旦大学出版社，2016：418-419.

［4］美国博物馆联盟专家委员会，宋向光. 博物馆展览标准及卓越展览的标志［J］. 自然科学博物馆研究，2017，（3）：73-77.

［5］史明立. 中西方博物馆策展人（curator）制度浅析［J］. 中国博物馆. 2018，（4）：54-56.

［6］郑巍. 卓越视角下高新展策划能力的提升及评估［M］//中国科普研究所. 中国科普理论与实践探索：新时代公众科学素质评估评价专题论坛暨第二十五届全国科普理论研讨会论文集. 北京：科学出版社，2019：449-450.

科普法制化和基层科普创新研究分论坛

中小学与科技馆合作开展课后服务的问题与对策*

陈柏因　金怡靖　赵舒旻　黄子义

（华东师范大学，上海，200062）

摘要：2017年《教育部办公厅关于做好中小学生课后服务工作的指导意见》提出，课后服务要遵循教育规律和学生成长规律，促进学生全面发展，鼓励中小学与科技馆等校外活动场所联合开展课后服务。本文在分析课后服务政策背景和需求的基础上，从科学教育及提升学生科学素养的角度出发，强调中小学与科技馆合作开展课后服务具有相辅相成的作用。虽然目前馆校合作开展课后服务在政策制定、模式探讨、现实实践方面有一定的进展，但是在合作过程中也存在诸如校际差异较大、场地设施和专业师资不足、服务内容单一、缺乏监督考核制度的问题。最后结合典型案例探讨解决上述问题的对策，以期发挥课后服务提升学生科学素养的功能。

关键词：中小学　科技馆　课后服务　问题　对策

Problems and Relevant Solutions on Cooperation Between Schools and Science Museums to Provide After-School Services

Chen Boyin，Jin Yijing，Zhao Shumin，Huang Ziyi

（East China Normal University，Shanghai，200062）

Abstract：Based on analysis of the background of and demands for after-

* 本文为中国科协2019年度研究生科普能力提升项目“我国典型地区小学生课后教育现状调查——以江浙沪地区为例”（项目编号：kxyjskpxm2019051）的阶段性成果。

作者简介：陈柏因，华东师范大学教师教育学院课程与教学论（科学）专业硕士研究生，e-mail：5118480001@ stu.ecnu.edu.cn；金怡靖，华东师范大学教师教育学院科学与技术教育专业硕士研究生，e-mail：51184800159@ stu.ecnu.edu.cn；赵舒旻，华东师范大学教师教育学院科学与技术教育专业硕士研究生，e-mail：51184800167@stu. ecnu.edu.cn；黄子义，华东师范大学教师教育学院课程与教学论（科学）专业硕士研究生，e-mail：51184800007@ stu.ecnu.edu.cn。

school services, this paper emphasizes the complementary roles of schools and science museums from the perspective of science education and students' scientific literacy improving. Although there are progresses in regulations, modes and practices of school-museum cooperation, problems such as great interschool differences, insufficient venues, facilities and professional teachers, drab contents, as well as lack of supervision and assessment systems are to be solved. Finally, the paper gives suggestions on relevant solutions for these problems through case study, aims to enhance the function of after-school services to improve students' scientific literacy.

Keywords: Primary and secondary schools, Science and technology museum, After-school service, Problems, Solutions

一、中小学开展课后服务对科技馆合作的需求

（一）中小学课后服务政策的背景和价值

随着教育部减负政策的实施，中小学的校内上课时间被严格限制，放学时间相应提前。中小学课后看护与教育原本是家庭职责，然而社会经济的发展促使越来越多的“双职工家庭”出现，我国家庭结构的改变及全面“二孩”政策的开放，使中小学生的课后看护和教育问题陷入困境，同时社会需求也日益增强[1]。随之兴起的校外辅导机构为父母接送孩子提供了一定程度的便利，但存在监督工作不到位、从业人员素质参差不齐、机构设备简陋、安全隐患较多等问题[1]。虽然全国各地多所学校也设立了课后托管班，但是托管服务的职能仅为照管、看护，甚至有的学校还利用托管班为学生变相补课[2]。在上述背景下，中小学课后服务政策应运而生。

2017 年 3 月，教育部办公厅颁布《教育部办公厅关于做好中小学生课后服务工作的指导意见》（教基一厅〔2017〕2 号），标志着我国从国家层面正式推行校内课后服务。该政策文本是一个价值综合体，包含以下几点：①事实价值，即教育部面向家长和社会需求，以学校为实施主体，以政府购买或补贴的方式为学生提供课后服务；②发展价值，即课后服务政策的出发点和落

脚点均为促进一切学生的发展，坚决反对补课，通过开展形式多样的活动，鼓励学校与校外活动场所合作，使学生快乐成长；③应然价值，即课后服务政策除了要解决现实问题外，还要为学生群体带来缩小课后成长差距、平等享受教育资源的价值。[3]要充分发挥课后服务的价值，在学校担当实施主体的同时，还需要校外群体、社区及校外活动中心及教育人员共同参与，更好地服务于学生的发展，保障其利益。

（二）中小学与科技馆合作开展课后服务的优势和必要性

《全民科学素质行动计划纲要实施方案（2016—2020年）》指出，要提升青少年的科学素养，完善基础教育阶段的科技教育，需要“大力开展校内外结合的科技教育活动，推动校内与校外、正规与非正规相结合的科技教育体系”[3]。我国科学教育的责任主要由学校承担，然而，随着科技社会发展对学生科学素养要求的不断提升，学校这一正规教育场所暴露出诸如课程资源有限、教学空间狭窄、教学方式单一等弊端[4]，难以满足时代对素质型人才的需求。在课后服务政策中，单凭学校一方力量也难以为学生提供丰富多样的服务内容。科技馆等非正规场所拥有丰富的资源、真实的情境，有利于营造人际互动和信息交流的氛围，产出多元的学习结果，促进学习者全面发展[5]，是学校教育的重要补充，也是学校提升课后服务质量的有效路径。

我国自2006年起就启动了“科技馆活动进校园”工作，经过10多年的探索，科普场馆与学校合作模式逐步建立，场馆的教育功能得到一定程度的拓展，但是仍存在馆校合作深度、广度、黏度不足，活动资源与中小学课程衔接不充分，影响范围较小等问题[6]。中小学实施课后服务为科技馆进校园提供了契机，有助于馆校合作在时间和空间上进一步延伸，增进馆校之间彼此的认识和理解，为深入探索馆校结合模式和开发教育资源助力。

二、中小学与科技馆合作开展课后服务的现状

（一）全国多省（自治区、直辖市）教育厅鼓励中小学与科技馆合作开展课后服务

自2017年3月教育部办公厅颁布《关于做好中小学生课后服务工作的指

导意见》起，目前全国已有25个省（自治区、直辖市）教育厅（教委）依据各地实际情况下发课后服务的政策文件[7]，各省（自治区、直辖市）的相关文件均明确提出，学校开展课后服务的内容可包括“科技节、科学普及活动、科学技术社团”；在课后服务的人员方面鼓励“动员校外教育机构、校外课后服务资源与学校联合开展课后服务工作”（北京市），“与第三方社会机构（社区活动中心、勤工俭学服务中心、少年宫、妇女儿童活动中心、科技馆等）开展合作”（广东省），“向社会聘用科技类等专业人士”（安徽省）。

（二）全国各地中小学积极探索与科技馆合作开展课后服务的模式

在教育部及各省（自治区、直辖市）教育厅（教委）的政策文件指导下，各省（自治区、直辖市）中小学陆续开始探索课后服务的有效模式，地方教育厅（教委）通过定期调研了解课后服务的开展情况，同时征集和分享优秀的学校案例。在各地中小学对课后服务模式进行探索的过程中，涌现出了多种学校与科技馆合作的方式，如邀请科协科技工作者及团队到学校开展讲座、聘请科技馆专业人士指导科技实践活动、利用科普云资源等科技馆活动资源包开设网络课程、组织学生轮流参观科技馆等。这些探索丰富了课后服务的内容，使课后服务助力于学生提升的科学素养，也为中小学与科技馆等校外机构联合开展课后服务提供了重要参考。

（三）部分中小学与科技馆合作在课后服务中开展科技活动

目前，对各省（自治区、直辖市）课后服务中“开展科技类活动”及“与科技馆等机构合作”的了解主要停留在政策文件层面。为进一步了解中小学课后服务中科技类内容的开展现状，研究团队于2019年7月采取网络问卷调查的方式，针对全国各地若干所小学开展调查，共发放并回收282份问卷，调查范围涉及浙江、广东、江苏、山东、四川等28个省（自治区、直辖市）。调查结果表明，调查中约65%的小学提供课后服务，其中开展科技类活动的小学占比为37.30%，比例低于课程学业辅导、学生自主阅读、艺术课程、体育活动或游戏（图1）。与科技馆等校外机构联合开展课后服务小学占比为28.11%，远低于学校本校教师的聘用比例（图2）。上述调查显示，我国已有部分中小学与科技馆等校外机构合作，在课后服务中开展科技类活动。

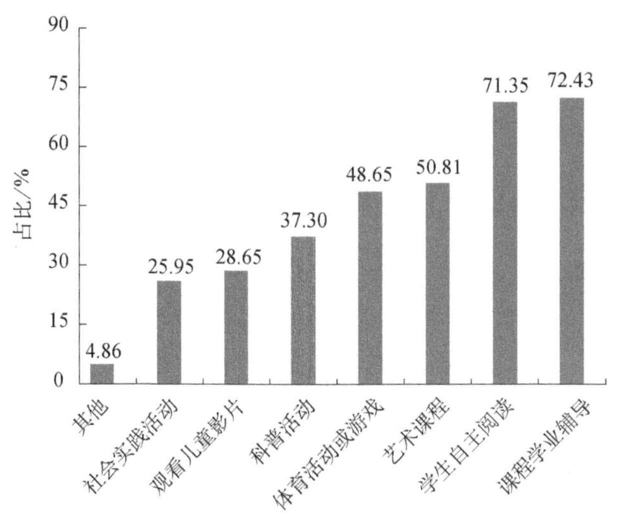

图 1　小学课后服务各类内容的比例

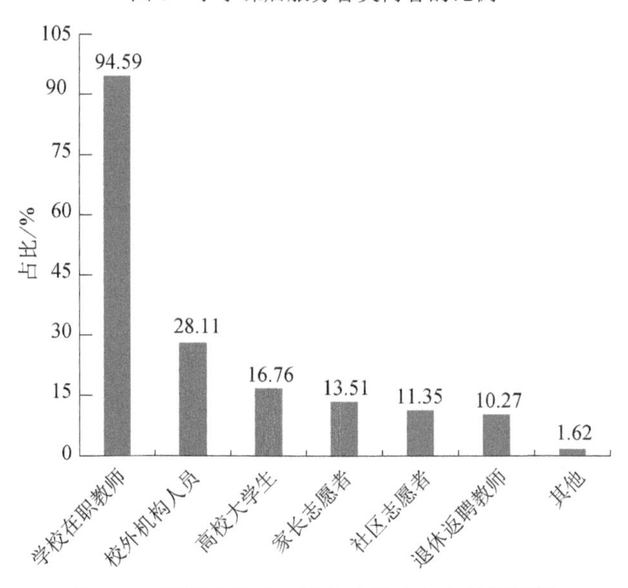

图 2　小学课后服务内容各类型参与人员的比例

三、中小学与科技馆合作开展课后服务存在的问题

虽然目前中小学的课后服务已得到相关部门的重视并取得一定的成绩，

但是我国中小学的课后服务工作仍处于发展起步阶段，课后服务中开展科技类活动及与科技馆等校外机构合作的比例较低。结合对部分小学教师的访谈和对网络上课后服务案例的检索发现，中小学和科技馆在联合落实课后服务的过程中仍存在较多问题，具体表现为以下四个方面。

（一）校际差异较大，实施效果不同

《关于做好中小学生课后服务工作的指导意见》指出，“广大中小学校要充分利用在管理、人员、场地、资源等方面的优势，积极作为，主动承担起学生课后服务的责任”。现实生活中，不同学校在上述四方面条件上存在巨大差异，地处偏远地区、生源结构复杂、科技教育物质及人才资源的匮乏等因素都将影响课后服务中科技活动的质量。

（二）场地设施限制，专业师资不足

课后服务主要利用校内教室及其他场地开展，人员则以学校在职教师为主，因此中小学的课后服务在很大程度上依托学校场地条件及师资力量。学校的场地设施和师资力量主要适应于学校正规课程，而课后服务作为课外活动而非学校课程的延伸，要求教师具有其他特长及专业能力。缺乏特殊专业能力的师资难以开展多元化、个性化的课后服务，不利于学生素质的提升。

（三）受制传统理念，服务内容单一

在课后服务中提供丰富多元的科技类活动，有利于提升学生的科学素养。在实际开展过程中，部分学校将课后服务的内容窄化为看护学生和完成作业，究其原因，教育部门、学校、教师等多个层面受传统教育理念的影响，对课后服务的理解存在偏差，认为课后学习及活动等同于“课业负担”，与学生的个性化发展、素质提升毫无关联[7]。受制于上述观念的课后服务，难以发挥兼顾学生个性和差异性的功能，影响到学生素质的提升。

（四）监督考核机制缺乏，政策文件重心偏移

全国各省（自治区、直辖市）的课后服务政策文件都强调“加强监督管

理和建立考评制度”，以保障课后服务的组织实施，但是目前与课后服务相关的规章制度尚未建立，同时政策文件中更关注课后服务的费用管理、学生安全、违规补课问题，对评估课后服务是否真正发挥提升学生素养的功能仍存在空白。缺乏针对课后服务质量的监督考核，不利于中小学课后服务模式的持续探索和质量的持续提升。

四、中小学与科技馆合作开展课后服务的对策探讨

（一）教育及行政部门统筹协调科技教育资源

要解决部分学校缺乏课后服务条件的问题，尽可能为有需要的学生家庭提供课后服务，地区教育部门需要统筹及协调学校之间、学校校内外的人力及物质资源。例如，江苏省教育厅联合省体育局、省科协于 2019 年 2 月开始在南京市多所学校试点提供优质体育类和科技类资源。这项举措由省级部门统筹体育和科技资源，并充分了解对接学校的需求和配置条件；属地教育局履行具体的管理职能，确保课后服务供需对接工作顺利开展；学校负责组织实施，将课后服务工作的具体信息转达给家长，同时将学生与家长的需求传达至教育部门。上述举措将更好地协调学校课后服务的资源，为不同学校开展课后服务提供保障条件。

（二）学校引进、科技馆及高校加强培养具备科学素养的师资

学校可以根据校内场所资源，与科技馆、高校等具有科技人才储备的机构合作，引进并利用具有科技素养的专业师资协同建设课后服务活动体系。同时，科技馆和高校应发挥自身作用，促进科学教师的专业发展。例如，科技馆协助教育部门开展教研活动，帮助教师认识和利用科技馆丰富的展品和活动资源，提升教师的科普能力和科学素养。高校的科普专业及科学相关专业的学生可通过科协和科技馆与中小学取得联系，共同开展青少年科技教育与科技活动，在教学实践中运用科学教育理论，在服务过程中提升自身专业素养。

（三）认识课后服务的素质教育功能定位，共建共享课后服务科技活动资源

教育部门、学校、教师等应该重新认识课后服务具有素质教育的功能定位，根据学生的个性差异制定内容形式多样化的课后服务内容。学校可以和科技馆等机构合作，将多种馆校结合活动形式应用于课后服务的探索，如馆校共建实体或电子科普资源，利用科普大篷车外借博物馆展品资源，科普工作者进校园开展科普讲座、科普表演、科普实验等。同时，教育部门与科协、学校合作共建课后服务的科技活动资源库与典型案例库，通过网络平台实现优秀资源的共享和传播，鼓励案例资源的持续生成，提供多元化的课后服务内容，以实现学生素养的提升。

（四）加强课后服务的研究，建立合理的监督和考核制度

有效的监督和考核制度，可以为课后服务的政策落地和持续发展提供方向和建议。目前，我国的课后服务政策处于实施的初始阶段，管理、资源、时间等因素均限制了监督和考核制度的建立，无论是教育部门、行政部门、科技馆还是学校，都不具备评估课后服务效果的专业能力。有关部门应该建立课后服务研究的专家团队，加强课后服务的政策落地、典型案例、效果评估、监督考核等方面的研究。同时可借助第三方专业机构的力量协同制订监督考核方案，综合考虑教育部门、政府、科协、学校、教师、学生、家长的观点和建议，最终形成体系完整的制度文件，使课后服务真正发挥服务人民群众、促进学生全面发展的作用。

五、结语

课后服务政策的颁布为解决双职工家庭按时接送孩子、减轻学生课业负担、规范校外培训机构的难题提供了参考方案，中小学课后服务不仅要发挥基本的看护功能，更要承担起促进学生全面发展的重任。中小学联合科技馆等机构开展课后服务有利于填补学校教育的不足，充分发挥非正式教育的优

势，丰富课后服务内容；而课后服务也为科技馆进校园，进一步推进馆校结合提供了契机。目前，全国各地中小学在课后服务文件的号召下，陆续开展了课后服务模式的探索，其中相当一部分学校开始与科技馆等机构联合在课后服务中开展科技类活动。然而，中小学与科技馆合作开展课后服务的比例较低，合作的过程存在一些问题，如校际差异较大、师资力量不足、服务内容单一、缺乏监督考核制度。本文针对上述问题逐一提出应对策略，并结合典型的案例和措施进行说明。期待随着课后服务政策的实施和探索，中小学与科技馆的合作越来越深入，真正发挥课后服务的素质教育功能，提升青少年学生的科学素养。

参考文献

[1] 吴开俊，孟卫青. 治理视角下小学生课后托管的制度设计 [J]. 教育研究，2015，36（6）：55-63.

[2] 马莹，曾庆伟. 学校课后服务的功能窄化及其制度突围 [J]. 当代教育科学，2018，（11）：60-64，79.

[3] 顾艳丽，罗生全. 中小学课后服务政策的价值分析 [J]. 教育科学研究，2018（9）：34-38.

[4] 王璐. 小学校外托管机构的发展与规范研究 [J]. 教育观察（下半月），2017，6（1）：69-70.

[5] 中华人民共和国教育部. 教育部办公厅关于做好中小学生课后服务工作的指导意见 [EB/OL] [2017-03-04]. http://www.moe.gov.cn/srcsite/A06/s3325/201703/t20170304_298203.html.

[6] 中华人民共和国中央人民政府. 国务院办公厅关于印发全民科学素质行动计划纲要实施方案（2016—2020 年）的通知 [EB/OL] [2016-03-14]. http://www.gov.cn/zhengce/content/2016-03/14/content_5053247.htm.

[7] 赵慧勤，张天云. 基于学生核心素养发展的馆校合作策略研究 [J]. 中国电化教育，2019，（3）：64-71，96.

[8] 季娇，伍新春，青紫馨. 非正式学习：学习科学研究的生长点 [J]. 北京师范大学学报（社会科学版），2017，（1）：74-82.

[9] 中国科协办公厅　中央文明办秘书局. 教育部办公厅关于印发《科技馆活动进校园工作“十三五”工作方案》的通知 [EB/OL] [2017-04-10]. http://vote.cast.org.cn/n17040442/n17187746/n17187791/17763551.html.

[10] 中国教育报. 陈宝生在“部长通道”上回答记者提问：为教师办实事　帮家长解难

题［EB/OL］［2018-03-03］. http://www.moe.gov.cn/jyb_xwfb/gzdt_gzdt/moe_1485/201803/t20180305_328692.html.

［11］马莹，曾庆伟. 学校课后服务的功能窄化及其制度突围［J］. 当代教育科学，2018，(11)：62-66，81.

环境传播的学科关系与发展路线图研究

杨 勇 王明慧 卢佳新 陈永梅

（中国环境科学学会，北京，100082）

摘要：据分析，环境传播与科学传播既有重合也有区别，科学传播理论可为环境传播提供借鉴。参考马斯洛需求理论，本文尝试划分了公众环境需求层次，并提出环境传播的2020年、2035年和2050年发展目标，从操作体系和支撑体系两个方面初步构建了环境传播发展路线图，明确了畅通沟通渠道、加强顶层设计、深化环境教育、集结社会力量、融合传播媒介和推行绩效评估等重点任务。

关键词：环境传播 科学传播 发展路线图

Study on Disciplinary Relationship and Developing Roadmap of Environmental Science Communication

Yang Yong，Wang Minghui，Lu Jiaxin，Chen Yongmei

（Chinese Society of Environmental Sciences，Beijing，100082）

Abstract：According to the past analysis，there are both coincidences and differences between environmental science communication and normal science communication. The theory of normal science communication could provide references for environmental science communication. With reference to Maslow's Demand Theory， this paper attempts to divide levels of public demands on

---

作者简介：杨勇，中国环境科学学会工程师，e-mail：hbkp365@163.com；王明慧，中国环境科学学会工程师，e-mail：hbkp365@163.com；卢佳新，中国环境科学学会科普部副主任、高级工程师，e-mail：hbkp365@163.com；陈永梅，中国环境科学学会科普部主任、高级工程师，e-mail：hbkp365@163.com。

environmental science communication，to put forward goals for environmental science communication in 2020，2035 and 2050 respectively，and to preliminary developing roadmap for environmental science communication from operating and supporting aspects. What's more，some key tasks are put forward，such as unblocking communication channels，strengthening top-level design，deepening environmental science education，gathering social resources，integrating communicating media，carrying out evaluations on effects，and so on.

Keywords: Environmental science communication，Science communication，Developing roadmap

一、环境传播与科学传播

环境传播（environmental communication，EC）是人们认识环境，以及人与自然之间内在关系的实用和建构手段，实用功能在于教育、警示、说服、调动和帮助解决环境问题，建构功能在于帮助形成对自然和环境问题的观念感知[1]。广义上，环境传播的研究领域和理论非常广泛，主要议题分为七大类[2]：①环境修辞和自然的社会符号建构；②环境决策中的公众参与；③环境合作与冲突解决；④媒介与环境新闻；⑤广告和流行文化中的“自然”表征；⑥环境宣导和信息架构；⑦科学与风险交流。基于国际期刊《环境传播》的文献计量分析[3]表明，所采用的理论主要有框架分析理论、修辞理论、扎根理论、培养理论、社会建构论、议程设置理论、创新与扩散理论等，所采用的研究方法有案例研究、调查/面谈/焦点小组、内容分析法、话语分析、民族志、文本分析、实验法、比较分析法，以及口述史、元分析、行动者网络理论等。

科学传播（science communication，SC）的概念尚未达成统一认识，尚有公众理解科学、科技传播、科技公共传播、科学文化等多种说法。当前科学传播主要有三种典型模型[4]，依次为中心广播模型、缺失模型、对话模型（也叫民主模型），分别代表了传统科普、公众理解科学和（有反思）的科学传播。基于国际期刊《公众理解科学》《科学传播》的文献计量分析[5]表明，科学传播研究的三大主题是公众参与、科学与媒介（科学与科学家的媒介再现、科学新闻的产制）、科学与社会（公众如何理解科学及其影响因素、科学理解公众），所使用的理论包括传播学的创新扩散、议程设置、使用与满足、第三者效果理论，还有心理学、语言学、社会学、信息科学、系统科学等学科的相关理论，研究方法有框架理论、扎根理论、社会网络分析、话语分析等。

有科学传播学者[6]表示，“环境传播理应属于科学传播的范畴，但尤其像全球气候变化在科学和政治方面的集约发展，使得环境传播这个子学科的发展非常迅速。当前许多环境传播议题牵扯到政治和伦理道德问题，常常超出了（自然）科学的范畴，使其仿佛要从科学传播中剥离出来。环境传播可能更多地借鉴了政治传播，而不是科学传播。在宽泛的大众传播研究领域中，现在声称学科地位的环境传播同科学传播的关系忽近忽远，有时像姐妹，有时则又像远亲。”

借鉴环境教育的内容涵盖科学知识和人文知识，环境传播的内容与科学传播既有重合也有区别。不可否认的是，环境传播和科学传播具有很多共同的话语和关注领域，如教育（education）、素养（literacy）、文化（culture）、公平（justice）、大众传播（mass communication）、公众参与（public participation）、公共关系（public relation）、风险交流（risk communication）等，所采用的研究理论和方法也高度重合。除了正规环境教育外，科学共同体、大众传媒、政府部门及其他企事业单位等开展的各类环境传播活动是促进公众理解和参与环境公共事务的重要组成部分，尤其是当下各类环境问题频繁爆发的关键时期。

自20世纪90年代以来，信任危机、公众参与成为科学传播关注的焦点问题[7]，服务公众参与科学对话和科学事务成为科学传播的基本任务之一。进入21世纪以后，建立更加透明和民主的科学事务决策机制是科学技术与社会（STS）领域关注的重要议题，推进科学对话是解决科学与公众紧张关系的重要手段。同样的，随着我国公民意识和环境意识的觉醒，许多涉及环境议题的科学、技术和工程等事务引起了广泛的社会关注或争议，如涉及PX项目、水电设施、核设施、垃圾处理处置设施的“邻避运动”时有发生。因此，环境公共政策需要广泛吸收公众的意见和建议，开展对话，建立民主决策机制，环境传播和沟通则是促进科学对话和公众参与的重要实践领域。

本研究中，环境传播取广义的传播概念，即包括面向青少年的学校正规教育，以及面向社会大众（public）的环境解说和媒体传播等非正规教育，但不包括环境科学共同体内部的学术交流和传播。目前，环境传播还较为缺乏理论指导，对《环境传播》国际期刊的文献计量分析[3]表明，仅43%的论文有明确的理论指导，而国内的环境传播研究起步较晚，多数局限于环境新闻报道方面，很多环境传播活动组织较宽松，具有较大的随意性，效果容易打折扣。

二、公众环境需求分析

越来越达成的共识是，有效的科学传播[8]需要基于多样的社会背景和媒介平台，促进对话、信任、关系和公众参与，从“传播者驱动”[7]（如传统科普）转向“受众驱动”“需求驱动”。由美国心理学家亚伯拉罕·马斯洛于1943年提出的需求层次理论，将需求分成生理需求、安全需求、社交需求、尊重需求和自我实现需求，后来修订为7层（增加了认知需求和审美需求），并形成一个金字塔图形。公众环境需求主要包括对环境质量（安全、清洁、健康）、环境认知、环境参与等多方面的需要（图1）。

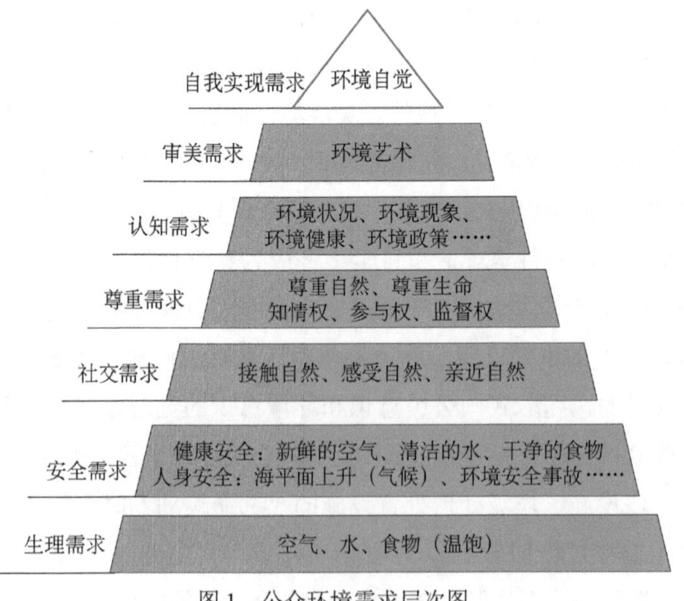

图1　公众环境需求层次图

1. 生理需求

为了人体生理机能的正常运转，必须呼吸空气，摄取水和食物等。随着我国小康社会的建成，温饱问题已经基本解决，然而由于全球气候变化或天然环境恶劣，极端干旱等现象依然会对水、食物等基本生理需求造成威胁。

2. 安全需求

包括人身安全、健康保障等，如天津港危化品爆炸等安全和环境事故便威胁到人身安全和财产安全，新鲜的空气、清洁的水、干净的食物等关系到人体健康。基于我国的社会经济发展状况，环境问题异常复杂，预判到2020年只能阶段性改善，部分地区的部分环境指标有望达标；2030年左右人口基数达到拐点，碳排放等达到峰值，环境质量有望实现总体性改善；2050年环境质量有望持续改善，生态系统实现良性循环。这与人们对环境改善的强烈期盼存在较大差距，如有调查表明，近七成被调查者认为可接受的灰霾治理期限为5年[9]，珠三角地区由于扩散条件好，5年内 $PM_{2.5}$ 浓度达标的难度不大；而长三角地区可能需要两个5年，京津冀地区大概需要三个5年。与此同时，虽然公众在短期内可能不容易直接感受到臭氧（O_3）污染，但该问题已经在这些地区开始显现，而其治理难度比治理灰霾要大。针对化工厂（如PX项目）、垃圾焚烧厂等存在潜在环境风险的邻避设施，近年来爆发的群体性事件体现了人们对环境安全的关注和需要。

3. 社交需求

人类兼具社会属性和自然属性，随着城市化的快速发展，人们重新对接触自然、感受自然、亲近自然的需求变得更为强烈，每年前往自然保护区、森林公园等各种自然景区参观的大批量游客反映了人们回归自然的意愿。

4. 尊重需求

包括自尊、尊重他人、被他人尊重等方面，在环境方面主要体现为尊重自然、尊重生命、遵循环境伦理、关注动物福利，在环境公共事务方面主要体现为希望知情权、参与权和监督权得到保障和尊重。

5. 认知需求

包括对环境状况、环境现象、环境健康、环境政策等方面理解和认知的需求。“十三五”时期是环境质量改善速度和老百姓需求差距最大、资源环境瓶颈约束和发展矛盾最尖锐的负重前行困难期，公众便应对其原因有所认知。只有认知了环境问题缘由，才能更好地履行环境职责，践行环境行为。邻避现象既体现了人们对环境安全和健康的需要，也体现了对环境风险认知和沟通的需要。

6. 审美需求

对美好环境（自然环境和人造环境）、文明环境行为、环境艺术等的欣赏和热爱。

7. 自我实现需求

包括对于真善美至高人生境界获得的需求，充分发挥个人潜力，获得最大的满足。

对于公众的各类环境需要，环境传播的主要作用在于满足人们对环境的科学认知和理解，调整环境心理，采取合理的健康防护措施，营造环境沟通与交流的氛围和平台，履行环境职责，践行环境友好行为，共同建设美好环境。

三、环境传播目标分析

到 2020 年，相关政策法规更加健全，环境传播在环境管理中的地位更加突出；环境科研、培训和教育机构间的体制壁垒基本消除，环境社会组织基本得到社会广泛认可，环境传播的合力显著增强；政府、专家、媒体和公众的相互关系更加融洽，环境沟通氛围和社会共治体系基本形成；公众获取环境相关信息更加便捷和高效，环境健康防范意识和防护能力显著提升。

到 2035 年，专家和主流媒体富有社会责任感，敢于、善于积极发声，片面、噱头式的公开环境报道和言论几乎消失，应急科普能力显著增强；公众环境素养和行为能力明显提升，理性应对突发性环境风险事故或议题，有序参与环境决策、治理和监督等公共事务，环境沟通成效显著，环境诉讼渠道通畅；环境传播对科技的绿色化和环境科技创新的推动作用显著增强。

到 2050 年，人与自然、人与人、人与自己和谐相处，人人自觉维护生态环境，实现可持续发展和美丽中国梦。

四、发展路线图

结合党的十九大报告和全国生态环境保护大会对中国特色社会主义现代化建设的战略构想，提出了环境传播到2020年、2035年和2050年的阶段目标，并从人才队伍、经费结构、组织领导、政策法规等支撑体系和传播主体、传播内容、传播渠道、公众参与、全球传播、传播评估等操作体系两大方面分别构建了发展框架（图2），秉承的核心发展理念是环境传播从政府主导走向全社会共同参与，从环境科普宣传品等过程控制走向服务环境质量转变为目的的综合管理，从传播探索实践走向环境传播理论指引，从环境知识传播走向生态文明价值观传播，从单向传播的被动参与走向双向互动的全民自觉参与，从个体传播走向全民传播，从孤立传播走向体系传播，从人工传播走向智能传播，从国内传播走向全球传播。

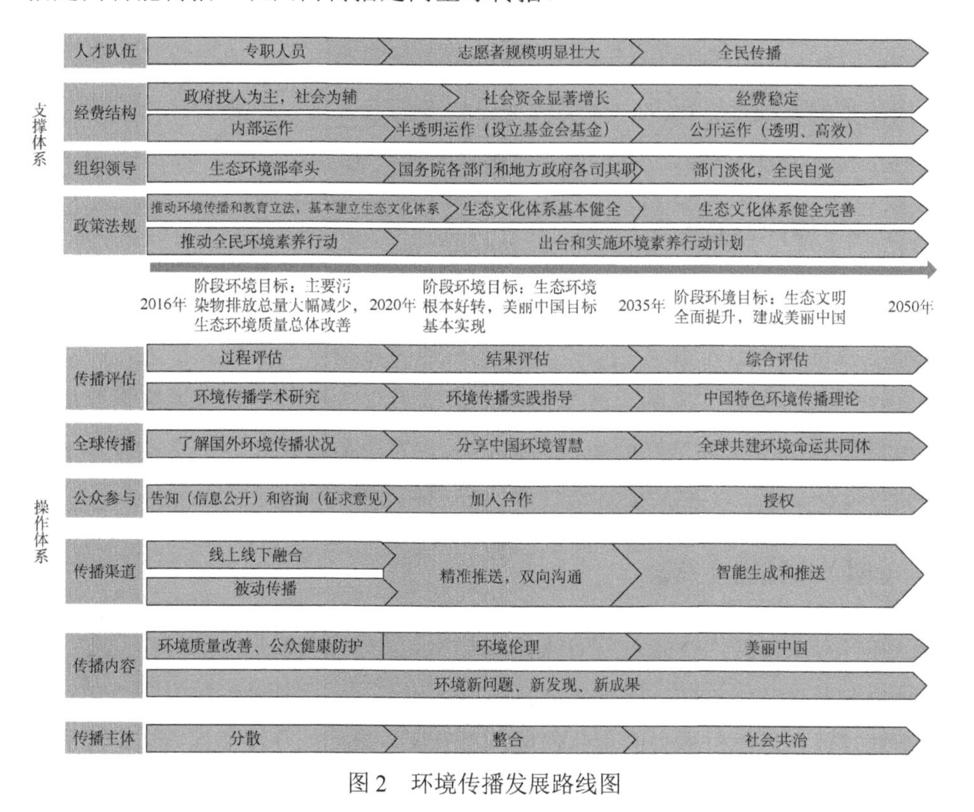

图2　环境传播发展路线图

五、主要任务

（一）畅通沟通渠道

深刻认识环境沟通的重要作用，其并非可有可无，或走走过场了事，公众参与应从“末端控制”走向全过程，政策或项目设计之初就应考虑到各利益相关者，强化和规范环境信息公开，并开展沟通和对话，保障公众的知情权、参与权和监督权，明确应该履行的环境义务，建立相互信任度。

（二）加强顶层设计

顺应生态文明体制改革，由国家层面协调、指导环境教育和传播，理顺中央和地方、各部门、各行业间的相互权责和关系，加强顶层设计。以垃圾分类为例，公众传播只是整个垃圾分类链条的环节之一，很难单独发挥作用，或者作用甚少，如果后续的分类运输和处理跟不上，便会降低公众对于垃圾分类的积极性。因此，环境传播应转变固有观念，需要贯穿始终，并同其他环节一起通盘考虑，建立有效衔接。

（三）深化环境教育

加快推进环境教育立法，并加强监督力度，督促中小学和高等学校切实把环境教育纳入日常教学之中；加强对教师的环境教育系统化培训，指导学校立足于当地实际情况制定教学内容，提高教学效果；引导学生掌握基本的环境科学知识，培养良好的思维习惯、学习方法和独立人格，具备合格的环境科学文化素质，提高应对环境议题的辨识和处理能力。

（四）集结社会力量

加强对全体文化行业人员的环境伦理教育，树立与时俱进的环境观念，推进环境友好型文化传播，促进生态文明理念渗透和融入社会经济发展之中；发挥新闻媒体在环境传播中的主体作用，提升突发事件的环境传播响应速度和覆盖面；鼓励非政府组织（NGO）发展，推动环境传播的接近性和职业化。

（五）融合传播媒介

根据环境传播对象的特点，选择合适的媒体、设施、活动等传播媒介，多管齐下，相互融合；借助成熟的传播平台，加强合作，群策群力，相得益彰；借助地方传播平台，推动环境传播的本土化、具象化；关注经济欠发达地区、边疆地区、少数民族地区，以及老年同志、身体障碍者等人群，普惠环境民生。

（六）推行绩效评估

以改善环境质量为宗旨，加强对环境传播的绩效评估，及时改进和完善传播方式方法，明确和攻克环境传播的重点和难点问题。

借鉴当前建设项目和规划环境影响评价（直接环境影响）的经验和理念，制订大众文化产品的环境评价（间接环境影响）方案，推动和引领大众文化产品的绿色化变革。

参考文献

[1] 戴佳，曾繁旭. 环境传播：议题、风险与行动［M］. 北京：清华大学出版社，2016.

[2] Cox R，Pezzullo P C. Environmental Communication and the Public Sphere（4th edition）［M］. California：SAGE Publications，Inc.，2016.

[3] 岳丽媛，张增一. 国际环境传播研究的现状与趋势——基于《环境传播》的分析［J］. 自然辩证法研究. 2016，32（1）：61-65.

[4] 刘华杰. 论科学传播系统的“第四主体”［J］. 科学与社会. 2011，（4）：106-111.

[5] 朱巧燕. 国际科学传播研究：立场、范式与学术路径［J］. 新闻与传播研究，2015，（6）：78-92.

[6] Trench B，Bucchi M. Science communication，an emerging discipline［J］. Journal of Science Communication，2010，3（9）.

[7] 任福君，翟杰全. 科技传播与普及概论［M］. 北京：中国科学技术出版社，2012.

[8] Nisbet M C，Scheufele D A. What’s next for science communication? Promising directions and lingering distractions［J］. American Journal of Botany，2009，96（10）：1767-1778.

[9] 刘蔚. 小康社会的环境目标应该什么样？［N］. 中国环境报，2015-03-23：2.

亟待变革的城市社区科普

范振翔

（青岛市科技馆，青岛，266001）

摘要：城市社区科普是在城市的一定区域内，利用各种科普资源开展的旨在提高该区域内全体社会成员科学素质的科学普及活动。近年来，城市社区科普工作存在参与度低、活动手段落后、经费来源单一等问题。同时，城市发展和移动互联网的普及进一步影响了城市社区科普活动的开展，城市社区科普已到了亟待改变之时。笔者以满足城市社区居民实际需要为出发点，提出以体验活动和人际传播为主要手段，建设以政府为主导、社会力量协同发展的城市社区科普体系，提高城市社区科普的效果。

关键词：社区科普　公民素质　科学传播　城镇化

Science Communication in Urban Communities

Fan Zhenxiang

（Qingdao Science and Technology Museum，Qingdao，266001）

Abstract：Science communication in urban communities is a kind of science communication activity which aims at improving scientific literacy of all residents in communities by use of various science communication resources. Current science communication in urban communities has several problems such as low participation，poor means or media，and insufficient funding. What's more，the development of cities and the popularity of mobile Internet further affect the operation of science communication in urban communities. Taking the actual

---

作者简介：范振翔，青岛市科技馆展示教育部主任，e-mail：13730958712@163.com。

demands of urban community residents on science popularization as the starting point，the paper proposes to construct a science communication system for urban communities which is guided by the government and coordinated by relevant social forces；and conduct science popularization based on experiencing activities and interpersonal communication，so as to improve the effect of science communication in urban communities.

Keywords： Urban community science communication，Citizenship quality，Science communication，Urbanization

社区是社会经济发展的必然产物，城市社区是组成城市的重要单元。相对于人口密度低并以农业生产为主的农村社区，城市社区是一种经济规模大、人口密度高的非农业活动在一定地域空间的集聚形式[1]。随着城市功能的不断完善，目前我国城市社区普遍具有开展文化教育、艺术娱乐的基本物质设施，能够开展以自我娱乐、自我教育为目的的文化活动。

城市社区科普是在城市的一定区域内，利用各种科普资源开展的旨在提高该区域内全体社会成员科学素质的科学普及活动。目前我国正处于推进城镇化快速发展、全面建成小康社会决胜阶段，无论是为城镇化建设提高人们融入城市的适应能力、就业能力、创业能力，还是建成小康社会满足人的全面发展的需要，都必须以提高公民科学素质为基础。城市社区科普是在社区居民熟悉的空间里开展科普工作，是城市科普工作的“最后一公里”。充分发挥城市社区科普的优势，让社区科普活动真正服务于社区居民，将达到良好的科学传播效果。另外，城市社区科普还具有文化交流功能，能够增强社区居民的共识，将社区建设成为一个守望相助、富有人情味的社会关系和社会利益共同体，进一步促进城市文明与经济发展。

一、城市社区科普的自身困境

我国非常重视社区科普工作。多年来，围绕社区科普，形成了比较完备的政策体系和比较系统的工作模式。2011 年，国务院办公厅颁布的《全民科学素质行动计划纲要实施方案（2011—2015 年）》，专门提出了社区居民科学素质行动，使社区居民成为与未成年人、农民、城镇劳动者、领导干部和公务员并列的五大公民科学素质建设重点人群之一。2016 年颁布的《全民科学素质行动计划纲要实施方案（2016—2020 年）》继续将社区科普作为一个重要内容，实施社区科普益民工程[2]。中国科学技术协会 2018 年发布的第十次中国公民科学素质抽样调查显示，我国城镇居民具备科学素质的比例达到了 11.55%，比 2015 年提高了 1.83 个百分点；而农村居民具备科学素质的比例为 4.93%，比 2015 年提高了 2.5 个百分点，增幅高于城镇居民。近年来，我国城乡之间的科学素质差距的减少值得肯定，但同时也要看到城市社区科普确实存在一些问题。

（一）活动流于形式，公众参与度低

2017 年，刘振军、刘锦鑫在对深圳市社区科普工作的研究中发现[3]，目前开展科普工作的主要依据是以部门需要、领导重视为主，以社会效应为辅，仍存在传统的单向传递科普模式，将公众视作被动的信息接受者。大部分社区科普工作具有短期性、突击性、运动性等特征，没有形成很好的科普工作领导力，缺乏科普工作的全局统筹、资源整合，致使科普工作者缺乏目标指向性，不利于科普工作的科学发展。2011 年，中国科普研究所胡俊平、石顺科对全国部分一级、二级城市做的抽样调查结果显示[4]，社区居民对社区科普活动的参与程度较低，从不参加科普活动的占 71.0%，而每月参加 1 次社区科普活动的占 17.4%，每月参加 2～3 次社区科普活动的占 9.1%，每月参加 4 次以上社区科普活动的仅占 2.5%。同期调查结果显示，近 70%的受访社区居民认为社区有必要组织科普活动。由此可见，城市社区居民对科普活动的实际参与度低，更多的原因来自城市社区科普活动自身。

城市社区科普是城市科普工作的“最后一公里”，是科普活动最终也是最重要的一步，关系到科普活动能不能真正服务于社区居民。由于多方面的原因，许多社区的科普工作只注重场面效果，科普内容脱离群众需要，科普形式陈旧落后，很少关心社区居民“满意不满意、支持不支持”。这种场面化的社区科普，虽然能有效应对各种形式的检查，却很难吸引社区居民的主动参与。这类低水平的城市科普活动对于全民科学素质提升有限，还容易引起社区居民对组织单位的不信任甚至产生对立情绪。

（二）专业人员缺乏、活动手段落后

中国科普研究所原所长任福君认为，专职科普人才数量不足、水平不高，兼职科普人才队伍不稳定，作用没有充分发挥，面向基层的科普人才短缺……这些已经成为制约我国科普事业发展的瓶颈。我国城市社区科普的实施往往由街道办事处负责，街道办事处要承担政府多个部门下派的任务，而工作人员数量却相对较少，更不可能配备专职科普人员。

在社区繁杂的日常工作中，很多社区仅有少量精力投入社区科普，甚至无暇开展科普工作，科普工作被边缘化。社区科普兼职人员往往对科普的理解十分浅显，也缺乏开展高水平科普活动的能力。在实际开展的社区科普活动中，仅能以宣传画、传单、社区图书（科普）馆、联系专家开讲座等形式对科普知识进行单向传递，对城市社区科普目标缺乏长远规划，科普内容不接地气，科普形式枯燥单调，缺少对科学精神、科学思想和科学方法的弘扬和传播，科普在“提高公众运用科学技术参与公共事务的能力”方面的作用不明显[5]。

（三）经费来源单一，缺乏广泛协作

2013 年，李军平对我国中东部地区四个城市社区的调查结果显示[1]，我国当今科普投入主要依靠政府财政拨款，社会捐赠及其他筹集资金所占的比例不大。而国外的科普事业主要由民间组织来开展，其运营经费主要来自社会捐赠，社会捐赠占科普经费的 1/3，甚至一半以上。由于我国城市社区科普的经费来源单一，“重建设轻维护”现象屡见不鲜，许多城市社区科普设施以项目经费建设较为顺畅，却很难争取到每年必要的更新和维护经费，只能任其自负盈亏、自由发展。2015 年，李萍对全国不同城市的社区图书室的研究发现[6]，在去过图书室的人群中，40.7%的人认为目前存在的主要问题是书刊更新太慢，接下来依次为场所面积小、书刊内容涉及面太窄、借阅不方便等。

近年来，在笔者实际参与的许多社区科普活动中，上述这三类问题出现得较为集中，这绝不是偶然现象。虽然我国城镇居民具备科学素质的比例仍保持逐年提高，但城市社区科普已面临多重困境，已到了亟待变革之时。

二、外界因素对城市社区科普的影响

通过参与社区科普工作，笔者深刻体会到，随着城市化快速发展，社区人员结构已发生巨大改变，邻里关系日渐疏远；互联网的发展，尤其是移动互联网设备的快速普及，使得城市社区的大部分居民已经掌握了获取科普知识更为有效和便捷的途径；各类社交软件层出不穷，提升了社区居民参与、表达、分享、评价事物的意愿和能力……这些因素都对城市社区科普产生了影响，进一步敦促城市社区科普及时做出改变。

（一）城市发展对社区居民的影响

我国改革开放 40 多年来，经过市场经济的发展，社会结构已发生了深刻的变化。城市中劳动者与劳动场所分离，“南工北宿”“东工西宿”等已成为普遍现象。原先城市社区基于共同工作单位的组织属性消失殆尽，同一社区的成员来自不同工作单位，居民的差异性大，造成邻里间关系日渐疏远。随着住房改革，社会人口流动性加剧，城市社区的进入和退出更加容易且频繁，难以形成稳定的社区关系网络。城市社区人口规模大、密度高，社区居民对公共空间与私人空间有明显的区分，参与公共活动的意愿不强。城市服务日益公开与完善，使社区居民对社区服务的依赖性减弱，也失去了认同社区的必要性。

（二）互联网设备的快速普及

近年来，随着互联网设备尤其是移动互联网设备的普及，智能手机成为城市社区居民的标配。利用智能手机检索、浏览、下载各类科普信息更加便捷高效，突破了传统科普活动对时间和地域的限制。遇到问题利用手机及时查阅，这种“碎片化”的学习方式更加符合当代城市居民的生活习惯，提高了他们对于零碎时间的利用率，让科学知识的普及变得更加简便和高效。与之相比，目前的城市社区科普活动还停留在以信息传递［如宣传栏、顺口溜、社区图书（科普）馆、多媒体教室、专家宣讲等］为主要内容的传统科普活动形式。让已经熟练掌握互联网工具的社区居民集中参与以信息传递为主要内容的城市社区科普活动显得过于奢侈和多余。这也是目前传统的城市社区科普活动吸引力不足的主要原因之一。活动组织者往往费力请专家、做活动、建场地，却只能吸引到不会上网的社区老年居民。

（三）各类社交软件的兴起

微博、微信、抖音等一批社交软件的兴起，几乎改变了城市中每位社区居民的生活方式。根据各软件公司官方发布的最新年度数据报告，2018 年微信月活（每月活跃用户）为 10.82 亿人，微博月活为 4.46 亿人，抖音月活超过 5 亿人。这类软件能够获取庞大而忠实的用户群，因为它们能够为每个用户参与、表达、分享、评价事物提供条件，满足了个人的展示需要和社交需要。以微信为例，每个人在其中的身份非常灵活，不但通过浏览朋友圈和公众号成为信息的接收者，还可以随时通过拍照发朋友圈、转发公众号成为信息的制造者和传播者。目前，各机关、企事业单位开辟官方网上交流平台的行为早已屡见不鲜。2018 年 6 月，25 家央企（包括中国核电、航天科工、航空工业等）也集体入驻抖音，昔日人们印象中“高冷”的央企，正在借助新的传播形式寻求改变[7]。

由于篇幅关系，还有许多外界因素不便于一一列举。城市社区科普是直接面向社区居民的科普，必须与外界环境相适应，必须与被传播者的认知水平相适应。如果城市社区科普不能适应外界变化及时做出改变，仍然按部就班地将科普知识的单项传递作为主要内容，今后开展科普活动将更加艰难。

三、提升城市社区科普的有效途径

在城市社区科普中，要认识到居民既是科普活动的受益者，也可以是科普活动的维护者和创造者。在科普活动形式上，组织单位需要改变过去“高高在上”的知识传递模式，主动邀请居民参与地位平等的体验与分享，变单向传递为双向沟通；在科普活动的内容上，需要建立长远目标，关注社区居民的热点和难点问题；还需要加强科普人才队伍建设，进一步拓宽资金渠道，融入社区文化建设。

（一）加强体验活动，提升竞争力

根据笔者近年来开展科普活动的经验，社区居民对专家讲座的专家和选题的要求很高，对低水平的活动参与意愿不强；对具有互动性、体验性的动手活动或课程参与意愿更强，不会对专家和活动内容有过分苛求。这反映了社区居民获取信息的途径越来越广，已不满足对于知识本身的获取，还希望通过亲手操作参与获取知识的过程。在“语言→文字→书刊→广播→电视→互联网”的人类传播方式发展过程中，人类所获得的各种“经验”中“间接经验”的比例越来越大，而“直接经验”的比例越来越小。固然，通过“间接经验”进行学习的效率远比“直接经验”要高；但“直接经验”对于人类是不可缺少的，只有当“间接经验”与“直接经验”相一致时，才能完成知识建构[8]。在这类基于动手体验的科普活动中，社区居民能够通过自主操作“直接”获取经验，这是城市社区科普活动的独特优势，是无法被互联网发展所替代的核心竞争力。

（二）加强人际传播，提高亲和力

人际传播是个人与个人之间的信息交流。社区科普是科普工作的基层组织，人员相对集中，人与人之间“面对面”的科普是城市社区科普的又一个优势。科普传播者与社区居民可以共聚一堂，促膝交流，产生亲切感，让社区科普工作更有人情味，从而增强传播的效果。不同于科学共同体内的科学，社区科普中居民接触到的科学是经过合理加工、更加通俗化、更有故事性和人情味的科学。这类信息最易通过语言转述传播开来，能够提升社区居民在生活中应用科学的能力和理性思考的能力，使他们在精神层面上相信科学，理解科学发展对于自身生活的作用。

（三）加强统一领导，提升执行力

城市科普工作覆盖面广，领导主体呈现多样化，在经费管理、资源整合、机制建设、效果评估等方面缺乏统一管理。建议由政府整合有关部门力量，建立全市统一的城市社区科普工作领导机制：由该领导机构有计划地针对城市发展所引起的社会热点问题和社区居民的普遍需求展开调研，找准社区居民的关切点，做好科普活动选题；由该机构对全市社区专兼职科普人员进行有计划的培训，使其掌握向公众进行科学传播和协调管理科普工作的能力；由社区居民以社区为单位对该机构的科普活动进行评议和监督，将公众的评价作为城市社区科普工作效果的重要评价标准；进一步强化城市社区科普对社区文化建设的服务功能，将社区科普工作有效地融入城市发展当中。

（四）促进联合协作，提高生存力

在社区中开展的科普活动不仅具有教育功能，还有很强的宣传效果。《中华人民共和国科学技术普及法》第六条规定：“国家支持社会力量兴办科普事业。社会力量兴办科普事业可以按照市场机制运行。”企业参与城市社区科普是企业社会责任感的体现，能够帮助企业在社区居民中建立“专业、诚信、担当”的形象，增强用户黏性；对社区工作人员来说，引入市场化手段开展科普工作能够减轻资金压力，开展经常化科普，还能向企业学习先进的传播手段。在社区科普活动中加强与企业、社会机构的大联合大协作，对双方而言是双赢的结果。需要进一步完善对社会力量开展科普活动的评估和激励机制，拓宽合作渠道，吸引鼓励社会力量进行社区科普建设，实现由政府为主导、多种力量并存的城市社区科普体系，提高城市社区科普的生存力。

参考文献

[1] 李军平. 当前城市社区科普探析——以中东部地区的四个城市社区为例［M］//中国科普研究所. 中国科普理论与实践探索——第二十届全国科普理论研讨会论文集. 北京：科学普及出版社，2013：7.

[2] 朱洪启. 我国社区科普工作探析［J］. 科技传播，2019，11（1）：183-184.

[3] 刘振军，刘锦鑫. 城市社区科普模式创新研究——以深圳市为例［J］. 改革与开放，2017，（23）：23-24，55.

［4］胡俊平，石顺科. 我国城市社区科普的公众需求及满意度研究［J］. 科普研究，2011，6（5）：18-26.

［5］赵兰兰. 城镇社区居民科普需求及满意度调研——以北京市为例［J］. 科普研究，2018，13（5）：40-49，108.

［6］李萍. 推动城市社区科普活动的对策研究［J］. 海峡科学，2015，（12）：18-20.

［7］常佳. “抖音”：科技馆科普教育传播新渠道［J］. 自然科学博物馆研究，2019，（2）：53-59.

［8］朱幼文. 科技馆教育的基本属性与特征［C］//中国科学技术协会，云南省人民政府. 第十六届中国科协年会——分 16 以科学发展的新视野，努力创新科技教育内容论坛论文集. 2014：6.

增强基层科普效果的若干方法思考

郭子若

（广西壮族自治区科学技术馆，南宁，530022）

摘要：当前我国宏观的科普网络基本成形，但在科普内容的具体推广中仍然存在基层科普受众参与度低、基层科普工作开展形式化、科普网络末梢传播效果不佳等现象。通过对我国科普网络现状和基层科普存在问题的分析，并结合基层科普实践、智慧农村建设的相关论著可以看出，通过深入的调研工作、基层科普与助农政策相结合、融合智慧农村建设平台设施、完善机制激发科普作品创作热情等，能够有效增强基层科普效果。

关键词：科学普及　基层科普　科普效果

Thoughts on Several Methods to Enhance Science Popularization Effects at Grass Roots Level

Guo Ziruo

（Guangxi Science & Technology Museum，Nanning，530022）

Abstract：China's science popularization at present has shifted from traditional science communication to promotion of public scientific literacy. The macro science popularization network has basically taken shape，yet problems exist in the practical publicity of science， including low participation of grassroots audiences，poor transmission effects at terminals of the network，and formalistic science popularization at grassroots level. Based on analysis on the status quo of

---

作者简介：郭子若，广西壮族自治区科学技术馆展览策划部副部长，e-mail：76819752@qq.com。

science popularization network in China as well as analysis on existing problems in grassroots science popularization，this paper combs grassroots science popularization practices and documentations on “ smart countryside construction ” strategy， proposes to integrate favorable agricultural policies and “ smart countryside construction ” strategy into grassroots science popularization， and to improve mechanisms for stimulating popular science creations，so as to enhance the effects of science popularization at grassroots level.

Keywords: Science popularization，Grassroots science popularization，Popular science effect

十八届五中全会提出了“创新、协调、绿色、开放、共享”五大发展理念，并把创新提到了首要位置，可见创新是国家发展进步的动力和时代发展的关键。

国家的创新发展不仅要依靠各领域专家、学者的辛勤耕耘，更要依赖全体公民素质的不断提高，而科学素质是公民素质的重要组成部分，做好全民科学素质的提升工作，就是助力国家进步、民族复兴。

自 2006 年《全民科学素质行动计划纲要（2006—2010—2020 年）》颁布以来，经过各地各部门的通力协作，特别是“十二五”期间对科普重点人群科学素质提升的扎实推进，带动了全民科学素质的整体提高。最新一次中国公民科学素质调查结果显示，具备科学素质的公民比例达到了 8.47%，对比《全民科学素质行动计划纲要（2006—2010—2020 年）》颁布之初的 1.44%，已具有较大幅度提升，但是想要达到 2020 年 10%的目标还存在一定的差距。

当前我国宏观的科普网络基本成形，但基层科普的手段和科普效果如何完善、提升，仍需要广大科普工作者结合实际深入思考。

下文将从我国科普网络的现状、基层科普呈现的问题、改善问题的方法思考三个方面展开论述，希望对基层科普工作的创新开展有所助益。

一、我国科普网络的现状

公民科学素质水平间接反映了地区综合实力和创新潜能，做好基层科普工作一直是广大科普工作者的共识。国家从政府层面颁布了《国务院办公厅关于印发全民科学素质行动计划纲要实施方案（2016—2020年）的通知》《中共中央、国务院关于深化科技体制改革、加快国家创新体系建设的意见》等相关文件，指导科普工作的发展方向；在硬件设施方面，加大了财政资金投入，各类科普实体场馆建设蓬勃开展，并结合工作实际提出了流动科技馆全覆盖和科普大篷车的基层巡展工作，同时广泛开展“基层科普行动计划”（包括“科普惠农兴村计划”“社区科普益民计划”），这些举措为我国组建科普网络体系打下了坚实的基础。[1]

国内的科普场馆建设热潮始于2000年左右，目前全国已有大中型科普实体场馆约1500座，且均位于经济较为发达的城市地区。场馆本身的承载能力和辐射面积，受益于我国近年来飞速发展的高速公路和城市间高铁、城市内地铁、轻轨建设。这些实体场馆的科普辐射范围均能达到100千米左右。部分直辖市、省会的科普场馆利用自身特色和区位优势，形成了不可复制的自身品牌价值，能够辐射的范围可达到300千米以上，同时对下级单位开展基层科普工作起到了示范、指导作用。

但经济欠发达的市、县由于实体场馆投入资金大，建设周期长，后续运营、维护、改造成本高，需要的科普专业人才缺乏等一系列问题，不能实现实体场馆的全覆盖。

为了进一步满足基层公众的科普需求，实现科普的公平与普惠，促进我国公民科学素质的整体提升，流动科技馆作为实体场馆的延伸，把丰富的科普资源进行标准化生产，结合多种科普展教活动、科普讲座，以中长期（2～3个月）的巡展形式向基层传播科学知识与科学思想。中国科协原常务副主席、书记处第一书记陈希同志还对中国流动科技馆提出了要实现“全覆盖、系列化、可持续”的发展要求[2]，各级科协组织深刻领会精神，统一协调，加大经费和人员支持，目前各省（自治区、直辖市）流动科技馆的全覆盖已基本完成。流动科技馆依托实体场馆的科普资源，通过巡展地政府、教育局、媒体的组织、协调、配合，能够辐射周边 10 千米以内的城域范围，受惠民众和社区数量进一步增加。

对于没有较大公共服务场地，经济社会发展水平较低，交通不便的乡、镇、屯，科普大篷车则是一种有效的延伸方式，它作为科普宣传工作中的重要组成部分，具有丰富多彩的展示内容、灵活机动的特点，能够结合偏远地区或少数民族地区特殊的民俗节日开展多种形式的科普活动，并能有效地传承和发扬特色鲜明的少数民族文化，取得了良好的社会效应。部分省（自治区、直辖市）组织推广的科普大篷车“月月行”、乡村农寨“万里行”等活动，结合当地的生产生活实际，开展群众性的科普活动，在推广科普资源、开展科技咨询和服务、传播科学思想方面取得了实实在在的效果。[3]

依托省、市级实体科普场馆丰富的科普资源，结合“流动科技馆”的区域全覆盖，补充科普大篷车灵活机动的末端延伸，我国的科普辐射网络已基本成形，并发挥着重要的作用。

二、现阶段基层科普呈现的问题

虽然我国的基层科普网络已基本成形，但在科普内容的具体推广中仍然存在基层科普受众的参与度低、积极性较差，基层科普开展形式化、科普网络末梢传播效果不佳等现象，这些都制约着全民科学素质水平的整体提升。

（一）基层受众参与度不高

对于基层社区而言，群众的组成较为复杂，学龄前儿童、青少年、老人、上班族、进城务工者等均有各自的科普需求。但流动科技馆或科普大篷车下基层的展品展项，多是定位于青少年、提倡动手参与的基础性科学原理展品。只有在特殊情况（重大灾害、突发事件、重要天象等）下，才会配套部分科普展板进行同步展示。群众需求并没有得到满足，开展的科普活动无法达到受众的心理预期，导致在没有具体部门组织的情况下，受众参与度低，甚至出现抵制心理。

对于贫困地区而言，本身地理位置处于祖国边陲或自治县、乡，自然环境恶劣，土地贫瘠，信息传播不畅，交通不便，而且民族间语言差异和风俗习惯与宗教信仰等都制约着公众对科普内容的理解和接纳水平。再加上受城镇化发展的影响，贫困地区的青壮年多选择放弃农耕生产，外出打工谋生，村屯剩余的留守老人和儿童普遍文化水平不高，对于传播的科普内容无法接受或不愿接受，对于基层开展的科普活动自然参与度低、积极性不强。

（二）软硬件设施的差异化

在城镇，大部分社区都设置有科普宣传栏、综合性的群众活动室或供群众锻炼身体的小型公园、户外健身场，这些设施广受群众的欢迎，且长时间保持着较高的人流密集度。但显著的问题是部分科普宣传栏无固定（兼职）的人员进行内容更新或更新周期长，内容枯燥呆板；群众活动场地看管不利或无人员看管、部分设备损坏且检修时段长影响群众使用。

而乡村大多没有固定的公共活动场地，更谈不上固定的科普活动场所和科普宣传栏，更没有负责科普工作的固定（兼职）人员进行日常科普宣传和科普设施维护，造成已有的科普设施形同虚设和最基层科普工作的空白。

（三）基层科普效果短暂

首先，当前基层科普活动开展周期较长，配套的流动科技馆展品、科普大篷车数量有限，要完成实体场馆的全部科普内容下基层，需要 3～5 个项目循环，很多青少年虽有热情，但由于没有相关资源或资源更新不及时，科普效果逐渐减弱。

其次，科普传播内容受到娱乐、短视频、个人直播的冲击较大，不仅在流动科技馆、科普大篷车的活动现场，甚至在实体场馆内，随处可见家长甚至孩子沉迷于娱乐性质的短视频、才艺直播或游戏中，眼睛和耳朵接收的科普信息完全成了“过堂风”，无法入心入脑。究其原因，笔者认为是适合基层的科普书籍、漫画、动画、短视频和直播视频资源等在数量和质量上均不能满足群众实际需求，不能吸引受众的持续关注。

针对以上问题，我们一方面要加大流动科技馆与科普大篷车的巡展力度；另一方面要求我们及时从制度设立着手，加大对基层硬件设施支持力度。同时广泛联合社会其他力量，积极融合现阶段已成形的各种技术和渠道，并将其转化为能够提升基层科普传播效果的方法和手段，并加以推广。

三、改善问题的方法思考

（一）针对基层受众参与度不高的几点措施

1. 深入开展基层科普需求的调研工作

要解决科普传播效果不理想的问题，首先要开展长期、深入的调研工作。简单地通过活动开展时期的问卷调查、现场咨询等，不足以形成具有指导工作发展方向的数据库。应当积极建立各种形式的信息交流平台（包括网络信息平台和移动终端平台），区分地区、民族、宗教等可能影响基层科普开展的重要因素，通过有奖问卷或征询采纳积分兑换等形式，鼓励基层群众积极反馈自身的期望（包括需要的科普内容、活动形式、科普作品、传播方式、活动周期等），指导科普工作者及时调整工作的侧重点和活动的内容配置。

2. 基层科普与助农政策相结合

要解决科普传播效果不理想的问题，要联系实际开展贴近人民生产生活的科普活动。我国目前贫困人口数量仍然较多，并且多集中在边陲或自然环境恶劣的农村地区，扶贫工作与基层科普开展应相辅相成。扶贫先扶智，有智助脱贫，提升贫困地区群众的科学素质，传播科学技术、技能和科学思想，有助于打开农村脱贫致富的突破口。

贫困地区基层科普工作的开展可以融入大学生支边和精准扶贫等助农政策当中，为了迎合农村群众创收、增收的利益诉求，基层科协组织应广泛吸纳大学生村官和扶贫干部作为最新科技信息和科研成果的“传声筒”，同时全方位推动各类农村经济组织、农业技术推广机构、农业技术学校、农技协等开展形式多样的技术培训和科普宣传。在受众需求调研结果的基础上，更加有效、精准地开展工作。

以上措施的实施，一方面，可以作为上层建筑统筹全局工作的数据依托；另一方面，可以监督和促进基层科普工作的开展，增强基层科普工作人员的主动性和积极性，还能够助力脱贫攻坚任务的开展。同时，从本质层面找到了基层科普活动参与度不高的症结，有助于提高科普活动的吸引力。

（二）针对设施的差异化的几点措施

1. 融合“智慧”农村工程平台，提升基层硬件设施水平

党的十六届五中全会把社会主义新农村建设提升为国家战略，之后借鉴“智慧”城市建设理念，“智慧”农村的概念应运而生。“智慧”农村工程是指基于物联网技术的现代化新农村建设，拥有资讯较为集中的信息化网站，以实现农村生活现代化、科技化、智能化为目标，从而提高农民生活水平和建立农民的智能生活价值体系。狭义表述，“智慧”农村是指利用各种先进技术手段，尤其是信息技术手段来改善农村状况，并与“智慧”城市无缝接轨。[4]

当下农村的电子商务平台体系建设已初具规模，乡镇、村屯通过实体站点、互联网的硬件建设，乡村和城市的物质、信息资源能够迅速交换。因此，乡村物资的集散地也成为人流较为密集的公共场所。针对没有特定场地的农村，可以结合当地居民的行为习惯，在电子商务平台的实体站点、人流较密集且有互联网接入的公共区域，架设电子科普宣传栏，通过定时自动开关、远程控制等形式，把优秀的科普资源网站内容（如“科普中国”“学习强国”等）进行循环播放或点播。远程监控端可以及时地监测观看人数，并通过现有物联网进行设备定期维保、更新。

2. 利用数字化网络手段，共享科普内容

在软件推广方面，相较 20 世纪 70 年代的村头广播、80 年代的座机电话和无线电视，当今的有线电视和数据宽带、4G 移动网络已为科普信息的广泛传播打好了基础。目前，我国的 5G 网络正在加紧推广商用，基层的科普工作要紧跟时代发展潮流，让全民共享科普内容。

目前，农村网民的增速比逐年上升，其中使用手机上网的比例高达 75.3%，移动终端凭借其便利性和 APP 的支持拓展，能够使特定资讯迅速在网民中传播，并持续一定的时长热度。针对基层的科普内容不应该只是一味地

输入，还应充分利用现有的传播渠道与媒体平台资源，积极鼓励基层具有一定农业种植、养殖技术的农户在互联网上推广相应技术，拓宽产品销售渠道，用信息提高农民的基本收入。

同时，科普实体场馆也应加快数字化场馆建设步伐，一方面，完善数字化网络共享平台；另一方面，利用先进技术把实体场馆（包括常设展区和临时展览）转化为虚拟场馆，细化每个展品的演示视频和科学知识的纵向拓展。同时，结合具有自身特色的科普展教活动演示，组成真正意义上的数字场馆，方便基层群众足不出户，通过网络免费参观体验。

（三）针对基层科普效果短暂的几点措施

网络上传播广泛、群众关心的科普内容（包括部分伪科学），丰富多样的科普作品内容（包括书籍、漫画、视频等）均能够有效地延长传播时效。科普工作者作为伪科学内容辨谣、辟谣，科普作品创作、开发的主要力量，应当从制度、激励形式方面入手，提高其共建和谐网络生态的主动性和参与创作科普内容的热情。

1. 激励科学精神在互联网的传播

针对伪科学内容的辨谣、辟谣，可以和媒体平台合作，鼓励科普工作者实名注册为“科普推广大使”。对辨谣、辟谣工作突出的科普工作者采用“大V”认证，通过专家聘任、影响力推广等多种激励形式，鼓励科普工作者发挥自身的专业特长，并在特定领域持续地学习、探索。同时，采用“粉丝”、播放量奖励等形式鼓励某一领域有深入研究的专家、学者，创作受大众喜欢和易于接受的科普内容。

2. 鼓励科普作品创作与开发

科普作品是科普工作的重要组成部分，它把人类的科学知识、方法，以及融入其中的科学思想和科学精神，通过文字描述、绘画、漫画、动画创作等便于群众接受、理解的形式，传播到社会的各个角落，使公众理解并借以开发智力、提高素质，最终促进社会物质文明和精神文明。[5]

针对科普作品创作、开发，首先，要打通科普作品（包含书籍、漫画、动画等）投稿发行的通道，一方面保护作者的知识产权，另一方面可以对作品的内容、质量进行审核、把控；其次，从科普工作者的职业规划入手，补充职称评定中作品发表数量、等级和相关评审条件。完善科普书籍、绘画、漫画、动画等在不同渠道发表的评审标准，并形成具体的量化指标，把科普作品创作融入科普工作者的职业发展中，从精神及物质层面激励科普工作者，间接推动科普作品的创作，形成百花齐放的创作氛围。

以上措施能够充分调动科普工作者的积极性，并发挥个人专业优势。对网络传播的各种伪科学内容进行权威辟谣和及时清理，有利于科学精神在基层的广泛传播。

四、结语

科学普及是国家和社会普及科学技术知识、倡导科学方法、传播科学思想、弘扬科学精神的活动。作为提升全民素质的一个重要手段，基层科普的效果起到了决定性的影响。

作为科普工作者，我们必须从实际工作出发，保持敏锐的洞察力，及时查找和完善自身工作的不足，紧握时代脉搏，把基层科普工作做实做好。

参 考 文 献

[1] 陈东云. 科学选择切入点是实现基层科普工作创新的战略需求 [M]//中国科普研究所. 中国科普理论与实践探索——第二十一届全国科普理论研讨会论文集. 北京：科学普及出版社，2014：35-40.

[2] 吴顺鹏. 山东省流动科普“全覆盖、系列化、可持续”的实践与探索 [J]. 科技视界，2018，(22)：16-17.

[3] 韦美婵. 科普大篷车开展基层科普服务的探索和思考 [J]. 科协论坛，2017，(9)：31-33.

[4] 徐长安. 建设智慧农村 [J]. 中国建设信息化，2014，(15)：53-55.

[5] 雷蕾，雷鸿雁，饶江. 科普作品创作基地建设模式探索 [J]. 大众科技，2016，(3)：115-117，128.

基于 SWOT 分析法的边境少数民族地区科普工作的战略选择

——以崇左市为例*

李文靖[1]　宰晓娜[2]

（1. 重庆大学，重庆，400044；2. 广西民族师范学院，崇左，532200）

摘要：本文基于 SWOT 分析法对崇左市在科普工作中存在的优势、劣势和所面临的机会、威胁进行系统分析。结果表明，崇左市拥有独特的科普资源等内部优势，存在科普人才缺乏等内部劣势，拥有政策利好、经济发展和特殊科普需求的发展机会，也面临语言和思想文化观念转变难、科技成果转化难、社会组织发展困难等现实威胁。为此，崇左市要走增长型的战略发展，即不断加强科技教育，提高科技教育的质量和水平，加大科普软硬件建设，提升基本服务能力，加强科普资源的整合利用，形成科普发展合力，以实现全民科学素质发展目标。

关键词：科普工作　少数民族地区　SWOT 分析

Selection of Strategies on Science Popularization at Border Ethnic Groups Areas Based on SWOT Analysis:

A Case Study on Chongzuo City

Li Wenjing[1]，Zai Xiaona[2]

（1. Chongqing University，Chongqing，400044；2. Guangxi Normal University for Nationalities，Chongzuo，532200）

Abstract: This paper systematically analyzes the advantages，disadvantages，

---

* 本文为中国科普研究所“智慧社区数据的科学传播应用可行性研究”基金项目（项目编号：190106EMR91）研究成果。

作者简介：李文靖，重庆大学公共管理学院博士研究生，讲师，e-mail：396905203@qq.com；宰晓娜，广西民族师范学院政治与公共管理学院教师，e-mail：529852356@qq.com。

opportunities and threats exist in science popularization in Chongzuo City by use of SWOT method. The results show that the advantages lie in unique science popularization resources，while disadvantages are mainly reflected by insufficient science popularization intelligence；and opportunities include favorable policies，economic progresses and special demands on science popularization，while threats are mainly due to conversion difficulties in language and culture. In the end，a growth- oriented strategy is proposed for science popularization in Chongzuo City，that is，to strengthen science and technology education continuously，to construct more facilities and software for science popularization，to enhance abilities in popular science services，and to integrate sorts of science popularization resources.

Keywords：Science popularization，Ethnic groups area，SWOT analysis

一、问题提出

2002 年《中华人民共和国科学技术普及法》颁布，首次以法律的形式对我国科普的组织管理、保障措施、法律责任等做出规定。2006 年，《全民科学素质行动计划纲要（2006—2010—2020 年）》颁布，明确了我国科普事业的发展目标。2016 年，《国民经济和社会发展第十三个五年规划纲要》发布，明确将“公民具备科学素质的比例超过 10%”列入 2020 年奋斗目标。2019 年，广西壮族自治区颁布《广西公民科学素质提升两年行动计划（2019—2020 年）》，细化了全自治区科普工作的各项目标和措施。崇左作为中越边境城市、少数民族聚居区、贫困山区和革命老区，由于历史、地理和经济等原因，科普事业发展较为滞后，公民科学素质普遍偏低。2018 年中国公民具备科学素质的比例为 8.47%，而广西壮族自治区仅为 6.08% [1]，崇左远低于全国平均水平。在学术研究上，学者集中研究了科普的政策、科普组织（机构、场馆、基地等）、科普评估等，以对发达地区的科普研究居多，同时采用的是经济学、公共政策等常见分析工具，对某一城市的科普研究更多地倾向于对现状、问题和对策的分析。相反，对边境少数民族地区的研究较少，且少有学者采用管理学的战略分析方法——SWOT 分析法来加以研究。

SWOT 分析法由 K. J. 安德鲁斯于 20 世纪 80 年代提出，本文借助 SWOT 分析法，全面分析崇左科普工作所处的内外部环境，即优势（strength）、劣势（weakness）、机会（opportunities）和威胁（threats），从而寻找适合崇左市科普工作的发展战略。

二、崇左市科普工作的 SWOT 分析

（一）基于内部的优势分析

1. 特殊的科普资源

口岸资源：有 4 个县（市）与越南接壤，国家一类口岸 5 个，二类口岸 2 个，边民互市贸易点 14 个。自然资源：崇左是“中国糖都”“中国锰都”“中国红木之都”，年产糖量约占中国产糖量的 1/5。锰矿资源储量占中国的 19.41%，居全国首位。动植物资源：森林覆盖率 54.92%，是“中国白头叶猴之乡”“中国木棉之乡”“国家珍贵树种培育示范市”“中国指天椒之乡”。旅游资源：世界文化遗产——左江花山岩画、亚洲第一大跨国瀑布——德天瀑布、中国九大名关——友谊关、著名喀斯特地质公园——石景林、亚洲最大的恐龙主题公园——龙谷湾恐龙公园等。文化资源：“中国天琴之乡”、壮族文化、农耕和稻作文化、“红色文化”等。可见，崇左适合建立各类科普场所（场馆、基地）和开展民族文化、生物、地质、环境、军事、口岸等多样科普活动。

2. 较好的科普基础

目前已经基本建成了“夜色科普”（2008 年开始，每年约 30 场）、“科普进军营”（2014 年开始举办）、“边境科普”、“趣味科普进校园”、科普大篷车“月月行”（每年 10 余场）等独具特色的“南疆国门科普行动”主题系列科普活动品牌。2016 年有 2 个农技协、2 个农村科普示范基地、2 名农村科普带头人、1 个优秀科普示范社区获得国家级表彰，获得项目奖补资金 110 万元；有 2 个农村科普示范基地、3 个农村科普带头人获得自治区级表彰，获得项目奖

补资金22万元。江州区获“全国科普示范县”称号。2017年，共有2个农村科普示范基地、3名农村科普带头人获得自治区级表彰，获得项目奖补资金22万元。新建农技协任务数是16个，提升农技协数是3个，扶贫产业科普示范基地3个，科普示范村2个，科普示范社区1个，科普示范学校1个，补助资金121万元。[2]

3. 独特的区位优势

中央赋予广西的 “三大定位”新使命（构建面向东盟的国际大通道、打造西南中南地区开放发展新的战略支点、形成21世纪海上丝绸之路和丝绸之路经济带有机衔接的重要门户）和《西部陆海新通道总体规划》，充分体现了广西在国家战略中的重要地位。崇左市作为“一带一路”有机衔接的重要门户，是粤港澳大湾区向西连接我国西南地区，以及东盟国家的关键通道，沿边、近海、临首府、连东盟，使得崇左市在开展科普工作方面拥有天然的地缘、政治和政策优势。

（二）基于内部的劣势分析

1. 重视程度不高，资金投入不足

崇左市的科普工作投入主要依赖政府，市本级、县级财政投入不够，企业和社会组织投入极少。近两年，每年市财政专项投入约30万元，争取自治区和中国科协的项目支持约80万元，如2017年中国科协和财政部联合实施的“基层科普行动计划”，崇左市丽金社区获得10万元资助。显然，所拨经费达不到文件规定的每年人均0.5元的标准和要求。

2. 科普人才缺乏，组织建设艰难

崇左科普成员单位约有25家，科普团队和科普志愿者团队主要由当地高校（4所）、企业科协及相关政府部门（如地震局的科普专员）组成。据了解，2017年才成立了第一家央企科协，即中粮屯河崇左糖业有限公司科学技术协会。2010～2014年，广西科普专职人员基本逐年减少，广西拥有中高级职称科普专职人员及其占西部地区的比重也在下降[3]。崇左缺乏高学历和高职称人才，人才引进比较困难，本土培育难度较大，同时，人才流失率也比较高。

3. 科普设施薄弱，服务能力不足

崇左没有市级科技馆（展览馆），只有市级壮族博物馆 1 个，群众艺术馆（尚未完全投入使用）1 个，自治区科普示范基地 6 个，市级科普示范基地 8 个，科普大篷车 5 辆，依托高校建成的科学探究馆、标本馆各 1 个、“科普中国”e 站十余个、校园科普气象站 1 个。笔者通过对科普负责人和社区工作人员的访谈了解到，崇左的科普设施建设比较滞后，对科普数据的挖掘和运用不足，导致了服务能力不强。比如，没有深入利用科普 e 站等平台收集民众的科普需求，以形成大数据管理，然后实施针对性的科普活动。

（三）基于外部的机会分析

1. 政策性科普机会

近年来，广西壮族自治区制定了《广西全民科学素质行动计划纲要实施方案（2016—2020 年）》《广西乡村振兴农民科学素质提升行动实施方案（2019—2022 年）》《广西公民科学素质提升两年行动计划（2019—2020 年）》等方案，明确要求，到 2020 年，广西壮族自治区公民具备科学素质的比例要达到 7.16%，要聚焦四类重点人群（青少年、农民、城镇劳动者、领导干部和公务员），深化科普供给侧改革，实施科普信息化工程、科技教育与培训基础工程、益民工程、产业助力工程，加强人才建设和国际交流合作，完善公民科学素质建设长效机制等，要求各级政府和部门从组织领导、制度建设、经费保障和监督管理等多方面给予支持。此外，2019 年 3 月和 7 月，广西壮族自治区政府分别与中国科协、中国科学院签订战略合作协议，将共同强化科学普及，推动中国-东盟科普传播、科技成果转化及科技人才培育等。崇左市政府也已经把科普工作纳入绩效考核，强化政策支持和干部责任。

2. 特殊的科普需求

作为以农业为主的边境城市，2017年度崇左市城镇人口占总人口的22.04%，乡村人口占77.96%。崇左市居民的科普需求有许多独特的地方。首先，因为中越边民在族群、语言和习俗等方面存在诸多相同或相似之处，两国居民来往较多，都种植甘蔗等热带经济作物，因此开展农业实用技术培训的需求大。其次，崇左有28个少数民族，少数民族占总人口的89.8%，居民对民族知识、传统民族技艺、民族药学、传统习俗等方面有着特殊的科普偏好。近年来，崇左市政府高度重视民族文化的传承和发扬，举办各类庆祝活动，如三月三花山国际文化节、三月三骆越王节祭祀大典、歌圩文化节等。最后，青少年、领导干部和公务员是守边固边治边的主体和重要保障，事关边境稳定和国家安全。因此，开展国门科普教育，加强国防安全意识教育、国防知识和技术教育意义重大。

3. 经济技术稳步发展

2015年，崇左市的国内生产总值为682.82亿元，增长9.7%。2016年增加到738亿元，增长7.8%。2017年为887亿元，增长 8.5%。直到2018年首次突破千亿元大关，达到1002亿元，增长10.8%，增速首次排广西壮族自治区首位；外贸进出口总额1560亿元，增长12.5%，总量连续10年稳居广西第一；城镇居民人均可支配收入30 830元，增长7%，农村居民人均可支配收入11 946元，增长10%，增速均排广西前列[4]。同时，互联网、物联网、大数据等技术的快速发展也为科普工作提供了更多的可能，为实现科普工作的信息化、数据化、产业化提供了技术支持，创造了新的科普方向和方式，便于实现精准科普、有效科普和联动科普。

（四）基于外部的威胁分析

1. 语言和思想文化障碍

一是在领导和管理人员层面，崇左市全民科学素质工作领导小组办公室设在市科协，很多相关单位的领导和管理人员认为科普是市科协一个组织的事情，没有参与的积极性。二是在居民层面，存在安于现状、因循守旧等现象，不信科学，信巫婆、信道公等问题比较突出，甚至还搞一些迷信活动，农村居民深信的“习俗”和“科学”影响科学文化的传播。三是在语言和文化层面，在一些偏远地区，很多居民主要讲方言，沟通较难，加上各地民族文化差异，对科学技术和文化认识不深等现实问题，科普工作的开展存在诸多外部障碍。

2. 科普政策影响成效不足

尽管崇左市相继印发了《崇左市全民科学素质行动规划（2011—2015年）》《崇左市全民科学素质行动计划纲要实施方案（2016—2020年）》等规划方案，但从科技成果转化角度看，政策成效不足。据统计，崇左市2018年全年专利授权量326件，其中发明专利数77件。2017年发明专利授权量113件，有效发明专利274件。2016年发明专利授权量114件，有效发明专利179件。[5]其中，2017年，中信大锰、南国铜业等企业转化科技成果11项，其他行业转化科技成果2项，技术交易42项，交易额4500万元。[6]

3. 社会组织发展缓慢

科普工作是一个系统，包括政府、企业、学校、社会、公益组织、居民等多个子系统。就当前而言，崇左市政府科普服务能力不强、居民科普意识不强、学校科普教育不多等问题比较突出，特别是社会组织发展极其困难。据访谈了解，崇左市很少有开展科普教育的社会组织，已有的社工机构，更多的是提供留守儿童关爱服务，目前开展的科普活动主要依赖于高校的学生组织和政府有关部门。

三、推动崇左市科普工作发展的战略选择

在SWOT分析模型下，有四种战略选择：SO增长型战略（内部优势和外部机会）、ST多元化战略（内部优势和外部威胁）、WO扭转型战略（内部劣

势和外部机会）和 WT 防御性战略（内部劣势和外部威胁）[7]。结合崇左市实际，笔者认为，崇左市科普工作的战略方向应该选择 SO 增长型战略，即利用内部优势和外部机会发展科普事业的战略。

（一）实施科技教育战略，提升科技教育质量和水平

教育是提高全民科学素质最有效的途径，要把科普教育纳入人才培养体系。在中小学中设立一门单独的科普课程（专题）或两个实践学分（参加科普活动、竞赛等），鼓励大中专院校开展科普教育讲座及教学活动，并纳入“国培”“区培”等培训项目，加强对科技和科普的工作者培训与教育。延伸科普教育，把科普教育延伸到家庭，延伸到小组（党小组、团支部等），建立网格化科普教育制度。改进科普教育的方式方法，积极研发新的科普教育工具（平台），探索新的教育方法和模式［科普微视频、微信 H5 页面、虚拟现实（AR）互动、科普游戏等］，大力推进“互联网+”科普信息化教育工程。

（二）实施软硬件协同建设战略，提升科普服务能力

一是各级政府要加大投入力度，建立财政投入稳定的增长机制，推进崇左科技馆、科普活动站（室）、科普长廊（宣传栏）、流动科技馆、科普广场等设施建设。街道和社区居委会都要建设综合性的科普软硬件设施。通过新建或改建、扩建的方式，购买、置换、租用等办法解决科普活动场馆问题，把分散在各个单位的设施同社区的设施联系起来。[8]二是要加强少数民族科普工作队、老科学技术工作者协会、科普志愿者团队、农村专业技术协会和行业学会、企业科协的融合发展，推进南方水泥、崇左东亚糖业、中信大锰、南国铜业等大型企业科协的成立。三是要加强科普人才引进和培育工作。大力引进科技人才，并不断培育本土科普人才，强化与高校、中泰产业园和东盟青年产业园合作，吸引更多的科技工作者加入科普团队。四是在制定崇左科普政策时，要注重政策法规的可实施性，注重制定与社会发展水平相适应的科普政策法规。[9]

（三）实施科普资源整合开发战略，形成科普工作合力

一是要充分发挥科普及共建基地作用，拓展科普教育渠道[10]。整合天文馆、博物馆、科学馆、科研单位实验室、高新技术产业部门、科普示范基地等资源，深化与越南的边境科普合作，建立中越科普工作队。二是要培育科普社会组织，与崇左市崇善社会工作服务中心等机构联合，壮大科普力量，支持政府购买服务。三是要加强宣传工作，通过电视、微博、微信公众号等媒介宣传，建立专门的科普网站、电视科普栏目（半月播，《学习科学》）、报刊（月刊，《崇左科普报》）、期刊（季刊，《南疆科普》）。四是深入挖掘民族文化资源，创新科普壮族山歌、科普民族舞蹈、科普民族话剧等民族特色节目，尝试设立科普民族文化奖，鼓励更多民众参与文化挖掘。

四、结语

科普工作利国利民，惠及全社会。崇左各级政府和部门要切实从战略高度去规划科普工作，制定针对性的科普政策和措施，强力支持公益组织发展，努力探索边境科普合作新模式，为实现2020年精准脱贫贡献一份科普力量。

参考文献

[1] 何薇，张超，任磊，等. 中国公民的科学素质及对科学技术的态度——2018 年中国公民科学素质抽样调查报告［J］. 科普研究，2018，(6)：49-58，65.

[2] 崇左市科协技术协会. 崇左市科学技术协会 2017 年工作总结［EB/OL］［2018-01-21］. http://czskx.cn/mbrw/576207.shtml.

[3] 刘培军，吴丽莹. 比较视域下的广西科普投入产出现状及相关政策建议［J］. 科普研究，2017，6：63-64.

[4] 何良军. 政府工作报告（摘要）——2019 年 1 月 9 日在崇左市第四届人民代表大会第四次会议上［EB/OL］［2019-01-10］. http://www.chongzuo.gov.cn/gddt/20190110-1494463.shtml.

[5] 崇左市统计局. 崇左市 2018 年国民经济和社会发展统计公报［EB/OL］［2019-07-31］. http://www.chongzuo.gov.cn/sjfb.shtml.

[6] 刘华恋. 科技创新助力地方经济发展——我市科技创新工作综述［EB/OL］［2018-08-27］. http://www.chongzuo.gov.cn/zwdt/20180827-1133005.shtml.

[7] 张择起. 现代企业管理 [M]. 北京：中国传媒大学出版社，2008：85.
[8] 张礼建，张迎燕，赵向异. 社区居民科普知识现状研究——重庆市社区居民科学素养调研问卷分析 [J]. 科普研究，2007，2：24.
[9] 冯雅蕾，张礼建. 试析建国以来我国地方性科普政策演化特征 [J]. 价值工程，2011，(32)：325.
[10] 王柳娜. 广西农村青少年科普教育创新发展新探 [J]. 广西青年干部学院，2017，27 (3)：59.

博物馆开展中小学生研学实践教育的问题与对策

刘　怡

（中国科学技术馆，北京，100012）

摘要：近年来，研学实践教育作为教育部等部门提倡的素质教育新内容和新形式，受到社会各界的高度重视。博物馆在开展中小学生研学实践教育工作中取得了一些成绩，但也面临辅导教师数量不足、研学实践教育课程质量不高、评价机制不够健全等问题。本文通过分析博物馆开展中小学生研学实践教育的重要意义和作用，归纳博物馆开展中小学生研学实践教育的常见模式和存在的问题，并提出增加辅导教师数量、提高接待容量、多方共同开发研学实践教育课程、加强评估等对策。

关键词：博物馆　中小学生　研学实践教育

Problems and Solutions for Museums to Develop Study-Travel Education for Primary and Secondary School Students

Liu Yi

（China Science and Technology Museum，Beijing，100012）

Abstract：As a new form of quality-oriented education advocated by Chinese government，study-travel education has received great attention in recent years. Museums have made some achievements in developing study-travel education for primary and secondary school students，yet problems such as insufficient counsellors，inferior tutorials and lack of evaluation mechanisms exist. Through

---

作者简介：刘怡，中国科学技术馆助理研究员，e-mail：84222592@qq.com。

the analysis on the functions and roles of museums in study-travel education，this paper sums up common modes and emerging problems in study-travel education held by museums，and puts forward suggestions involving numbers of counsellors，capacity of receptions，cooperatively compiled tutorials and evaluation mechanisms.

Keywords: Museum，Primary and secondary school students，Study-travel education

2016 年 11 月，教育部等 11 个部门印发了《关于推进中小学生研学旅行的意见》（以下简称《意见》），文件指出："中小学生研学旅行是由教育部门和学校有计划地组织安排，通过集体旅行、集中食宿方式开展的研究性学习和旅行体验相结合的校外教育活动。"[1] 2017 年 12 月，《教育部办公厅关于公布第一批全国中小学生研学实践教育基地、营地名单的文件通知》（以下简称《通知》）中[2]，将《意见》中的"研学旅行"升级为"研学实践教育"①。从上述两个文件中的相关表述可以看出，从"研学旅行"到"研学实践教育"，内涵和外延更加具体明确。前者的落脚点是旅行，后者的落脚点是实践教育。另外，在《通知》率先公布的 204 个全国中小学研学实践教育基地中，博物馆（含科技馆、科学中心、自然博物馆、陈列馆、纪念馆、遗址类单位等）多达 102 个，占总数的 50%。作为一项推动中小学生全面发展的惠民工程，一项关乎未来发展、民族复兴的大事，博物馆研学实践教育工作备受关注[3]，但同时也面临诸多问题，相关需求调查和理论研究存在很多空白，亟须重视和深入研究，博物馆应如何更好地开展中小学生研学实践教育成为业界新课题。

一、博物馆开展中小学生研学实践教育的重要意义和作用

当前教育部在基础教育中大力推行的研学教育实践，既是进一步加强中

---

① 本文仅针对博物馆开展的由教育部门和学校组织的研学实践教育进行探讨，社会机构出于经济利益组织的研学旅行不在本文讨论范围之内。

小学生综合实践课程的重要举措，也是把研学实践教育作为中小学校由封闭办学向开放办学、由应试教育向素质教育推进的重要手段。通过研学教育实践，能够使中小学生了解自然、认知社会、探索新知、培养兴趣，使之全面发展，进而全面推进中小学生素质教育。[4]

国际博物馆协会将“教育”赋予为博物馆的首要职能，因此，将博物馆教育与学校教育、社会教育紧密结合，是博物馆履行教育使命的需要。研学实践教育是由教育部门主动发起，被中小学校列入教学计划的工作任务，能够显著增加中小学生参与博物馆教育活动的数量，并请博物馆提供合适的研学实践教育活动场所和专门针对中小学生的教育活动项目。因此，博物馆与学校开展中小学生研学实践教育，一方面，能够实现博物馆场馆效用最大化；另一方面，可以促进学校教研活动的开展，从而实现互惠互利、各方共赢。

教育部在《基础教育课程改革纲要（试行）》中提出实行国家、地方、学校三级课程管理，以增强课程对地方、学校及学生的适应性。各地博物馆积极开发适应中小学生研学实践教育的课程和活动是构建符合素质教育要求的基础教育课程体系的有效举措。[5]博物馆在开展中小学生研学实践中，通过深入挖掘展品内涵，引导学生通过自主、合作、探究等学习方式，在观展和参与活动中增长学识，激发求知欲望，以“润物细无声”的课程和活动效果，提升学生的核心素养，实现立德树人的根本目的，在潜移默化中培养学生的思想品德，建立正确的情感、态度和价值观。因此，博物馆开展中小学生研学实践教育具有重要意义和作用。

二、博物馆开展中小学生研学实践教育的常见模式和存在的问题

博物馆通常与学校合作开展中小学生研学实践教育活动。博物馆主要负责馆内事务，如提供专门的场地、辅导教师、活动所需的各类材料等，提前设计研学实践教育课程，确保中小学生在场馆内活动的人身安全等；学校主要负责馆外事务，如制订整体研学实践教育活动计划，组织学生研学期间的食宿行等。这种模式最为常见，也取得了一定成效，但在具体的实施过程中

也存在一些问题，如何避免研学实践教育活动华而不实、流于形式，真正达到理想的教育效果，值得深思。

（一）博物馆开展中小学生研学实践教育的辅导教师数量不足

自2000年以来，我国博物馆事业的发展迎来了前所未有的黄金时期，但伴随着博物馆各项业务的拓展和观众量的增长，一些博物馆受固定的人员编制限制，缺乏充足的负责教育活动的人员，在开展中小学生研学教育实践时面临辅导教师不足的情况。[3]尤其是在寒暑假观众来博物馆参观的高峰期，很多博物馆的首要任务是确保观众在展厅参观的安全，多数辅导教师被安排在展厅负责维持秩序或定时带团讲解，很难满足教育部门或学校提出的针对某个年级或年龄段学生的专业化需求。

以科技馆为例，根据中国科学技术馆2015年全国科技馆展教人员状况调查课题组的《全国科技馆展教人员状况调查报告》，调研的95家科技馆共有5178名全职工作人员，其中全职展教人员2683人，占科技馆总人数的51.8%，但平均到单个科技馆的展教人员数量并不多，72.2%的科技馆的展教人员不足30人，其中24.4%的科技馆内部展教人员不足10人、28.9%的科技馆内部展教人员有10～19人、18.9%的科技馆内部展教人员为20～29人。科技馆具有明显的淡季和旺季，在寒暑假旺季和节假日，展教人员严重缺乏，大部分（74.7%）科技馆通过志愿者来缓解展教人员匮乏的现状，其中98.1%的志愿者为学生，多数情况下仅能对观众提供导引等服务，无法承担中小学生研学实践教育辅导教师的任务。[6]

国家对中小学生研学实践教育的日益重视与全面开展，无疑会进一步加剧博物馆教育人员匮乏的现象，博物馆亟须整合、扩展教育人员队伍。

（二）博物馆开发的中小学生研学实践教育课程质量有待提高

一些博物馆在开展研学实践教育时，仅是组织学生“走马观花”般参观展厅并进行简单的手工体验，缺乏因材施教的课程设计方案；一些博物馆进行了初步的研学实践教育活动设计方案，但缺乏个性和特色，并未与特定学生群体的研学实践教育需求完全结合，如无论面向哪个年龄段的学生，都统一采用格式化的课程教学和教育活动。

产生上述问题有如下原因：首先，博物馆负责开展研学实践教育的辅导教师对本馆乃至本地域文化资源特色梳理、整合和研究不够，导致对研学实践教育课程的研发不够；其次，博物馆与学校的前期沟通不够充分，对不同年龄段、年级、地域的学生学习和认知现状不了解，活动内容与学生需求的衔接出现偏差。[5]

（三）博物馆开发的中小学生研学实践教育效果缺乏评估

为规范流程、提升质量，引导和推动研学实践教育健康发展，2016 年国家旅游局发布《研学旅行服务规范》，明确要求“承办方（研学旅行基地）应对各方面反馈的质量信息及时进行汇总分析，明确产品中的主要缺陷，找准发生质量问题的具体原因，通过健全制度、加强培训、调整供应方、优化产品设计、完善服务要素和运行环节等措施，持续改进研学旅行服务质量”，同时研学旅行基地的准入标准和退出机制也正在完善。[7]

目前，一些博物馆意识到教育的重要作用，在开展中小学生研学实践教育方面做了大量工作，但对这些课程或教育活动的内容、效果等普遍缺乏评估，或评估不够专业。常见的评估形式为博物馆自行设计的调查问卷，但为了节省观众的答题时间，通常仅设计一两页纸的简单问题，无法从深层次上对课程或教育活动效果进行评价，不利于博物馆对该工作进行反思和提升。

三、博物馆开展中小学生研学实践教育的对策

博物馆顺利开展中小学生研学实践教育离不开政府或教育主管部门、学校、社会等多方面的支持，笔者对政府在政策层面的对策不再赘述，仅从博物馆的角度，探讨提升中小学生研学实践教育效果的对策。

（一）增加辅导教师数量，提高接待容量

博物馆在面向中小学进行研学实践教育活动时，一个最基础的问题就是接待容量，博物馆要结合本馆实际，思考如何在保证研学实践教育课程质量和研学效果的基础上，利用多部门协调、加强专家志愿者培训等方式增加辅导教师数量，从而提高参加研学实践教育的中小学生总体数量。博物馆应思考如何发挥员工的主动性与专业特长，鼓励更多的非一线部门员工加入兼职辅导教师队伍中来。

从人才培养的角度来看，当前博物馆普遍需要“多面手”型人才，非一线部门人员的本职工作虽然可能与展教活动无关，但具备一定的专业知识，如果适当地参加展教活动设计、实施等一系列环节，直接面向中小学生，能够得到第一手的反馈，相信会对本职工作有很好的启迪、推进作用。博物馆也应鼓励其他岗位的员工在条件允许的情况下“深入一线”，从而增加实际的辅导教师数量。另外，博物馆可派专人负责招募专家志愿者，充分调动专家志愿者的专业特长和积极性，开发出更多的中小学研学实践教育活动。

博物馆应着力优化管理手段。广东省博物馆对中小学生研学实践教育实行预约报备与量化管理，根据客流量的峰谷规律安排每天的辅导场次，每场人数基本控制在30人以内，这种量化管理手段，为保障研学实践教育的质量提供了可借鉴的做法。对于国家博物馆、故宫博物院这类常年观众量较多的大馆而言，每年寒暑假及节假日都是展厅观众高峰期，不具备向广大中小学提供优质的研学实践教育服务的客观条件。而在中小学正常开学的几个月的周二到周五，展厅参观人数相对较少，有条件按照预约制度开展面向特定年龄段、年级学生的研学实践教育活动。当然，这需要博物馆与教育部门或学校前期进行充分沟通，在不影响学校正常教学的基础上，“错峰”开展研学实践教育不失为一条可行的思路。

对于长期观众量较少的中小博物馆而言，主要问题并不是缺乏辅导教师数量，而是缺乏学生参观量。笔者认为，这类博物馆应该“主动出击”，抓住申报全国中小学研学实践教育基地的机会，为今后发展奠定更好的基础。例如，北京陶瓷艺术馆于2018年成功入选全国中小学生研学实践教育基地，在

中小学生参观量大幅提升的同时，也在一定程度上缓解了运营成本和压力。该馆充分利用社会资源及自身特色，结合陶瓷文化相关知识，融合科学与艺术，开发针对适合不同年龄段中小学生的有特色的中华优秀传统文化主题研学课程和活动，成为京城以陶瓷文化为主题的研学新领地，在国内外已有不小的名气。除了来自新疆、湖北等地的中小学生之外，还有不远万里从美国、澳大利亚等地前来体验的学生，获得良好的社会反响。

（二）博物馆应与学校、学生、专家等多方共同开发研学实践教育课程

目前，博物馆开展研学实践教育课程主要有四种模式：一是以辅导教师为导向的拓展学习，辅导教师直接讲解，或借助展品二维码和说明牌，让学生了解博物馆展品的知识内容；二是以研学单为导引的参观浏览，由博物馆辅导教师、学校教师、学生共同设计研学单，避免“只观不学”的情况；三是在博物馆开展以动手操作为主的实践体验，如在博物馆辅导教师的指导下，学生亲自制作植物标本，在过程中加深对相关知识的理解，实现知识的迁移，感悟人与自然的和谐之美等，并能加强与同学的合作与交流；四是以科学探究为主的深度学习，博物馆的辅导教师不断向学生提出问题，引导学生深入开展探究式学习。笔者认为最好的研学实践教育模式是第四种，其能更好地体现辅导教师的价值，使中小学生对相关内容的学习和理解更加深入。在优化博物馆研学实践教育课程开发上主要有如下策略。

1. 立足馆情，馆校联合开发

当前国内博物馆存在一些普遍现象，即国内的大型博物馆注重吸收借鉴国际发达国家或地区的博物馆经验，中小型博物馆注重学习国内大型博物馆的示范型做法，但落实到具体的研学实践教育上，一些博物馆却出现了同质化的问题。博物馆只有充分发挥自身的独特资源优势，策划实施出独具特色的教育活动，才能具备核心竞争力，更好地满足中小学生参与研学实践教育，了解乡情、县情、市情、省情乃至国情的需要。[3]

博物馆要注重馆校联合开发。在课程设计和实施中，博物馆辅导教师和学校教师要充分沟通，结合博物馆的资源，精选课程主题，精心打造教案，依据特定

学生的年龄、学习背景、认知心理等进行定制化课程设计，开展兼具知识性、互动性、趣味性、参与性及创新性的研学实践教育课程和活动。另外，要注重固化课程成果，调动双方教师的积极性，合作编写研学实践教育课本。

2. 了解学生需求，鼓励学生积极参与

中小学研学实践教育活动的主体是中小学生，博物馆开发的一切教育活动都应建立在以学生为本的原则上，要充分了解不同年龄段的学生在语言发展、认知发展、动作和活动发展、情感与社会需求等诸多方面的差异性。根据皮亚杰提出的认知发展阶段理论，教育与教学必须符合儿童认知发展的水平，否则就无法为儿童所接受。[8]要明确中小学生各年龄阶段的特点，注重寻求与中小学生兴趣和学习相关的有价值的主题，采取适当的教育形式实施课程或教育活动。

在课程方案设计上，博物馆辅导教师最好能直接接触到中小学生，与他们沟通交流，了解学生的需求，鼓励学生积极参与到课程方案的制订和修改中。例如，请学校派学生代表来博物馆“试学”，或博物馆辅导教师亲自到学校教学一线体验中小学生的学习情况，倾听学生的意见和建议，从而使课程内容更贴近特定年龄段的中小学生需求，更具吸引力。

3. 专家专业指导，发挥引领作用

在课程开发的过程中，专家的作用不容忽视。在有条件的情况下，博物馆应邀请与研学实践教育课程相关的多领域专家进行指导。一方面，能够确保课程知识点的准确性；另一方面，能够充分吸收各行业专家的意见，对课程内容中的多学科内容进行融合，带领学生围绕 STEAM（科学、技术、工程、艺术、数学）开展跨学科综合性学习，从而全面提升学生素质。[5]

（三）重视评估与反馈，在实践中不断健全完善

《通知》规定，各中小学校要结合当地实际，把研学实践纳入学校教育教学计划，要建立健全中小学生参加研学实践的评价机制，并将评价结果逐步纳入学生学分管理体系和学生综合素质评价体系。[2]对于博物馆而言，获得

中小学生研学实践教育真实有效的评估结果和反馈意见也非常必要，可采用以下方式。

首先，除了常见的调查问卷外，还可采用座谈交流、观众留言等方式，例如博物馆每年可召开研学实践教育研讨会，与政府教育部门、学校、教育研究所等探讨研学实践教育内容和效果、资源合作等方面的问题，另外要“以学生为本”，重视学生的评估结果和反馈意见；其次，邀请专业的第三方机构开展评估，从而获取更加专业、真实、客观的结果；再次，加强对国内外相关博物馆在该领域研究成果的学习，了解其在研学教育实践评估方面的先进做法和成功经验。博物馆只有充分尊重各方的意见和建议，并在实践中经常反思、取长补短，才能健全和完善面向中小学生的研学教育实践，最终推动博物馆教育活动乃至博物馆事业的良性、健康和可持续发展。

参考文献

[1] 中华人民共和国教育部. 读万卷书也要行万里路——教育部等 11 部门印发《关于推进中小学生研学旅行的意见》[EB/OL][2016-12-19]. http://www.moe.gov.cn/jyb_xwfb/gzdt_gzdt/s5987/2016 12/t20161219_292360.html.

[2] 中华人民共和国教育部. 教育部办公厅关于公布第一批全国中小学生研学实践教育基地、营地名单的通知 [EB/OL][2017-12-06]. http://www.moe.gov.cn/srcsite/A06/s3325/201712/ t20171228_ 323273.html.

[3] 马率磊. 中小博物馆开展青少年研学旅行策略探究 [J]. 文物春秋，2018，(5)：51.

[4] 李媛媛. 大连现代博物馆开展“研学旅行”初探 [J].人类文化遗产保护，2018，(5)：97-98.

[5] 刘世斌. 开发博物馆课程，让学生在研学旅行中开展深度学习 [J]. 中小学教师培训，2018，(7)：36-38.

[6] 束为. 科技馆研究报告集（2006—2015）（上册）[M]. 北京：科学普及出版社，2017：381-382.

[7] 中华人民共和国国家旅游局. 研学旅行服务规范：LB/T 054—2016 [EB/OL][2017-01-10]. http:// zwgk.mct.gov.cn/auto255/201701/t20170110_832384.html?keywords=.

[8] 郎筠. 皮亚杰认知发展理论简析 [J]. 科技信息，2011，(15)：159-160.

论科普活动在馆校合作中的作用

马丽萍

（宁夏科技馆，银川，750001）

摘要：馆校合作是将学校与科技馆、博物馆、天文馆等科普场馆纳入一个各有侧重而又相互补充、彼此联系的有序系统，聚焦促进学生核心素养提升的共生价值，博采科普场馆教育和学校教育之长，实现深入融合发展的一种先进理念和教育模式。在馆校合作中，科普活动有着重要的作用，不定期举办各种形式的科普活动，可以提升青少年的科普知识水平，提高他们的创新能力。本文就科普活动在馆校合作中的作用进行了相关分析。

关键词：科普活动　馆校合作　作用

On the Role of Science Popularization in the Museum-School Cooperation

Ma Liping

（Ningxia Science and Technology Museum，Yinchuan，750001）

Abstract： The cooperation between museums and schools refers to the construction of an ordered complementary system including schools，science and technology museums，planetariums and other popular science venues. Such cooperation gives full play to their respective advantages，focuses on the promotion of students' scientific literacy. Aperiodic science popularization activities in various forms held during museum-school cooperation improves the scientific literacy and innovation abilities of teenagers. This paper analyzes the role of science

---

作者简介：马丽萍，宁夏科技馆助理馆员，e-mail：79776980@qq.com。

popularization in the museum-school cooperation.

Keywords：Science popularization，Museum-school cooperation，Role

一、引言

习近平总书记高度重视科技强国建设，深刻指出“建设世界科技强国，不是一片坦途，唯有创新才能抢占先机”，并对新时代中国科普工作提出了“科技创新、科学普及是实现创新发展的两翼，要把科学普及放在与科技创新同等重要的位置”的要求。

2014 年，教育部颁布了《完善中华优秀传统文化教育指导纲要》，明确提出传统文化教育要坚持课堂与实践相结合，要注重发挥课外活动和社会实践的重要作用，充分利用科技馆、博物馆等公共文化机构，组织学生实地考察和现场教学。馆校合作作为时下在教育和场馆教育领域兴起的新模式，既克服了传统学校教育的封闭性、有限性等局限，也体现着科普场馆的社会教育职能的转型和丰富。当代随着教育综合改革的推进及科普场馆功能的拓展，馆校合作的规模和力度不断增大，对学校教育改革、学生核心素养提升及课后科普教育制度的完善具有多重意义。

二、宁夏科技馆开展馆校合作情况

（一）科技馆场馆活动

2018 年，宁夏科技馆结合展品展项和中小学科学课，创新科普活动 20 项，开发科学课 13 项，趣味科学实验、动手体验等活动 25 项。新开发“科学互动表演秀”4 项，全年演出 800 多场次，受众近 20 万人次。围绕春节、国庆节等重要节假日和寒暑假，整合场馆优质科普资源，丰富活动内容，推出“萌娃闹新春”“狗年 GO GO GO！”等 16 项大型科普主题活动。开展主题科普活动 7 个，演出 340 多场，创作科学表演剧 1 个，动手制作 2 个，编排趣味实验剧 1 个。打造“爱上科学”和天文科学等青少年科学工作室特色活动，开发适合9～14岁孩子的创新性课程20余种特色活动，推出“叶脉书签”“水拓画”等8项探究活动，先后开展270场，参与青少年2000人次。组织月全食观测和日偏食观测天文活动，创新活动形式，在线视频直播，参与公众4000人次，网络点击率近500万人次。

（二）科普活动进校园

积极响应“科普扶贫”“科普七进”的号召，发挥科普轻骑兵优势，实施精准科普。丰富科普大篷车的科普内容，配合展品深度讲解，开展趣味科学课，太阳黑子观测，举办科普讲座、天文讲座“星空探秘”等丰富精彩的科普活动。将科普大篷车集合青少年科普活动带到中宁宽口井学校等25所学校、中宁安定社区等5个社区，累计行程约1.5万千米，普惠5余万人。流动科技馆全年全区巡展17站，覆盖人群30万人次，部分区县已实现第二轮覆盖。

“大手拉小手　科普进校园”宁夏行深入银川市30所中小学，开展科普讲座，内容紧扣科技热点和社会关注，在青少年心中播撒探索求知的种子，1万余名师生受益。开展“科学大讲堂——中国科学院科普志愿宁夏行”活动，中国科学院24位专家深入全区5市23所学校，举办了40场精彩纷呈、科技含量高的科普报告，向青少年宣传我国科技发展的最新成果，为广大青少年传播科学火种，启迪创新梦想，1.6万余名师生参与活动，共享科普盛宴。

（三）科技教师培训

为加强科技辅导员队伍建设，完善科技骨干教师培训体系，先后举办各类科技辅导员培训班、机器人教练员培训班、青少年科学调查体验活动骨干教师培训班等5期，受训科技辅导教师达1500人次，对提高科技辅导员指导青少年开展科技活动的能力效果明显。创新思路，围绕“送培到基层”等各类科技教育活动开展线上线下相结合的培训，围绕中小学科技创新校本课程开发培训、中小学科技竞技项目制作项目培训师生700余人。

（四）馆本课程开发

不断探索和深化馆校合作模式，积极构建科普教育资源合作平台，联合自治区教育厅等单位推动创新校内青少年科技教育模式，开发模块化和定制化科普活动资源包，深入开展中小学生“第二课堂”，推出“不‘纸’如此”“‘桥’这一家子”等精品趣味科学课，开展28节科学实践课，参与学生人数1000余人。推出“创意纸电路”“电磁艺术”进校园活动，鼓励学生创意设计，授课60余节，4000多名学生受益。深入浅出的活动案例，带给学校教育更多参考和启发。

（五）科技夏令营

2018年，组织青少年高校科学营宁夏分营、青少年科学调查体验活动主题夏令营、参观科技展览有奖征文暨科技夏令营和生物医学未来人才培养计划夏令营，近300名师生分赴北京、上海等高校、科普教育基地参与多项科技教育活动。组织开展天文科普讲座、科学DIY、观看特效科普影片等活动，激发营员兴趣，培养团队精神。科技夏令营增强了贫困地区青少年的科学兴趣，为他们的梦想插上科技的翅膀，有效带动了广大青少年参与科普活动和科技创新。

三、科普活动在馆校合作中的作用

在教育综合改革的时代背景下，学校对拓宽教育渠道、充分利用博物馆资源，无疑有着越来越迫切的需求，而科普场馆也需要充分发挥公共教育窗口的社会责任。

进入21世纪以来，随着我国课程改革的深入，科技馆、博物馆等科普场馆作为“第二课堂”的优势日益彰显，是学生校外学习科学的重要社会教育场所，轻松愉快的学习环境、自由开放的探究学习方式，为学生提供了更为丰富多彩的科学教育资源。科技馆、博物馆与学校在互补基础上建立起的科学教育伙伴关系，是最理想的互动方式，满足了当代社会之需求。与传统课堂教学相比，科技馆、博物馆等科普场馆最大的优势就是可用资源多，很多抽象的东西变得可视化，可有效利用场馆里的展品及设备，增强学生的可动手性，更有利于学生交流、探讨与思考。

（一）科普活动是提升馆校合作教育质量的有效途径和重要手段

提升科学教育的质量和水平，培养具有高水平科学素养的学生，就需要给学生更多的体验和从事科学探究的机会。宽松的氛围、自由的环境、充分地开展科学探究的机会，能够更好地激发学生的好奇心，点燃学生开展科学探索的热情。在学校里，老师教的内容仅限于教科书，无法给青少年提供更多的激发想象力和创造力的道具与空间。而当青少年走进科技馆、博物馆，这一切就变得没有那么难以实现。倡导馆校合作，提升内容设计质量，最主要的途径是提升科技馆、博物馆内从事教育工作人员的能力。科技教师对科技馆的展品不熟悉，而脱离了展品的科技馆科学教育活动也就失去了核心竞争力。因此，无论是科普场馆还是学校，为了让学生拥有更好的学习体验，高质量的基于场馆的科学教育活动应该由科普场馆与教师共同开发完成，逐步构建面向青少年的馆校合作教育体系。

（二）科普活动有利于馆校合作活动载体的创新

馆校合作很容易将科技馆、博物馆等科普场馆简单定义为青少年的“第二课堂”。馆校合作的重点在于“学”而不在于“教”，馆校合作的目的应当是将青少年从学校教育中解放出来，助力课堂知识的整合，增强运用科技馆等科普场馆的能力，让科技馆更好地改善青少年的思考方式。

科技馆的科普活动内容相对广泛，包括数学、自然、物理、化学等，通过科普活动，可以展示当下最新的科技手段，从而让青少年深入接触和体验，为馆校合作提供新的方法。而科技馆中的科普设施具有很强的操作性，可以将抽象的科学技术直观地展示出来，激发青少年在科技方面的学习兴趣，提升青少年的科学知识水平。

学生可以通过角色扮演、戏剧表演、主题活动、科学实验、学术探索、游戏等方式开展学习、探究、体验和科学实践，在此过程中将抽象的书本知识变成生动的展品，课堂提问回答变成合作学习，听说读写算变成直观感触体验，有利于激发学生的好奇心和兴趣，提高学生主动学习的意识，增强学生的动手实践能力和创新精神。丰富的科普场馆教育内容，有利于丰富学生的学习生活，师生进入馆校合作共同体中，由局外人转变为参与者，由被动参观者转变为主动欣赏者、学习者、探究者、建构者，由“单向度”的参观者变成合作者。同时，场馆工作人员的身份由以往的引导者、介绍者转变为设计者、参与者、合作者、研究者。

（三）科普活动促进馆校合作活动内容融合

作为一种文化活动，科普活动的开展可以增加校园文化活动内容，提升青少年对科技知识的认知程度。科普活动主要是围绕科普知识而开展的活动，科技馆定期开展各种专题讲座或展品讲解，可以提高青少年的参与兴趣，让青少年在展品讲解的过程中了解科技，从而丰富青少年文化活动内容。同时，通过科技馆开展的一些科普剧和科学实验，让青少年在看科普剧、做科学实验的过程中掌握科学知识，提高科技文化素养，并帮助他们利用这些科学知识来改善日常生活。

在馆校合作中，利用科技馆向公众免费开放的优势，向青少年提供科普服务，满足青少年的科技文化需求。另外，借助科普大篷车，可以有效解决基层地区科技教育资源不足的问题，将科学知识、科学技术传播到基层落后地区，为基层落后地区的青少年提供良好的科学实践机会，帮助他们树立科学发展观，引导他们积极宣传科学精神、学习科学精神。

四、结语

科技馆作为社会非正规教育机构，其教育活动是对学校正规教育的有益补充和延伸，是学校课程互动的自主学习、自由探索的平台。因此，在活动设计中要始终以中小学校科学教育为策划前提，以提升青少年的科学素养让学生更好地理解科学知识为设计目的，才能更好地馆校结合，才能更好地满足学校对于科技教育的多方面的需求，深化科技馆的教育功能，强化科技馆的教育效果。

综上，在馆校合作过程中，科普活动起着积极的作用。科普活动有利于青少年科普教育的提升与发展，更好地满足青少年的科普教育需求。认识到科普活动在馆校合作中的作用，有利于开展符合青少年需求的科普活动，进而不断提高青少年的科学文化水平和素养。如今，《中华人民共和国公共文化服务保障法》颁布施行，结构性改革日渐深入，在此大背景下，科技馆将为学校输送更多以需求为导向的资源配送服务，促使学校进一步利用科技馆的优质学习资源，并最终惠及广大青少年。

参考文献

[1] 宋娴，孙阳. 我国博物馆与学校合作的历史进程［J］. 上海教育科研，2014，(4)：44-47.

[2] 曹珊. 发挥科技馆科普教育功能　创新开展群众文化活动［J］. 科技视界，2016，(23)：380.

[3] 刘洋. STEM 教育视角下基于馆校合作的小学科学课程案例设计［D］. 济南：山东师范大学硕士学位论文，2017.

[4] 王牧华，付积. 论基于馆校合作的场馆课程资源开发策略［J］. 全球教育展望，2018，(4)：42-53.

科普供给侧结构改革机制研究

秦广明　张正瑞

（长春中国光学科学技术馆，长春，130117）

摘要：从科普事业发展全局和发展趋势分析，我国科普发展在产业结构、区域结构、资源配置等方面存在结构性矛盾。为深化科普供给侧结构改革，提高供给质量和效率，本文重点分析思考了科普投入的多元化筹资机制、科普资源层级配置平衡机制、科普投入与产出效率分析机制以及需求导向机制，有针对性地解决科普发展中供给侧和需求侧的矛盾，满足科普发展供需平衡，促进科普发展与社会发展相适应。

关键词：科普　供给侧结构性改革　产业　区域　机制

A Study on the Mechanism of Supply-Side Structural Reform of Science Popularization

Qin Guangming，Zhang Zhengrui

（Changchun China Optical Science and Technology Museum，Changchun，130117）

Abstract: Based on the analysis of the development trend of science development and its popularization，the development of science popularization shows structural contradiction in industrial structure，regional structure and resource allocation. In order to deepen the supply-side structural reform of science popularization and improve the quality and efficiency of supply，this paper analyzed the mechanisms

作者简介：秦广明，长春中国光学科学技术馆副研究员，e-mail：184793338@qq.com；张正瑞，长春中国光学科学技术馆常务副馆长、副教授，e-mail：542217706@qq.com。

of the science popularization's diversified financing, the resources configuration hierarchy balance, the demand guide, and the efficiency of input and output. This paper targeted to seek a way of building the balance between the supply and demand in the development process of science popularization by solve the contradiction between the supply side and demand side, so as to improve the development of science popularization and social development.

Keywords: Science popularization, Supply-side structural reform, Industry, Area, Mechanism

随着创新型国家战略目标的提出，科技创新成为我国社会经济发展的重要动力，创新的基础是公民科学素质的提升和良好的科学文化传播环境。目前我国经济进入新的发展阶段，经济增长持续下行，旧经济疲态显露，而以“互联网+”为依托的新经济蓬勃发展，科普发展与经济发展有很大的联动性，面对消费上升而投资下降的局面，迫切需要适应供给侧环境、供给侧机制，保持科普供需平衡，从而保证科普事业稳健前行。

一、深化供给侧结构改革，使科普发展与社会经济文化发展相协调

当前，我国科普事业正处于蓬勃发展时期，同时也存在诸多不平衡问题，应用供给侧结构性改革的政策指导，对于解决摆在面前的科普经费投入不足、科普场馆利用率不高、农村科普发展不深入、社会力量参与程度不高、科普产业低端发展、科普人才缺乏等诸多实际难题具有重要的实际意义。宏观调控科普事业发展方向，促进科普事业健康稳定发展。

供给侧结构性改革的含义是指用改革的办法推进结构调整，减少无效和低端供给，扩大有效和中高端供给，增强供给结构对需求变化的适应性和灵活性，使供给体系更好地适应需求结构变化。目前，低端科普内容的重复率较高，展览内容趋同，越简单越低端的科普内容重复率越高，需减少无效的科普产品投入，加大发展中高端科普内容，促进供给结构和体系都能灵活地适应需求的变化。

供给侧改革的实质是改革政府公共政策的供给方式。目前科普投入仍以政府主导为主，政府的供给方式对科普发展起到关键性作用，深化供给侧改革，以市场导向的要求来规范政府的权力，管好政府这只“看得见的手”，强化市场在科普资源配置中的作用。

结合中国的实际情况，在财政收入增速放缓的情况下，科普投入的外部环境现实而严峻，在一些经济欠发达地区，科普投入面对巨大压力。科普要稳健纵深发展，在收入分配中获得更多红利，还需要运用供给侧杠杆在市场中释放活力，优化投资结构和产业结构，提倡民营资本进驻科普产业，使政府宏观调控与民间活力相互促进，促进资源整合，实现资源优化配置，促进以“互联网+”为依托的新的科普经济发展，实现科普产品向消费品的升级，提高人民的精神生活品质和创新动力。

二、科普发展存在的供给侧结构问题

受国情及经济发展环境影响，科普事业发展存在不可忽视的结构性失衡，这种失衡将成为阻挡科普事业发展持续进步的巨大障碍。因此，运用供给侧结构改革指导科普发展就必须分析存在的失衡问题，适时调整供给结构，使供给体系与需求侧合理对接，避免“供需错位”，为科普事业发展新动力寻求路径。

（一）科普产业结构问题

科普产业是基于科学技术进步而发展起来的一个新兴产业，它为科普系统运行提供资源、产品和服务。我国科普产业目前正处于起步和摸索阶段，主要集中于科普展览教育业、科普出版业、科普影视业、科普网络信息业等，其中，科普展览教育业是科普产业的主要业态，并具备一定市场规模。2018 年 6 月发布的《中国科普产业发展研究报告》指出，目前中国科普产业的产值规模约 1000 亿元人民币，中国主营科普的企业约有 375 个，大多经营规模小，研发技术薄弱，缺乏专业科普人才。

虽然国家对科普产业的政策支持力度不断加大，社会各界对科普产业的认同不断加强，市场需求不断增大，但科普产业依然存在发展的诸多问题：

第一，体现在区域发展不平衡，科普企业主要分布在京津冀、长三角地区，以及广东和安徽等地，这些地区培育和发展了一些市场化的科普机构；第二，科普产业主要依托政府和事业单位的科普需求，尚未深度融入文化产业大格局，市场化程度不高，企业普遍规模较小，像果壳网等产值规模上亿元人民币的企业数量较少；第三，企业发展空间小，供给需求不足，缺乏创新能力和特色，科技产品缺少转化渠道；第四，科普企业缺乏科普产品研发和科普服务类专业人才，吸引聚拢人才能力较弱。

（二）区域结构问题

供给侧结构性改革要着力解决区域发展不平衡、不协调、不公平的问题，调整生产要素的合理流动，优化配置。从科普发展地域全局分析，存在较明显的区域发展不平衡问题，供给侧结构改革能为区域平衡发展起到调节作用，除进行区域之间横向对比之外，还应该进行纵深比较，切实了解区域不同层级的需求导向。根据《国家科普能力发展报告（2006～2016）》中提供的 2006～2015 年国家和区域科普能力发展指数变化趋势图（图 1）可以看出，在科普能力建设方面，东部地区提供科普产品和服务能力较强，科普经费较充足，人员配置合理，基础设施运作有效，科普发展一直稳中有升，呈现逐年递增趋势，指数均高于全国发展水平。随着国家政策逐步向西部有效倾斜，中西部地区普遍呈增长趋势，但由于部分西部经济欠发达地区城乡发展不平衡，尤其是在县级建制以下的农村地区，人才、技术、知识、信息等高级要素投入比重偏低，科普设施不健全，形式单一，指数低于全国平均水平。

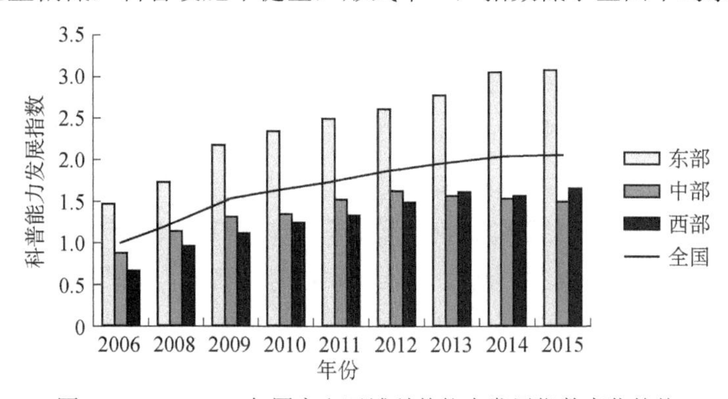

图 1　2006～2015 年国家和区域科普能力发展指数变化趋势

（三）科普资源配置和使用效率问题

科普资源是应用于合作交流、为社会和公众提供公共科普服务的科普产品、科普信息和科普作品的总称。目前，我国已经建立了一批规模庞大的科普场馆和科普队伍，但是使用效率参差不齐。科普要素配置存在不平衡的问题，甚至科普资源供给质量也很难得到持续优化，很难满足不同人群需求变化的适应性和灵活性。

科普资源建设条块分割严重，各类科普资源分别由教育、科技、工信、文化等不同部门主管，管理机制与归属机构均有较大差异，科普功能实施与资金来源有明显的倾向性特点，彼此之间没有形成有效的沟通协调和开放共享机制，资源信息和服务渠道不畅，相当数量的科普基础设施，尤其是许多优质科普资源处于闲置状态，利用率低。信息沟通不足，作为科普创新主体的企业与高校、科研院所的创新平台资源链接不顺畅，阻碍了科技成果共享和转化。目前尚未形成完善的科普资源整合共享政策法规体系，缺乏跨区域、跨行业的地方政府科普资源整合共享合作机制，缺乏有效的激励、补偿、监督、考核和评估机制，尚未形成以市场为导向的机制，科普资源需求和供给之间对接效率不高。

三、科普供给侧结构性改革的实施机制

（一）培养和建设多元化筹资机制

目前，我国的科普经费投入主要以政府投入为主，2016 年政府拨款占整个科普经费使用的比重达到 76%。政府供给作为原生动力，能够保障科普事业的持续深入开展，保障科普覆盖率，但单向的供给机制存在弊端：首先，如果不能细化明确的制度规范和责任要求，政府的科普主导作用的主动性和实施效率很难评估和监测；其次，地方政府的政绩评价主要来自经济工作，容易导致科普工作边缘化，科普政策落实存在困难。自 2015 年以来，我国经济持续下行，CPI 持续低位运行，经济的结构性分化趋于明显，受整体经济环境影响，以及地方经济发展不平衡，科普投入很难成为地方政府的优先选

择，甚至在一些落后地区，科普专项经费很难保障。《中华人民共和国科学技术普及法》规定：各级人民政府应当将科普经费列入同级财政预算，逐步提高科普投入水平。但规定并没有具体实施指标，政策切实落地存在一定难度。以上问题的解决，一方面，要通过意识形态转变来逐步改善，加强对科普工作重要性的思维转换，转变政府科普思维定式；另一方面，就是要提高科普的刚性需求，以公众需求为中心，以供给欲望刺激供给能力，提高公众的参与程度，刺激市场需求，形成公众与政府间合作互动的良性循环，并最终构建起双向互动型的供给机制，自下而上刺激政府完善科普供给体系，减少政府科普行为的随意性，加大区域财政投入力度，建立明确的科普费用分担机制，明确分配和使用，切实加强科普经费保障。

科普经费占国内生产总值的比重很小，与政府拨款相比，自筹资金、社会捐赠和其他收入占科普经费筹资的份额相对较小，增加社会筹集资金的比重和渠道，将成为激发科普市场发展的重要动力。近年来，国家也在不断尝试和刺激建立多元化投入机制，并取得了一些成果，科普经费的筹集渠道逐渐丰富，非政府组织、企业捐款捐献，各行业协会、科研机构、高校都加大了科普经费的投入数量，广泛参与到科普活动中。为了将这种良好的局势做大做强，政府应该继续起到推动作用，通过购买科普服务、项目共建、众筹众包、放宽政策等方式，不断调整科普供给的体系结构，吸引更多的社会资本投入科普事业的发展中。

（二）科普资源层级配置平衡机制

我国科普资源配置总体上呈现行政区层级越高、科普资源供给越优、覆盖率越高的层级供给特征，行政中心在科普资源供给上具有明显优势，不同建制的城市之间，行政级别越高，科普资源供给越优。县域经济更为发达的东部地区，尤其是长三角地区，科普资源供给能力差距较小，层级配置更为均衡。与东部地区相比，我国西部地区、东北地区县级建制以下的村镇、山区的科普供给能力显著滞后，尤其是一些交通不便的落后农村、老少边穷地区科普设施匮乏、经费投入严重不足、科普服务能力薄弱，这些经济供给能力弱的地区，供给侧改革应重点解决基本需求问题。贫困人口大多分布在老少边穷地区，科普是精神脱贫的重要方式，基层政府要发挥枢纽作用，将有限的科普投入发挥实际作用，积极整合社会科普资源为地区服务。充分利用流动科技馆、科普大篷车等社会优质科普资源，助力农村和山区的科普工作，发挥互联网没有地域限制的优势，加强网络科普设施建设，建设覆盖城乡的科普网站，完成科普资源的有效供给和传播，实现“线上+线下”互动融合，让贫困地区的公众可以享受与经济发达地区公众一样的科普服务。由于我国人口流动性大，城镇化速度加快，科普投入的人口分布和区域分布都在发生变化。因此，在科普投入中财政预算拨款应该有更加长远的眼光，以更好地完成人、财、物的合理配置。

（三）科普投入与产出效率分析机制

投入产出研究是经济学领域常用的提升效率的方法，科普投入产出效率，是指各种科普投入与科普产出的比例关系，关注的是科普经费等资源的投入所能获得的科普产出问题。对投入与产出效率进行分析，可以为政府部门调整科普投入结构提供依据。

在供给侧结构改革中，关注科普资源合理利用，实现质与量同步增长，也同样可以用于衡量科普的投入产出效率。科普投入包括科普经费、人员配置和基础设施；科普产出主要包括科普创作、科普传媒和科普活动等，组织管理和政策环境属于科普支撑条件（表 1）。较高的科普投入产出效率，表明科普资源得到了较为合理的配置和利用；相反，如果投入产出效率低，再盲目地增加科普资源投入，就意味着更多的资源浪费。

表 1　科普投入和产出变量说明

类型	变量	内容
科普投入	科普人员总数	专业科普人员、科普志愿者、科普协会人员、社区科普员
	年度实际投入工作量	专业科普机构、科研机构向公众开放、社区科普投入总量
	科技馆、博物馆数量	—
	年度科普经费筹集额	—
科普产出	科普创作产品	图书期刊、影视作品、动漫作品、摄影作品、广播作品
	科普活动次数	科技活动周、科普日、科普专题活动、科技夏（冬）令营、讲座、展览、竞赛举办次数
	科普网站个数	独立科普网站、公务网站、科普栏目、科普频道
	媒体科普时间	电视台、广播科普时间

近年来，我国科普经费投入大幅增长，科普基础设施建设成果显著，科普人员大幅增加，人员结构不断优化，在人员经费不断增加的背景下，各类科普产品源源不断地产出，各类科普图书期刊、电影、科普展览层出不穷。目前，除传统的科普图书、期刊等纸质科普资源外，随着新媒体的发展，各种科普手段也逐渐多元化，公众可以通过参观科技馆和科普展览、听取科普讲座、参加科普竞赛等渠道接收科普信息，还可以在互联网技术的支持下，运用大数据、云科普、科普网站、微信公众号等获得更多的科普资源信息。

目前对投入效率进行定量计算主要采用数据包络分析（EDA），通过建模的方式对数据有效性进行综合评价，通过投入和产出数据进行求解即可给出评价结果。

在科普繁荣的历史时期，应该深入思考提高科普资源配置和使用效率的问题，提高科普投入与产出效率。充分利用有限的科普资源，在保证质量的前提下，提高科普产出，关注科普资源的投入产出效率。科普产出的增长与科普产出并不一定成正比，还要受到科普转化能力的影响，从供给侧结构调整的角度分析，应更加重视资源的使用，提高效率，而非盲目加大科普投入。

（四）"需求导向"机制，完善科普产业链

长期以来，以政府为主导的科普供给都是自上而下的供给方式，这种供给方式往往和人民群众多元丰富的科普需求产生错位。随着我国科普政策研究的逐步深入，及时了解公众需求非常必要，公众参与科普的动力和积极性能够使政府更加了解科普的需求导向，提供及时有效的科普服务，能够避免科普供给与公众需求出现错位。为了实现有效对接，在科普供给中，需要进行有效的科普需求数据调查，根据实际需求提供针对性的科普产品，做到在科普供给产品的内容、形式和思想上能够贴近实际需求，使供给产生它应有的社会效益。新时代科普事业的繁荣发展激发了各类科普需求，科普内容和科普服务的创新必然会催生科普产业主要业态的形成和发展，科普产业市场容量也会随之扩大，加之创新型国家建设中对公民科学素质的要求，科普产业必然会有诸多市场发展机遇。以"需求导向"作为工作思路，分析调研人的需求，针对性地进行数据采集和信息库的建立，就可以极大地提升数字信

息的功能效应。

科普产业链（图 2）以提高公民科学素质、提高综合国力、满足公众需求为目的和出发点，进行科普产品的设计和开发，结合市场规模进行制作和生产，达到服务公众的目的。目前，虽然国家对科普产业的政策力度不断加大，社会各界对科普产业的认同不断加强，市场需求不断增大，但同时还存在科普产业落地性政策不够、产业规模不大、品牌产品不多、产业创新能力不强、有效供给不足、转化渠道不畅等一系列问题，亟待予以解决。

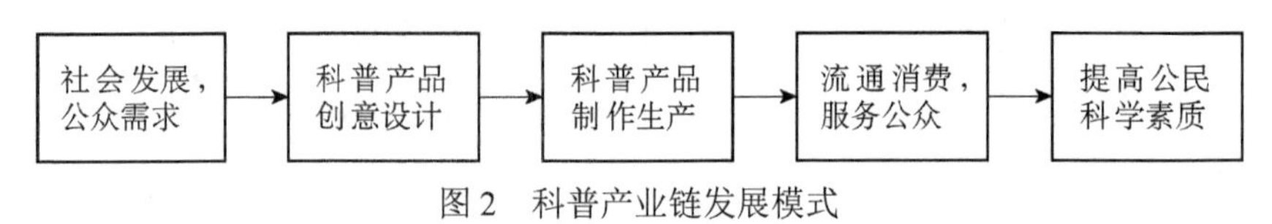

图 2　科普产业链发展模式

近年来，我国各级政府对科普服务越发重视，通过政府财政拨款、引导企业参与科普场馆建设、发挥政府购买服务的作用提升科普服务效率，进一步开展丰富多元的科普活动，以促进科普事业良性发展。科普投入以政府直接投入为主，多元化投入机制还没有有效建立。由模型数据描述性统计结果可以发现，近年来，政府拨款的科普资金在我国科普资金总量中仍然占绝对的比重，2016 年政府拨款占整个科普经费使用的比重达到 76%，其他资金来源所占比重均较低。我国科普经费筹措渠道过于单一，多元化筹资机制仍未完全建立，企业开展科普活动的积极性和活跃性仍有待提升。

四、结语

在过去几十年的经济快速发展中，科普事业取得了巨大的成绩，对提高我国公民科学素质起到了重要作用，为科技创新发展提供了保障。我国地域广阔，人口众多，经历了科普从无到有的快速发展阶段后，面对逐渐显现出的科普发展不平衡的诸多问题，需要运用供给侧结构改革来调整科普结构，矫正科普要素配置扭曲问题。只有深化供给侧结构改革，才能使科普发展与社会经济文化发展相协调，少走弯路，少交学费。今后还需要进一步深刻剖析科普发展的结构性问题，完善解决机制，不断提高科普供给质量和效率，提高科普体系结构对需求变化的适应性和灵活性，更好地满足人民群众的精神需求。

参考文献

[1] 胡俊平，石顺科. 我国城市社区科普的公众需求及满意度研究 [J]. 科普研究，2011，(5)：18-26.

[2] 任福君. 科普产业研究综述 [J]. 科普研究，2018，13 (6)：39-48.

[3] 王康友，郑念，王丽慧. 我国科普产业发展现状研究 [J]. 科普研究，2018，13 (3)：5-11.

[4] 任福君，任伟宏，张义忠. 促进科普产业发展的政策体系研究 [J]. 科普研究，2013，8 (1)：5-12.

[5] 李婷. 地区科普能力指标体系的构建及评价研究 [J]. 中国科技论坛，2011，(7)：12-17.

[6] 李建坤，刘广斌，刘璐. 科普投入产出相关文献研究综述 [J]. 科普研究，2015，(3)：82-89.

[7] 王明，郑念. 基于行动者网络分析的科普产业发展要素研究——对全国首家民营科技馆的个案分析 [J]. 科普研究，2018，13 (1)：41-47.

[8] 刘敢新，钟博，丁媛媛. 中国基层科普工作存在的问题及其对策探析 [J]. 高等建筑教育，2013，(1)：146-150.

[9] 胡俊平，石顺科. 我国城市社区科普的公众需求及满意度研究 [J]. 科普研究，2011，(5)：18-26.

防范金融骗局的金融科普模式研究*

吴忠群[1]　孙红霞[2]　刘亚楠[1]　原仙鹤[1]

（1. 华北电力大学，北京，102206；

2. 中国科学技术出版社有限公司，北京，100081）

摘要：本文从界定金融骗局的基本内涵入手，概括并分析了三种典型金融骗局的实施手段及其基本特征，提出了防范各种金融骗局需要采取的金融科普模式，剖析了影响金融科普模式防范金融骗局效率的关键因素，总结出以防范金融骗局为目标的金融科普的一般模式。所得出的基本结论是，尽管金融骗局的具体形式五花八门，手法形形色色，但是其基本规律并不复杂，通过采用恰当的金融科普模式能够有效抑制。本文为深化金融科普工作及其理论研究提供了一个样本。

关键词：金融科普　科普模式　金融骗局

A Study on the Popularization Mode of Financial Knowledge to Prevent Financial Fraud

Wu Zhongqun[1]，Sun Hongxia[2]，Liu Yanan[1]，Yuan Xianhe[1]

（1. North China Electric Power University，Beijing，102206；2. China Science and Techology Press，Beijing，100081）

Abstract: Starting with defining the basic connotation of financial fraud，this

---

* 本文得到北京市社会科学基金项目（项目编号：14JGB067）和中国科普研究所委托项目（项目编号：190109EZR027）的资助。

作者简介：吴忠群，华北电力大学教授，博士生导师，e-mail：alexmaggy@126.com；孙红霞，中国科学技术出版社有限公司副编审，e-mail：hongxia_sun@126.com；刘亚楠，华北电力大学金融研究所硕士研究生，e-mail：1228965824@qq.com；原仙鹤，华北电力大学金融研究所硕士研究生，e-mail：2930859928@qq.com。

paper summarized and analyzed the implementation means and basic characteristics of three typical financial frauds，puts forward the popularization modes of financial knowledge to be adopted to prevent various financial frauds，analyzed the key factors affecting the efficiency of financial knowledge popularization modes to prevent financial fraud，and summed up a general mode of financial knowledge popularization aiming at guarding against financial fraud. The basic conclusion is that although the specific forms and techniques of financial frauds are various，the basic laws are not complicated and can be effectively suppressed through appropriate financial knowledge popularization modes. This paper provides a sample for enhancing the practices and the theoretical research of financial knowledge popularization.

Keywords：Popularization of financial knowledge，Popularization mode，Financial fraud

一、引言

近年来，金融骗局的发生率有明显增加的趋势，给人民生活和社会稳定造成了严重影响，并引起了普遍关注。[1]本文尝试从金融科普的角度提出防范金融骗局发生的基本思路及其相应的金融科普模式。已有的研究表明，缺乏相关金融知识，导致风险识别能力不强，防范风险与自我权益保护能力低下，为金融骗局兴风作浪提供了便利条件。[2]

金融知识的普及，能够显著提高公众识别金融骗局的能力，因此加强金融科普是遏制金融骗局的重要途径。但是如何通过合理的金融科普模式达到防范金融骗局目的的研究很少。从已掌握的资料看，关于金融科普的研究主要分散在针对具体事件或现象的分析上[3]，关于金融科普的模式研究，尤其是站在一定理论高度的系统研究尚未见到，大量实践中迫切需要回答的问题没有得到很好的回答，如主要的金融骗局有哪些类型，防范典型金融骗局的金融科普的具体模式有哪些，其效果如何，不同金融骗局之间存在怎样的共性以及各自的特性是什么，如何从防范典型金融骗局的金融科普模式归纳出广泛适用的模式，如何从政策层面优化金融科普的环境等。为此，本文尝试从防范金融骗局着眼，对金融科普的模式进行研究，以期揭示金融科普对防范金融骗局的意义，并探索出相应的科普模式。

本文后续的内容按以下次序展开：第二部分重点对金融骗局和金融科普模式的概念做出界定和说明；第三部分重点分析典型的金融骗局及其对症的金融科普模式；第四部分讨论对各种金融骗局都有一定防范效果的科普模式；最后一部分给出基本结论。

二、金融骗局和金融科普模式的基本概念

本文所说的金融骗局是指以金融目的为名实施的骗取投资者钱财的诈骗行为，其根本要件必须是明确以金融活动诱使受害者上当受骗，而且交易者投资的目的是参与施骗者所布设的金融活动，这些金融活动包括投资、融资、金融交易等，以此区别于其他性质的骗局。根据此定义，单纯的电信诈骗、交友诈骗、婚姻诈骗、慈善诈骗等都不能算作金融骗局，因为这些诈骗使受害者上当的根本原因不是参与金融活动，而是由于其他原因，比如，电信诈骗常用的手段是用手机短信告知受害者中奖，然后让受害者提供信用卡的密码等，进而盗刷或转移受害者的钱款，这里不涉及受害者参与金融活动，因此不属于金融骗局，而因其使用手机短信方式实施了诈骗活动，因此属于电信诈骗。在实际案例中，很多诈骗活动往往包括多种成分，这时要看哪种成分居主导地位，以此来判定其根本属性。比如同样是使用手机短信，如果施骗者编造了金融投资的谎言，并且实施了具体的金融诈骗行为，如搭建金融平台、设立相应账户，进而通过金融操作的手段诱使受害者参与投资，受害者也并非看到短信就直接投资，而是对其所宣称的金融活动和具体操作规则进行了了解，最终决定参与投资，这时就不是一起普通的电信诈骗，而是金融诈骗。当然还可以通过施加一些限制条件，使骗局的归类问题更加精细化，比如把诈骗方式及其产生的实际规模结合起来考虑等，但这超出了本文的研究范围，因此不再展开。

本文所说的金融科普模式是指开展金融科普的基本方式，主要涉及组织形式、运行方式与基本手段等议题。金融科普模式解决的是由谁负责、如何

管理、如何运行等根本性问题，决定了科普活动的内在机制和外在表象。传统的金融科普模式包括金融知识普及月、反假人民币宣传月、金融知识“六进”等，因为它们规定了具体金融科普的基本方式，因此属于科普模式的范畴。需要指出的一点是，模式不是一个刻板的划定，而是可以根据需要归纳或构造不同的模式，如上述所提的三种模式也可以划归为“传统金融科普模式”这一概念下，同时它们每一个也可以看作具体的金融科普模式。

三、防范典型金融骗局的金融科普模式

金融骗局的实施手法五花八门，作案形式更是层出不穷，就其细节而论，每一个金融骗局都有其特殊性，如果陷入这些细节就难以总结出规律性的认识，甚至感到茫然而不知所措。[4]但是如果深入分析各色骗局的基本运作方式，就会概括总结出一般规律，进而形成一定的整体性认识。本文正是基于后一种研究方法，把所收集到的金融骗局样本归纳为三类典型：庞氏骗局、贵金属交易骗局和原始股骗局，并在此基础上提出有针对性的金融科普模式。

（一）防范庞氏骗局的金融科普模式

庞氏骗局是指靠不断吸引投资者注入资金制造财富增值假象达到施骗目的的诈骗方式。基本手法是，以高额回报率吸引受众，初期会把所骗取的投资用于兑现许诺的回报，以此取信投资者，只要新增投资总额大于应付账款总额，这一骗局就会一直持续。而且因为其履约的及时性，投资者会越加深信，资产规模也会不断加速扩大，很短的时间里就会膨胀到惊人的规模。但一旦新增投资总额低于应付账款总额，就会出现拖欠兑付投资者收益的情况，使投资者信心受到打击，投资会进一步放缓，陷入恶性循环并很快崩溃，最终投资者的投资被骗走。庞氏骗局是最古老也是最普遍的一类金融骗局。随着互联网技术的发展，借助互联网实施的庞氏骗局种类愈加繁多且作案的空间空前扩大，作案手段和传播渠道更加机动、隐蔽和不易察觉。有数据表明，近年来借助互联网实施的庞氏骗局大幅度增长，而且仍有上升势

头，是当前和未来应当重点防范的金融骗局。[5]

从金融科普的角度看，防范庞氏骗局可以根据受众群体、骗局实施范围的不同等，采取不同的金融科普模式。对于以农村居民为诈骗对象的庞氏骗局，以下科普模式都是比较有效且可行的[6]：①以乡镇或者村落为单位，挨家挨户发放如何防范庞氏骗局的知识读物，包括纸质的材料（如海报、小报、手册等）、电子文本、手机视频等；②科普机构选派专业人员，以村为单位开展防范庞氏骗局的讲座，或者以村为单位在村民活动集中地带悬挂条幅、发放科普材料等。对于以城市居民为诈骗对象的庞氏骗局，以下科普模式是比较有效且可行的[7]：①通过社区或街道组织开展多种形式的活动，向居民传授防范庞氏骗局的相关知识，其中，受众面最大的形式是发放专门制作的宣传材料，普及效果最好的形式是举办专门讲座，成本最低的形式是拉横幅、挂条幅、黑板报、知识窗等；②借助手机、互联网等多种传播途径，通过建立微信公众号、微博、QQ 等形式，向一定范围内的居民推送新闻、视频等相关的宣传资料。从长期看，更根本的科普模式是建立一种正规的组织体系，使科普工作正常化、规范化。

（二）防范贵金属交易骗局的金融科普模式

贵金属交易骗局主要是诈骗平台冒充有资质的金融机构，通常冒充交易所，引诱交易者投资下注，然后采取各种欺骗手段套取投资者的资金，主要有以下几种诈骗方式[8]：①冒充正规交易所的成员单位，以此取得交易者的信任，待交易者上套之后，使用各种欺骗手法，制造交易者投资亏损的假象，骗走交易者的资金，而交易者还往往被蒙在鼓里；②假借贵金属现货交易之名，其实是非法从事期货等衍生品交易，诱使不明真相的交易者盲目投资，然后通过篡改数据等非法手段骗取交易者资金；③以贵金属交易为名，设计赌博圈套，交易者原以为的投资赚钱活动沦为以贵金属交易为诱饵的赌博活动，之后通过多种非法手段，制造交易者赌输的假象，骗取交易者的资金，偶尔出现交易者赌赢的情况也不会支付，而是要求交易者继续下注，否则就采取冻结甚至删除账户等手段剔除交易者、扣留交易者资金，却以违规操作等罪名归罪于交易者，使交易者有口难辩；④以贵金属交易为诱饵，诱使交易者进入投资，而后采取网络操控等手法，使投资者永远无法从平仓获利，惯用的伎俩有制造客户端卡顿、谎称网络连接失败等，以此榨取投资者的佣金直至投资被侵吞完毕。

从上述贵金属骗局的实施手法来看，并不存在难以识别的伪装，但是施骗者却屡屡得手，说明金融科普工作亟待深入加强。从目前的实际情况看，有多种渠道可以获得防范贵金属骗局的知识，包括政府及金融机构出台的相应文件、相关的书籍、网络新闻媒体关于贵金属交易的文章、金融教育平台的贵金属交易知识课程，以及公众中流传的各种见闻等。[9]值得注意的是，《国务院关于清理整顿各类交易场所切实防范金融风险的决定》（国发〔2011〕38号）、《国务院办公厅关于清理整顿各类交易场所的实施意见》（国办发〔2012〕37号）等文件都明确指出，大量贵金属商品交易场所开展分散式柜台交易涉嫌非法期货活动。[10, 11]但是从结果上看，公众对于这些警示并未予以足够重视，甚至有可能并不知道这些信息。[12]究其原因，我们认为是科普的模式存在问题，没有把必要的知识及时传播给公众。

对于贵金属交易骗局的防范，不应全靠公众自行解决，那样成本将十分高昂。可以采取类似前文关于防范庞氏骗局的科普模式，把贵金属交易的各种伎俩揭露出来，并帮助公众树立正确的投资理念。这里需要强调的是有组织的科普模式及其重要性，不能仅靠公众的自发学习。

（三）防范原始股骗局的金融科普模式

原始股骗局是指以原始股投资为名套取投资者资金的行为，其主要实施手法有以下几种[13]：①盗用企业名义，谎称可以交易该企业的原始股，而实际上根本不存在所声称的交易，一旦交易者投入资金，则通过伪造账户等欺骗手段制造交易确实存在的假象，而后以各种名目和理由蚕食或干脆侵吞投资者的资金；②夸大股份的投资价值或许诺高回报，或者二者同时并举，诱使投资者投资风险很高的项目，其主要目的是非法融资，与单纯的诈骗有所区别，但是往往也会造成投资者的巨大损失。

从各方面披露的信息来看，原始股骗局频频发生，主要的成因之一是公众对原始股相关的概念存在明显的误解[14]。首先是错误地认为原始股一定赚钱，这与在社会上广泛流传的关于靠原始股而致富的传闻有很大关系，殊不知这些传闻即使有真实的事件可考，但并非普遍现象，更不是稳赚不赔的铁律。事实上，更多的是原始股贬值甚至赔光的案例，然而在做局者的操作下，原始股的风险被隐瞒，造富的个案被包装成必然规律，缺乏相关常识的投资者在这种宣传攻势下成为牺牲品。其次是不清楚股票或股份交易的基本常识，往往把“挂牌公司”与“上市公司”、“交易所”与“托管交易中心”等混为一谈，也不知道股票或股权交易的正规渠道，致使他们把“挂牌公司”股票当成了“上市”股票，对不具有股票或股权交易资格的中介缺乏基本的辨别力，最终上当受骗。

从原始股骗局的作案手法看，防范原始股骗局并不难，只要把相关的知识普及给公众，就会大大减少类似事件的发生。但是为什么没有做到呢？我们认为主要在于对金融科普模式的理解不到位，以为只要在媒体上播放一些相关新闻或科普节目就够了。这恰恰是造成科普不到位的根源。尽管相关知识随处可得[15]，但是如果不采取合适的科普模式进行针对性的普及工作，其效果是极其有限的，近年来不断攀升的发案率就印证了这一判断。综合上述分析，本文认为，防范原始股骗局的金融科普模式必须强调组织性和权威性。组织性是指必须由一定的正规组织负责并具体实施，在农村应该是村委会等基层组织，在城市应该是社区或居委会等基层组织；权威性是指应该请具有一定公信力的专家为受众普及相关知识。概括起来说，这个科普模式就是由专门机构（如科协等团体组织）负总责，协调基层组织具体执行，聘请专家讲解、普及。至于公众自发地学习应该予以鼓励和提供相应的支持，包括提供各种资料（线上、线下；纸质的、电子的；等等）[16]，开展各种活动（如金融知识普及月、金融科普“六进”等），不拘一格，因地制宜。但是必须注意的是，有组织且具有权威性的科普模式，对于提高公众对金融骗局的辨别力，具有更为显著的效果。

四、广谱性防范金融骗局的金融科普模式

以上，本文针对典型金融骗局讨论了通过金融科普手段加以防范的基本

思路和做法，本部分重点讨论如何设计一种对各种金融骗局都具有显著防范作用的金融科普模式，以提高科普的实际效果，并降低科普的成本。为此，需要对各类金融骗局的共性和特性做出说明，然后针对这些共性和特性分析什么样的科普模式能够奏效。

（一）各类金融骗局的共性

尽管金融骗局的具体操作手法五花八门，而且随着时间的推移还在不断衍生出令人眼花缭乱的伎俩，但是其本质大体上都可以归入前文我们重点介绍的三类典型金融骗局，因此，我们从这三类典型骗局中总结出各类金融骗局的共性特征如下。

1. 以高收益为诱饵

我们研究发现，金融骗局无论其情节多么离奇，却无不是以许诺高收益为依托。通常一个金融骗局所允诺的收益率是同期无风险收益率的十倍至数十倍不等，对于具有基本金融知识的人来说，这是足以引起警觉的；但是对于缺乏金融知识的人而言，这样的高收益许诺很容易使之上当，这一点在我们的随机访谈中得到很好的印证①。因此可以说，高收益不仅是各类金融骗局蛊惑人心的诱饵，而且是其得以实施的基本前提。

2. 编造故事迷惑受众

仅仅有高收益允诺有时还不足以直接使受众深陷其中，因此几乎所有的金融骗局都会配合自己的高收益允诺而编造出动人的故事，这使得本来已经被高收益打动的公众更增加了信任感，甚至有参与者直至案发仍心存幻想。从调研结果看，除了少数允诺的收益相对较低（通常十余倍无风险收益率）的金融骗局外，绝大部分骗局都编造似乎合情合理的获得高收益的理由，而且随着允诺的收益越高，所编造的故事越生动。[17]因此可以说，编造故事博

---

① 多数被调查者直接承认因为不懂金融知识完全被高收益所迷惑；一些被调查者并不承认完全被高收益所诱惑，也知道有风险，但是抱着试试看的心态，投的钱不多（数千元不等）。但显然，高收益是不可或缺的条件，否则就不会有试试看的动机了。

取参与者相信也是金融骗局的普遍特征之一。

3. 制造假象使参与者丧失辨别力

前两点共性主要是在事前用来引诱受众的手段，一旦受众被蛊惑，骗局实施者往往还制造逼真的假象，以此使已经落入圈套的参与者变得更加轻信而越发陷入其中。基本的手法是兑现或部分兑现所承诺的收益，当不必或者无力继续制造假象时，其骗局的本质才开始败露。对大量案例的分析表明，绝大部分金融骗局在初始阶段都不同程度地使用了制造假象的把戏，而且假象持续的时间越长，迷惑性越高。与此同时，由于人际传播的作用，骗局会以几何级数形式加速扩展，直至败露。鉴于此，可以认为制造假象也是金融骗局中广泛存在的特征之一。

（二）不同金融骗局的独特性

应该注意，除了上文所指出的共性特征以外，各类金融骗局都有其一定的独特性。科普模式的设计中应该对这些独特性做出适当考虑，以增强科普的效果。以下分别对三类典型金融骗局各自的独特性做出说明。

1. 庞氏骗局的独特性

庞氏骗局的最根本特征是，以受骗者新投入的资金为依托兑现许诺给先期投资的回报，这是其他两类金融骗局并不一定采用的手法，这也是判断一个骗局是否是庞氏骗局的根本依据。只要骗取的投资多于支付回报，骗局就会继续滚动，由于初期总是新加入的资金大于流出的资金，因此骗局会迅速扩张，而且参与其中的受骗者因尝到了甜头而越陷越深，并通过人际交往把更多的人拉下水。我们调查研究发现，“只付利不还本，用新钱平旧账”这种移花接木的做法，很容易使参与者利令智昏，甚至执迷不悟。因此，为了使科普模式对庞氏骗局能发挥很好的效果，必须使之具有揭穿伪装的功能。这意味着，对于庞氏骗局，应该用通俗易懂的语言和形式，使公众真正看清骗局的欺骗性所在。

2. 贵金属交易骗局的独特性

贵金属交易骗局的独特性有两点：一是借贵金属的概念，使受众产生本能的投资欲望，对知识层次较低的受众尤其具有吸引力，因为以金银为代表的贵金属在传统意识里就是财富的化身；二是以小博大的伎俩，常常打出“一元钱炒百元金”的口号，受众出于试试看的心理而越陷越深[18]。这两个特征在其他两种金融骗局中不是必要条件。很多报道显示，这两点正是把投资者卷入贵金属交易骗局的根本原因。

3. 原始股骗局的独特性

原始股骗局的独特性主要有三点：一是炒作原始股概念，这也是原始股骗局最突出的特征，使受众产生未来会成倍增值的想象，进而产生投资欲望；二是以高出实际价值多倍的价格把所谓的原始股出售给投资者，为了使受众相信所谓的投资价值，总是编造各种利好消息，诸如“即将上市”“升级转板”等[19]；三是投资门槛高，这是因为按照一般的股票交易习惯，一次交易必须达到一定规模，所以投资者一旦上当，所投入的金额通常都比较大。

（三）广谱性防范金融骗局的金融科普模式设计

这里所谓的广谱性是指对各种金融骗局都有一定预防作用。为了达到这一目的，所设计的科普模式必须一方面具有能够应对各种骗局的共性的功能，另一方面要具有应对不同骗局的独特性的功能。

根据前文对金融骗局共性和独特性特征的分析，从科普模式需要达到的效果角度看，设计广谱性防范金融骗局的金融科普模式应该强调以下两个基本目标：组织程度高、公信力强。

组织程度高是指这种科普模式是一种有组织的活动，而且按照现代组织制度加以治理。之所以强调组织的重要性是，一般来说，对于非正规形式的宣传或提醒，如网络言论、社交软件信息，甚至是电视、广播、报纸，公众所给予的关注是很低的，他们会认为这是离自己很远的事情，往往当作热闹看。[20]这意味着，为了达到引起受众重视的目的，应该采取某种正规的组织形式。

公信力强是指这种科普模式能够真正让公众信任。要做到这一点，健全的专业知识、广泛的案例研究和扎实的理论基础是不可或缺的，同时还要提供切实的正确指导意见，这样公众才能得到真正的帮助，并发自内心地信服。否则，难以提供有价值的指导，甚至回答不了公众的困惑，科普的效果将大打折扣。例如，普通公众很难想明白一个能给自己按期发红利的投资事项怎么会是骗局[21]，如果不具备一定的专业素养，很可能无法很好地解答受众的疑问。

从确保科普模式落实和可持续的角度看，还有两个必要条件需要注意：制度化、程序化。制度化是指这种科普模式应该纳入国家编制体系中，并给予相适应的法律地位；程序化是指为了使这种科普模式能够实现其功能并保持良好运行，应该明确规定其职责、操作流程等具体事项，使其运行有规可依、有规必依。

综上所述，本文认为有效防范金融骗局的金融科普模式应该具有如下特征：①组织化，应该以正规的组织方式进行，否则不被重视，达不到效果；②专业化，应该有专业队伍负责进行深入研究，提出科学论证和解决方案，并提供便捷的咨询服务，否则真假难辨，难以奏效；③制度化，应该建立起长期的正规的组织体系，否则不利于持续地开展工作；④程序化，应该制定明确公开的办事程序和质量要求，否则不利于激励工作人员尽职尽责。

为了实现上述构想，我们认为比较可行的广谱性防范金融骗局的科普模式是，建立从全国到地方的多层次科普网络化实体服务平台，由专门的机构负责运行和管理，并由特定的机构评价、监督、问责，服务方式包括网站宣传、电话咨询、人工咨询等。

五、结语及政策建议

截至目前，国内外关于金融科普模式的研究还十分稀少，本文在对金融骗局进行深入剖析的基础上，提出通过金融科普防范金融骗局的构想，构建出具体的科普模式框架，并得出了若干结论。

第一，金融科普模式应该注意“四化”，即组织化、专业化、制度化、程序化。

第二，金融科普的实施主体应该是网络化服务的实体机构，并且应该建立从中央到地方、基层的组织体系。

第三，尽管金融骗局形形色色、变化多端，但就其本质而言，大体上可以划分为三大类型，即庞氏骗局、贵金属交易骗局、原始股骗局。

第四，只要能够针对金融骗局的本质开展有效的科普工作，就能大幅度地减少其发生的概率。

总之，本文认为，通过科普模式的创新，大幅度降低金融骗局的发生率是可行的，这样一种科普模式也是可以实施的。本文可供相关研究和实践部门参考，未来我们将对该科普模式所涉及的具体细节等问题做出进一步的研究。

参考文献

[1] 龚强，王璐颖. 普惠金融、风险准备金与投资者保护——以平台承诺担保为例 [J]. 经济学，2018，17（4）：1581-1598.

[2] 王新. 电信诈骗为何屡禁不止，如何根治 [J]. 人民论坛，2017，（1）：92-93.

[3] 齐培潇，郑念，王刚. 基于吸引子视角的科普活动效果评估：理论模型初探 [J]. 科研管理，2016，37（S1）：387-392.

[4] 苏薪茗. 银行理财产品是庞氏骗局吗？——基于中国银行业理财产品市场的实证分析 [J]. 金融论坛，2014，19（11）：43-52.

[5] 姚良，陈文. 美国 P2P 监管的启示 [J]. 中国金融，2015，（7）：63-64.

[6] 关峻，张晓文. “互联网+”下全新科普模式研究 [J]. 中国科技论坛，2016，（4）：96-101.

[7] 吉杰. 公共图书馆科普教育与展览活动融合发展模式研究 [J]. 新世纪图书馆，2017，（12）：36-38.

[8] 王义良. 贵金属销售存洗钱隐患 [J]. 中国金融，2014，（5）：95.

[9] 罗子欣. 新媒体时代对科普传播的新思考 [J]. 编辑之友，2012，（10）：77-79.

[10] 国务院.《国务院关于清理整顿各类交易场所切实防范金融风险的决定》（国发〔2011〕38 号）.

[11] 国务院办公厅.《国务院办公厅关于清理整顿各类交易场所的实施意见》（国办发〔2012〕37 号）.

[12] 中央电视台财经频道. 中央电视台 2014 年“3・15”晚会 [J]. 电视研究，2014，（4）：2.

[13] 张磊. 论新股发行制度改革背景下欺诈上市的法律规制 [J]. 税务与经济，2019，(2)：6-12.
[14] 李江平. 游资套利与次新股的惯性效应和反转效应模型 [J]. 统计与决策，2018，34 (23)：170-173.
[15] 付代红，王鹏继."新股不败"视角的 IPO 制度改革 [J]. 重庆社会科学，2018，(2)：75-83.
[16] 徐静休，朱慧. 新媒体时代提升科普传播效果的对策与建议——以科普新媒体"科普中国"和"果壳网"为例 [J]. 传媒，2018，(18)：54-57.
[17] 宋常，马天平. 旁氏骗局、非净值型资金运作模式与中国资产管理业务 [J]. 当代经济科学，2013，35 (5)：40-51，125.
[18] 宝胜. 基于我国公众基本科学素养的科普工作策略研究 [J]. 科技管理研究，2010，30 (9)：38-40.
[19] 黄家裕. 斯蒂斯对大众心理学的取消策略——基于政府公共性的视角 [J]. 哲学动态，2013，(6)：90-93.
[20] 高慧艳. 媒体融合背景下的科普期刊微信公众号运营——以"中国国家地理"为例 [J]. 中国科技期刊研究，2019，30 (6)：621-628.
[21] 赵鑫，刘娜英. 智媒时代科普期刊的用户需求、创新路径和应对措施 [J]. 中国科技期刊研究，2019，30 (7)：699-706.

关于《中华人民共和国科学技术普及法》实施的思考与建议

杨多文

（安徽省科普作家协会，合肥，230601）

摘要： 新时期必须重新审视科普观念，构建广义的科普概念，整合科协、社科联、文联、工会、共青团、妇联、残联等党领导下的社会组织的力量，拧成一股绳，在机制体制上创新，探索行之有效的措施，制定出台《中华人民共和国科学技术普及法实施细则》。对于单位和个人制定科普绩效刚性指标，实行单位科普工作巡视制度和个人晋升、晋级科普业绩门槛机制，形成全民自觉遵守《中华人民共和国科学技术普及法》（以下简称《科普法》）的浓厚氛围。在做好科普公益事业的同时，制定激励政策以助力科普市场化运作，实现科普工作“叫好又叫座”的局面。

关键词： 科普　科普法　责任主体　实施细则　科普市场化

Thoughts and Suggestions on the Implementation of *Law of the People's Republic of China on Popularization of Science and Technology*

Yang Duowen

（Anhui Science Popularization Writers Association，Hefei，230601）

Abstract: Facing to the new era，it is time to recheck the concept of science popularization，construct a broad concept of science popularization，integrate the

作者简介：杨多文，安徽省科普作家协会常务理事、秘书长，安徽教育出版社编审，e-mail：yangdw2009@qq.com。

forces of social organizations under the leadership of the CPC such as the Association for Science and Technology，the Social Science and Technology Association，the Federation of Literature and Art，the Trade Union，the Communist Youth League，the Women's Federation and the Disabled Persons' Federation，to explore the effective measures in science popularization mechanism and system，and formulate and issue the *Detailed Guidance for Implementing the Law of the People's Republic of China on Popularization of Science and Technology*. It is also suggested to develop science popularization performance by making compulsory indicators，for units and individuals，building the science popularization work inspection system in institutes，and individual's threshold promotion mechanism according to science popularization performance，so as to produce a good atmosphere of implementing the *Law of the People's Republic of China on Popularization of Science and Technology*. With doing a good job on science popularization，it seems necessary to formulate incentive policies to help the market-oriented operation of science popularization，and then make the science popularization work both popular and profitable.

Keywords：Science popularization，*The Law of the People's Republic of China on Popularization of Science and Technology*，Subject of responsibility，Enforcement regulation，Marketization of science popularization

我国现行的《科普法》于2002年6月29日公布施行，在推动我国科普工作法制化、规范化方面发挥了独特的作用，功不可没。然而，随着我国科学技术、经济社会、文化事业的蓬勃发展，《科普法》存在一些需要与时俱进改进的地方。

一、贯彻实施《科普法》存在的问题

（一）科普责任主体的责权利不明确

为了实施科教兴国战略和可持续发展战略，在世纪之交国家组织力量制定并颁布了《科普法》，它在我国科普事业中起到了很好的引领作用。然而，鉴于历史局限性，其对科普主体的规定不够明确。据统计，全文“应当”一词有32处之多，比如第三条规定，“国家机关、武装力量、社会团体、企业事业单位、农村基层组织及其他组织应当开展科普工作”，第十五条规定，“科学技术工作者和教师应当发挥自身优势和专长，积极参与和支持科普活动”。

“应当”意即“应该”，是助动词，表示理所当然，其意思是主动作为，全靠自觉；如果不作为、未履行应尽的责任，没有相应的惩罚措施。因此，《科普法》实施细则的制定很有必要，尤其是要切实明确责任主体及其责权利。

（二）科普的公益属性和市场属性定位不明朗

《科普法》第四条、第五条、第六条、第二十五条规定，科普是公益事业，国家鼓励科普组织、科普工作者、社会力量兴办科普事业，社会力量兴办科普事业可以按照市场机制运行；国家依法对科普事业实行税收优惠，科普组织开展科普活动、兴办科普事业，可以依法获得资助和捐赠。

长期以来，国家把科普事业作为公益事业，近十几年来国家在这一方面加大投入，尤其是以科协系统为主导的科普工作的人财物投入明显增加。但是，因为科普的公益性，其产出效率低，“重活动、轻能力，重形式、轻内涵，重过程、轻绩效”问题突出，致使“叫好不叫座”现象长期存在。

近年来，社会力量开始参与科普事业，为科普事业注入了活力，一些社团组织和文化机构思维活跃、机制灵活，激活了员工的积极性和创造性，科普活动开展得红红火火。然而，当前社会力量兴办科普事业还存在政策瓶颈，《科普法》规定的国家投入、政策准入、税收减免等都没有落地政策。因而，国家应该出台《科普法实施细则》，制定科普市场化运作制度，引导社会力量参与科普事业。

近20多年来，世界格局发生了天翻地覆的变化。新时期中国发展成为世界第二大经济体，中国特色社会主义物质文明建设取得重大成果，中国国际地位的提升动力加大，进一步发展强大的基础坚实；党中央提出以人民为中心，不断促进人的全面发展、全体人民共同富裕以及“四个自信”（道路自信、理论自信、制度自信、文化自信）的执政理念；在对外关系上提出“一带一路”倡议，构建人类命运共同体的愿景。纵观世界发展史，英国、德国、美国、日本、以色列等发达国家在发展过程中无不兼顾自然科学、技术科学、社会科学、思维科学，注重人的全面发展。2019年，科技部等六部委颁布《关于促进文化和科技深度融合的指导意见》，凡此种种，可见《科普法》要想真正落地，必须与时俱进，以适应时代的发展。

二、科普再认识

1. 广义的科普观

根据亚里士多德等古希腊先哲对科学的阐释，结合《现代汉语词典》中的“科学”词条，定义科学如下：科学是包括自然科学、社会科学、思维科学等一切合乎规律的知识体系，即科学=自然科学＋社会科学＋思维科学＋……

依据法国科学家狄德罗给技术所下的定义，结合《现代汉语词典》中“技术”词条和百度百科“技术”释义，定义技术如下：技术是人们在日常生产和生活中掌握进而使用的生产技术和非生产技术的总和，即技术=生产技术＋非生产技术。

生产技术是技术中最基本的部分。根据生产行业的不同，它可分为农业技术、工业技术、通信技术、交通运输技术等；根据生产内容的不同，它可分为电子信息技术、生物技术、医药技术、材料技术、先进制造与自动化技术、能源与节能技术、环境保护技术、农业技术等。非生产技术是为满足社会生活的多种需要的技术，如科学实验技术、公用技术、军事技术、文化教育技术、医疗技术等。

将上述科学、技术的定义运用于《科普法》，即得出广义的科普观：凡采取公众易于理解、接受、参与的方式，有关自然科学、社会科学、思维科学等一切合乎规律的知识传播或各种生产技术和非生产技术的技能传播，或者有关倡导科学方法、传播科学思想、弘扬科学精神的活动，都是科普活动。

2. 科普绩效的高低直接影响创新成果的优劣

习近平总书记在2016年5月30日全国科技创新大会、中国科学院第十八次院士大会和中国工程院第十三次院士大会、中国科协第九次代表大会上指出："科技创新、科学普及是实现创新发展的两翼，要把科学普及放在与科技创新同等重要的位置。"由此可见科普工作何其重要，科普工作者的使命何其神圣，这预示着中国科普的春天即将到来。

我们知道，创新体系包括科学创新、技术创新、产品创新、工艺创新、设计创新、社会创新、体制创新、制度创新……创新主体包括科研团队、工程团队、项目组、企业车间、营销团队……每一步创新都离不开科学传播，科普是创新主体与创新体系之间的纽带，创新主体与创新体系螺旋跟进，两者呈藤缠树关系，科普为二两之间的链条。离开了科普，创新体系就失去了其生命力，科技创新成果往往被束之高阁，造成资源浪费，创新发展便失去根基。也就是说，从过程来看，创新发展过程中的每个环节都离不开科普，科普是创新发展的关键链条（桥梁），普及科学技术知识、倡导科学方法、传播科学思想、弘扬科学精神（四科）犹如双螺旋结构中的四个碱基对。从结果来看，科普是科学传播 N 级接力的结果，是科技创新成果落地的土壤。原创科学纯单向传播可用自由振动形象地描述，满足振幅自由衰减规律。科学传播过程中存在正反馈，表现为科技共同体成员的贡献，因此，实际科学传播对满足受迫振动规律，传播对的数目满足级数规律，科学传播综合效应是放大的。只有传播过程中逐步放大的科学传播，最终为普通百姓所认识，才是有价值的科学传播，其传播终极成果是公众理解科学。

总而言之，无论是从过程还是从结果来看，科普对创新发展都至关重要，因此，有必要对业务岗位和管理岗位等关键岗位，以及创新团队等加强科普绩效考核，从而提高创新效能。

3. 可对所有业务岗位和管理岗位人员实行科普绩效考核

《中华人民共和国著作权法》保护9类作品的著作权，分别是：①文字作品；②口述作品；③音乐、戏剧、曲艺、舞蹈、杂技艺术作品；④美术、建筑作品；⑤摄影作品；⑥电影作品和以类似摄制电影的方法创作的作品；⑦工程设计图、产品设计图、地图、示意图等图形作品和模型作品；⑧计算机软件；⑨法律、行政法规规定的其他作品。其中最常见的两种作品释义：文字作品，是指小说、诗词、散文、论文等以文字形式表现的作品；口述作品，是指即兴的演说、授课、法庭辩论等以口头语言形式表现的作品。

由此可见，科普创作形式包括写作（含翻译、编辑）、口述、艺术创作（演绎、绘制、摄影、摄像）、编程、策划、设计等。凡采用公众易于理解、接受（通俗性）的手法创作的反映自然、社会、思维等的客观规律（科学性）的作品，或者公众乐于参与（趣味性）的诸如活动策划方案、研学线路及其操作方案（实操性），或者其中蕴藏着科学方法、科学思想、科学精神（思想性）的图书报刊、广播影视、新媒体传播的内容（多样性）等都可以视作科普作品。科普作品从内容上分为：①普及科学技术知识的知识读物；②倡导科学方法的探案、推理小说、笔记等；③传播科学思想的人物传记、科学史等；④像《哥德巴赫猜想》等科学文学作品、励志读物、科学探险类读物等弘扬科学精神的作品。在表现形式上，图书、杂志、影视、电子音像、微视频、自媒体、增强现实/虚拟现实（AR/VR）设计，以及科普讲座、科学探险、科普研学、科普竞赛、科普创客等多元化科普活动方案及其成果都属于科普作品。因此，科普创作并不神秘，业务人员撰写文章，拍摄制作，或者做科普讲座，向身边的人或者公众通俗地介绍本职工作，就算作科普绩效；管理岗位人员为科普活动提供条件或者服务，也是实实在在的科普工作，其成绩也可算作科普绩效。

三、《科普法》实施的若干建议

1. 我们要会说中国科学技术普通话

习近平总书记在2018年21～22日于北京召开的全国宣传思想工作会议上发表重要讲话时强调：完成新形势下宣传思想工作的使命任务，必须以新时代中国特色社会主义思想和党的十九大精神为指导，增强“四个意识”、坚定

“四个自信”，自觉承担起举旗帜、聚民心、育新人、兴文化、展形象的使命任务。坚定文化自信，科普工作者应该立足中国，面向世界，吸纳世界不同民族的文化精髓，融合世界科学技术、经济社会、文学艺术发展的精华为我所用，在自觉学习遵守《现代汉语词典》《科普法》《中华人民共和国著作权法》《全民科学素质行动计划纲要实施方案（2016—2020年）》《中国科协科普发展规划（2016—2020年）》等前提下，说好中国科学技术普通话，即用普通老百姓都能听得懂的语言，用公众易于理解、接受、乐于参与的方式，普及科学技术知识、倡导科学方法、传播科学思想、弘扬科学精神，以有效提升公民科学素质，促进人的全面发展和社会的全面进步。

2. 组织多学科人力加大科普教育学研究

中国科普作家协会科普教育专业委员会顾问王绶琯院士总结北京青少年科技俱乐部18年的工作经验，首次提出了科普教育的概念。近年，中国科普作家协会科普教育专业委员会顾问孙云晓研究员、中国科普作家协会科普教育专业委员会副主任委员郑念研究员分别给出了科普教育的定义。本文对三位先生给出的定义加以综合，给出如下定义：科普教育是运用科普（创作）的手段面向大众开展的教育活动，旨在贯彻落实《科普法》，提升全民科学文化素质；它是学校课堂教学有益的补充，其主体是科普作家，客体是公民（工农兵学官商……）。地位与学校课堂教学并行不悖；平台包括社会＋家庭＋校园＋……手段是广义的科普创作；内容：“四科”融合科普作品；技术：科普创作技术和教育技术；目的：《科普法》落地，促进人的全面发展和社会全面进步，实现中华民族的伟大复兴。

长期以来，主流教育界关注的重点在课堂，课堂以外的教育乃至终身教育理论未能得到应有的重视，而课堂内外、学校、家庭、社会的教育规律存在很大的差异性。我们将课堂教学从全民科普中剥离开来，定义科普教育概念，其目的就是要呼吁国家加大投入，组织多学科人力研究科普教育学，探索科普教育有效模式，促进《科普法》有效落地。

3. 明确科协组织科普主力军的地位

科协组织是党联系科技工作者的纽带，上至中国科协，下到乡镇、企业、院校科协，各级科协组织健全，具有较强的动员力和执行力，是最具中国特色的社会组织。经过几十年的实践历练，科协组织培养了一大批科普工作的专门人才，积累了丰富的科普工作经验，实际上这批人才已经成为我国科普事业的主力军。因此，应该发挥制度优势，加强科协组织在《科普法》实施过程中的主力军作用。同时，要树立广义的科普观，在体制上消除部门壁垒，打破科学界、学术界、教育界、文学界、艺术界、体育界和科普界的界限，整合诸如社科联、文联、工会、共青团、妇联、残联等社会组织力量，建立一支独具中国特色的科普管家队伍，比如授权科协组织领衔制定《科普法实施细则》和各项规章制度，开展科普工作巡视活动，开展有利于人的全面发展和社会全面进步的科普教育，等等。

4. 对单位和个人科普绩效设立若干刚性指标

理论研究和社会实践表明，我国区域科普发展水平与其经济发展水平之间存在正相关关系，科普发展水平往往表现为该地区的公民科学素质乃至自主创新能力的高低。中国科普研究所郑念研究员的最新研究表明，一个地区的科普能力建设对其国内生产总值（GDP）增长的贡献呈幂指数增长。如今，在绿色 GDP 考核体系下，尤其是认识到这种正相关性后，科普工作者应该理直气壮地以国家的利益为根本，提出对国家机关、社会团体、企事业单位和个人，尤其是体制内的单位和人员，开展科普绩效评估工作，考核其《科普法》履职情况。为此，国务院和各地政府应尽快制定《科普法实施细则》，出台便于量化处理的可操作性政策。下面列举几个具体措施，仅供参考。

将科普工作纳入各级各类机关、单位的工作日程，设置科普绩效考评机制，对照《科普法》实施情况，从上到下开展科普巡视活动，以确保《科普法》落地。

对于体制内人员，要制定激励政策，引导大家投身科普事业，把科普绩效与其职业成长密切挂钩。例如每晋升或晋级一次，就设置一个门槛，必须有定额的科普工作业绩方可申报，发表科普作品，或做科普讲座，或做业务分享，或参与科普活动组织协调工作。同级科协组织和单位可就此制定科普绩效考评办法。

近年来，山西省卫生健康委员会、北京市政府、上海市政府、江苏省政府、深圳市人大纷纷出台有关科普法律法规，规范绩效认定管理办法，推行科普从业人员职称评定工作，将科普项目成果纳入政府科技奖励序列等一系列利好政策，都是积极贯彻《科普法》的有力措施，值得全国各地学习借鉴，这有利于科普队伍的壮大、科普事业的发展。

5. 助力社会机构科普市场化运作

从国家的角度来看，科普是公益事业，从社会机构的角度来说，科普是市场行为，因此公益和市场两手抓，而且两手都要硬。要在充分做好公益性科普工作的前提下，出台激励政策，将有限的财政资金向社会组织发放，使用杠杆原理，以功利的手段激励社会组织投身公益性科普当中，即在充分发挥政府这双看得见的公益之手的基础上，制定激励政策，激活市场这双看不见的手的推手作用，充分调动科普从业人员的创造性和积极性。在政策上予以扶持，将有限的资金向社会机构投标，以激发社会机构投身科普工作的热情，实现以一当十的杠杆效益。在这一方面，已有不少成功的案例可资借鉴。例如，深圳市梦想家科普教育基地在深圳市科协的支持下，对科普教育市场化运作进行了有益的探索，40 多人的科普工作开展得很有生气，既解决了政府投资不足、科协人手不足的难题，还解决了部分人员的就业问题；安徽省航空科普协会在省科协支持下，同时吸纳社会资金赞助，在全省举办诸如智慧军事科普展、总体国家安全观教育展、中华古建巡展等，以少量的资金投入，取得了明显的科普实效，其经验值得总结推广。

四、结语

《科普法》是在文理分科的大背景下颁布实施的，有明显的历史局限性：

《科普法》的责任主体理论上是国家和社会，各级各类单位乃至全民都有责任和义务兴办科普事业，即所有人都“应该”有责任，实际操作上没有设立问责机制，因而《科普法》落地不力；即使科协系统费尽气力，推行行之有效的科普活动也难以奏效，一些科普产品或科普活动“隔山唱歌”“叫好不叫座”，造成人力、物力和财力的巨大浪费，导致做具体工作的人员身心疲惫。新时期我们要更新观念，重新审视《科普法》并加以改进。当前最为紧迫的是，突破固有的文理分科思维，在体制机制上破除科协、社科联、文联、工会、共青团、妇联、残联等社会团体的壁垒，切实发挥政府及其部门的履职主体作用，构筑广义的科普观和科普创作观，多学科联动研究科普教育学，修订《科普法》，制定出台《科普法实施细则》，建立以科协组织为主力军的科普绩效评价评估组织体系，各级各类科协组织和企事业单位要制定强有力的规章制度，调动党政军民商学各方面人士的内在动力，以适应新时期科普事业发展的需要，有效促进《科普法》落地，提高公民科学文化素质，实现人的全面发展和社会的全面进步。

参考文献

[1] 全国人民代表大会常务委员会. 中华人民共和国科学技术普及法［EB/OL］［2020-05-08］. https://baike.sogou.com/v6532988.htm?fromTitle=中华人民共和国科学技术普及法.

[2] 全国人民代表大会常务委员会. 中华人民共和国著作权法［EB/OL］［2020-05-08］. https:// baike.sogou.com/v177707602.htm?fromTitle=中华人民共和国著作权法.

[3] 中华人民共和国国务院. 中华人民共和国著作权法实施条例［EB/OL］［2020-05-08］. https:// baike.sogou.com/v6494536.htm?fromTitle=中华人民共和国著作权法实施条例.

[4] 木示. 新时代哲学社会科学的历史经纬与使命担当［EB/OL］［2020-07-29］. http://theory.people.com.cn/n1/2019/0729/c40531-31261258.html.

[5] 中国社会科学院语言研究所词典编辑室. 现代汉语词典：第6版［M］. 北京：商务印书馆，2014：731，613.

[6] 习近平. 建设世界科技强国［M］// 习近平. 习近平谈治国理政：第二卷. 北京：外文出版社，2017：267-276.

[7] 习近平. 在中国科学院第十九次院士大会、中国工程院第十四次院士大会上的讲话［EB/OL］［2018-05-28］. http://www.xinhuanet.com//2018-05/28/c_1122901492.htm.

[8] 金吾伦. 创新的哲学探索 [M]. 北京：东方出版中心，2000.
[9] 王刚，郑念. 科普能力评价的现状与思考 [J]. 科普研究，2017，(1)：27-33.
[10] 伍正兴，王章豹. 我国区域科普非均衡发展的实证分析及与经济协调发展的对策 [J]. 科技进步与对策，2012，(9)：50-53.
[11] 杨多文. 科普教育在路上 [M]//中国科普作家协会科普教育专业委员会. 新时代中国科普教育论文集2018. 广州：广东教育出版社，2019：1-4.

我国科普国际交流战略研究

姚　爽　韩莹莹　别　光
（长春中国光学科学技术馆，长春，130117）

摘要：科普国际交流是指科学传播普及活动跨越国界，在不同种族群体中的流动及互动过程。国际科普交流可以突破空间地域限制，在知识共享背景下实现全球科技共享。在科技创新上升为国家发展战略的今天，提升国际交流水平已经成为我国各地区各单位未来发展的重点。本文总结了我国博物馆、科技馆的国际交流发展现状、存在的难点、未来发展路径，有针对性地提出进一步发展的建议。

关键词：科普　国际交流　发展战略

A Study on International Communication Strategy on Science Popularization in China

Yao Shuang，Han Yingying，Bie Guang
（Changchun China Optical Science and Technology Museum，Changchun，130117）

Abstract: International communication on science popularization refers to the flow and interaction process of science communication and popularization activities among different nations in different ethnic groups. International communication can break through the limits of space and region and achieve the sharing of global science and technology under the background of knowledge communion. At a time when

---

作者简介：姚爽，长春中国光学科学技术馆馆员，e-mail：1395218029@qq.com；韩莹莹，长春中国光学科学技术馆馆员，e-mail：371252140@qq.com；别光，长春中国光学科学技术馆馆员，e-mail：34403770@qq.com。

scientific and technological innovation has become an international development strategy，the promotion of international exchanges has become the focus of the future development of all regions and institutes. This paper summarized the status quo，difficulties and future development paths of international exchanges between museums and science and technology museums，and put forward suggestions for their further development.

Keywords: Science popularization，International communication，Development strategy

从本质上看，科普活动是各种资源的流动和交互过程。科学普及的过程其实就是科学技术与外部环境的互动过程。在这个过程中，不同国家、地区的组织通过人员流动、信息传递、技术传播，对最新科技进行共享和交流，促进科普资源突破地域限制、国家与种族界限，服务全人类整体科技进步与科技素养水平的提高。是否开展有组织、有规划的国际科普交流活动是评估一个国际和地区科普发展水平的重要指标。

一、我国科普国际交流战略的实施概况

（一）各地区相继制定国际交流发展目标

2016 年 5 月 30 日，在全国科技创新大会、中国科学院第十八次院士大会和中国工程院第十三次院士大会、中国科协第九次全国代表大会上，国家主席习近平指出，“科技创新、科学普及是实现创新发展的两翼，要把科学普及放在与科技创新同等重要的位置”。[1]在科普事业不断发展、科普资源日益丰富的情形下，全国各地区、各科普场馆积极响应国家号召，分别从本地实际情况出发制定了科普发展规划，大部分发展规划中都明确指出，要拓宽国家交流范围，深化国际交流与合作，实现国际交流的突破。《中国科协科普发展规划（2016—2020 年）》指出，要坚持“创新拓展、开放联动、融合共享、绩优高效”四大原则，其中，开放联动即指深化国内外科普合作交流，完善科

普社会化运作机制。广东省博物馆“十三五”发展规划指出，要以开放发展深化交流合作，深入开展与国（境）外的文化文物交流活动，重点拓展与欧美及海上丝绸之路沿线国家文博机构的业务交流和合作。举办高质量的国际文物博物馆系列学术会议与论坛。山西省博物馆“十三五”规划提出要举办国际学术交流会及特展。苏州博物馆“十三五”规划指出要积极与国际博物馆协会、中国博物馆协会合作，继续举办高水准、专业性强、在业内有影响力的学术研讨会，提升苏州博物馆的学术研究水平。从全国各地场馆制定的发展规划来看，国际交流已经作为发展战略受到各地区各组织的高度重视。

（二）国际展览及国际性会议逐步展开

在国际交流战略目标指导下，国际展览、国际性会议如火如荼地展开。山西博物院引进展览40个（含国际展6个），输出、参与国内外各类文化展览49个（含国际特展2个）。苏州博物馆积极引进国内外优秀展览，先后与德国历史博物馆、丹麦日德兰西南博物馆和瑞典斯莫兰博物馆缔结为友好博物馆，与国外友好博物馆、各国驻沪总领馆合作，举办“美国圣地亚哥艺术博物馆馆藏油画经典作品展”“英国文化协会当代艺术展 1980—2010”“瑞典水晶玻璃精品展”“丹麦的维京时代”等国外展。在会议方面，“一带一路”科普场馆发展国际研讨会、中国国际科普论坛、国际青少年科普大会等会议的举办，为来自不同国家、不同组织间的科技交流活动提供了平台，既从中学到了宝贵的经验，也促进了我国科普事业的进步和发展。

（三）加强业务培训，搭建深度交流平台

国际科普交流平台是指国际科普交流的载体，或者说不同国家科普要素得以实现集聚和交流的桥梁。[2]这个平台既可以是虚实结合的综合体，由一个国家的科普机构成立，发起国际性的科普活动，邀请其他国家科普组织参与，也可以借助互联网和电子通信技术搭建虚实互动平台，如科普网站、科普论坛等。国际科技馆能力建设项目由中国科技馆、中国科技馆发展基金

会、国际博物馆协会科技博物馆专业委员会（ICOM-CIMUSET）三方合作举办，2018年成功举办了首届培训班，围绕“如何开发出具有时代性的启迪创新的科技馆展览——从创意到展出”的主题，邀请来自中国、加拿大、芬兰、英国和美国共7位授课专家，招收学员42名，其中16名国际学员分别来自亚非拉11个国家的14家科普场馆。国际科技馆能力建设项目旨在促进世界科技馆领域的国际交流与合作，以互学互鉴、互惠共享为理念，依托国际博物馆协会科技博物馆专业委员会优秀的专家资源，服务世界不同地区、不同类型的科技馆，将科技馆发展的最新理论和实践与场馆的建设发展相结合，为从业人员提供高质量的培训课程，搭建深度交流与合作平台，提升学员的国际视野和业务能力。

（四）国际性科技节的成功举办

举办科技节的主要目的是向大众传播科学知识，激发灵感和求知欲望，激励大众肯定科学价值，鼓励大众放眼未来世界，积极参与科学活动。国际上比较知名的科技节当属每年在纽约举行的世界科学节，主要活动包括专家讨论、现场科学实验、科学辩论、多媒体演讲、户外科学展示、科学展览等。我国举办科技节比国外要早，上海科技节早在1991年就举办了国际性科技节，这是我国第一个、世界第二个由政府主办的科技节，旨在普及科学知识、弘扬科学精神、传播科学思想、倡导科学方法，提高公民科学素质，营造爱科学、爱创新的社会氛围。对比国外科技节的举办发现，上海科技节创办时间较晚，不过从国际性科技节的举办时间来看，上海科技节的创办历史较长，科技节活动内容也十分丰富（表1）。

表1　上海科技节主要的活动内容

版块	主要内容
论坛版块	北极圈论坛中国分论坛 科技节国际沙龙、墨子沙龙 预见未来：人工智能医疗、她力量论坛 垃圾分类·炫出新科技主题活动
科艺版块	上海国际科技艺术展演 光影魔术主题展览 AI之音·人工智能音乐艺术专场 科技电影周

续表

版块	主要内容
青少年版块	上海市第十四届青少年科技节 科学之夜 听科学读星空《科学魔方》特别节目
联动版块	各区各委办局围绕主题，结合自身特色开展科技节系列活动
惠民版块	科普教育基地票价优惠、特色活动 科技创新基地（大科学装置、重点实验室、工程中心、平台）开放活动 科学导师带你逛主题活动
赛事版块	上海市科普讲解大赛、科学实验展演会演活动颁奖典礼 上海国际科普微电影大赛 明日科技之星大赛
视听版块	《未来说——执牛耳者》 执牛耳者——上海科创先锋展 《少年爱迪生》特别节目
企业版块	上海市职工科技节 新创发布会 走进世界 500 强活动

二、国际交流战略实施的难点分析

（一）交流意愿强烈，资金保障缺失

进行国际交流对于提升自身科学技术展示水平、研发水平和教育水平具有重要意义，我国科普人员对于国际交流的战略意义的认识已经达成了共识，交流意愿也十分强烈。[3]长春中国光学科学技术馆副馆长张正瑞在接受笔者采访时表示："我们当然希望能够走出去，亲身去体验了解世界科学的发展面貌，参与国际性论坛，拓宽视野增长见识，提高科技应用水平。不过，我们单位属于全额财政拨款单位，资金有限，在有限的资金范围内，我们将大部分资金都投在了国内科普交流上，国际科普交流资金十分有限。"事实上，尽管很多科技馆、博物馆在制定发展规划时都提到了国际科普交流战略的制定，不过，由于场馆资金来源单一，还无法保障国际交流战略的顺利实施。

（二）交流形式单一，交流层次尚浅

通过前面对国际交流战略发展现状的总结可以看到，目前，国际交流战

略能够看到成效的是国际性展览的举行，无论是国内展览走出国门还是引进国际展览，国内很多博物馆和科技馆都有尝试，也取得了一定成绩。不过，国际交流的形式多种多样，不止展览这一种途径，举办会议、论坛、科技节，互访交流学习，举办培训班等活动都是国际交流的组成部分。现在我们的交流层次处于起步探索阶段，国际性交流水平还有待提升。尽管我们已经有了国际性的科普会议和科技节，但是，实际运作情况不尽如人意。例如，由中国自然科学博物馆协会主办、中国科学技术馆及上海科技馆联合承办的“一带一路”科普场馆发展国际研讨会是国内比较有影响力的国际性会议，不过实际来参与的国外科普人士十分有限，基本限于国内人员参与，国际交流效果不明显。

（三）重“引进来”轻“走出去”

国际科普交流可以分为“引进来”“走出去”两种形式，“引进来”主要是指邀请其他国家来我国举办展览，参加论坛、会议、培训，加强学习交流；“走出去”主要指走出国门，将国内科普资源带到国外，或参与国际性论坛和会议。这两种形式各有优缺点，目前国际科普交流依然停留在“引进来”的阶段，如上面我们提到的山西博物馆引进的国际特展远多于走出国门参与国际特展，其他博物馆、科技馆甚至连举办国际性特展都是空白。究其原因在于，“引进来”的国际交流所耗费的人力物力资源可以掌控，但是“走出去”所需要的资金、人力物力支撑已经超出能力范围。所以，国际科普交流对于“走出去”的战略实施还需要进一步谋划。

三、国际交流战略的实施路径展望

（一）向自身壮大要动力，夯实基础壮大实力

国际交流能力的提升归根结底要从自身发展壮大做起，只有提升自身国际影响力，才能有向国际靠拢的机会和能力。自身壮大的途径主要包括以下几种。第一，资金保障。积极争取当地党委政府的资金、政策扶持，增加科技

馆建设资金的投入力度。第二，提升影响力。通过媒体宣传、开展活动等多种途径，不断提升自身影响力和知名度，努力营造优良的发展氛围。第三，积极参加国际性会议、论坛、比赛等拓宽视野，多交流多学习，吸取宝贵经验，为自身国际化拓展提供宝贵经验。

（二）向外部资源要动力，缔结科普阵线联盟

国内科普工作现状是，很多单位、机构有强烈地开展国际科普交流的意愿，但是多为单打独斗，受资金、能力的限制，很少能取得开拓性成果。我们可以依托现有合作资源，与国内各大兄弟单位、高校、科研机构、图书馆等具有科普资源或一定专业条件的单位达成多方共建协议，结为科普阵线联盟，互通信息，共享资源，发挥优势，补齐短板。同时，可以利用当地科技专家、科技人才优势资源力量，积极开展科技“走出去”、参与国际性活动等，让世界人民了解中国科普知识和科学技术。此外，加入国际性科技协会，借助行业协会平台，了解不同背景公众的不同需求，掌握协会所拥有的项目资源和社会资源，开拓新的工作领域，促进深度交流与合作，有助于借助会员集体力量共同开发符合社会需求和公众需求的科普产品，使科技馆的科普服务质量得到有效提升。例如，长春中国光学科学技术馆与日本滨松集团、新加坡科学中心、德国慕尼黑光博会、俄罗斯圣彼得堡国立信息技术机械与光学大学都建立了良好的合作关系，今后更要在夯实现有交流合作的基础上，进一步拓宽合作渠道，扩大交流规模，深化合作领域。

（三）向各类场馆合作要动力，“引进来”与“走出去”并重

强化合作共赢意识，积极开展与博物馆、科技馆、科普教育基地等其他科普场馆的合作，努力形成科普合力。在信息爆炸、媒介融合的时代，国家科普场馆之间的交流合作是未来博物馆、科技馆领域可持续发展不可缺少的要素。加强行业内各场馆的合作与交流，能够使各场馆的教育、展示、收藏和研究成果在不同的文化环境中进行相互交流，更好地推进科技发展与创新，进而促进社会经济的可持续发展和人类的共同进步。例如，苏州博物馆积极与大都会艺术博物馆、东京国立博物馆、故宫博物院、上海博物馆、南

京博物院、辽宁省博物馆、中国博物馆协会、文物出版社、中国文物报社等海内外博物馆和文化机构开展交流；与美国、英国、法国、加拿大等国家驻沪领事馆开展交流合作，进一步扩大苏州博物馆在业内外的影响力。长春中国光学科学技术馆加强与中亚、东盟、非洲国家科技馆之间的合作，大力开展馆际交流，深化科研合作。与哈萨克斯坦、吉尔吉斯斯坦、塔吉克斯坦等中亚国家的科技馆，与泰国、越南、印度尼西亚等东盟国家的科技馆开展合作项目等，成立联合光学实验室，为“一带一路”沿线国家培养科技人才，实施科研联合研究，推动成果转化。

四、结语

科学技术是第一生产力，成为引领社会经济发展的决定因素，科学技术只有转化为生产力，才能最大限度地发挥作用。科普是一个国家文化、科技、社会发展的窗口与重要体现，也是经济、文化、科技、综合国力的标志。科普事业作为提升国民科学素质的重要途径，对于科学知识的普及起到了非常重要的作用。国外科普事业发展比较早，无论是理念和体系都有值得我们借鉴的地方。在新的历史时期，我国应该总结经验，并借鉴他人的成功经验，自主创新，建设符合时代需要、大众需要的科普事业，最大限度地发挥其作用。

参考文献

[1] 王蕾，郭得华，任蓉，等. 我国科普国际交流平台建设的思考及建议 [J]. 创新科技，2018，(10)：55-56.

[2] 周静，朱才毅. 广东科学中心科普交流现状管窥 [J]. 中国高新科技，2018，(4)：89-91.

[3] 赵玲. 推动国际科普合作落实“一带一路”倡议 [J]. 中国科技奖励，2018，(4)：67-68.

做好新时代科学教育工作　促进科普创新能力提高

张　洁

（广西壮族自治区科学技术馆，南宁，530022）

摘要：当今社会，科学技术发展日新月异，复合型人才竞争日趋激烈，在这样的背景下，科学技术的创新发展也受到了前所未有的重视，特别是作为基础教育的科学教育课程，更是受到了重视。本文对新时代下科学教育出现的新情况、新问题进行思考，基于广西科学教育现状，结合政策要求提出科技教育从业人员创新科学教育的对策与建议。

关键词：新时代　科学教育　青少年科学素质

Do a Good Job in Science Education in the New Era and Improve the Innovation Capacity in Science Popularization

Zhang Jie

（Guangxi Science and Technology Museum，Nanning，530022）

Abstract：Nowadays，science and technology are advancing rapidly，and the competition for comprehensive talents is becoming increasingly fierce. The development of science and technology has received more attention，especially the science education course as an elementary education. Based on the current situation of science education in Guangxi and the government policy，this paper puts forward some countermeasures and suggestions on innovative science education for science and technology education practitioners.

Keywords：The new era，Science education，Scientific quality of teenagers

---

作者简介：张洁，广西壮族自治区科学技术馆，e-mail：569707177@qq.com。

在新时代背景下，信息化、全球化成为时代发展的主要特征，国家逐渐认识到了要想实现社会高水平、稳定且可持续性的发展，必须依靠创新型的、科技型人才的培养。近年来，我国始终将科学教育改革摆在教育发展的重要战略位置，通过提升公民科学素质，来推动我国未来创新型人才培养的发展。在国家战略方针的指引下，普遍提高公民的科学知识、技能和态度，对创新科学教育的发展、推动创造型人才的培养都起到了十分关键的作用。实践证明，做好科学教育工作是提升青少年科学素养的主要途径之一，也是十分有效的战略方法。因此，笔者基于广西的科学教育现状进行调研，提出了科技教育从业者做好科学教育、促进学生创新能力提升的相关策略，以此来推动科学教育体系从传统向创新的转型。

一、新时代科学教育与传统科学教育对比

我国的传统科学教育将重点集中在具体知识的输入上，传授给学生科学原理、概念等理论知识，以教材文本为基础，将课本上的内容进行整合重现，在应试教育的大环境下，注重学生对理论知识的记忆，即使是关注技能培养，也是以单一的技能训练为主，没有给学生提供更多的开放型的探究空间。随着社会的变革和发展，新时代的科学教育以塑造学生的科学态度和素养为基础，侧重学生的科学实践能力提升和创新发展，教育工作者要给予学生更多的自主发展空间，从而引导学生进行自主探究，提升科学创新能力。

二、广西科学教育现状的调查及分析

在实际调研过程中，笔者主要选择了直接问卷调查法和访谈法两种途径，从而尽可能多地收集大范围的数据，也选出具有代表性的对象进行一对一访谈，使得研究结果具有现实意义。笔者面向广西壮族自治区全区小学、科技场馆发放了2000份调查问卷，问卷中既有封闭性问题，也设置了开放性表达题，对相关的科学课负责人，以及学生、家长进行调查。根据相关的调查结果，选择了三种群体中的代表性对象进行一对一访谈，从而更加细致

地了解科学教育的实施现状，更加深入地了解广西开展科学教育活动的基本状况。

（一）研究结果

1. 各方对科学教育重视程度不一，但趋向于日益重视发展

从调查数据来看，多数教师具备重视科学教育的意识，但受学校科学基础设施建设与专业技能不足的影响，在科学教育创新发展上仍有所欠缺，科学教育课堂的形式较为单一，教育内容方面理论仍占据较大比例。但随着科学教育日益受到重视，学校也在逐渐加大科学基础设施的投入力度，以及对相关教育者的培训力度。在家长方面，多数家长表示支持孩子参与科技馆、学校科学实践等方面的活动，也会利用假日、周末等时间陪孩子到科学教育场所进行参观学习。学生则表示，对于实践性的科学教育活动的参与热情十分高涨，渴望科学教育形式向多元化发展。

2. 科学教师组织学生走出校外开展课堂的机会普遍不多

从调查数据和访谈记录来看，多数教师表示科学教育的开展场所仍集中在课堂，由于教师普遍缺乏相关的组织经验，很少有教师组织学生走出教室开展科学实践活动；而家长虽然对孩子参与校外科学实践活动持支持态度，但对学校组织活动的安全情况会有所担心，因此学校在组织活动方面也会有所顾虑。另外，很少有教师尝试将科学教育与其他学科进行结合教学，使得科学教育整体形式较为单一，不利于学生科技创新能力的提升。

（二）调查结论与分析

1. 师资力量与科学技术发展的速度不协调

科学教育是为了顺应科技时代发展而推行的教育模式，是一门全面且系统的学科。新时代下科学教育课程教材所涵盖的知识面十分宽广，要求学生具备与时代发展相协调的能力。但当前广西科普教育的识字水平还远远跟不上科学技术的发展水平，在知识、技能讲授方面不够全面，多数教师无法利

用相关课程提升学生的科技创新水平，使得学生在科普教育上得到的知识和能力趋向表面化。

2. 教学效果与科学教育发展要求差距极大

由于大多数师范院校未开设相应的科学教育专业，所以很多从事科学教育的教师都是半路出家，靠后天在教学过程中慢慢学习积累经验进行教学。并且教师不是专门从事科学教育教学，很多学校认为科学教育未能饱和教师的工作量，往往除了从事科学课教学外，还很有可能同时从事体育、音乐甚至语文、数学等主科的教学，所以导致从事科学教育的教师工作量大，不能专心研究教学，进而影响了整体教学效果。

3. 科学教育课程体系建设不完善

由于校内对科学教育设备设施器材等投入经费不足，科学教育教学条件未能达到理想状态，各校老师教学方式方法不一，且大都没有形成相对完整的科学课程体系。现阶段的科学教育大多是单一的学科教学模式，学科之间的关联性较差，不利于培养学生解决问题的综合能力的发展。同时，也不利于整体教学效率的提升，给教育者和学习者带来了较大的压力。

4. 科学教育形式单一

受传统教育模式和单学科教学的影响，科学教育形式较为单一。科学教育往往集中在学校内，很少向校外进行拓展。而在课堂上，教师的科学教学以传授理论知识为主，长此以往，很容易消磨学生对科学教育的兴趣和学习的积极性。学校方面很少具备与校外科技场所建立联系的意识，极大地影响了学生科技实践能力的创新发展。

由此可见，受科学课教学水平不足、学校没有配备足够的教材教具，以及科学教育形式等因素的影响，科学课只能作为副科“点到为止”。但这样的学习方式已不能满足孩子们的好奇心，学生无法更深入地去理解和探索科学的神奇，影响学生阶段性创新能力的发展。

三、科技教育从业人员做好科学教育工作的几点建议

科学是在广阔的社会背景中发展起来的，受社会价值的影响，科学知识是依赖于社会背景而决定的研究成果，因而需要学生亲自参与接触科学课才可获得。科学教育应将重点放在师资力量专业化、教学资源广泛化、教学内容灵活化、教学方法新颖化等方面。

（一）政府教育部门加强监管重视，形成合力

首先，需要政府教育部门引起足够的重视，将科技人员的能力提升纳入绩效考核之中，政府需要更加重视对教育创新的引导与调控，给予政策上的支持与资金上的优待，提升科技人员晋升政策形成，形成专业化的人才培养系统；其次，各地区的主管部门需要对科技教育引起重视，管理层应当对传统的教育观念进行创新改变，将科技教育的内容与学校教学内容融合发展，形成系统的教学模式，促进人才培养系统化、专业化发展。

（二）建立科技教育从业人员培养机制，重视科学教育交叉学科发展

建立科普创新型人才培养方案，在进行创新形式发展过程中，鼓励科技人员进行教育形式的创新，目前的科技教育从业人员缺少专业的教学实践性，缺少对学生的教学掌控能力，不能将知识形成系统性进行课堂的讲授。而学校的传统课堂教师，不习惯与科技馆教育相结合，没有走出传统教育的舒适圈，缺少探索创新思维，没有将时代的变化融入教学任务之中。因此，要鼓励科技教育从业者积极参加科教领域的培训活动，加强相关从业人员之间的互动，积极提供经验交流的场所和机会，从而使得教育者思想和教育理念得到创新和发展。

（三）提升教育人才的综合专业素质

提升人才综合素养，促进科技馆的展教人员、教育专家、科技人员与学校教师进行专业性的协调发展。对于教育人才的专业素质培训需要加强对时代的把握，将新时代的新思想融入教育人才的培养之中，将传统的教育观念

进行变革，形成专业化的、具有独特活力的师资队伍。将学校的教师与科技馆的研究讲解人员进行深入的教学融合，开展培训课程，发展互助小组，帮助传统教师更加深入地了解科技馆的教育工作，促进科技馆的科研人员学会课程的教授，与学生交流。学生是受教育者，教师是知识传播者，在传播的过程中需要综合地将知识、技能、思想、观念融合发展，注重学生的全面素质提升教育，增强教师与学生的互动能力。将教师队伍的建立纳入教学体系之中，形成专业化的教师培养计划，在教学目标上进行统一规划，将馆校结合发展成为一体。同时可以通过馆校结合的教育形式，促进我国的教育方式转变和教育人才升级。

（四）创新教学模式，创新科学教育教学方法

科学教育者应摒弃传统的以讲授为主的教学方法，加强自身教学手段的多样化发展，以引导学生主动进行科学探究为目的，为学生提供多样化的教学素材和情境，从而充分激发学生的科学探索兴趣。在讲授科学知识时，不再直接进行理论输入，而是将知识蕴含在情境创设和教学资源中，让学生通过探究活动得到抽象化的概念，以此来加深学生对理论知识的理解。同时，还要能够将理论知识的学习与学生的实际生活联系起来，加强学生对理论知识的熟悉感，也能更好地将学到的理论知识应用到实际生活中，加强问题解决的能力，形成创新型的科学教育教学方法。

（五）开展丰富的科普活动，培养教学创新能力

在开展科普活动方面，教师可以以多学科融合为基础，将艺术、语言等相关课程融合到科学教育体系中，不仅能够完善科学教育体系，还能够丰富科普活动的形式，从而使得学生的参与热情更加高涨。例如，教师可以举办“科技改变生活”绘画展，既能够检验学生对科技的认知和理解，还能够提升学生的审美素养和艺术创造力，从而得到综合能力的创新发展。同时，教师还应将科普活动的开展场所向校外进行拓展，通过校外实践活动，给学生理解科学基础知识和技能提供更加开放的空间，并能在真实的操作和体验环境中，强化学生对科技的崇拜感，从而坚定学生学习科学的信心，达到提高科

学素质的目的。

（六）促进馆校结合的教育方式多元化，提升科技从业者素质

馆校结合的教育方式升级、提升教育的多样性是主要的教学转变，加强表演的馆校结合形式，以传授知识为核心，面向青少年的科技馆表演赛展开，将学生作为活动的主要参与者，以科普为主要教学内容，利用教学表演的形式激发学生的学习兴趣，激发学生的积极性；馆校结合的课堂创新，将部分课程搬到科技馆来进行实践教学，注重将科技馆教学进行系统化的升级与创新，形成具有规模形式的教学新课堂，教学形式更加丰富、实践性更强，有利于教学体系的形成，有利于学生对知识的理解加深；主题式的教学展开，在馆校结合的过程中，针对不同的受众主体，进行科技馆的特色教学活动，提升学生在馆校结合中的重要性，通过探索来发展科技馆的主题特色，将馆校结合的形式发展成为科学与社会沟通的桥梁，将教学形式充分地进行多元化创新，探究学习成为最主要的教学目的。

（七）整合社会资源，形成教学资源广泛融合的创新

科技教育从业人员要用创新的理念和方式提升科学教育能力，以进一步满足学生的科普需求。科教创新，单靠一所学校，单靠校内的教师根本无法实现，需要整合具有丰富科普资源的场所和长期从事科普相关产品开发、制作、服务供给的企事业单位，共建对话交流平台，共同分享新思路、新内容，把更多的社会资源整合起来，满足学生的个性化需求。学校要打破这种体制的束缚，走出学校，将科普资源引进来，科技界与教育界强强联手，并将这些资源加以精细设计、统筹，共建平台，共享内容，共创发展。

（八）善于利用网络平台，形成教学内容及形式的创新

“互联网+”时代的到来，为教学模式的变革带来了更多的可能性，传统的教育形式将被新型的网络平台所替代，互联网将逐渐成为科学教育新的载体。在传统的教学模式中，多媒体是课堂教学的辅助工具，然而随着科技的发展和教育的变革，多媒体衍生出了新的教育形式，如“微课”“慕课”“翻

转课堂”等，这些都是互联网的新兴产物。这也给科学教育者提出了新的要求，要努力提升自身专业的发展，突破传统教学理念的束缚，加强对互联网的应用能力，逐渐形成开放性的科学教育思维，将传统讲授与网络化学习相融合，从而实现科普教学形式的创新。

四、结语

综上所述，在教育改革发展过程中，政府需要加强宏观调控作用，加强对教育改革的形式转变功能性发挥，对提升科技从业人员素质起到引领的作用；科技教育者需要通过各种手段、形式、教育方法来达到创新发展的各项优良品质，在科学教育的过程中，涉及的因素很多，方法也不止一种，应不断探索与实践，科技馆需要加强教育功能建设，需要提升其教育实用性的发挥，创新科技馆的应用方式；学校教育需要加强师资队伍的建设，加强对科技馆教育的重视，促进多元化教育形式的发展。三者有机结合才能共同促进科技人员的优势发挥，从而进一步推动我国的教育改革发展。创新科学教育能很好地促进科技创新发展，为建设科技强国献出应有力量。

参考文献

[1] 汤敏. 慕课革命——互联网如何变革教育［M］. 北京：中信出版社，2015.

中国科普的历史成因和影响

——以清末民初小学教育为例

张昀京

（中国科普研究所，北京，100081）

摘要：清朝末年到民国时期，旧的国家体制因为战争的惨败已经彻底无法维持，并且广大民众处于未被培养为现代国民的状态，新政和教育民众成为当务之急。而科学技术普及正是教育民众的重要内容之一。这就是中国社会科普的成因。本文用一个实例解释了中国当时科普的历史。中国科普的这种特点影响了以后几十年对科普的理解。在中国，科学已经是一种本土的文化，在科学文化方面，中国保持了自身的特点，与西方世界的科学传播完全不同。

关键词：科普　科学传播　社会教育　教育史

Historical Cause and Impacts of Chinese Popularization of Science: A Case Study of Elementary School Education at the Time of Late Qing Dynasty and Early Years of the Republic of China

Zhang Yunjing

（China Research Institute for Science Popularization，Beijing，100081）

Abstract：During the period from the end of Qing Dynasty to early years of ROC，the old national regime could not survive any longer in case of complete failure of wars，and the vast populace were not educated to be modern civil citizen in the regime. Renewal policy and popular education became urgently needed facts.

作者简介：张昀京，中国科普研究所助理研究员，e-mail：famas007007007@163.com。

Popularization of science is obviously one vital part of popular education. This condition is the cause of Chinese social movement of popularization of science. This essay analyses a real case to explain the history of Chinese popularization of science. Such features showed in the case impacted the explanation to popularization of science itself. Now in China science has been a local culture and culture of science in China keeps unique feature, which is distinguishing from that of western style of science communication.

Keywords: Science Popularization, Science communication, Social education, History of education

一、背景

清末到民国，洋务运动虽然尝试做出了一些改变，但终因为清政府总体的保守和无能，由于甲午战争失败而宣告破产。经过此后几年维新变法和守旧势力的较量，最终以1900年清政府惨败赔款告终。这种局势让所有有识之士都意识到，首先应该进行政治上的救亡图存，其次民众的教育工作非常重要，培养既忠于国家又有知识的公民才能挽救国家的命运。在清朝末年，公民需要有知识这一点除了极少数守旧派外，无论什么政治派别都接受了。

知识的重要组成部分是科学技术。但是据统计，民国初年全国识字人口仅有约7‰，这还是把接受封建社会旧式教育的人口计算在内，更不用说现代社会的知识了。[1] 在这种情况下，所有有识之士仍然尽力在提高民众的知识水平，这就是中国科普起源的历史特点。

二、科普的定义和范畴

科普是科学技术普及的简称，是指科学技术作为文化元素在社会中大规模传播的过程。社会的成员向另一个社会借用文化元素的过程，叫作传播，贡献文化元素的那个社会实际上就是此文化元素的“发明者”。[2]

清末文盲率极高的状况，与西方国家截然不同的文化背景，以及中国地域广阔，各地情况十分复杂，城乡差别巨大的实际国情，决定了科普这一大规模传播的过程不可能仅通过某种当代定义的方式进行，内容也不只是当代的科学内容。

在当时的历史时期，中国古代社会不存在的适合大规模普及的公共知识，都应看作科普的内容。当时科普的形式可以说是多种多样，涵盖普通教育、社会教育、交通、电信、邮政、报业、基础设施、军队、商业、慈善、公益、宗教等几乎所有方面。有这样复杂和广泛的情况出现，是因为当时社会对各种公共知识的需求太旺盛。

三、清末民初小学教育和科普的关系举例

科学普及的最初重要形态其实是教育。在生活中接触各种科技事物固然是科学普及的一部分，但是真正起到决定作用的还是教育过程。到清末为止，外国教会学校除外，中国几千年来没有小学教育，只有适合科举制度的教育体系，从师资、内容、设施等各方面与近现代的小学相差甚远。

例如，清朝末年福建一个山区小县闽清县，民众多以经营闽江航运业和陶瓷业为主（技术从德化传入），民风观念并不封闭保守。清朝新政前，全县的学校分为官学、义学、书院、社学、教会学校等，其中官学每年的秀才廪膳生定额只有 20 名，此外可以增广 20 名，而闽清县人口一直保持在十几万人。由此可见，这一套古代教育完全是为了科举取士服务的，与现代教育毫无关系。从程度等级上看，官学相当于中学以上，没有进入官学之前的私立义学、社学等相当于民国时代的初等小学，官方赞助乡绅集资设立的书院相当于初等小学到中学之间的高等小学。

由于八国联军入侵和《辛丑条约》签订，中国沦为半殖民地社会，清政府终于认识到必须实行新政，开始了种种社会改革，其中教育是一个重要方面，目的是培养忠于清朝的近代化国民具有一定的知识水平。1905 年清政府正式废除科举制，同时废除了各地官学，增设各地劝学所和教育会，相当于县教育局职能。福建省闽清县也成立了劝学所和教育会；旧的书院根据新政学制改革，改制成了几所中学；私立义学、社学等改为各种小学。

民国成立后，福建闽清县公立中学校成立，前身是文泉书院。建立从公立第一区第一高等国民小学到公立第五区国民学校等七所高等小学和公立国民学校二十几所，构成了县教育的公立小学体系。

现代私立小学起源于教会学校，教会是美以美会，自同治年间进入偏远的闽清县，其除了建设教堂外，也陆续建设了两所男校和四所女校，附属于教堂。该县并不是对外通商口岸，尚无教民冲突，教堂也附设妇幼医馆一座。因为男患者也来看病，又另设男医馆在旁边。[3]

有了这些教育机构，加上航运业发展，社会名流大力支持提倡，其中最著名的是侨界领袖黄乃裳，很多人开始到南洋开垦做工，从此以后侨汇也成为闽清县的经济来源。这种局面让闽清县在福建的山区县里成为闽江上的商业枢纽，社会教育的基础好于其他福建中西部县。

全面抗日战争开始后，福建省会福州多次被日军占领，福州众多大中学校迁往闽清县，众多工商企业也迁到闽清，使闽清成为贸易繁华的内河港口最后一站。电报电话等局因为需要都在这时设立起来。商业当然可以促进民智启迪，而福州的学校与当地学校联合办学，这极大地促进了小学教育的发展，在师资和设备方面得到了极大提升。而且社会教育与科普方面的民众教育馆馆长等也是由教师们兼职担任的，教师和学生平时经常组织各种活动，宣传抗日和讲解新事物。

1936 年，响应国民政府的决定，闽清县筹备成立民众教育馆，1938 年，终于成立，任命天儒中学教员刘荻秋为馆长，开展民众教育。刘荻秋每晚收听收音机，第二天刻印《闽清快讯》200 份，分发各处。1939 年，张瘦梅任馆长，增加人手，添置书刊，采用更多形式（戏剧、诗歌、漫画、猜谜等）。1939 年 4 月，民众教育流动工作队成立，中国共产党派遣人员秘密加入，开创了党在闽清县宣传的新时代。

当然，抗战胜利后学校迁回福州，教育繁荣的情况有所回落，但是良好的校际关系建立起来，民智得到了很大提升。

基督教会办理的华德妇校是闽清县最初的民众教育学校，也就是招收农村女子的小学，教学内容是用罗马字母拼写中国汉字，属于简易速成扫盲学校。民国中期闽清县成立了 8 所民众学校，后来这些学校发展为几十所，随着学生的不同，学校数字总在变化。抗日战争时期，民众教育馆主管这些民众学校，国民政府号召本地高中生用一年时间回乡搞民教。此外，各国民学校设民教部，都有成人班和妇女班，这样，全县民众教育水平得到了很大提高。但是抗战胜利后到1949年，国民政府忙于内战，无暇顾及教育，民众学校没有资金支持，又都停办。

经过几十年的发展，到1949年，闽清县拥有小学107所，小学生6926人，教师275人。当然，最好的小学是县城第一中心国民学校及附近几所小学，其他学校大都寂寂无闻[4]。

四、小学教育与科普的历史特点

从福建省闽清县清末民初教育与科普的实例可以看出以下特点。

首先，地理位置和民风相当重要。闽清县虽然是多山少地小县，却使民众发明了一种可以在极浅水域航行的货船，因此该县基本独揽了闽江上下游航运业，同时烧制陶瓷经海路运往东北三省贩卖，这种经济状况导致当地民风并不封闭，易于接受新事物。当地的基督教会在传教过程中也没有欺压不信教群众的事情出现，相当难得。这给各种普及工作带来很大方便，一旦时机合适，教育和科普都可以顺利增长。

其次，社会名流的推动和榜样作用十分重要。闽清县人华侨领袖黄乃裳是同盟会会员，辛亥革命功臣之一，1900年率众赴马来西亚砂拉越垦殖，回国后从事各种公益事业，积极兴办教育，推动教会创建英华、福音、培元三所新学校及教授新知识。在他的带领下，闽清县人开始走出山区，远赴外国，让侨汇成为一种谋生手段，并且开始投身国家民族革命运动中。闽清其他乡绅也很重视教育，因为缺少耕地，他们转而发展林业，成立新仁会，还成立了寿宁森林研究所，依托政府，凡是植树造林者均得到奖励，毁林者受到处罚，这样无意间保护了环境。1916年县署还成立了民地官办森林。几家书院也是乡绅在官方赞助下出资兴建的。而且当地一般乡民都不富裕，贫富分化不严重，在教育方面较为平均，也没有资源分配特别不合理的问题。

最后，政府政策的推动和历史时机具有决定作用。清朝末年没有实行新政的时期，闽清县的小学教育只有教会学校。但是实行新政后，原来的书院等都按照新学制改为小学。国民政府成立后，推行社会教育和民众教育，大幅度提高了小学教育普及程度，也就提高了科普的程度。全面抗日战争开始后，闽清成为福建后方的教育中心、商业、航运枢纽，这个历史时机大大提高了当地教育水平。但是一旦国民政府忙于内战，回乡搞民教没有资金支持，针对农村地区的民众教育就立刻陷入停顿。

综上所述，在中国的历史上，科普的内容也许会变化，但是科普中所有的普及都应该最后落实在人的观念上，这似乎比单纯的知识灌输更加重要，清末到民国的小学中的科普如果说取得了一些成绩，那就是改变了受到小学教育的民众的观念，因此适应了社会的发展需求。

参 考 文 献

［1］全国图书馆缩微复制中心. 中华民国教育部文牍政令汇编（五）［Z］. 北京：国家图书馆微缩复制中心：129-130.

［2］威廉·A. 哈维兰. 文化人类学［M］. 瞿铁鹏，张钰，译. 上海：上海社会科学院出版社，2006：36-45.

［3］闽清地方志编纂委员会. 闽清县志［Z］. 1988：197-268.

［4］闽清地方志编纂委员会. 闽清县志［Z］. 1993：698-711.

公民科学素质建设与国际化研究分论坛

国内外科技馆夜间开放的实践及思考

张文娟　魏　飞

（中国科学技术馆，北京，100012）

摘要：随着国内外科技馆事业的不断发展，教育活动的理论和实践不断创新。夜间开放逐渐成为国内外科技馆关注的热点和特色活动，为观众提供了更多科学文化服务。本文利用网络调查法、文献研究和对比分析法，通过收集近两年国外科技馆的相关情报，对科技馆夜间开放的特点和发展趋势进行分析，提出通过主题化设计、分众化组织、亮点化呈现、社会化合作，强化科技馆夜间开放特色，为业内人员提供新的视角。

关键词：科技馆　夜间开放　国内外　教育活动

Practice and Reflection on Night Opening of Science and Technology Museums in Domestic and Abroad

Zhang Wenjuan，Wei Fei

（China Science and Technology Museum，Beijing，100012）

Abstract: With the continuous development of science and technology museums in domestic and abroad，the theory and practice of educational activities have been constantly innovated. Opening at night has gradually become a hot spot and characteristic activity of science and technology museums in domestic and abroad，providing more scientific and cultural services for the visitors. This paper employed the network survey method，literature research and comparative analysis method to

作者简介：张文娟，中国科学技术馆助理研究员，e-mail：191466602@qq.com；魏飞，中国科学技术馆工程师，e-mail：figovceo@163.com。

analyze the characteristics and development trends of the science and technology museums' night scene opening by collecting relevant information from foreign science and technology museums in the past two years. It proposed to strengthen the characteristics of night opening of science and technology museum through thematic design，focus organization，highlight presentation and social cooperation，so as to provide a new perspective for the industry personnel.

Keywords: Science and technology museums，Opening at night，Domestic and abroad，Educational activities

开展教育活动是科技馆的重点工作，也是体现科技馆理念和愿景的内核。在现代科学中心教育理念的指引下，国内外科技馆在主题教育活动的设计和实施中往往投入巨大的精力。教育活动主要围绕促进学校教育和终身学习展开，针对不同学龄阶段的学生，科技馆都有一系列的教育活动项目配合展览展品和正规教育的教学大纲展开。除此之外，新内容、新形式的教育活动规模和影响越来越大，其中之一就是夜间开放活动。

科技馆夜间开放是科技馆在夜间对公众开放的行为[1]。比科技馆夜间开放出现更早的，对其有重要示范和影响作用的是博物馆夜间开放，其起源于欧洲国家的运营方式。博物馆夜间开放的措施可以让博物馆的公众教育功能得到强化。国内博物馆夜间开放可以概括为延时开放和夜间举办特色活动两类，具体包括国际博物馆日的夜间开放、非国际博物馆日的夜间特色活动和特展延时闭展三种情况[2]。与博物馆教育相比，科技馆教育具有更多互动性、参与性。对科技馆夜间开放活动的探究，可以为科技馆运营机制、服务能力的创新，提供一定的参考。

一、典型国内外科技馆夜间开放实践介绍

科技馆夜间开放活动主要是晚间开放的科学体验活动，除了可以自由地参观和操作展品之外，场馆还会根据每期的不同主题，安排研讨会和讲座、音乐会、电影放映、表演、游戏和手工制作等多样性的文化活动[3]。近两

年，多家科技馆均举办了科技馆夜场活动，例如国外的伦敦科学博物馆、哥白尼科学中心、德意志博物馆、美国探索馆、加拿大安大略科学中心、澳大利亚国家科技中心、英国布里斯托尔科技馆，国内的中国科学技术馆、重庆科技馆、四川科技馆、厦门诚毅科技探索中心等（表 1）。夜场活动的举办机构数量正在不断增加，覆盖范围也越来越广。

表 1　国内外科技馆夜间开放实践

场馆	主题	时间	观众	收费	活动形式	主办/资助
伦敦科学博物馆	科技之夜（性、医学奇迹、气候变化、大数据等）	每月最后一个星期三 18：45～22：00	18 岁以上	免费	谈话、研讨会等	公开招募主办人，馆方也可提供资助
	博物馆天文夜	不定期，18：45至次日 10：00	7～11 岁	60 欧元	在标志性展厅过夜、吃早餐、讨论会、科学表演等	馆方提供
哥白尼科学中心	成人之夜（机械、人工智能等）	每月一次，星期四 19：00～22：00	18 岁以上	35 兹罗提	参观展览、研讨会、电影放映、表演、游戏、讲座、与专家会面、音乐会、10～30 分钟的互动节目、相应的天空表演直播	三星集团
德意志博物馆	人与机器	2018 年 10 月 20 日 19：00 至次日 2：00	各年龄段	15 欧元	机器人科学展、高压放电、从算盘到超算、飞行模拟、气象卫星、空气浮力、船舶旅行、造纸艺术等	馆方提供
美国探索馆	科技之夜（闪亮、冰激凌等）	每周四 18：00～22：00	18 岁以上	19.95 美元	科学和艺术活动（提供食物酒水），欣赏现场一些小表演、电影、有趣的音乐、尖端技术等	馆方提供
加拿大安大略科学中心	侦探取证	2019 年 2 月 23 日至 4 月 27 日的 5 个周六，18：00～24：00	各年龄段	64 加元，会员或者 10 人以上团体为每人 59 加元	分为夜晚活动和早上活动两部分：夜晚活动时间为 18：00～24：00；早上活动时间为 6：45～10：00	馆方提供
澳大利亚国家科技中心	夜晚参观	17：00～19：00 或 19：00～21：00（视情况而定），每周 7 天，每天 2 个小时	小学和中学团体	21.5 澳元	参观展览	馆方提供

续表

场馆	主题	时间	观众	收费	活动形式	主办/资助
英国布里斯托尔科技馆	“天文馆之夜”活动	5月8日～11月28日的每周四晚19：00～21：30	16岁以上	15英镑	小酌，参观展品，3D电影，讲述古代天文学家的故事，带观众飞到遥远的星系，向观众展示遥远的和新发现的行星的景象	馆方提供
中国科学技术馆	科学之夜（科幻）	2018年9月17～24日18：00～21：00	各年龄段	90元	3D结构投影视觉秀、科幻主题探秘、角色扮演主题巡游、密室逃脱、科学嘉年华、真人VR绝地求生和参观展览	馆方提供
重庆科技馆	科技馆之夜“科技之光”	2017年5月20日17：30～20：00	各年龄段	100元（1个小朋友携带两名家长）	分为“暖场活动”和“主题活动”两个环节	馆方提供
四川科技馆	夜场科技互动体验“蓉城科学之夜”	2019年5月19日晚	各年龄段	免费	科学红毯秀、裸眼3D投影秀、夜场科技互动体验、3D打印、5G展览	馆方提供
厦门诚毅科技探索中心	夜场活动	2019年8月2日起	各年龄段	成人90元，学生50元	“网红”台阶、恐龙穿越、一沙一世界、五彩滑梯、超炫光影秀、探索星际、酷雪乐园等夜间探险活动	馆方提供

（一）国外科技馆夜间开放实践

1. 伦敦科学博物馆“科技之夜”“博物馆天文夜”活动

“科技之夜”活动于每月的最后一个星期三18：45～22：00举行，活动免费（个别环节可能需要购票），要求参与者年龄在18岁以上。该活动是该馆大型主题活动之一，围绕一个科学主题展开。活动每晚参与的观众达4000人左右，其年龄集中在18～35岁，大多数是年轻的专业人士，他们希望在场馆度过一个自由、放松、迷人的夜晚。该活动由该馆提供场地并组织观众，同时会设定好每期活动的主题，如性、医学奇迹、气候变化、大数据等；然后设定好活动的形式，如谈话、研讨会等；规定好对活动的要求，如要有互动、不要有专业难懂的术语等。在此基础上，公开招募活动的主办人来开展活动，活动资金由主办人提供，馆方也可提供资助。

“博物馆天文夜”活动不定期开展，每次活动时间均为 18：45 至次日 10：00，观众年龄 7～11 岁，票价每人 60 欧元。该活动满足了孩子们在博物馆闭馆之后仍想徜徉停留的愿望，在博物馆标志性展厅中过夜让孩子们兴奋不已；还可以通过参加讨论会、科学表演和各种活动，让孩子感受科学的神奇；加之在博物馆吃早餐、观看刺激的 IMAX 3D 电影等，共同构成了让他们难忘的一夜。

2. 哥白尼科学中心“成人之夜”活动

“成人之夜”活动每月一次（星期四 19：00～22：00），只对 18 岁以上成年人开放。每个晚上都是专注于不同主题的特别活动，提供有趣的节目和定制化的学习方式。除了参观展览外，还提供研讨会、电影放映、表演、游戏、讲座、与专家会面、音乐会等。此外，哥白尼天文馆特别为“成人之夜”策划了多个 10～30 分钟的互动节目，根据当晚的主题还配有相应的天空表演直播。该活动的战略合作伙伴是三星集团。2018 年部分主题如下：5 月 24 日“全速前进”，主题为运动；6 月 28 日“机器和人”，主题为机器人；9 月 27 日“Exmachina（机械）”，主题为人工智能；10 月 25 日“蝴蝶效应”，主题为混乱[4]。

3. 德意志博物馆“科学之夜”活动

德意志博物馆的主馆和交通中心分馆于 2018 年 10 月 20 日 19：00 至次日凌晨 2：00 举办“科学之夜”活动，主题为“人与机器”，活动包括机器人科学展、高压放电、从算盘到超算、飞行模拟、气象卫星、空气浮力、船舶旅行、造纸艺术等。半机械人 Mensch Maschine I-Cyborg 在活动中首次亮相，并网络直播了 5 位舞者与巨型机械的共同表演。在虚拟现实实验室，观众可以戴上虚拟现实眼镜，驾驶“月球车”穿越月球表面，体验奥托利林塔尔的第一次滑翔飞行，观察苏尔寿蒸汽机内部机械装置。

4. 美国探索馆“科技之夜”活动

每周四 18：00～20：00，专门为 18 岁以上的成年人准备了晚间系列活动，观众可以体验600多件展品，参加科学和艺术活动，活动还提供食物和酒水，适合成人之间聚会、情侣约会等。每次活动安排一个主题。参与“科技之夜”活动的观众也包括科学家、艺术家、音乐家、程序员和设计师，普通观众可以和他们进行交流。同时，还可以现场欣赏一些小表演、电影、有趣的音乐、尖端技术等。2018年部分主题如下：6月21日主题为锌与缝纫；6月28日主题为烟花与缝纫；7月5日主题为闪亮；7月12日主题为冰激凌。

5. 加拿大安大略科学中心“2019年科学之夜”活动

加拿大安大略科学中心“2019年科学之夜”活动围绕侦探取证展开。观众可以通过采集指纹、揭露秘密信息、检查证据获取线索，揭开谜团。活动时间是2019年2月23日至4月27日的5个周六（2月23日、3月30日、4月6日、4月13日、4月27日）。活动费用为每人64加元，会员或者10人以上团体为每人59加元。活动需要提前预约，分为夜晚活动和早上活动两部分，活动流程如下：夜晚活动时间为18：00～24：00，内容依次包括签到、特效电影、教育活动、展品探索、用餐、舞会和熄灯睡觉；早上活动时间为6：45～10：00，内容依次包括起床、早餐、参观展厅、活动结束。每次活动的参与对象有差异：2月23日、4月27日的活动针对家庭和团体开展，3月30日、4月6日、4月13日的活动仅针对女性观众开放。监护要求如下：团队的领队或组织者负监护责任，每8名儿童至少配备1名成人、领队或监护人。科学中心对于通宵活动有特殊的紧急预案和协议，所有参与者在活动开始前都要参加一次消防演习。

6. 澳大利亚国家科技中心夜晚参观活动

夜晚参观活动开展时间为17：00～19：00或19：00～21：00（视情况而定），每周7天，每天2个小时，只面向小学和中学团体进行预约，要求至少45人以上。在夜晚开放的主题互动展览中，观众可以体验超过200个互动展品，探索科学前沿领域的最新发现，以及在日常生活中的应用。

7. 英国布里斯托尔科技馆“天文馆之夜”活动

英国布里斯托尔科技馆于 2019 年 5 月 8 日～11 月 28 日的每周四开展“天文馆之夜”活动。该活动针对 16 岁以上的观众，在布里斯托尔科技馆的天文馆举行。活动前，观众可以在科技馆的酒吧小酌一杯，还可以参观展品；主体活动以 3D 电影的形式呈现，借助天文馆的巨大球幕影院，讲述古代天文学家的故事，带观众飞到遥远的星系，向观众展示遥远的和新发现的行星的景象，使观众享受奇妙的夜晚宇宙之旅。影片主题分别与星座、太阳星、银河系有关，2019 年秋季还推出外星生命主题的影片。每次活动播放两种影片，所有影片到 21：00 时结束。活动收费，观众需要通过官网或电话预约。

（二）国内科技馆夜间开放实践

1. 中国科学技术馆首届“科学之夜”活动

2018 年 9 月 17～24 日，中国科学技术馆举办“科学之夜”大型活动纪念开馆 30 周年，累计服务观众 10 378 人次。“科学之夜”大型活动以科幻为主题，分为“3D 结构投影视觉秀”“科幻主题探秘”“角色扮演主题巡游”“密室逃脱”“科学嘉年华”“真人 VR 绝地求生”六大版块内容。其中，“3D 结构投影视觉秀”为中国科学技术馆独特的建筑结构量身打造，演出脚本由员工自主设计完成，结构投影技术在国内科普场馆的首次应用，成为“科学之夜”活动的一大亮点。32 台 31K 流明的投影机在挑空 30 米高近 3000 平方米的投影墙上呈现出气势磅礴、大气恢宏的科技史画卷。“科幻主题探秘”的五条线路深受孩子们喜爱，做实验、集印章、换徽章、兑礼物，打破传统参观模式的活动设计，让公众在闯关中感受科学的乐趣。“角色扮演主题巡游”版块活动格外吸引人，面向社会公开征集的 15 个原创科幻角色和通过网络征集的“你最喜爱的科幻角色”轮番登场。“密室逃脱”在“太空探索”与“基因”展区真实布景，独具中国科学技术馆特色的 2000 平方米超大型密室引起了观众的广泛关注。

“科学之夜”活动还面向全国科技馆征集了科学表演项目及参与活动实施的辅导员。宁夏科技馆、山西科技馆、广西科技馆等25家省（自治区、直辖市）的科技馆报名参与，73名工作人员、10个科学表演项目参与其中，展现了中国科学技术馆教育的活动水平和最新成果。此外，活动还邀请到易方机器人、梦神科技等9家科技企业、12个中国传统非遗项目参与到“科学嘉年华”“真人VR绝地求生”版块活动中。

2. 重庆科技馆科技馆之夜“科技之光”主题活动

2017年5月20日，重庆科技活动周启动。重庆科技馆首次打造以亲子家庭为特色的科技馆之夜“科技之光”主题活动，活动共分为“暖场活动”“主题活动”两个环节。“暖场活动”结合重庆数字科技馆开展线上线下联动的“快乐寻宝”“随手拍跟我做”科普活动，观众可以利用智能设备体验畅游科技馆的便捷，同时感受探索科学的乐趣。“主题活动”由“小小特种兵之钢铁‘路面’”“灾害自救百宝箱”“趣味科学实验魅力光焰”“勇往直前 or not?”“光的奥秘”“光明使者”“观影《狂野之美：国家公园探险》”7 个科普活动组成，让观众在亲自动手、亲自操作、亲自体验的过程中感受科学的趣味性、教育性、观赏性，培养他们热爱科学、传播科学、享受科学的精神风尚[5]。

3. 四川科技馆夜场科技互动体验“蓉城科学之夜”

2019年5月，四川省科技活动周启动仪式暨“蓉城科学之夜”活动启动，包括“大咖”云集的科学红毯秀、亮眼的裸眼3D投影秀、炫酷的夜场科技互动体验。观众可以将液态的金属通过电子电路打印机进行类似3D一样的打印，做成各种形状的电路板；可以了解5G农作物精准种植、5G网联无人机、5G应急救援系统，借助5G网络低时延的特性，完成人体与机械臂之间的实时互动等，畅享一场规模宏达、内涵丰富的科技嘉年华[6]。

4. 厦门诚毅科技探索中心夜场活动

厦门诚毅科技探索中心是国家4A级景区、中国航天科普体验基地、全国海洋科普教育基地，全国首家以“探索”为主题的室内大型科普乐园。自2019年8

月2日起，开放夜场活动，通过“网红”台阶、恐龙穿越、一沙一世界、五彩滑梯、超炫光影秀、探索星际、酷雪乐园等活动，带领小朋友夜间探险[7]。

二、国内外科技馆夜间开放的特点

“科学之夜”等科技馆夜间开放活动的知名度和影响力不断扩大，其成功的原因有很多，笔者尝试总结国内外科技馆夜间开放的优秀活动所具有的典型特点并进行分析。

（一）主题鲜明

伦敦科学博物馆、哥白尼科学中心、德意志博物馆、美国探索馆、加拿大安大略科学中心，以及中国科技馆在策划开展夜间开放时，均设置了明确的科学主题，如医学、机械、侦探或科幻等。活动围绕一个科学主题展开，非常具有针对性，整合优化展览和教育活动资源，便于筛选对活动主题感兴趣的观众共同参与，也有利于邀请该主题领域的科学家、艺术家等专家学者提供科学指导，以进一步补充科技馆资源，提升活动的参与性、科学性、实时性。

（二）观众范围明确

伦敦科学博物馆的科技之夜，哥白尼科学中心、美国探索馆的夜间开放面向成人，与之对应的主题和活动形式也更加成人化，在于针对青年人的需求和工作之余的休闲方式，打造有吸引力的项目，不断推陈出新，给观众带来新体验。伦敦科学博物馆的天文夜和澳大利亚国家科技中心的夜晚参观活动，面向中小学生，旨在满足孩子们在博物馆闭馆之后仍想徜徉停留的愿望，为其带来夜晚参观的不同体验感，孩子们通过参加讨论会、科学表演和各种活动，感受科学的神奇。中国科学技术馆面向各年龄段观众开展夜间开放活动，在活动设计中，注重满足不同年龄段受众的需求，使其分别有所收获。

（三）活动形式多样、开放

相比于白天，夜间开放活动的活动形式更加多样、开放。纵观国内外不同场馆，既有谈话、会面、研讨会形式的专业研讨，又有科学表演、电影、音乐会、舞会、直播、游戏等多元化的娱乐休闲消费方式；既有面向青少年的科技嘉年华、夏令营，又有适合成年人的科技聚会；既有晚间几个小时的精彩呈现，又有横跨整晚的通宵达旦；既有自由参观，充分接触展览资源，又有计划加定制之旅，在特定任务的指导下深度体验。虚拟现实、智能穿戴、3D投影秀等新技术，解密探秘、角色扮演、任务驱动等游戏元素的引入，让科技馆夜间开放活动更显丰富多彩。对比来看，我国的科技馆夜间活动形式存在相对保守的问题，其独特性更多地局限于时间概念层面，需要拓展活动形式，以充分发挥其夜间开放的不同效应。

（四）资源支持广泛

相比于国内，国外科技馆还表现在更多地吸引社会资源，充分调动企业积极性，与其建立合作，开展科技馆夜间开放活动。比如，伦敦科学博物馆“科技之夜”活动公开招募活动的主办人来开展活动，活动资金由主办人提供，馆方也可提供资助；哥白尼科学中心与三星集团合作，开展“成人之夜”活动。社会资源不仅表现在对场馆活动的资金支持上，在人力、高新技术等领域，也都为场馆提供了有力支持。受活动时限、技术专业的限制，国内科技馆在举办夜间开放活动时，也经常采用召集志愿者、购买社会服务的方式开展。

三、国内外科技馆夜间开放的思考

（一）深入分析展览展示资源，巧设主题

科技馆展览展示资源中，通常涵盖多领域，承载着科技、自然和人类社会生活等多维信息，不仅涉及科学原理、科学知识，还蕴含了科学方法、科学精神、科学思想、科技与社会、人与自然关系等内涵。这些多维信息，都需要通过“教育”传播给公众，需要对其进行深入分析、加工和整合，并结合科技热点、节庆活动、学科划分等设置活动主题，有针对性地开展夜间开放活动。特定的主题和参观指南，既可以吸引某一类型的参观群体，充分激

发观众的参观兴趣，又可以为观众更好地了解展览展示资源所传递信息“画龙点睛”。

（二）科学划定观众范围，分众而教

目前，科技馆越来越重视分众教育。通过对不同参观群体进行有效划分，为特定观众提供特定服务，更加具有针对性，有助于提高科学传播效果。由于白天展览展示教育的大众化，无法给予特定观众特殊化的针对性服务，而夜间开放一方面具有时间优势，另一方面能删繁就简，去掉庞杂，只保留适合这一群体的科技文化资源，采用只适合这一群体的活动形式，更加精细化地开展科技馆科学传播工作，尽可能让其深入细致地利用场馆资源。

（三）创新设计活动形式，打造亮点

活动形式是对活动内容的包装，通过构建精彩的活动形式将科学知识原理、科学思想、科学方法、科学精神传递给观众，是科技馆对夜间活动的活动特色进行强化的有效方式。在科技馆夜间开放的活动形式设计方面，需要更加突出其与日间开放不同的特色，可以通过多元化的消费方式的应用，开放包容的设计理念的尝试，构建轻松休闲模式的探索，打造特色亮点环节的措施，有效拉近观众与科技馆之间的距离。

（四）广泛征集资源支持，联合众创

目前来看，国内外科技馆资源均相对有限。在人力资源方面，夜间开放导致大量的人力资源应用于夜间服务工作中，工作人员轮班机制也会提高科技馆人力资源支出成本；特定主题所需要的某一领域高精尖人才，也会面临临时短缺的问题。以在校大学生、社会专家志愿者、科普同行为主力组成的志愿者队伍，有效补充了临时人力缺口，成为科技馆发展过程中不可缺少的重要协助力量。但夜间开放活动在时间上的特殊性，需要相关组织机构充分考虑人员招募培训成本与安全性。在科研成果与新型产品方面，为某一主题活动而集中采购，会大大提高运营成本，并造成后期的资源浪费，可以考虑采用租赁方式，或者广泛征集企业产品、科研成果、社会资金的赞助支持，以及采用联合协作众创的方式，达到科普工作与社会效益双赢的目的。

四、结语

科技馆夜间开放，是对科技馆传统运营模式的有效创新，是对非正规科学教育的有效探索，也是对公众提供的一种新型文化消费方式。通过主题化设计、分众化组织、亮点化呈现、社会化合作，对科技馆夜间开放活动特色进行积极强化，可以塑造科技馆的多面化形象，吸引更多人群参与到科技馆活动中，不断提升科普教育效果。

参考文献

[1] 徐卓恺. 国内博物馆夜间开放的实践、问题及思考［J］. 科技传播，2017，9（13）：74-75，83.
[2] 黄洋，廖一洁. 国内博物馆夜间开放的实践、问题及思考［J］. 东南文化，2017，（1）：121-126.
[3] 马宇罡，莫小丹. 2018 年国外科技馆情报动态研究总报告［R］. 2018.
[4] 张文娟. 哥白尼天文馆："才华横溢"的新生代［N］. 科普时报，2019-02-01：8.
[5] 华龙网. 重庆科技馆首次面向公众开展夜场活动　市民来此感受璀璨光影场馆［EB/OL］［2017-05-20］http://cq.cqnews.net/html/2017-05/20/content_41685665.htm.
[6] 成都全搜索新闻网. 科学家走红毯　今晚走进"科技馆奇妙夜"［EB/OL］［2019-05-20］. http://news.chengdu.cn/2019/0520/2050709.shtml.
[7] 玲玲零. 厦门诚毅科技探索中心夜场攻略（时间+地点+项目）［EB/OL］［2019-08-05］. http://xm.bendibao.com/tour/201985/57585. shtm.

浅析影响科技馆科普有效性的因素与对策

陈香桦

（重庆科技馆，重庆，400024）

摘要：科技馆作为大型的科普教育基地，以其新型的可体验式的展览手段面向社会公众开放。近年来，科普场馆快速增长，参观人数持续增加，应把控科技馆科普的有效性，进而让观众在参与展品体验和教育活动的过程中实现有效认知。本文结合具体案例，分析了影响科技馆科普有效性的因素，提出了通过完善展品功能和动员社会化参与来提升科技馆科普的有效性，探讨了有效科普对于扩大社会化参与的积极作用。

关键词：科技馆　有效认知　社会化参与

An Analysis of the Factors Affecting the Science Popularization Achievement in Science and Technology Museums and Relevant Countermeasures

Chen Xianghua

（Chongqing Science and Technology Museum，Chongqing，400024）

Abstract：As a large base of science popularization and education，science and technology museum is open to the public with its new and experiential exhibition means. In recent years，the number of visitors continues to increase，so it is necessary to control the effectiveness of science popularization in science and technology museums，so that the visitors can realize effective cognition in exhibition experience. Based on specific cases，this paper analyzed the factors that

作者简介：陈香桦，重庆科技馆科普活动专员，助理馆员，e-mail：1054741865@qq.com。

affecting the science popularization results in science and technology museums，put forward countermeasures and suggestions such as improving the function of exhibits and mobilizing social participation，and discussed its positive role in expanding social participation.

Keywords： Science and technology museum，Effective cognitive，Social participation

据科技部发布的2017年度全国科普统计数据，“全国科普场馆共计1439个，其中科技馆488个，科学技术类博物馆951个，全国平均每96.6万人拥有一个科普场馆。在参观人数上，科技馆共有6301.75万参观人次，比2016年增长11.61%；科学技术类博物馆共有1.42亿参观人次，比2016年增长28.85%。”[1]由此可见，科普场馆快速增长，参观人数持续增加，我国社会化大科普格局正在形成。

对于科技馆来说，其新型的可体验式的展览手段能够拉近公众与科学之间的距离，那么在实践过程中，有哪些因素会影响科普的有效性？应采取哪些应对措施？成效如何？以下是笔者结合工作实际展开的一些思考。

一、影响科技馆科普有效性的因素

展品作为科技馆科学教育信息的重要载体，能将较为枯燥、抽象的课本知识以生动、形象、直观、互动的方式展现出来，使观众在体验展品的过程中获得直接经验，进而实现对科学知识的有效认知。那么，在日常的运作当中观众是否获得了有效认知？

（一）体验性不足

与学校教育相比，科技馆更加注重学习和体验的过程，在科技实践的情境中体验和学习科学[2]。在展品设计中也应注重体验式学习，强调“只有通过亲身体验才能获得有效认知”的学习过程。

“模拟地震体验”作为重庆科技馆的明星展品，深受观众的喜爱。该展项取景自2008年5月12日发生的汶川地震中一户家庭的厨房一角，观众可进入房间感受6～7级的强烈震感。体验时，观众先是进入房间选择就座，抑或是站在栏杆处扶好栏杆，随后工作人员启动系统，并以语音的方式向观众讲解地震时应采取的应对措施。

我们发现，在每场12人参与的情况下，参与者中有超过6成的人选择聆听，而非尝试采取措施进行体验，从一开始的姿势保持到了结束的人员几乎每场都能遇见。

由此反思：对大多数观众而言，此展项的体验性开发并不充分，观众在体验中只是将自己置身于模拟的地震场景中“听”地震自救的“宣讲”，未能从主观上意识到“我应该做什么”，在亲身体验中了解到“我能做什么”，对“我做对了吗”没有一个判断标准。可见，观众在这样的体验中未能实现有效认知。

（二）情境感缺乏

美国哲学家杜威曾提出“思维起于直接经验的情境”，并把情境列为教学法的首要因素[3]。在展品设计中引入情境教学，通过展品的现象、画面、音响、动作和基于展品的游戏等，使观众产生疑问、惊奇等情绪，能起到激发其学习探究的兴趣和情感。

“月球弹跳”是重庆科技馆的另一项明星展品，在开放期间常是人员爆满。该展项模拟了人在重力仅有地球1/6、质量仅有地球1/81的月球上行走的过程，使观众体验在“失重”环境下身轻如燕的感觉。体验过程中，观众需通过配重器进行配重，当体重满足30～80千克时即可配重成功。随后观众坐上座椅体验“月面”行走，并由工作人员对其进行指导和讲解。

我们发现，观众在体验结束后会有这样两种反应，一种是发出“这就是身轻如燕的感觉，好神奇”，另一种则是发出“没什么特别，就像坐跷跷板一样”的感叹。从这两种截然不同的反应中可以发现，观众在体验之初就会对展品设定一个期望值，但明显后者的期望值并没有在体验中达到。

由此反思：展项在情境感上的缺乏，使观众在体验中缺少场景的代入感，难以将自己的身心融入模拟的月球行走当中，只感受到了体重变轻，却难以分辨月球行走与坐跷跷板的不同，难以获得直接经验。

二、提升科技馆科普有效性的对策

在科技馆中，展品是基础，展教活动是灵魂，两者相辅相成。在实践中，也应采取“由内及外”的方式：一方面，立足展品，完善展品功能；另一方面，动员社会化参与，打造多元化教育活动。以此补齐短板，提升科普质量，保障科普的有效性。

（一）立足展品，强化“硬件”功能

展品是开展各类教育活动的基础，单件展品的可开发性直接影响着教育活动的研发。因此，对于设计不合理、展示效果不佳的展品进行改造升级，可以起到完善展品功能，同时提升教育活动研发潜力的作用，帮助观众实现“有效认知”。

1. 完善体验性，加深观众认知

由于观众在体验过程中缺乏切身的体验认知，展项的体验性未能良好地体现。重庆科技馆于 2017 年 7 月对“模拟地震体验”进行了改造升级，完善了展品的体验性。改造后增加了视频回顾的环节，并完善了厨房场景中用火用电等功能。在观众进入体验前，由工作人员复位气阀、燃气灶、电闸开关，待观众进入后，提醒观众“观察整个场景，并根据实际情况采取应对措施”，随后运行展项。在体验过程中，厨房的窗户化身监控器录下整段场景，待体验结束后视频自动回放，由工作人员对其进行点评。

我们发现，设定情境后，观众在体验过程中出现关闭燃气灶、躲桌子底下等行为；在视频回放中，个体行为会成为案例分析的题材，观众能直观地了解到彼此的行为；通过工作人员的点评，观众对地震中“应该做什么”“做正确了吗”有了更加清晰的认识，观众获得了“有效体验”进而实现了“有效认知”。

2. 增强情境性，让体验更加真切

2016 年是虚拟现实（VR）/增强现实（AR）技术爆发的元年，此产业在

大量资本的刺激下获得了快速的发展，吸引了各行各业的跟进，科技馆行业就是其中之一[4]。重庆科技馆于2017年元旦期间正式推出了升级后的月球弹跳展项。结合VR技术，对此展项增加了VR眼镜的体验，增强了展品的情境性。改造后，观众不仅能体验到在“月面”行走的乐趣，还能在虚拟的月球场景中体验互动游戏——找箱子。

VR技术能实现对外界环境的隔绝，从视觉、听觉、触觉等多感官上将体验者带入一个虚拟的情境当中，带给观众以身临其境的感受。我们发现：体验前，观众对VR眼镜表现出了强烈的好奇心；体验中，观众根据任务驱动进行“月面”行走，找箱子的过程即是体验在月面行走的过程；体验后，有观众反映“很有趣”“仿佛置身于月球”，观众对展品的认识也不再是一个“跷跷板”的定义。体验更加真切，观众能在体验中获得直接经验，实现对展品科学原理的有效认知。

（二）动员社会化参与，发挥“软件”功效

多元化是现代社会最重要的特征之一，也是科学、社会、经济等发展的关键性推动力量[5]。作为科普教育基地，科技馆应发挥平台优势，以开放姿态主动整合多元化的社会资源，让更多社会力量参与到科普工作中，共同打造科普教育新引擎，用“软实力”提升科普质量，实现有效科普。

1. 跨单位合作，纵深推进科普工作

从教育活动的研发到实施，重庆科技馆充分发挥平台作用，多次与市级单位合作，从线上到线下纵深推进科学普及工作。一是与市交巡警总队、市地震局等单位合作，创新开展“小小特种兵”“防灾训练营”等线下品牌科普活动，让专家走进科技馆与公众面对面交流，有效拉近公众与科学之间的距离；二是与重庆市地震局、重庆市安全生产宣传中心等权威部门紧密合作，聚焦防灾科技展厅“模拟地震体验”展项，整合安全生产生活、地震应急处理方面专家资源，依托重庆电视台优质传播平台打造地震专题科教节目，形成四方联动、优势互补的科普工作环境，确保了科普内容的专业性、针对性和普惠性，有效推进了科普工作向纵深发展。

2. 整合多方资源，打造全方位科普体验

自 2017 年年初始，重庆科技馆通过整合多方社会资源，从展品到展览再到专题讲座，打造全方位科普体验，满足观众的多样性需求。一是将高新科技与展品完美结合，对“月球弹跳”“火箭家族”等多个展项增加 VR、AR 功能，让观众不仅能带上 VR 眼镜感受月球行走，还能通过手机扫描 AR 展品实现与坦克、科娃、火箭家族的有趣互动；二是与科技馆论坛（合肥优恒）携手，打造国内首个以虚拟现实为主题故事线的科普临展，让观众在体验常设展厅之余，走进虚拟现实展，从更多的展览故事中得到新体验，获得新认知；三是邀请中国图像图形学会副理事长、杭州师范大学数字媒体与人机交互研究中心主任潘志庚做客科技·人文大讲坛，开展《虚拟现实与数字化生活》科普讲座，向公众介绍虚拟现实技术的发展历程、技术特点、现实运用与未来发展方向，满足观众的不同需求。

从实践来看，社会化参与在科技馆里的实现能在一定程度上打破行业壁垒，有效弥补科普资源短板，同时拓展和延伸教育活动的深度和广度，帮助观众获得有效认知。

三、扩大科普社会化参与的重要性及思考

（一）有效科普对于扩大科普社会化参与的重要性

随着科普场馆的快速增长与参观人数的持续增加，人们的科普文化需求也在日益增长。据 2017 年度全国科普统计数据，“2017 年全国科普专职人员 22.70 万人，比 2016 年增加 0.35 万人。其中专职科普讲解人员 3.12 万人，比 2016 年增加 0.23 万人，占科普专职人员的 13.74%。”[1]可见，科普专职人员，特别是专职科普讲解人员的数量虽有增长，但面对社会庞大的科普需求已呈现出供不应求的状态，因此，扩大科普的社会化参与也是解决科普人员供给不足的有效途径。

那么，如何扩大科普的社会化参与，让更多的人加入科普行列呢？笔者认为应该从以下两个维度考虑：一是发动社会各界一起来做科普；二是将科

普的受益者（观众）发展为科普的传播者。就第一点来看，国内科普场馆的社会化参与正在逐步完善，如前文提到的通过跨单位合作、整合社会资源等形式开展科普教育活动在诸多科普场馆中都有体现。笔者将重点谈及对第二点的看法：观众在科普体验的过程中获得了有效认知，意味着更多有效的科普信息将被传播出去，当科普的受益层面扩大，意味着各行业各年龄段各社会分工不同的角色都是科普的潜在传播者，这样人人都可以从身边做起，以点带面、从线到面，逐步形成科普合力，共同推动科普事业的发展。

（二）关于扩大科普社会化参与的几点思考

在保障有效科普的前提下，扩大科普的受众范围也就成为目前扩大科普社会化参与的关键。在科技馆中，科普的主要对象是青少年，如何扩大科普的受众范围？笔者认为，可以从扩大单一受众面和发展多层面受众群体入手，以下是笔者的几点思考和总结。

1. 设计观念，应观众所需

科学发展观告诉我们，“坚持以人为本，树立全面、协调、可持续的发展观，促进经济、社会和人的全面发展”，可见，科学发展观的本质和核心就是“以人为本”。对科技馆而言，我们应该以什么人为本呢？显然，是以观众为本[6]。因此，科技馆教育活动的设计应该应观众所需。首先，在活动的设计观念上，我们是否可以考虑从“我有什么，你来参与什么”向“你想了解什么，我能提供什么”的方向转变；其次，在观众的需求征集上，我们可以考虑除展厅中的调查问卷外，开拓公众号平台上的线上话题讨论，以公众号平台抛出一个话题的形式，采集观众的意见和建议，通过后台收集和整理，再由设计者设计观众所需的活动。应观众所需，让科普更具对口性，满足不同观众的需求。

2.“互联网＋科普”，扩大科普覆盖

近年来，重庆科技馆运用“互联网+科普”传播新机制，打造“科技+人文”“线下+线上”融合的形式，“热门话题+高端人物+沉浸式现场互动+线上

现场直播”的全媒体立体传播效果实现了千倍级增长，让更多的观众受益。自 2018 年 8 月起，重庆科技馆用短视频的方式开启科学传播，先后在“抖音”和“快手”平台发布了 36 条科普短视频，以更加生动、可视化的形式，向公众推送科技馆特色科普资源。自短视频发布以来，累计播放量达 211 万次，收到了良好的社会效果。

可见，把“键对键”线上互动与“面对面”线下服务结合起来，不断构建起“互联网＋科普”的工作体系，可以增强科普内容的传播力度，同时提升科普受众覆盖范围，为实现科普的社会化参与打下基础。

3.“科技馆+”模式，扩充受众层面

2018 年，由中国科学技术馆创新策划的“全国科技馆联合行动”品牌活动全年共计开展“共筑航天新时代”“与科技工作者共话未来”“开学第一课”“全民的科学中心”四期，累计持续时间两个月，参与场馆 62 座次，开展活动 1000 余场，服务公众近 16 万人次，活动形式多样，内容覆盖面广。

从服务对象来看，每期活动根据不同对象策划，涵盖了中小学生、大学生、成人观众、科普专业人员与社区公众，有效填补了地区场馆受众对象单一的短板。可见，以“科技馆+”模式开展的全国科技馆联合行动，对扩大科普活动辐射面、受众面与社会影响力具有积极作用。

对于科技馆来说，有效科普的受众越多、范围越广，越有利于扩大科普的社会化参与。如何提升科普的社会化参与，需要在实践过程中去发掘，历经时间的考验，笔者认为，科普的社会化参与应当实现从组织到个人、从专业人士到普通大众的覆盖，让更多科普的受益者逐渐转化为科普的实践者、传播者，形成大众化科普，共同助推科普事业的繁荣发展。

参考文献

[1] 吴月辉. 科技部发布 2017 年度全国科普统计数据科普活动吸引逾 7 亿人次 [N]. 人民日报，2018-12-19：15.

[2] 叶小青，江笑颜. 科技馆如何进一步发挥展教资源效用 [J]. 广东科技，2013，(10)：226.

[3] 李敏. 情景创设在盲生语文教学中的作用 [J]. 课程教材教学研究（小教研究），2012，

（Z1）：8-9.
[4] 周荣庭，王懂，韩飞飞. 从增强现实/虚拟现实的技术特征设计科技馆的创新运用 [J]. 科学教育与博物馆，2016，2（6）：413-417.
[5] 施薇. 多元化教学中小学数学教学的体现方式 [J]. 东西南北：教育，2018，（3）：168.
[6] 廖红. “以人为本” 理念在科技馆展品中的体现 [J]. 科技馆，2004，（4）：16-22.

国外科技场馆如何开展馆校合作

侯易飞　叶肖娜

（中国科学技术馆，北京，100012）

摘要： 本文选取美国旧金山探索馆、加拿大安大略省北部科学馆、澳大利亚国家科技中心三所国外科技馆作为研究对象，结合当代科技馆馆校合作的发展背景及研究对象对已有的典型案例进行分析，从资源整合、课标对接、网络共享三个方面进行提炼和归纳，对未来国内场馆馆校合作进行指导。

关键词： 馆校结合　国外科技馆　资源整合　课标对接　网络共享

How Science Centers in Western Make Cooperation with Schools

Hou Yifei，Ye Xiaona

（China Science and Technology Museum，Beijing，100012）

Abstract： This paper selected the Exploratorium of US，the Science North of Canada，and the Questacon of Australia as the research objects，and analyzed the development background of the cooperation between museums and schools within contemporary science and technology museum and the typical cases as the research objects. From the three aspects of resource integration，curriculum and standards，online sharing，the paper extracted and inducted information to guide the future cooperation between domestic science and technology museums and schools.

Keywords： Cooperation between schools and museums，Science centers in western，Resource integration，Curriculum and standards，Online sharing

---

作者简介：侯易飞，中国科学技术馆科技辅导员，e-mail：kasimh@sina.com；叶肖娜，中国科学技术馆科技辅导员，e-mail：yxn_0130@163.com。

一、研究背景

馆校结合是当代博物馆、科技馆的一种重要科普途径，通过与学校的紧密配合，博物馆、科技馆将自身的资源、理念和文化进行有效输出，此种方式在欧美发达国家的博物馆早有先例。

欧美博物馆馆校合作的发展大致可划分为三个阶段。

（一）萌芽阶段

博物馆教育诞生于欧洲，1884 年英国利物浦博物馆向学校出借教学标本，并与 106 所学校建立了藏品借用关系。20 世纪初，在美国也出现不少博物馆资料外借于学校，以及学校组织学生去博物馆参观的案例。

（二）快速发展阶段

1969 年在英国成立了博物馆教育圆桌组织，专门从事博物馆教育的研究与推广，次年莱斯特大学开设培养博物馆教育人才的专业课程。20 世纪 60 年代，美国有 50%的博物馆设立专门的教育部门，积极发展与各级学校在教育上的伙伴关系，到 70 年代上升到 90%的博物馆提供教育项目，其主要目标观众就是广大学生。

（三）深度融合阶段

20 世纪 80 年代末，欧美国家陆续进行教育改革，并先后颁布了《美国国家科学教育标准》《英国国家科学教育标准》。学校以此为依据进行教学课程设计，博物馆亦以此为依据进行教学项目设计，通过遵循国家科学教育标准实现正式教育与非正式教育两者的有效衔接，标志着欧美国家博物馆的馆校合作进入深度融合阶段。

综上可见，欧美博物馆的馆校结合之路也是从无到有、从松散到紧密逐渐融合的过程。接下来，笔者将介绍重点研究对象的三所科技馆所包含的馆校结合资源[1]。

二、研究对象

本文选取美国旧金山探索馆、加拿大安大略省北部科学馆、澳大利亚国家科技中心作为研究对象。

（一）美国旧金山探索馆

1969 年，著名物理学家弗兰克·奥本海默在加利福尼亚州旧金山创立了探索馆。50 多年来，这所著名的科技馆自主研究和开发了自身的展览、活动、艺术品和网站等科普项目，坚持科学与艺术的结合，激发观众的好奇心和创造力，以自身雄厚的实力引领着世界科技馆发展。[2]

（二）加拿大安大略省北部科学馆

北部科学馆是安大略政府的一个机构，是一个已注册的慈善和非营利组织。北部科学馆是加拿大安大略省北部最受欢迎的旅游景点之一，也是全省儿童和成人的教育资源。北部科学馆设有 IMAX 剧场、数字天文馆、蝴蝶画廊和特别展厅、动态地球馆——大镍之家、一个地球科学馆。[3]

（三）澳大利亚国家科技中心

位于澳大利亚堪培拉的澳大利亚国家科技中心建立于 1988 年，由澳大利亚政府的工业、创新和科学部进行管理。澳大利亚国家科技中心今天是澳大利亚最大的科学中心，每年接待超过 50 万人次的游客，其特色项目“科学马戏团”开始于 1985 年，被公认为是世界上最广泛和最长的巡回科学推广项目。[4]

三、典型案例

（一）美国旧金山探索馆

美国旧金山探索馆作为科技馆行业领军者，其网站提供了丰富的教育资源，教师、家长、学生和课后教育工作者均可以找到所需。例如，针对教师开放的教师学堂，可供理科教师通过动手活动增加实践和探究经验；探客工坊则是利用哥德堡式的传动结构的创作来综合提升学生的创造力、动手能力和协作能力；最有趣的“科学小零食”系列活动是一系列科学动手做的内容，是探索馆的专家将一些有趣的馆藏展品微型化和简单化的作品。整个系列包含 272 个不同内容，可以按学科进行划分，所有内容均遵循美国 K12 科学教育框架，以及下一代科学标准（NGSS）的要求提供了教学引导和活动实践。在网站上可以找到每个小活动的照片、视频、材料清单、实验步骤、科学原理和拓展内容。此外，探索馆还针对高中学生及社区开展了志愿者服务，志愿者经过培训可以在馆内进行导览讲解，或是在科学之夜、探客工坊进行教学和教辅工作。[5]

（二）加拿大安大略省北部科学馆

加拿大安大略省北部科学馆针对学校参观对象设置了 2018～2019 年学校参观指南，内容分为三大部分：信息概述、北部馆活动介绍（幼儿园至 12 年级），以及动态地球馆活动介绍（幼儿园至 12 年级）。

在信息概述部分，指南清晰写明了北部馆的票价、会员优惠政策、馆开放时间、教师专项培训班、网络在线课程、参观预约流程、用餐服务的信息。对于学校老师，北部馆提供了科学新闻邮件和教师工坊项目。科学新闻邮件为免费项目，只需要注册即可享受每月北部馆活动的邮件推送。教师工坊为收费项目，每课 600 加元，时长 3 小时，允许 30 人参加，工坊会为参与教师提供易于复制至课堂的动手活动，提升学校教师的科学素养。网络在线课程则介绍了北部馆从幼儿园到 12 年级的网络课程资源，涵盖物理、空间、生物、气候、工程、密码等多个学科，并按照参观前后进行了活动分类，包含知识要点、学习单、材料清单、课程视频等内容，并提供了课程的网页链接。[6]

北部馆与动态地球馆活动介绍则包括了课程对接和活动说明两部分内容。

活动对接分别列出了两所场馆对标安大略省科学课标 1～8 年级的活动清单，对活动按照生命系统、建筑工程、物质能量、地球与地外系统和其他五个学科进行了划分，并用小标标明了活动类别（数学、动手、科学秀、额外付费和多媒体体验）。活动说明部分则按照常规活动和特别活动对两所场馆的教育活动按照适应年级划分，并进行了简要介绍。[7]

（三）澳大利亚国家科技中心

澳大利亚国家科技中心在馆校活动方面也推出了形式众多的探索，其中包含内容丰富的科学工坊，以及其独具特色的“科学马戏团”巡回项目。科学工坊包含面向学生的本地工坊、假日工坊、巡展工坊和远程视频工坊，以及专门面向教育者的教师工坊；科学马戏团除了包含常规的巡展、科学秀之外，还包含了 80 余个科学活动。澳大利亚国家科技中心在官网上提供了这些活动与澳大利亚课标的对接链接、材料清单、制作步骤、探究活动、科学阐释和实际应用 6 个模块，将活动的详细内容进行了分享和传播。

四、反思总结

2017 年 9 月，中国科学技术馆进行了馆校结合基地校签约授牌仪式，依据市级重点校、科技特色校、远郊区县校三类学校进行分类布局，择优选择了 200 所学校成为首批签约基地校。在合作框架内，中国科学技术馆将为签约基地校提供包括场馆活动、创新人才培养、校本课程开发、科技教师培训、科技馆活动进校园五大方面的服务内容。截至 2018 年 12 月 26 日，场馆活动服务学校 343 所，师生 78 167 人次。活动室和实验室开展教育活动 204 场，服务学生 2292 人次。进校园 29 次，服务师生 9908 人。

从数据上看，中国科学技术馆的馆校结合活动已经颇具规模，且得到了来馆师生的一致认可，但对比国外科技馆的馆校活动，还可以在一些方向进行学习和提升。

（一）科技馆资源的整合和介绍

在中国科学技术馆开展馆校活动期间，我们发现，由于教育体系不同，无论是基地校还是非基地校，对于科技馆的教育活动的理念、形式和内容都鲜有了解，这对于活动前期的交流形成了很大的障碍，双方很难在相互了解和理解的层面进行有效率的沟通，往往会将馆校结合活动变成校方仅仅提出时长要求的科技馆单向服务的活动输出，而参与的学生本身也很难得到比普通观众更深度的学习和思考，馆校结合变成了单纯的途径，并没有实现教育内涵上的提升。反观调研的三所国外科技馆，都十分注重自身教育资源的整合、分类和介绍，皆运用了多级网页，从简单、笼统的概括性分类逐步深入资源的具体形式和内容，其中北部馆提供的“参观指南”更是利用有限的篇幅，非常详尽地将场馆资源和活动资源进行了列举，使得学校方能够在前期就对场馆活动有所了解，做到知己知彼，更有的放矢地结合自身的需求，方便了学校对于科技馆资源的前期了解，隐性地提升了沟通的针对性，增加了沟通效率。

（二）科技馆教育活动与课标对接

教育职能是当代科技馆不可或缺的一个功能。对于馆校活动而言，科技馆教育活动与学校教育的关联性是校方十分关注的方向，因此，科技馆活动与科学课程标准的对接就显得尤为重要。目前，中国科学技术馆的教育活动已经初步结合物理、化学、生物、数学、机械、航天等学科进行了分类，但与科学课标的具体对接还在梳理过程中。这方面国外也走在了前面。旧金山探索馆的“科学小零食”系列活动，并没有与美国科学课标进行一一对应，相反是在美国下一代科学标准“要求学生从事丰富实践的活动，支持他们利用内容来理解和解释复杂的科学现象，并与贯穿其中的原则建立联系”的指导下，设计了一个适用于“科学小零食”的课程构架工具，旨在指导活动教师通过有效的引导来增加学生的活动收获。北部科学馆则依照 2008 年加拿大安大略省颁布的 1～8 年级科学与技术课程标准修订版的课标，将科学活动按照课标划分为生命系统、结构与机械、物质与能量、地球与宇宙四个方向，并强调了学生的评估和评价，让教师能够更好地把握不同年龄段学生对于科学知识的掌握方向与尺度。澳大利亚国家科技中心则更加细致，不仅将“科学马戏团”包含的科学活动与澳大利亚课程标准进行了详细的对应，还在网页上提供了与澳大利亚课程官网的链接，让访问者能够直接访问权威网站，了解不同学段、年龄段所对应的学习目标、知识技能掌握程度等正规教育要求的相关内容。

（三）做好课程网络资源共享

在“互联网+”时代，知识传播的途径发生了巨大变化，传播速率也呈指数级地提升，如何更有效地使用互联网手段进行辅助，也是馆校合作活动发展的新方向。对比三个调研对象，其无一例外都将馆内活动资源在网络平台上进行了共享。以北部科学馆为例，“教育资源”专栏中包含了数十个从幼儿园到 12 年级的科学活动。以 6 年级的“飞机”活动为例，网页上提供了详细的课程大纲、学习单、制作说明、图片和视频资源，让学生以古代中国的发明——风筝为指引，了解人类梦想飞行的历史，以及所做出的尝试，并通过动手制作风筝来了解风筝在大气中飞行的原理。旧金山探索馆的“科学小零食”和澳大利亚国家科技中心的“科学马戏团”也是如此，每个活动的操作步骤、反映的科学原理、涉及的知识技能和拓展应用都十分详细，这样的资源共享能够极大地提升科技馆教育资源的传播效率，也能够更好地宣传科技馆。澳大利亚国家科技中心还利用网络直播功能开设了“虚拟工坊”，将教育活动资源利用线上方式进行远程输出，打破了科技馆的地域范围限制，不失为一种新的尝试。反观中国科学技术馆，数字科技馆作为独立的科普教育资源平台，其实无论是形式还是内容上都已经十分丰富，但官网的各项活动还仅仅是简单的文字描述，细节比较匮乏，很难让访问对象从网站上获取更多的学习资源，不利于实体馆内容的传播。笔者认为，实体馆资源进行电子化，再利用网页、微博、微信等更为有效的传播手段，让访问者了解科技馆的资源、思想和理念是中国科学技术馆亟待完善的一个方向。

综上所述，国外科技场馆在馆校结合方向有值得学习的地方，但也并不是尽善尽美，还需我们结合国情、教育政策与自身资源优势进行筛选。但毋庸置疑的是，馆校结合这个方向是密切贴合科技馆的主要受众群体、拥有深度教育的前景、区别于普通参观体验的另一种重要的科普传播渠道，是科技馆未来需要极力发展的方向，值得我们细心、耐心、用心地去求索。

参考文献

［1］辛兵，龙金晶. 欧美博物馆“馆校合作”模式及其对我国的启示［C］. 2011（广西·南宁）中国自然科学博物馆协会科技馆专业委员会学术年会论文集，2011：72-78.

［2］Semper R. 美国旧金山探索馆场馆介绍[EB/OL][2019-08-17]. https://www.exploratorium. edu/about/our-story.

［3］Moskalyk J. 加拿大安大略省北部科学馆介绍[EB/OL][2019-08-17]. http://sciencenorth. ca/

about/.

[4] Durant P G. 澳大利亚国家科技中心场馆介绍[EB/OL][2019-08-17]. https:// www.questacon.edu.au/.

[5] Semper R. 美国旧金山探索馆科学小零食介绍[EB/OL][2019-08-17]. https://www.exploratorium.edu/education.

[6] Moskalyk J. 加拿大安大略省北部科学馆学校参观指南[EB/OL][2019-08-17]. http:// www.sciencenorth.ca/schools/pdf/SVG-2018-19-web-Spread.pdf.

[7] 胡军. 加拿大 1～8 年级科学与技术课程标准（2007 修订版）研究［J］. 课程·教材·教法，2008（6）：92-96.

浅析新业态下博物馆的科技传播

李　岚

（中国煤炭博物馆，太原，030024）

摘要： 21世纪是一个数字化生存的新世纪，是一个知识产业化、国民经济知识化的新世纪，是一个终身学习的新世纪。本文从传播学角度阐述了新业态下博物馆的科技传播与普及过程中理念的变革、途径和渠道的拓展、手段和形式的创新，使博物馆更好地发挥普及科学知识、激发青少年探索科技的兴趣、提升公民整体科学素质的教育功能。

关键词： 科技传播　博物馆新业态　展览科技

A Brief Analysis of Science Communication of Museums under the New Format

Li Lan

（The Coal Museum of China，Taiyuan，030024）

Abstract： The 21st century is a new century of digital living，knowledge industrialization and knowledge-based national economy as well as a new century of lifelong learning. From the perspective of communication，this paper expounded the concept reform，ways and channels expansion，means and forms innovation in the process of science communication and popularization in the new format of the museum，so as to make the museum to play the educational function of popularizing scientific knowledge better，stimulate teenagers' interest in exploring science and technology，and improve citizens' overall scientific literacy.

作者简介：李岚，中国煤炭博物馆高级工艺美术师，e-mail：709074326@qq.com。

Keywords：Science communication，New format of museums，Exhibition science

一、引言

21 世纪是一个数字化生存的新世纪，是一个知识产业化、国民经济知识化的新世纪，是一个终身学习的新世纪。新世纪的科技传播与普及不仅仅是传播知识，更重要的是传播智慧，智慧是科学知识、科学精神、科学思想、科学态度、科学方法的总成，是自然科学、技术科学、人文科学、社会科学的结晶，是学习、生产、运用、管理知识的能力。[1] 本文从传播学角度阐述了新业态下博物馆的科技传播与普及过程中理念的变革、途径和渠道的拓展、手段和形式的创新，使博物馆更好地发挥普及科学知识、激发青少年探索科技的兴趣、提升公民整体科学素质的教育功能。

二、博物馆是科技传播的媒介

当今社会进入创意经济时代，科技的快速发展、人民物质文化生活水平的提高、公众对科学文化产品和服务需求的不断增长，对博物馆建设发展提出了新的要求。

（一）科技传播与普及

传播学是 20 世纪 30 年代以来跨学科研究的产物。研究传播学其实就是研究人：研究人与人，人与其他的团体、组织和社会之间的关系；研究人怎样受影响，怎样互相受影响；研究人怎样报告消息，怎样接受新闻与数据，怎样受教于人，怎样消遣与娱乐。1989 年，国际博物馆协会对“博物馆”的定义中强调，“它以研究、教育和欣赏为目的，收集、保存、研究、传播与展示人类及其环境的物证”[2]。博物馆的社会实践是以物为媒介，通过展示与历史对话，营造展示空间，使人类文明进步的经验得以传承，可见博物馆展示本身就是传播活动。

科技传播与普及是人类传播现象的一个特殊分支，传播的信息和内容与科学技术密切相关。借鉴国内外学者关于科学普及、科技传播、科学传播的相关理解或定义，可以将“科技传播与普及”界定为：“利用适当的传播方法、媒介、活动，通过科学技术知识、科学方法、科学思想、科学精神以及科学技术与社会发展信息的传播普及，促进科学技术的扩散和公众对科学技术的分享，激发公众个人、群体、社会组织对科学技术的意识、体验、兴趣、理解、意见的过程。”[3]

（二）博物馆是科技传播的媒介

人类最早的关于自然的知识和技能源于狩猎采集、刀耕火种的过程，并伴随着这种过程在族群中不断扩散，这就是人类文明中特有的知识传播现象。就是在这种简单粗糙并依附于生存劳动的知识传播现象中，孕育了科学技术知识传播和普及的最初源头。博物馆是文化的载体，是保护、研究和展示历史文化遗产和人类环境见证物的文化教育机构。博物馆是一个国家经济实力的象征，也是一个国家和地区展示文明成果的重要窗口，对提高全民族的科学文化素质和思想道德水平、提升民族自信心都具有重要作用。

据不完全统计，我国科技类博物馆数量已经达到 721 家，自然类博物馆 287 个，占总数的 40%；科技馆 280 个，占总数的 39%；行业博物馆 154 个，占总数的 21%。进一步研究后详细分类如下：287 个自然类博物馆中有地学类博物馆 205 个、生物类博物馆 54 个、天文馆 15 个、自然史博物馆 13 个；154 个行业博物馆中有农业类博物馆 22 个、工程技术类博物馆 81 个、医学博物馆 29 个和其他类型馆（如公共交通、消防等）22 个。可以看出，以科技馆为中心和动力牵引，在共同“科学”基因的传导下，科技类博物馆逐步向大科学系统方向发展。[4]

据不完全统计，我国现有科普教育基地（示范基地）近 3 万个。由中国科学技术协会命名的全国科普教育基地 650 个，省级科协命名的科普教育基地 1390 个，地县两级科协命名的科普教育基地 2.6 万个，其中农村科普示范基地 1.8 万个。全国青少年科技教育基地 200 个，依托国家机关部门和企事业单位兴办的行业科普教育基地近 1000 个。[5] 国家文物局公布的数据显示，

2018 年年底中国博物馆参观人数已达 10.08 亿人次，现在每年新增的博物馆都在 180 家左右。截至 2019 年 3 月，全国经各地文物部门年检注册的博物馆总数达到了 5164 家。

三、新业态下的博物馆是高科技创新与整合的平台

如果把人类历史上开始发展农业、建立封建制度称为“第一次浪潮”，把工业革命、建立资本主义制度称为“第二次浪潮”，那么，现在世界正在经历的就是以知识经济为代表的“第三次浪潮”。[6]随着人工智能、量子信息技术、机器人技术等全新技术革命的迅猛发展，博物馆界出现了新业态“博物馆+”，博物馆跨界整合各种社会资源，让公众通过参观博物馆感受科学技术转化为生产力的魅力，帮助公众了解科学技术在解决资源、生态、环境、社会问题中的重要作用，了解科学技术对个人生活、产业进步、经济增长的影响及其影响方式，了解科学技术有可能产生的负面效应，加深对科学本质的认识和理解。

（一）博物馆是科技成果的受益者和应用者

“展览科技”——“科技”不是内容，是科学方法和技术手段的集合，是博物馆展陈应用层面上的科技创新，是现代博物馆展陈的理念。这一理念的推广和应用，是对博物馆展陈模式的创新，是对传统展览展示的突破：理念的突破——智能化、信息化、数字化、可视化；模式的突破——动态演示、交互、沉浸、体验；形态的突破——仿真、虚拟、无展板[7]。展陈是一门艺术，也是一门科学。

博物馆所展示文物的历史价值，是以人类科学技术进步为依托，是当时科技发展的产物及见证，博物馆以倡导科学思想、传播科学精神、普及科学知识、推动科技兴国为宗旨。例如，中国农业博物馆以农业科技史为主要内容贯穿“中国农业文明”陈列；中华航天博物馆展示我国自行研制的“长征”系列运载火箭、“神舟六号”飞船等航天高科技成果；中国印刷博物馆的数字技术馆展示我国印刷技术从铅排铅印到照排胶印的历史性跨越；中国煤

炭博物馆展示煤炭的生成、开采、利用，煤炭深加工，能源的转型发展。

随着科学技术的迅猛发展，新知识、新概念、新技术、新材料、新工艺、新业态层出不穷，博物馆是科技成果的受益者和应用者，并将各学科技术高度融合，运用科技手段和科学方法，将博物馆文物艺术地展陈出来，形象、直观、精准、最佳、全方位地表达展示内容，使公众主动、动态而非被动、静态地捕捉科技发展的前沿信息，借鉴科技文明发展的科研成果，满足继续受教育的需求，使人与自然、环境和谐相处，进而促进人类社会全面协调地可持续发展。

（二）高科技创新与整合催生了博物馆新业态

"展览科技"理念的应用，产生了新的展项——"科技展项"和"科技展品"，其主要以科技手段为支撑，涉及多门学科、多种科学方法和技术手段，对物体、环境、时空等博物馆的展项元素实现复现、虚拟、实时演示等，深度挖掘博物馆展品所蕴含的背景知识，更好地促进观众听觉、视觉等感官和行为配合，提高博物馆展品展示的效果，使公众在博物馆中最大限度地理解展品所能承载的知识。

高科技创新与整合，整合多媒体、物联网、虚拟现实、智能化、大数据科学技术，整合全球资源、文化艺术，使科学技术与设计艺术有机结合，增加博物馆展品的种类，实现博物馆展陈方式的多样化，增强博物馆展陈的生动性和感染力，使公众与博物馆融为一体，使全球资源的整合成为可能，使展品 360°全方位诠释成为可能，使打破博物馆时间、空间限制成为可能，博物馆发生了技术变革、模式变革、结构变革。

1. 多媒体技术

多媒体是现代博物馆传递信息最主要的信息载体，多媒体融合影像技术、多媒体场景、触屏技术、音频技术，对展品内容进行全方位诠释。例如，山西科技馆的"纳米王子"——足球烯，在展陈中采用全息成像科技，展示了足球烯的三维图像和剖面图像，并展示了未来应用领域。美国克利夫兰艺术博物馆的"集锦墙"是大屏+多点触控技术运用的案例，博物馆的特效影院、互动游戏、导览系统等设施都是这一技术的应用。

2. 物联网技术

物联网，即利用现代互联网技术、通信技术，在人与人之间、群体与群体之间、个体与群体以及个体、群体与机构之间进行的知识形态的学习、教育、传播服务和社会生活智能化服务的网络体系。

2013 年 6 月 4～5 日在以“现代服务业的科学问题与前沿技术”为主题的北京香山学术讨论会上，陆汝钤研究员在题为“发展知识服务，推进知识经济”的报告中指出：知识服务是物联网的主要服务内容，物联网科技教育服务的实时性、互动性、多样性、集成性和个性化服务使博物馆科技传播与普及的途径和渠道得到了拓展，手段和形式得到了创新。[8]例如数字博物馆、导览系统、网络平台等，突破了博物馆闭馆时间、地区的限制，随时随地可以参观；不同地点、不同对象“同时”讨论文物；文物展陈方式更加多样化；文物展陈可以多学科集成，特别是集成边缘学科、前沿学科、综合学科的内容。借力数字化技术，利用数字影像进行展示，利用博物馆集虚拟展览、藏品展示、微信和手机导览、线上线下互动活动等功能于一身的特点，精准掌握公众需求，“无边界”的博物馆服务使公众在享受科技成果的同时，惊叹科技的神奇力量，激发热爱科学的热情，提高科学素质。

3. 虚拟现实（VR）

虚拟现实是一种模拟人在自然环境中视、听、说、动等行为的高级人机交互技术，它以模拟方式有效地为公众创造一个实时反映物体变化与相互作用的三维图像世界，公众仿佛身临其境，具有多感知性、实时感、沉浸感和交互感等特征。[9]例如，2017 年上海博物馆文创中心申请到“陶瓷文物虚拟技术及系统集成”文化项目，创新引入“文创+科技”的新载体，运用 VR 技术从博物馆展厅穿越到古时烧制瓷器窑址场景，并将明代海上丝绸之路的瓷贸海运作为故事架构，打造了集教育性、科技性、知识性、互动性和趣味性为一体的沉浸式体验。[10]谷歌虚拟博物馆整合全球 40 多个国家和地区的 151 个著名艺术馆 3.2 万件艺术品，利用互联网打破时间、空间和地域的边界，采用全景 360°虚拟技术，在同一地点欣赏不同地点的艺术品。Facebook（脸书）向日葵 360 展览项目，利用 VR、360°全景视频等技术，整合了全球五大美术馆凡・高的作品，全球观众在同一时空下观看了遍布 5 个国家 5 座美术馆中的凡・高经典作品，同时聆听了来自五大美术馆的相关人员对作品的解读。

4. 混合现实（MR）

混合现实是指合并现实和虚拟世界而产生的新的可视环境。在这个环境里，现实和数字对象共存，并可实现互动，如英国 Bright White 公司设计了虚拟现实游戏“班诺克本之战”。[11]

5. 增强现实（AR）

增强现实是指用户使用移动设备扫描某种特定的符号，以动画等方式来展示相应展品的内容，完成虚拟和现实图像的交融技术，如百度网上博物馆。[12]加德纳博物馆的“窃听抢劫案”展览项目，2018 年设计团队以 AR 终端 APP 形式，“归还”了加德纳博物馆 1990 年遗失的 13 件艺术品。通过移动终端的 APP 程序对着遗失作品的空画框就可以复原艺术品的原初状态，观众可欣赏到 28 年前的真实情景。旧金山现代艺术博物馆超现实主义艺术家玛格丽特的回顾展，展场包含了一系列可改变和增强现实的“窗户”，窗户即是入口也引起疑问，挑战着观看者对“可看到”和“应该看到”的期望。

6. 智能化

智能化是指系统通过增加智能模块，实现分析问题和解决问题的能力，从而拥有灵敏的感知功能、正确的思维和判断能力，以及有效的执行能力。例如，现代科技馆展示有不同功能的机器人，机器人与人互动，帮助人类完成各项任务，成为人类的朋友，大大激发了公众对科学的兴趣。

7. 3D 技术应用

体验是公众接触博物馆信息的最佳方式，3D 技术可以将博物馆文创产品直接带入公众的生活中，将博物馆文物带回家，将博物馆信息以物态的形式传播出去，使公众进入一种“博物馆生活”。例如，“大英博物馆百物展”特展之前，通过 3D 技术，将大英博物馆经典的 IP 女神形象设计成“可以吃的”伊西斯、贝斯特和小小埃及人形象的慕斯蛋糕、3D 巧克力等。

四、结语

新业态下的博物馆，博物馆场馆、博物馆展陈、博物馆展示道具、博物馆展品、博物馆活动等都是跨学科高科技的整合与应用，展示并代表着科技领域的最新成果。在参观博物馆的过程中，公众不仅能感受到文物所承载的人类发展文明史的光辉，充分体验到先进科技带来的魅力，更能激发起探索未来科技的欲望。博物馆在普及科学知识、传播科学思想、弘扬科学精神、倡导科学方法、推广科学技术应用等方面拥有先天的优势。博物馆提高了公民科学素质，预演了智慧城市的未来，是可持续发展型社会的重要组成部分。

参 考 文 献

［1］道客巴巴. 21 世纪科普创作的新理念［EB/OL］［2012-04-22］. http://www.haozuowen.cn/fenlei-84517/.
［2］段勇. 多元文化：博物馆的起点与归宿［J］. 中国博物馆，2008，（3）：5-8.
［3］任福君，翟杰全. 科技传播与普及教程［M］. 北京：中国科学技术出版社，2012：17-18.
［4］谢莉娇，徐善衍. 我国科技类博物馆发展的现状分析和问题思考［J］. 科普研究. 2010，（4）：35-62.
［5］全国科普基础设施建设研究专题报告［EB/OL］［2010-12-15］. http://www.doc88.com/p-7773701113248.html.
［6］于湛瑶，唐志强. 浅析行业博物馆与科技教育功能［C］. 第十六届中国科协年会——开放、创新与产业升级论文集. 2014.

[7] 王凯. 博物馆展陈与展览科技［EB/OL］［2016-09-10］. http://wenku.baidu.com/.
[8] 现代服务业的科学问题与前沿技术——香山科学会议第463次学术讨论会综述［EB/OL］［2013-06-04］. http://www.xssc.ac.cn/ReadBrief.aspx?ItemID=1037.
[9] 周晓琪. 虚拟现实技术［J］. 电信科学，1996，12（7）：47.
[10] 缪惠玲. 博物馆文化创意产品发展实践研究［J］. 中国博物馆，2019，（2）：99-103.
[11] 曲云鹏，任鹏，于文博，等. 博物馆线上线下数字展示技术应用情况研究［J］. 自然科学博物馆研究，2019，（1）：5-14.
[12] 英国皇家学会. 公众理解科学［M］. 唐英英，译. 北京：北京理工大学出版社，2004.

媒体与科技人物形象构建

——基于《中国科学报》报道的研究

李　蕾　陶贤都

（湖南大学，长沙，410082）

摘要：媒体构建的科技人物形象影响着公众对科研工作、科技工作者的认知和态度。《中国科学报》是中国权威性的科技媒体之一，对科技人物进行了大量的报道，在媒体科技人物报道中具有典型性和鲜明特点。本文采用内容分析法对《中国科学报》近10年（2009～2018年）的科技人物报道进行统计分析后发现，《中国科学报》科技人物报道在报道形式、报道主体的选择上均有一定的倾向和特点，构建了热爱科学、造诣深厚、辛勤刻苦等积极正面的科技人物形象。《中国科学报》科技人物报道也存在报道模式固化、报道主体分布不平衡等不足，需要加以改进，以提升媒体科学传播效果。

关键词：《中国科学报》　科技人物　科学传播　形象构建

The Building of Media and Science Figures:

A Study on China Science Daily

Li Lei，Tao Xiandu

（Hunan University，Changsha，410082）

Abstract: The image of scientific and technological workers' figures constructed by the media influences the public's cognition and attitude towards scientific research work and scientific and technological workers. The *China Science Daily* is one of the

---

作者简介：李蕾，湖南大学新闻传播与影视艺术学院硕士研究生，e-mail：821267606@qq.com；陶贤都，湖南大学新闻传播与影视艺术学院副教授，博士，e-mail：taoxiandu303@163.com。

authoritative scientific and technological media in China. It reports a large number of scientific and technological figures. It has typical and distinct characteristics in media reports of scientific and technological figures. Based on the report content，this paper conducted a statistical analysis of the reports of scientific and technological workers' figures in *China Science Daily* in the past ten years（2009-2018）. It was found that the reports of scientific and technological workers' figures in *China Science Daily* have certain tendencies and characteristics in terms of reporting forms and the choice of reporting subjects，and constructed a scientific-loving，profound，hard-working and positive figures of scientific and technological workers. The report of scientific and technological figures in *China Science Daily* also has some shortcomings，such as the solidification of the reporting mode and the unbalanced distribution of the main body of the report，which needs to be improved in order to upgrade the effect of media science communication.

Keywords: *China Science Daily*，Scientific and technological workers' figures，Science communication，Image construction

大众传媒是满足受众对科技发展和科技文化知识需求的重要窗口，是科技传播的重要载体，各类媒体对科技人物这一特定群体的报道成为公众了解科技工作者的重要渠道。作为我国专业的科技媒体，《中国科学报》对科技人物进行了大量的报道。本文选取《中国科学报》近10年（2009～2018年）的科技人物报道作为研究对象，抽取210天的报纸，最终得到科技人物报道样本量为293篇，以此为样本探讨《中国科学报》科技人物报道的报道形式、报道特色和构建的科技人物形象，分析《中国科学报》科技人物报道的优点及不足，为其他媒体进行科技人物报道提供借鉴。

一、《中国科学报》科技人物报道的特色

本文以抽样样本数据（表1）为基础，结合具体的报道案例，分析《中国科学报》科技人物报道在报道形式、报道主体等方面的特色。

表 1 《中国科学报》抽样日期表

2009 年	2010 年	2011 年	2012 年	2013 年
7 月 13 日～ 7 月 19 日	10 月 11 日～ 10 月 17 日	1 月 3 日～ 1 月 9 日	4 月 23 日～ 4 月 29 日	7 月 15 日～ 7 月 21 日
8 月 24 日～ 8 月 30 日	11 月 15 日～ 11 月 21 日	2 月 9 日～ 2 月 14 日	5 月 1 日～ 5 月 7 日	8 月 19 日～ 8 月 25 日
9 月 1 日～ 9 月 7 日	12 月 27 日～ 12 月 31 日	3 月 14 日～ 3 月 20 日	6 月 11 日～ 6 月 17 日	9 月 23 日～ 9 月 29 日
2014 年	**2015 年**	**2016 年**	**2017 年**	**2018 年**
10 月 6 日～ 10 月 12 日	1 月 5 日～ 1 月 9 日	4 月 23 日～ 4 月 30 日	7 月 21 日～ 7 月 30 日	10 月 15 日～ 10 月 21 日
11 月 10 日～ 11 月 16 日	2 月 9 日～ 2 月 15 日	5 月 1 日～ 5 月 7 日	8 月 1 日～ 8 月 7 日	11 月 19 日～ 11 月 25 日
12 月 15 日～ 12 月 21 日	3 月 16 日～ 3 月 22 日	6 月 13 日～ 6 月 19 日	9 月 11 日～ 9 月 17 日	12 月 24 日～ 12 月 30 日

（一）科技人物报道的主要体裁为通讯

本文统计了《中国科学报》的 293 篇科技人物报道，这些人物报道使用的体裁不固定，有通讯、消息、评论、图片新闻等，图 1 展示了每种体裁的报道样本数。

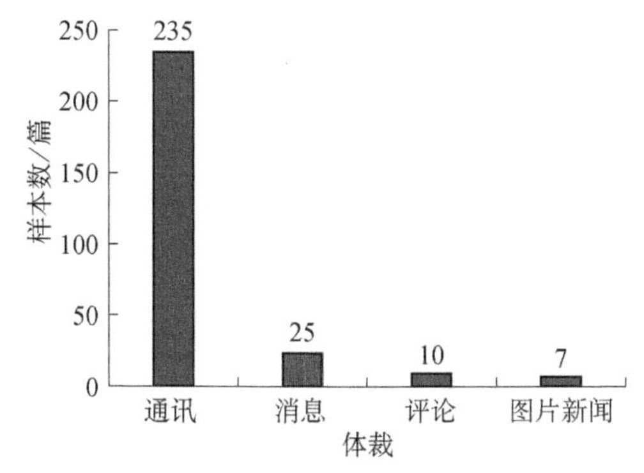

图 1 《中国科学报》科技人物报道样本体裁分布

图 1 显示，在《中国科学报》科技人物报道中，有通讯 235 篇，是使用最多的报道体裁。消息、评论、图片新闻相对少很多，有消息 25 篇，评论 10 篇，图片新闻 7 篇。另外，通过进一步统计，235 篇人物通讯中有 206 篇为叙

事记述型通讯，29 篇为谈话实录型通讯。

通讯是人物报道最常使用的报道体裁，特别是在细致阐述报道对象经历及思想，展现其性格形象之时。《中国科学报》所报道的很多人物都是大众了解较少的科学技术领域相关人士，报道一般需要表明人物的性别、身份、研究领域，还需要展示其事迹、思想、性格等，这样才能构建一个较为全面的人物形象。

除了通讯之外，科技人物报道体裁还有消息、评论和图片新闻。《中国科学报》科技人物消息报道通常为科技人物最新研究进展、出席会议并发言、最近活动、人事变动等具有时效性的新闻。科技人物评论主要是针对当时科技工作者群体中出现的正面或负面等问题进行评论，赞扬或批判某种现象，从而纠正不端风气，传播正确思想。

（二）男性科技人物报道占较大比重

尽管公平对待女性科技工作者的呼声日趋高涨，但不可否认的是，女性科技工作者的数量依旧无法与男性抗衡，这在《中国科学报》科技人物报道的人物性别分布上就能看出。

图 2 显示，在抽取的《中国科学报》293 篇科技人物报道中，除 14 篇团队报道外，报道对象为男性的有 247 篇，报道对象为女性的有 32 篇。但据统计，截至 2011 年年底，我国女性科技人力资源已达 2491 万人，占全国科技人力资源总量的近 40%。显然，《中国科学报》的女性科技人物报道比重严重低于我国女性科技人力资源的比重。

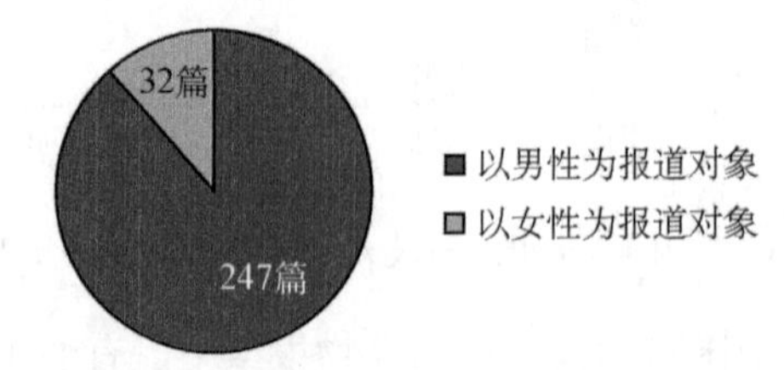

图 2 《中国科学报》科技人物报道样本性别分布

图 3 显示了 2009～2018 年《中国科学报》科技人物报道样本中的女性科

技工作者报道的数量变化，从中可以看出，虽然报道数量少，但总体上呈现上升趋势。另外，在2014年之后的报道中，年轻女性占比较多，女性科技人物报道有年轻化的趋势。

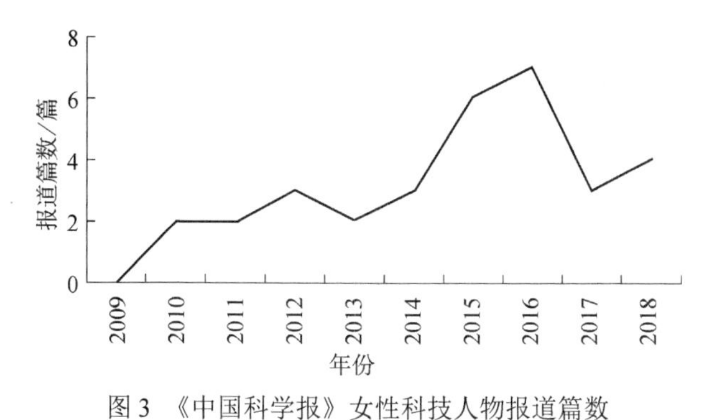

图3 《中国科学报》女性科技人物报道篇数

（三）以院士、教授为主要报道对象

《中国科学报》科技人物报道对象的职位和身份多种多样。

图4是《中国科学报》科技人物报道样本的职位统计表。通过统计发现，院士报道有68篇，报道数量远高于其他职位人物。研究员和教授报道仅次于院士，分别为59篇和48篇。《中国科学报》科技人物报道对象的职位和身份虽然多种多样，但院士、教授及研究员报道的篇数占总样本数的一半以上，可以看出《中国科学报》对这三种身份群体的重视。

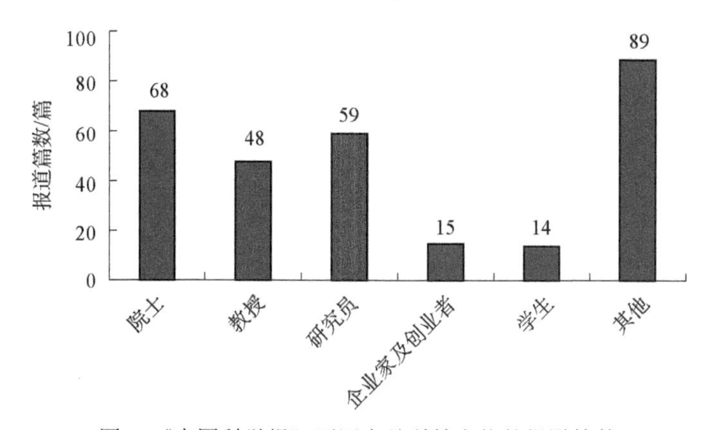

图4 《中国科学报》不同身份科技人物的报道篇数

二、《中国科学报》科技人物报道呈现的科技工作者形象

《中国科学报》科技人物报道主要突出报道主体热爱科学、造诣深厚，刻苦坚韧、不畏艰险，胸怀大志、为国为民，不计功名、精诚团结，致力创新、赶超先进等精神，图5为抽取样本中体现的科技人物形象的统计数据。

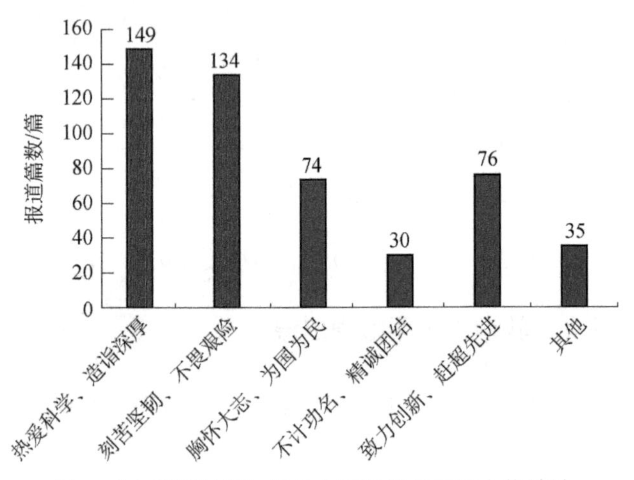

图5 《中国科学报》科技人物报道体现的人物精神

（一）热爱科学、造诣深厚的科技工作者

《中国科学报》报道的科技人物体现最突出的精神为热爱科学、造诣深厚，超过一半的科技人物报道样本强调了这一精神。在报道中，无论报道对象是院士、教授等科研人员还是企业家、大学生、技工，都强调了他们热爱科学、全心投身科研的精神。例如2009年7月16日的《一位耄耋老人的小麦育种梦想》，报道了一位退休后仍痴迷研究小麦育种的82岁老人王德轩。文章描述了王德轩老人的经历和艰苦的生活现状，突出老人培育小麦的梦想和在退休、年老、疾病等艰苦条件下仍进行研究的宝贵精神。“岁月在轮回中改变了王德轩的音容笑貌，但不能改变的却是那痴情的梦想。”[1]

（二）刻苦坚韧、不畏艰险的科技工作者

刻苦坚韧、不畏艰险是科研人员必备的素质。科研不仅要求大量学习知

识，更需要科研工作者成百上千次的实践和实验。经过统计，在《中国科学报》的科技人物报道样本中，刻苦坚韧、不畏艰险的科学精神被提到134次，将近一半的报道强调了科研工作者的这一精神。《王多明：在平凡中闪光》报道了一位平凡不平庸的焊工王多明，他文化水平不高，却能通过自己的努力练就扎实技能，成长为知识型人才，“别的同事休息时，他却拿着焊枪、焊丝，找来废料，一遍遍焊接，一遍遍钻研……”[2]

科学研究除了要勤劳刻苦外，还要有不畏艰险的精神。例如2008年的《珠峰7028米营地有我们的科学家》报道了一群在珠峰艰险环境下进行奥运火炬研制的团队；而《“永远前进”的“瓦斯克星”》则报道了中国工程院院士张铁岗，他致力于煤矿工程与安全领域的科学技术研究，常常在特大瓦斯爆炸事故中拿出抢救搜救方案，在危险重重中亲自到爆炸的井下勘察抢险路线，成为“矿山的脊梁”。

（三）胸怀大志、为国为民的科技工作者

《中国科学报》重视宣传科学家的爱国情怀，强调科研工作者胸怀大志、为国为民的高尚品德。在科技人物报道中，他们或是热爱科学、立志科学报国的赤子形象，或是留学海外、学成归来报效祖国的科学家形象。例如《献身使命　知识报国——记南京军区某雷达仓库女高级工程师刘茹》报道了一位用知识报国的巾帼科技尖兵刘茹，她为报效祖国投身雷达研究，取得的各项成果已成为推动装备保障方式变革的助推剂。“即使倒下，也要倒在科研项目取得成功之后！”[3]雷达辐射早已严重侵害了她的身体，但她以特有的坚韧，诠释了一个女军人的敬业奉献。2012年的院士大会特刊集中报道了为国家做出突出贡献的院士们：《中国院士群像扫描：挺起共和国科技脊梁》中的载人航天总设计师王永志、“超级水稻之父”袁隆平……

（四）其他独具特色的科技工作者

除上述科技工作者形象之外，致力创新、赶超先进，不计功名、精诚团结也是《中国科学报》报道科技人物的突出形象。另外，《中国科学报》的个别科技人物报道也突出了人物较为个性化的品质。例如，医生们有责任感、

用“心”为患者治疗；科学大家德高望重又平易近人；科学家也热爱文学、钟情人文知识；科研人员对国家提供资源的感恩和珍惜；教授、讲师们爱护学生、服务学生……

三、《中国科学报》科技人物报道的不足及优化建议

《中国科学报》的科技人物报道虽然颇具特色，但也存在一些不足。

（一）《中国科学报》科技人物报道的不足

1. 报道形式缺乏变化

科技人物报道是人物报道的一种，而人物报道中最常使用的是人物通讯。《中国科学报》的科技人物报道中使用最多的报道形式为通讯，且大多为叙事记述型通讯。《中国科学报》的科技人物报道较为符合上述人物通讯写作的特点，报道首先介绍人物及其成就，再通过人物生活或研究中的细节展现人物个性和精神品质。报道模式较为成熟稳定，但也存在形式常规、文章结构俗套无特色的问题，容易引起受众的审美疲劳。

2. 报道主体不平衡

《中国科学报》科技人物报道对象的选择具有明显倾向，报道对象极不平衡。报道样本中男性科技人物报道占总样本量的90%以上，女性科技人物报道不足10%；从身份来看，院士、教授等功成名就的科研人员占据大量比例，而大学生、技术工人等人物的报道数量相当少；从年龄来看，青年科技人物报道比例小，报道对象年龄分布也存在严重倾斜。

（二）《中国科学报》科技人物报道的优化建议

针对《中国科学报》科技人物报道的不足，一方面，《中国科学报》应注重科技人物形象的多样性；另一方面，要大胆突破常规，积极创新报道方式。

1. 注重科技人物形象的多样性

公众对于科技人物有刻板印象，对科技人物认知较多的是沉迷科研、刻

苦研究、不问世事的年长男性科学家形象。随着社会的发展和科技领域的拓展，科技人物所包括的范围更加广泛，人物个性也更加突出。《中国科学报》需要向公众传播这一改变，将科技领域现状更全面地展示给受众，吸引更多的人从事科学研究，为推动国家科技发展助力。

《中国科学报》需要顺应时代的变化和要求，将目光更多地投向女性科技人员。此外，不同身份的科研人员也应该得到较为平衡的报道，不应将科技人物的报道主体局限在功成名就的科研人员，而应增加对年轻科研群体、科技创新创业者甚至是技术工人群体等的重视。《中国科学报》应该平衡地报道各种类型的科技人物，发掘各个领域、各种身份的典型人物，促进科技工作者之间的交流，也让公众看到科技人物的多样与个性。

2. 大胆创新，积极创新报道方式

《中国科学报》科技人物报道的方式应该求新求变，尤其是在当今的互联网环境下，要增加互联网元素。科技人物与普通群众一样，他们也有科技研究之外的生活和兴趣爱好。《中国科学报》应积极突破已有的报道模式，在报道科技人物的科研成就之外，挖掘人物其他方面的信息，突出人物的个性，通过多方面多角度的报道，构建生动丰满、能够被读者理解甚至是喜爱的科技人物形象。

另外，《中国科学报》可以大胆突破。新闻报道不应只报道积极正面的内容，也应该揭露负面的真相。媒体在报道科技人物时，除了构建正面积极的科技人物形象外，也可以适度选择一些典型的反面教材进行报道，以端正科研风气，促进科技发展。

四、结语

科技人物是媒体科技传播的重要部分。媒体报道所呈现出来的科技工作者形象，会影响公众对科技工作者的认知。《中国科学报》的科技人物报道有其特色和优点，但也存在报道模式固化、报道主体分布不平衡等不足。在当今互联网时代，包括《中国科学报》在内的媒体，应该增加互联网元素，打

破媒体固化的报道模式，创新报道方式，构建更为丰富、贴近公众的科技工作者形象，使公众更加了解科技工作者和科学技术，从而达到科技兴国、科技强国的目的。

参 考 文 献

［1］张晴，张行勇. 一位耄耋老人的小麦育种梦想［N］. 科学时报，2009-07-16：A3.
［2］陆琦. 王多明：在平凡中闪光［N］. 中国科学报，2017-09-12：A1.
［3］刘畅，王余根，汪志忠. 献身使命　知识报国——记南京军区某雷达仓库女高级工程师刘茹［N］. 中国科学报，2012-05-02：A4.

1931：陶行知与“科学下嫁”运动

王伶妃[1]　王国燕[2]

（1. 中国科学技术大学，合肥，230026；2. 苏州大学，苏州，215301）

摘要：陶行知是中国科学传播的启蒙者，其在1931年发起的“科学下嫁”运动是中国科学普及的开创性事件。该运动的两个核心是科学普及和科教救国，回顾近百年历史，中国一直在沿着这两条路探索与发展。“科学下嫁”运动在当时极大地促进了中国的科学大众化、民众科学素质的培养和科技救国思潮的发展，对当前中国科学教育和科技发展依然有着深远的影响。

关键词：陶行知　“科学下嫁”运动　科学普及　科教救国

1931：Tao Xingzhi and the “Marrying Science with the Public” Movement

Wang Lingfei，Wang Guoyan

（University of Science and Technology of China，Hefei，230026；Soochow University，Suzhou，215301）

Abstract： Tao Xingzhi was an enlightener of science communication in China. The “marrying science with the public” movement he launched in 1931 was a pioneering event in the popularization of science in China. The two cores of the movement are science popularization and saving the nation through science education. Looking back at the history of nearly a hundred years，China has been exploring and developing both of these cores. At that time，the “marrying science with the

作者简介：王伶妃，中国科学技术大学科技传播与科技政策系研究生，e-mail：feizi@mail.ustc.edu.cn；王国燕，苏州大学传媒学院教授，博士生导师，e-mail：gywang@suda.edu.cn。

public” movement greatly promoted the popularization of science in China，the cultivation of public’s scientific literacy，and the development of the thought of saving the nation through science and technology. It still has a profound impact on the current development of science education，science and technology in China.

Keywords: Tao Xingzhi，The “marrying science with the public” movement，Science popularization，Saving the nation through science education

陶行知（1891—1946）是我国著名的人民教育家，其生活教育理论及其教育救国思想在中国近代教育改革和民族重建中发挥着不可忽视的作用[1]。他特别注重科学教育和科学普及，是中国历史上科学教育的启蒙者[2]。

1931 年的“科学下嫁”运动是陶行知发起的科学普及开创性事件。“科学下嫁”即让科学知识从精英独享转变为寻常百姓可普遍享用的社会资源，让科学知识变得像空气、日光一样普遍，要为工人、农民、贫苦人家和小孩子共同享有。其两个核心是：科学普及和科教救国，回顾该运动之后近 90 年的历史，中国一直在沿着这两条路探索与发展。

2019 年正好是五四运动 100 周年，其孕育的“爱国”和“科学”的五四精神至今被中国高度重视，今日的科技高速发展离不开科学普及和科学教育，中国的科学传播标志性事件与科学教育先驱应被历史所铭记，其先进经验应当被当下所借鉴。

一、陶行知发起的“科学下嫁”运动

19 世纪以来，西方的科学技术开始突飞猛进，而直至 20 世纪初期的中国依然贫穷落后，1914～1917 年，陶行知在美国哥伦比亚大学留学 3 年，师从杜威，受到西方科技文化的巨大冲击，开始认识到从农业文明过渡到工业文明，自然科学是唯一的桥梁。回国后，立志于“为中华民族寻找新生命”的陶行知于 1927 年 3 月创办了一所实践科学教育的晓庄学校，但在 1930 年被国民党当局强行关闭。陶行知随后流亡到日本，日本之旅让他更加深切地明白日本之所以强，强在科学昌明。而当时国内一大批知识分子高举“民主”“科学”的大旗，但只有少数精英可以读到西方科学类书籍并接触西方科学，于是陶行知在1931年发起了“科学下嫁”运动，想将科学普及化让大众了解科学以此来保护国家，他认为只有大众才能救国，只有科技才能救国。

1931年，陶行知邀请留美科学家丁柱中、细菌学专家高士其在上海西摩路创办了“自然学园”，以此作为“科学下嫁”运动的基地。陶行知和自然学园的成员编写了“儿童科学丛书”“大众科学丛书”，后者因种种原因未能出版，而出版的“儿童科学丛书”共108册，包括化学、天文、生理卫生、近代生物等。陶行知本人亲自编写了三册科普读物：《儿童度量衡》《空气的把戏》《肥皂的把戏》。这套大众化的科学丛书是当时少有的科普读物和科学教材之一，为当时科学教育提供了很好的科学指导[3]。

1932年2月，陶行知准备筹办一所儿童科学暑假学校，招收在职小学和中学教师、师范科教师、大学肄业生共1000名，研究儿童科学，在短期内迅速大量训练出儿童科学教师。他同时希望，一年后各地都举办这样的学校，但被当时的政府明令禁止，所以陶行知转向了乡村工学团（工作、科学、团体）建设。

工学团即通过科学知识指导农民工作，并使农民团结以保护国家，如棉花工学团通过推广相关科学知识大幅提高棉花产量。除了用科学指导生产外，他们还会进行各种科学活动和科学实验，教师与学生会共同制作恒心器、反射镜等仪器图表，晚上还一起认识星座。

为了扩大科学普及和科学教育的广度，1932年6月，陶行知创办了一所函授性质的儿童科学通讯学校，即不需实体学校，不必课堂授课，只要学生依据书里指导做实验完成实验报告，一旦审核合格即可领取毕业证书。该学校采取自学形式，但遇到疑难问题，通讯学校会安排专门老师进行解答和针对性辅导，教学内容有儿童天文、儿童文艺、儿童农艺、儿童科学指导等。因经费困难，1935年该学校被迫停办，陶行知则设法与上海无线电台合作开设了空中科学通讯学校，由自然学园同人撰稿，由其次子陶晓光每天播报20分钟的科学广播，通过发挥大众传媒的作用向大众传递科普知识。

1934年，陶行知创办了《生活教育》半月刊，并开辟了“科学新知”“科学生活”等专栏，立志于传播前沿的科学知识和科学道理。

二、“科学下嫁”的两个核心：科学普及和科教救国

中国传统文化重人文轻科技。两千多年的封建社会里，儒家占主导地位，科学则往往被视为“登不得大雅之堂的工匠末技”，儒学经典五经基本垄断学校课程[4]。即使曾出现过四大发明，但传统科技具有绝对实用的特征，主要是满足实际生产活动的需要，或是满足宫廷娱乐的需要[5]。

随着资本主义制度的建立和两次工业革命的发展，19世纪实力大增的欧美各国开始大规模在实力较弱的中国进行殖民统治，中国逐渐沦为半殖民地半封建社会。中国近代科学教育与救国思想是相伴随的，萌芽于19世纪60年代，兴起于20世纪初，其产生及发展的每一阶段都是伴随着近代中国救亡图存的现实而日渐演进的[6]。最初科学教育将科学等同于技术，19世纪60～90年代，觉醒的一部分知识分子开始提出“师夷长技以制夷”的口号，主张学习国外的先进技术以抵抗外国侵略，但此时科学教育依旧是实用技艺教育的附属品。1894之后，中国掀起科学宣传运动，“科学实为救国之第一事”成为知识分子共识。1911年，政府颁布主张增强自然科学课程和生产技能训练的新学制，大幅提高了科技含量，但此时教育依旧是少数和精英化的。

1915年中国科学社和《科学》杂志创刊促使了科学救国思潮的形成，是中国现代科学体制化进程中的重要里程碑事件[7]。1915～1921年，大批知识分子认为教育革命是政治革命的前提，视科学为发展实业、富国强兵的工具，他们通过创办科学教育杂志和团体以实践科学教育主张。

在1931年“科学下嫁”运动之前，科学始终停留在高等教育领域，对象多为精英知识分子，严重脱离社会实践和普通人民，“科学下嫁”运动直接让“科学下嫁”到小孩子和占中国绝大部分的平民（主体为农民）。可以说，陶行知是科学普及和科学大众化的先驱。

在西方，科学和技术是独立发展起来的，17世纪初培根提倡两者的协调融合，工业革命中两者关系加强，而现代科学的发展将纯科学与应用科学和

工程区分开来。中国在救亡图存背景下，当时科学教育集中在技术层面带有极强的实用性，是一种科学技术救国的思想。陶行知向孩子和大众传授化学、天文、生物等细分化科学知识，使得科学脱离仅仅作为技术的特征，科学知识变得系统化和细分化。陶行知的“科学下嫁”运动在一定程度上还促进了 1932 年全国开展的科学化运动，以此为契机，科学救国思潮影响扩展到社会各个层面，进入勃兴阶段[8]。

三、科学教育思想在今日

1931 年“科学下嫁”运动的两个核心是：科学普及和科教救国，回顾近 90 年的历史，中国一直在沿着这两条路探索与发展。如今科教兴国是中国发展战略，科普工作被纳入国家中长期发展规划，提高全民科学素质是国家发展的重要目标，“科学下嫁”运动的思想依旧鲜活。

“科学下嫁”运动极其注重儿童教育，陶行知认为很难引起年纪稍大的成人对科学的兴趣，因此要造就科学的儿童，他认为只要培养出杰出的科学儿童就不难使中国立刻科学化。2006 年国务院颁布的《全民科学素质行动计划纲要（2006—2010—2020 年）》把未成年人列为科学素养提升的重点人群，并指出面向未成年人重点是完善基础教育阶段的科学教育。而今正值中国小学教育的改革阶段，2017 年小学科学课程改革与陶行知 1931 年“科学下嫁”思想有着惊人的一致性：将科学课的开课年龄从 3 年级改为 1 年级，并将小学科学课从副课变为主课，与陶行知强调儿童观科学教育是一致的；课改强调探究式学习便是陶行知提出的“玩科学把戏”，即强调动手去做、用脑去想；课改要求保护学生的好奇心和求知欲，这与陶行知对儿童创造力的保护和重视类似；课改新增对社会与环境的责任，强调科技伦理，与陶行知强调科学道德一致。这种相似，似乎也在表明“科学下嫁”运动思想至今依然具有极强的生命力和极大的应用价值。

张静娴对全国 10 省 19 市小学科学课程实施现状的调查发现，缺乏专职的专业教师、科学探究目标难以实现、实验教学效率低、重视程度不够等问题依旧显著[9]。在农村小学，这些问题更为严重，而且农村实验室和实验器材的极度缺乏更是先天不足[10]。陶行知曾想创办专门培养科学教师的学校并在全国扩张，后因政府禁止而失败，即使现在这种想法也不现实，但是他对科学教师重视的观念是值得继承和发扬的。调查发现，目前针对科学教师的培训与语数外教师相比少之又少，且形式单一、效果不佳[9]。在工学团实践中，陶行知创造了一种独特的教学方式——“小先生制度”，或叫“传递先生”，即一个人学会某个知识，可以成为“小先生”教另一个人，这个人学会又可以教别人，以此不断传递，某种程度上，“小先生制度”可以为如今的专业师资匮乏提供一种教学可能。

关于实验教学和器材的问题，陶行知提出的“生活即教育，社会即学校”或许就是最好的解答，他反对灌输型、脱离社会实践的教育模式，经常教导孩子要到大自然中去观察，要到社会生活中去应用和改造，《儿童科学指导》中就有详细的观察和实验指导。虽然农村的实验器材等资源欠缺，但是在教学上有独特的自然环境资源优势，而且农村很多农具和设施也蕴含着科学原理，能够为学生提供更多直接的探索机会，如今农村的科学教育也要充分利用好这些独特优势。

不仅是儿童，农民也是陶行知科学普及的对象，工学团就是陶行知的实践。朱洪启认为，当前农村科普存在的核心问题是科普服务不够接地气[11]。而陶行知的工学团直接让农民当董事长，将科普落脚于生产（包括棉花工学团、养鱼工学团等），这些工学团直接对接农民所从事的活动，精准聚焦农民关心的问题，在传播科学知识和原理的同时造福了农民。目前，农村科普人员主要来自科协系统和农业部门，这些人受体制评价和行政工作习惯的影响，往往容易脱离农民需求和兴趣，导致很多时候科普成为摆设，未来的农村科普应该如陶行知一般多听听农民的声音，真正走入农民的生活。

如今，科技是全球竞争力的重要指标，我国政府规划到 2020 年科技进步贡献率要达到 60%以上[12]，公民具备科学素质的比例要由 2015 年的 6.20%、2018 年的 8.47%[13]提升到 10%以上[14]。“科学下嫁”运动在当时极大促进了中国的科学大众化、民众科学素质的培养和科技救国思潮的发展，其对当下中国科学教育和科技发展具有重要的借鉴意义。

陶行知在施行“科学下嫁”运动过程中并非一帆风顺，特别是在办学过程中遭到了国民党当局的阻挠和禁止。陶行知曾公开说，“教育可以从政治中分离出来，这是一派谎言”[15]，如今科学教育改革的关键一环也在政府。中国教育是行政化的，很大程度上是以行政指令替代学校和教师的自主权[16]，而如今教育部门对学校考核的标准很大程度上是唯分数论，即以考入重点高中和大学的人数来评判一个学校的知名度和发放教师奖金[17]，这造成了中国学生沦为“学习机器”“考试机器”，创造力缺乏。而教育资源的分配也是偏向城市和重点学校，义务教育的区域均衡化较低[18]。因此，中国的科学教育想要切实落实陶行知的教学方式和教学思想，或许还有很长的路要走。

参考文献

[1] Yao Y. Rediscovering Tao Xingzhi as an educational and social revolutionary [J]. Twentieth-Century China，2002，27（2）：79-120.

[2] 顾月琴. 播种科学，强国富民——陶行知的科学教育思想及启示 [J]. 湖南科技大学学报（社会科学版），2007，（5）：120-124.

[3] 曲铁华，佟雅囡. 论陶行知的科学教育思想及其现代价值 [J]. 东北师大学报（哲学社会科学版），2004，（6）：30-35.

[4] 裴娣娜. 我国学校科学教育的政策与改革思路 [J]. 课程・教材・教法，2003，（7）：3-8.

[5] 陈海英，方咸围，陈志伟. 我国中学科学教育发展的历史回顾与思考 [J]. 教学月刊（中学版），2007，（11）：54-57.

[6] 刘敏. 近代科学救国思潮与民国时期的科学教育——民国时期科学发展研究 [J]. 教育现代化，2018，5（11）：222-223，237.

[7] 李伟杰. 探寻中国现代科学诞生的轨迹 [J]. 山西高等学校社会科学学报，2009，21（10）：119-122.

[8] 贾晓慧. 中国 20 世纪 30 年代科学化运动与现实启迪 [J]. 自然辩证法研究，2004，（7）：74-76，103.

[9] 张静娴. 全国小学科学课程实施现状的调查研究 [D]. 扬州：扬州大学硕士学位论文，2018.

[10] 吴桂兰. 农村小学科学教育存在的问题及对策 [J]. 课程教育研究，2018，（42）：170，172.

[11] 朱洪启. 关于我国农村科普的思考 [J]. 科普研究，2017，（6）：32-39.

[12] 国务院. 国务院关于印发实施《国家中长期科学和技术发展规划纲要（2006—2020年）》若干配套政策的通知 [EB/OL] [2019-12-17]. http://www.gov.cn/zhengce/content/2008-03/28/content_5296.htm.

[13] 中国科普研究所. 中国公民科学素质建设报告（2018 年）[EB/OL] [2019-12-17]. http://www.crsp.org.cn/KeYanJinZhan/YanJiuChengGuo/GMKXSZ/092123202018.html.
[14] 国务院. 国务院办公厅关于印发全民科学素质行动计划纲要实施方案（2016—2020年）的通知 [EB/OL] [2019-12-17]. http://www.gov.cn/zhengce/content/2016-03/14/content_5053247.htm.
[15] Zong Z W. Hu Shi and Tao Xingzhi [J]. Chinese Studies in History，2008，42（2）：3-21.
[16] 金生鈜. 中国教育制度变革滞后带来的三个问题 [J]. 中国教育学刊，2008，（12）：19-23.
[17] 刘禹. 浅谈当前中国教育制度存在的一些问题及改革思路 [J]. 商品与质量，2012，（S7）：286-287.
[18] 贾英. 近年我国义务教育均衡指数时序变化研究 [D]. 武汉：华中师范大学硕士学位论文，2017.

博物馆科普教育视野下中小学研学活动的实践探索

——以陕西省科普教育基地为例

王雨曦

（西北大学博物馆，西安，710069）

摘要： 近年，在中小学研学热的推动下，学生团队占博物馆参观人数的比例逐渐递增。但在博物馆科普教育如何与中小学研学活动相融合，发挥其特有的资源优势方面还处于起步与探索阶段。本文主要以陕西省科普教育基地中的博物馆为调查对象，在跟进多场中小学团队参观、馆内科普活动后，对博物馆中小学研学科普活动现状进行了阐述，简要分析存在的问题，并对博物馆中小学研学科普活动发展趋势进行探讨和思考。

关键词： 研学　博物馆　科普教育　中小学

Practice and Exploration on Pupils' and School Students' Study Activities from the Perspective of Science Popularization and Education in Museums:

Taking Shaanxi Provincial Science Popularization and Education Base as an Example

Wang Yuxi

（Northwest University Museum，Xi'an，710069）

Abstract： With the study activities of primary and secondary school students became popular，the student visitors in museums are increasing gradually in recent years. Yet it is still in the exploring and primary stage that how to integrate these study

---

作者简介：王雨曦，西北大学博物馆馆员，e-mail：82215324@qq.com。

activities and science education and make full use of the specific resources of museums. Taking the museums with the title of "Shaanxi Provincial Science Popularization and Education Base" as the investigation object，this paper studied the primary and secondary school teams' science education activities in museums，made a description of these activities，briefly analyzed the existing problems，and discussed the development trend of science popularization activities of primary and secondary school students in museums.

Keywords：Studies，Museum，Science popularization and education，Middle and primary school

2016 年 11 月，教育部、国家发展和改革委员会等 11 部门印发《关于推进中小学生研学旅行的意见》，要求各地推进研学旅行工作。2018 年 11 月，陕西省科技厅联合陕西省科学技术协会组织开展了 2018～2022 年陕西省科普教育基地认定工作会议。会议认定新增 22 家陕西省科普教育基地。截至 2018 年 12 月，陕西省由中国科学技术协会和陕西省科学技术协会命名在认定期内的科普教育基地共有 59 个，其中博物馆行业（含高校面向公众开放类标本馆）基地占 20 家。目前西安市拥有小学 1125 所，中学 448 所，在校学生约百万人，通过研学活动的推动，可以让博物馆的科普教育发挥最大功效，使其得到广泛的社会认可。

一、西安市博物馆中小学研学教育的现状

（一）博物馆中小学研学情况分析

我们在陕西省科普教育基地中的博物馆，针对中小学团体及家长发放了 400 份调查问卷，回收问卷 375 份，其中有效问卷 365 份。调查设置包括博物馆科普教育活动参与情况（表 1）、博物馆科普教育活动参与意向（表 2）、信息渠道（表 3）三个方面。

表 1　博物馆科普教育活动参与情况

博物馆活动参与	样本人数/人	占比/%
第一次参与	216	59.2
第二次参与	72	19.7
第三次及以上	77	21.2

表 2　参与博物馆科普教育活动的意向

对博物馆教育的需求	样本人数/人	占比/%
主动参与	42	11.5
随意性参与	63	17.3
强制性参与	260	71.2

表 3　信息渠道

了解博物馆教育的途径	样本人数/人	占比/%
通过学校	141	38.6
通过互联网	81	22.2
传统媒体（电视、报纸）	44	12.1
亲友介绍	99	27.6

调查显示，多数中小学生都是第一次在学校的组织下参与博物馆研学科普活动，其中因为兴趣爱好主动参与博物馆科普教育活动的学生不到15%。

（二）博物馆中小学研学教育模式

《国家文物事业发展“十三五”规划》中明确要求，全国国有博物馆每年为中小学生提供讲解服务 10 万个小时以上；每家博物馆开展中小学生讲解服务和教育活动千次以上；建立博物馆青少年教育项目库，制作青少年教育精品课程 100 个以上。通过调查了解，目前对于中小学生博物馆科普教育模式有以下几种。

1. 馆内常规参观讲解

学校与博物馆提前预约参观行程，在预约当天由博物馆讲解员带领进行馆内参观，每个讲解员带领学生人数依据研学团队的不同要求而定。在调查中，最多为 60 人一组，最少为 20 人一组，参观时长平均在 45 分钟至 1.5 个小时。因为研学行程安排紧凑，团体人数众多，在每个展柜前停留时间较短，很多学生在讲解员讲解的过程中很难移动到展柜前观察展品。组织学生到博物馆参观是目前最常见也最普遍的一种合作形式，这种合作形式程序更为简便，便于沟通和实践操作。

2. 博物馆内主题（专题）活动

博物馆科普主题活动通常包含地球科学、生命科学、传统文化等门类，根据各博物馆陈列主题不一而有所不同。一般主题活动由博物馆进行活动方案的设计、活动物料的置办和活动具体的实施，研学方根据自己的情况选择性参与成品方案。以陕西省科普基地中的西北大学博物馆为例，博物馆下设有地球、生物、历史三个分馆，可以供研学团队有充分的学科选择余地，如“秦岭造山带的地质演化”“寒武纪早期生命起源”“秦岭生物多样性”“丝绸之路上的文明交往”几个部分。馆内还设置有多功能报告厅、天井大厅等活动区域。在活动区域可以进行教育主题活动（表4），可供研学团队互动体验。

表4　西北大学博物馆教育主题活动

教育活动	方式类型
小小古生物学家	互动体验
乘科普之光・拓华夏之梦	互动体验
趣味中草药与养生之道	互动体验
落叶的秘密	互动体验
舌尖上的历史——唐代面点	互动体验

主题教育活动是具有各个博物馆特色的品牌产品，具有较高的成熟度、趣味性和参与性，也是博物馆研学活动中比较受欢迎的环节。

3. 移动课堂

移动课堂是移动的博物馆的一种表现形式，博物馆工作人员携带可移动展品、展板走进学校与学生进行互动。以陕西省科学技术馆的科学工作室进校园活动为例，科学工作室走进幼儿园、小学，为青少年开设科学实验、陶艺、印染等课程，通过幽默、风趣的语言，在轻松活泼的气氛中，将科学知识、科学思想播撒在同学们的心田。秦始皇帝陵博物院品牌教育项目“秦陵文化系列行”“欢乐博物馆——乐在秦俑”通过情景剧表演秦兵马俑是如何制成、铜车马是如何使用、秦青铜弩机使用模拟实验等活动，为校园里的学生举办一场内容丰富、形式多样、与众不同的秦文化科普课。这种移动课堂形式对于学校和博物馆来说，是一种更为方便、安全系数更高的合作形式。

4. 博物馆授课

博物馆授课是一种课堂式的活动，博物馆会邀请行业专家为学生授课，授课内容多为科普知识、传统文化、科技文化或与博物馆陈列展览相关内容。多数博物馆授课有固定周期，时长为1.5～2个小时。授课对象不仅仅局限于中小学生，还有社会公众与文博同行。以宝鸡青铜器博物院的“青铜器家族的party”趣味课堂为例，通过主题讲座和互动体验，普及古人先进的铸造青铜器工艺，加深同学们与社会公众对古代科技的理解，真正地在研学中学有所感、学有所乐。

通过以上对博物馆中小学研学现状的调查分析可以看出，博物馆中小学研学目前主要表现为预约式研学活动，而预约方以学校居多。这就产生了学校与博物馆科普教育相融合的问题。

二、博物馆中小学研学存在的问题

（一）博物馆与学校缺乏常态化联系与沟通

博物馆和学校本就属于两个管理系统，相互之间合作有很多障碍，需要逐级申报，程序繁复，这些问题的根本在于博物馆与学校教育之间缺乏联系、沟通的支持渠道。很多学校急于完成研学活动的任务，往往选择距离较近的博物馆，或者通过个人关系牵线搭桥的博物馆走形式、完任务。这样的博物馆中小学研学，缺乏有效的沟通和对学生兴趣需求的选择，就会失去意义。

（二）博物馆中小学生研学课程分龄问题

在中小学教育中，针对各个年级学生的发育、认知标准的不同，设计有各年级的课程标准。博物馆中小学教育中的受众，同样也涵盖各个年龄段的孩子。如果用同样一套科普课程体系面对所有年龄段的学生，年纪小的听不懂，年纪大的感觉无趣，就会失去研学本身的意义。在调研中，多数博物馆设置的研学活动科普课程对象标注为中小学生或公众，没有细分研学团体的年龄范围，讲解词内容更是不以中小学生年龄差异千篇一律。绝大多数博物馆的主题活动、移动课堂都是以一种套餐的形式供研学团队选择。这样的科普教育难免会提不起学生的兴趣，让博物馆成为孩子们眼中毫无生趣的地方。

（三）博物馆缺乏专业研学教育人员

博物馆研学活动教育人员多来自博物馆宣教部。在博物馆行业中，因为体制问题，宣教部是人员流动性最大的部门。笔者整理了陕西省科普基地中的博物馆科普教育人员的组成与学历背景情况（表5），其中有多数博物馆从事科普教育的人员来自讲解员岗位。

表5　陕西省科普教育基地（博物馆行业）科普教育人员概况（部分）

科普单位	科普人员	专业背景
陕西师范大学博物馆	专职老师/专业技术人员/志愿者	硕士及以上学历/各专业背景的在校学生志愿者
西北大学博物馆		硕士及以上学历/各专业背景的在校学生志愿者
空军军医大学人体标本馆		硕士及以上学历/地质学专业背景的在校学生志愿者
延安大学生命科学院动植物馆		硕士及以上学历/文学专业背景的在校学生志愿者
陕西理工大学秦巴生物标本馆		硕士及以上学历/文学专业背景的在校学生志愿者
西北农林科技大学博览园	讲解员	大专及以上学历，艺术、文学、历史、生物、农学、教育、播音主持、旅游管理等专业
秦始皇帝陵博物院		历史、考古、博物馆学、教育学、心理学、播音主持等专业
大唐西市博物馆		历史、考古、博物馆学、播音主持、教育学、心理学等专业
陕西自然博物馆		大学本科及以上学历，专业不限
陕西科技馆		大专以上学历，历史、旅游、中文、外语、播音与主持相关专业
宝鸡青铜器博物院		大专及以上学历，专业不限
大地原点博物馆		大专及以上学历，艺术类、博物馆学相关专业
陕西水利博物馆		大专及以上学历，历史、旅游、外语、播音主持相关专业

从以上13家陕西省博物馆科普教育基地的科普教育人员情况来看，除了

少数的大学博物馆是在职的教师兼职博物馆教育岗位之外，相对于大多数博物馆其他岗位，讲解员招聘起点较低，专业局限性较小，这就导致研学基地教育人员的专业性存在质疑。我国规定中小学教育工作者应具有教师资格证，并且按照学科差异与年级差异有严格的划分。如果中小学研学活动成为中小学素质教育的常态，作为研学基地博物馆的教育人员也应具有基本的专业教育资格。这样的人才储备，对于很多博物馆都是面临的挑战和问题。

（四）博物馆中小学研学的可持续性

目前，学校与博物馆的合作模式主要为科普教育基地。这样的基地建设合作可以降低馆校双方的交易成本，而且对于学校课程资源拓展、教师专业发展具有很大的意义。但教育基地合作的局限性导致很多不是签约教育基地的研学团体，比如各学校委托的第三方机构利用博物馆资源开设的亲子课程存在着诸多问题。在调研中具体表现在以下几方面：首先，第三方机构种类庞杂，收费高昂，大多未正式注册；其次，管理混乱，对博物馆的活动秩序与安全问题造成影响；最后，师资队伍良莠不齐、教学质量名不符实，加上高昂的收费，使得原本以非营利性为目的博物馆教育资源变得不公平。这些以研学为载体的第三方教育机构从质量到学生学习的持续性、安全的保障性和合作的稳定性等方面都存在严重隐患。

三、博物馆中小学研学的发展趋势

面对以上问题，笔者在调查走访多家陕西省内博物馆行业的科普教育基地，并结合笔者所在的高校博物馆的实际情况后，提出以下几种合作发展模式。

（一）有效的政策支持与协调机制

建议将博物馆纳入中小学教育质量综合评价体系和综合素质评价体系，写入中小学教育大纲，并在博物馆社会教育部门设置与学校教育对接融合的专门机构，以加强与教育主管部门的沟通合作。博物馆社会教育部门应组织深入研究幼儿园至高中学生的教科书，详细了解课程目标，明确教学内容、教学要求及教学目的，全面把握学校课程教学进度和各年级教学要求，以及学生年龄特点，根据博物馆拥有的资源与课程目标相结合之处，精心制订有针对性、广泛、详细的学校科普教育计划。

（二）针对性的人才招聘与培养

招聘培养专职的教育人员，负责根据本馆陈列和展览为学生策划组织科普教育项目，并定期举办馆校交流会，与学校老师沟通如何更好地使用博物馆资源。积极开发博物馆校本衔接课程，促使绝大多数教育者对组织和安排连续的合作感兴趣。以研学形式进行的博物馆中小学科普教育不应局限于简单套餐，而应由博物馆专职教育人员将学生各个阶段的发展认知情况与博物馆中小学研学课程相契合，这样才能真正发挥博物馆的中小学科普教育功能实效。

（三）新媒体以及“互联网＋”的运用

互联网的到来，使博物馆焕发生机。“互联网+博物馆”对传统博物馆与观众的单向交流模式进行了积极的修改，在观众与博物馆之间发展了新型的互动、参与关系。比如，现今各个馆正在尝试的虚拟体验、线上咨询预约、文化益智游戏、高清藏品图片资源共享等项目，为中小学生及家长提供了参与、学习互动平台。这样的新媒体及“互联网＋”的运用，可以在研学活动的助推下，增加中小学生对传统博物馆的认知度，扩大博物馆的影响力，并与传统博物馆共同发展，互为补充。

博物馆与学校教育虽然在教育方式、功能、手段等方面存在差异，但在研学环境下，两者有共同的教育目的和相近的教育对象，这是博物馆科普教育与学校学科教育形成合力的前提基础。综上所述，应以研学活动为契机，更好地进行博物馆科普教育实践活动的探索，使博物馆科普教育真正成为中小学课堂教育的必要补充和校外教育的重要内容。

整合资源汇聚力量　打造社区科协铜官模式

王志福[1]　董　婷[2]

（1. 安徽省铜陵市铜官区科学技术协会，铜陵，244000；

2. 安徽省铜陵市第十九中学，铜陵，244000）

摘要：安徽省铜陵市铜官区科学技术协会将加强基层组织建设作为科协系统深化改革的重要内容，深化方案设计，加强工作调度，实现社区科协组织建设全覆盖。通过资源整合下沉和科协系统深化改革，促进了社区科协组织的创新发展；社区顺势而为搭建载体，不断提升科普示范水平；发挥优势强化服务，积极实施“科协介入+”行动；发掘资源汇聚力量，创新了社区科协活动亮丽品牌：唱响天井湖社区科普品牌，突出科普园地寓教于乐的功效。点亮映湖社区社校科技梦想，实现学校与社区资源共享和优势互补。打造幸福社区智慧加志愿服务科普之家，推进智慧社区建设。培植朝阳社区好人文化氛围，推动新时代社区社会主义核心价值观建设，由此不断丰富了社区科协组织活动的强大科协力量。

关键词：铜官模式　社区科协　深化改革　科普品牌　智慧社区

Integrate Resources to Gather Strength and Build a Work Model of Tongguan for the Science and Technology Association of Local Community

Wang Zhifu[1]，Dong Ting[2]

（1. Tongguan District Science and Technology Association，Tongling，244000；

2. No.19 Middle School of Tongling City，Tongling，244000）

Abstract: By regarding strengthening the construction of grassroots organizations

作者简介：王志福，安徽省铜陵市铜官区科学技术协会主席，e-mail：1720538158@qq.com；董婷，安徽省铜陵市第十九中学高级教师，e-mail：dt1256@163.com。

as an important part of deepening the reform of the science and technology association system，the Tongguan District Science and Technology Association deepened scheme design，optimized work arrangement，and achieved full coverage of community science and technology organization construction. Through the integration of resources and the deepening of the reform of the association of science and technology，the innovation and development of the community association of science and technology has been promoted；the community has taken advantage of the current situation to build a platform and continuously improve the level of science popularization work，employed its advantages to improve service level，and actively carried out the work model of "science and technology association involve +" . The community also gathered the resources to promote the brand of Tianjinghu community science popularization，highlighted the science popularization park's educational and entertaining effect. The remarkable work also include lighting up the science and technology dream in Yinghu Community School，sharing of resources and complementary advantages of school and community，building a happy "home" for science popularization volunteers，and promoting the construction of a smart community. Tongguan district successfully cultivated the atmosphere of good citizen in Chaoyang community，and promoted the construction of socialist core values in the new era of the community，which has continuously enriched the powerful science and technology association's strength in organizing activities in the community.

Keywords: Tongguan model，Community association of science and technology，Deepening reform，Popular science brand，Smart community

安徽省铜陵市铜官区是 2016 年 1 月由原铜官山区和狮子山区区划调整成立的新区，是铜陵市政治、经济、文化和商业中心，辖区面积 135 平方公里，人口 41 余万人，下辖 1 镇、2 个办事处、17 个区直管社区和 1 个国家级高新区。2017 年，铜官区作为安徽省 7 家县级科协深化改革工作试点单位之一，将加强基层组织建设作为深化改革的重要内容，深化方案设计，加强工作调度，实现社区科协组织建设全覆盖。同时，强化资源整合，推动资源下沉，为不断丰富社区科协组织活动汇聚了强大力量。

一、深化改革强基础，促进社区科协组织全覆盖

按照省、市科协系统深化改革工作部署，铜官区委高度重视科协系统深化改革工作，成立了以区委副书记为组长，区委组织部、区科协和区直有关部门为成员的改革试点领导机构，区委常委会研究印发了《铜官区科协深化改革工作方案》。被省科协确定为全省县级科协深化改革工作试点单位后，市科协大力支持，专门安排一名副主席联系指导改革试点工作。结合铜官区“撤街并社”改革后各社区均为区直管的实际和“三减一加强”职能定位，为提升社区服务效能，在不增加社区内设机构、不增加人员编制的前提下，采取社区发起、辖区单位居民科普志愿者参与、社区提供活动场地、因“社”制宜制定科协章程，区委组织部、区科协与区有关部门协商推选科协负责人的办法，产生了镇办、社区基层科协组织，这既契合了社区改革的要求，又最大限度地争取到区委和有关方面的支持，从而保证了社区科协组织的顺利建立。2017 年年底，铜官区狮子山国家级高新区和 25 个镇办、社区全面建立了科协组织。科协负责人大多为同级班子成员兼任，同时还确定了一名专（兼）职工作人员具体负责科协日常工作。2018 年，根据科协系统提升基层科协组织力“3+1”试点工作要求，各镇办、社区科协将辖区内学校校长、卫生院（站）长、农技站长“三长”吸纳到科协组织，同时注重吸纳发挥社区工作者，辖区文化、教育、卫生系统老文艺工作者，老校长，老院长和科普志愿者力量，共同推进社区科协组织建设和活动开展。据统计，铜官区镇办、社区科协组织共吸纳“三长”和相关科普志愿者 300 多人，成为社区科协组织的中坚力量。

二、顺势而为搭载体，不断提升科普示范社区水平

铜官区作为全国科普示范区，为进一步提升科普示范社区的创建工作，铜官区委区政府重视社区科协组织科普阵地建设，在区里实施的服务社区、文化社区、美丽社区“三个社区”建设过程中，区科协争取区委区政府支

持，将社区科普馆一并纳入规划建设，为社区科协开展科普教育宣传等工作提供了重要阵地。2016年以来，所辖社区基本上建有50～200平方米的功能各异的科普馆。同时强化资源共建共享理念，在科普示范社区、科普示范学校、科普教育基地等科普阵地培育创建过程中，打破条块分割，促进公共科普资源向全社会的开放。朝阳社区打造社区科普学校，针对社区居民的实际情况和要求，在科普学校开设了四个特色专题课堂，即红色课堂、健康消费课堂、法制课堂和道德课堂，通过开展有关政策、健康、法律、科技文化方面的讲座，使居民受到各种形式的科普教育。同时，作为科普学校的第二课堂，利用节假日组织文艺表演和健身活动等丰富多彩的活动，增强了居民对科普的兴趣。打造共驻共建科普社区，社区积极整合辖区社会资源，充分调动辖区单位各方面的力量，有序开展形式多样的科普活动。辖区单位第四人民医院常年组织医生为居民开展健康保健知识讲座、量血压等活动；市委老干部局老年大学常年为辖区居民举办绘画活动，并经常性开展书画展活动；市住建委常年为辖区基础设施进行改造，深度发掘并有效衔接辖区科普资源为广大居民服务。

三、发挥优势强服务，积极实施“科协介入+”行动

社区科协积极介入防震减灾工作，助力开展地震安全示范社区创建工作。近3年，两个社区被授予安徽省地震安全示范社区。协同开展防震减灾宣传教育，承接防震减灾知识进社区，组织居民开展“三个一”活动（一场报告会、一次疏散演练、一次防震减灾科教基地参观）。3年来，社区科协举办了5场专题报告会；组织开展或参与演练活动8次；映湖社区、天井湖社区、学苑社区等社区科协组织居民代表参观防震减灾科教基地10余次；组织开展了“平安中国”防灾科普文化影视季电影放映活动12场次。介入社区“邻里中心”建设，在金山、阳光、天井湖3个社区打造了4个以科普养生、居家服务、邻里活动、邻里食堂为重点的社区邻里中心。依托社区科普馆“快乐3点半”全面展开课后服务，全区32所小学组建了足球队、鼓号队、合唱队等学生团队，开展体育、艺术、科技、阅读、环保进社区等特色活动，

目前参加课后活动人数达 8000 人，占比 35%，既丰富了学生课余活动，又解决了学生家长不能按时接送之忧。

四、发掘资源聚力量，创新社区科协活动品牌

各社区科协在推进工作中注重发动辖区内各种力量，加强社区科普志愿者队伍建设，把各行各业优秀科技人才和教育人才吸纳到科协组织中来，建立良好的激励协调机制，充分发挥他们的积极性和能动性，形成了各具特色的社区科协活动品牌。

1. 整合唱响天井湖社区科普品牌

发挥人才优势，强化科普队伍建设，通过外引内联，先后吸收引导一批老校长和老书记加入社区科普队伍中来；发挥区位优势，强化阵地建设。在市政府旁建设了 100 米科普长廊和科普宣传栏，形成了社区一道靓丽的风景线；强化网络和实体平台建设，扎实开展科普宣传教育。在网络线上平台，开通了天井湖社区微信公众号，开辟了科普志愿者招募、水滴时间超市志愿者积分回馈、科普知识竞赛等专栏。在实体线下平台，开辟了 500 多平方米的全民阅读点，投入了 20 多万元添置了图书借阅门禁系统和 1000 多册科普书籍。整合优化市“名人名家”六大工作室和“青少年之家”资源，常年组织开展科普画展、读书沙龙、科普讲座等系列活动；突出科普园地建设，强化寓教于乐功效。先后购置了机器人、地震仪等多套科普仪器，添置了跑步机、乒乓球桌等多件健身器材，科普仪器让居民寓教于乐，领略到科技的无穷奥妙。

2. 点亮映湖社区社校科技梦想

依托辖区内高等职业院校——安工学院和映湖小学的资源区位优势，由社区搭建平台开展校园科普活动，实现了资源共享和优势互补。吸纳了安工学院一批大学生作为科普青年志愿者，打造一系列“大手拉小手　共筑科普梦”“假期科普站”等品牌科普活动，点燃辖区内孩子们的科普梦想。2017 年，映湖社区组织映湖小学学生参观安工学院电器实训室、数控实训中心，

熟悉各种电子仪器的运转和操作，为孩子们普及科学知识。2018 年 5 月抗震减灾活动月，映湖社区组织辖区学校共同开展“科普小制作”活动，由大家齐动手一起制作抗震模型，做抗震实验，锻炼孩子们的动手动脑能力，增强孩子们对科学的兴趣。

3. 打造幸福社区智慧加志愿服务科普之家

幸福社区结合社区科普资源，积极打造并推进智慧社区建设。推进幸福社区试点项目，实施智慧政务、智慧治理、智慧平安 3 个基础项目，根据社区实际情况，围绕智慧党建、智慧养老、智慧医疗、智慧物业、智慧协商、智慧公益等实施个性化项目，提升社区智慧化应用水平。依托社区道德银行，招募科普志愿者，充分发挥社区社会组织作用，积极引导辖区老党员、楼栋长及热心居民加入志愿服务团队，为居民提供组团式门旁服务。通过错时利用，在社区“科普之家”成立业余无线电爱好者俱乐部，邀请辖区资深专家、安徽无线电技术协会常务理事孙克俭前来授课，通过向孩子们讲授专业的无线电知识，开展室内制作、户外测向等活动，将科技、健身、休闲、娱乐有机地结合起来，让孩子们在玩中学、在学中玩，满足了孩子们对无线电的好奇与热爱，拓宽了孩子们学习的知识面。社区代表队参加了安徽省青少年无线电测向、定向锦标赛，两名小选手获得了 144 MHz 短距离测向小学男子组二等奖的好成绩。

4. 培植朝阳社区社会主义核心价值观文化墙

一是建设科普文化墙，科普文化墙共分道德文化墙、好人文化墙和书画文化墙三大类。首先是建设好道德文化墙，为大力弘扬中华传统美德，社区将社区门口的围墙打造成 400 米长共 29 块道德文化墙，内容涵盖廉洁、勤俭、孝悌、谦恭、诚信、自强等各个方面，营造修行道德、践行道德的浓厚氛围。其次是建设好人文化墙，为弘扬雷锋精神，社区将近 200 米长的朝阳广场围墙打造成铜陵好人文化墙，将近年来涌现出来的铜陵好人的事迹，以图文并茂的形式绘制于墙，大力营造向善、向美的社会氛围。最后是建设好书画文化墙。社区将市委老干部局围墙打造成书画文化墙，墙上镶嵌着科普志愿者绘画的国画、油画、书法、摄影等多幅作品，画里字间都能透出科普的含义，沿着围墙行走，给人耳目一新的感觉，让人感受到一股浓郁的科普文化气息扑面而来。

二是建成科普文化长廊。社区积极创新思路，建成了 200 米长的科普文化长廊，设置了禁毒橱窗、书法橱窗、反邪教橱窗、法治橱窗、计生橱窗、环保橱窗等多个橱窗，定期做好更新和维护，与时事信息相结合，介绍科技发展动态及各类科普小知识，引导社区居民自觉学习科普知识，在社区内营造浓厚的“学科学、爱科学”的文明生活氛围。其主要有科学小常识、优生优育、避孕节育、生殖保健知识、环境保护知识、医疗保健、反对邪教等方面的科普教育知识。

三是设立科普图书室。社区设立了科普图书室，科普书籍藏书 6000 余册，光碟 100 张，居民可以在开放时间内免费阅读书籍和借阅影像资料。

铜官区科协经过系统深化改革和社区科协组织的建立，取得了以下成效。一是实现了科协组织向最基层的延伸，畅通了承接科协职能的渠道，解决了组织、人员、日常活动的断层问题。二是解决了科协服务“最后一公里”的问题。过去科协层层布置任务，由于基层无有效载体，往往由区级科协大包大揽，对居民科普需求缺乏针对性，活动效果事倍功半。基层有了科协组织，科协服务居民做到量体裁衣，收效事半功倍。三是激活了社会群众中存量科普资源，社区科协将辖区内学校校长、卫生院（站）长、农技站长“三长”吸纳入科协组织，充分发挥社区工作者，辖区文化、教育、卫生系统老文艺工作者，老校长，老院长和科普志愿者力量，正好契合了中国科协提出的“3+1”工作做法。四是夯实了全民科学素质的有效载体。提高全民科学素质工作的关键点和落脚点在社区，基层科协的建立可以更好、更有效地发挥主体和载体作用，畅通了社区全民科学素质教育上下对接的“最后一公里”问题。

下一步，铜官区区、社两级科协组织将在上级科协的指导下，力争在助力实施健康中国、创新驱动发展、乡村振兴上有新举措、新作为、新成效。

深度学习视野下的科普研学

尹玉洁　刘树勇

（首都师范大学，北京，100048）

摘要：科普研学作为一种科学普及的手段随着研学被纳入中小学课程体系而盛行起来，但其在实施过程中科学普及的效果不理想。本文用深度学习的理念来指导科普研学，通过科普研学活动的构建来落实深度学习，并通过分析典型案例，为培养学生的科学素养提出了建议。

关键词：深度学习　科普研学　科学素质

A Study of Experiential Education of Popular Science from the Perspective of Deep Learning

Yin Yujie，Liu Shuyong

（Capital Normal University，Beijing，100048）

Abstract：As a means of scientific popularization，experiential education of popular science has become popular with the inclusion of Hands-on Inquiry Based Learning into the curriculum system of primary and secondary schools. However，its effect of scientific popularization is not satisfactory. This article uses the concept of “deep learning” to guide the experiential education of popular science and implements “deep learning” through the construction of experiential education activities of popular science. In addition，several suggestions are given on how to cultivate students’ scientific literacy by analyzing typical cases.

作者简介：尹玉洁，首都师范大学物理系硕士研究生，e-mail：yinyujie1995@126.com；刘树勇，首都师范大学物理系副教授，e-mail：lsy2924s@tom.com。

Keywords: Deep learning，Experiential education of popular science，Scientific literacy

科学普及以通俗易懂的方式向公众推广自然科学知识和社会科学知识、倡导科学方法、传播科学思想、弘扬科学家精神、推广科学技术的应用，是一种社会教育。习近平总书记在全国科技创新大会、中国科学院第十八次院士大会和中国工程院第十三次院士大会、中国科协第九次全国代表大会上的讲话中指出，科技创新、科学普及是实现创新发展的两翼，要把科学普及放在与科技创新同等重要的位置。这一讲话强调了科普工作的重要性，同时也号召科技工作者把普及科学知识、弘扬科学精神、传播科学思想、倡导科学方法作为义不容辞的责任，在全社会推动形成讲科学、爱科学、学科学、用科学的良好氛围。

科普研学是开展科学普及的一种手段，随着研学被纳入中小学课程体系而盛行起来。关于科普研学，学术界目前对其概念没有准确的定义。中国科技新闻学会宋南平理事长在第二届中国科普研学论坛的讲话中对科普研学作了如下阐释：科普研学就是在研学中进行科学普及的活动。青少年的科普工作是我国科普工作的重要组成部分，做好青少年的科普工作，有助于全民科学素质的提高，有助于培养可以应对国际竞争的高素质创新人才。

一、科普研学的现状

为了切实了解我国科普研学开展的现状，笔者进行了三种方式的探索：对中国知网与之有关的近百篇发表在核心期刊上的论文进行分析；亲自参与北京师范大学附属中学、首都师范大学附属中学等学校开展的研学活动；对学校负责研学活动的老师进行访谈。对通过以上方式获得的信息进行总结后，整理出我国目前开展科普研学活动主要存在以下几个方面的问题。

（一）科普研学主题模糊，缺少问题设置

科普研学的开展主要有学校开展、企业开展、校企结合三种模式，对这三种开展模式进行调查后发现，三种模式的科普研学多存在研学主题模糊、

缺少问题设置、问题无教育意义等问题。这些问题的解决需要设计研学手册的教师结合学生的认知水平认真斟酌，设置出对学生有启发、有教育意义的问题，注重学生知识的建构，培养学生的高阶思维。

（二）学生参与程度不高

学生是教学行为实施的对象，也是学校科学普及的主要对象。在科普研学开展过程中，学生参与度是一个很重要的评价指标。在活动开展过程中，学生真正参与到学习层面的活动非常少，大多数活动变成了走马观花式的体验活动。科普研学比普通的研学课程更有趣味性和神秘性，可以很好地调动学生的好奇心。但因为课程设计问题，学生未能真正参与到科普知识的探索、发现和学习过程中，科普研学沦为满足学生好奇心的旅游活动。学生参与的学习活动只停留在表面，学习的发生缺少学生真正的参与。

（三）评价模式单一

科普研学是新兴事物，目前还没有形成完整的评价体系。缺乏评价体系指导的科普研学活动在结构上不完善，在内容上科学性不足。我国目前科普研学成形路线不多，科普研学联盟官网上公布的只有 18 条。科普研学需要借助深度学习理念构建评价体系，以评价体系指导科普研学更好地发展。

综上所述，我国目前开展的科普研学活动大多数还只是停留在浅层学习的层面，不利于学生科学素养的培养。

二、"深度学习"是科普研学的必然选择

1976 年，美国学者罗杰·萨尔乔（Roger Saljo）和弗伦斯·马顿（Ference Marton）在调查瑞典大学生阅读学术论文的方法时发现，阅读方法不同会导致学习效果有差异，从而提出"深度学习"的概念。随后，Entwistle、Ramsden 和 John Biggs 对深度学习的理论进行了详细阐述，并指出了深度学习的特征。之后，学者们开始把深度学习理论应用到其他领域，如远程教育、高等数学研究等[1]。尽管不同学者在论述深度学习时的语言表达不同，

但总体来看，他们对深度学习的看法基本保持一致。深度学习并不是指学生学习的难度增加，而是指更加关注学生的学习过程和学习状态。深度学习在认知目标上追求对知识的主动学习、深度理解；在认知结果方面，强调培养学生的高阶思维，养成复杂的认知结构。它以探究、合作、展示、追问等为教学手段，让学生获得深度学习体验。

（一）浅层学习与深度学习的区别

浅层学习以对知识的识记、理解、应用为主，深度学习要求在对知识的熟练掌握上达到分析、评价、创新的程度；浅层学习锻炼的是低水平思维能力，深度学习注重培养具有反思能力和元认知能力的高水平思维；浅层学习从事的是简单活动，需要低情感、低行为投入，深度学习从事的是需要高情感、高行为投入的复杂活动；浅层学习的学习效果不理想，概念之间无法建立意义联系，深度学习的认知效果好，在认知深度和认知广度上都有提升，且这种层次的学习可以实现概念的转换。[2]深度学习关注学生获取知识的方式，帮助学生在理解的基础上建构知识，实现知识迁移。深度学习建立在浅层学习的基础上，它们在概念上并不是对立的，作为两种不同的学习方式，深度学习是对浅层学习的深化和提高。

我国科普研学面临着主题模糊、缺乏规划、流于形式、学生参与度不高、学习效果不明显等方面的困境，大多数科普研学活动的开展还只是停留在浅层学习这一阶段。学校的老师不理解科普研学，因此在设计活动时没有体现科学普及的过程；学生没有在思想层面上重视科普研学，因此达不到理想的科学普及效果。走马观花式的科普研学并没有体现出其课程的独特魅力，既浪费了学生宝贵的学习时间，又会导致学生思维的僵化，长时间下来会导致学生缺乏必备的科学素养，所以需要在科普研学中开展深度学习。

（二）科普研学中学生深度学习的价值

科普研学中学生科学素养的落实，以及主题模糊、缺乏规划、流于形式、学生参与度不高、学习效果不明显等方面的问题可以通过学生的深度学习来解决。

在科普研学中，可以采用探究式学习的方法，教师设置与科普有关的研学主题，学生在此基础上形成自己的小主题。学生通过自主探究、团结合作，从发现事物的现象到思考它的本质，在此过程中获得科普知识，形成自己的思考，养成科学素养。通过科普研学主题活动的开展，学生对此次活动主题的认识深度和广度都会得到提升，活动中涉及的科学概念之间也可以建立意义联系。科普研学的主题多样，无固定内容，教师可选取有科普意义的研学主题，带领学生采用科学的方法、学习科学知识、体会科学家精神、学会应用科学技术。

综上所述，在科普研学中进行深度学习有很高的价值和现实意义。学生通过对知识的深度理解，把所学知识应用到生活中去，同时也有反思的过程，这种方式的学习有助于帮助学生实现有意义的知识构建，科普研学面临的困境也可以得到解决。

三、科普研学是落实深度学习的有效手段

科普研学以学生的研学为基础，以科学普及为落脚点，强调探究性学习的过程，注重研究性思维的养成和能力的锻炼。它在教师的引导下开展，学生根据自己的生活情境确定适合自己的选题，运用所学知识对问题进行探究，通过和团队的交流合作及与老师的讨论勇于提出自己的质疑，在争辩中形成研究结果。科普研学以学生为主导，教师提供辅助，让学生真正做到深度参与，培养学生的科学素养。学生在科普研学过程中通过探究、合作、展示、反思等方式实现高阶思维的发展。深度学习是怎样解决科普研学困境的？科普研学中又该怎样落实深度学习？有如下几种尝试。

（一）通过设计不同层次的问题，激发深度学习

好奇心是激发学生学习的动力，利用学生好奇心而设计的问题是激发学生进行深度学习的有效手段。科普研学在开展活动前期会有学习单的设计，学习单上的内容以问题的形式展现会增加学生的求知欲。学习单上的问题要有科普价值和教育意义，绝不可以是通过搜索引擎就能直接搜索出来答案的

常识性问题。这里的问题可以是对基础问题的深入探讨，也可以是与日常生活有联系的事件，或者与最新的科技成果有关。[3]学习单上设置的问题要有层次，只可以有一个一级问题，即与此次科普研学活动主题相关的问题，在此一级问题的基础上再对问题进行细化，可以设置若干二级问题，以此类推。开展活动前，教师要注意引导学生对问题进行思考，通过查阅资料或小组讨论的方式使学生对问题有全面的认识。在活动开展中，学生通过自己的探索使问题得以初步解决，在此期间可以小组讨论或向老师咨询等，最后在成果展示时，和其他同学交流讨论，使问题的答案得到完善。在各个环节中，学生可以对原有问题提出新看法，也可以提出新的与之有关的问题进行再次讨论。

例如，在以探究西双版纳生物多样性为主题的科普研学活动中，首先让学生查阅相关资料，了解西双版纳的地域特征与地理构造，如西双版纳居住着 44 个少数民族，是全国少有的几个热带季风性气候区之一，它有多样的生态、多样的地理环境、多样的民族文化等，这些是学生开展此次科普研学活动所需具备的最基础的背景知识。此次研学涉及生态学、植物学、地理学、统计学和民族学，是一个非常好的科普研学项目。根据西双版纳的实际情况，考虑到学生的认知水平，设计的一级问题为：为什么热带地区的植物多样性如此之高？在一级问题的基础上，设计的 3 个二级问题为：一是怎样评判物种多样性的高低？热带地区的植物多样性是不是都很高？二是植物生长需要哪些条件和因素？热带地区都能提供这些条件吗？三是有没有比热带地区植物多样性更高的地区？如有，为什么会比热带高？在二级问题之后设置三级问题，让学生对此问题可以进行更深入的思考，以此实现深度学习，培养高级思维的能力。针对此科普研学主题，可设置的三级问题有 8 个：一是什么是种面积曲线？不同地方的种面积曲线会有什么区别？二是热带雨林林下几乎没有阳光，会有植物生长吗？如果有，会是些什么植物，它们是怎么生存的？三是大树能长很高，靠的是什么呢？四是为什么佛寺里喜欢种榕树、鸡蛋花等？哪些植物在西双版纳的民族文化里非常重要？为什么重要？五是植物的生存繁衍有哪些是必不可少的？不同植物的需求一样吗？六是如果一种植物消失了，会发生什么连锁反应？七是怎样才能让公众更好地了解植物多样性？八是什么是群落样方调查？如何选择一个有代表性的样方？这些问题的设计具有系统性，能够激发学生对西双版纳地区生物多样性的深度学习。

（二）通过思辨与实践结合，激发深度学习

在活动开展过程中，鼓励学生在做足功课后勇于提出自己的质疑，勇于向未知和权威挑战，培养批判性学习的思维方式。[4]在与同学、老师的互相辩论中加深对知识的理解，增加思维深度和广度，促进高阶思维的养成。在小组合作进行探究活动的实践过程中，像专业人员那样去发现并解决问题。在这样的过程中，新旧知识融会贯通，知识体系也得以建构，还能实现知识的迁移和应用，有助于个人能力的培养和提升。

例如，在以探究茶叶中茶多酚含量为主题的科普研学活动中，学生们通过探究得出同一质量不同茶叶品种中茶多酚含量是有差异的，其中以西湖龙井含量最多，茗茶含量最少。在体验茶文化时，几位同学在观看泡茶师傅泡茶时，对浸泡时间与茶多酚含量的关系这一问题意见不一。教师立即组织学生们讨论，最终学生们对此问题形成两种看法：一种认为浸泡时间越长，茶多酚含量越多；一种认为浸泡达到一定时间后，茶多酚含量不再增加。教师立即把学生分为两组，让学生们根据前面做的探究实验来设计此次实验方案，以此验证哪方观点正确。学生最终通过实验验证浸泡时间超过 10 分钟后茶多酚含量几乎不再增加。这种根据实际情况开展的思辨活动，有助于提高学生的积极性，同时学生在自主设计实验时实现了对新旧知识的整合，使学生对这一主题的理解达到了一个新的高度，也有助于培养核心素养中的科学探究能力。

辩论是一种有效整合新旧知识、锻炼思维的方法，在理解知识的基础上对知识进行思辨，使学生不再局限于知识本身，有助于实现学生对知识的灵活运用。在思辨的基础上结合实践工作，用实践来验证自己的想法，有助于学生养成良好的学习习惯和科学的学习态度，培养学生的科学素养。

（三）通过合作与展示，激发深度学习

科普研学活动的开展一般以小组合作的方式进行，组内同学之间彼此熟

悉，大家可以针对某一问题畅所欲言而不用受到约束，有助于激发学生的积极性和主观能动性。[5]学生在组内表达各自的看法，整理出小组共同的问题提交。这里的问题可以是学生讨论完成后的问题，也可以是小组内出现分歧的问题。经展示后，其他小组进行补充或者教师通过合理引导，把小组内的问题变成既有科普价值又有研究价值的较有深度的问题。通过合作与展示的方式，学生实现对主题问题的深度学习。

例如，在以探究红河梯田四素同构的秘密为主题的深度科普研学课程中，合作与展示贯穿整个活动。首先小组合作提出问题：红河梯田生态系统为什么能够持续千年而不退化？如何保障其在现代化冲击下的可持续发展？问题提出后，通过小组间的交流合作构建假说，然后进行实验的设计。实验设计是一个集小组智慧的工作，在这一过程中，学生不仅可以把新旧知识融会贯通，还能锻炼团队协作能力。随后通过实验收集数据，推导结论，体现了小组的分工协作。最后是展示的过程，大家交流分享，互相提问，互相补充，培养批判性思维。这一科普研学活动把生态学的生态系统、植物学的生物多样性、地理学的等高线、物理学的力学和反射、工程学的结构和材料，以及民族文化结合起来，通过合作与展示培养学生团队合作、沟通表达、批判性思维和创新性思维的“4C”技能，树立人与自然和谐共处、可持续发展的理念，培养学生的科学素养。

建立在知识理解基础上的合作学习，可以使学生带着问题进行探究式学习，通过交流讨论激发灵感，产生新的具有价值的问题。在这一过程中，学生始终是学习的主体，教师只起到引导作用，通过这种形式，深度学习真正发生并得以继续下去。

四、结语

通过研学对中小学生进行科学普及的方式，在学校教育中被广泛接受并在国家政策的支持下被大力推广，学生在现实生活情境中学习，使学生能够获得更加鲜活的知识。在这一过程中，学生充分思考，在发现问题的同时提出质疑，通过调查研究和分析研讨尝试解决问题，在交流展示中使问题完善。学生不仅实现了有意义的知识建构，养成高阶思维，还经历了科学知识的发现与探索过程、科学探究的具体操作过程、科学技术的应用过程，在交流与展示中学会科学的表达方法，在实践中领悟科学精神，学生的科学素养得到提高。

参 考 文 献

[1] 段金菊，余胜泉. 学习科学视域下的 e-Learning 深度学习研究［J］. 远程教育杂志，2013，31（4）：43-51.

[2] 张登华. 促进学生深度学习的学案问题设计策略［J］. 生物学教学，2017，42（7）：20-22.

[3] 张伟. 指向学生“深度学习”的高中生物学“研学课堂”的构建［J］. 生物学教学，2018，43（12）：18-20.

浅谈科普场馆在新时代下科普创新发展的思路

张丽霞　唐　兰

（江西省科学技术馆，南昌，330046）

摘要：为提高我国全民科学素质整体水平，我国加大了在科普基础设施方面的投入，尤其是主要面向青少年群体开放的科普场馆得到了迅速发展。在全球科普领域踏入新的征程时代背景下，对科普场馆的建设有了更高的要求。为适应当前形势，实现科普场馆的可持续发展，本文从科普场馆的建设、科普教育的创新和科普专门人才队伍的建设方面简要论述，探索科普场馆在新时代下科普创新发展的思路。

关键词：科普场馆　创新　发展

A Discussion on Innovative Development Ideas for Science Popularization Venues in New Era

Zhang Lixia　Tang Lan

（Jiangxi Science and Technology Museum，Nanchang，330046）

Abstract： To enhance the overall level of scientific literacy of all Chinese citizens，China has expanded investment on science popularization infrastructure，especially the science popularization venues targeted to the teenagers，which has forged ahead. Under the background of the science popularization field has stepped into a new journey around the globe，higher requirements for the construction of science popularization venues has been put forward. In order to meet current situation

作者简介：张丽霞，江西省科学技术馆群众馆员，e-mail：839202327@qq.com；唐兰，江西省科学技术馆财会人员，e-mail：413511263@qq.com。

and achieve the sustainable development of science popularization venues，this article discussed the construction of science popularization venues，innovation in science popularization and education，science popularization talent team construction of，and also explored the innovative development ideas for science popularization in the new era.

Keywords：Science popularization venues，Innovation，Development

为提高全民科学素质整体水平，我国相继出台了《中华人民共和国科学技术普及法》《全民科学素质行动计划规划纲要（2006—2010—2020年）》等，全民科学素质水平整体有所提高，在近阶段也取得了相应的成果。但是目前水平与发达国家相比仍有较大差距，全民科学素质工作发展还不平衡，不能满足全面建成小康社会和建设创新型国家的需要，尤其是青少年科技教育有待加强。我国主要面向青少年群体开放的科普场馆得到了迅速发展，2016年3月印发的《全民科学素质行动计划纲要实施方案（2016—2020年）》中明确指出，“增加科普基础设施总量，完善科普基础设施布局，提升科普基础设施的服务能力，实现科普公共服务均衡发展”。以科技馆为例，目前我国科技馆从20世纪80年代初建馆到现在，全国已有科技馆400多座，而且现在有很多省（自治区、直辖市）都在新建或更新改造科技馆。科技馆作为非正规教育的科普场所，成为广大人民群众尤其是青少年喜爱去参观的科普场所。那么在新时代背景下，当前的科普场馆要如何做到不负时代所托、不负公众所望，做好在新时代下科普场馆的创新发展？目前江西省科学技术馆也正在进行新馆建设之中，综合在工作之中的学习与思考，笔者建议科普场馆创新发展的思路可从建馆初期的统筹规划、建馆后科普教育的创新、科普人才培养等方面进行探索。

一、科学规划设计创新展示内容

（一）合理规划做好建馆初期总体布局

在科普场馆建设中，很多地方缺乏总体策划设计，在前期调研和考察中形成照搬照抄的模式，没有创新理念。例如，我国目前科技馆行业内的标杆科技馆上海科技馆、中国科学技术馆，在建成后就有许多行业内单位前去考察和调研，结果是有部分科技馆的展示布局和展品都与之雷同或相似，没有进行创新和改进。所以在新馆建设初期，要根据科学技术发展水平和对科普场馆教育内涵进行研究，并结合当地方文化、经济和自然环境，在主体建筑、展示主题思想、内容、运营管理等多方面进行创新[1]。尤其是主题思想的创新，是建设者在建馆过程中所要表达的建设意图、追求的理想境界，但由于主题思想没有统一衡量标准判断其是否创新、是否能被参观者清晰地认知，所以在建馆初期的方案调研和制作就显得尤为重要。

科普场馆建设要历经项目调研、方案设计、展品制作、布展装修、展品试运行等多个步骤，在场馆建设中投入最多、投入时期最长的就是硬件环境的建设，即场馆建设工程、布展环境设计等，要合理规划做好建馆初期总体布局，广泛地调研、论证，汲取多方经验和不足，科学规划设计建设富有创新特色的科普场馆。江西省科技馆在新馆建设中以“探索 • 创新 • 未来”为主题，以激发科学兴趣、提高科学素质、培育创新精神、服务社会大众为基本目标，以情境教学、探究式学习、STEAM 教育等先进教学理念为展教理论基础，努力为公众营造从实践中学习科学的情境，争取为公众特别是青少年打造一个中国特色的科技馆。

（二）创新展项为建馆之后的科普教育工作打好基础

在新馆建设初期的展品展项选择上要非常慎重，既要避免出现千篇一律的相似性展品，还要考虑到创新性与互动性。

展品是科普场馆的灵魂，是科普场馆赖以生存和开展活动的基础，具有新颖创意、经典的展品才能让科普场馆保持可持续发展。例如，科技馆展品中声学、力学、磁电学等基础学科的展品，就通过声、光、电等技术手段的展示和互动参与的模式，深受观众喜爱。但是由于基础科学原理已经为大众所普及，所以基础学科方面的展品创新就比较困难，可以在创新形式中应用现代科技的先进技术 VR 和投影技术；从展品的展陈方式、操作方式上改进，把展厅的布展环境与展品融入起来，让人有耳目一新的感觉。在展项的创新方面，对科学性、知识性、趣味性、可参与性、安全性（人身安全、展品安全、环保安全）等方面重点创新展品进行改造。有数据表明，在国内外成功的展示中，很多传统的经典展项是最受欢迎的，所以在考虑创新展品时不必刻意去追求展品形式上的大和酷炫，否则可能会造成投入资金多、制作费时、难以更新改造的情况，而且不一定能被观众所接受。

展品展项的互动性是目前行业内十分重视的，互动参与操作过程可以激发参观者主动探索的意识，但如果过于强调互动就会本末倒置，忽视了展品的科学指向本质。不能只把教育目的停留在知识层面上，好的展品应该能启发观众的好奇心进而去探索与思考，引导观众去寻求现象背后隐含的原理，这才是创新展项的目标。

二、创新科普形式形成多样化的科普教育活动

传统的科普场馆对外展览展示的形式比较单一，有基于场馆内的展品进行开放演示；或是有讲解员进行定时讲解、观众自行参观；还有基于场馆外的临展或流动科技馆下乡活动等，对于现在的时代需求而言，这些形式已经不能适应目前的科普教育需求，需要不断完善创新，发展形式多样的科普教育活动。

（一）在科普场馆内开展丰富多样的科普教育活动

例如，在每个科技馆的主展厅内都设有基础学科方面的展品，可以结合学校的科学课开展展品主题讲解，依托展品进行生动有趣、互动的演示，这样可以让学生把书本上的字面理解认识转换到可操作和参与的多维度理解认识上来，深入了解从展品的原理到生活中的应用。

结合展厅内的剧场开展科普小讲台、科普小实验、科普剧活动，并可以尝试创新思路，从单向的工作人员表演和操作实验，创新为双向的互动形式，可实行活动体验日，尝试进行孩子们的“角色互换”，由观众中感兴趣的孩子来科技馆体验当一名“小小辅导员”，与科技馆辅导员共同配合完成科普剧表演和科普小实验，这样可以更加激发孩子们学习科学知识的兴趣。

目前节假日来科技馆参观的孩子大部分都是由家长陪同，但是部分家长到

了科技馆之后就自己玩手机或聊天，没有起到陪护和引领孩子参观的作用，导致有的孩子也是敷衍了事、走马光花参观一遍就回家了。所以，节假日期间科普场馆可以适当开展亲子系列活动，充分发挥科普场馆非正规教育的功能。

研学活动现已在科普场馆中如火如荼地进行，结合科普场馆的资源与学校共同开展好此项活动，避免出现学生参观科普场馆就是一场“春游、秋游”游玩活动。为提高研学活动的质量，科普场馆的科教人员要根据学生年龄段的科学课设计相应的活动，还需要与学校教师密切联系，做好科普活动的相关准备工作。

（二）创新开展科普场馆夜场活动

目前，许多国外博物馆都开设了常态化夜场模式。比如，法国卢浮宫博物馆每周三、周五晚上会延迟到 21：45；2018 年 9 月，中国科学技术馆第一次在夜间打开了大门举办了连续 8 天的“科学之夜”夜场活动；国家博物馆在暑假期间将每周日开放时间延长至 21：00。科普场馆夜场活动这种新型模式将来会逐步在各地开展。在科普场馆创新开展此项活动中要考虑周全，开放夜场不仅仅是简单的延时开放，也是对其运营能力的考验，如果没有准备好，反而会造成无形的资源浪费。所以，要设计符合夜场的专场活动，把科普教育活动有机结合起来，只有这样，才能满足大家在这个时间段的参观需求。在活动针对人群方面，可以借鉴国外科普场馆的活动方式，目前我国的科普场馆夜场活动只是针对学生群体免费开放，下一步还可以把成年人群体考虑进来，进行科学秀、讲座、互动科普游戏等，拓宽科普受众人群范围。

（三）利用现代互联网技术共享科普知识

在现代科技日益更新的时代，科学传播方式已从受众的单向传播转变为多主体开放式交互传播，所以科普场馆要充分利用数字化的新媒体传播科学知识，提升科学文化传播的均衡性和共享度。在原有的广播、电视、报刊等传播媒体上，借助互联网技术扩大宣传平台，开拓科普网站、微信公众号等多种新的传播方式，上传科普微电影、微视频等科普资料，并实时更新上传内容，让没有机会来到科普场馆的孩子或有愿意学习的民众，都可以跨时空分享科普知识，构筑更广阔的教育平台。

三、加强科普场馆专门人才队伍建设

目前我国科普人才面临一些问题：高学历层次的人才偏少，尤其是我国在科技馆的新馆建设增速中，科普人才与科技馆的建设没有进行相对匹配；在新时代科普创新中，科普场馆开展的活动形式越来越多，所涉及的知识面也越来越广泛，所需要的复合型人才缺乏；在职称评定管理中，科技馆行业还没有明确的方向，造成了部分人才的流失。所以科普专门人才相对薄弱，这也是目前各个场馆比较突出的矛盾。截至 2015 年年底，我国有各类科普人才 205.4 万人，其中科普专职人才 22.2 万人，科普兼职人才 183.2 万人，数据显示，每 100 人中有不到 1 个科普人员[2]。因此，加强科普场馆专门人才队伍建设是目前亟须解决的难题。

（一）科普场馆内部考核方式

从提高自身业务水平和能力出发，场馆要经常组织科普人员进行学习，包括专业知识、形体礼仪、普通话水平等，每年进行相应的考核，并组织人员参加全国科普行业内的竞赛，这样可以在实践中锻炼和提升业务水平。

（二）采取“走出去、请进来”的方式

全国科普行业中有行业内的佼佼者，可以组织科普人员到做得好的场馆去学习取经，同行相互交流得到提升；聘请大专院校的专家、学者到科普场馆为大家上课，以学习多方面、多领域的科普知识。

（三）加大对科普人员的奖励倾斜力度

尤其要对在科普一线岗位工作做出突出贡献的人员，在工资待遇、绩效考核、职称评定中有针对性地量化考核和使其享受优先待遇。

（四）尝试实行外包的模式

科普场馆的管理者可以依据《全民科学素质行动计划纲要实施方案

（2016—2020 年）》，加大政府购买科普产品和服务的力度，在正规产业链上，专业的场馆科普人才制作产业链的最顶端，创业与设计，允许第三方服务的加入，可以由第三方公司的人员来做，形成科普场馆创意与服务的产业链条，目前已有部分科普场馆开始实施运行，这样可以解决科普场馆的人才缺乏问题。

四、结语

在全球科普领域踏入新的征程时代背景下，我国的科普场馆事业也将迎来美好的明天。作为科普工作者，要在实际工作中不断总结和完善，紧跟时代步伐，加强科普创新理念和创新方法的研究，不断创新科普工作思路，为推动公民科学素质整体提升而努力。

参 考 文 献

［1］胡德兴. 浅谈科技馆展教内容的设计和设计管理［C］. 中国科普产品博览交易会科技馆馆长论坛论文集，2012：490-492.

［2］郑念，任嵘嵘. 两翼齐飞战略下的科普人才发展与预测［M］//郑念，任嵘嵘. 中国科普人才发展报告（2016～2017）. 北京：社会科学文献出版社，2017.

新时代科普信息化支撑研究分论坛

科技场馆抖音短视频内容创作的现状及改进策略

董　毅

（上海科技馆，上海，200127）

摘要： 在互联网技术迅猛发展的时代背景之下，科技场馆也在开始积极打造互联网端的文化矩阵，几乎每家科技场馆都开设了官方微博、微信，逐步形成建立在互联网端的文化内容分发的“双微”格局。近年来，抖音APP以其自身的技术优势在短视频软件中异军突起，占据越来越重要的地位，并拥有了庞大的用户群体，许多科技场馆也纷纷开通官方抖音号，进入了“双微一抖”的互联网文化分发的新阶段。本文结合抖音APP的传播属性，分析了目前开通官方抖音号的国内39家科技场馆的运营现状，总结了科技场馆抖音短视频的内容创作的现状问题，并提出改进策略。

关键词： 抖音　科技场馆　短视频　内容创作

Current Situation and Improvement Strategy of Tik Tok Short Video Content Creation for Science and Technology Museum

Dong Yi

（Shanghai Science and Technology Museum，Shanghai，200127）

Abstract: Under the background of the rapid growing of Internet technology, science and technology museums are also actively building the cultural matrix through Internet. Many science and technology museums have opened official Weibo and WeChat accounts, and their distribution of cultural content on the Internet have presented a “double-We” pattern. In recent years, with its own technical advantages, short

作者简介：董毅，上海科技馆助理馆员，e-mail：dongy@sstm.org.cn。

video APP Tik Tok（Douyin in Chinese）emerged in short video APPs，showing an increasingly important status， and has a large number of users. Many science and technology museums have opened official Tik Tok account and entered a new stage of “double-We and One Dou”. In this paper，according to the transmission character of Tik Tok，the researcher analyzed the operation status of 39 science and technology museums that have opened official Tik Tok accounts，summarized the current situation of content creation of Tik Tok in science and technology museums，and put forward some suggestions for improvement .

Keywords: Tik Tok，Science and technology museum，Short video，Content creation

移动互联网时代深刻地改变着人们的社交方式、娱乐方式与知识获取方式。中国互联网络信息中心（CNNIC）发布的第 43 次《中国互联网络发展状况统计报告》显示，截至 2018 年 12 月，网络视频用户规模达 6.12 亿人，较 2017 年年底增加 3309 万人，占网民整体的 73.9%。手机网络视频用户规模达 5.90 亿人，较 2017 年年底增加 4101 万人，占手机网民的 72.2%。截至 2018 年 12 月，短视频用户规模达 6.48 亿人，用户使用率为 78.2%。[1]

抖音作为新兴的短视频 APP 发展迅猛，截至 2019 年 1 月，抖音国内日活跃用户突破 2.5 亿人，月活跃用户突破 5 亿人。[2]30 岁以下的用户占比达 52.26%，30～40 岁的用户占比达 38.18%，其他年龄段的用户占比达 9.56%。女性用户占 55%，男性用户占 45%。

从 2018 年起，国内科技场馆纷纷入驻抖音平台，增强了科技场馆互联网内容分发的新形式和新功能。在这样的发展背景之下，本文以进驻抖音平台的 39 家科技场馆为样本数据进行分析，旨在帮助科技场馆提升运营抖音短视频的能力。

一、科技场馆抖音短视频的运营现状

本研究选取的样本数据统计，截至 2019 年 5 月 6 日。国内科技场馆进驻抖音 APP 的有 41 家，通过认证（即账号名称标注蓝 V）的有 39 家。对这些科技场馆抖音号所发布的全部视频进行统计分析，总视频数为 589 条，总点赞数为 1 985 483 余个，总“粉丝”量为 410 516 余人，总转发量为 53 499 余次，总留言量为 11 336 条。根据对相关数据的统计，研究者对科技场馆抖音号的运营现状进行分析，其主要包括以下特征。

（一）开通时间：多兴起于 2018 年 8 月

2018 年 8 月 8～31 日，抖音平台与中国科学技术馆联手，牵头为国内 41 家科技馆进驻抖音平台，并且设置“＃最美科技辅导员”活动主题，给予这些科技场馆抖音号流量带入。在这个契机下，多家场馆纷纷进驻抖音平台，出现了集中迅猛发展的现象。

中国科学技术馆于 2018 年 4 月进驻抖音平台，为同类场馆中最早开始运营抖音号的场馆，运营优势比较明显，后文将详细叙述。

（二）“粉丝”数：不足一成的科技馆账号“粉丝”超过 1 万人

图 1 所示，“粉丝”超过 1 万人的抖音账号为：中国科学技术馆（“粉丝”352 000 余人）、厦门科技馆（“粉丝”20 000 余人）。两馆“粉丝”数占总“粉丝”数高达 91%。“粉丝”突破 1 万人，显示了其场馆的影响力、创作能力，并间接反映了其运营能力。

另有 11 家场馆“粉丝”超过 1000 人，占总场馆数的 28.21%。有 26 家场馆“粉丝”不足 1000 人，占总场馆数的 66.67%。整体来看，大部分场馆吸引“粉丝”的能力不足。

（三）视频的发布总量：整体发布数量不多，个别场馆更新频率不高

截至 2019 年 5 月 6 日，科技场馆类抖音号共计发布短视频 589 条，发布数量较为有限。根据图 2，发布最多的是中国科学技术馆（81 条），其次是青海省科学技术馆（60 条），37 个账号（94.87%）发布数没有超过 50 条，有 3 个账号从未发布过视频。

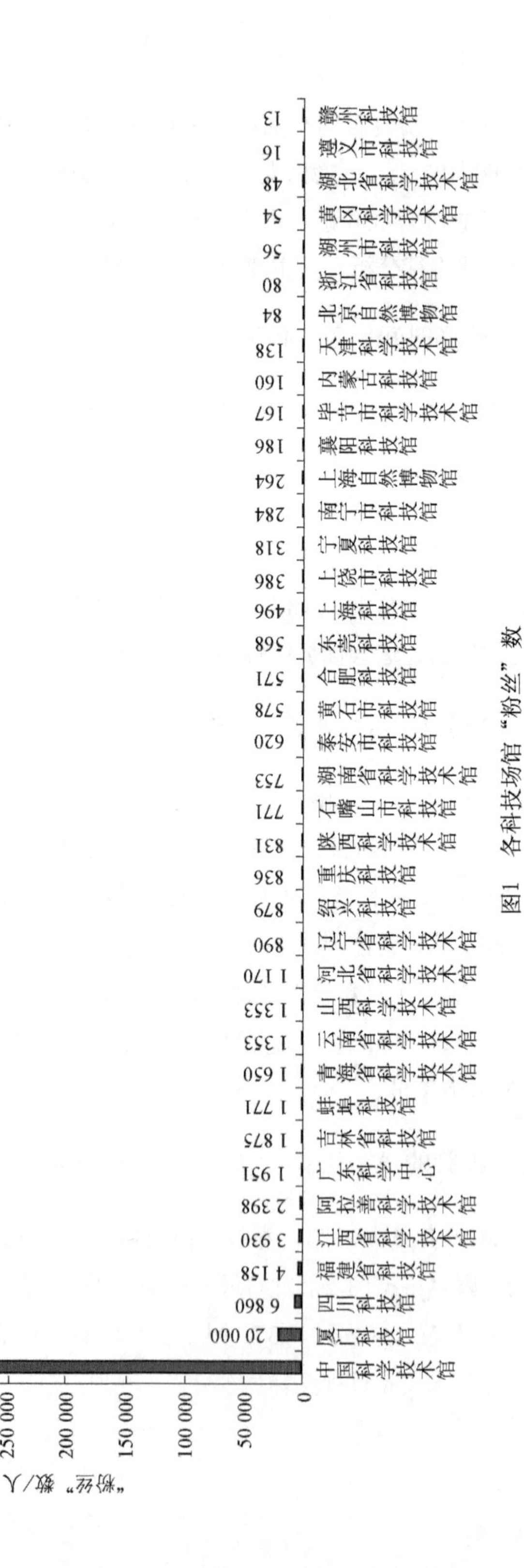

“粉丝”数/人
400 000
350 000
300 000
250 000
200 000
150 000
100 000
50 000
0
中国科学技术馆 352 000
厦门科技馆 20 000
四川科技馆 6 860
福建省科技馆 4 158
江西省科学技术馆 3 930
阿拉善科学技术馆 2 398
广东科学中心 1 951
吉林省科技馆 1 875
蚌埠科技馆 1 771
青海省科学技术馆 1 650
云南省科学技术馆 1 353
山西科学技术馆 1 353
河北省科学技术馆 1 170
辽宁省科学技术馆 890
绍兴科技馆 879
重庆科技馆 836
陕西科学技术馆 831
石嘴山市科技馆 771
湖南省科学技术馆 753
泰安市科技馆 620
黄石市科技馆 578
合肥科技馆 571
东莞科技馆 568
上海科技馆 496
上饶市科技馆 386
宁夏科技馆 318
南宁市科技馆 284
上海自然博物馆 264
襄阳科技馆 186
毕节市科学技术馆 167
内蒙古科技馆 160
天津科学技术馆 138
北京自然博物馆 84
浙江省科技馆 80
湖州市科技馆 56
黄冈科学技术馆 54
湖北省科学技术馆 48
遵义市科技馆 16
赣州科技馆 13

图1 各科技场馆“粉丝”数

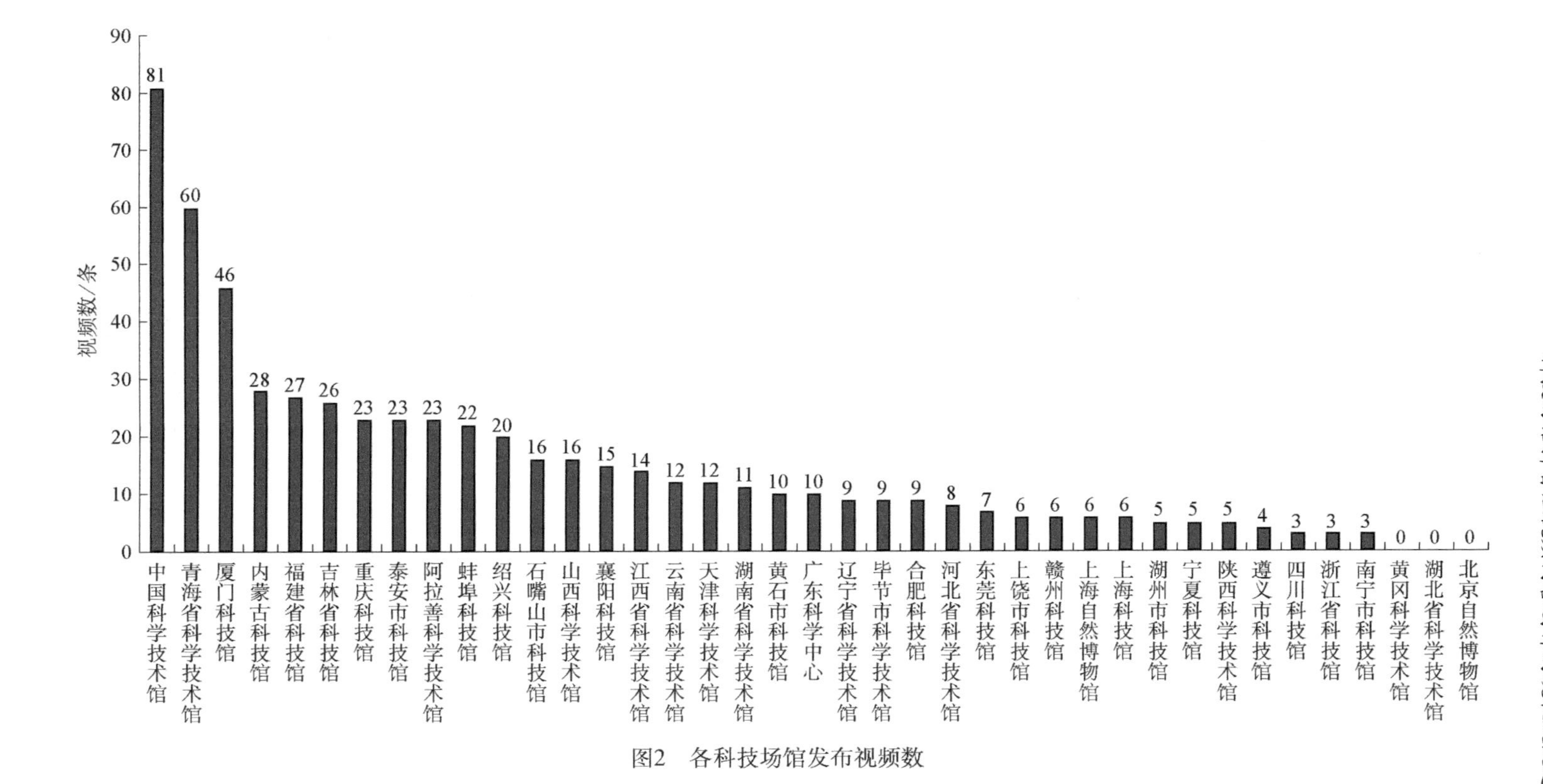

图2 各科技场馆发布视频数

（四）点赞数区间：中国科学技术馆区间比例最为丰富，四川科技馆内容性价比最高

抖音短视频中的点赞是用户最便于操作的使用行为，双击视频画面，或者点击右上角心形图案，即可点赞。此行为从一定意义上表明用户对于视频内容的喜好程度。通过图3，统计得出，单个点赞数在1000以下的视频达442个，占总视频数的75%。视频的整体点赞量不高。

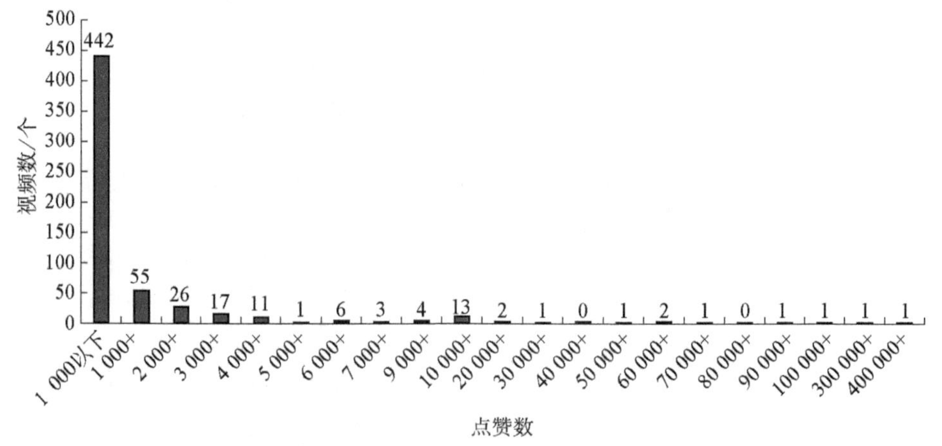

图3　各科技场馆视频点赞数

图4为各个场馆发布的视频点赞占比情况，可以看出点赞数在1000以下的视频数在各自发布的总数中的占比，绝大部分场馆发布的视频内容点赞数在1000以下。

中国科学技术馆发布视频的获赞比例区间最为丰富，共19个区间占比。点赞数1000以下：19个（23.45%），1000+：11个（13.58%），2000+：10个（12.34%），3000+：5个（6.17%），4000+：8个（9.87%），5000+：1个（1.23%），6000+：3个（3.70%），7000+：2个（2.46%），9000+：3个（3.7%），10 000+：9个（11.11%），20 000+：2个（2.46%），30 000+：1个（1.23%），50 000+：1个（1.23%），60 000+：1个（1.23%），70 000+：1个（1.23%），90 000+：1个（1.23%），120 000＋：1个（1.23%），300 000+：1个（1.23%），400 000+：1个（1.23%）。点赞数在9000以上的视频达到22个，

作品的受众喜好程度较高。

四川科技馆总共发布 3 条视频，其中点赞数 1000+：1 个，10 000+：2 个，视频数目排在所有科技场馆抖音号的第 34 位，但总点赞数排在第四位。少而精的视频内容发布，性价比最高。

（五）转发量与留言量：中国科学技术馆账号在运营方面优势明显

转发量、留言量作为用户对视频内容的认可程度，也是用户高度参与视频浏览的评价指标之一，也反映出账号运营与用户之间的互动情况。互动的情况归根到底是由视频内容的质量决定的，而非数量。以青海省科学技术馆为例，视频发布数仅次于中国科学技术馆排名第二位（60 个），但点赞数排名第十二位（9431 个），转发量排名第十位（237 次），留言数排名第十一位（214 条），均在前十之外。

中国科学技术馆在转发量与留言量上优势明显，反映出其较强的运营能力，有利于巩固原有的用户黏度，维持“粉丝”数量（图 5、图 6）。

二、科技场馆抖音短视频运营相关性及内容分析

（一）相关性分析

前文将科技场馆类抖音号的视频发布数量、点赞数、“粉丝”数、留言量、转发量进行描述，现将这几部分进行相关性分析（表 1）。

表 1　各科技场馆抖音短视频的相关情况

	视频数	点赞数	“粉丝”量	转发量	留言量
视频数	1				
点赞数	0.687 241 43	1			
“粉丝”量	0.681 327 13	0.999 786 8	1		
转发量	0.708 062 56	0.988 544 58	0.987 911 06	1	
留言量	0.735 392 7	0.979 939 15	0.976 696 38	0.974 934 26	1

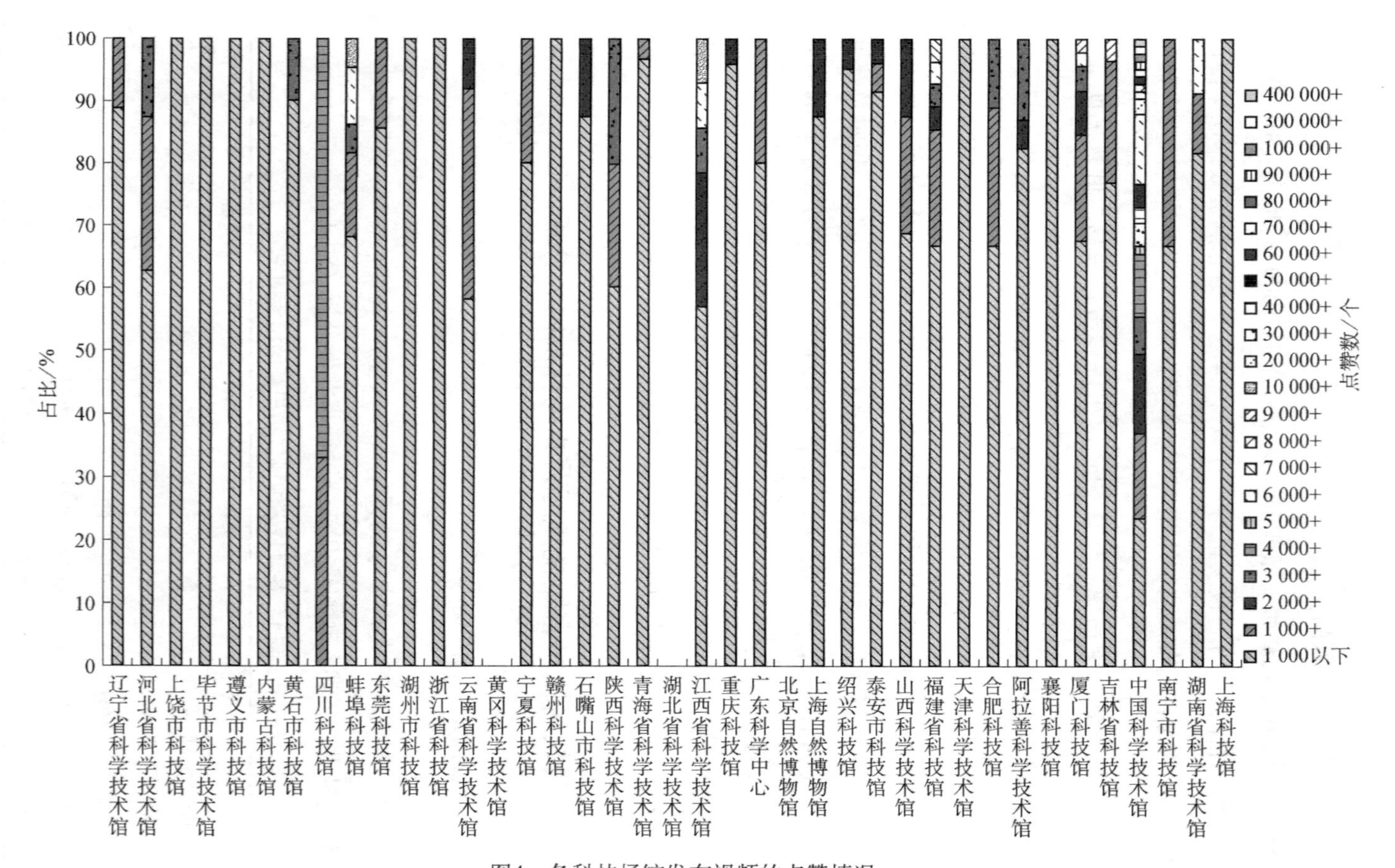

图4 各科技场馆发布视频的点赞情况

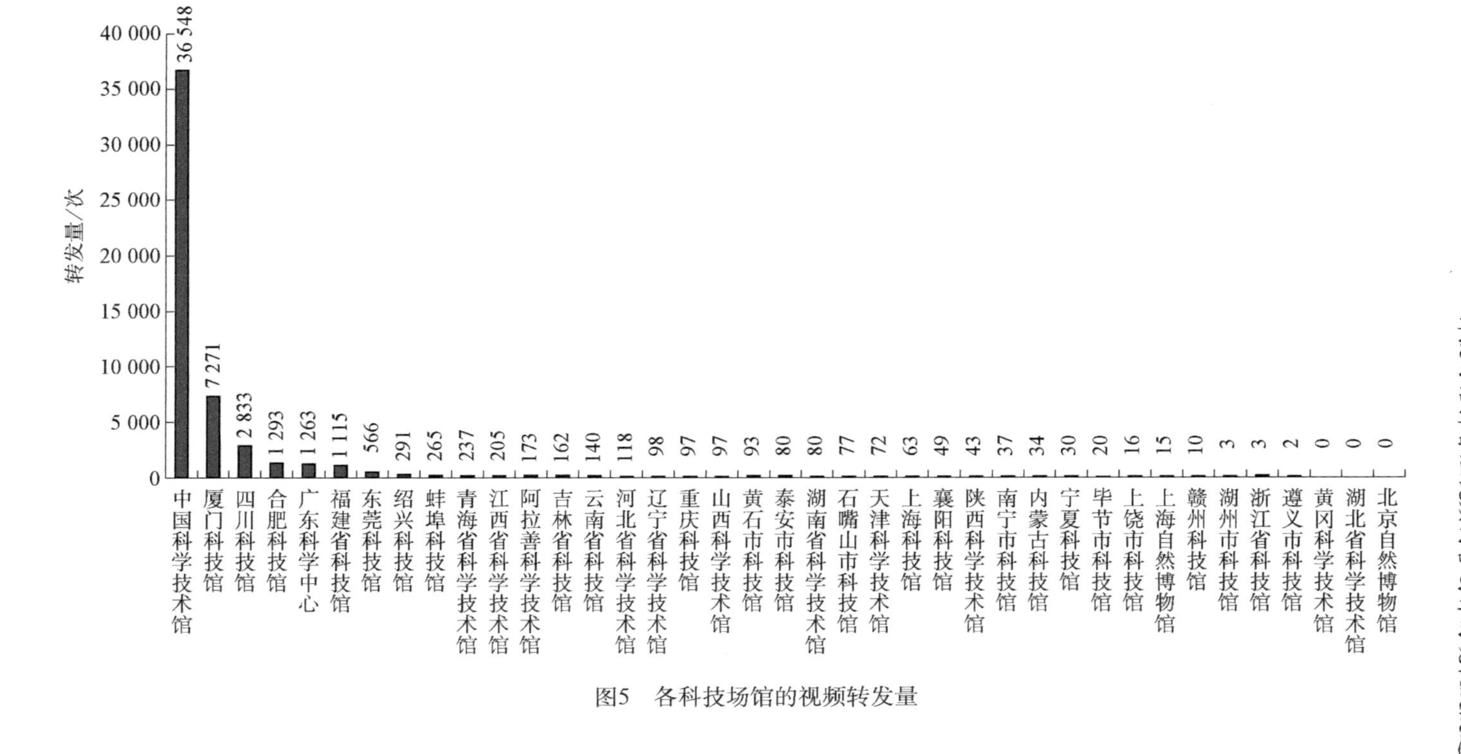

图5 各科技场馆的视频转发量

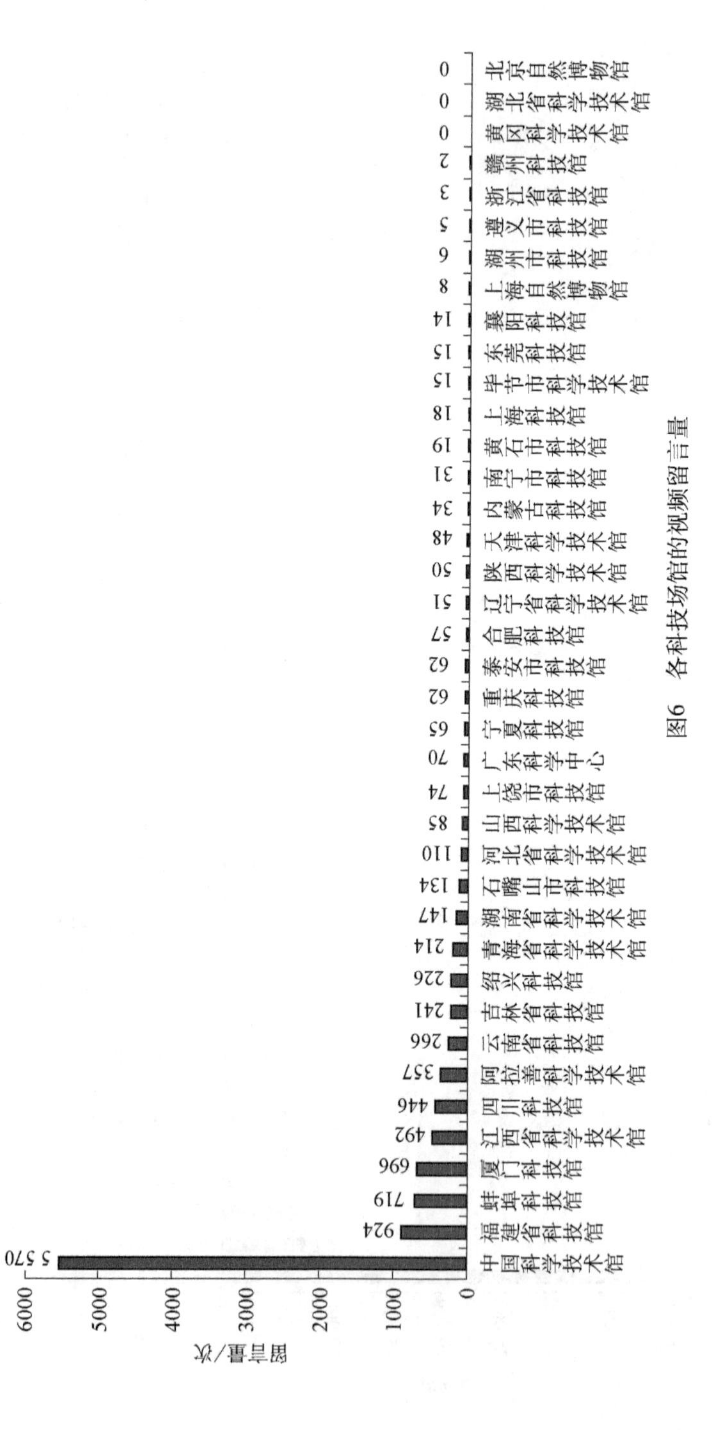

图6 各科技场馆的视频留言量

此 5 个变量之间呈现正相关，并且相关性较强，均呈现一致性。“粉丝”量与点赞数的相关性最高达到 0.999 786 8，“粉丝”量与转发量和留言量的相关性均分别在 0.97 以上，相关性也非常大，说明“粉丝”量对于点赞数、转发量、留言量影响最大。短视频的流量转化方式遵循“内容生产—流量收割—流量转化”的基本原则。[3]“粉丝”量的提升直接由视频内容质量的运营情况决定。

视频数与点赞数、“粉丝”量、转发量、留言量呈正相关，相较于“粉丝”量的相关程度稍弱，但相关性也很高，说明保持一定的视频量，定期更新有利于其他指数的增加。

（二）视频内容分类分析

研究者按照内容对已发布的视频进行了分类，共分成了 15 类，如图 7 所示。

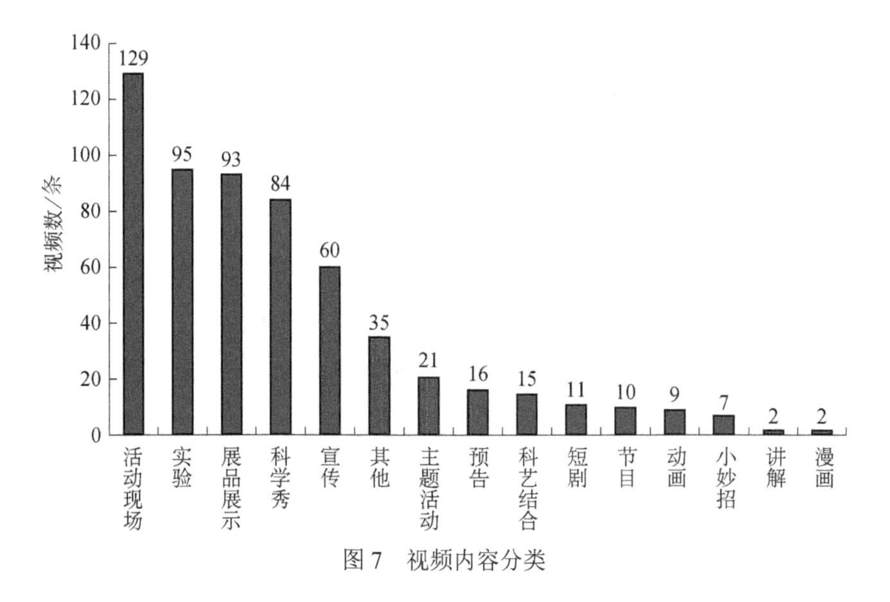

图 7　视频内容分类

对于分类当中排名前七的类别进行分析发现，活动现场类视频 129 条（21.9%），数量最多。活动现场类视频即对活动现场所发生的事情进行记录，抖音给予进驻的科技场馆账号 1 分钟的视频时长。此类视频的创作最方便，也是各个场馆采用最多的一种。但是此类视频内容故事性差，创意不足，剪辑技巧简单，质量难以保证。

其次是实验类视频 95 条（16.12%），此类视频内容是经过设计的实验视频内容，表现形式较好，展示实验准备、实验现象、实验原理等内容，这也是其他抖音号较少涉及的领域。科技场馆在此类别中应占有优势，但发布的实验有重复出现的问题，对于后发布的视频获益效果大打折扣。例如，中国科学技术馆、厦门科技馆、石嘴山市科技馆都发布过“法老之蛇实验”，但最先发布的是厦门科技馆，获得 6.6 万个点赞，220 个留言，1149 次转发；而中国科学技术馆发布最晚，仅获得 67 个点赞，1 个留言，9 次转发。

排在第三、第四位的分别是展品展示类和科学秀类的视频，数量分别为 93 条（15.7%）和 84 条（14.2%）。这是科技场馆特有的内容，对场馆内的馆藏、科学秀活动进行拍摄制作，在平台上发布。从发布情况来看，缺乏视频设计，只是停留在拍下展品进行发布的初级阶段，这一部分内容在日后的运营中有极大的提升空间。

排在第五位的宣传类视频有 60 条（10.1%），主要是对各自场馆的概况介绍、员工风貌、领导出行等方面的摄录。这类视频部分画面优美，剪辑精良，但制作成本高，连续性不足。例如，上海科技馆发布的参赛介绍视频 20 秒，此段视频是参加全国实验展演比赛的参赛视频，涉及员工 5 人，拍摄周期 1 天，剪辑 2 天，摄影师 2 人，灯光 1 人，高清摄像机 2 台及其他辅助设备。制作完成后用于比赛，同时在抖音平台上进行发布。从制作周期、制作成本方面去考量，很难保证连续性，视频主题很难与用户产生共鸣。

其他类视频 35 条（5.9%），主要是员工的搞笑视频、抖音热门挑战活动。此类视频多与抖音热门视频有关，进行模仿与重制。

主题活动类视频 21 条（3.5%），主要是针对法定节假日、中国传统节日推出的视频，追逐时下热点，对流量有一定帮助。但从现有的情况来看，缺乏设计。

三、科技场馆抖音短视频的改进策略

科技场馆有其自身丰富的科技内容的特点，在短视频内容创作上优势明显，但局限性也比较突出。比如，严谨的科学内容如何用娱乐化的方式表达出来，高深的科学技术如何通俗化地展现，公共服务与社会影响如何平衡等。目前，科技场馆抖音号仍处于探索阶段，大部分账号存在定位不清晰、特色不鲜明、运营机制不健全、内容创作乏力、人才队伍紧缺等问题。经过分析总结，提出以下改进策略。

（一）发挥自身优势，增加新闻属性

科技场馆类抖音号可跟进重大突发新闻事件，从科普的角度解读，提升舆论引导力。例如，阿坝州的山火牵动全国，此时推出关于山火的防范、山火为何难以扑灭、森林消防员如何扑灭山火等相关视频，可以在重大事件上发出科普的声音，增加社会影响力。

（二）抓住热点时刻进行内容策划

利用节假日或重大事件的热点性，策划拍摄和上传具有时效性的短视频。围绕这些题材生产的有趣、有创意、有温度的内容，更容易激发用户的情感共鸣，也很容易出现“爆款”产品。目前，节庆主题活动类视频21条（3.5%），可增大此部分的比例，提前进行策划。例如，借助世界博物馆日，国家博物馆联合七大博物馆共同推出主题宣传，推出视频“奇妙博物馆挑战赛”，总播放量达4.27亿，其中《第一届文物戏精大会》视频累计播放量1.18亿次，国家博物馆4天“涨粉”25.4万人，单条视频播放量达1042万次。

（三）有趣+有用

既考虑短视频、视觉化内容的吸引力和通俗性，又强调媒体抖音内容针对本地和全国用户的贴近性、服务性和实用性。例如，人民网的抖音账号推过《成人噎食这样做能救命》视频，视频采用情景扮演的方式，仅用30秒时

间就告知了大家如何处理噎食问题，简单实用。央视新闻抖音账号曾发布《掉进冰窟，如何自救？》，提醒大家规避常见的错误做法，展示了一个人如何完成自救。这样的视频增加了大家的安全知识，“点赞”数相当可观。用户通过“点赞”既表达好评态度，又通过“点赞”完成收藏，建立与发布账号的持久关系。

（四）增强旅游“打卡”属性

抖音短视频有一部分属性是旅游内容的输出，每日在平台上的旅行创作者超过 233 万人，“打卡”是创作者自发上传旅游地视频，并且标明拍摄地坐标，此行为不仅仅是到此一游，还是很好的内容分享与社交行为。抖音平台正在打造“文化＋旅游＋社交＋年轻化”的短视频文旅新思路，2018 年抖音平台国内用户“打卡”2.6 亿次。目前入驻抖音平台的 39 家科技场馆同样也承担着旅游职责。以上海科技馆为例，其既是国家一级博物馆，又是 5A 级旅游景点，2018 年全年接待游客 690.13 万人次，可从“打卡”属性出发，更好地增加科技场馆抖音账号的运营影响力。

参 考 文 献

［1］中国互联网络信息中心. 第 43 次《中国互联网络发展状况统计报告》［EB/OL］［2019-02-28］. http:// cnnic.cn/gywm/xwzx/rdxw/20172017_7056/201902/t20190228_70643.htm.

［2］凤凰网. 抖音：国内日活用户突破 2.5 亿 月活破 5 亿［EB/OL］［2019-01-15］. http:// tech.ifeng.com/a/20190115/45290587_0.shtml.

［3］林功成，张志安，郑亦楠. 媒体抖音号的现状特征和发展策略［J］. 新闻与写作，2019，3：49.

基于因子分析方法的科普能力建设评估

郑　念[1]　吴鑑洪[2]　王　晶[2]　杜　昕[2]

（1. 中国科普研究所，北京，100081；2. 上海师范大学，上海，200234）

摘要： 本文基于科普蓝皮书《国家科普能力发展报告（2006～2016）》中的科普能力发展指数评价指标体系，重点研究了各指标的合理赋权问题。由于指标间较强的多重共线性，我们采用因子分析方法选取几个主要变量，对2017年全国各省（自治区、直辖市）的科普能力计算得分并给出排行榜。所用的二级指标个数为39，超过全部评价对象［即全国31个省（自治区、直辖市）］的数目，不满足因子分析方法所需条件。为此，我们尝试两种解决办法，一是根据变量间的相关程度剔除一部分冗余变量；二是利用合并的科普相关数据（即面板数据），使得变量个数小于样本量。结果表明，后者效果较好，得到的科普能力排名更符合实际。最后，我们也结合主客观赋权方法的各自优缺点进行某种形式的组合赋权，效果更好。

关键词： 因子分析　科普能力　评价指标体系　指标权重

Evaluation of Popular Science Capacity Building Based on Factor Analysis

Zheng Nian[1]，Wu Jianhong[2]，Wang Jing[2]，Du Xin[2]

（1. China Research Institute for Science Popularization，Beijing，100081；
2. Shanghai Normal University，Shanghai，200234）

Abstract: This paper studied the determination of weight of the indicators on the

作者简介：郑念，中国科普研究所科普政策研究室主任，研究员，e-mail：zhengnian515@163.com；吴鑑洪，上海师范大学统计学教授，博士生导师，e-mail：wjhstat1@163.com；王晶，上海师范大学硕士研究生，e-mail：171482067@qq.com；杜昕，上海师范大学硕士研究生，e-mail：1000460439@mail.shnu.edu.cn。

basis of the evaluation index system of China's Popular Science Ability Development Index constructed in the *Report on Development of the National Science Popularzation Capacity in China（2006-2016）*. On account of the strong multi-collinearity among the indicators，this paper adopted the factor analysis method based on the 2006-2017 popular science related data to evaluate and rank the popular science ability of all provinces，municipalities and autonomous regions in China in 2017. The number of secondary indicators used in this paper is 39，which exceeded 31 of all the evaluation objects（i.e. provinces and municipalities in the country）. The direct application of factor analysis could not meet the requirements. Therefore，we considered two solutions：one was to eliminate the variables with high correlation according to the degree of correlation between variables；the other was to use the combined popular science related data（i.e. panel data）to make the number of variables smaller than the sample size，which facilitated the factor analysis. The results show that the latter was more effective and the ranking of popular science ability is reasonable. Finally，we combined the advantages and disadvantages of both subjective and objective weighting methods to conduct some combination weighting and more reasonable results were attained.

Keywords： Factor analysis，Science Popularization ability，Evaluation index system，Index weight

一、引言

自 2002 年《中华人民共和国科学技术普及法》颁布以来，特别是《国家中长期科学和技术发展规划纲要（2006—2020 年）》《全民科学素质行动计划纲要（2006—2010—2020 年）》的颁布和实施，为我国科普事业发展创造了良好的环境和氛围，科普成效显著提升。习近平总书记对科普工作的关注度非常高，曾在“科技三会”上明确指出，科技创新、科学普及是实现创新发展的两翼，要把科学普及放在与科技创新同等重要的位置。加强国家科普能力建设已成为建设创新型国家的一项重大战略任务。据中国科普统计等公开数据，近年来我国科普经费逐年增加，科普人才队伍结构进一步优化，专职人员和科普创作人员持续增长，科普基础设施建设大力推进，承载科普活动的能力不断增强。然而，在公民科学素质方面，仅相当于美国等发达国家 20 世纪 80 年代的水平。因此，进一步做好科普工作，加大国家科普能力建设具有重要的现实意义。

近年来，我国的国家科普能力建设总体上取得了较大成绩，但在提高科普能力建设方面还存在一些明显的短板。比如科普人才队伍建设有待加强，具体表现为高端专业科普人才缺乏，而科普人才是实施科普工作的根本保障和思想源泉。因此，进一步加强科普人才队伍建设刻不容缓。当然，影响科普能力建设的因素还有很多，但哪些因素的影响相对更大？全国各省（自治区、直辖市）的科普能力建设又是否平衡？要解答上述诸多疑问，需要基于历史科普数据对各省（自治区、直辖市）的科普能力进行综合评价，而综合评价最主要的是评价指标体系的建立及指标的赋权问题。

综合目前的研究成果来看，常用的评价指标体系主要以国家科普统计指标为基础，并遵循一定的原则，结合科普活动所涉及的基本要素进行构建。因此，本文的评价指标体系参考《国家科普能力发展报告（2006～2016）》给定的评价指标体系，其中一级指标共 6 个，二级指标共 39 个。在进行综合评价时，指标权重的确定是最重要的工作之一。指标权重反映了指标在评价过程中的不同重要程度，是评价问题中指标相对重要的主观认识和客观反映的综合度量，对指标权重的赋权是否合理将直接影响到综合评价结果的可信度。进行赋权的方法有很多，通常可归为三种类型：一是主观赋权法，主要利用专家的经验判断，包括层次分析法、模糊分析法、专家调查法等，该类方法能够考虑到数据的相关背景和实际情况，使指标的权数具有更现实的意义，但弊端是过分依赖专家的意见，带有较大的个人主观随意性，其客观性及赋权的科学性较难把控；二是客观赋权法，主要方法有变异系数法、复相关系数法、熵权法、主成分分析法和因子分析法等，从定量分析的角度出发，重视了指标数值本身的特征，避免了主观判断造成的后果，但弊端是过分依赖于数据，对指标的具体经济意义重视不够，缺少对评价指标的主观定性分析；三是综合赋权法（主客观赋权法），顾名思义就是主观赋权法与客观赋权法的结合，兼顾了主观偏好及客观信息，同时基于指标数据的内在规律和专家经验对决策指标进行赋权。目前国内学者有许多这方面的相关研究，简略评述如下。佟贺丰[1]等对数据进行标准化之后，结合层次分析和专家打分法确定权重，得到地区科普力度指数。李婷[2]构建了科普能力指标体系与理论模型，采用主成分法对地区科普能力进行了评价。任嵘嵘等[3]利用熵权法-GEM 得到权重，据此计算出我国 31 个省（自治区、直辖市）的区域科普综合得分。张慧君和郑念[4]运用因子分析法确定权重，根据 2011 年数据分析全国各省（自治区、直辖市）科普发展的单向能力及综合能力得分。纵观目前对科普能力发展排名的文献，发现其共同点是只用一年的数据确定权重并进行排名。本文拟采取文献中常用的因子分析这一客观赋权法，并结合实际情况进行完善。

二、研究方法

因子分析是一种降维、简化数据的技术，是主成分分析的推广和发展。它从研究原始变量相关矩阵内部的依赖关系出发，把一些具有错综复杂关系的变量表示成少数的公共因子和仅对某一个变量有作用的特殊因子（即纯粹的扰动项）线性组合而成。简而言之，就是用少数的公共因子反映原来众多变量的主要信息。

假设因子分析统计模型如下：

$$\begin{pmatrix} x_1 \\ x_2 \\ \vdots \\ x_p \end{pmatrix} = \begin{pmatrix} a_{11} & a_{12} & \cdots & a_{1m} \\ a_{21} & a_{22} & \cdots & a_{2m} \\ \vdots & \vdots & & \vdots \\ a_{p1} & a_{p1} & \cdots & a_{pm} \end{pmatrix} \begin{pmatrix} F_1 \\ F_2 \\ \vdots \\ F_m \end{pmatrix} + \begin{pmatrix} \varepsilon_1 \\ \varepsilon_2 \\ \vdots \\ \varepsilon_p \end{pmatrix},$$

简记为：

$$X = AF + \varepsilon$$

其中，$i = 1, 2, \cdots, p$，x_i 一般是标准化量，均值为 0，方差为 1，$F_1, F_2, \cdots, F_m$ 分别表示 m 个不可观测的因子变量，$m<p$，$\varepsilon_1, \varepsilon_2, \cdots, \varepsilon_p$ 是 p 个与 $F_1, F_2, \cdots, F_m$ 独立的纯粹扰动项，$A = \left(a_{ij}\right)_{p \times m}$ 称为因子载荷矩阵。

在经典的因子分析中，对上述模型通常需要做如下假设：

（1）纯粹扰动项之间，以及与所有公共因子之间均相互独立，即

$$\begin{cases} \operatorname{cov}(\varepsilon) = \operatorname{diag}(\sigma_1^2, \sigma_2^2, \cdots, \sigma_p^2) \\ \operatorname{cov}(F, \varepsilon) = 0 \end{cases},$$

（2）各公共因子都是均值为 0、方差为 1 的独立随机变量，其协方差矩阵为单位矩阵 I_m，即 $F \sim N(0, I_m)$。

文献中，人们把载荷矩阵 A 的行元素平方和称为变量共同度，记为 h_i^2

$$h_i^2 = a_{i1}^2 + a_{i2}^2 + \cdots + a_{im}^2,$$

而纯粹扰动项的方差称为特殊值，从而第 i 个变量的方差有如下分解

$$\operatorname{var}(x_i) = h_i^2 + \sigma_i^2, i = 1, 2, \cdots, p$$

显然，方差分解中 h_i^2 越大，表明该变量对因子的依赖程度越高，公共因子能够解释的方差占变量总方差的比例也越高，从而因子分析的效果就越好。另外，载荷矩阵 A 的列元素平方和表明各因子对所有变量方差的贡献程度，即为因子的特征根值。这是衡量公共因子相对重要性的指标，即：

$$\sum_{j=1}^{p} a_{ij}^2 = \lambda_i$$

关于经典的因子分析具体做法在许多教科书或专著中均有介绍，也可利用统计软件直接操作。本文主要参考苏为华[5]第五章第二节关于因子分析综合评价方法的相关介绍，通过如下几个步骤进行实证分析：第一步，对原始数据进行标准化处理（z-score 法），使指标具有可比性；第二步，计算各因子的特征值、方差贡献率和累积方差贡献率；第三步，根据特征值和累积方差贡献率确定因子数目；第四步，进行因子旋转处理，使因子的实际含义更加明确，得旋转后的因子载荷矩阵及相应的因子模型；第五步，计算每个因子的得分；第六步，以各因子的方差贡献率为权数，计算出综合得分；第七步，利用综合得分进行排名，得到最终的排行榜。

三、实证分析

（一）指标体系的构建

为简单起见，本文沿用《国家科普能力发展报告（2006～2016）》中构建

的评价指标体系，这些指标主要以国家科普统计指标为基础，全面结合科普活动所涉及的基本要素，遵循科学性、稳定性、可获得性等原则进行构建，包括科普人员、科普经费、科普基础设施、科学教育环境、科普作品传播和科普活动共 6 个一级指标，细分为 39 个二级指标，具体指标体系如表 1 所示。

表 1　指标体系

科普能力指标	科普人员（*A*）	中级职称或大学本科以上学历科普专职人员比例	*A*1
		中级职称或大学本科以上学历科普兼职人员比例	*A*2
		科普创作人员/人	*A*3
		每万人拥有科普专职人员/人	*A*4
		每万人拥有科普兼职人员/人	*A*5
		每万人注册科普志愿者/人	*A*6
	科普经费（*B*）	年度科普经费筹集总额/万元	*B*1
		人均科普专项经费/元/人	*B*2
		人均科普经费筹集总额/元/人	*B*3
		科普经费筹集总额占 GDP 比例/‱	*B*4
		政府拨款占财政总支出比例/‱	*B*5
		社会筹集科普经费占科普经费筹集总额比例/‱	*B*6
	科普基础设施（*C*）	科技馆和科学技术博物馆展厅面积之和/米^2	*C*1
		科技馆和科学技术博物馆参观人数之和/人次	*C*2
		每百万人拥有科技馆（科技博物馆）数量 /座	*C*3
		科技馆和科技博物馆单位展厅面积年接待观众人次（人次/米^2）	*C*4
		青少年科技馆数量/个	*C*5
		科普宣传专用车/辆	*C*6
		科普画廊个数/个	*C*7
	科普教育环境（*D*）	参加科技竞赛次数/人次	*D*1
		青少年参加科技兴趣小组次数/人次	*D*2
		参加科技夏（冬）令营次数/人次	*D*3
		广播综合人口覆盖率/%	*D*4
		电视综合人口覆盖率/%	*D*5
		互联网普及率/%	*D*6
	科普作品传播（*E*）	科普图书总册数/册	*E*1
		科普期刊种类/种	*E*2
		科普音像制品出版种数/种	*E*3
		科普音像制品光盘发行总量/张	*E*4

续表

科普能力指标	科普作品传播（*E*）	科普音像制品录音、录像带发行总量/盒	*E*5
		科技类报纸发行量/份	*E*6
		电视台科普节目播出时间/小时	*E*7
		电台科普节目播出时间/小时	*E*8
		科普网站数量/个	*E*9
	科普活动（*F*）	参加科普讲座人次数/人次	*F*1
		参观科普展览人次数/人次	*F*2
		参观开放科研机构（含大学）人次数/人次	*F*3
		参加实用技术培训人次数/人次	*F*4
		重大科普活动次数/次	*F*5

（二）基于2017数据赋值权重的因子分析

1. 过程及分析

（1）在进行因子分析之前，我们需要对变量进行相关性分析来判断数据是否适合做因子分析，分析的方法有很多种，如计算相关系数矩阵、巴特利特球形检验及KMO检验等。在对样本进行的KMO检验和巴特利特球形检验中，KMO的值越接近于1，说明变量间的相关程度越强，越适合做因子分析。如果拒绝巴特利特球形检验的零假设（变量间不相关或独立），即变量间有相关性，同样表明适合做因子分析。在这里，我们同时使用KMO检验和巴特利特球形检验，结果如表2所示。

表2　KMO和巴特利特球形检验结果

KMO和巴特利特球形检验		
KMO统计量		Nan
巴特利特球形检验	显著性	Nan

根据表2结果可知，KMO和巴特利特球形检验所得值均为空值，不适合做因子分析，强行做会报错，其原因主要是变量数超过样本量即数据条数。同时我们注意到，变量指标间存在较强的多重共线性的问题。因此，我们将根据变量间的相关性程度，删除相关性特别高的9个变量：政府拨款占财政

总支出比例、年度科普经费筹集总额、人均科普专项经费、科普经费筹集总额占 GDP 比例、科技馆和科学技术博物馆展厅面积之和、广播综合人口覆盖率、科普期刊种类、科普网站数量、参观科普展览人次数，重新检验得到表 3 所示结果。

表 3　删除部分变量后的 KMO 和巴特利特球形检验结果

KMO 和巴特利特球形检验		
KMO 统计量		0.51
巴特利特球形检验	显著性	0

根据表 3 结果可知，巴特利特球形检验的 P 值为 0，即强烈拒绝原假设，表明可以进行因子分析。另一个检验统计量 KMO=0.51，虽效果不是最好，但也基本符合条件。因此，综合上述两个检验结果，可以进行因子分析。

（2）利用 Python 软件对原始数据进行因子分析，一般根据特征值大于 1 或累积贡献率大于 85%的原则选择前若干个因子。由分析结果可以看出，在第 7 个特征根处，特征根大于 1，累计贡献率达到了 81.35%，说明 7 个公因子反映了原始数据的大量信息，因此我们选用 7 个因子进行因子分析（表 4）。

表 4　特征值和贡献率输出结果

	因子 1	因子 2	因子 3	因子 4	因子 5	因子 6	因子 7
特征值	3.2572	2.1497	1.6121	1.5400	1.2830	1.1708	1.0890
方差贡献率	0.3537	0.1540	0.0866	0.0790	0.0549	0.0457	0.0395
累计方差贡献率	0.3537	0.5077	0.5943	0.6734	0.7282	0.7739	0.8135

（3）因子载荷矩阵体现了原始变量与各因子之间的相关程度，为了更好地解释各个公共因子，我们采用方差最大法对因子载荷进行正交旋转，得到旋转后的载荷矩阵（表 5）。

表 5　旋转后的因子载荷矩阵

	因子 1	因子 2	因子 3	因子 4	因子 5	因子 6	因子 7
*A*1	0.300	0.144		0.429	0.368	−0.154	
*A*2	0.209			0.454	0.314		
*A*3	0.390	0.541	0.471	0.189	0.252	0.112	0.172
*A*4	0.332	0.121	0.779	−0.244			
*A*5	0.198	0.345	0.598	0.117	0.118	−0.116	

续表

	因子 1	因子 2	因子 3	因子 4	因子 5	因子 6	因子 7
*A*6		0.217	0.246		0.805		0.247
*B*3	0.757		0.566	0.199	0.108	−0.106	
*B*6			0.319	0.149	0.129	0.163	
*C*2	0.686	0.342	0.233	0.349	0.208		0.350
*C*3	0.307		0.904	0.223		−0.106	
*C*4	0.179					0.153	0.697
*C*5		0.844		−0.114	0.101		
*C*6	0.122	0.414		0.360	−0.108		0.194
*C*7		0.549		0.315	0.377		0.249
*D*1	0.950		0.220	0.137			
*D*2		0.817	−0.147		0.160	0.113	
*D*3	0.131	0.278	0.105	0.164	0.899	0.150	
*D*5	0.102		0.277	0.450	0.240	0.147	0.566
*D*6	0.270	−0.111	0.269	0.848	0.142		
*E*1	0.932		0.211	0.124		0.104	
*E*3	0.402	0.462			0.133	0.543	0.207
*E*4	0.825		0.377	0.172		0.338	
*E*5	0.749			0.104	−0.159	0.227	0.194
*E*6				−0.110		0.609	0.134
*E*7	0.148	0.518	−0.195	0.386		0.441	
*E*8	0.513	0.353		0.427	−0.108	0.547	
*F*1	0.329	0.805	0.327	0.295	0.201		
*F*3	0.419	0.490	0.155	0.393	0.356		0.259
*F*4		0.728	0.184	−0.275		0.124	−0.165
*F*5		0.829	0.161	−0.105	0.173	0.315	0.238

注：部分元素为空格，表示非常接近于 0 的数

（4）根据因子载荷矩阵计算得到因子得分系数矩阵，表中各因子的得分系数即计算公式的权重。通过对 7 个因子变换成 39 个变量的线性组合，将原始变量标准化的值代入就可以计算出各个观测值相应的因子得分。因子得分系数矩阵如表 6 所示。

表 6　因子得分系数矩阵

	A1	A2	A3	…	F5
因子 1	3.018 839 1	2.839 176 7	5.019 056	…	1.974 838
因子 2	2.088 272 1	1.274 962 8	4.975 366	…	5.396 854
因子 3	1.719 554 9	1.605 447 8	3.595 568	…	1.669 294
因子 4	2.655 253 7	2.529 682 4	2.862 496	…	1.156 196
因子 5	2.042 506 1	1.769 462 7	2.724 072	…	1.965 043
因子 6	0.347 345 2	0.387 851 3	1.689 438	…	1.706 83
因子 7	0.768 716 2	0.976 686 4	1.695 072	…	1.363 101

其表达式可表示为：

$$Factor1 = 3.0188391A1 + 2.8391767A2 + \cdots + 1.974838F5$$

$$\vdots$$

$$Factor7 = 0.7687162A1 + 0.9766864A2 + \cdots + 1.363101F5$$

按照方差贡献率加权，可得到因子分析综合评价函数[①]：

$$Fac=(\lambda_1 Factor1 + \lambda_2 Factor2 + \cdots + \lambda_7 Factor7) / (\lambda_1 + \lambda_2 + \cdots + \lambda_7)$$

2. 排名结果

根据所得的综合得分进行排名，如表 7 所示。

表 7　2017 年数据赋权得分及排名

省（自治区、直辖市）	得分	2017 年数据赋权的排名	省（自治区、直辖市）	得分	2017 年数据赋权的排名
北京	1.190 197	1	福建	−0.097 545	17
上海	0.503 288	2	甘肃	−0.101 805	18
浙江	0.436 825	3	江西	−0.131 568	19
江苏	0.424 141	4	广西	−0.134 003	20
湖北	0.302 036	5	山西	−0.149 387	21
四川	0.273 616	6	天津	−0.157 185	22
辽宁	0.265 104	7	内蒙古	−0.171 463	23
云南	0.114 472	8	安徽	−0.173 424	24
湖南	0.110 695	9	黑龙江	−0.221 094	25
陕西	0.105 444	10	宁夏	−0.269 498	26
广东	0.099 633	11	青海	−0.372 497	27
新疆	0.053 231	12	贵州	−0.382 630	28
河南	0.044 150	13	吉林	−0.397 672	29
重庆	0.012 318	14	海南	−0.443 932	30
山东	−0.019 708	15	西藏	−0.628 454	31
河北	−0.083 286	16			

由上述排名结果可知，前 5 名的省市分别为北京、上海、浙江、江苏和湖北。第一名为北京，北京作为我国的首都，是优秀人才的聚集地，经济发达，具有良好的科普环境。上海作为我国重要的经济、交通、科技、工业、金融、会展和航运中心，其科普发展能力排名第二也符合实际情况。显然，科普能力的发展与地区的经济水平、教育环境等存在正相关关系。天津作为几大直辖市之一，经济发展也较好，科普排名却明显靠后。除了从经济与科

① 由于在做因子分析时是对原始数据减去均值再除以标准差进行数据标准化，标准化的数据及加权得到的得分出现负值仅表示排名的位置相对靠后，不具有经济意义或其他实际含义。虽然可通过简单线性变换转换成区间[60 100]的得分数据，以便公众更容易理解和接受，且排名不变，但不能代替原始得分数据，部分信息会有损失。因此，本文保留原始得分数据。

普正相关的角度分析，我们也从数据角度进行分析，由于选取的指标体系中包含的指标均为正向指标，各个指标的数值越高，其综合得分也应越高，排名也就越高。我们仔细查阅了一些省（自治区、直辖市）的原始数据后，发现有排名靠前的省（自治区、直辖市）的原始数据并不比排名靠后的省（自治区、直辖市）的原始数据表现突出。

综上所述，用 2017 年一个年度的数据对指标体系赋权并进行排名所得到的结果并不理想。究其原因可能是：首先，我们做因子分析时，原始数据包含 31 个省（自治区、直辖市）和 39 个指标，因为变量数大于数据条数，所以根据变量间的相关性删除一些相关性较高的变量后再进行的因子分析，导致排名结果与实际情况不太相符；其次，仅用一年的数据进行赋权，缺乏稳定性和代表性。为了解决上述两个问题，下面我们采用多年数据（即面板数据，比如取 T=5）对各个指标进行赋权，并与上述排名对比其合理程度。

（三）基于 2013～2017 年数据赋值权重的因子分析

1. 过程及分析

首先，我们对 2013～2017 年的数据进行 KMO 和巴特利特球形检验，KMO 的值越接近 1，说明数据越适合做因子分析。由表 8 可以看出，数据的 KMO 值为 0.82474，巴特利特球形检验的 P 值为 0，拒绝原假设，两个方面均表明适合做因子分析。

表 8　KMO 和巴特利特球形检验结果

KMO 和巴特利特球形检验		
KMO 统计量		0.824 74
巴特利特球形检验	显著性	0

基于 Python 软件对数据进行主成分分析，由表 9 可知，我们选取使累积方差贡献率大于 85%的因子，最终取得 14 个因子，可以发现，所有因子的特征值也大于 1，基本保留了原始数据的信息，同时变量个数由 39 个变为 14 个，达到了降维的效果。

表 9　特征值及贡献率输出结果

成分	特征值	方差贡献率	累计方差贡献率
因子 1	10.018 339 99	0.256 880 51	0.256 880 51
因子 2	3.711 811 28	0.095 174 65	0.352 055 16
因子 3	2.810 960 46	0.072 075 91	0.424 131 07
因子 4	2.225 638 99	0.057 067 67	0.481 198 74
因子 5	1.986 988 82	0.050 948 43	0.532 147 17
因子 6	1.807 260 95	0.046 340 02	0.578 487 19
因子 7	1.738 078 76	0.044 566 12	0.623 053 31
因子 8	1.733 746 56	0.044 455 04	0.667 508 35
因子 9	1.421 104 61	0.036 438 58	0.703 946 93
因子 10	1.341 988 54	0.034 409 96	0.738 356 9
因子 11	1.328 819 5	0.034 072 29	0.772 429 19
因子 12	1.185 560 37	0.030 398 98	0.802 828 18
因子 13	1.129 853 79	0.028 970 61	0.831 798 79
因子 14	1.046 858 06	0.026 842 51	0.858 641 3

计算得到得分系数矩阵，由于有 39 个原始变量，矩阵过大，不详细列出。按照方差贡献率加权，可得到因子分析综合评价函数：

$$Fac=(\lambda_1 Factor1+\lambda_2 Factor2+\cdots+\lambda_{14}Factor14)/(\lambda_1+\lambda_2+\cdots+\lambda_{14})$$

将此式化简，我们可得每个变量的权重，如表 10 所示：

表 10　2013～2017 年数据赋权所得指标权重

变量名称	化简所得 X 的系数	转换所得权重
中级职称或大学本科以上学历科普专职人员比例	0.022 081 601	0.029 156 41
中级职称或大学本科以上学历科普兼职人员比例	0.002 286 123	0.007 279 416
科普创作人员/人	0.013 550 67	0.026 402 939
每万人拥有科普专职人员/人	−0.001 683 399	0.012 776 976
每万人拥有科普兼职人员/人	0.012 143 957	0.025 679 466
每万人注册科普志愿者/人	0.010 690 613	0.006 552 874
年度科普经费筹集总额/万元	0.022 439 53	0.038 715 566
人均科普专项经费/（元/人）	0.019 224 126	0.036 558 667
人均科普经费筹集总额/（元/人）	0.022 831 892	0.039 331 984
科普经费筹集总额占 GDP 比例/‱	0.021 280 664	0.030 917 129
政府拨款占财政总支出比例/‱	0.024 512 645	0.042 796 261
社会筹集科普经费占科普经费筹集总额比例/%	0.015 096 274	0.026 621 886
科技馆和科学技术博物馆展厅面积之和/米 ^{2}	0.019 453 914	0.027 590 284
科技馆和科学技术博物馆参观人数之和/人次	0.025 899 341	0.039 528 362
每百万人拥有科技馆（科技博物馆）数量 /座	0.014 633 524	0.021 949
科技馆和科技博物馆单位展厅面积年接待观众人次（人次/米 ^{2}）	0.031 307 85	0.056 940 907
青少年科技馆数量/个	0.005 912 96	0.017 651 539
科普宣传专用车/辆	0.014 727 534	0.028 468 866

续表

变量名称	化简所得 X 的系数	转换所得权重
科普画廊个数/个	0.006 576 426	0.007 604 734
参加科技竞赛次数/人次	0.016 896 937	0.036 642 488
青少年参加科技兴趣小组次数/人次	0.012 112 97	0.021 813 507
参加科技夏（冬）令营次数/人次	0.020 539 075	0.022 632 645
广播综合人口覆盖率/%	0.006 363 786	0.021 185 176
电视综合人口覆盖率/%	0.003 333 771	0.014 392 629
互联网普及率/%	0.011 663 531	0.020 735 988
科普图书总册数/册	0.016 031 144	0.040 588 121
科普期刊种类/种	0.016 719 898	0.035 340 543
科普音像制品出版种数/种	0.013 711 923	0.004 082 779
科普音像制品光盘发行总量/张	0.016 268 038	0.034 435 965
科普音像制品录音、录像带发行总量/盒	0.010 453 57	0.023 570 55
科技类报纸发行量/份	0.015 580 087	0.018 529 143
电视台科普节目播出时间/小时	0.010 177 121	0.016 610 472
电台科普节目播出时间/小时	0.009 954 374	0.012 740 189
科普网站数量/个	0.020 305 467	0.037 426 906
参加科普讲座人次数/人次	0.013 816 006	0.028 626 084
参观科普展览人次数/人次	0.020 405 174	0.038 747 482
参观开放科研机构（含大学）人次数/人次	0.000 749 003	−0.003 630 585
参加实用技术培训人次数/人次	0.011 882 459	0.036 119 795
重大科普活动次数/次	0.005 112 738	0.016 886 858

2. 排名及分析

用上文所得权重对2017年的科普能力进行排名，结果如表11所示。

表11　2013～2017年数据赋权得分及排名

省（自治区、直辖市）	得分	5年数据赋权的排名	省（自治区、直辖市）	得分	5年数据赋权的排名
北京	1.489 050	1	河北	−0.099 010	17
上海	0.655 528	2	天津	−0.103 725	18
江苏	0.342 929	3	江西	−0.149 813	19
浙江	0.335 503	4	山西	−0.151 607	20
四川	0.157 369	5	安徽	−0.151 630	21
湖北	0.131 005	6	甘肃	−0.162 980	22
陕西	0.120 964	7	广西	−0.166 731	23
云南	0.110 032	8	内蒙古	−0.172 106	24
广东	0.106 233	9	宁夏	−0.230 369	25
辽宁	0.086 561	10	黑龙江	−0.233 019	26
重庆	0.084 145	11	青海	−0.239 225	27
湖南	0.068 783	12	贵州	−0.356 416	28
河南	−0.029 321	13	吉林	−0.371 990	29
新疆	−0.056 002	14	海南	−0.377 667	30
山东	−0.059 109	15	西藏	−0.515 780	31
福建	−0.061 606	16			

从表 11 的排名来看，北京和上海的排名分别处于全国第一、第二的位置，遥遥领先。排名前十的省（自治区、直辖市）中，有 6 个属于东部地区，1 个属于中部地区，3 个属于西部地区。排名后十的省（自治区、直辖市）中，有 7 个属于西部地区，2 个属于中部地区，1 个属于东部地区。从中东西部地区的分布角度看，上述排名较为合理，东部地区整体来说科普能力较强，中西部地区的科普能力较弱。中部地区中排名前十的为湖北省（第六名），西部地区中排名前十的是四川省（第五名）、陕西省（第七名）和云南省（第八名），这些省（自治区、直辖市）为区域的科普实践龙头，应总结其科普工作经验并推广，带领其他中西部地区推进科普工作的开展。

（四）排行榜比较

将只采用 2017 年 1 年的数据进行指标赋权所得的排名与采用 2013～2017 年的数据进行指标赋权所得的排名进行对比，结果如表 12 所示。

表 12　2013～2017 年数据赋权与 2017 年数据赋权排名对比

省（自治区、直辖市）	5 年数据赋权的排名	1 年数据赋权的排名	省（自治区、直辖市）	5 年数据赋权的排名	1 年数据赋权的排名
北京	1	1	河北	17	16
上海	2	2	天津	18	22
江苏	3	4	江西	19	19
浙江	4	3	山西	20	21
四川	5	6	安徽	21	24
湖北	6	5	甘肃	22	18
陕西	7	10	广西	23	20
云南	8	7	内蒙古	24	23
广东	9	11	宁夏	25	26
辽宁	10	7	黑龙江	26	25
重庆	11	14	青海	27	27
湖南	12	9	贵州	28	28
河南	13	13	吉林	29	29
新疆	14	17	海南	30	30
山东	15	15	西藏	31	31
福建	16	17			

可以发现，采用 5 年数据赋权的陕西、重庆、安徽、天津等地的排名较仅用 2017 年数据赋权的排名有了明显上升，上升比较明显的地区为东部地区，其中变化最大的是天津，排名上升了 4 位。而有明显名次下降的地区为

湖南、辽宁、广西、甘肃。据此可以发现，下降比较明显的均为中西部地区，而其中变化最大的为甘肃省，排名下降了 4 位。结合中东西部地区经济发展状况和原始数据的实际情况，我们认为，采用多年数据赋权所得到的排名结果更为合理。

综上，采用多年数据得到的指标权重，排名结果更加稳定可靠，更加突出了客观赋权的稳定性和客观性的特点，使得综合评价的结果更加准确。

四、组合权重

主观赋权法是专家根据实际的决策问题和自身的经验合理地确定各指标权重的排序，不会出现指标权重与指标实际重要程度相悖的情况，但决策或评价结果具有较强的主观随意性。客观赋权法则根据各指标的联系程度或各指标所提供的信息量大小来决定指标权重，但不能体现决策者对不同指标的重视程度。针对主、客观赋权法各自的优缺点，并兼顾决策者对指标的偏好，同时为力争减少赋权的主观随意性，使指标的赋权达到主观与客观的统一，我们选择组合权重对指标进行赋权，使决策结果真实、可靠。

本文使用 w_{i1} 表示使用 2013～2017 年数据赋权所得权重，用 w_{i2} 表示专家给出的主观权重。w_{i1} 越大，表示该指标提供的信息越多；w_{i2} 越大，表示该指标越重要。只有当 w_{i1} 和 w_{i2} 都大时，我们才认为这个指标比较重要，应当赋予较高的权重。由此，我们定义最后的权重计算公式为：

$$w_i = w_{i1}w_{i2} / \sum_{i=1}^{n} w_{i1}w_{i2}$$

由公式计算得到的组合权重表如表 13 所示。

表 13　组合权重表

二级指标	5 年数据赋权所得权重	主观权重	组合权重	二级指标	5 年数据赋权所得权重	主观权重	组合权重
*A*1	0.0292	0.0433	0.0472	*B*2	0.0366	0.0431	0.0590
*A*2	0.0073	0.0344	0.0094	*B*3	0.0393	0.0343	0.0505
*A*3	0.0264	0.0417	0.0412	*B*4	0.0309	0.0351	0.0406
*A*4	0.0128	0.0361	0.0173	*B*5	0.0428	0.0324	0.0519
*A*5	0.0257	0.0309	0.0297	*B*6	0.0266	0.0242	0.0241
*A*6	0.0066	0.0261	0.0064	*C*1	0.0276	0.0248	0.0256
*B*1	0.0387	0.0455	0.0659	*C*2	0.0395	0.0251	0.0371

续表

二级指标	5年数据赋权所得权重	主观权重	组合权重	二级指标	5年数据赋权所得权重	主观权重	组合权重
*C*3	0.0219	0.0319	0.0262	*E*3	0.0041	0.0117	0.0018
*C*4	0.0569	0.027	0.0575	*E*4	0.0344	0.0108	0.0139
*C*5	0.0177	0.0211	0.0139	*E*5	0.0236	0.01	0.0088
*C*6	0.0285	0.016	0.0170	*E*6	0.0185	0.0138	0.0096
*C*7	0.0076	0.0167	0.0048	*E*7	0.0166	0.0203	0.0126
*D*1	0.0366	0.0236	0.0324	*E*8	0.0127	0.0123	0.0059
*D*2	0.0218	0.0275	0.0224	*E*9	0.0374	0.0251	0.0352
*D*3	0.0226	0.0224	0.0190	*F*1	0.0286	0.0292	0.0313
*D*4	0.0212	0.0138	0.0109	*F*2	0.0387	0.0298	0.0432
*D*5	0.0144	0.0214	0.0115	*F*3	−0.0036	0.0255	−0.0035
*D*6	0.0207	0.0279	0.0216	*F*4	0.0361	0.0289	0.0391
*E*1	0.0406	0.0168	0.0255	*F*5	0.0169	0.0283	0.0179
*E*2	0.0353	0.0118	0.0156				

按照组合权重赋权得分排名可得表14。

表14　组合权重赋权得分及排名

省（自治区、直辖市）	得分	组合权重赋权得分的排名	省（自治区、直辖市）	得分	组合权重赋权得分的排名
北京	2.787 757	1	天津	−0.170 223	17
上海	1.361 597	2	河北	−0.217 021	18
浙江	0.625 732	3	安徽	−0.272 972	19
江苏	0.604 721	4	广西	−0.298 129	20
四川	0.285 226	5	江西	−0.301 884	21
湖北	0.254 291	6	内蒙古	−0.301 969	22
云南	0.227 431	7	甘肃	−0.320 865	23
陕西	0.218 845	8	宁夏	−0.378 008	24
广东	0.129 997	9	青海	−0.379 864	25
重庆	0.125 446	10	山西	−0.404 815	26
辽宁	0.059 721	11	黑龙江	−0.429 312	27
湖南	0.020 082	12	贵州	−0.556 340	28
福建	−0.091 907	13	吉林	−0.679 824	29
河南	−0.098 181	14	海南	−0.700 373	30
新疆	−0.110 653	15	西藏	−0.868 956	31
山东	−0.119 550	16			

把表14与表12中5年数据因子分析客观赋权所得排名进行比较，大部分省（自治区、直辖市）的排名变化不大，前十名和后十名的变化较小，中

间 10 个省（自治区、直辖市）的排名有两三名的浮动，总体变化不大。但组合赋权所得排名更符合实际情况，这说明组合赋权可有效结合主观赋权的实际性和客观赋权的稳定性，使综合评价的结果更加准确。

五、结语及建议

本文基于实际数据情况，通过减少变量（指标）个数或增加样本量（数据条数）两个途径以满足因子分析方法基本条件，计算得到各省（自治区、直辖市）的科普发展能力得分及排名，并结合主观权进行组合赋权，构建更符合实际的科普能力排行榜。结果表明，科普能力与人均 GDP 水平有一定相关性，但某些城市的科普水平远超人均 GDP 水平。另外，各地科普能力差距较大，存在发展不平衡的问题。

随着现代社会的飞速发展，科学知识的普及显得尤为重要，对建设创新型国家的作用也越来越大。各省（自治区、直辖市）应根据自身情况补齐短板，努力提高科普能力，提升公民科学素质。根据本文研究结果，提出如下意见和建议：一是加大对科普能力排名靠后地区的扶持力度，注重将科普资源向科普能力较弱的省（自治区、直辖市）辐射和发散；二是发挥区域科普能力龙头的示范作用，带动科普能力排名靠后的省（自治区、直辖市）发展；三是建设科普大平台，促进全民科学素质建设目标顺利实现；四是政府主导与市场运作有机结合，保障科普事业持续健康发展。

科技创新和科学普及是实现创新发展的两翼，创新是推动我国社会发展的核心动力。只有提高各省（自治区、直辖市）的科普能力，使得科技成果的普及力度达到一定水平，真正激发全社会的创新潜力，才能进一步大幅提升我国公民科学素质水平，快速推进我国创新人才智库建设。同时，要不断完善和发展创新所需的外部环境、设施，以及创新所配套的机制体制，力争在 2020 年如期进入创新型国家之列。

参 考 文 献

[1] 佟贺丰，刘润生，张泽玉. 地区科普力度评价指标体系构建与分析 [J]. 中国软科

学，2008，（12）：54-60.
［2］李婷. 地区科普能力指标体系的构建及评价研究［J］. 中国科技论坛，2011，（7）：12-17.
［3］任嵘嵘，郑念，赵萌. 我国地区科普能力评价——基于熵权法-GEM［J］. 技术经济，2013，32（2）：59-64.
［4］张慧君，郑念. 区域科普能力评价指标体系构建与分析［J］. 科技和产业，2014，14（2）：126-131.
［5］苏为华. 综合评价学［M］. 第一版. 北京：中国市场出版社，2005.

科普讲座在科技博物馆中的现状分析及发展思考

董泓麟　郑诗雨

（重庆科技馆，重庆，400024）

摘要：科普讲座作为一种非常传统的科学传播形式，在许多科技博物馆中都有不同程度的开展。但因组织形式、师资力量、经费等问题，科普讲座的定位及其传播效果都有待进一步提高。本文从讲座实践过程中的具体问题出发，对科普讲座的现状进行分析，主要通过问卷调查、文献研究及案例分析三种方法，在加强内容和形式策划、尝试多样合作方式及组建专业团队三方面对科普讲座的发展提出了建议。

关键词：讲座　科技博物馆　现状　发展

An Analysis of Current Situation Analysis and Thinking about Science Popularization Lectures' Development in Science and Technology Museums

Dong Honglin，Zheng Shiyu

（Chongqing Science and Technology Museum，Chongqing，400024）

Abstract：As a traditional way of science communication，lectures of science popularization have been carried out to varying extents in many science and technology museums. However，due to factors such as organizational forms，lecturer resources，and financial constraints，the orientation of the science popularization lectures and its dissemination effects both need to be further improved. Based on the specific problems

作者简介：董泓麟，重庆科技馆创新发展中心副主任，馆员，e-mail：16744930@qq.com；郑诗雨，重庆科技馆助理馆员，e-mail：403307251@qq.com。

in the lectures, this paper analyzed the current situation of science popularization lectures and proposed suggestions related its development on improving content and format plan, trying various cooperation and building professional team mainly by employing questionnaire survey, literature review and case studies.

Keywords: Lecture, Science and technology museum, Current situation, Development

一、引言

（一）背景

《中华人民共和国国民经济和社会发展第十三个五年规划纲要》中提出，要加快学习型社会建设，构建惠及全民的终身教育培训体系。教育事业的“十三五”规划中也明确指出，要形成更加适应全民学习、终身学习的现代教育体系，其中包括充分利用图书馆、博物馆、文化馆等各类文化资源。2018 年 12 月，中国科协发布了《面向建设世界科技强国的中国科协规划纲要》，将“提升创新文化引领能力”作为五项重大任务之一，其中特别提出要通过加强公众与科学家、专家的互动与对话交流，促进公众对科学、技术、工程等的理解，增强公众对科学的兴趣与认同，不断推动全民科学素质提升。

在我国大力推进终身教育体系、学习型社会构建，以及建设世界科技强国的背景下，博物馆、家庭、社区等非正规教育的地位和作用应得到进一步重视和提高。讲座作为博物馆实现教育功能途径中传统而重要的载体，为公众提供与各领域专家直接对话的机会，博物馆可在其中创新思路、大有作为。

本研究从重庆科技馆科技・人文大讲坛品牌活动在实践过程中的具体问题出发，分析科普讲座在科技博物馆中的现状，对科普讲座的发展进行思考并提出建议。

（二）现状

目前关于博物馆内开展讲座情况的研究并不多。借用对公共图书馆讲座的研究，其开展目的为“以讲座为载体，宣传图书、辅助阅读、助推阅读、传播知识，最终达到吸引更多的人走进公共馆，进而更好地利用馆藏文献信息资源，提高馆藏文献信息资源的利用率，这才是公共馆讲座的最主要的目的”。[1]在科技博物馆开展科普讲座，同样也有吸引更多人走进博物馆，更好地普及科学知识、弘扬科学精神、传播科学思想、倡导科学方法，进而推动全民科学素质提升的目的。

近年来，随着“互联网+”科普的兴起，慕课（MOOC）这类线上开放课程在e-Learning领域的风靡，以及大科普格局的推动，科普讲座的传播也迎来了新的机遇和挑战。一方面，网络大大提高了传播效率，例如，在“典赞 • 2018科普中国”十大网络科普作品中，科普作家李治中关于癌症的一次主题演讲就占有一席之地，该演讲的视频浏览量在首发平台腾讯视频“一席”栏目超过5800万次，图文版阅读量在首发平台微信公众号“一席”超过600万次，在其他平台，如微博、今日头条等转发阅读量达数百万次。另一方面，除博物馆、图书馆等公共机构外，越来越多的社会资源在科学传播方面进行尝试，比如，今日头条主办的“海绵演讲”，果壳网承办的“我是科学家”，一席独立媒体主办的剧场式现场演讲“一席”等，这些丰富的讲座式活动让博物馆举办科普讲座的优势越来越不明显。除此之外，科技博物馆举办科普讲座还面临诸多困难，笔者认为主要有以下四点。

一是，虽然科技博物馆已由业界内外普遍批评的“重展轻教”“有展无教”转变为“重展”更要“重教”，但这里的“教”更多的是指基于展陈研发的“教”，而非展陈之外的“教”，而科普讲座作为科技博物馆中拓展类的教育活动，正是在展陈之外的“教”这一范畴。

二是，由于科普讲座传统的组织形式，其在开展过程中容易遵循“确定主题—邀请专家—开展演讲”的简单模式来执行，而并不认为这同样是需要研发的教育活动，但实际情况是这类活动往往因大规模受众、跨年龄群体等多个因素研发更困难。需要平衡专业和效果之间的矛盾，专业意味着要明确受众群体，效果则意味着需要多结构的受众参与，这对研发人员的综合能力有更高的要求。

三是，“全国各地区公共图书馆讲座发展不平衡还与各地区专家资源分布不均有关，东北、华北、长三角、珠三角沿海经济发达地区拥有大量的教育资源和文化科技资源，在重点院校、科研院所集中了优秀的专家资源。”[2]这样的情况同样存在于科技博物馆，单个馆很难成功邀请到多位省（自治区、直辖市）甚至国外十分有代表性的专家专门参与一次线下活动，即使他们热心科普也会因为科研、教学、学术交流，以及需花费的时间等因素而难以成行。

四是，科技博物馆开展的科普讲座多为公益讲座，其经费来源是政府的财政支出，在十分有限的经费里还需要面面俱到地考虑多项支出，如既要合理尊重演讲嘉宾的知识产权，又要通过多种宣传渠道广而告之，最好还能为受众营造丰富有趣的现场体验。

（三）研究方法

本研究主要有三类方法。

一是依托重庆科技馆科技·人文大讲坛平台开展问卷调查。2017 年 12 月～2018 年 11 月，面向公众发放调查问卷，回收有效问卷 1011 份，对参与科普讲座的受众年龄、参与动机等方面进行调查分析。

二是对图书馆、高校的讲座平台建设，以及 MOOC 在线学习资源的传播进行文献研究，主要选取江苏省教育科学“十三五”规划重大课题、河南省哲学社会科学规划项目等资料进行学习分析。

三是对科普机构及媒体举办的同类活动进行案例分析。重点对果壳网承办的“我是科学家”、一席独立媒体主办的“一席”两个活动进行案例分析。

（四）研究意义

本研究通过问卷调查、文献研究、案例分析三种方法，对讲座类活动在科技博物馆中可发挥的作用，以及实际开展过程中存在的问题进行了梳理，并提出相关对策建议，以此探讨科普讲座在科技博物馆中的可持续发展，对提高科学传播效果有较强的实践意义，对在同类活动中有类似问题的科普机构具有一定的参考价值。

二、研究内容

（一）问卷调查

本问卷分析的数据全部来源于2017年12月～2018年11月向参与重庆科技馆科技·人文大讲坛的受众发起的调查。累计回收调查问卷1044份，其中有效问卷1011份，主要从受众年龄、参与动机、效果评价三个维度进行分析。

1. 受众年龄

如图1所示，活动的受众年龄跨度较大，从20岁以下到50岁以上均有。依次占比最高的两个年龄段分别是30～40岁和20～30岁，且这两个年龄段的总体占比达58.97%。

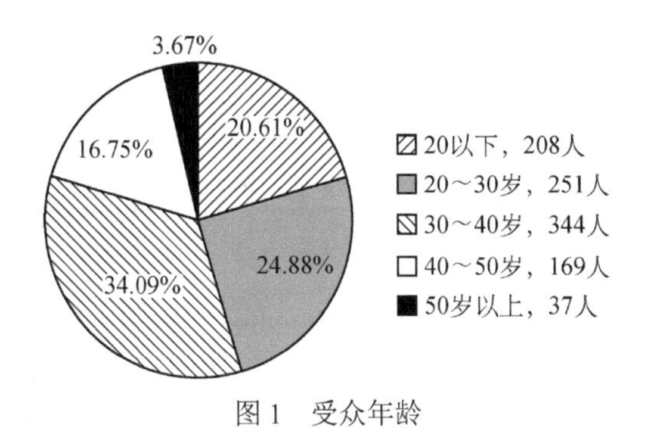

图1 受众年龄

2. 参与动机

如图2所示，各年龄段受众最主要的选择原因都是“喜欢主题和内容”，均超过30%。基于20～40岁这一主要的受众群体再分析其动机，20～30岁最主要的选择原因依然为“喜欢主题和内容”，而30～40岁的选择原因“和孩子一起”占比32.4%，与“喜欢主题和内容”的选项仅相差0.2个百分点。

3. 效果评价

表1所示，从“活动中的内容或观点是否对您有所帮助？”“是否会专门

来馆参加活动？”“是否会向他人推荐活动？”三个问题进行分析，94.00%的受众认为活动内容有帮助，95.31%的受众选择会专门参加活动，98.68%的受众会向他人推荐。

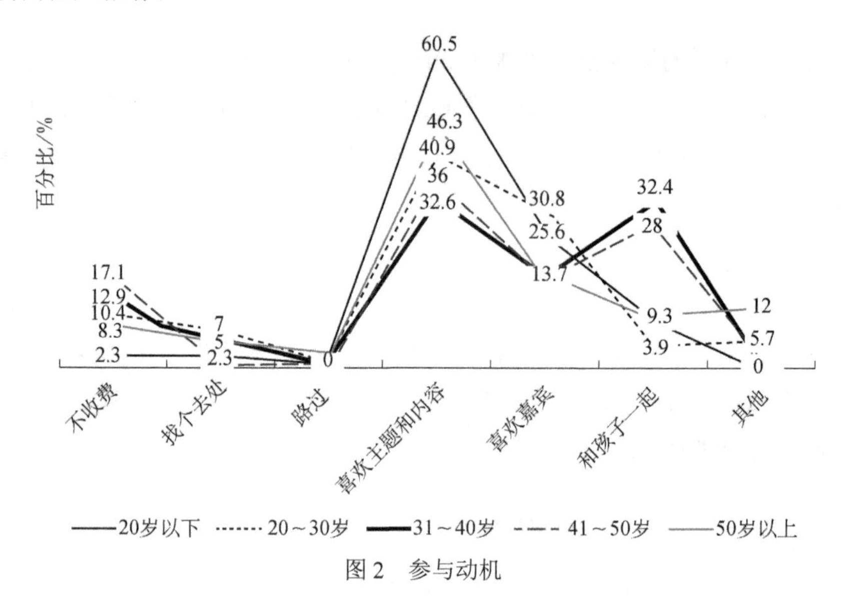

图 2　参与动机

表 1　效果评价

是否有所帮助		是否会专门参加		是否会向他人推荐	
有	无	会	不会	会	不会
94.00%	6.00%	95.31%	4.69%	98.68%	1.32%

（二）文献研究

有调查显示，人在工作中习得的知识有 80%来自非正式学习[3]。公共讲座是一种典型的非结构化学习，也是一种非正式学习，应当在受众获取知识、技能、方法等方面发挥更为重要的作用。由于笔者在文献查阅过程中发现对博物馆，特别是科技博物馆中开展讲座类教育活动的研究非常少，因此分别选取了关于图书馆、高校开展的讲座，以及 MOOC 课程这三种类似的活动论文进行文献研究。

1. 图书馆

大部分省级、副省级图书馆在 21 世纪初已开展了讲座，2000～2005 年发展最为迅猛[4]。2006 年，文化部办公厅下发了《关于深入开展公共图书馆讲座工作的通知》，2018 年我国又颁布了《中华人民共和国公共图书馆法》，分别在政策和法律上为图书馆开展讲座这类公益活动给予指导和保障[5]。一项针对河北省 170 个公共图书馆，以及北京、天津两个直辖市图书馆的调查研究显示[5]，各级公共馆开办讲座的情况并不均衡，这主要与经费投入及师资力量有关系。该研究还以河北省 150 多家公共馆签署的省讲座联盟协议及“京津冀图书馆联盟”为例，建议以讲座联盟带动业务发展，同时建议注重讲座成果整理和衍生品开发，扩大社会影响力，打造具有行业代表性的文化品牌。

关于联合讲座的研究，王丽和程远[6]以湘鄂赣皖公共图书馆联盟开展的巡回讲座为例分析利弊，认为巡回讲座作为四地省馆联盟的突破口，切实整合了各自优秀资源，较好地实现了讲座资源共建共享，有效增强了公共图书馆的服务能力。

2. 高校

高校开展的学术讲座由 18 世纪末 19 世纪初盛行于西方的讲座制发展而来，是高校进行人才培养的一项重要工作，特别是在促进不同学科方向的知识相互交流从而进一步升华为非正式学习方面有重要作用[7]，同时也是研究生需具备的 6 项学术能力中获取学术前沿敏感性的重要方式之一[8]。此外，尹业师[9]认为，专题讲座法在具体课程的应用中受到学生青睐，选课率及出勤率都较高。专题讲座法，是指首先将教学内容进行优化，设为若干个学术专题，然后老师以学术报告的形式将相关专题的基本知识点和最新国内外研究成果与今后发展趋势引入课堂[10]。

但同时，地方高校的学术讲座也存在人气不旺、主题小众、资源不均等许多问题。王妙娅[11]认为，建设地方高校学术讲座资源共享平台能解决当前地方高校学术讲座面临的诸多问题，是开放教育资源理念的有益尝试，符合师生信息摄取特点。该研究在调研多个国内外非营利性和营利性的讲座平台的基础上，从管理制度、标准规范及保障措施等方面为地方高校讲座资源共享平台的建设提出了具体建议，如重视知识产权保护机制及规范录制标准。

3. MOOC 平台

MOOC 是大型开放式线上课程（massive open online courses），因其提倡学习的自由和开放性，被称为“教育界的一场革命”“为促进学习提供了新的机遇和挑战”[12]。然而 MOOC 风靡以来，其高退学率一直备受关注，出现了许多负面评价及相关影响因素的研究。一些研究指出，MOOC 的设计质量是提高完课率最基本和重要的因素，并且细节设计也值得关注[13]。同时，学习过程中的社会互动会让学习者坚持学习，融入学习者群体，增加课程黏性，有效降低退课率[14]，甚至提高在课程论坛上的活跃程度，如发帖和评论数量，也可以显著预测是否能完成课程[15, 16]。

王继元和张刚要[17]以心理抗拒理论为依据，提出了在 MOOC 中“限制学习者自由”的观点。心理抗拒理论是指“人们对自己的行为拥有某种自由，如果这些自由减少或受到威胁时，他们往往会采取规避或对抗的方式，以保护自己的自由”[18]。王继元和张刚要[17]认为，“当学习者体验到较强的感知稀缺性与感知缺乏控制（即自由受到威胁）时，会增强其心理抗拒感，而较强的心理抗拒感会正向影响其对视频讲座的专注程度与持续学习的意向”。感知稀缺性指“由于数量限制或时间限制而导致的对有限供给产品的稀缺感知”[19]，感知缺乏控制指“当学习者在听视频讲座的时候，采取一些限制措施，使其不能自由地控制和调节当前的学习环境，从而感知自由受到威胁并引发心理抗拒感”[17]。

（三）案例分析

选取由中国科协科普部主办、果壳网承办的“我是科学家”，由一席独立媒体主办、汽车品牌别克赞助的“一席”两个案例，主要围绕开展情况、参与方式、传播平台、制作团队四部分内容进行分析。

1. 开展情况

“我是科学家”于 2018 年 7 月首次开展，截至 2018 年 12 月共开展 7 期活动，邀请 35 位不同领域的科技工作者，每期邀请 5 位嘉宾，总时长约 2.5 个小时，每位嘉宾演讲时长在35分钟以内；根据“一席”官网数据，2018年该活动于3～6月分别在6个城市举办6期活动，共邀请94位嘉宾登台，每期9～12位，总时长平均6个小时左右，有时分日场和夜场，每位嘉宾时间约为30分钟（表2）。

表2 “我是科学家”“一席”2018年的活动开展情况

活动名称	全年活动总数/期	全年演讲嘉宾总数/位	单场嘉宾数/位	单场时长/分钟
我是科学家	7	35	5	35
一席	6	94	9～12	30

2. 参与方式

根据“我是科学家”官网信息，受众需要通过其独家报名平台“活动行”APP提前预约，活动不收费，每期名额有限制但人数不等，并且建议成人及12岁以上青少年参加；“一席”官网显示，参加现场演讲需购票，受众在“一席”微店铺购买门票，每期活动票价180～280元不等，活动说明中明确“1.2米以下儿童谢绝入场，1.2米以上儿童需持票”（表3）。需要特别提到的是，“我是科学家”曾作为果壳网2018年“有意思博物馆”的构成内容售票开展。

表3 “我是科学家”“一席”的参与方式

活动名称	是否提前预约	是否收费	是否限制人数	受众要求
我是科学家	需要	偶尔	是	＞12岁
一席	需要	是	未找到相关信息	谢绝1.2米以下儿童

3. 传播平台

“我是科学家”“一席”都提供免费的视频回看，回看页面有专门的版权说明。“我是科学家”每场讲座视频会上传至腾讯视频、优酷视频、哔哩哔哩网站等平台进行再传播，截至2019年7月9日在腾讯视频“我是科学家”专辑上显示的总播放量达429.2万次。“一席”每场演讲视频会在优酷、喜马拉雅、哔哩哔哩网站、“一席”APP、“一席”微博、“一席”微信公众号等渠道进行再传播，截至 2019 年 7 月 9 日在腾讯视频“一席”专辑上显示的总播放量达 4.1 亿次。此外，两个活动都会在微信平台以文字和图片的形式进行活动实录。

4. 制作团队

两个活动讲座视频的后期制作都由专门团队打造。从“我是科学家”视频片尾的工作人员表可见，有监制、制片、导演、策划、项目执行、直播、媒体几项具体分工及人员；从“一席”官网及微信公众号了解，在视频后期制作中会有专业的摄影、摄像师、策划人、剪辑师、导演等参与。

三、结果

（一）讨论分析

1. 开展科普讲座对提高到馆率及提升公民科学素质有积极作用

科技博物馆中的科普讲座作为一类非正规教育环境下的非正式学习，应在传播知识方面发挥重要作用，表 1 显示，95.31%的受众会专门来馆参加讲座，94.00%的受众认为讲坛内容对自己有所帮助，98.68%的受众表示会向他人推荐活动，关于高校讲座的文献中也提到讲座是促进知识交流、获取信息的重要方式。这说明讲座不失为一种吸引更多公众走进场馆及服务全民科学素质提升的有效途径，对提高到馆率、扩大场馆知名度和影响力、发挥场馆职能具有积极作用。

2. 加强内容和形式的策划，会提升受众的参与动机及体验质量

如果仅通过简单邀请专家面向公众讲述来开展讲座，并不能很好地激发公众的参与兴趣。从图 1、图 2 可以看出，讲座的受众年龄跨度非常大，但各年龄段最主要的选择原因都是“喜欢主题和内容”，并且在 30～40 岁这一受众群体中，还有一个重要的选择原因是“和孩子一起”，同时，关于 MOOC 的研究文献也指出，设计质量是提高完课率最基本和重要的因素，在尽量保

证内容有价值和不可替代的基础上，可从适当增加获取难度等方面提高受众的学习意向，这说明内容和形式的策划能否满足不同年龄段受众的兴趣点，对受众是否选择参与活动及能否获得满意的体验有较大影响。通过案例分析发现，“一席”“我是科学家”在这方面有一些共同做法，如表 2、表 3 所示，“我是科学家”平均一月举办一到两次，“一席”平均两月举办一次，都有相对固定的周期和较高的频率，并且在参与名额和条件上都有一定限制，而且两个活动每次都邀请多位嘉宾进行多角度分享，在快速推出新活动的同时保持每次活动都提供多样、丰富的体验，更方便受众根据自身的需求做选择，以及更大概率地获得满意的体验。

3. 多样化的合作方式，能为师资、经费、传播平台提供更大支持

师资、经费、人气是科普讲座的老大难问题。从文献研究可以看出，无论是高校还是图书馆，都通过建立区域联盟或资源共享平台来解决现有讲座存在的师资、经费、人气等问题。在案例分析中也有类似做法，“一席”“我是科学家”都有超过一家参与单位，并且有丰富的媒体资源，通过多个线上平台进行传播，以达到数百倍乃至数千倍于现场受众量的效果，甚至通过品牌冠名来赞助活动经费。这两类情况本质上都是打造一个互利互惠的生态圈，吸引认可规则、有可置换或共建资源及可从中获取符合组织需求内容的成员加入。科技博物馆也可以用更主动积极的作为、更开放包容的态度去看待多样的合作，无论是寻求与高校的合作以提供专家资源，还是与媒体合作扩大传播平台，甚至在行业内发起或带动形成区域联盟，都值得尝试。

4. 团队构成的丰富性及其专业度，是讲座打造优质内容、提高传播效果的有力保障

在“互联网+”科普的背景下，科普内容通过网络进行传播已经是非常普遍的做法，网络也是提高传播效果十分重要的途径。然而“互联网+”科普并非只是把已有内容上传就可以获得良好收益，在关于高校讲座的文献研究中，就专门提到讲座视频的知识产权保护和录制质量要求。再看“一席”“我是科学家”两个活动，都有专门团队运营，且成员组成丰富，分别在策划、

制作、传播等方面各自发挥作用，从两个活动在线上发布的视频也可以看出，其内容连贯、画面稳定、声音清晰，且配有字幕和同步展示 PPT 内容，观感良好，同时有专门的版权说明页面，这些优质、规范的内容离不开专业团队对项目由始至终的把控及多方支持。

（二）研究不足

本文在研究过程中主要有三个问题。

一是对文献研究中提到的图书馆、高校开展的讲座，并未实地考察，也未与其相关负责人进行交流，无法评估研究文献中提出的对策建议的实施效果。

二是问卷调查主要基于重庆科技馆的讲座活动，没有在科技博物馆行业内进行更广泛的调研，样本来源比较单一。此外，下一步还可以对问卷的内容设计、搜集方式进行优化，如考虑到老年人不爱填写问卷而通过其他渠道分析年龄、对受众的参与动机进行更定向的分析等。

三是笔者将文中提到的除高校开展的专题讲座外的其他讲座，都归于在非正规教育环境下开展的非正式学习，这一点可能存在异议。目前对正规和非正规教育、正式和非正式学习的名称、分类和定义有多种不同的研究和理解，笔者指的非正规教育主要是区别于学历教育，非正式学习主要是区别于系统性、组织性的结构化学习。

四、结语

笔者认为，在我国大力推进终身教育体系、学习型社会构建，以及建设世界科技强国的背景下，科普讲座是吸引更多公众走进场馆、提升全民科学素质的有效途径，应对在科技博物馆中开展科普讲座予以更深入的认识。基于对科普讲座在科技博物馆中的现状分析和发展思考，对如何进一步提高科普讲座的传播效果有三点建议：一是加强内容和形式的策划，提升受众的参与动机及体验质量；二是尝试多样化的合作方式，为师资、经费、传播平台提供更大支持；三是组建结构丰富、专业性强的团队，打造优质的科普内容。下一步可针对以上各项建议再进行深入研究，探讨具体路径。

参考文献

[1] 程远. 公共图书馆讲座实践的理性探索 [J]. 图书馆杂志，2015，(6)：33-37.

[2] 兰艳花，单志远. 我国公共图书馆讲座服务实践现状及若干建议 [J]. 图书馆界，2011，(6)：78-83.

[3] 张卫平，浦理娥. 国内非正式学习的研究现状剖析及对策 [J]. 中国远程教育，2012，(13)：58-61.

[4] 苏华. 全国省级、副省级公共图书馆讲座情况调查及分析 [J]. 图书馆与情报，2012，(5)：41-43.

[5] 崔稚英. 河北省公共图书馆讲座服务调查分析 [J]. 图书馆工作与研究，2018，(S1)：28-34.

[6] 王丽，程远. 湘鄂赣皖公共图书馆跨省合作讲座服务可持续发展实践研究 [J]. 图书馆杂志，2018，(12)：64-65.

[7] 衡小红，冯敏，王点. 针对研究生学术讲座开展的利与弊 [J]. 文学教育，2018，(11)：147-148.

[8] 肖川，胡乐乐. 论研究生学术能力的培养 [J]. 学位与研究生教育，2001，(9)：3.

[9] 尹业师."专题讲座法"在大学生素质班教学中的应用——以"现代生物学前沿"课程为例 [J]. 课程教育研究，2018，(44)：156.

[10] 王贵成. 专题讲座研讨式教学法及其应用 [J]. 机械工业高教研究，1998，(2)：41-43.

[11] 王妙娅. 地方高校学术讲座资源共享平台建设研究 [J/OL]. 图书馆建设. http://kns.cnki.net/Kcms/detail/23.1331.G2.20190103.1553.010.html.

[12] Kellogg S，Edelmann A. Massively Open Online Course for Educators（MOOC-Ed）Network Dataset [J] . British Journal of Educational Technology，2015，46（5）：977-983.

[13] 姜强，赵蔚，李松，等. MOOC 低完课率现象背景下的设计质量有效规范实证研究 [J]. 电化教育研究，2016，(1)：51-57.

[14] 张喜艳，王美月. MOOC 社会性交互影响因素与提升策略研究 [J]. 中国电化教育，2016，(7)：63-68.

[15] Freitas S I，Morgan J，Gibson D. Will MOOCs transform learning and teaching in higher education? Engagement and course retention in online learning provision [J]. British Journal of Educational Technology，2015，46（3）：455-471.

[16] Engle D，Mankoff C，Carbrey J. Coursera's introductory human physiology course：factors that characterize successful completion of a MOOC [J]. International Review of

Research in Open and Distributed Learning，2015，16（2）：46-68.

［17］王继元，张刚要. 限制MOOC学习者自由对其持续学习意向的影响机制研究［J/OL］. 电化教育研究. http://kns.cnki.net/kcms/detail/62.1022.G4.20190114.1609.009.html.

［18］Brehm J W. A Theory of Psychological Reactance［M］. New York：Academic press，1966.

［19］Wu W，Lu H，Wu Y，et al. The effects of product scarcity and consumers' need for uniqueness on purchase intention［J］. International Journal of Consumer Studies，2012，36（3）：263-274.

农业科普信息化交互系统的体验式策划方法研究

韩　沫　王　维　刘　海　陈方怡

（北京农业信息技术研究中心，北京，100097）

摘要：在我国农业快速发展的时期，农业产业的职能从单一的种植向服务业转变，越来越多的农业院校、农业科研机构、农业园区相继推出了农业科普体验内容，以让更多普通受众了解农业知识。随着新技术的发展，信息化技术、虚拟现实技术等也在农业科普传播中广泛应用。随着越来越多的农业科普体验交互系统、3D农业展馆、虚拟化农业体验项目的落地，信息化系统在设计内容的科普性、推广性和娱乐性兼容方面十分欠缺，农业知识科普传播深度、广度的把握，能否真正吸引受众，是否能与实际种植场景、实际业务操作匹配，在农业科普系统策划阶段显得尤为重要。

本文以一款葡萄种植机械化科普交互系统为例，讲述一种农业科普系统体验式策划方法的实施过程，从第一次体验农事操作的感受入手，不断提炼特色场景、视角、角色，形成模块，策划者根据模块不同的排列组合方式形成可行性方案，通过与领域专家对接，并遵循客户意图，确定初步方案，并有针对性地搜集资料、细化方案，最终形成一个内容翔实、体验流畅、交互友好的综合性农业科普系统，以提升农业知识的传播力度，增加受众对农事活动操作的兴趣，提升农民的基本素质，为农业科普信息化展示提供重要的策划方法。

关键词：智慧农业　农业科普　体验式策划

作者简介：韩沫，北京农业信息技术研究中心农业数字文创小组科普策划编辑，e-mail：hanm@nercita.org.cn；王维，北京农业信息技术研究中心农业数字文创小组组长，e-mail：wangw@nercita. org.cn；刘海，北京农业信息技术研究中心农业数字文创小组工程师，e-mail：liuh@nercita.org.cn；陈方怡，北京农业信息技术研究中心农业数字文创小组工程师，e-mail：chenfy@nercita.org.cn。

A Study on Experiential Planning Method of Agricultural Science Popularization Informatization Interactive System

Han Mo，Wang Wei，Liu Hai，Chen Fangyi

（Beijing Research Center for Information Technology in Agriculture，Beijing，100097）

Abstract： In the period of rapid development of agriculture in China，the function of agricultural industry has turned from single planting to service industry. More and more agricultural colleges，agricultural scientific research institutions and agricultural bases have launched the experience content of agricultural science popularization to help more ordinary audiences understand agricultural knowledge. With the development of various new technology，information technology and virtual reality technology are also widely used in agricultural science communication. Given more and more interactive systems of agricultural science popularization experience，the practical use of 3D agricultural exhibition hall and virtual agricultural experience projects，there shows a lack of compatibility of science communication，popularization and entertainment when designing the content of the information system. At the planning stage of agricultural science popularization system，it is particularly important that the depth and breadth of the agricultural science popularization can attract the audience or not，and whether it can match with the actual planting scene and actual business operation.

Taking an "interactive system of grape planting mechanization science popularization" as an example，this paper described the implementation process of an agricultural science popularization system experiential planning method. Starting with the experience of the first agricultural operation，it constantly refined the characteristic scenes，perspectives，roles，and forms modules. The planners formed the feasibility scheme according to the different arrangement and combination of modules by docking with experts in the field according to the customer's intention. Then the preliminary scheme was finalized，and the targeted data collection and detailed scheme were made. Finally，a comprehensive agricultural science popularization system with detailed content，comfortable experience and friendly interaction was formed，which was convinced to enhance the dissemination of agricultural knowledge，increase the audience's interest in the operation of agricultural activities，improve the basic knowledge of farmers，and provide an important example for the curation method of displaying informationized agricultural science popularization.

Keywords： Intelligent agriculture，Agricultural science popularization，Experiential planning

笔者查阅了相关基础资料，了解到在葡萄种植过程中，需要经历的农事操作步骤大概为：春季扒藤、上架绑藤、施肥作业、喷施药剂、收获及越冬埋藤，通过与种植户、经销商调研，机械化使用主要为提高劳动效率、标准化生产，因此，体现机械化高效、环保成为该系统的主要策划目标（表1）。

表1　葡萄种植机械化科普交互系统策划目标分析

机械化使用原因	策划主要目标	策划次要目标
农村人口减少，一个农民管10个大棚，劳动力严重不足	表现人少但管理得当的场景	宣传产地品种
与当地经销大户签订合约，标准化生产必须使用配套农机	表现标准化生产的场景	宣传特色葡萄农产品
葡萄绑藤工作量大，需借助仪器	表现绑藤使用机械和未使用机械的差别	展示及推广机械设备
延庆及张北地区天地寒冷，需抢在霜冻前进行葡萄埋藤	表现埋藤机械使用和未使用的差别	展示及推广机械设备

依据策划目标，机械化生产是一项综合性强、贯穿整个生育期的行为，结合该系统特点，必须选择重点环节作为该系统的交互部分，主次分明，才能抓住受众。因此，笔者在20位农民、5位专家和100位普通玩家中进行调研，受访者选择自己希望体验的环节。调查问卷显示，在农民受访者中，对埋藤作业、绑藤作业最感兴趣，比例达到45%、40%；在领域专家受访者中，对施肥环节关注最多；在普通玩家受访者中，对葡萄采摘的关注度最高（图1）。

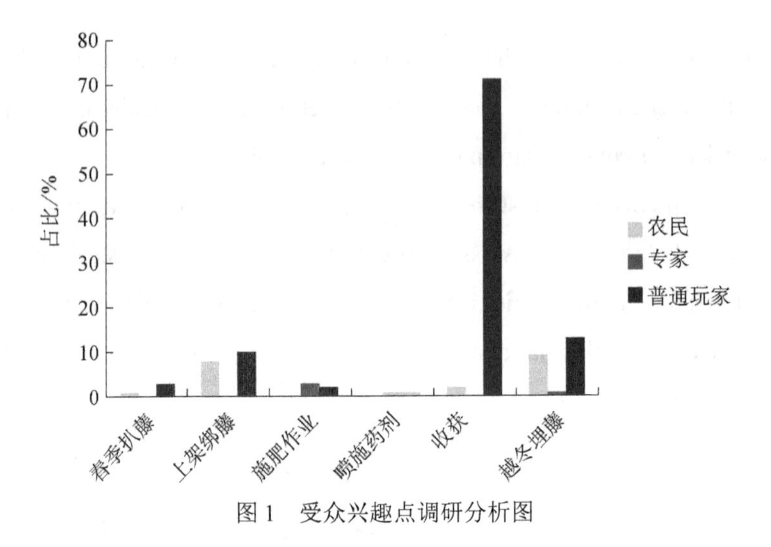

图1　受众兴趣点调研分析图

在供给侧结构性改革的背景下，农业产业转型快速，面向农民、市民的农业科普形式早已摆脱了展板、画报的传统模式，向具备交互性、参与性的体验式系统方向发展[1]。随着对系统功能的需求越来越高，智慧化科普策划成为重要的环节。

农业科普互动体验通常分为农业科普系统、农业科普影院、农业互动场馆等，常用于大型旅游农业园区、农业会展、科普活动、培训会等[2]，体验时间一般为3～5分钟，相较于传统大型系统，农业科普体验系统更突出实操性、动手性，其盈利手段通常为农业园区互动项目收入、农业会展品牌推销盈利或农民培训教材费用等。基于上述特点，笔者运用了一种体验式策划方法，以葡萄种植机械化科普交互系统为例，通过体验式资料搜集、体验元素设计、元素排列组合等过程，总结了一套利用信息化手段，在农业科普体验系统应用领域的策划方法。

一、葡萄种植机械化科普交互系统背景与目标分析

（一）背景分析

我国北京市延庆区成功申办第11届世界葡萄大会，世界葡萄大会由国际园

艺学会（ISHS）主办，是全世界葡萄领域最高级别、参会国家最广泛的学术盛会[3]，北京市在筹办世界葡萄大会过程中，秉承“一个盛会带动一方产业”的原则，建设了一座 3500 亩的世界葡萄博览园，将传统学术会议打造为集中国葡萄产业展示、主题农业休闲观光于一体的综合型盛会。会议主办方提出，需要建设若干互动性强的葡萄主题交互系统，作为世界葡萄博览园后续展示提升的补充。

在葡萄产业发展中，由于葡萄种植季节性强，生产环节多而复杂，农艺要求严格，传统的手工种植葡萄效率低、质量差、费用高[4]，运用机械化手段种植葡萄，提高产量、降低成本，成为我国葡萄产业发展的必然趋势。因此，选择葡萄机械化种植过程制作交互系统，向受众展示葡萄产业的机械化水平，体验农业机械的高效快捷，培训职业农民将会收到良好的效果。

（二）策划目标

基于上述背景分析，葡萄种植机械化科普交互系统包含三个特点：第一，在科普体验过程中，展现我国葡萄机械化种植水平；第二，系统要生动有趣，可作为主题展览园区一个重要的展项，用科普带动葡萄产业发展；第三，科普体验结束后，受众确实可以掌握一定的机械化用具使用方法，作为培训种植户的工具乐于体验，获得收获。

通过专家提供的技术环节知识和对葡萄机械化种植的表现优势，最终确定了机械化埋藤和机械化绑藤作为系统重要交互环节（表 2）。

表 2　葡萄机械化种植表现优势分析

体验环节	机械化	人工	表现优势	展示方式
春季扒藤	无	藤蔓一般为 6～8 年老桩，高度为 2～3 米，20～30 斤一株，现阶段只能人工出土	该阶段无表现优势	引用国外先进机械化技术，作为国内参考
上架绑藤	绑藤机可对枝蔓直接进行固定	需人工一手握住枝蔓，一手用线绑住，其效率是机械化的 1/3，并且容易划伤手指	该环节藤蔓的位置、绑藤的手法都是很好的体验	设计为交互系统，突出绑藤位置和绑藤机
施肥作业	将肥料按一定比例投入施肥机，进行搅拌后喷洒	施肥机更均匀地将肥料施撒，但效率并不比人工高太多，只是质量相对较高	该环节无特殊效果，传统展示即可	传统视频展示
喷施药剂	将药剂按一定比例投入喷药机，进行搅拌后喷洒	喷药机更均匀地将肥料施撒，但效率并不比人工高太多，只是质量相对较高	该环节无特殊效果，传统展示即可	传统视频展示

续表

体验环节	机械化	人工	表现优势	展示方式
收获	无	葡萄为易破损水果，国外的酿酒葡萄通常使用机械收获	该环节无表现优势	引用国外先进机械化技术，作为国内参考
越冬埋藤	越冬埋藤过程中，运用埋藤机械可直接对老桩进行埋藤作业	人工需要用铲子将土铲到藤蔓上并压实，是机械化操作的1/3	该环节可体验坐在大农机上的精细化作业，体验粗犷农业和精细操作的强烈冲击对比	设计为交互系统，突出埋藤的高效

二、关键系统环节体验式策划流程

本部分以埋藤操作环节为例，讲述体验式系统的策划过程。在笔者以往撰写策划方案时，通常先搜集大量相关文献，学习有关农机的工作原理、工作过程，甚至成为该领域的研发专家，然而最终的策划方案与核心主题相悖，烦冗拖沓，毫无吸引力。但基于农业科普系统性质决定受众在系统中停留时间较短，抓住受众的第一感受至关重要，有了吸引力的系统才会继续延伸更多价值。因此，对于策划来说，更重要的感受应该是农业活动的初体验。做好初体验，将体验设计到系统中，系统就会更生动、更有趣（图2）。

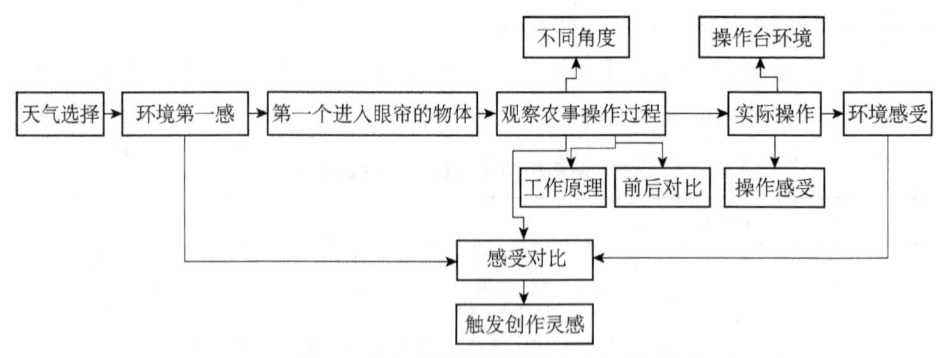

图2　农业科普策划初体验流程图

（一）初体验农场调研

第一次到达埋藤操作场地前，笔者了解了当地的天气情况，选择了该地区常规天气，不能选择极端天气（表3）。

表 3　埋藤系统“初体验”工作情况

<table>
<tr><td colspan="2">体验时间</td><td colspan="4">2014 年 10 月 15 日</td></tr>
<tr><td colspan="2">当日天气</td><td colspan="3">微风</td><td>典型天气</td></tr>
<tr><td colspan="2">体验项目</td><td colspan="4">埋藤</td></tr>
<tr><td rowspan="2">环境情况</td><td rowspan="2">吸引点</td><td colspan="2">典型场景</td><td rowspan="2">机械组成</td><td rowspan="2">埋藤过程</td></tr>
<tr><td>埋藤前</td><td>埋藤后</td></tr>
<tr><td>蓝天白云，远处高山，雪顶</td><td>整齐的场景，看到藤蔓在地上</td><td>裸露藤蔓</td><td>不见藤蔓</td><td>驾驶舱</td><td>上车、开动埋藤</td></tr>
</table>

本次调研共分为 3 次，每次 3 组身份人员（本项目选择领域专家、种植户、非农专业学生），每组 3 个人共 27 名不同身份的受众，不同年龄、职业的人观察事物的方式不同，表达的兴趣点也不同。到达场地后，受众佩戴专业仪器，记录心率，并分别记录场景、观察埋藤及体验埋藤过程的感受，记录时保证真实、具体（图 3）。

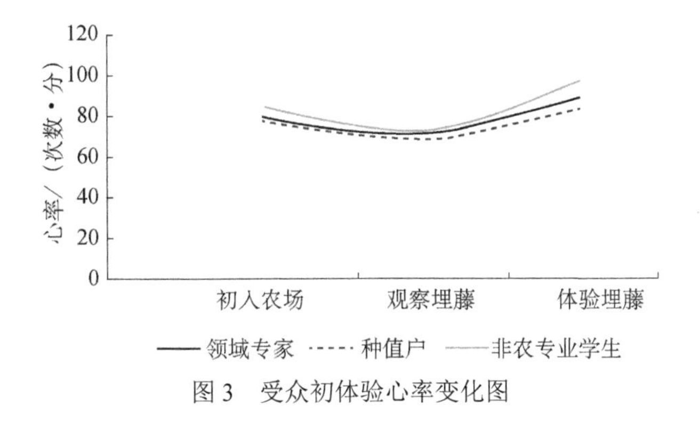

图 3　受众初体验心率变化图

根据不同受众感受记录归纳表显示，在初入农场、观察农事活动和亲自驾驶农机三个环节中，不同身份、不同年龄的受众产生的感受完全不同。在体验者的表格中可清晰地看到，在农事活动的每个环节，领域专家注重的是农场规模化、农机使用规范化；种植户注重的是驾驶环境和感受；非农业专业学生注重的是怎样通过平衡完成埋藤任务（表 4、图 4）。为了更好地科普大众，策划中要以非农专业学生的需求为主需求，合理结合专家和农户需求形成方案。

表 4　不同受众感受记录归纳（一次体验）

受众群体		初入农场	观察埋藤	体验埋藤
专家	A	环境整齐、葡萄种植好、根茎粗壮	埋藤速度、埋藤效果好，伤及葡萄根部	操作简便，伤及土壤、作用机理、与人工相比
	B	标准化生产、葡萄品种、埋藤方式	农机操作原理、根部怎样避免伤害	埋藤速度、埋藤效果
	C	葡萄生长时期、葡萄种植规模	埋藤机理、伤及根部	埋藤速度、埋藤操作简便
种植户	A	葡萄产量、葡萄品种	作业伤及葡萄根部、埋藤效果	农机价格、操作步骤是否简便
	B	葡萄规模、葡萄储存方式	是否能埋好、一次性成功率	60 周岁以上人员是否可以操作
	C	农机库存放、农机租赁方式	个人操作一天的工作范围，适合哪种葡萄	成本问题、拖拉机马力问题、效果问题
非农学生	A	葡萄藤的样子、埋藤机的样子	埋藤过程、土下的样子	行走方式颠簸、操作方式与一般的系统不同
	B	第一次看到葡萄藤蔓	希望知道具体原理、土下的样子	比想象中难操作、颠簸
	C	埋藤机巨大、葡萄藤样式	埋过后藤蔓状态、埋藤过程	不能很好地掌握方向、埋藤效果查看

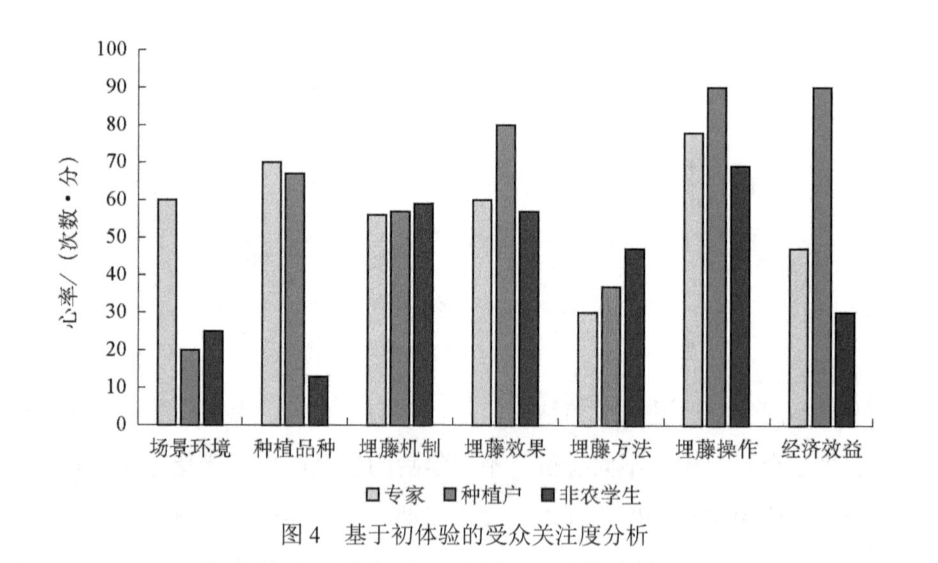

图 4　基于初体验的受众关注度分析

（二）基于初体验的关键要素设定

基于系统吸引力分析和对系统场景组成的分析，笔者将系统策划分为三个重要的部分，包含场景设定、角色设定、视角设定。

1. 场景设定

对场景设定元素的提取中，笔者从受众初体验关注度分析表格中选取了关注度均在50%以上的三个环节：埋藤操作、埋藤效果、埋藤机制，通过与知识的结合，将三个环节的场景表现进行了提取，确定了操作仓、土壤、埋藤机三个元素。在操作仓视角，受众进行埋藤操作，第一视角亲身体验埋藤过程；在土壤内视角，是受众肉眼看不到的地方，但可以展现土壤中的变化、埋藤前后葡萄藤蔓的变化；在埋藤机行走视角，可观察埋藤机械作业原理、机械效率（图5）。

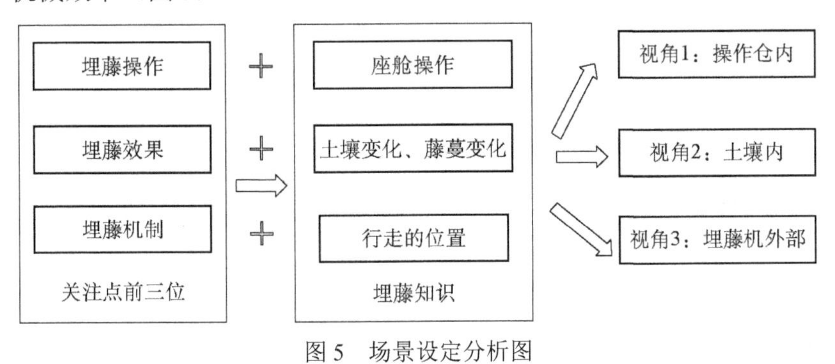

图5　场景设定分析图

以埋藤机视角为例，具体描写的内容应该是“秋高气爽的10月，坐在埋藤机上，距离地面3米高，藤蔓在脚下犹如一条条小蛇，开动埋藤机，身体会随着地面的凹凸晃动，要在这庞然大物和剧烈晃动中操作扳机，把下面的藤蔓埋好，是一件艰难的事情，但比起用沉重的铁锨埋藤，它就轻松了很多”。在这种富有浓厚感情和画面感的描述下，提出了埋藤机的外观、与地面的距离、埋藤作业自身感受，以及与人工作业的区别。绘制出相应典型的场景，这样的场景和细节描述，真实、详尽且富有冲击力。

2. 角色设定

在系统中，好的角色不仅可以成为玩家的化身，还可以充当玩家与知识之间的桥梁，需要普及的农业知识、重要的农事操作讲解都需要活灵活现的角色。依据场景的设定，在每个场景中，要设定一个带入场景的角色，操作仓内场景设计角色为开埋藤机的农民，农事活动操作者的身份为玩家的本身身份，是基础的培训所需要的模块，选择农民角色是符合日常埋藤真实的设计；土壤中的带入角色设计为蚯蚓，通过蚯蚓的视角，了解机械化对环境可持续发展的作用，蚯蚓可以进入土壤，是真实知识的设计；设计角色葡萄藤蔓本身，葡萄藤蔓是可以和埋藤机发生关系的，埋藤的机理也只有藤蔓可以看到，并通过水果本身，还可以体现机械化埋藤的优势。要设计符合角色身份的语言、肢体动作等，给角色赋予性格，一个经典的语言、一个肢体动作，都能成为该系统的亮点之作（图 6）。

属性：系统操控者
任务：完成埋藤任务，躲避风险，最终实现埋藤成功
性格：坚忍不拔、勇往直前

角色 1：操作者（玩家本身）

属性：农场益虫
任务：系统过程中设置阻碍，带领受众了解葡萄根部性状、土壤结构、埋藤情况
性格：需要精心呵护，热心介绍科普知识，是土壤与人的桥梁

角色 2：爬虫（蚯蚓）

属性：葡萄藤蔓
任务：通过葡萄自身的感受，突出埋藤机的优势所在
性格：本身冷漠，但基于埋藤机的到来，变得热情，是埋藤作业效果与人沟通的桥梁，也可以对比人工埋藤的劣势

角色 3：（葡萄藤蔓）

图 6　基于系统策划主要目标的角色设定

图片仅为示意图

3. 视角设定

提升系统吸引力和传递科普知识的另一点是画面表现力和冲击力，在农

业科普系统中，画面的冲击力不是夸张的造型、绚丽的颜色，而是受众从未见过的农业景观，如作物的根系、呼吸作用的气孔或者土壤中调皮的微生物，将这些视角的内容制作得惟妙惟肖，可大大提升系统的视觉体验。基于场景与角色的选择，在视角的设置中，要最大限度地展示知识内容，展现画面内涵，因此选择蚯蚓视角，观察土壤中葡萄根部的变化、埋藤后的变化；玩家视角呈现的是怎样在高处进行埋藤作业的过程，从葡萄视角则可以清晰地观察到埋藤机的刀片是怎样切土并抛向罩壳的过程，好的视角会让受众沉浸于此时，在不知不觉中学习和体验了丰富的农业知识。

（三）系统规则的关键要素组合

系统规则的关键要素是系统策划的横向内容，要在纵向维度上将其进行有机组合，不同的组合产生的效果和受众面均不同。以机械化埋藤为例，策划先在空间内将体验操作后分析的场景、视角、角色在类真实的场景中标注出来，标注完成后就会发现，系统的主体界面已经呈现在了眼前（图 7）。

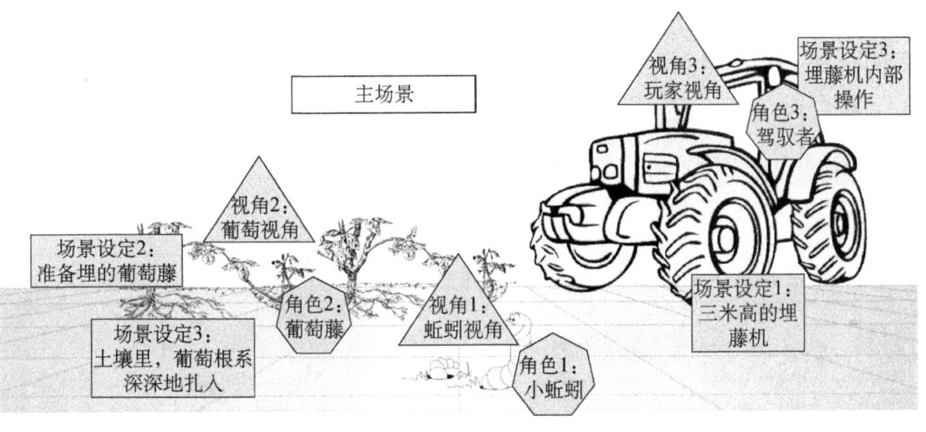

图 7　关键要素场景搭建图

场景图以时空分类，地平线以上为肉眼可见、地平线以下为不可见，将场景、视角、角色归类，即可进行相应的资料搜集工作，为三维建模人员和美术设计人员提供相应的支撑（表 5）。

表 5　葡萄机械化种植系统资料搜集表

分类	内容	具体内容	文字资料	图片资料	备注
场景类	埋藤机	埋藤机三维模型构建，模型要求，中高模，驾驶舱可以进入	外形尺寸：1620 毫米×800 毫米×950 毫米 转动方式：蜗轮蜗杆		说明书上有具体行走方式
视角类	小虫子	该视角可以看到延庆山区，看到埋藤机内部	主要展示埋藤机的转动过程		
角色类	小爬虫	爬虫是益虫，设置为蚯蚓，爬虫可躲避埋藤机，但埋藤机也要注意躲避爬虫	蚯蚓属于环节动物门，蚯蚓除最前和最后端的几个节以外，其余各节生有刚毛		

确定了空间的维度，下一步对爬虫、埋藤机、土壤和葡萄四个元素进行串联。这时策划需回到第一次体验中的感受，依托体验感受的描述，给笔者留下最深刻印象的就是大型的埋藤机要进行埋藤操作，既不能伤害葡萄，也不能伤害益虫，还要埋得很好，保证葡萄在冬季不受到病害的危害，这是一个十分艰难但极具挑战性的任务。如果可以让受众在操作埋藤机的过程中躲避益虫，正确地埋藤，并看到在埋藤过后土壤附在葡萄表面后的结果，计算出在规定时间内埋藤的数量，并与传统埋藤做出比较，结束系统。因为系统的定位在展厅，因此在时间上，控制在 3～5 分钟完成体验，并设计至多 3 个关卡，但场景选择要求信息量大、交互方式选择尽量还原真实。

交互方式选择完成后，根据元素设计了 3 种系统机制。

1. 躲避危险型任务体验

基础设定：系统机会 3 条命（碰到一只蚯蚓，丢掉一条命；碰到一个藤蔓，丢掉一条命）。

角色：控制类：农机操作者；非控制类：蚯蚓、土地、藤蔓。

元素串联如图 8 所示。

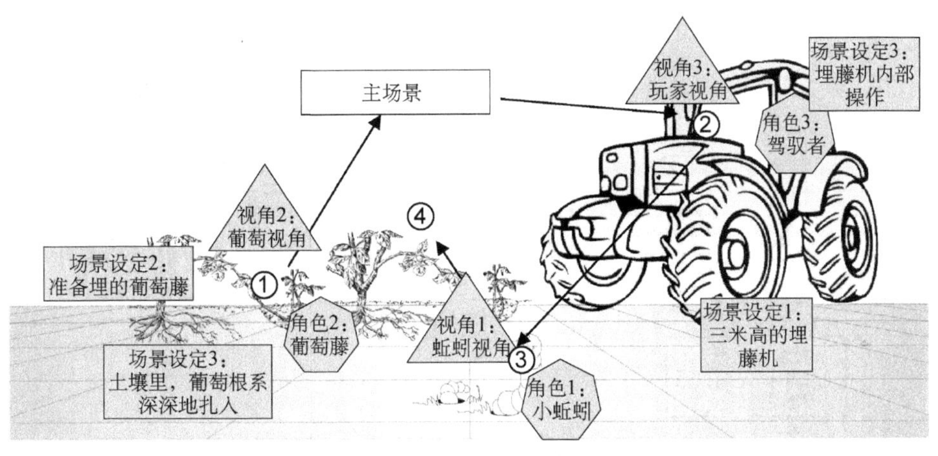

图 8　第一种机制关键元素串联图

系统描述：以葡萄的视角进行埋藤基础介绍，获得埋藤任务，开始埋藤操作，操作过程中需要躲避蚯蚓、躲避藤蔓，在系统过程中可切换三种视角（土壤内、座舱内、主场景内），视角里将呈现埋藤机理、对环境的互作等知识，最终完成后，统计成功率，与埋藤前对比，表现机械化的标准、便捷。

系统机制如图 9 所示。

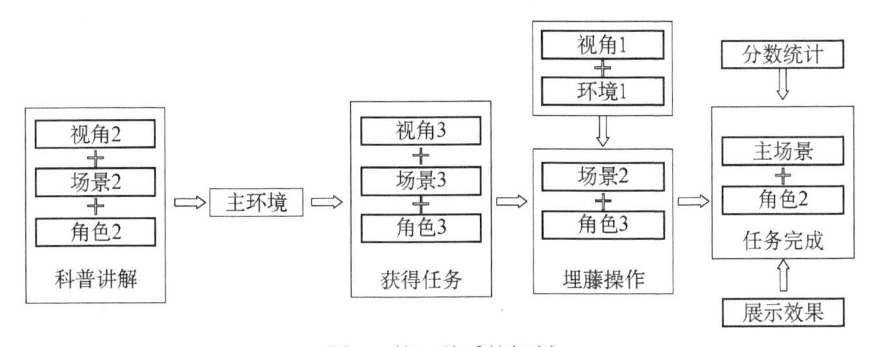

图 9　第一种系统机制

2. 动作技巧型限时体验

基础设定：限制时间为 30 秒（30 秒内进行一个藤蔓的埋藤操作）。

角色：控制类：农机操作者；非控制类：蚯蚓、土地、藤蔓。

元素串联如图 10 所示。

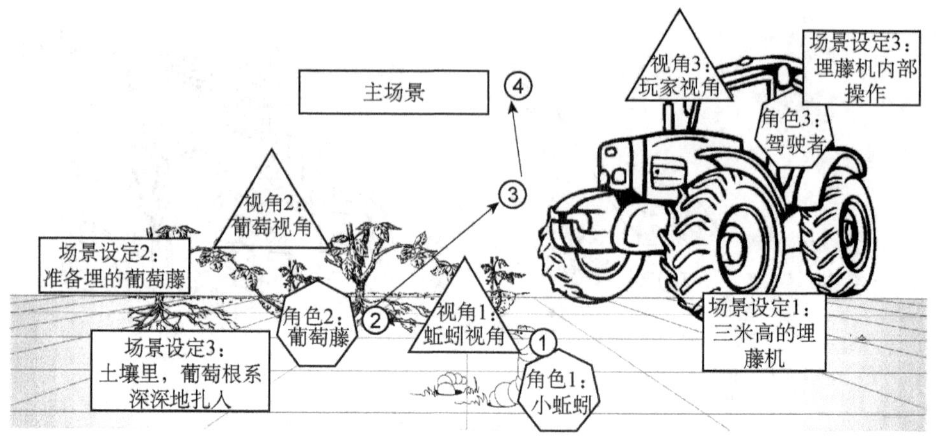

图 10　第二种机制关键元素串联图

系统描述：从土壤中跟随小蚯蚓出现，现在需要埋一个藤，但必须保证完整、均匀，时间限制非常严，在第一个场景中，出现一株藤蔓，旁边无遮挡，第二关设置 2 个藤蔓，距离近，并且树龄小，第三关设置 3 个藤蔓，距离更近，树龄最小。本系统注重玩家的实操性，在操作过程中，可以从不同视角观察埋藤效果，最终完成后，小蚯蚓会带领玩家查看机械化埋藤与普通埋藤的区别，本系统注重培养埋藤技能。

系统机制如图 11 所示。

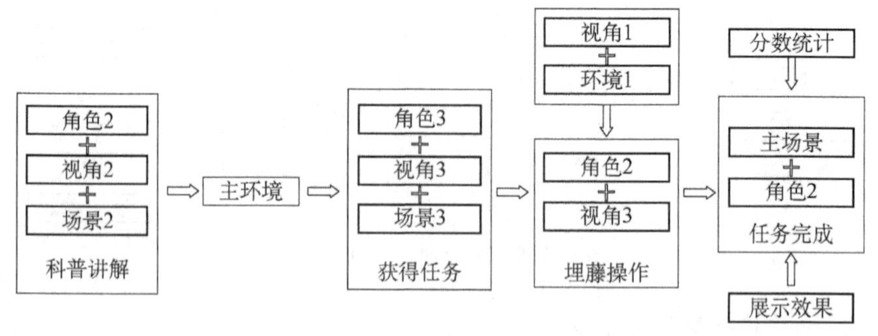

图 11　第二种系统机制

3. 选择角色竞技比赛类体验

基础设定：竞技选手：种植大王、种植专家、新手。

角色：控制类：农机操作者；非控制类：蚯蚓、土地、藤蔓。

元素串联选择如图 12 所示。

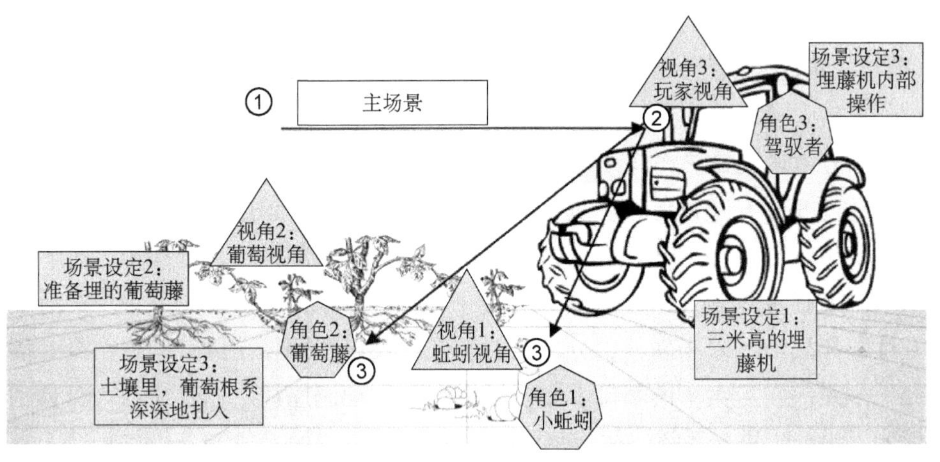

图 12　第三种机制关键元素串联图

系统描述：系统中分成两个部分，即玩家与对手，玩家开始时可选择对手，对手不同，其本身掌握的特技与给玩家设置的障碍都不相同。开始系统时（以选择种植能手为例），玩家必须先回答出种植能手的问题，例如埋藤时间一般在每年的什么时候，回答正确以后，玩家与种植能手开始比赛，种植能手的技能是可以派遣小蚯蚓、葡萄藤出题，题目不是以简单的图片出现，一般会进入场景内，玩家如果答对问题即可增加进度；反之扣分，最终如果玩家获得胜利，会根据选择的角色得到不同的奖励。

系统机制如图 13 所示。

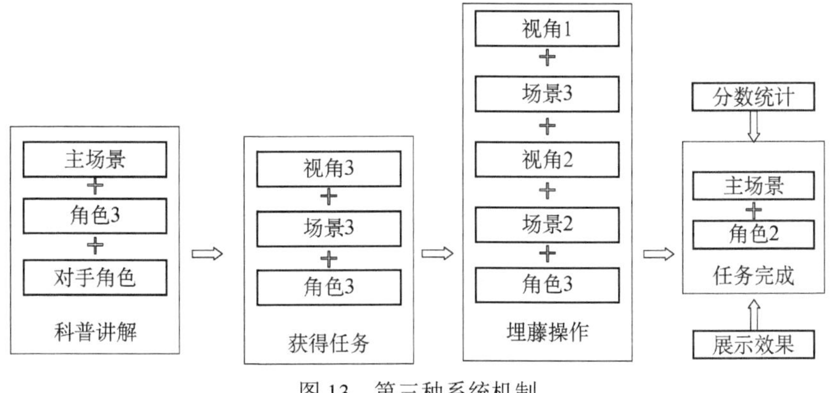

图 13　第三种系统机制

（四）策划方案形成

基于初始方案，笔者给出了 3 种系统机制，这三种机制是指对体验元素（场景、角色、视角）的抽提和排列组合的过程。初始设计有效地围绕核心点创作系统，确定方案后展开知识点与故事情节的策划，相较于普通资料堆积式策划方法速度更快、针对性更强、更有趣。

经过 3 轮专家评审后，从主题的选择、系统的知识呈现、交互性设计、角色定位等，最终因其符合正常埋藤流程更贴近实际操作，选择第一种“躲避危险型任务体验”作为该项目的最终方案。专家提出要使得系统更具有交互性和拓展性，除了软件部分，还要与硬件设施和整体园区营销相结合。因此，本系统在方案一的基础上定制了方向盘与动感座椅，通过手触与身体的感触，进一步进入系统，体验感更强。

在系统后续营销中，对于系统结果进行了设计，与优惠券/园区门票打印机相连，增加客户黏性，通过微信、微博，进行获得感的分享体验，进一步扩大园区的知名度，最终根据该设计的整体理念，撰写埋藤系统的流程图，完成交互系统部分的策划（图 14）。

三、系统完整策划形成及科普营销推广

本系统选择了埋藤体验和绑藤体验作为系统核心环节的设计，满足了调研中的主需求，但为了符合葡萄主题，使系统更加完整，体现专业性与科普性，服务于农民技术培训，在方案中体现了全部机械化种植流程，使用多媒体手段如视频、三维动画、图片文字等，展示该环节的操作过程。在后期运营中，既可以运用整个系统，也可以将其中的系统环节拆分进行单独体验，这样就形成了一个既具备交互性、趣味性，又具备知识性的系统。

本文中所运用的体验式策划方法，是笔者在农业系统策划领域的一种尝试，因为农业的特殊性，一般的农业操作类系统其实更偏向于科普知识的展示系统。而本系统在策划中，注重真实感、体验感，从受众的体感、触感出发，营造真实环境，将科普知识藏于系统环境中，将系统交互展现在操作中，受众启动系统的那一刻，就是科普知识学习的开始（图 15）。

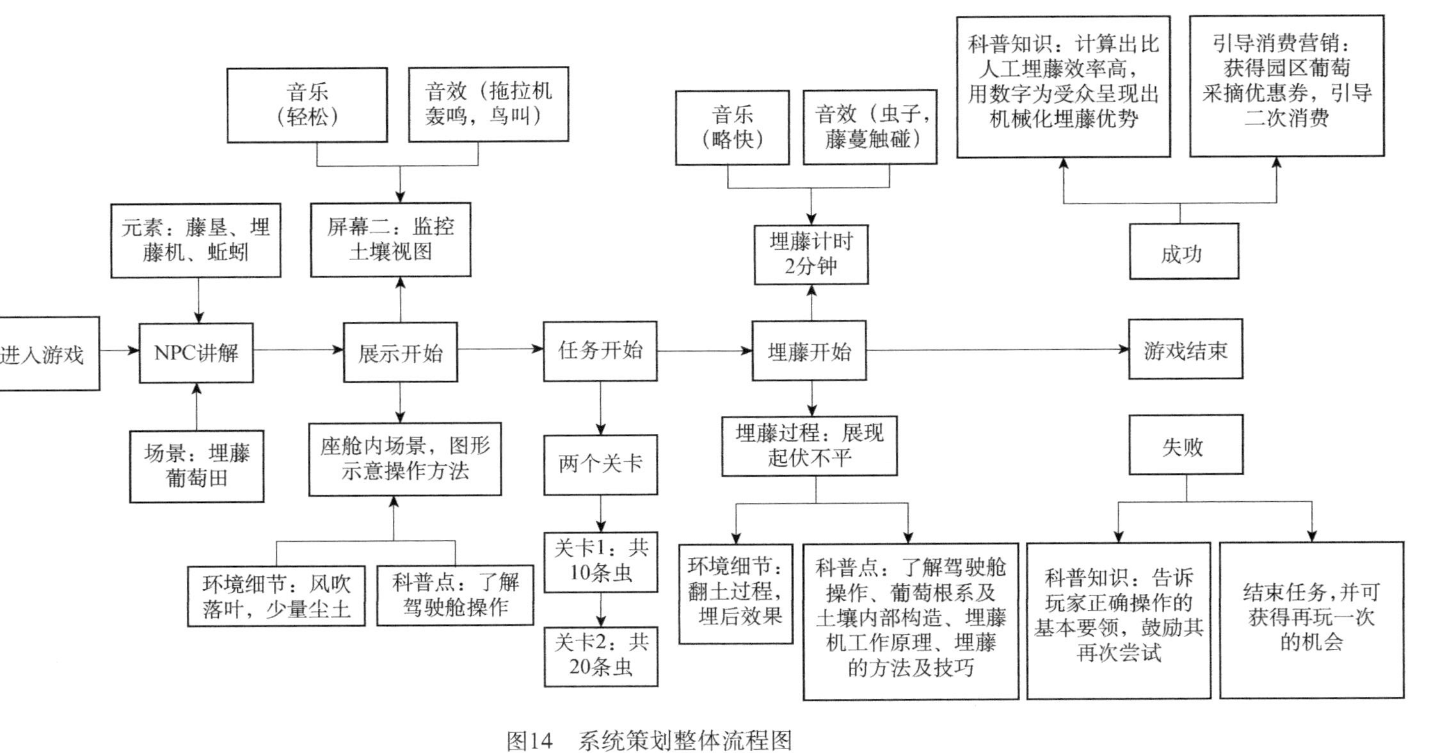

图14 系统策划整体流程图

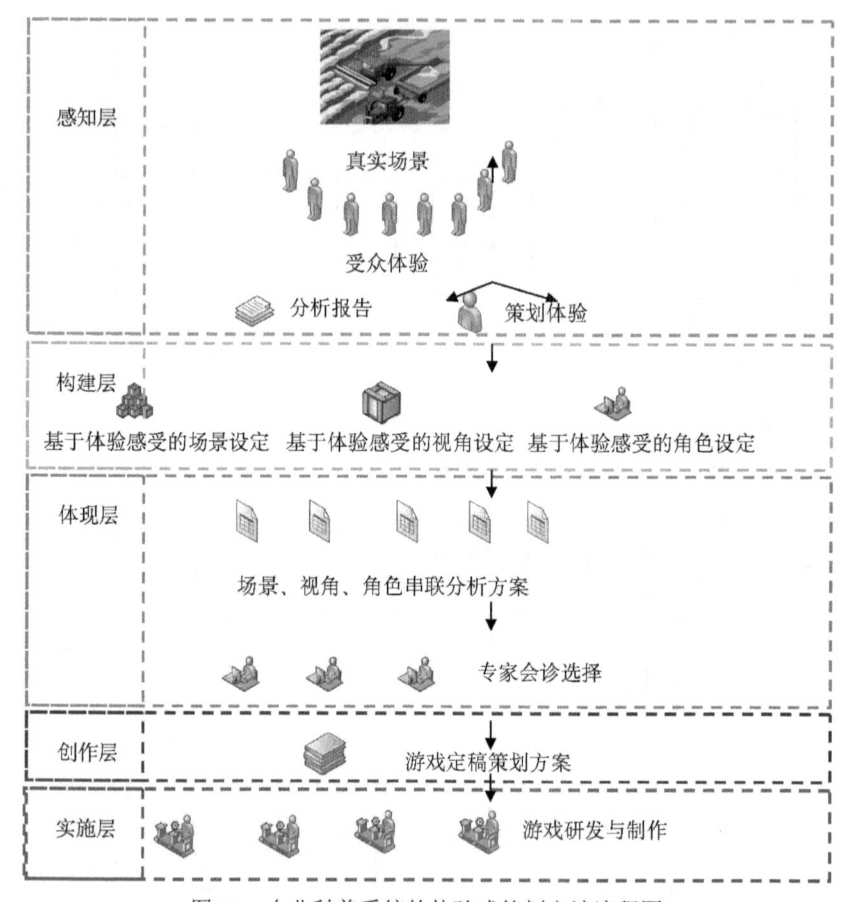

图 15　农业科普系统的体验式策划方法流程图

该系统作为主展项亮相延庆葡萄博览园科普馆，受到来自美国、意大利、法国等 34 个国家和地区的 300 多名知名葡萄专家和相关代表的称赞。该系统代表北京市密云区天葡庄园葡萄科普王国在北京科技周中展出，参加第四届北京农业嘉年华活动，北京市密云区邑仕葡萄酒庄选择该系统作为酒庄内唯一的互动体验项目，该系统接待游客累计超过 5000 人次。

四、结语

实践证明，体验式策划方法在农业科普展示类系统中设计目的性突出，调研方向范围缩短，调研方法独特新颖，系统兴趣点与大众审美匹配度高，能较好地抓住系统核心竞争力。

将系统投放市场后，通过对系统研发客户的回访与调研、参加科技展会的情况，该类系统能吸引更多的受众，系统玩家可通过系统基本了解农事操作的过程，比没有体验者更专业，更愿意尝试真实的农业操作。在青少年科普基地巡展时，更多的青少年家长倾向于让孩子体验该系统，从而获得知识。

体验式策划方法在农业中的应用，为枯燥的农业知识插上了有趣的翅膀，形成了易于接受、科普大众的农业系统产品，让受众不仅在系统中体验乐趣，更能感受我国农业产业发展的辉煌成就。

参 考 文 献

[1] 韩宇晴，王健. 关于开展新型职业农民培训的调研分析［J］. 环球市场，2015，(3)：69-70.

[2] 柯立. 观光休闲农业策划的思路和方法研究［J］. 安徽农业科学，2008，36（27）：11727-11728，12799.

[3] 贺艳萍. 北京延庆突出优势发展绿色经济［J］. 中国国情国力，2015，(4)：77-78.

[4] 尚书旗，王东伟，鹿光耀. 我国葡萄机械化生产现状与发展趋势［J］. 农机技术推广，2014，(5)：7-9.

微信与科普

何　丽

（中国科普研究所，北京，100081）

摘要：本文对新媒介微信与科普的关系进行了探讨，分析了微信科普的特点，提出了微信科普的发展策略。

关键词：微信科普　特点　发展策略

How to do Science Popularization by WeChat

He Li

（China Research Institute for Science Popularization，Beijing，100081）

Abstract: This paper discusses the relationship between the new media WeChat and science popularization，it analyzes the characteristics of science popularization in WeChat，and puts forward how to use WeChat as new media to do science popularization better.

Keywords: WeChat for science popularization，Characteristics，Development strategy

科学普及对公民科学素质的提升起着至关重要的作用，随着科学技术的迅猛发展，人们的日常生活都离不开科技发展，对利用科技产品造福生活的愿望越来越强烈，科学普及对公民科学素质提高和利用科技起着至关重要的作用。科学普及和传播（以下简称科普）是指以公众理解科学的理念为核心，通过一定的组织形式、传播渠道和手段，向社会公众传播科学知识、科

作者简介：何丽，中国科普研究所副研究员，e-mail：pkuheli@sina.com。

学方法、科学思想和科学精神的行为[1]。为了不造成理解上的歧义，本文中科学普及和科技传播是同义语。

一、科普与微信

自从智能手机成为人们的生活用品后，人们接收和传递信息的方式发生了根本性的变化。由中国互联网络信息中心发布的第43次《中国互联网络发展状况统计报告》显示，截至2018年12月，中国网民规模为8.29亿，互联网普及率达59.6%，手机网民规模达8.17亿，网民使用手机上网的比例为98.6%[2]。手机已经成为用户获取信息的主要移动终端，由手机与网络媒介融合推出的微信改变了人们的生活方式，寻常见到人人离不开手机，社交离不开微信。微信通过日益强大和丰富的功能深入社会的各个方面，渗透到人们的日常生活中，改变着社会生活。环顾左右，各个年龄层次的“低头族”用指尖忙于刷屏、发消息、看视频、上热搜，微信渗透到人们生活的方方面面。数量庞大的指尖上的网民用他们的实际行动显示了微信强大的信息传播能力。要充分发挥媒体的重要作用，以媒体为中介，实现公众、媒体、政府、科学界之间的双向互动，可以有效促进现代科学向公众传播[3]。作为一种新的媒介，微信和科普发生联系源于微信强大的传播功能和社交平台。从工作流程来看，科普就是将现存的、已经处理好的科学技术知识、精神、方法和技能、成果通过传播媒介公之于众，这一过程与微信的主要功能相吻合，微信就是科普的载体，微信传播的内容无所不包，科普进入了微信时代。

微信与科普的联系，源于微信的传播时效性、即时性和便捷性，并且能声情并茂，深得使用者喜爱。调查发现，微信公众号是人们获得健康咨询的重要来源，大众更关注实用性高、接近性强的内容[4]。常见的微信朋友圈养生，是微信科普的一种形式。由于移动通信技术的发展，场景的多元化、移动消费时间的“碎片化”，只要手里有一部智能手机，人们通过微信将“碎片化”的时间利用起来，就能从中获得各种科普信息。不同层次的专业科普工作者和非专业人士发布的各种工作经历、见解，以及突发的公众科技事件，众多的微信公众号，围观的公众，这些都使微信与科普自然而然地走到一起，成为“口袋科普”。

微信与科普的关系，与微信平台所承载的科技信息、知识和利用微信平台开展的科普学术交流联系在一起。微信本身也是科学技术发展的结果，是新媒体技术，科学技术的发展日新月异，科学技术传播的手段和方式也应与时俱进。微信无孔不入的传播功能、快捷便利的传播方式，增加了科普的传播渠道，拓宽了科普的空间。

二、微信科普的特点

与传统科普媒介相比，微信科普有以下特点。

（一）即时性

微信科普对突发事件的解释日益受青睐。一是传播者能够将科学信息在第一时间进行传播；二是科学信息的受众可以快速获得最新的资讯[5]。科学信息的传播打破了原有的框架。2019 年 6 月四川宜宾发生地震，由宜宾市防震减灾局和成都高新减灾研究所联合建设的地震预警系统成功预警此次地震，给宜宾市提前 5 秒预警。虽然是 5 秒预警，但效果也很好。成都高新减灾研究所开发手机地震预警软件用微信公众号推送，并即时发布地震的级别、预警等方面的科普知识，减轻了面对地震到来时公众的心理恐慌。那几天公众的微信几乎被地震信息所覆盖。此可谓利用微信传播了有关防震避震的科普知识。

（二）微信科普突破了空间限制

与传统的媒介，如电视、科普讲座、广播、报纸等不同，微信具有立体化、多方位的优势，语音、视频、图像、文字、图文组合均可以通过微信传输，使科普突破了空间距离。公众在微信上就可以看到宇航员在飞船太空舱里的授课，在有网络连接的前提下，科普的知识和产品以最快的速度传递到科普需求者的手中，科学信息的传播速度超出了人们的想象。网上各种高科技信息发布帖、日益增多的科普微信公众号，以及科技分专业的微信科普群的建立，这些都为科技知识的传播和普及提供了超过传统科普的丰富多样的路径。调查发现，有90%的学生喜欢用微信等新媒体学习旅游知识[6]，主要原因是微信上学习的知识比书本知识更新、更准确且查阅速度更快。手机的硬件、软件正朝着更高、更快、更强的方向努力，微信技术推陈出新，科普则可以利用微信进入科普微信时代。

（三）微信改变了科普方式，科普传播主体多元化

由多元化主体共同维护的科技传播系统良性运转，并且使主体和受众之间实现了双向互动。由于微信提供了学习的空间和机会，传统的“精英垄断知识”被打破。传统的科普是由专业人士、机构或是经过专业培训的人士作为科普的提供方，现代媒介技术的变革使得科学传播进入了一个以关系为主的互动时代，并在很大程度上使公众获取科学信息的能力增强[7]。微信的出现打破了公共知识的壁垒，人们通过互联网自由交流互动，人人都可能成为科普的提供方，主体和受众的关系达到了新的境界。微信平台是一个多元话语空间，参与者都有话语权，由其兴趣决定是否参与，科普参与是无条件的。科学传播由专业化向大众化转变，但是科普知识不同于一般公共知识，科普传播是有条件的，需要专业的、有科学探究背景并有科学信仰的人员传播，微信传播无门槛的设定不适合微信科普。

（四）微信为科普工作者提供了认识、交流、碰撞的全新空间

在这个虚拟和重构的空间里实时、瞬时、延时和全方位互动，参与者可以发布科技信息，发表感言和提出问题，也可以评论、辩论和讨论，进行学术交锋，而科普的学术交锋是科普研究的组成部分。这样一个不设身份限制、没有硬性约束的开放空间与传统科普研究交流大相径庭。使用微信，利用互联网创造的分享功能，实现了科普学术交流的立体化。微信对科学知识的普及和传播提供了新的空间和平台，也使科普工作的研究和交流进入了一个新的阶段。

（五）微信传播科技信息的海量性和共享性

随着科学技术的进步，人类进入了科技知识大爆炸的时代，海量的科技

信息充满人们的生活，微信科普的重复传播和循环方式，使得科技信息的总量加大。由于计算机网络的迅速发展，受众既可以在网络世界寻找自己感兴趣的科技知识信息，也可以在相关社区发表自己的看法，实现了同一科技信息在不同的时间和不同的人群之间的完整共享，体现了科技信息在传播中“取之不竭，用之不尽”的特性。

三、微信科普发展的策略

（一）小众与大众

微信开辟了一个全新的交流空间，拓宽了科技的传播渠道，有利于科普数量的增加和科普质量的提高。在微信传播空间里，追求点击率和“粉丝”数量，逐渐大众化，而大众化和点赞与科普的发展相吻合，科学技术的普及和传播就是科技大众化的过程，也需要大众点赞和热捧，让受众成为科学的“粉丝”。让科技工作者成为“粉丝”，进入微信圈和群，科技工作者是小众，把小众通过微信科普变成大众，科技大众化是微信科普追求的目标，也是科普工作的历史使命，科普大众化是科普工作数量的要求。“科普中国”微信公众号是中国科学技术协会的官方科普平台，自 2015 年 6 月认证以来，关注人数累计突破 100 万人，原创文章单篇阅读量累计突破 450 万次[8]，“科普中国”是目前国内有影响力的官方权威科普平台。“科普苏州”微信公众号也有“粉丝”80 万人，2019 年苏州市科普日活动的门票就放到微信平台上，上微信平台抢票的多达 1 万人。在微信科普发展中，先有“科普苏州”，后有“科普中国”，微信科普的传播效应是大众化即水纹波效应，展现了微信的强大传播功能。

（二）追求微信科普的质量

微信的传播需要内容为王，有可能是人为运作、炒作的结果，追求猎奇、噱头和绯闻，吸引眼球。但微信的内容为王，也包含了对内容创意生动等的要求。微信科普的内容为王对科普质量提出了更高的要求，在科普产品的表现形式上要求集文本、图片、视频和音频于一体的通俗易懂的科普产品；在科技传播的内容上，由于微信文化的多元化特质，要根据各个阶层的受众不同的科普需求，提供正确的、容易接收的、具有时代特色的科普内容和精品产品。微信科普的质量是微信科普的生命力所在，引导微信科普流行的科学价值观念，微信科普内容为王，彰显了对科普质量的更高要求。追求微信科普的质量，需提高微信科普传播主体的媒介素养水平，提高其辨别伪科学和反科学信息的辨识能力。

在微信空间里，科技工作者作为小众与公众的大众将长期存在，微信科普会游走在大众和小众之间，我们有千万的科技工作者和数量不菲的科技传播者，他们构成了微信科普的群众基础。无论是大众还是小众，看重的都是微信科普的质量，而不是简单的数量累计。

（三）科学设定和规范微信平台的科普内容

科技门类林立，科普知识和内容广泛，似乎没有一个微信平台能包含所有的科普知识，因而对微信科普平台的设定和分类显得重要。可以分为知识平台、实践能力等，形成一个完整的科技知识学习体系，然后通过微信群、小程序和公众号的形式体现出来。对科普类微信公众号原创作品而言，一个准确、吸引眼球的标题往往意味着成功了一半。与传统媒体不同，“科普中国”微信平台上的标题以 18～25 个字的最多，在各种科普微信公众号数量不断攀新高的情况下，打开率却不断下降，面对行业挑战，成功的标题制作更有可能成为制胜的法宝[4]。

（四）完善微信科普传播体系

大部分公众都希望手机客户端能兼容各种软件，运行速度快且价格在可以承受的范围内，有条件的平台可以建立免费的局域网，方便公众下载和使用各种科普资源。科普知识的范围非常广泛，首先得有专业技术人员对相关科技知识进行甄别、分类，再发到手机客户端。不同年龄层次、性别、文化程度和职业的受众对科普内容的需求也不一样。年轻受众思想活跃，对生动和形象化的科普内容比较感兴趣，并且热衷于相互交流，可以通过在线互动等方式进行。老年受众行动迟缓，反应慢，就用大字体的文本、平缓的视屏，不宜过度夸张和渲染。找准目标受众，量身定做，微信科普传播的立体化和层次感应该体现出来。

（五）关注微信科普平台传达的价值观念、价值取向及其影响

各种信息发布者在微信平台发布的科普信息一定会反映其偏好取舍，科技信息也承载着发布者的价值观念和价值取向，在这个科技发展日新月异的时代，某些科技信息不可避免地带有发布者的主观愿望甚至科幻的、虚假的成分，面对各种各样的科技信息，科普所倡导的科学精神和科学态度的科学价值观念和价值取向在微信时代不仅不能被弱化，反而应该加强。科学精神和科学态度在某种意义上就是求真、探究和批判精神，通过在微信平台弘扬科学精神，树立科学的价值观念和价值取向，反对封建迷信思想，防御生活中的伪科学。由于国家的网络治理，微信对于科普的影响是多方面的，总体上是积极的。

参考文献

［1］杨新美.《中国科学传播报告（2008）》一书在京首发［N］. 科学时报，2008-04-09.
［2］CNNIC. 第 43 次《中国互联网络发展状况统计报告》［EB/OL］［2019-02-28］. https://www.useit.com.cn/thread-22395-1-1.html.
［3］吴国盛. 科学走向传播［J］. 科学中国人，2004，（4）：10.
［4］汤佩兰. 健康类公众号信息生产与可信度报告［D］. 南京：南京大学硕士学位论文，2019.
［5］韩建民. 对科学传播理论的几点思考［N］. 中华读书报，2003-11-26.
［6］王春梅. 微信新媒体在旅游专业学习中的应用［J］. 现代营销，2019，（8）：95-96.
［7］施威，杨洋. 媒介技术创新与科学传播模式变迁［J］. 科技传播，2015，（1）：62-63.
［8］邹贞，张志敏. 科普类微信公众号原创标题的制作［J］. 青年记者，2019，（2）：78.

电视科普节目《中华医药》的数字化创新

李　菁[1]　刘惠芬[2]

（1. 中央电视台，北京，100020；2. 清华大学，北京，100084）

摘要：随着数字媒体的兴起，电视科普节目面临收视率下滑的尴尬，影响了科普知识的传播。本研究意在利用数字媒体与电视科普节目的优势，使其有机融合，提高节目的收视率，达到有效科普的目的。本文阐述了 4 个数字媒体作品的设计方案，并对其中一个作品的发布形式进行了分析，以期探讨如何利用数字媒体加上传统电视媒体，最大化地传播科普知识。

关键词：智慧科普　电视科普节目　数字媒体　第二屏　游戏

The Digital Innovation of TV Science Popularization Program *Chinese Medicine*

Li Jing[1]，Liu Huifen[2]

（1. China Central Television，Beijing，100020；

2. Tsinghua University，Beijing，100084）

Abstract: TV science popularization program faces the situation of audience rating decline while digital media growing up，which affected communicating scientific knowledge. This study tries to integrate the advantages of digital media and TV science popularization program，to improve the audience rating of the program，so that the science popularization could be carried out effectively. This paper introduced four designing schemes of digital media works and chose one of them to

---

作者简介：李菁，中央电视台高级工程师，e-mail：lieli1@qq.com；刘惠芬，清华大学副教授，e-mail：liuhf@tsinghua.edu.cn。

analyze its distribution format. How to integrate digital media and traditional TV media to maximize the effect of science popularization was also discussed in this paper.

Keywords: Smart science popularization，TV science popularization program，Digital media，The second screen，Game

长期以来，电视科普节目承载着传播科普知识的重要功能，《中华医药》作为中央电视台目前唯一的中医科普节目，一直担负着传播中医药知识、推广中医文化的职责。但由于受网络文化发展的大趋势影响，节目收视率大幅下降，受众被网络大量分流，目前，节目的主要观众群是中老年观众，这种受众成分固然与节目的性质有关，也与电视观众向网络流动的大趋势相关。为了吸引年轻观众，节目在内容和形式上都进行了改版创新，但更重要的是，要在年轻人集中的网络端、移动客户端吸引他们关注这个节目。为此，清华大学与中央电视台《中华医药》栏目组合作，尝试节目的数字化创新设计。

通过 2018 年、2019 年两年的实践，我们根据《中华医药》节目设计出了四个方案："扫图识药"、*How Do I Look*、"中华医药跳一跳"、"寻医问药"。所有这些设计都是基于数字化媒体作为传统电视的第二屏的理论，充分发挥其交互性的特性，让观众自主控制节目，丰富节目内容，实现内容分享，将内容在不同媒介之间进行转换，提高观看的灵活性。这几个作品的设计理念都是依据米特尔（Jason Mittell）的可挖掘性理论，即关注复杂的文本背后，挖掘表象下的隐含信息，深入理解事件的意义。因此，都是从节目中提炼出相应的科普知识，并进行深度挖掘，帮助观众深化对节目中的知识的记忆，并能快速进行实践。

一、移动端第二屏，成为电视科普的延伸

（一）运用图像识别技术，移动 APP 延伸了电视科普

"扫图识药"是一款增强现实（AR）药物识别 APP，将摄像头对准药

材扫描，就可以根据专家传授的知识自动识别药材的真伪。

这款APP可以作为电视节目的有效线下延伸，节目中的专家虽然对相关知识介绍得很清楚，但观众不可能每句话都牢记不忘，而且在识别药材时也有如何利用所学知识进行判断的问题，有了这款APP的帮助，就可以将专家的话转化为AR参数，通过手机摄像头扫描。观众无须记得住专家在节目中说过的每一句话，也不需要自己做判断，APP就可以轻松帮助观众识别出药材。

How Do I Look 作为图片识别APP，与上述设计思路类似。将节目中专家观察脸部特征的方法作为APP的参数，对人脸拍照之后，APP 就可以自动判断人体有什么问题。

以上两个方案都是对节目介绍的知识进行数字化转换，APP不仅储存了节目中的知识，还将知识进行了实质的结果输出，观众在看过节目之后，待到需要使用时，APP中储存的知识和数字化输出会帮助观众迅速做出判断。上述方案在技术实现上存在一定的难度，因此，只是作为样本进行了展示。

（二）互动游戏的趣味性，强化了科普知识

“中华医药跳一跳”是从节目中提炼出了药膳介绍的环节而设计的小游戏。游戏意在把《中华医药》节目中曾经介绍过的有不同功效的药膳制作方法进行汇总。用户可以根据自己的需要来筛选想要学习的药膳，通过游戏强化玩家对某道药膳的功效，以及对制造某道药膳所需原材料的印象，使玩家在结束游戏后具备进行自主烹饪药膳的能力。游戏集实用性和趣味性为一体，在游戏的最后，通过添加往期节目的链接的设计，玩家可以跳转到往期节目进行收看，重温中医药知识，使往期节目资源发挥二度甚至多度功效。

游戏规则设计是基于微信小程序“跳一跳”，用户根据自身情况选取相应药膳食谱，通过跳一跳，搜集药材，获取药膳食谱、烹饪方法和实体奖励。游戏程序如图1所示。

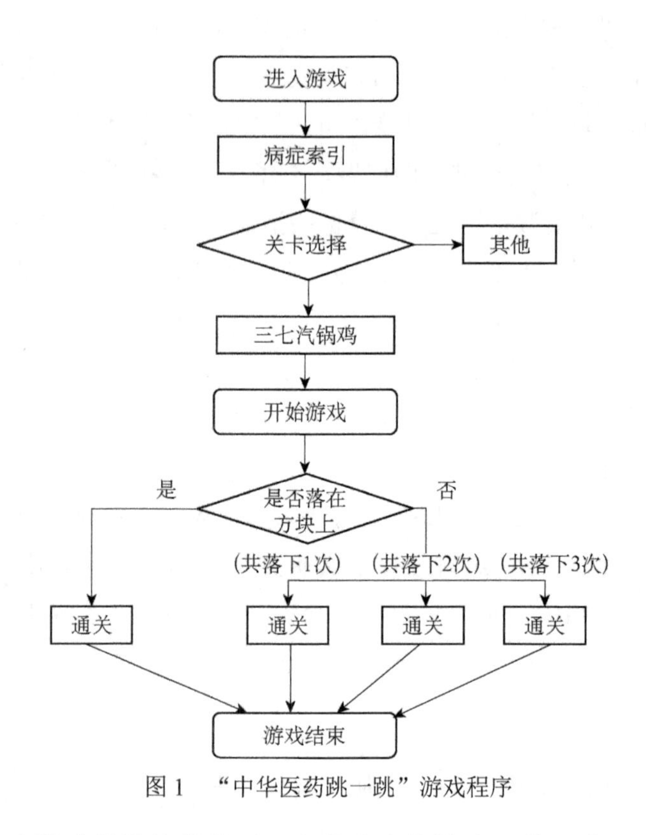

图 1　“中华医药跳一跳”游戏程序

由于这个游戏的设计是基于已有的大众化游戏“跳一跳”，如果真能实现，不但可以通过游戏帮助用户查找和记忆药膳制作方法，还可以通过现有的“跳一跳”游戏增加《中华医药》节目的知名度，对节目起到引流的作用。但在实际操作层面存在诸多困难，比如，如果引用“跳一跳”的游戏机制，即使技术问题可以解决，是否存在版权问题？费用是否可以承担？另外，如果游戏难度太大，是否会影响用户继续玩的兴趣？为此，我们将此方案完成样本演示版之后，根据同样宗旨，设计了另外一个小游戏——九宫格药膳游戏。

九宫格药膳游戏的规则比较简单，用户在挑选一种药膳后，游戏会提示用户需要从九个小格子里选出食材的数量，如果用户选对了，则游戏成功，可以继续观看药膳做法的文字说明和视频；如果用户没有选对，则可以选择继续玩或者直接观看药膳做法。这种设计使游戏的难度大大降低，有人质疑如果难度太低，用户可能没有兴趣玩，但我们考虑到这个游戏的设计并不是为了增加通关的难度，而是为了帮助用户记住药膳的做法，因此，在难度设计上不能等同于纯粹的游戏，游戏的形式只是为了增加趣味性，吸引用户了解药膳的做法，如果难度太大，反而偏离了游戏设计的初衷。这也符合杰金斯（Henry Jenkins）在《跨媒体叙事》中所提到的第二屏设计原则，即第二屏应该以第一屏内容为主体，附属于第一屏，为第一屏内容服务。该游戏程序如图2所示。

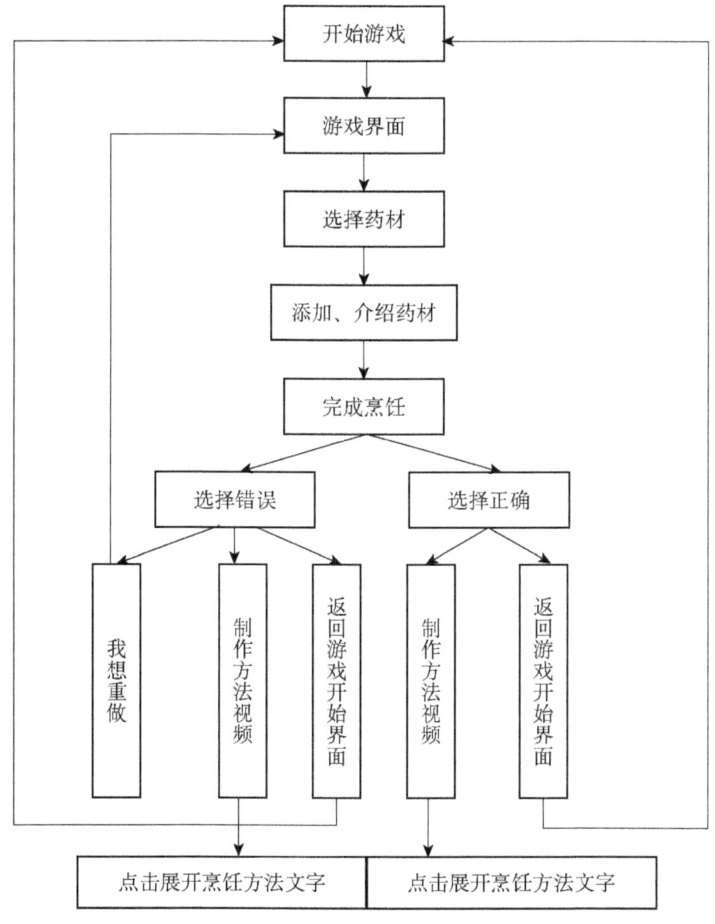

图2　九宫格药膳游戏程序

（三）以故事体验的方式，重新包装科普知识

科普知识要推广，特别是要在年轻人当中推广，还应采用当下年轻人

喜闻乐见的形式，我们在“寻医问药”这个作品中进行了相应的尝试。设计者编了一个现代医生穿越到清代皇宫的故事，用户作为这个医生将在皇宫中给皇帝、皇妃、阿哥等看病，还将在过年时完成新年宴，在这个过程中，会利用《中华医药》节目介绍的知识，为皇家人员看病，制作药膳。游戏以叙事性为主，在讲故事的过程中，会让用户作为御医选择治疗方法，选对了，故事继续；选错了，则要重新选择，中间还会穿插一些治疗方法的视频，这些视频都是介绍动作的，因此用视频展示会比文字说明更加清楚。

穿越作品自从出现以来一直是年轻人喜爱的一种文学和影视表达形式，以穿越故事的形式来重新包装节目当中略显枯燥的医疗知识，可以让年轻人更容易接受，也可以引导他们对节目内容进一步探索。除科普节目中的知识外，对节目本身也是个很好的宣传。

作品完成之后，我们进行了一次小范围的测试，共有 12 位用户接受了我们的测试。在节目观看情况方面，有 9 位玩家表示自己从没有看过《中华医药》节目，全部玩家都表示自己不是该节目的“粉丝”。而在结束游戏后，有 10 位玩家表示这个游戏加深了他们对《中华医药》节目的了解，有 8 位玩家表示他们在体验完游戏后有观看《中华医药》节目的愿望。

在游戏感受方面，很多用户表示游戏风格很吸引人，人物精致，台词也很有意思，还有反思自己对养生知识的了解程度不够的意见；而用户印象最深刻的游戏情节，包括了穿越情节、准备新年宴的情节、易筋经的情节等，符合我们的情节设置预期。

在满意的情节和功能方面，用户对通过扫描二维码观看相关视频的印象尤为深刻，说明游戏和节目结合得比较到位。在应该改进的游戏情节方面，用户对我们的背景音乐和剧本丰富程度提出了意见，比如背景音乐可能需要调整，剧本太冗长、应该续写、问题应该多设置一些等。基于上述用户测试的反馈，我们今后可以对游戏进行相应的改进，如增加问题数量、更换背景音乐、修改对话内容、修改剧本等。

二、移动推送第二屏内容，提高电视科普的普及率

依据杰金斯的延展性理论，跨媒介文本无须依赖任何中心媒介，而是鼓励用户在网络媒介大幅度地把文本内容扩散出去。因此在游戏制作完成之后，如何进行最大化传播也是一个值得探讨的问题。第一次在《中华医药》公众号发布九宫格药膳游戏时，我们没有在推文标题中提药膳的名字，只说是个游戏，推文的标题定为“独家推出！史上最美味最养生的游戏！”，获得了 2.6 万人次的阅读量，与该公众号上其他推文的阅读量差不多。而在第二次发布时，我们在标题上没有提游戏，只介绍了药膳的名字，但在介绍文字中，提到可以玩着游戏了解药膳做法，这次的推文获得 3.9 万人次的阅读量。第三次发布游戏则是在 2019 年春节期间，《中华医药》节目推出了药膳特别节目，与之配合，我们发布了 4 款游戏，这次的推文有 3 个标题只提药膳的名字，完全没有提游戏，4 篇游戏推文的阅读量分别是 1.9 万人次、2.7 万人次、3.8 万人次、8.1 万人次，阅读量明显高出很多的这篇推文的标题是“80 多岁国医大师，脸上竟然没有老年斑，秘诀是啥？”，说明用户对于美容知识更感兴趣，从观众留言来看，这一标题明显吸引了很多年轻人。从表 1 可以看出，提到长寿效果的标题阅览量比较高，而第二次发布时，没有提长寿，但提了药膳和游戏，阅读量是除了美容之外最高的。当然，同样提到游戏和药膳的第三个标题阅读量最低，但其发布时间是正月初四，且跟孩子有关，由于《中华医药》节目的主要观众群是老年人，对孩子的主题不太关注，且年轻的父母此时一般都在外旅行，对公众号的关注度也不高，因此影响了阅读量。从已有的少数推文数据，很难判断在标题中同时提到药膳和游戏是否能够增加阅读量。但值得注意的是，第一次发布的推文标题只提游戏，这部分用户完全是被游戏吸引来的，从留言看，年轻用户居多，虽然推文的阅读量不是很突出，但很有可能是节目的潜在观众，如果游戏的浏览量转化为视频节目的点击量，数量还是很可观的。

表 1 药膳游戏发布标题统计

序号	1	2	3	4	5	6
发布时间	2018 年 11 月 6 日	2019 年 1 月 10 日	2019 年 2 月 8 日	2019 年 2 月 9 日	2019 年 2 月 9 日	2019 年 2 月 10 日
标题	独家推出！史上最美味最养生的游戏！	秋冬季节益气养血，就用黄芪羊肉汤！介绍：玩着游戏就能学会的进补药膳！	春节期间孩子不爱吃饭？试试这个游戏和开胃甜点！	91 岁国医大师家的祖传养生菜，益寿延年又美味！	80 多岁国医大师，脸上竟然没有老年斑，秘诀是啥？	橙子这样吃提神醒脑，您知道吗？
标题特点	游戏+ 药膳−	游戏+ 药膳−	游戏+ 药膳+	游戏− 药膳−	游戏− 药膳−	游戏− 药膳+
阅览量/万人次	2.6	3.9	1.9	3.8	8.1	2.7

三、数字媒体与电视节目同步，相互促进

在前期的设计中，我们都是针对现有的节目进行数字化设计，而比较理想的状态应该是从电视节目策划伊始就考虑数字化设计，这样两者的结合才能更为紧密，而不能把数字化设计仅仅作为回顾电视节目的另类形式。在《中华医药》的新一轮改版中，栏目组尝试将“寻医问药”中的穿越剧叙事游戏理念贯穿到节目当中，设计了一个“时光穿梭机”版块，通过这种生动的形式，让观众了解一个病症是由多年前的哪些生活习惯形成的，又会在今后数年发展成什么样子。同时，在移动客户端配合相应的叙事型游戏，形成线上线下相互配合的传播结构，以达到期望的传播效果。

四、结语

通过对电视科普节目《中华医药》进行数字化设计的实证研究，我们得出如下结论：①数字化作品可以提炼出电视节目当中的科普知识，并进行延伸，帮助观众快速将电视上的知识应用于实践当中。②科普电视节目可以通过流行的数字化作品推广节目内容，提高节目知名度。③数字化作品可以通过趣味性方式帮助观众加深节目中的知识记忆，并通过融合媒体的优势帮助观众以不同的媒介方式（文字、图片、视频等）了解知识。④针对科普

电视节目的数字作品设计，要以传播节目内容为目的，而不能偏离节目内容，仅强调数字作品的交互性。⑤若要大众接受针对科普节目设计的数字化作品，仅仅进行“挖掘性”设计是不够的，要充分利用数字媒体的延展性特性，扩大传播效果，将科普知识有效地传达出去。而我们在实践中只是对微信公众号的传播进行了探讨，事实上，应该利用多种媒介平台进行推广，如微博、抖音等，从而扩大科普节目的影响。⑥数字化作品和电视节目不能各行其是，即第一屏和第二屏的内容要充分融合，相辅相成，才能达到最佳传播效果。

科普知识的传播方式是多种多样的，电视作为传统媒体，应责无旁贷地担负起科普传播的重任，而数字媒体作为新兴媒体，如果善加利用，充分发挥其第二屏的交互性优势，可以让观众参与到节目内容中来，与节目内容进行互动，必然会推动科普知识的传播。电视媒体和数字媒体的有效结合，不但不会削弱电视科普节目的影响力，反而会进一步扩大科普节目的影响，融合两者的优势，对科普知识的传播起到更大的促进作用。

创新科普品牌　拓宽服务渠道

汤昌慧

（荆门市科技馆，荆门，448001）

摘要： 现代科技发展速度加快，科技馆作为我国科普教育的重要环节，对科学思想、科学知识、科学方法的传播起着非常重要的作用，并且越来越多的人开始关注科技馆的发展。目前，荆门市科技馆取得了迅速的发展，前景广阔，但在发展过程中也存在着诸多问题，如何进一步完善和深入实现科技馆的可持续发展就是必须要面对的问题。根据这一问题，我们提出了几个新的观点，如提高认识，管理的创新，功能、展品的创新，品牌打造和服务方法的创新等。

关键词： 科技馆　创新　品牌　服务

Renew Science Popularization Brand and Broadening Service Channels

Tang Changhui

（Jingmen Science and Technology Museum，Jingmen，448001）

Abstract: The development of modern science and technology is accelerating. As an important part of science popularization and education in China，science and technology museums play a very important role in the communication of scientific ideas，knowledge and methods，and more and more people begin to pay attention to the development of science and technology museums. Currently，the enterprise of science and technology museums in our city has made rapid development and

---

作者简介：汤昌慧，荆门市科技馆展教部主任，e-mail：1013340540@qq.com。

broad prospects, but there are many problems in the process of development. How to further improve and deepen the sustainable development of science and technology museums is the problem that must be faced. Related to these problems, we put forward several new views such as raising the innovation of work awareness management, exhibition function exhibits, and service methods, as well as brand building.

Keyword: Science and technology museum, Innovation, Brand, Service

科普教育是集公益性、群众性、社会性等于一体的社会教育形式，对于国民素质的提高、国家经济的发展均具有较为重要的作用和意义。而科技馆是开展科普教育的主要阵地，肩负着传播科学思想、倡导科学方法、推广科学技术、弘扬科学精神等多种责任。但是从目前来看，有相当数量的科技馆在科普教育形式上较为陈旧、千篇一律，较易让观众厌烦，既很难将科普教育职能进行有效发挥，又不能达到较好的科普教育效果。因此，科技馆在新时期务必要高度重视科普教育形式的创新，最大限度地提升科普教育效果。本文就科技馆科普教育形式的创新与实践发展进行探讨。

一、提高全员认识，创新科普理念

科普教育是指以易于公众参与、易于公众接受的形式，以多媒体传播方式向广大人民群众传播科学思想、倡导科学方法、推广科学技术、弘扬科学精神等。科普教育属于社会教育的主要组成部分，也是学校教育的延伸，“科普教育+学校教育”既有利于培养大批具有较高综合素质的科技人才，又有利于提高公众的科学意识与科学素质，还有利于增强国家的综合实力。我国在改革开放之后，将科学技术作为国民经济发展的第一生产力，充分认识到科学技术的重要性。为了更好地推动科普教育实现又快又好又稳的发展，第九届全国人民代表大会常务委员会第二十八次会议于 2002 年 6 月 29 日通过了《中华人民共和国科学技术普及法》，首次以立法的方式在公共科学教育范畴中纳入科普教育，具体确定了科技馆在科普教育工作中所应该承担的责任和职能，可见我国对科普教育的重视程度。

二、构建新型展馆，彰显创新潜能

（一）展品表现形式的更新

第一，对科技馆展品的外观设计进行更新，既要能够将展品形象、真实地反映出来，又要能够将观众的求知欲与注意力同时激发，让其外观设计具有较强的视觉冲击力。第二，对科技馆展览环境的布置进行更新，既要能够将展品中所蕴含的科普原理予以揭示，又要能够将展览的科普主题予以突出，让观众产生较为浓厚的兴趣来进行参与、参观，甚至思考和动手，最终达到主动思考、主动参观、主动探索、主动学习的效果。为了营造创新氛围、普及人工智能科技知识，荆门市科技馆经过反复考察、调研，通过问卷调查和走访公众等形式，最后确定采购了机器人钢琴家、画像机器人、舞剑与转陀螺机器人、VR 驾驶体验等 10 余套机器人展品。在 2019 年 5 月建成了荆门市首个机器人乐园，观众与机器人零距离接触，觉得机器人“十八般武艺样样精通”，充分感受了现代“智造”的无限魅力，特别是激发了青少年的创新思维。

（二）传统展品展教形式的更新

在绝大多数科技馆内，都会有较多的传统展品。但是，传统展品的展教形式往往较为陈旧、单一，为了更好地将观众的参观热情激发出来，可以结合科技馆的实际情况对传统展品的展教形式进行更新。以莫比乌斯带原理展示为例，荆门市科技馆以科普公益课堂的形式，先组织学生（6～12 岁）在科技馆辅导员的耐心引导下，仔细观察小汽车在莫比乌斯带上的运行轨迹，然后让每个学生通过制作莫比乌斯带来真正理解它的原理，并且还以科普剧的形式让学生亲自参与，扮演相关角色，学生们在课堂上演绎得活灵活现。这样一来，既能够加深学生理解展品的深度，又能够激发他们对科技知识的好奇心。

（三）展品创新应加强生产企业和科普产品展馆的沟通

科普展品的生产对于科普展品来说是十分重要的，所以科普产品的生产企业就是科普产品创新的主要生力军，同时也是科普产品的制造者。企业和科技馆两方的沟通对于科技馆的建设是十分必要的：一方面，有效的沟通将会使得企业的生产和科技馆的需求相互联系起来；另一方面，良好的沟通也可以对科普展品的创新有促进作用。荆门市科技馆采购科普展品都是展品采购小组成员多次与企业技术人员面对面沟通，不断改进。就拿“机械狗”来说，企业设计方案中的“机械狗”运动起来是没有音乐、没有声音的，在双方的沟通过程中我们提出增加音乐，增加狗叫的声音，而且有律动感，这样更形象、更直观，更能吸引观众。事实证明，这件展品非常受大众欢迎。

（四）展品创新应捕捉社会热点

科技馆在创新展品的过程中，还应该及时地捕捉社会热点问题，要能够将最新、最热门的科研成果用更易理解的方式转为科普展品，以此向广大人民群众及时传递前沿科学信息和高新技术，推进展品原始创新。以热门的纳米技术为例，在未来的 10 年内，纳米技术将会被广泛应用到信息、环境、医学、能源、生物学、电子学等多个领域，科技馆可以考虑对这些知识进行浓缩，以便公众能够系统、全面地了解纳米技术。

三、打造品牌特色，拓宽服务渠道

科技馆应该结合自身实际情况不断完善基础设施，积极开展形式多样的科普活动，努力提升全民科学文化素质。荆门市科技馆为拓展科普服务功能，进一步加强基础设施建设，于 2019 年投资增设了“机器人乐园”展厅，在展厅内绘制了以机器人发展与应用为主题的文化墙，展厅内集声学、光学、电学、力学、电磁等知识为一体，囊括了数学、物理、化学、科技信息等多学科知识。我们利用现有的展品资源，在充分了解孩子们对科技知识追求的基础上，以辅导员讲解和与展品互动的方式培养他们学科学、爱科学的兴趣。同时让他们在游玩科技馆的同时发挥自己的好奇心、想象力及探索欲，加深记忆，培养他们独立思考的能力，让青少年在玩中体会事物的相关理论，进而运用到学习和生活中。

荆门市科技馆还开展了以下科普活动，通过丰富多彩的科普活动，充分发挥了科技馆科普教育基地的作用、普及科技知识的作用。

（一）科技馆活动进校园

科技馆作为学校教育的有效补充，在探索开发教育活动时也要与时俱进，符合当下中小学生对于教育活动的口味，开展新颖的、与时代接轨的互动式的活动。

荆门市科技馆利用流动科技馆资源送科技进农村学校和偏远山区学校，包括科普大篷车展品展、社会主义核心价值观展、道德模范展、航模表演展示、“创新引领时代、智慧点亮生活”主题展览、气象知识展、科技制作实践课、家庭教育讲座、播放法制视频等，让农村的孩子与科技展品、科技课亲密接触，培养他们学科学、爱科学、用科学、探索科学的热情和素养。我们每年举办进校园活动达 12 余场次，参观学生达 10 000 多人。

（二）科技展览有奖征文及科技夏令营活动

通过主管单位和教育局联合发文，凡是参加科技征文的同学都有机会免费参加地方夏令营或全国夏令营。同学们都踊跃投稿，在短短的三个月时间里就有 3500 多名有兴趣的同学投稿，我们邀请知名专家初审、复审，最后分别评选出一等奖、二等奖、三等奖和优秀奖，获一等奖的同学参加全国夏令营，获二等奖、三等奖的同学参加地方夏令营。2017 年、2018 年荆门市参观科技展览有奖征文及科技夏令营活动效果非常好，既锻炼了学生们的户外生活能力，磨炼了坚强意志，又培养了他们的团队协作精神。

（三）科技馆活动进社区、进机关、进工厂等活动

科技馆的科普教育活动是以某一特定主题为线索开展的一系列反映科技动态、贴近生活、关注社会热点的教育活动，以展览、实验、动手制作、讲座、竞赛及培训等多种形式加深公众对主题的理解。人类对知识的需求是多元的、无止境的，并且随着物质生活水平的提高、社会的进步、时代的发

展，需求将越来越广，我们不能将科学的普及仅仅局限在某一方面或小范围内，这是其一。其二，不同群体有不同的需求，针对这种情况，我们多次举办主题展览和专题讲座，如社会主义核心价值观、反邪教、生活垃圾焚烧发电、道德模范、食品安全知识、气象知识等主题展。围绕公众关切的健康安全、科技前沿等热点问题，及时准确、便捷地为公众释疑解惑。广泛开展针对领导干部和公务员的各类科普活动，着力提高领导干部和公务员的科学执政水平、科学治理能力和科学生活素质。实现科普发展目标，必须牢固树立并且切实贯彻创新、提升、协同、普惠的工作理念。

（四）大型节假日特色活动和团队参观活动

我们还组织开展了群众性、社会性、经常性的科普活动，深入开展全国科普日、科技周、文化科技卫生“三下乡”等活动。为进一步普及科技知识，弘扬科学精神，传播科学思想，倡导科学方法，推动全社会形成讲科学、爱科学、学科学、用科学的良好氛围，搭建青少年科普平台，拓宽学生的科学视野，激发学生对科技的浓厚兴趣，2019 年“六一”国际儿童节期间，荆门市科技馆发挥科普主阵地作用，将科普与扶贫、关爱留守儿童工作结合，推出了主题为“六一爱心行动”的系列科普活动，邀请“荆门南极科考第一人”荆门市气象学会秘书长李鑫一同走进精准扶贫点永兴中学。并于六一当天联合《荆门晚报》举办“欢庆六一，我和机器人有个约会”关爱留守儿童活动，为全市儿童献上了一道趣味丰富的“科普大餐”，活动受到了师生的普遍欢迎和一致好评，收到了良好的效果。目前已有 93 个团队来荆门市科技馆参观体验，团队参观人数达 9800 余人。

（五）科普公益课堂

荆门市科技馆每年举办快乐学科普免费公益课堂四期。孩子们在科普老师的指导下认真听讲、制作、互动体验，不仅锻炼了动手能力，更能在玩乐中体会到知识的乐趣，丰富了课外科普生活。

四、结语

现代社会的发展越来越依靠科技的发展，而科学普及是发展的重中之重，因为科学普及不仅能够提高科学素养，还能让我们参与国家政策和公共政策的制定，发表我们的意见，所以，无论是从科学发展本身来看，还是从科技工作者的使命来看，都需要科普创新，从而促进科学知识普及。社会发展需要创新，科技馆发展需要创新，创新是现代科技馆可持续发展的重要途径。

参考文献

[1] 张云龙. 如何做好新形势下青少年科普教育工作 [J] . 科普研究，2013，20（3）：30.
[2] 谭利群. 青少年科普教育存在的问题及对策分析 [J]. 科技风，2017，17（3）：175.

论科普信息化应用在科学传播普及工作中的重要作用

杨彩霞[1]　王振华[2]

（1. 太原市阳曲县委党校，太原，030199；

2. 太原市科学技术协会，太原，030002）

摘要： 在互联网飞速发展的当今，“互联网+”实现了多样化的延伸，科学传播与普及工作也不例外，若要建立“互联网+科普”的信息化应用，科学普及工作则如同搭乘了互联网快车，科学传播的渠道将更加宽广，公众在不知不觉中接触和应用了科学知识，全民讲科学、爱科学、学科学、用科学的习惯将在寓教于乐中逐步形成。

关键词： 科普　信息化　科学传播普及　作用

A Discussion on the Important Role of Informationized Science Popularization Application in Science Popularization

Yang Caixia[1]，Wang Zhenhua[2]

（Party School of Yangqu County Taiyuan City，Taiyuan，030199）

（Taiyuan Science and Technology Association，Taiyuan，030002）

Abstract: With the rapid development of the Internet，the “Internet Plus” has achieved diversified extension including and science popularization work. If the informationized application of “Internet plus science popularization” could be established，science popularization will be like riding the Internet Express，the

---

作者简介：杨彩霞，太原市阳曲县委党校教师，e-mail：1036948591@qq.com；王振华，太原市科学技术协会主任科员，e-mail：418447573@qq.com。

channels of science popularization will be wider, the public would unconsciously contact and apply scientific knowledge, and the habit of all people to talk science, love science, learn science and use science would be gradually formed in the fun of education.

Keywords: Science popularization, Information, Science communication and popularization, Effect

中国科协印发的《关于加强科普信息化建设的意见》明确指出，为全面推进《全民科学素质行动计划纲要（2006—2010—2020 年）》的实施，大力提升我国科学传播能力，切实提高国家科普公共服务水平，实现我国公民科学素质的跨越提升，要特别加强科普信息化建设。

通俗地讲，科普信息化就是利用“互联网+科普”的传播模式，通过“科普中国”服务云平台，运用“大屏+手机终端”构建线上线下相结合的科普服务阵地[1]。可以看出，科普信息化建设在创新科普手段和方法、增强科普服务能力、提升全民科学素质方面起到决定性作用。

一、传统科学普及与信息化环境下的科学传播分析

从传播渠道来看，传统科学普及的主要渠道是以全国性、综合性科技媒体与主流新闻媒体科技板块作为科学传播的主要阵地[2]。比较典型的是创办全国性科技报纸、综合性科技报纸和专业科技报纸，通过主流报纸开设科技副刊，以及电视台开设科技类节目。在互联网环境下，传播渠道发生了根本性的改变，大批科技网站、新闻门户网站、专业科技媒体与自媒体大量涌现，主流的、商业的、公益的、民间的新媒体纷纷加入科学传播行列，科学传播渠道更加快捷和宽泛，如中国科普网、科技讯、中国科技新闻网、新浪科技、腾讯科技讯、凤凰科技、网易科技、科学松鼠会、果壳网等。与此同时，很多新媒体与传统媒体均开设了博客、微博、微信公众号、APP、网络电子版等传播阵地，不再受学科专业、媒介，以及时间、版面与容量限制，而是可以 24 小时持续展开科学传播。

从传播内容来看，传统科学普及以重大科技成就、活动、政策、科技公共事件、科学家为主要内容，重在科学宣传与普及。新闻媒体也相对集中地针对农业科技、军事科技、医疗技术、能源开发和航空航天等展开正面的、积极的、策划性的报道，以推进国内生产与促进社会发展。在互联网环境下，媒体报道仍以重大科技成就为基础，但更重视与公众日常生活息息相关的科技及其存在的风险，尤其是商业性或公益性的新媒体，一反传统媒体科技报道选题的显著性和严肃性，突出日常、生活化等轻松内容。这不仅给受众提供了便利的生活知识链接，还援引国外科研成果，兼具趣味性和专业性。

从传播形式来看，传统科学普及以张贴图片、制作版面、开展培训、举办活动为主。图片、文字因为固定而呆板，甚至因为不能及时更新消息而影响了公众的阅读习惯；培训和活动因为分散而没有影响力，甚至因为采用简单的灌输式而使公众丧失了参与兴趣。在互联网环境下，互联网已成为公众获取科学技术信息的第一渠道。图文、音视频，以及FLASH动画、网页、订阅等多种新媒体形式、元素融为一体，多样的传播形式，呈现全面、立体的传播效果。在公众平等互动（评论、点赞、转发）和充分参与（博客、微博、推文）中实现了自主的科普行为，这种寓教于乐的方式很受公众喜爱。

从传播服务来看，传统科学普及主要以公众为中心，由官方主流媒体从事科学传播，主要以正面宣传、科学普及为主，强调科学技术之于社会变革的力量，促进公众对科技的热忱，服务受众泛化，内容同质化。在互联网环境下，通过公众互动记录，借助大数据分析结果，科普信息平台自动进行智能筛选，开展科普内容精准推送，满足公众私人订制和个性化需求，服务受众从泛化向细化转变[3]。

事实上，在数字化、网络化、智能化日益发达的今天，互联网已经成为信息技术革命的先导力量，深刻改变着人们的生产生活和社会发展，对国内和国际政治、经济、文化、社会等领域产生着深刻影响。云计算、大数据等现代信息技术的应用，助推了互联网全球化信息的爆炸式增长，较之传统科学普及而言，互联网环境下科学传播在渠道、内容、形式和服务上的彻底转变，是科普工作顺应现代技术实现升级的必然趋势，是对传统科普的全面创新。

二、科普信息化建设的优劣

（一）科普信息化建设的现实意义

1. 科普信息化建设是传统科普升级的必然趋势

第一，在必要性方面，当前我国正处于全面建成小康社会的关键时期和攻坚阶段，正在经历一场深刻的体制机制和发展方式的变革。创新驱动发展的关键是科技创新，基础在全民科学素质。要实现“两个一百年”、创新驱动发展战略、全面建成小康社会等目标，关键在于全民科学素质的整体提升。要实现“十三五”规划纲要提出的到2020年我国公民科学素质建设比例超过10%这一发展目标，必须借助信息技术和手段，大幅快速提升我国的科普服务能力，以便有效满足信息时代公众日益增长和不断变化的科普服务需求。网络特别是移动互联网，极大地变革了科学传播的模式，越来越多的研究人员致力于探索网络科学传播的模型，科普战场出现了向网上重点转移的趋势，网络科学信息消费者的比例日益庞大。科普信息化建设正是迎合了时代和形势的要求，充分运用先进信息技术，通过互联网络便捷传播，引领科普全面升级，实现全民科学素质跨越提升。第二，在现实性方面，我国公民科学素质水平与发达国家相比差距甚大，且发展不平衡。2018年我国公民具备科学素质的比例是8.47%，还不到美国2000年水平的一半。“十三五”末我国公民科学素质水平必须超过10%，要实现我国公民科学素质建设这个超常规、跨越式的发展目标，任务十分艰巨，不可能再单纯依靠过去传统的科普模式，必须通过加强科普信息化建设，借助信息技术和手段大幅快速提升我国科普服务能力，才能有效满足信息时代公众日益增长和不断变化的科普服务需求，才能为实现全民科学素质的快速提升提供强劲动力。也就是说，科普信息化是实现我国全民科学素质跨越提升的强力引擎。从城乡差距来看，我国农村居民具备科学素质的比例仅为城市居民的1/6（16%），大多数公民对于基本科学知识了解程度较低，在科学精神、科学思想和科学方法等方面更为欠缺，一些不科学的观念和行为普遍存在，甚至愚昧迷信在某些地区较为盛行。公民科学素质水平低下，已成为制约我国经济发展和社会进步的主要瓶颈之一。为此，我们必须清醒地看到，我们与发达国家相比仍有较大差距，全民科学素质工作发展还不平衡，不能满足全面建成小康社会的需要和建设创新型国家的要求[4]。

2. 科普信息化建设实现了传播方式的多元化

科普信息化的应用，充分发挥了广播、电视等现有媒介覆盖面广、影响力大的作用，拓展了车站、机场、商场、酒店、商务写字楼等公共服务场所移动服务终端的传播渠道，将多种传播媒介进行多元化组合，搭建互通式的传播平台进行科学传播。

3. 科普信息化建设促进线上线下科普活动的融合

科普信息化经过几年的建设，基础设施已日趋完善，信息化应用也初见成效。科普中国·百城千校万村行动，依托科普e站终端，将科普传播深入基层、深入百姓；“科普中国”APP落地应用使网络科普更具时效性和实效性，群众认可度和参与度逐步提升。

线上的传播同时也促进了线下活动的开展，博物馆、科普大篷车、科普教育基地、科普服务站等科普阵地也主动地借鉴现有科普信息平台资源，加强了线上线下的互动，推进了科普进社区、进乡街、进学校、进企业，形成线上与线下相结合、培训与活动相交叉、信息化传播与传统型教育相补充的工作模式，科普宣传方式更加丰富。

综上所述，网络环境下，媒体对于科学传播普及工作在渠道、内容、形式和服务上的发展，实际上也是新媒体技术逐步替代传统科普构建多元交互平台的过程，这一过程将最大限度地促进公众理解科学，进一步实现科学技术的社会化。但社会化也使得科学传播出现大量问题与风险，尤其是医疗传播乱象、环保类事件等负面的、真伪难辨的信息使每一个置身自媒体环境的公众产生困扰，导致媒介环境的恶化。

（二）科普信息化存在的不足

就传播个体而言，任何人都能利用新媒体发送、修改信息，表达观点，新媒体为公众提供了言论的天堂，但技术无法判断主体的意志，也无法干涉主体的行为。当其被善用，能使受众随时随地查阅所需信息；一旦传者上传不良信息，有时技术是无法起到阻止作用的。由于传者的信息传播行为是匿名性的，接收者无法根据视频本身去辨别传者特征，传者可以避免为自己的行为承担后果和道德责任，由此助长了传者上传行为的随意性，自媒体时代给“把关”带来了难度。

就传播媒介而言，由于存在商业诱惑，部分媒体为片面追求经济利益而传播庸俗内容的现象也时有发生。社会生活中违反伦理道德的问题，如黄毒赌、欺诈等问题都在网络平台上出现。尤其是中小学生极易受到媒介信息的影响，造成极大的危害。

就政府监督而言，要追究传播者和传播媒介的责任，就需要政府有明确的措施，对症下药。但原有的法律和规章制度已经无法适应新媒体的环境变化。我国在互联网方面已经有初步的管理法规出台实施，但内容只是提供了纲领性的建议和意见，针对具体行为的规范条例仍不够健全。因此，要不断地建设和完善相关的法律法规，并积极推进新媒体立法，使得新媒体信息传播有法可依。制定相应的规范措施，建立处罚机制，提高违规成本，才能有效治理自媒体平台新闻伦理缺失的现象[5]。

尽管我们在科普信息化建设方面做了一些工作，全民具备科学素质的比例也有所提升，但距离到 2020 年全民科学素质水平超过 10%的目标还有一定距离。如何充分借助和利用信息化手段拓宽科学传播渠道，让科学知识真正在网上流行，切实满足公众日益增长和不断变化的信息需求，我们还有很长的路要走。

三、科普信息化建设的关键要素

网站、移动客户端、移动屏媒等基础设施的维护和管理，没有人操作是不可能实现的，因此，培养一批能熟练开展科普工作的人才队伍是实现科普信息化落地应用的关键。

（一）加强科普人才队伍建设

广泛吸纳基层学会、协会、媒体、全民科学素质成员单位，以及广大群众中有一定计算机基础和熟悉信息化手段的人才，组建一支讲科学、爱科学、学科学、用科学的科普宣传队伍，分梯次进行培养和运用，确保科普人才队伍稳定有序发展。

（二）提升信息化科普的能力

安排专项经费有计划、有针对性地加大基层科普组织人员、业务骨干、科普工作者和志愿者队伍的培训力度，通过分批、分类、分层次地组织高端专业培训，激发科普工作人员的内在主动性，增强信息化应用水平。

（三）组建科学共同体专家传播团队

有条件的地方，把院士工作站和科学家结合起来，组建一支传播和辟谣的权威团队。充分利用科学家先进的理念和丰富的学识，围绕公众关注的卫生健康、食品安全、低碳生活、心理关怀、应急避险、生态环境、反对迷信等热点和焦点问题开展贴近实际、贴近生活、贴近群众的科学普及，使科普更具前沿性、趣味性和感染力。

（四）顺应形势开展工作

充分动员科普专业机构、科技教育机构、网络传播组织等在科普信息资源方面领军的团队，顺应信息传播视频化、移动化的发展趋势，综合运用图文、音频、视频等内容更加丰富、更加形象的科普作品开展科学普及，实现科普从可读到可视、从静态到动态、从一维到多维的转变，以满足不同受众多样化、个性化的需求。

（五）平台系统化建设

科普信息化平台建设要紧盯科技前沿，紧跟社会热点，紧扣公众需求，创作海量的科学资源供公众参考学习，在互联网平台创建内容丰富、形式多样、品类齐全的网络“大超市”，以满足公众的个性化需求，提高公众参与、线上线下互动和精准对接力度。更为关键的是，平台发布的有关内容必须经过相关权威部门的一系列审核把关，确保呈现在公众面前的科普信息可靠准确、安全有效、科学权威。

四、结语

习近平总书记指出，网络安全和信息化是事关国家安全和国家发展、事关广大人民群众工作生活的重大战略问题，要从国际国内大势出发，总体布局，统筹各方，创新发展，努力把我国建设成为网络强国。习总书记的这一重要论断，为我们利用信息化开展科学普及提供了理论依据，也指明了工作方向。我们有幸搭乘了互联网的快车，幸运地借助信息手段快速传播科学知识，有效地满足公众日益增长和不断变化的信息需求，提升全民科学素质的目标一定会实现，也必然能够实现。

参考文献

[1] 陈涛. 关于科普信息化平台建设的思路与策略［M］//中国科普研究所. 中国科普理论与实践探索——第二十三届全国科普理论研讨会论文集. 北京：科学普及出版社，2016.

[2] 邹霞，邱沛篁. 新媒体环境下突发公共事件的正向科学传播［J］. 西南民族大学学报（人文社会科学版），2015，（6）：169-173.

[3] 李少勇. 推动传统媒体与新媒体融合发展趋势的策略［J］. 传播力研究，2018，（7）：78.

[4] 张学峰. 新形势下推动科普工作转型升级的几点思考［J］. 科学论坛，2017，（6）：26-29.

[5] 邹霞. 从科学普及到科学传播——新媒体环境下媒体科学传播的发展［J］. 新闻研究导刊，2017，8（17）：33-35.

基于美国《新媒体联盟地平线报告》的智慧科技馆建设探究

张文华

（天津科学技术馆，天津，300201）

摘要： 美国新媒体联盟和美国高校教育信息化协会共同主持的“地平线项目”，对未来5年可能对教育活动产生重大影响的新兴数字技术及其在教学中的应用进行深入研究并做出预测。本文节选《新媒体联盟地平线报告》（博物馆教育篇）中提出的不同阶段网络化新兴技术的发展趋势，结合天津科学技术馆具体实际，对智慧化科技馆建设进行探究分析，致力于打造符合市民个性化需求的公共文化服务。

关键词： 地平线报告　智慧科技馆　互联网+科普　公共文化服务

A Study on Smart Science and Technology Museum Construction Based on *The New Media Consortium Horizon Report*

Zhang Wenhua

（Tianjin Science and Technology Museum，Tianjin，300201）

Abstract： In the Horizon Project conjointly implemented by America New Media Consortium and America Smart Learning Institute of Normal University，all of the research underpinning the report make use of the emerging digital technology and its application to the education. Extracting some parts of *The New Media Consortium Horizon Report*（*Museum Edition*）， the paper analyzed the developing trend of the new Internet technology and the situation of Tianjin Science and

---

作者简介：张文华，天津科学技术馆助理馆员，e-mail：1242063809@qq.com。

Technology Museum，to study the smart science and technology museum's construction issues and supply personalized public cultural services for citizens.

Keywords：*Horizon Report*，Smart science and technology museum，Internet plus science popularization，Public cultural services

一、美国《新媒体联盟地平线报告》博物馆教育的研究

《新媒体联盟地平线报告》（*The New Media Consortium Horizon Report*，以下简称《地平线报告》）是美国新媒体联盟和美国高校教育信息化协会共同主持的“地平线项目”的一部分。“地平线项目”从2002年开始运作，主要目的在于对未来5年可能对教育活动产生重大影响的新兴数字技术及其在教学中的应用进行深入研究并做出预测。

每年发表的《地平线报告》给科技类博物馆的未来发展勾画出3条类似于地平线的阶梯式发展标系：第一条地平线为近期阶段，指1年内可能会应用；第二条地平线为中期阶段，指2～3年内可能会应用；第三条地平线称为远期阶段，指4～5年内可能会应用。下面我们把从2010年以来的4篇《地平线报告》（博物馆教育篇）中所提出的不同阶段所应用的新兴技术列表如表1所示。

表1　2010～2013年不同阶段所应用的新兴技术[1]

	2010年	2011年	2012年	2013年
1年内	移动终端	移动应用	移动应用	自带设备
2～3年内	社交媒体 增强现实技术 基于位置的服务	平板电脑 增强现实技术 电子出版	社交媒体 增强现实技术 开放内容	众包模式 电子出版 基于位置的服务
4～5年内	手势识别技术 语义网	数字资源保存 智能物体	物联网 自然用户界面	自然用户界面 保存及保护技术

虽然报告的样本数还不算多，但从表1看出以下一些技术应用的趋向。

（1）移动化。从背景来看，2010年正是互联网时代从第二代迈入第三代的关键时期。第三代互联网从技术的角度来讲，最主要的特征就是开始逐渐摒弃PC终端这一单一化的电脑平台，以及与此相配套的宽带互联网及其应用，而代之以无所不在的移动网络、终端及其应用。在2011年、2012年、

2013年的报告中，移动技术继续占据绝对优势：移动应用、平板电脑、智能物体、电子书等不一而足，说明随着大量移动设备的普及，移动技术在快速发展中正在成为新媒体技术中的主流，各类移动显示技术、交互技术、无线技术及其应用的不断出现，方便了用户的使用。

（2）社交化。人与人之间的相互交流是一种天然的存在，互联网的出现使得人们的交流变得更加方便快捷，社交网络在其中功不可没。在移动互联网时代，用户借助各种Web 2.0工具进行网络互动，掀起各类社交风潮，社交网络行为所带来的思维模式也在很大程度上影响着思想方式，并进而带来了人们社会行为方式的转变，如个性化教育和开放性内容。

（3）智能化。智慧博物馆是最近国内博物馆界的一个热门话题，智慧来自何处？事实上，从信息技术的角度，智慧的技术基础就是2011年报告中提出的智慧物体技术。物体的智慧化，使得人与物之间、物与物之间的互动联络成为可能。一个智慧物体应该拥有并能了解关于自身与所处环境的信息，网络化又使得这些智慧的物体以传感方式或其他智能化的方式联系在一起，这就有了2012 年报告中提出的物联网。充分运用感知能力是物联网的突出特点，当然实现感知功能的技术，如射频识别（RFID）条形码、智慧卡等，已经运用得相当普遍。而最近兴起的多点触控和运动感知，借助身体动作或声音、手势等与智慧物体进行互动，由此构建起富有智慧的博物馆教育环境。

二、当前科技馆的智慧建设现状及问题

当前科技馆网络传播技术使用远远不足，网络传播当前使用较广的是数字科技馆，人们可以在网络上观看虚拟科技馆展品，住在边远地区的孩子们通过网络来学习科普展品知识。实践中，已经有越来越多的个人、团体开始使用互联网来进行科普传播，并且取得了良好的公众服务效果（图 1）。如个人微博“博物君”张辰亮，在微博上通过与大家交流互动，科普动植物科学知识。充分利用网络资源新媒体的互动参与性，是科技馆科普传播在未来阶段应用发展过程中值得借鉴学习的。

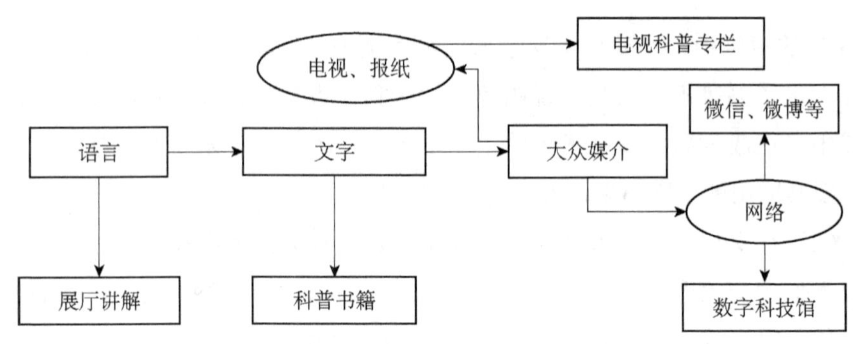

图 1　科技馆科普信息传播的发展应用[2]

当前，天津科学技术馆的互联网技术使用分为实体场馆网络和虚拟数字科技馆。

在实体场馆，观众可以使用免费互联网 i-Tianjin 使用 Wi-Fi 上网，参展观众可以租用专业语音导览设备，或者自助下载手机 APP 语音导览软件，进行自助式展品讲解服务。观众只要扫描展品上的二维码，就可以自助语音播放展品讲解词，实现无人工式网络讲解服务。

在虚拟数字科技馆，观众进入天津科学技术馆官网中的虚拟数字科技馆板块，可以与真实场馆相同，分不同展区，选择展品，即有讲解与展品图片或视频展示，观众可以进行远程网络科技馆学习参与，但“互联网+”的建设过程中仍存在一定问题，主要表现如下。

第一，对于互联网的互动式使用比较少，没有充分利用互联网的交流、互动、参与的优势特点，来达到科普阶段模型的结构化升级。例如，虚拟数字科技馆只能是观众学习，有问题无法交流提问，在自助式语音导览中也存在相同层面的问题，“互联网+”的功能开发尚不充分。

第二，天津科学技术馆已经开通微信公众号服务功能，定期发布活动和展览信息，每天更新科普知识宣传，但依旧存在不能有针对性地服务观众的问题。虽有公众号，但是服务效率和水平需要进一步提高，如微信的留言版块至今没有开通，网络的交流能力尚未实现。

（一）“互联网+”新技术引入不足

“互联网+”当前最热门的技术当属大数据和云计算。在电商服务和一些电视台收视率统计的过程中，该类技术能够定量分析用户需求和偏好。例如，淘宝网利用浏览痕迹，能够首先对用户进行分析，判断其消费水准和偏好，然后猜测用户可能喜好的产品，并进行相关消息推送。

当前，天津科学技术馆的互联网技术使用分为实体场馆网络和虚拟数字科技馆。但是，对大数据云计算的使用尚未得到有效开发，因此在服务过程中，是以科技馆为活动开发的主体，在活动开发过程中对观众需求反馈不多，缺乏利用“互联网+”技术对观众的分析。

“互联网+科普”技术当前对观众用户使用较多的大数据云计算，可以精准分析定位用户需求，能够大幅提高服务的精准性、针对性，提高服务的满意度。

（二）智慧科技馆建设的个性化服务意识有待提升

到天津科学技术馆参观的观众群体因年龄、学历、科普需求、科普偏好存在不同需求，但是在接受服务的过程中，辅导员的科学表演、展品讲解辅导的标准较为统一，没有明确的分层和个性划分，订单式服务发展不足。比如，按照年龄划分，青少年大致可分为学龄前（3～6 岁），中小学生（6～18 岁），大学生（18 岁及以上），不同年龄的学生的科学认知水平、学习注意力、集中学习能力、动手实践水平、科普偏好话题均有不同，但在课堂活动中，缺乏针对不同层次的学生进行设计的成分。除学校预约活动外，科学活动参与存在较强的随机性，受众不同，在同一堂课中就会出现差异性，导致课堂效果不好。相较其他博物馆、自然博物馆的网络、电话预约课，天津科学技术馆订单式、个性化课堂的体系设计还略显不足。

（三）科普网络建设的公众影响力较低

天津科学技术馆官网上主要以展品介绍、影片介绍为主，比较缺乏互动交流环节。在微信公众号上已经优化有了留言区，观众可以针对问题留言，工作人员会比较及时地回复观众的各种问题，虽然留言的观众并不多，但是所有留言问题都会予以回复。在未来的“互联网+科普”的建设中只有更多引入互动环节，才能提高科学普及的受众面，带给公众更好的文化服务。

以天津科学技术馆微博为例，“粉丝”数量为 724 人。很多观众在活动中不知道天津科学技术馆的公众服务号，宣传力度明显不足，话题事件性不强，对比最近火热的“博物君”张辰亮主办的博物杂志，其“粉丝”数有638万人，他与公众有很强的交流互动，其除了为公众普及植物动物的各种新鲜知识外，还同时可以回答观众各种各样的对不认识的动植物的名称和作用的提问，得到了很多人的关注和认可，充分利用了网络服务的互动性，更加人性化和生活化，这些都是值得学习借鉴的。

（四）公众意见的网络反馈渠道需拓宽

目前，天津科学技术馆的观众意见反馈渠道主要有两种：第一，在员工年终绩效考核中，有10%的成绩来自观众意见。但是这10%的观众意见以往是通过一线展厅辅导员带团讲解之后的观众满意度调查问卷来实现的（表2）。第二，观众还可以通过天津科学技术馆服务台的观众意见反馈簿来记录意见。但是上述两种意见反馈形式存在一次性、反馈时间弧长等问题，而由于不具备足够完善的网络观众意见反馈的部门及机制，不能让观众在第一时间反馈问题。

表2　天津科学技术馆员工绩效考核得分分值权重说明表

一			二	三	总分
主观考核内容			客观考核内容	服务对象考核内容	
自评	互评	考评委员会			
10%	20%	70%			
70分			20分	10分	100分

网络是当前解决反馈意见渠道窄的良好载体，具有及时性、多线性，没有管理层级的传递阻碍，信息能够快速地从点到点。利用网络技术，在科普公共文化服务的过程中，能够完善员工绩效管理指标中的观众意见部分，实现直接、有效的意见反馈，提高员工服务效率，向公众提供高标准、高质量的科普文化服务。

三、未来天津科学技术馆数据化建设的发展方向

“互联网+科普”最大的优势是及时性、互动性和便捷性。图2展示了科

技馆网上建设的进程，由最早的科技馆信息化，以展品为中心，将展品复制粘贴到网上；到后来的科技馆数字化，逐渐形成以业务为中心，在科技馆虚拟展品展示的基础上，增添近期的科普活动视频、科普影片介绍、活动预约等；再到现在正在建设的智慧科技馆，加入大数据云计算技术支撑，能够分析观众的网上浏览痕迹，得出不同用户的不同科普偏好，实现精准化科普活动、科普知识的信息推送。

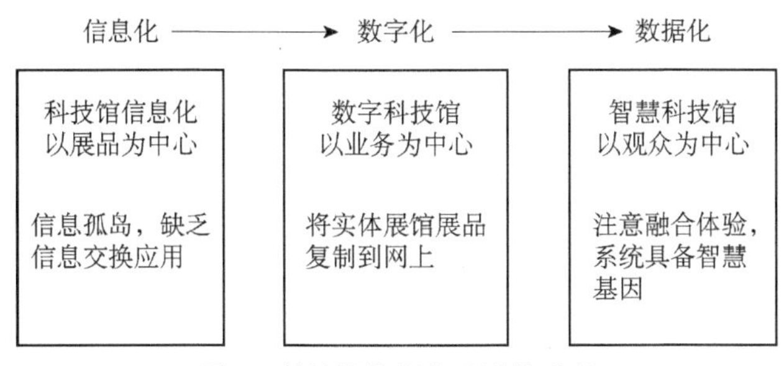

图 2　科技馆数据化建设的进程

天津科学技术馆通过完善数字化科技馆、用户 APP、科普 e 站等多种网络建设方式，与津云中央厨房合作，致力于打造面向全民的智慧学习场馆环境。

（一）个性化服务

运用大数据的一个典型案例是《纸牌屋》的成功。美国最大的在线付费视频网站 Netflix 拥有 3000 多万名用户。它利用大数据，通过这些用户的点击行为、搜索行为、观看行为和影视剧评分等资料，并通过深挖数据价值，对用户的喜好和视频选择方向进行分析和预测。为找到用户的偏好喜好，其创造了 7 万种视频标签来细分已有的视频内容，划分观众用户层次，并通过与其他用户数据的比较分析，推导出用户的喜好和所属人群分类。利用这些数据向观影用户推送具有价值的符合他们口味偏好的影视节目单。

如果借鉴利用到科技馆中，能够解决科技馆存在的问题：定量统计分析观众需求，了解观众所需；利用大数据有针对性地将观众的意见反映到下一步科普活动计划制订中；满足个性化需求，提高观众满意度。

（二）展品管理与环境控制

科技馆中的展览与教育是两位一体的，展览是教育的基础，教育是对展览进行传播。科技馆中最重要的就是展品，利用展品向公众传播科学知识、科学技能，所以展品的完好率是优质公共科普文化服务的基本保障。

首先利用大数据建立展品信息库，显示科技馆展品出入库的一般情况，如展品修复、保护等。同时涵盖物联监测展示，显示本馆内物联网监测各项运行状态，将展品的使用时间、使用强度、完好情况、运行使用等数据存入信息库，通过分析找出使用时间与损坏停用之间的规律，实现提前预告损坏，实现维修人员能够及时维修，改进目前的损坏发现—报修—维修的滞后性，通过保障展馆内的展品完好率，带给公众更加良好的参观体验。

除此之外，统计专项展品的热度，用于新展品的研制开发。通过统计不同展品的使用时间、强度和客流密度，找到最受欢迎的展品，在新展品的开发中，加入相关元素和学科知识，满足公众需求。

通过实施大数据统计、分析，并将观众热力图分布及随时间变化的情况公开在客户端 APP 服务软件上，让观众能够自主根据场馆拥挤程度安排自己的出行，当场馆人群密度比较大时，许多观众会错时参观，这样就合理安排了客流密度，防止过度拥挤的情况发生。

（三）工作反馈及方案制订

通过建立会员制，以个人或家庭为单位，构建每个个体的信息档案，档案的信息载入模式就是扫码参与。在科技馆实体场馆中，观众需要通过扫码来参与科普活动，扫码的过程都会在每个会员的大数据档案中存取信息，以便能够借由这类信息实现动态化周期化地分析观众偏好的科普活动形式、科普话题、学科科目等。

家庭每次参与各种活动，都要凭借二维码扫描参与，同时支持网上支付费用。在每次刷二维码参与活动的同时，就储存了相应信息，包括参与活动的类型、频次、好评度等，利用大数据分析，将信息整合，形成有用信息库和分析数据报告，将周期整合产生的报告传输到各个一线工作部室，如展示部、天文室、电影部等。这些一线工作部室再根据信息分析和观众意见反馈，来及时调整下一阶段的工作计划，制订方案更新（图3）。

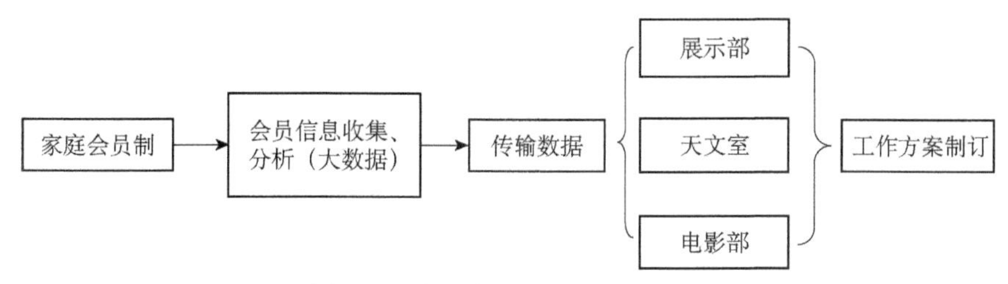

图3 观众信息大数据库体系建设

（四）青少年科学兴趣的激发

观众使用的APP主要分为三种类型：一种是服务类，如语音导览系统；二种是游戏开发，虚拟现实结合类型APP；三种是科学互动类，如搭建科学家与青少年问答互动，让青少年了解科学家的日常工作，激发其从事科学研究的兴趣和志向。借助手机APP，开发能够放进口袋的“掌中科技馆”，借鉴国内外当前经验，主要开发以下三类APP。

第一种是服务类APP。当前天津科学技术馆已有的语音导览类APP就属于服务类APP，其中包括乘车路线，物联网感应自助讲解展品，科技馆楼层、展区、餐饮区分布，但是基本都是一些参观信息，在服务和实时数据方面存在空白。

未来语音导览服务APP会与观众进行触点模式的服务和互动。首先，能够实时显示客流量的热力分布图，让观众能够错峰参观，错开客流高峰，保证整体参观质量。其次，能够进行精准的信息推送服务，通过个人信息库，对观众进行画像分析，了解其需求，并依据其需求将近期相关科普活动进行推送，并能够对将要进行和展出的科普活动、科普展览进行线上预约，规划好人数。最后，可以在线解决部分观众的问题，APP的评价会部分结合讲解员绩效评价、绩效考核，真正地将观众意见进行有效反馈，提高服务质量和观众满意度。

第二种是游戏类 APP。当前天津科学技术馆还没有游戏类 APP 手机软件。其实，科普不应该仅仅局限在科普场馆内，游戏类 APP 就是结合儿童和青少年的学习认知特性，将知识与游戏结合，让孩子在娱乐中进行科普知识的学习。在游戏的开发中，可以引入虚拟现实技术、3D 打印技术等新科技手段，提高他们的学习兴趣，让学生把科技馆知识放在口袋中。

第三种是互动类 APP。当前青少年从事科学研究的意愿明显降低。一方面，是学校组织的课外科技类活动偏少；另一方面，是生活与科学的距离较远，学生对科学感觉陌生[4]。科技馆先天拥有比中小学更丰富的科普资源，构建了中小学与科研机构、大学教授、科学家的关系网，建立科学问答类 APP，能够让中小学生通过与科学家对话，了解科学前沿知识，认识科学家的科研工作，更加热爱科学。

参考文献

[1] 刘健. 新媒体技术的发展趋势与博物馆教育的机遇——从《2013 年新媒体联盟地平线报告博物馆教育篇》谈起［J］. 中国博物馆，2015，(2)：62.

[2] 汤书昆，刘为民. 科技传播与当代社会［M］. 北京：科学出版社，2001.

[3] 安庆红. 科技馆员工绩效考核体系设计—以天津科技馆为例［D］. 天津：天津大学硕士学位论文，2011.

[4] 中国青少年研究中心. 呵护孩子的科学梦：少年儿童科学态度与科学学习研究报告［M］. 北京：中国青年出版社，2015.

国内外科技馆官网数字化科普拓展资源调查研究

支彬茹　李燕勤　林滢珺　鲁梦薇　王　铟

（北京师范大学，北京，100875）

摘要：科技馆是吸引公众学习科学、帮助公众了解科学、提升公众科学素养的场所，其官方网站是科普资源信息化的集中表现，理应发挥其独特的作用。但纵观国内外科技馆官网，科普拓展资源的质量却参差不齐。本研究挑选国内外6家知名的科技馆，调查它们拓展资源的整体信息和质量，分别从表现形式、学科分类、获取资源难易程度和内容自身质量、内容编排质量、内容呈现质量、内容互动质量、用户使用质量、资源利用质量几个维度进行深入调研。根据调研结果，给出了针对我国科技馆官网问题的建议：加大资源利用，丰富表现形式、注重布局美观，改善内容呈现、提高互动质量，引入科普游戏。

关键词：科技馆官网　科普拓展资源　质量

Research on the Digital Expand Resources of Science Popularization in the Official Websites of Science and Technology Museums at Home and Abroad

Zhi Binru，Li Yanqin，Lin Yingjun，Lu Mengwei，Wang Yin

（Beijing Normal University，Beijing，100875）

Abstract：Science and technology museum is a place that attracts the public's

作者简介：支彬茹，北京师范大学科学与技术教育专业硕士研究生，e-mail：binruzhi@163.com；李燕勤，北京师范大学科学与技术教育专业硕士研究生，e-mail：yqli1995@126.com；林滢珺，北京师范大学科学与技术教育专业硕士研究生，e-mail：yjlin0609@qq.com；鲁梦薇，北京师范大学科学与技术教育专业硕士研究生，e-mail：Lu_mengwei96@163.com；王铟，北京师范大学副教授，硕士生导师，e-mail：13601301370@139.com。

interest in learning science，helps the public understand science，and improves the public's scientific literacy. Its official website is a concentrated expression of the informatization of science popularization resources，and it should play its unique role. Throughout the official websites of science and technology museums at home and abroad，the quality of the expand resources of science popularization is uneven. In this study，six famous science and technology museums at home and abroad were selected to investigate the overall information and quality of their expand resources. The investigation covers the following dimensions：its form of expression，subject classification，ease of access to resources，content quality，content layout quality，content presentation quality，content interaction quality，quality in use，and resource utilization quality. According to the research results，several suggestions are given to solve the problems of the official website of china science and technology museum：increase resource utilization，enrich the forms of expression，pay attention to beautiful layouts，improve the content presentation，enhance the content interaction quality，and introduce popular science games.

Keywords: Science and technology museum official website，Expand resources of science popularization，Quality

一、研究背景

为响应《全民科学素质行动计划纲要实施方案（2016—2020 年）》中“以科普的内容信息、服务云、传播网络、应用端为核心，形成‘两级建设、四级应用’的科普信息化服务体系”[1]的科普要求，近年来，我国数字化科普资源建设已成为科普事业迎接网络时代的重要战略[2]。为了适应信息时代的来临，更好地实现科普传播的效能，很多科技馆都建设了或正在建设其官方网站，以提供数字化科普资源，提高本场馆的科普服务能力。我国各大科技馆依托实体馆进行官方网站的建设，相比传统科普设施，借助网络进行的科普传播在信息数量、表现形式，以及受众参与性与交互性上均有较大突破。但是纵览我国各科技馆的官方网站，大部分网站只是作为实体科技馆的一个线上版本来承担信息发布的功能，其主要职责仅仅是围绕实体馆的运行和服务情况进行粗略介绍，并没有真正发挥其科普传播的作用。相比之下，诸如巴黎发现宫等一大批国外科技场馆除既定的场馆信息介绍外，还拥有丰富的数字化科普拓展资源，这为它们达成激发公众科学兴趣、让公众了解科学、提高公众科学素养的目标提供了又一有效举措，为我国数字化科普资源建设提供了良好的范本。

二、研究目的

调查国内外 6 个科技馆官网数字化科普拓展资源开发及使用的整体情况，从内容自身质量、内容编排质量、内容呈现质量、内容互动质量、用户使用质量和资源利用质量 6 个方面对本研究所选择的 6 个案例进行对比分析。根据对比分析结果，找出我国科技馆官网仍存在的主要问题，并提出符合我国国情的科技馆官网数字化科普拓展资源开发及使用建议。

三、核心概念界定

（一）科普资源

本研究采用狭义的科普资源概念，指的是科普项目、科普活动中所涉及的科普内容及相应的载体。

（二）数字化科普资源

数字化科普资源是指以数字信号在互联网上进行传输的科普信息。数字化科普资源的生成主要有两种渠道：一是将传统科普资源转化为数字形式，二是开发新型数字科普资源。本研究强调的是第二种渠道来源的数字化科普资源。

（三）拓展资源

中国科学技术馆的《数字科技馆发展研究报告》中提到了“拓展资

源”这一词语，按照文章本身的意义，指的是“结合重大科技事件、科技活动、纪念日等，利用馆内已有资源，按内容重新组合编排”的资源[3]。本文中的拓展资源则进一步扩大这一范围，指结合国家科技战略、重大科技事件及生活中的科学知识等，利用馆内已有资源，按内容重新组合编排的资源。

（四）数字化科普拓展资源

本文中使用数字化科普拓展资源表示科技馆官网中以数字信号在互联网上进行传输的，结合国家科技战略、重大科技事件及生活中的科学知识等，利用馆内已有资源，按内容重新组合编排的科普内容及相应的载体。

四、研究设计

（一）调研对象

通过对国内外科技馆官网的广泛浏览，本研究选取其中最具有代表性的 6 个科技馆官网作为研究对象，其中包含 4 个国外科技馆官网——美国的芝加哥科学工业博物馆官网、澳大利亚的墨尔本科技馆官网、法国的巴黎发现宫官网和德意志博物馆官网，2 个中国的科技馆官网——中国台湾科学教育馆官网，以及中国大陆 Z 科技馆官网，其代称为官网 Z。

（二）调研维度

我国已有的针对科技馆官网数字资源的调查研究较少，本研究综合已有研究的调研维度并进行了适当修改。如图 1 所示，本研究将从数字化拓展资源的整体信息和内容质量两大维度进行调研，其中整体信息包括表现形式[2]、学科分类[4]、获取资源难易程度三个维度，内容质量[5]包括：内容自身质量、内容编排质量、内容呈现质量、内容互动质量、用户使用质量和资源利用质量 6 个维度。

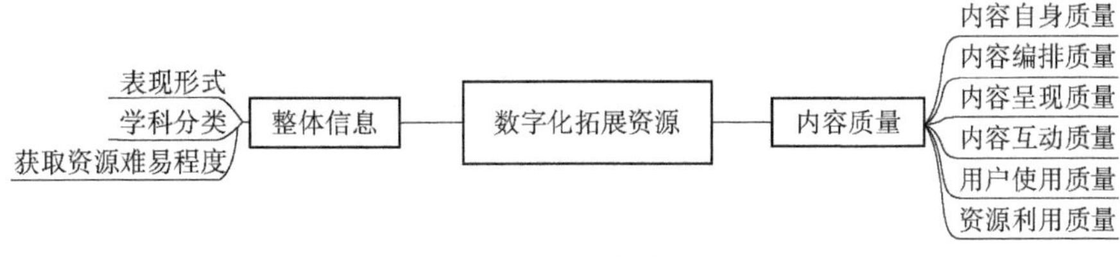

图 1　调研维度

1. 整体信息

（1）表现形式。表现形式是科普资源包含的科学内容的载体，丰富的表现形式有助于公众对科学知识的学习，因此本项目调研官网上科普资源形式的数量。本文依据《数字化科普资源标准研究报告》[2]对数字化科普资源的形式进行调研，并根据拓展资源的详细情况细化此分类，具体分类方式如图 2 所示。

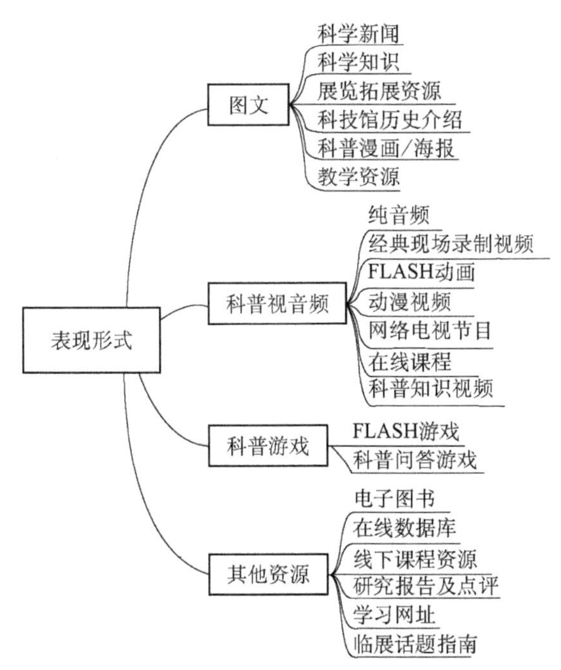

图 2　本研究使用的拓展资源表现形式分类

（2）学科分类。科普资源的学科分类体现了科普资源本身涉及范围的大小，涉及内容主题越多，资源越丰富。如表 1 所示，本文依据《数字化科普资源标准研究报告》[4]中对数字化科普资源学科分类进行调研。

表 1 《数字化科普资源标准研究报告》中的数字化科普学科分类

科普资源学科分类代码			
代码	名称	代码	名称
01	历史文明	12	能源科技
02	天文地理	13	航空航天
03	军事科技	14	建筑水利
04	数学	15	交通运输
05	物理	16	农林牧渔
06	化学化工	17	工业技术
07	生命科学	18	材料科学
08	医药健康	19	科普学
09	安全科学	……	……
10	信息通信	99	其他
11	环境科学		

（3）资源获取难易程度。资源获取难易程度是指拓展资源在官网上所处的位置是否容易被找到，如果能够被轻松找到，对于公众的传播效果就会更好。因此调研内容如下：拓展资源数量、拓展资源在主页的位置；获取资源需要点击鼠标的最多、最少次数；每次选择是否需要进行较长时间的思考判断。

2. 内容质量

科普拓展资源的内容质量评价标准不一，为更加贴合科技馆官网科普资源这一研究对象，本文采用《互联网科普理论研究》中关于“互联网科普作品质量评价标准”提供的相关评价方式进行评价，并对其进行整理修改，形成一套适合本研究使用的评价标准。如表 2 所示，此评价方式将内容质量分为 6 个维度，分别为：内容自身质量、内容编排质量、内容呈现质量、内容互动质量、用户使用质量和资源利用质量[5]。

表 2　科普拓展资源质量评分标准

评价维度	评价标准	符合程度				
内容自身质量	内容科学性很强；作品内容几乎覆盖主题应涉及的所有方面，重要内容无遗漏；作品基本没有使用专业术语，语言通俗易懂	5	4	3	2	1
内容编排质量	充分利用多媒体技术的优势展现科学原理；动画设计风格简洁、内容直观	5	4	3	2	1
内容呈现质量	作品整体感觉十分精致美观；界面布局合理、文图搭配和谐；大量采用 JS 或 FLASH 技术，动态效果丰富	5	4	3	2	1
内容互动质量	设计的互动内容很有价值；互动过程具有复杂性和不确定性；互动过程生动有趣，科学内容自然呈现	5	4	3	2	1
用户使用质量	辅助阅读功能齐全；除系统自带和目前普遍使用的 FLASH 插件外，没有使用任何插件；作品中图片媒体、动画和视音频媒体、流式媒体文件数据量很小	5	4	3	2	1
资源利用质量	作品素材全部为原创素材；能从作品文件夹中复制出所有媒体文件	5	4	3	2	1

（三）调研方法

调研小组组员首先调研 6 个场馆的整体信息，调研后将信息填入统计表格，再依据评分表为 6 个科技馆官网的内容质量打分。为减少资源质量评分的主观性，4 位研究者分别根据评价维度表进行评分，各科技馆资源质量的各维度得分为 4 人评分的均值，最终根据各科技馆资源质量得分绘制雷达图，以观察每个科技馆的科普拓展资源质量特征。

五、调研结果

（一）科技馆拓展资源整体情况调研结果

由表 3 可知，6 家科技馆的整体信息呈现具有差异性，其中法国巴黎发现宫和中国台湾科学教育馆科普拓展资源数量庞大，种类齐全，学科分类分布较广，获取资源难度较小，在 6 家科技馆官网中十分突出。与此同时，澳大利亚墨尔本科学馆因其科普拓展资源数量稀少，在三个调研维度上均表现较差。其他三个科技馆则各有特色，中国大陆科技馆官网 Z 整体情况较好；美国芝加哥科学工业博物馆科普拓展资源学科分布较广，资源易获取，但资源表现形式较为单一；德意志科学技术馆虽然资源表现形式较为丰富，但学科分布较窄，资源较难获取。

表3　6家科技馆拓展资源整体情况调研结果

科技馆官网名称	表现形式		学科分类数量与总数量之比	获取资源难易程度
	资源种类	已有资源种类数量与总数量之比		
法国巴黎发现宫	科普图文	2/3	17/19	尽管拓展资源数量庞大，但是“在线资源”在导航栏内清晰可见，最少点击鼠标2次、最多点击5次就能直接获取资源，不需要长时间的思考判断
	科普视音频	5/7		
	科普游戏	1/2		
	其他资源	1/3		
德意志科学技术馆	科普图文	2/3	8/19	拓展资源种类较少，提供的资源与展览或活动介绍相结合，最少点击1次、最多点击4次可获得资源，选择过程需要进行一定时间的思考判断
	科普视音频	3/7		
	科普游戏	1/2		
	其他资源	0		
美国芝加哥科学工业博物馆	科普图文	1/3	12/19	拓展资源数量大，提供的资源与展览介绍相结合，最少点击3次可以获取资源，选择过程需要进行长时间的思考判断
	科普视音频	3/7		
	科普游戏	0		
	其他资源	0		
澳大利亚墨尔本科学馆	科普图文	0	7/19	拓展资源数量很少，拓展资源位于课程中的 “相关链接”中，基本上点击3次鼠标皆可获取相关资源，选择过程不需要进行长时间的思考判断
	科普视音频	0		
	科普游戏	0		
	其他资源	1/6		
中国台湾科学教育馆	科普图文	1/6	13/19	拓展资源数量很多，位于网站中的许多角落，最少点击 3 次，最多点击 7 次。选择过程需要进行一定时间的思考判断
	科普视音频	3/7		
	科普游戏	1/2		
	其他资源	2/3		
中国大陆科技馆官网Z	科普图文	2/3	15/19	拓展资源数量大，提供的资源在主导航栏内清晰可见，最少点击 2 次、最多点击 3 次就可以直接获取资源，选择过程不需要长时间的思考判断
	科普视音频	3/7		
	科普游戏	1/2		
	其他资源	0		

注：已有资源种类数量与总数量之比是指对应科技馆官网所拥有的某一拓展资源种类数量与前文所示全部种类数量之比，如法国巴黎发现宫 4 类科普图文占共有的 6 类科普图文的 2/3。内容主题种类数量与总数量之比与上述内容同理。

从表现形式上看，6家科技馆官网均具有科普图文和科普视音频这两种传统表现形式，但每个网站的特色不一。这里以种类数量较多的法国巴黎发现宫和中国台湾科学教育馆为例进行详细分析。巴黎发现宫在科普视音频中具有的特殊类型是网络电视节目和在线课程，视频内容定期更新，视频质量很好，是该馆开发的独特科普资源；在科普游戏方面，该馆的FLASH游戏画面精美，音效及互动效果超群，十分适合青少年学习科学知识，远超其他科技馆的科普游戏质量；在其他资源中，该科技馆具有电子图书和在线数据库，方便读者线上学习，具有良好的科学传播功能。中国台湾科学教育馆在表现形式上也别具一格，该馆的科普图文以教学为主，展示科学教育活动的教学相关资源如教案学习单等内容，是科学教师及学生学习科学知识的一种途径；在科普游戏类型中，该科技馆设计了独特的问答游戏，较其他科技馆资源的游戏深度更深；在其他资源类型中，有临展话题指南、研究报告及点评和学习网址，这些资源与线下科学教育活动紧密结合，又同时有相应的拓展延伸，在这一方面是其他科技馆需要学习的对象。

从学科分类来看，法国巴黎发现宫和中国大陆科技馆官网 Z 覆盖的学科范围最广，除天文、地理、物理、生命科学等基础学科外，安全科学、建筑水利、农林牧渔、材料科学等方面的知识是这两个馆所特有的学科。

从获取资源难易程度来看，法国巴黎发现宫和中国大陆科技馆官网 Z 的资源数量巨大，但是获取十分轻易，说明其设计合理。德意志科学技术馆资源数量少，获取不易，需要在此方面有所改进。

（二）科技馆拓展资源质量调研结果

由图 3 可知，法国巴黎发现宫平均得分最高，尤其是在内容自身质量、内容编排质量和内容互动质量三个方面的得分远超其他科技馆官网。中国台湾科学教育馆的得分也较高，在内容呈现质量和资源利用质量方面十分突出。美国芝加哥科学工业博物馆、德意志博物馆、中国大陆科技馆官网 Z 均有各自特色，但在一些方面得分较少，如美国芝加哥科学工业博物馆的内容自身质量和内容互动质量，以及中国大陆科技馆官网 Z 的内容呈现质量和资源利用质量均处排名末位，德意志博物馆在 6 项得分中均处于靠后的位置，因此 3 家科技馆得分相似。排名最末的是澳大利亚墨尔本科技馆，除内容呈现质量外，该馆在其他方面得分均处最低位置。

从内容自身质量上看各馆得分参差不齐，法国巴黎发现宫，以及中国台湾科学教育馆和中国大陆科技馆官网 Z 在这一维度上表现较好，三个馆科普拓展资源内容的科学性强、作品覆盖主题全、语言通俗易懂。澳大利亚墨尔本科技馆主要介绍线下展览活动信息，科普拓展资源数量过少，主要依靠链接到相关主题的其他网站来提供拓展资源，因此其作品主题涉及的方面太少。美国芝加哥科学工业博物馆则面临获取拓展资源难的问题，因此其展现的作品涉及内容就较为分散，不利于读者阅读。

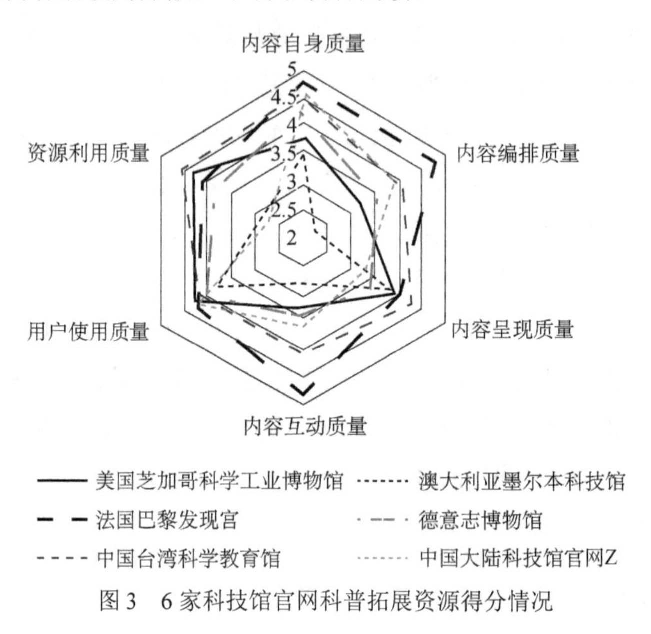

图3　6家科技馆官网科普拓展资源得分情况

从内容编排质量上看，法国巴黎发现宫表现最佳，该馆充分利用多媒体技术优势展现科学原理，动画设计风格简洁、内容直观，这方面的优势在科普音频、视频，以及科普游戏中最为突出。美国芝加哥科学工业博物馆的拓展资源多以图文形式进行展示，澳大利亚墨尔本科技馆的拓展资源大部分以纯文字的展示方式进行科普，两者的科普内容略显单调。

在内容呈现质量方面，各馆得分均较高。中国台湾科学教育馆、法国巴黎发现宫、美国芝加哥科学工业博物馆得分较高。值得一提的是，澳大利亚墨尔本科技馆在这个维度的得分不低，可见其虽然内容较少，但在界面美观设计、布局方式，以及JS、FLASH技术方面值得赞扬。反观中国大陆科技馆官网Z，在这一方面得分最低，说明该馆不重视界面设计，这不利于吸引大众的阅读兴趣，需在这一方面着力加强。

在内容互动质量方面，各馆表现不一，法国巴黎发现宫仍居第一位，该馆涉及的互动内容具有很高的价值，互动过程生动有趣，科学内容展现自然。在科学传播向公众理解科学这一发展过程中，十分强调公众参与到科学知识建构的过程中来，高质量的互动有利于科学知识的普及。在这一方面，法国巴黎发现宫的科普游戏体现得最多，互动效果超群。澳大利亚墨尔本科技馆和美国芝加哥科学工业博物馆在互动方面也并不是差距巨大，这两个馆的内容互动质量较差主要是因为其互动的效果与科学知识普及之间并没有直接的联系，因此其价值较小。

在用户使用质量这一维度下，各馆得分都很高，这一维度主要考察辅助阅读功能（导航栏设计、提示语设计等）、插件数量和网站文件数据量，因此各馆差异性不大。

资源利用质量这一维度主要考察作品的原创素材所占比例及媒体文件的可复制性。中国台湾科学教育馆和美国芝加哥科学工业博物馆在这一维度得分最高，特别需要指出的是，中国台湾科学教育馆在这一方面表现突出，主要原因是其资源内容来源广泛：科教活动（展览会）作品记录、常设展和临展的知识介绍、基于展品的教师教案和学习单、科学研习月刊等，均为原创作品。此维度中得分最低的中国大陆科技馆官网Z，其资源大部分转载自其他网站，原创性差，没能很好地利用馆内资源及线下活动资源。

六、我国科技馆官网数字化科普拓展资源开发建议

根据以上研究发现，中国大陆科技馆官网Z在6家科技馆官网的整体情况比较及质量评分中均处于中等水平，但也有个别方面需要借鉴其他科技馆官网的建设经验，以下是针对我国科技馆官网数字化科普资源的开发建议。

（一）加大资源利用，丰富表现形式

中国的各个科技馆官网缺乏大量的“其他”种类的表现形式，电子图书、在线资源库、线下课程资源、研究报告及点评、学习网址、临展话题指

南等均是其他场馆的成功尝试，我国科技馆也应增大原创资源比例。可以通过加大资源利用这一途径实现此目标，例如，将场馆内开办的临时展览、活动课程、科普讲座、科普秀等各类活动用现场录制的视频、展项图文介绍、活动课程的工作单和活动方案、整个课程结束后学生完成的科学报告和作品展示等形式在场馆网站上展示。这些工作不仅可以极大地丰富网站上的科普资源，也能够侧面宣传正在进行的临展和活动，记录馆内曾进行过的各项工作。

（二）注重布局美观，改善内容呈现

中国的各个科技馆官网的一个严重问题是页面设计布局、配图等整体呈现不够美观：色块杂乱、字体不一、布局拥挤等问题屡见不鲜，单个网站内部很少形成统一的页面审美风格，由于这一点与能否在快速浏览中迅速吸引读者兴趣有直接关系，因此需要着力加强。使用多媒体技术呈现科普内容、使用 JS 和 FLASH 技术及动态效果都是常见的改善方式。与此同时，也需要加强配色和布局的设计，以便形成统一的审美风格。

（三）提高互动质量，引入科普游戏

增强互动效果、提高互动质量有利于公众参与到科学传播中来，更深入地理解科学知识，培养科学态度。中国的各个科技馆官网现有的互动效果处于一般水平，仍需加强。为吸引青少年的注意，科普游戏是增强互动的一个有效渠道，我国科技馆官网现存的科普游戏质量较差，往往出现画质不清晰、游戏内容过于简单、互动效果差、与科普内容联系不紧密的现象，可以从社会各界引入优质的、简单精美的科普游戏，将其嵌入网页中，通过美观大方的角色形象设计、巧妙的游戏闯关设计、互动音效设计、科普内容设计增大科技馆官网对青少年的吸引力。

参考文献

[1] 国务院办公厅. 国务院办公厅关于印发全民科学素质行动计划纲要实施方案（2016—2020 年）的通知［EB/OL］[2019-08-24]. http://www.gov.cn/zhengce/content/2016-03/14/

content_ 5053247.htm.
[2] 数字化科普资源标准研究课题组. 数字化科普资源标准研究报告［A］//科技馆研究报告集（2006—2015）下册. 中国科学技术馆，2017：31.
[3] 任福君，郑念. 中国科普资源报告（第一辑）——中国数字科技馆科普资源调查报告［M］. 北京：中国科学技术出版社，2012：7.
[4] 野菊苹. 数字化科普资源分类体系和元数据交换研究［D］. 武汉：华中师范大学硕士学位论文，2013.
[5] 张小林. 互联网科普理论探究［M］. 北京：中国科学技术出版社，64-91.